应用技术大学系列教材

无机化学

王　强　主　编
张　拦　副主编

中国环境出版社·北京

图书在版编目（CIP）数据

无机化学/王强主编．—2版．—北京：中国环境出版社，2015.7（2017.10重印）

应用技术大学系列教材

ISBN 978-7-5111-2195-0

Ⅰ.①无… Ⅱ.①王… Ⅲ.①无机化学—高等学校—教材 Ⅳ.①O61

中国版本图书馆CIP数据核字（2015）第003084号

出 版 人 王新程
责任编辑 黄晓燕
责任校对 尹 芳
封面设计 宋 瑞

更多信息，请关注
中国环境出版社
第一分社

出版发行 中国环境出版社
（100062 北京市东城区广渠门内大街16号）
网　　址：http://www.cesp.com.cn
电子邮箱：bjgl@cesp.com.cn
联系电话：010-67112765（编辑管理部）
　　　　　010-67112735（第一分社）
发行热线：010-67125803，010-67113405（传真）

印　　刷 北京中科印刷有限公司
经　　销 各地新华书店
版　　次 2015年7月第2版
印　　次 2017年10月第2次印刷
开　　本 787×960　1/16
印　　张 26.5
字　　数 502千字
定　　价 36.00元

前　言

化学是在分子、原子或离子水平上研究物质的组成、结构、性质及其变化规律的科学，在人类当前所面临的人口、资源、能源、环境等严峻问题中处于中心科学的地位。无机化学是高等学校化学、化工、环境、材料等专业的第一门专业基础课程，它对人才的专业知识结构和应用能力的培养不可缺少。随着近年来社会经济的发展对应用型人才的需求不断升温和教学课程体系改革的持续进行，老的教学体系已明显不适应素质教育的要求。我们根据理工类化学相关专业的人才培养目标，本着“厚基础、拓宽专业口径”的基本思想，在总结多年教学实践的基础上，对无机化学的教学内容进行了整理和组织，在选材时力求做到够用、实用，在继承《无机化学》理论知识系统性的基础上，注重在生产实际中的应用。

本书适合于理工类化学相关专业（化学、化工、环境、材料等）的学生使用。通过本课程的学习，学生可较好地掌握无机化学的基本知识、基本理论和基本技能，初步建立准确的“量”的概念，即化学反应的宏观规律、物质的微观结构、四大平衡和有关计算；培养学生对物质世界的正确认识，培养学生科学思维的能力，灵活运用相关知识分析和解决问题的能力，养成严肃认真、实事求是的科学态度和严谨的工作作风，使学生在科学方法上得到初步训练，为后续课程的学习奠定良好的基础。

进入大学学习首先面临的是适应新的学习和生活环境。大学的教学方法和中学有很大的区别，要注重学习方法的改变，要学会全面、综合地看问题；同时要克服松懈思想，虽然有些概念在高中学习过，但它是在不同的层次和深度上对问题进行探究，作为第一门专业基础课，希望同学们重视，把它学好。

本课程理论教学时数建议为 48 ~ 72 学时。本书按学时上限编写，分为 15 章，使用时可按专业要求不同加以选用。

本书由王强担任主编和统稿，各章执笔人分别为：王强（第 1 ~ 6 章及附录），孙雪萍（第 7 章），陈冬梅（第 8 章），王万慧（第 9 章、第 10 章），尹国杰（第11章、第12章），张拦（第13～15章）。

由于编者水平有限，书中难免存在错误和疏漏，恳切希望使用本书的师生和其他读者多多指正，提出宝贵意见和建议。联系邮箱：qwang@ lit. edu. cn。

编　者

2014年9月

目　录

第 1 章　化学反应计量基础

1.1　化学中的计量

化学计量（stoichiometry）主要包括化学中的测量（measurement）及计算（calculation）两个方面。在计量过程中常常会遇到一些物理量，例如质量、体积、长度、温度、压力、时间、物质的量、浓度等。根据国家法律规定，这些物理量必须采用国际单位制（International System of Units，SI）规定的单位。

化学中常用的一些量及其单位见表 1-1。

表 1-1　化学中常用的一些量及其单位

量	量的符号	单位名称	单位符号
元素的相对原子质量	A_r	—	1
物质的相对分子质量	M_r	—	1
摩尔质量	M	千克每摩尔	$kg \cdot mol^{-1}$
摩尔体积	V_m	立方米每摩尔	$m^3 \cdot mol^{-1}$
物质 B 的相对活度	a_B	—	1
物质 B 的活度系数	γ_B	—	1
密　度	ρ	千克每立方米	$kg \cdot m^{-3}$
相对密度（以前称比重）	d		1
物质 B 的质量分数	ω_B	—	1
物质 B 的摩尔分数	x_B	—	1
物质 B 的物质的量浓度	c_B，[B]	摩尔每立方米	$mol \cdot m^{-3}$

注：单位为一的量，以往称为无量纲量。这种量纲为一的量表示为数。

1.1.1 物质的量及其单位

"物质的量"（Amount of Substance）是用于计量指定的微观基本单元，如分子、原子、离子、电子等微观粒子或其特定组合的一个物理量（符号为 n），其单位名称为摩尔（mole），单位符号为 mol（中文符号为摩），它是国际单位制（SI）的第七个基本单位。摩尔是一系统的物质的量，该系统中所包含的基本单元数与 0.012 kg ^{12}C 的原子数目相等。0.012 kg ^{12}C 所含的碳原子数目（6.022×10^{23}个）称为阿伏伽德罗常数［Avogadro（N_A）］。因此，如果某物质系统中所含的基本单元数目为 N_A时，则该物质系统的"物质的量"即为 1 mol。

例如：1 mol H_2表示有 N_A个氢分子；

2 mol C 表示有 $2N_A$个碳原子；

3 mol Na^+表示有 $3N_A$个钠离子；

4 mol（$H_2+\frac{1}{2}O_2$）表示有 4 N_A个（$H_2+\frac{1}{2}O_2$）的特定组合体，其中含有 4 N_A个氢分子和 2 N_A个氧分子。

在使用摩尔这个单位时，一定要指明基本单元（以化学式表示），否则示意不明。例如，若笼统地说"1 mol 氢"，就难以断定是指 1 mol 氢分子还是指 1 mol 氢原子或 1 mol 氢离子。

在混合物中，B 的物质的量（n_B）与混合物的物质的量（n）之比，称为 B 的物质的量分数（x_B），又称为 B 的摩尔分数。例如在含有 1 mol O_2和 2 mol N_2的混合气体中，O_2和 N_2的摩尔分数分别为：

$$x_{(O_2)}=\frac{1\text{mol}}{(1+2)\text{mol}}=\frac{1}{3}$$

$$x_{(N_2)}=\frac{2\text{mol}}{(1+2)\text{mol}}=\frac{2}{3}$$

1.1.2 摩尔质量和摩尔体积

1.1.2.1 摩尔质量

摩尔质量（M）被定义为某物质的质量（m）除以该物质的物质的量（n）：

$$M=\frac{m}{n} \tag{1-1}$$

M 的单位为 $kg\cdot mol^{-1}$ 或 $g\cdot mol^{-1}$。例如，1 mol H_2的质量近似为 2.02×10^{-3}kg，则 H_2的摩尔质量即为 $2.02\times10^{-3}\ kg\cdot mol^{-1}$。

可见以 g/mol 为单位的物质的摩尔质量其数值上等于该物质的相对分子质量。

1.1.2.2 摩尔体积

摩尔体积（V_m）被定义为某气体物质的体积（V）除以该气体物质的量（n）：

$$V_m = \frac{V}{n} \tag{1-2}$$

例如，在标准状况（STP）（273.15K 及 101.325 kPa）下，任何理想气体的摩尔体积为：

$$V_{m,273.15K} = 0.022\,414\ m^3 \cdot mol^{-1} = 22.414\ dm^3 \cdot mol^{-1} \approx 22.4\ dm^3 \cdot mol^{-1}$$

1.1.3 物质的量浓度

浓度（concentration）指某物种在总量中所占的分量，大体上可分为质量浓度和体积浓度两类表示方法。物质的量浓度（体积摩尔浓度）是化学上最常用的浓度表示方法。

物质的量浓度（c_n）被定义为混合物（主要指气体混合物或溶液）中某物质 B 的物质的量（n_B）除以混合物的体积（V）：

$$c_B = \frac{n_B}{V} \tag{1-3}$$

对溶液来说，亦即 1 dm^3溶液中所含溶质 B 的物质的量，其单位名称为摩尔每立方分米，单位符号为 $mol \cdot dm^{-3}$。例如，若 1 dm^3的 NaOH 溶液中含有 0.2 mol 的 NaOH，其浓度可表示为：

$$c(NaOH)^{①} = 0.2\ mol \cdot dm^{-3}$$

物质的量浓度可简称为浓度。

【例1】 若把 16.00 g NaOH(s) 溶于少量水，然后将所得溶液稀释至 2.0 dm^3，试计算该溶液的物质的量浓度。

解：M_r（NaOH）= 22.99 + 16.00 + 1.01 = 40.00

$M(NaOH) = 40.00\ g \cdot mol^{-1}$

根据 $M = \frac{m}{n}$

① 量符号的附加记号除有些特定位置外，最常用的是右上角或右下角。此外，当量的附加记号比较多时，可以用括号齐线地置于量符号之后。

$$n(\text{NaOH}) = \frac{m(\text{NaOH})}{M(\text{NaOH})} = \frac{16.00\ \text{g}}{40.00\ \text{g} \cdot \text{mol}^{-1}} = 0.40\ \text{mol}$$ ①

则 $$c(\text{NaOH}) = \frac{n(\text{NaOH})}{V} = \frac{0.40\ \text{mol}}{2.0\ \text{dm}^3} = 0.2\ \text{mol} \cdot \text{dm}^{-3}$$

1.1.4 气体的计量

物质处在气体状态时，气体分子间的距离远远大于气体分子本身的大小，分子间的引力非常小，各个分子都在做无规则的热运动（Brown movement），因此，可认为气体的存在状态几乎和它们的化学组成无关，致使气体具有许多共同性质，主要是扩散性（diffusibility）和可压缩性（compressibility），这给研究气体的存在状态带来了方便。

1.1.4.1 理想气体②状态方程

实际工作中，一定温度（temperature）下的气体常用气体的压力（pressure）或体积（volume）来进行计量。在压力不太高、温度不太低的情况下，气体分子间的距离大，分子本身的体积和分子间的作用力均可忽略，气体的压力、体积、温度以及物质的量之间的关系可近似地用理想气体状态方程来描述：

$$pV = nRT \qquad (1\text{-}4)$$

式中：p——气体的压力，帕（Pa）；

V——气体的体积，米^3（m^3）；

n——气体的物质的量，摩（mol）；

T——气体的热力学温度，简称气体温度，开（K）；

R——摩尔气体常数，实验证明其值与气体种类无关。

式（1-4）称为理想气体状态方程，它反映了决定气体存在状态的四个物理量：体积、压力、温度和物质的量之间的关系。

气体常数可由实验测定。如测得 1.00 mol 气体在 273.15 K、101.325 kPa 的条件下所占有的体积为 $22.414 \times 10^{-3}\ m^3$，代入式（1-4）则得：

$$R = \frac{pV}{nT} = \frac{101.325 \times 10^3 \times 22.414 \times 10^{-3}}{1.000 \times 273.15}$$
$$= 8.314\ \text{N} \cdot \text{m} \cdot \text{mol}^{-1} \cdot \text{K}^{-1}$$

---

① 严格来讲，在采用有关的量进行计算的过程中，式中的物理量代以数值时都应带有代入单位。为使算式简明起见，以后本书在运算过程中只代入数值而不附单位，仅在最后的结果上注明单位的习惯写法。

② 理想气体：分子本身不占有体积，分子之间没有作用力，实际不存在的假想气体。当温度不是很低或很高、压力不是很低或很高，或没有其他特殊条件时，一般气体均可视为理想气体。

$= 8.314\ \text{J} \cdot \text{mol}^{-1} \cdot \text{K}^{-1}$

我们把行为完全符合式（1-4）要求的气体叫理想气体（ideal gas）。理想气体实际上是不存在的，它是一种科学的抽象，是一种人为的气体模型，它要求气体分子间完全没有作用力，气体分子本身完全不占有体积，实际气体都不能完全符合这一要求。但是当实际气体处于低压（低于数百千帕）、高温（高于 273.15 K）的条件下，这时分子间距离甚大，气体的体积已远远超过分子本身所占的体积，因而可忽略后者，而且分子间作用力也因分子间距离拉大而迅速减小，故可把它近似地看做理想气体。

【例 2】 在 298.15 K 下，一个体积为 50 dm^3 的氧气钢瓶，当它的压力降为 1 500 kPa 时，试计算钢瓶中剩余的氧气质量为多少？

解：

$$n = \frac{pV}{RT} = \frac{1500 \times 10^3\,\text{Pa} \times 50 \times 10^{-3}\,\text{m}^3}{8.314\,\text{J} \cdot \text{mol}^{-1} \cdot \text{K}^{-1} \times 298.15\,\text{K}}$$

$$= 30.26\ \text{mol}$$

氧气的摩尔质量为 32.00 g · mol^{-1}，所剩余的氧气质量为：

$$30.26\ \text{mol} \times 32.00\ \text{g} \cdot \text{mol}^{-1} = 968.6\ \text{g} \approx 0.97\ \text{kg}$$

1.1.4.2　理想气体分压定律

我们在日常生活、工业生产以及科学实验中所遇到的气体大多为混合气体（gas mixture），如空气，气体的特性之一是具有扩散性，能够均匀地充满整个容器。在任何容器内的气体混合物中，如果各组分气体间不发生化学反应，则在达到扩散平衡（diffusive equilibrium）时，每一种气体都能均匀地分布在整个容器内，它所产生的压力和它单独占有整个容器时所产生的压力相同；也就是说，一定物质的量的气体在一定容积的容器中所产生的压力仅与温度有关。例如，0℃时，1 mol 氧气在容积 22.4 dm^{3}的容器内所产生的压力是 101.3 kPa。如果向容器内加入 1 mol 氮气并保持容器体积不变，则氧气的压力还是 101.3 kPa，但容器内的总压力却增大一倍，可见，1 mol 氮气在这种状态下产生的压力也是 101.3 kPa。

我们把多组分的气体混合物中，其某一组分气体 B 对器壁所施加的压力，称为该气体的分压（partial pressure，p_B），它等于相同温度下该气体单独占有与混合气体相同体积时所产生的压力。混合气体的压力等于各组分气体的分压之和，此经验规则称为道尔顿分压定律（Dalton's law of partial pressure）（图 1-1），其数学表达式为：

$$p_{总} = p_1 + p_2 + p_3 + \cdots = \sum_i p_i \tag{1-5}$$

图 1-1 是分压定律的示意图［（a），（b），（c），（d）为体积相同的四个容

器]。图1-1中（a），（b），（c）中的砝码表示A，B，C三种气体单独存在时所产生的压力。（d）表示A，B，C混合气体所产生的总压。

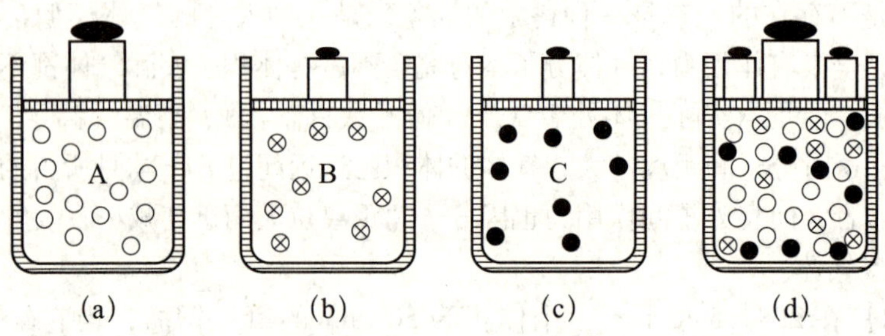

图1-1　分压定律示意图

理想气体定律同样适用于气体混合物，如混合气体中各气体物质的量之和为$n_{总}$，温度T时混合气体总压为$p_{总}$，体积为V，则由式（1-4）可得：

$$p_{总}V = n_{总}RT$$

如以n_i表示混合气体中组分i的物质的量，p_i表示其分压力，V为混合气体体积，温度为T，则：

$$p_iV = n_iRT$$

将该式除以上式可得：

$$\frac{p_i}{p_{总}} = \frac{n_i}{n_{总}} \tag{1-6}$$

或

$$p_i = p_{总} \times \frac{n_i}{n_{总}} \tag{1-7}$$

令 $\frac{n_i}{n_{总}} = x_i$，则：

$$p_i = x_ip_{总} \tag{1-8}$$

其中$\frac{n_i}{n_{总}}$为组分气体的物质的量与混合气体物质的量总数之比，称为该组分的物质的量分数（mole fraction of substance）即摩尔分数。式（1-8）表明：混合气体每一组分气体的分压力等于混合气体总压力乘以该组分的摩尔分数，这是分压定律的另一表达形式。

工业上常用各组分气体的体积分数（volume fraction）表示混合气体的组成。由于同温同压下，气态物质的量与它的体积成正比，不难导出混合气体中组分气体B的体积分数等于物质B的摩尔分数：

$$V_B/V = n_B/n \tag{1-9}$$

式中：V_B、V分别表示组分气体B和混合气体的体积。把式（1-9）代入式（1-8）

得下式：

$$p_B = \frac{V_B}{V} \times p_{总} \tag{1-10}$$

道尔顿分压定律对于研究气体混合物非常重要。在实验室中常用排水集气法收集气体（图 1-2）。用这种方法收集的气体中总是含有水蒸气，所以这种情况下所测出的压力应是混合气体的总压力。即：

$$p(总压) = p(气体) + p(水蒸气)$$

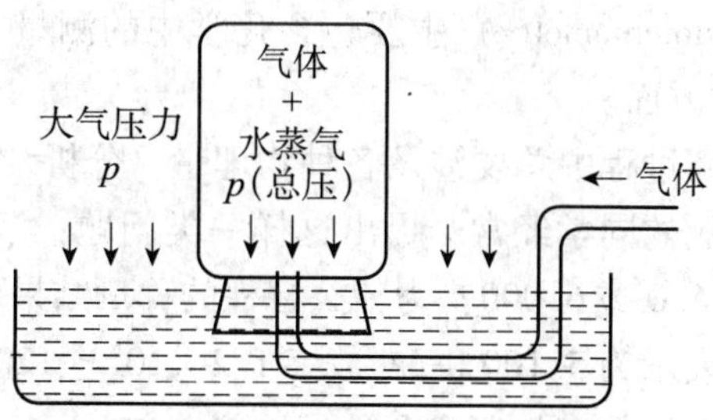

图 1-2　用排水集气法收集气体

【例 3】有一煤气罐其容积为 30.0 dm^3，27.00 ℃时内压为 600 kPa。经气体分析，储罐内煤气中 CO 的体积分数为 0.600，H_2的体积分数为 0.100，其余气体的体积分数为 0.300，求该储罐中 CO、H_2的质量和分压。

解：已知 $V = 30.0\ dm^3 = 0.0300\ m^3$

$p = 600\ kPa = 6.00 \times 10^5\ Pa$

$T = (27.00 + 273.15)\ K = 300.15\ K$

则　$n = \dfrac{pV}{RT} = \dfrac{6.00 \times 10^5 Pa \times 0.0300 m^3}{8.314 Pa \cdot m^3 \cdot mol^{-1} \cdot K^{-1} \times 300.15 K} = 7.21\ mol$

根据　$M = \dfrac{m}{n}$：

$$n(CO) = 7.21\ mol \times 0.600 = 4.33\ mol$$

$$n(H_2) = 7.21\ mol \times 0.100 = 0.721\ mol$$

$$m(CO) = n(CO) \times M(CO) = 121\ g$$

$$m(H_2) = n(H_2) \times M(H_2) = 1.45\ g$$

再根据 $p_B = \dfrac{V_B}{V} \times p$：

$$p(CO) = \frac{V(CO)}{V} \times p = 0.600 \times 600\ kPa = 360\ kPa$$

$$p(H_2) = \frac{V(H_2)}{V} \times p = 0.100 \times 600\ kPa = 60.0\ kPa$$

分压定律适用于理想气体混合物，对低压下的真实气体混合物近似适用。

1.2 有效数字的概念及测量或计量中的误差

化学是一门实验科学，许多实验本身离不开计量，往往一个实验中有许多计量过程。化学计量（stoichiometry）主要包含化学中的测量（measurement）及计算（calculation）两个方面。

在实验测定和计算过程中总要涉及各种物理量、分析结果和分析准确度的数字表示。喜欢思考问题的同学经常会提出这样一类问题：溶液的 pH 值为什么要表示为6.00，而不是6.0 或6.000？为什么台秤的称量结果要表示为5.1 g，而分析天平的称量结果要表示为5.100 0 g？数字 1.2×10^5 与120 000 有什么区别？这些问题的解答都涉及有效数字的概念和计量误差。

1.2.1 有效数字的概念

科学工作中会遇到两类数字：一类叫“精确数字”；一类叫“不精确数字”。前者是指规定数值的数字（如1 kg 规定为1 000 g，1 g 规定为0.001 kg）或能表示原来物体或事件的实际数量的数字（如某班有 27 个男同学，28 个女同学，这27 和28 是两个准确数），这里的“1 000”，“0.001”和“27 和28”都是精确数字。不精确数字是指测量数字，任何测量数字都是不精确数字，有效数字只用于表达这类数字。

所谓有效数字（significant figure）是指实际能够测量到的数字。也就是说，在一个测量数据中，除了最后一位是可疑的外，其他各位数字都是准确的。即：

$$\text{有效数字} = \text{准确数字} + \text{一位可疑数字}$$

这位可疑数字必须在测量结果中反映出来，因为它不是臆造，而是测量出来的，与准确数字相比，只不过测得不那么准确而已。例如让三位同学在0.1 mL 刻度的滴定管上读取同一次测定中消耗的标准溶液的体积，学生甲读的是21.56 mL，学生乙和丙分别读的是21.55 mL 和21.57 mL。他们读的前三位都相同，差别仅在第四位上，由于滴定管上最小刻度是0.1 mL，第四位数字显然是估计出来的。前三位数字是准确的，第四位数字是可疑的。

实验测得的任何物理量的准确度都受到测量仪器和测量方法的限制。有效数字可以表达测量的准确度，如果错误地记录了计量数据的有效数字的位数，就会把测量结果的误差扩大或缩小。如分析天平称得某物质质量为2.250 0 g，误差为

± 0.000 1，相对误差为：

$$相对误差（\%）= \frac{\pm 0.000\,1}{2.250\,0} \times 100\% = \pm 0.004\%$$

如果将称量结果记录为2.25 g，那么误差为 ± 0.01 g，相对误差为：

$$相对误差（\%）= \frac{\pm 0.01}{2.25} \times 100\% = \pm 0.4\%$$

在记录时少了两个零就把相对误差扩大了 100 倍。因此，在计量或测定中，要求记录的数据和计算结果不仅都必须是有效数字，而且也必须与所用的分析方法和所用仪器的精密程度相适应。不得任意增加或减少有效数字的位数。

1.2.2 计量中的误差

计量或测定是人类认识和改造客观世界的一种重要手段，人们通过计量或测定获得客观世界的定量信息，获得有关事物某种特征的数字表征。

在计量或测定中，误差是客观存在的。化学计量的最终结果不仅表示了具体数值的大小，而且还表示了计量本身的精确程度。在化学中，所用的数据、常数大多数来自于实验，通过计量或测定得到，获得这些数据或常数时所采用的计量装置本身有一定的计量或测量误差。因此，在物质组成的测定中，即使使用最可靠的分析方法，使用最精密的仪器，由很熟练的分析人员进行测定，也不可能得到绝对准确的结果；同一个人对同一样品进行多次测定，所得结果也不尽相同。另外，在化学的计算中还常会有许多近似处理，这种近似处理所求得的结果与精确计算所得的结果之间也存在一定的误差。因此，我们有必要了解实验过程中误差产生的原因及其出现的规律，学会采取相应措施减小误差，以使测定结果更接近客观真实值。

1.2.2.1 误差和偏差

（1）准确度（accuracy）与误差（error）

准确度是指在一定条件下，测定值（x）与真值（μ）的接近程度，准确度的高低通常用误差表示。误差愈小，说明测定的准确度愈高。

根据表示方式的不同，可将误差分为两大类：测量值与真值之差叫绝对误差（absolute error，E_a），相对误差（relative error，E_r）则是指绝对误差占真值的百分率。

$$E_a = x - \mu \tag{1-11}$$

$$E_r = \frac{x - \mu}{\mu} \times 100\% \tag{1-12}$$

需要指出的是，真值是客观存在的，但又是难以得到的。这里所说的真值是指人们设法采用各种可靠的分析方法，由不同的具有丰富经验的分析人员、在不同的实验室进行反复多次的平行测定，再通过数理统计的方法处理而得到的相对意义上的真值。例如，被国际会议和国际标准化组织在国际上公认的一些量值，像原子量，以及国家标准样品的标准值等，都可以认为是真值。

（2）精密度（precision）与偏差（deviation）

精密度是指多次平行测定结果相互接近的程度，体现了测定结果的再现性。平行测定结果越接近，分析结果的精密度越高。精密度的高低通常用绝对偏差（d）和相对偏差（d_r）来表示，绝对偏差是单次测量值（x）与多次测量平均值（$\bar{x}$）的差。

$$d = x - \bar{x} \tag{1-13}$$

$$d_r = \frac{d}{\bar{x}} \times 100\% \tag{1-14}$$

图 1-3 表示了 A、B、C、D 四位分析者在同一条件下，对同一试样进行测定的分析结果。

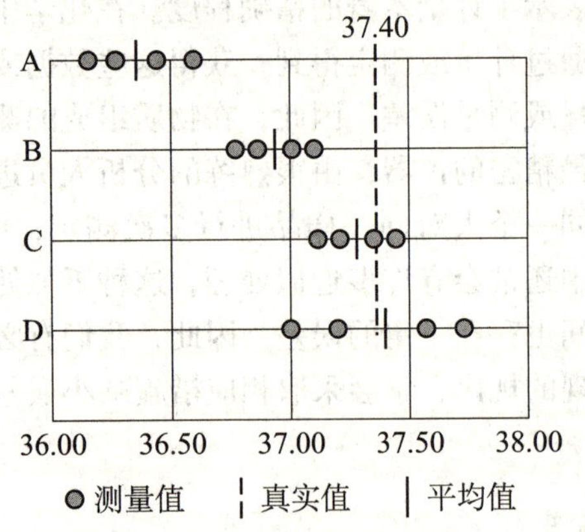

图 1-3　准确度与精密度的关系示意图（单位：%）

一个理想的测定结果，既要精密度好，又要准确度高。精密度高是保证准确度好的先决条件。精密度差，所测结果不可靠，就失去了衡量准确度的前提。但是，高的精密度不一定能保证高的准确度，可能存在系统误差。只有在消除了系统误差之后，精密度高的分析结果才是既准确又精密的。

1.2.2.2　误差的分类

根据误差产生的原因与性质，可以将误差分为系统误差、随机误差两大类。

（1）系统误差（systematic error）是指在一定的实验条件下，由于某个或某些经常性因素按某些确定的规律起作用而形成的误差，其特点是具有单向性（系统偏高或偏低）和重复性（重复测定时其大小、正负不变）。系统误差的大小可以测定，若能找出原因，并设法加以校正，系统误差就可以消除，因而它又称为可测误差。产生系统误差的主要原因是：

① 方法误差。这是由于测定方法本身不够完善而引入的误差。例如，重量分析中由于沉淀溶解损失而产生的误差，在滴定分析中由于指示剂选择不恰当而造成的误差。选用公认的标准方法与所采用的方法进行比较，从而获得校正数据以消除方法误差。

② 仪器误差。由于仪器本身不够精确或没有调整到最佳状态所造成的误差。例如，由于天平两臂不相等，砝码、滴定管、容量瓶、移液管等未经校正而引入的误差。消除方法是在实验前对仪器进行调试。

③ 试剂误差。由于试剂不纯或者所用的去离子水不合规格，引入微量的待测组分或对测定有干扰的杂质而造成的误差。消除试剂误差的方法包括提纯试剂、进行空白试验和对照试验。空白试验（blank test）是在不加试样的情况下，按照试样测定步骤和分析条件进行分析试验，所得的结果称为空白值。所谓对照试验（control test），即用已知含量的标准试样按所选用的测定方法，用同样的试剂，在同样的条件下进行测定，找出校正值的方法。对照试验是检查测定过程中有无系统误差的最有效的方法。

④ 主观误差。由于操作人员主观原因造成的误差。例如，对终点颜色的辨别不同，有人偏深，有人偏浅；用移液管取样进行平行滴定时，有人总是想使第二份滴定结果与前一份滴定结果相吻合，在判断终点或读取滴定读数时，就不自觉地接受这种“先入为主”的影响，从而产生主观误差。这类误差在操作中不能完全避免。

（2）偶然误差（random error）是由于在测定过程中一系列有关因素微小的随机波动而形成的具有相互抵偿性的误差。偶然误差的大小及正负在同一实验中不是恒定的，并很难找到产生的确切原因，所以偶然误差又称为不定误差。

产生偶然误差的原因有许多。例如，在测量过程中温度、湿度、气压以及灰尘等的偶然波动都可能引起数据的波动。又如在读取滴定管读数时，估计小数点后第二位的数值时，几次读数也并不一致。这类误差在操作中难以觉察、难以控制、无法校正，因此不能完全避免。

从表面上看，偶然误差的出现似乎没有规律，但是，如果反复进行很多次的测定，就会发现偶然误差的出现是符合一般的统计规律的（图 1-4）。

① 大小相等的正、负误差出现的概率相等；

② 小误差出现的概率较大，大误差出现的概率较小，特大误差出现的概率更小。

③ 数值相同的正、负误差出现的概率近乎相等。

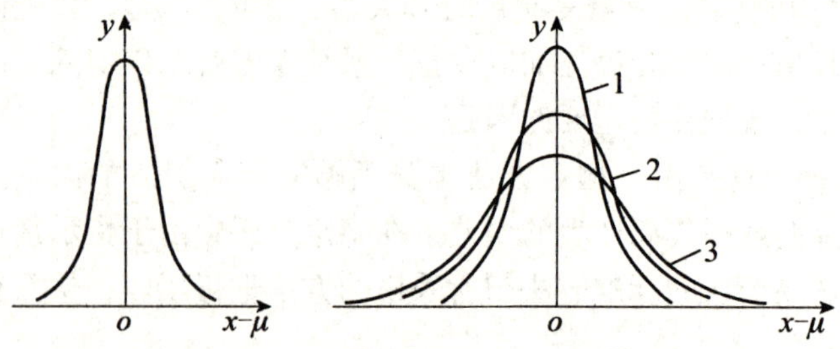

图 1-4 偶然误差的正态分布曲线

因此，采用多次重复测定取其算术平均值的办法，可以减小偶然误差。重复测定的次数越多，偶然误差的影响越小，但过多的测定次数不仅耗时太多，而且浪费试剂，因而受到一定的限制。在一般的分析中，通常要求对同一样品平行测定 2～4 次即可。

复习与思考题

1. 试述气体的基本特征；阐述理想气体的概念，说明真实气体中哪些条件下更接近于理想气体，以及真实气体的行为偏离理想气体的原因。

2. 如何定义混合气体中某组分气体 B 的分压？何为分压定律？说明混合气体中组分气体 B 分压 p_B 的计算方法。

3. 解释下列各名词的意义：

绝对误差，相对误差，绝对偏差，相对偏差，有效数字。

4. 下列数据各包括几位有效数字？

（1）4.050　（2）36 000　（3）0.030　（4）135.02

（5）235.00　（6）2.0×10^2　（7）62.05%　（8）0.005%

（9）pH = 8.5　（10）pH = 1.25

5. 填空题

（1）消除系统误差的方法有三种，分别为________、________、________。

（2）随机误差是________向性的，它符合________规律，可以用________方法来减小。

（3）对处于高温低压下的真实气体，因其分子间的距离较________，分子间的作用力较________，分子本身的体积相对于气体体积________忽略不计，因此，可将真实气体看做________。

（4）人在呼吸时呼出气体的组成与呼入空气的组成不同。在 36.8 ℃、101.325 kPa 时，某典型呼出气体的体积组成是：N_2 75.1%、O_2 15.2%、CO_2

3.8%、H_2O 5.9%，则 $p(CO_2)$ = ________ kPa，$p(O_2)$ = ________ kPa。

（5）某理想气体混合物，组分 i 的分压 p_i 与总压 p 的关系是 p_i = ________ p，若保持 T、V 不变，p_i 与其他组分是否存在________关。当系统的总压增大，p_i 不一定________；若 T、n_i 一定，则系统体积增大，p_i________。

⑥ 某溶液氢离子活度为 1.80×10^{-5} mol/L，其有效数字为________位，pH 为________。

6. 单选题

（1）某真空系统中充有氦试样，为了测定其压力，在 23℃下，将系统的体积由 100 mL 压缩到 1.35 mL，测得压力为 3.36 kPa，推算该真空系统氦的压力为（　　）。

（A）4.54kPa　　（B）4.54×10^{-2}kPa

（C）45.4kPa　　（D）0.454kPa

（2）已知 2.00 mol 气体 B，其 p_1 = 10.0 kPa，T_1 = 50.0℃，则当 p_2 = 80.0 kPa，T_2 = 50.0℃时，其 V_2 =（　　）。

（A）67.0L　　（B）10.0L　　（C）83.0L　　（D）10.0m^3

（3）等温等压下，10mL A_2 气体与 5mL B_2 气体完全反应生成 10mL 气体 C，则 C 的化学式是（　　）。

（A）AB_2　　（B）A_2B　　（C）A_4B_2　　（D）A_2B_2

（4）分压定律适用于真实气体混合物的条件，除在所处的温度区间内气体间不发生化学反应外，这些气体所处的状态是（　　）。

（A）高温，低压　　（B）高温，高压

（C）低温，低压　　（D）低温，高压

（5）为了消除 0.001 000 kg 中的非有效数字，应正确地表示为（　　）

（A）1g　　（B）1.0g　　（C）1.00g　　（D）1.000g

（6）随机误差符合正态分布，其特点是（　　）

（A）大小不同的误差随机出现

（B）大误差出现的概率大

（C）正负误差出现的概率不同

（D）大误差出现的概率小，小误差出现的概率大

7. 1 g 氢气，1 g 氦气，1 g 氮气和 1 g 二氧化碳气体。在 101.325 kPa 和 25℃条件下混合后，混合气体中谁的分压最大，谁的分压最小，为什么？

8. 丁烷 C_4H_{10} 是一种易液化的气体燃料，计算在 23 ℃，90.6 kPa 下，丁烷气体的密度。

9. 0℃时将同一初压的 4.00 L N_2 和 1.00 L O_2 压缩到一个体积为 2.00 L 的真

空容器中，混合气体的总压为255.0 kPa，试求：（1）两种气体的初压；（2）两种气体的平衡分压；（3）各气体的物质的量。

10. 在25℃和相同压力下，将5 L N_2和15 L O_2压缩到体积为10.0 L的容器内，混合后的压力为152 kPa。试计算：（1）这两种气体的初始压力是多少？（2）混合后两种气体的分压是多少？（3）如果保持气体体积不变（10 L），将温度升至210℃，此容器内气体的总压是多少？

11. 某气体化合物是氧化物，其中含氮的质量分数为$\omega(N)=30.5\%$；今有一容器中装有该氧化物的质量是4.107 g，其体积为0.500 L，压力为202.65 kPa，温度为0℃。试求：

（1）在标准状况下，该气体的密度；（2）该气体的相对分子质量M_r和化学式。

12. 在0.237g某碳氢化合物中，其$\omega(C)=80.0\%$，$\omega(H)=20.0\%$。22℃，756.8 mmHg下，体积为191.7 mL。确定该化合物的化学式。

13. 在容积为50.0 L的容器中，含有140.0 g的CO和20.0 g的H_2，温度为300K。试计算：（1）CO与H_2的分压；（2）混合气体的总压。

14. 在27℃，将电解水所得的氢、氧混合气体干燥后贮于60.0 L容器中，混合气体总质量为40.0 g，求氢气、氧气的分压。

15. 为了行车安全，可在汽车上装备安全气囊，以便遭到碰撞时使司机不受到伤害。这种安全气囊是用氮气充填的，所用氮气是由叠氮化钠与三氧化二铁在火花的引发下反应生成的。总反应为：

$$6NaN_3(s)+Fe_2O_3(s)\longrightarrow 3Na_2O(s)+2Fe(s)+9N_2(g)$$

在25℃，748 mmHg下，要产生75.0 L的N_2需要叠氮化钠的质量是多少？

16. 用锌与盐酸反应制备氢气：

$$Zn(s)+2H^+(aq)\longrightarrow Zn^{2+}(aq)+H_2(g)$$

若用排水集气法在98.6 kPa、25℃下（已知水的蒸气压为3.1 kPa）收集到$2.50\times10^{-3}m^3$的气体。求：

（1）25℃时该气体中H_2的分压；

（2）收集到的氢气的质量。

17. 已知在250℃时PCl_5能全部汽化，并部分离解为PCl_3和Cl_2。现将2.98 g PCl_5置于1.00 L容器中，在250℃时全部气化后，测定其总压为113.4 kPa。其中有哪几种气体？它们的分压各是多少？

18. 一定体积的氢和氖混合气体，在27℃时压力为202 kPa，加热使该气体的体积膨胀至原体积的4倍时，压力变为101 kPa，问：（1）膨胀后混合气体的最终温度是多少？（2）若混合气体中H_2的质量分数是25.0%，原始混合气体中氢气的分压是多少？[相对原子质量（Ne）20.2]

第 2 章　化学热力学基础与化学平衡

热力学（thermodynamics）是自然科学的一个分支，是专门研究能量相互转换规律的一门科学。“thermodynamics”这一术语就是由希腊文中的“therme”（意为热，heat）与“dynamics”（意为动力，power）组合而成的。

将热力学原理和方法用于化学问题研究，便产生了化学热力学（chemical thermodynamics）。化学热力学是物理化学和热力学的一个分支学科，它主要研究物质系统在各种条件下的物理和化学变化中所伴随的能量变化，从而对化学反应的方向和进行的程度作出准确的判断。

2.1　热化学

各类过程中放出或吸收的热量叫过程的热效应（thermal effect）。中学课程中介绍过纯物质发生状态变化时的放热和吸热现象，它们属于物理过程的热效应。例如，液体水变为水蒸气的过程中吸收的热叫蒸发热（evaporation heat），相反的过程中放出的热叫凝聚热（heat of condensation）：

$$H_2O(l) \underset{\text{凝聚热}}{\overset{\text{蒸发热}}{\rightleftharpoons}} H_2O(g)$$

化学过程（例如燃烧过程）中放出或吸收的热量叫化学过程的热效应。我们把研究纯物质在化学和物理变化过程中热效应的学科叫热化学（thermochemistry）。由于反应物和产物都处于一定的物理状态，因此，不可能脱离物理状态来研究化学过程的热效应，例如，$H_2(g)$ 与 $O_2(g)$ 反应生成水，生成液态水和生成气态水时放出的热量不相同。

2.1.1 热力学的一些基本概念

2.1.1.1 系统、环境和相

由于热是一种在变化过程中体现出的能量，科学家在对其进行测定时，必须选定宇宙中有限且完全确定的某一部分。被划分出来作为研究对象的那部分物质或空间（或物系）就是系统（system，或称体系）。系统具有边界（boundary），这一边界可以是实际的界面（interface），也可以是人为确定的用来划定研究对象的空间范围。例如，我们要研究某容器中酸碱溶液的中和反应，容器中的酸碱混合液称为系统，而溶液以外的部分称为环境。我们也可以将整个容器部分作为系统，即包含反应液和液面上的部分混合空气。

系统之外并与系统有密切联系的其他物质或空间称为环境（surroundings）。这种划分之所以必要，是因为宇宙的总能量守恒，否则就无法进行定量研究。

按照系统与环境之间物质和能量的交换情况，可将系统分为以下三类（图 2-1）：

敞开系统（open system）——系统和环境之间，既有物质交换，又有能量交换；

封闭系统（closed system）——系统和环境之间，没有物质交换，但有能量交换；

孤立系统（isolated system）——系统和环境之间，既没有物质交换，也没有能量交换。

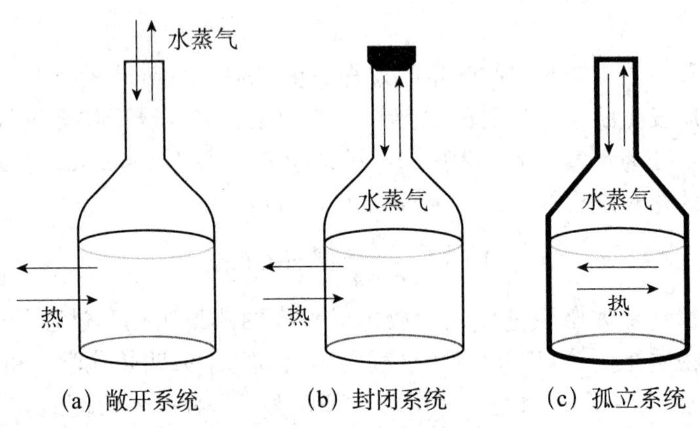

图 2-1 系统的类型示意图

例如，在一敞口容器中盛满了热水，以热水为系统则是一敞开系统：降温过程中系统向环境放出热量，又不断有水分子变为水蒸气逸出；若在容器上加一个盖子则可避免系统与环境间的物质交换，于是得到一个封闭系统；若将容器换成一个理想保温杯杜绝了能量交换，就得到一个孤立系统。

系统中物理性质和化学性质完全相同的且与其他部分有明确界面分隔开来的任何均匀部分叫做相（phase）。相可以由纯物质或均匀混合物组成，相也可以是气、液、固等不同形式的聚集状态。只含有一个相的系统，如：O_2、液态 Hg、空气、NaCl 水溶液，叫做均相系统（homogeneous system）。系统内也可能有两个或多个相，相与相之间一定有界面存在，如冰浮在水上、油浮在水上的系统叫做多相系统（heterogeneous system）。为了书写方便，通常以 g，l，s 分别代表气态、液态和固态，用 aq(aqueous) 表示水溶液。

2.1.1.2　状态和状态函数

由一系列表征系统性质的物理量所确定下来的系统的一种存在形式，称为系统的状态（state），即系统的状态就是这些宏观性质的综合表现。当系统的所有性质都有确定值时，则系统处于一定状态。如果某种或几种性质发生变化，则系统状态也就发生变化，我们把这些能够表征系统性质的物理量称为系统的状态函数（state function）。

系统的各状态函数之间往往是有联系的。因此，通常只需确定系统的某几个状态函数，其他的状态函数也随之而定。例如，一种理想气体，如果知道了压力（p）、体积（V）、温度（T）、物质的量（n）这四个状态函数中的任意三个，就能利用气体状态方程（$pV = nRT$）来确定第四个状态函数。

状态函数的特征就是当系统状态发生变化时，状态函数的改变量只与系统的起始状态和最终状态有关，而与状态变化的具体途径无关。例如，一种理想气体，若使其温度由 300 K 变为 350 K，则无论是由始态的 300 K 直接加热到终态的 350 K，或先从始态的 300 K 冷却到 280 K，再加热到 350 K，状态函数温度 T 的变化 ΔT，都只由系统的初态（300 K）和终态（350 K）所决定（$\Delta T = 350\ \mathrm{K} - 300\ \mathrm{K} = 50\ \mathrm{K}$），而与变化的途径无关。

2.1.1.3　过程和途径

若体系的状态发生变化，从始态到终态，我们说经历了一个热力学过程，简称过程（process）。若体系在恒温条件下发生了状态变化，我们说体系的变化为“恒温过程”，同样理解“恒压过程”和“恒容过程”，若体系变化时和环境之间无热量交换，则称为“绝热过程”。

完成一个热力学过程，可以采取许多不同的方式，我们把每种具体的方式称为一种途径（path）。过程着重于始态和终态，而途径着重于具体方式（图 2-2）。

状态函数的改变量取决于过程的始态和终态，与采取哪些途径来完成这个过程无关。

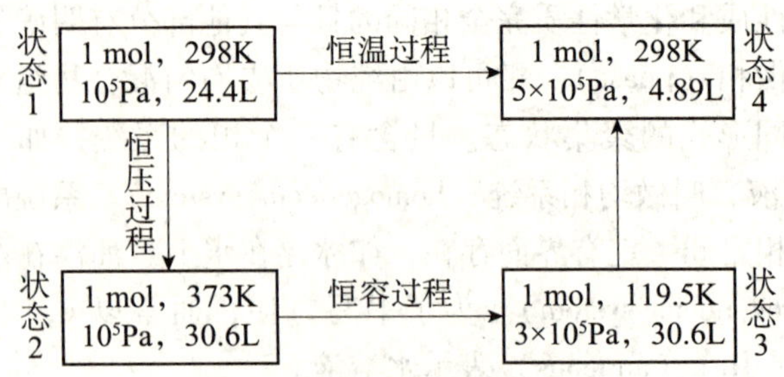

图 2-2　过程与途径示意图

2.1.1.4　热力学能（以往称为内能）

热力学能（thermodynamic energy）是系统内部所有微观粒子的所有运动形式所具有的能量总和，用符号“U”表示。它包括系统内部各种物质的分子平动能、分子间转动能、分子振动能等。

由于系统内部质点运动及相互作用的复杂性，因而任何体系的热力学能的绝对值都无法精确测定。不过既然它是系统自身的属性，系统在一定状态下，其热力学能应有一定的数值，因此热力学能（U）是一个状态函数，其改变量（ΔU）只取决于系统的始态和终态，而与系统变化过程的具体途径无关。

$$\Delta U = U_{终态} - U_{始态} \tag{2-1}$$

2.1.1.5　热和功

系统处于一定状态时，具有一定的热力学能。在状态变化过程中，系统与环境之间可能发生能量的交换，使系统的热力学能发生改变，这种能量交换通常有热（heat）和功（work）两种形式。

系统和环境之间因温差而传递的能量称为热；除热以外，其他各种形式被传递的能量都称为功。功有多种形式，化学反应涉及较广的是那种由于系统体积变化反抗外力作用而与环境交换的功，这种功称为体积功（volume work）。除体积功外的其他功统称为非体积功（如电功等）。通常以 Q 表示热量，以 W 表示功，它们的单位均以焦耳（J）或千焦耳（kJ）来表示。

能量的传递总带有一定的方向性，热力学中以 Q、W 的正、负号表明能量的传递方向。符号按惯例是由系统为主体出发来规定的：

（1）若环境向系统传递热量，系统吸热，$Q>0$；而系统向环境放热，$Q<0$。

（2）当环境对体系做功，$W>0$；反之体系对环境做功，$W<0$。

必须注意的是，定义某一过程是吸热还是放热，ΔU 值是“+”号还是“-”号，存在着一个“系统主体”原则，即都是从系统出发来定义的。除 ΔU 值外，热化学讨论中还会遇到热（Q）、功（W）、焓变（ΔH）等几个物理量，其值的“+”、“-”号也遵循这条原则。

热和功都是系统发生某过程时与环境之间交换或传递能量的两种形式，因此热和功不仅与系统始态和终态有关，而且与变化的具体途径有关，所以热和功不是状态函数。

2.1.1.6 热力学第一定律

人们经过长期实践认识到，在孤立系统中能量是不会自生自灭的，它可以变换形式，但总量不变，这就是能量守恒定律（law of energy conservation）。

若一个封闭系统，环境对其做功（W），并从环境吸热（Q），使其热力学能由 U_1 的状态变化到 U_2 的状态，根据能量守恒定律，系统的热力学能的变化（ΔU）为：

$$\Delta U = U_2 - U_1 = Q + W \tag{2-2}$$

此即为热力学第一定律（the first law of thermodynamics）的数学表达式，它的含义是指封闭系统热力学能的变化等于系统吸收的热与系统从环境所得的功之和，实为能量守恒定律在热传递过程中的具体表述。

由此可以得到下列各过程中热力学第一定律的特殊形式：

(1) 孤立系统中的过程：因为 $Q=0$，$W=0$，所以，$\Delta U=0$，即孤立系统的热力学能是守恒的。

(2) 循环过程：系统由始态经一系列变化又回到原来状态的过程叫循环过程。$Q=-W$，$\Delta U=0$。

2.1.2 反应热和反应焓变

化学反应系统与环境进行能量交换的主要形式是热。通常把只做体积功，且始态和终态具有相同温度时，系统吸收或放出的热量叫做反应的反应热（热效应）。按反应条件的不同，反应热又可分为：恒容反应热（Q_V）和恒压反应热（Q_p）。化学反应的反应热是重要的热力学数据，可通过实验来测定。图 2-3 是测量燃烧热用的一种弹式量热计（bomb calorimeter），其测得的是恒容反应热。

2.1.2.1 恒容反应热

恒容的封闭系统中，$\Delta V=0$，系统的体积功 $W=0$。除体积功外，无其他形式的功，根据式（2-2）得：

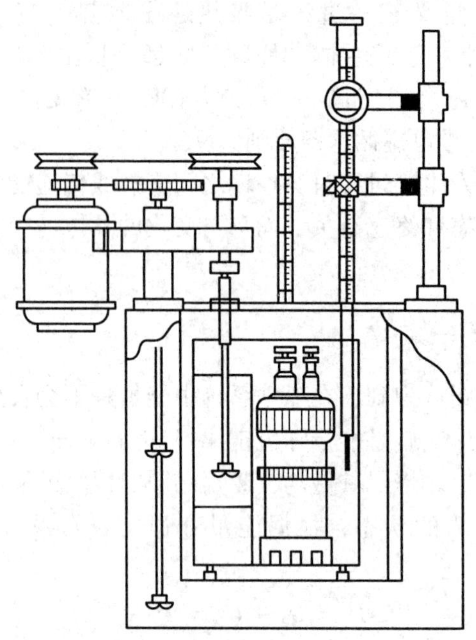

图 2-3　弹式量热计

$$Q_v = \Delta U$$

即恒容反应过程中，体系吸收的热量全部用来改变体系的内能。

2.1.2.2　恒压反应热和反应焓变

通常，化学反应是在恒压条件下进行的，如在敞口容器内进行的反应，如果系统不做非体积功，此过程的反应热称为恒压反应热，用符号 Q_P 表示。对有气体参加或产生的反应，可能会引起体积变化（由 V_1 变到 V_2），则系统对环境所做的体积功为：

$$W = -p(V_2 - V_1)$$

对于封闭系统、系统只做体积功的恒压过程，由热力学第一定律可得出：

$$\Delta U = Q_p + W = Q_p - p(V_2 - V_1)$$

$$Q_p = (U_2 + pV_2) - (U_1 + pV_1)$$

$$令\ H = U + pV$$

H 称为焓（enthalpy，来自希腊文 “enthalpein”，意为“加温”）。因为 U、p、V 均为状态函数，所以 H 也是状态函数。焓和热力学能一样，其绝对值难以测知，能测定并有实际意义的是状态改变时焓的变化值 ΔH（称为焓变）。ΔH 只与系统的始态和终态有关，而与变化过程无关。在恒压及反应始态、终态温度相等的条件下，反应热恰好为生成物与反应物焓的差值：

$$Q_p = H_{生成物} - H_{反应物} = \Delta H \qquad (2\text{-}3)$$

式（2-3）表示恒压条件下的反应热等于系统的焓变。若生成物的焓小于反应物的焓，则反应过程中多余的焓将以热量的形式放出，该反应为放热反应，$\Delta H < 0$；反之，若生成物的焓大于反应物的焓，则反应过程中要吸收热量，该反应为吸热反应，$\Delta H > 0$。

2.1.3 热化学方程式

2.1.3.1 热力学标准状态

某些热力学量（如状态函数中热力学能 U、焓 H）的绝对值是无法确定的。为了便于比较不同状态时它们的相对值，需要规定一个状态作为比较的基准，根据 IUPAC① 的推荐，我国国家标准《物理化学和分子物理学的量和单位》（GB 3102.8—93）中规定，热力学标准状态（standard state of thermodynamics）是在温度 T 和标准压力 $p^{\ominus} = 100$ kPa 下，该物质的状态，简称标准态（standard state）。右上角标“$\ominus$”是表示标准态的符号，它对具体物质状态有严格规定：

（1）气体的标准态——纯理想气体的标准态是指其处于标准压力下 $p^{\ominus}$ 的状态，混合气体中某组分的标准态是指该组分的分压为 $p^{\ominus}$ 且单独存在的状态。

（2）液体（或固体）的标准态——纯液体（或固体）的标准态是指温度为 T，压力为 $p^{\ominus}$ 下液体（或固体）纯物质的状态。

（3）液体溶液中溶剂和溶质的标准态——溶液中的溶剂可近似看成纯物质的标准态，即为标准压力 $p^{\ominus}$ 时，液体纯物质的状态。在溶液中，溶质的标准态是在压力为 $p = p^{\ominus}$，质量摩尔浓度 $b_B = b^{\ominus}$，标准质量摩尔浓度 $b^{\ominus} = 1\ \text{mol} \cdot \text{kg}^{-1}$，并表现出无限稀释溶液特性时溶质的（假想）状态。通常在讨论溶液中热力学性质时，考虑到多数情况下，溶液浓度比较小，因此，标准质量摩尔浓度近似地等于标准物质的量浓度。即 $b^{\ominus} \approx c^{\ominus} = 1\ \text{mol} \cdot \text{L}^{-1}$，同样 $b \approx c$。

若热力学系统内所有的物质都处于标准状态，则该系统处于标准状态；对于一个化学反应，若参加反应的物质（产物和反应物）都处于标准状态，则该反应为标准状态下的反应。

在热力学的有关计算中，状态函数及其变化要注明其状态，如标准状态下的焓变记为 $\Delta H^{\ominus}$，标准状态下的熵变记为 $\Delta S^{\ominus}$，标准状态下的吉布斯自由能变记

---

① International Union of Pure and Applied Chemistry（IUPAC）即国际纯粹与应用化学联合会，是一个致力于促进与化学相关发展的非政府组织，也是各国化学会的一个联合组织，以公认的化学命名权威著称。

为 $\Delta G^{\ominus}$。非标准态下则分别记为 ΔH、ΔS、ΔG。需要注意的是标准状态没有具体的温度规定。

2.1.3.2 热化学方程式

表示化学反应与其反应热关系的化学方程式称为热化学方程式（thermochemical equation）。例如：

$$H_2(g)+\frac{1}{2}O_2(g) \rightleftharpoons H_2O(g);\ \Delta_r H_m^{\ominus}(298.15K)=-241.8\ kJ \cdot mol^{-1} \quad (a)$$

上式表明，温度为 298.15K，各气体分压均为标准压力 $p^{\ominus}$（100 kPa）时，在恒压条件下，消耗 1 mol H_2（g）和 $\frac{1}{2}$ mol O_2（g），生成 1 mol $H_2O(g)$ 时所放出的热量为 241.82 kJ。

由于反应热与反应方向、反应条件、物质的聚集状态等因素有关，因此书写热化学方程式应注意以下几点：

（1）应注明反应的温度和压力。如果是 298.15K 和 100kPa，可略去不写。严格来说，反应温度对化学反应的焓变值是有影响的，但一般影响不大，通常计算可按 298.15K 时处理。

（2）必须标出物质的聚集状态。因为聚集状态不同，热效应的数值也不同。如上例，若生成的 H_2O 为液态，则：

$$H_2(g)+\frac{1}{2}O_2(g) \rightleftharpoons H_2O(l);\ \Delta_r H_m^{\ominus}(298.15K)=-286.0\ kJ \cdot mol^{-1} \quad (b)$$

由于 H_2O 的聚集状态不同，使反应式（a）和式（b）的 $\Delta_r H_m^{\ominus}$ 值也不同，差值恰为反应中 1 mol H_2O 由气态转变为液态的焓变 $\Delta_{相变} H_m^{\ominus}$。

（3）反应的焓变（ΔH）值与反应式中的化学计量数有关。同一反应以不同的计量数表示时，则 ΔH 值也不相同。如上述反应式（a）的计量数乘以 2，则其 ΔH 值也加倍。

$$2H_2(g)+O_2(g) \rightleftharpoons 2H_2O(g);\ \Delta_r H_m^{\ominus}(298.15K)=-483.6\ kJ \cdot mol^{-1} \quad (c)$$

（4）正、逆反应的热效应绝对值相同，符号相反。例如：

$$H_2(g)+\frac{1}{2}O_2(g) \rightleftharpoons H_2O(l);\ \Delta_r H_m^{\ominus}(298.15K)=-286.0\ kJ \cdot mol^{-1}$$

$$H_2O(l) \rightleftharpoons H_2(g)+\frac{1}{2}O_2(g);\ \Delta_r H_m^{\ominus}(298.15K)=+286.0\ kJ \cdot mol^{-1}$$

2.1.3.3 盖斯定律

化学反应的反应热一般可以通过实验测得，但有些反应由于自身反应的特点如速率慢、副反应多等，或测试条件的限制，很难准确测定。因此，用热化学方法计算反应热是化学家们十分关注的问题。在 Lavosier 和 Laplace 奠定的热化学基础上，1840 年，俄籍瑞士化学家盖斯（G H Hess，1802—1850）通过实验总结出了著名的热化学定律——盖斯定律，其文字表述为：若一个反应可分几步完成，则总反应的热效应等于各步反应热效应之和。换言之，化学反应的热效应只取决于反应的始态和终态，而与变化过程的具体途径无关。

盖斯（Germain Henri Hess）

从热力学角度看，盖斯定律是能量守恒定律的一种具体表现形式，也就是说该定律是状态函数性质的体现。因为焓（或热力学能）是状态函数，只要反应的始态和终态一定，则 $\Delta H(\Delta U)$ 便是定值，至于通过什么途径来完成这一反应，就无关紧要了。

例如，碳完全燃烧生成 CO_2 有两种途径，如图 2-4 所示：

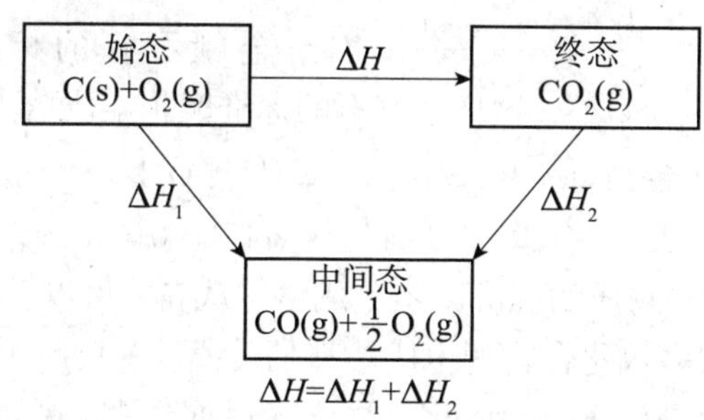

图 2-4　反应热的间接计算

盖斯定律有着广泛的应用。应用这个定律可以计算反应的反应热，尤其是一些不能或难以用实验方法直接测定的反应热。如煤气生产中，反应 $2C(s)+O_2(g) \longrightarrow 2CO(g)$ 是很重要的，工厂设计时需要该反应的反应热数据，但因不能控制单质碳只被氧化成纯的 CO，而使实验难以准确测定。不过，下面两个反应的反应热是容易测定的，在 100.00 kPa 和 298.15 K 下，它们的反应热分别为：

$$C(s)+O_2(g) \longrightarrow CO_2(g) \qquad \Delta H=-393.51\ \text{kJ}\cdot\text{mol}^{-1}$$

$$CO(g)+\frac{1}{2}O_2(g) \longrightarrow CO_2(g) \qquad \Delta H_2=-282.99\ \text{kJ}\cdot\text{mol}^{-1}$$

由盖斯定律得：$\Delta H=\Delta H_1+\Delta H_2$，所以 $\Delta H_1=\Delta H-\Delta H_2$

$$\Delta H_1=[(-393.51)-(-282.99)]\ \text{kJ}\cdot\text{mol}^{-1}=-110.52\ \text{kJ}\cdot\text{mol}^{-1}$$

应用盖斯定律通过计算不仅可以得到某些恒压反应热，从而减少大量实验测定工作，而且可以计算出难以或无法用实验测定的某些反应的反应热。

2.1.3.4 应用标准摩尔生成焓计算标准摩尔反应焓变

（1）标准摩尔生成焓

物质B的标准摩尔生成焓 $\Delta_f H_m^{\ominus}$（B，相态，T）被定义为：在标准态下，由参考状态的单质生成单位物质的量的某化合物的反应的焓变，称为该化合物的标准摩尔生成焓（standard molar enthalpy of formation），简称生成焓（生成热），用符号 $\Delta_f H_m^{\ominus}$ 表示，上标“$\ominus$”表示标准态，下标“f”（formation 的词头）表示生成反应。所谓的参考状态，一般是指每种单质在所讨论的温度 T 及标准压力 $p^{\ominus}$ 时最稳定的状态。$\Delta_f H_m^{\ominus}$ 的单位为 $kJ \cdot mol^{-1}$，通常使用的是298.15 K的标准摩尔生成焓数据。

一种元素若有几种同素异形体（如在标准态下，碳就有石墨、金刚石等多种单质，其中石墨是最稳定的），则根据标准摩尔生成焓的定义，最稳定单质的标准摩尔生成焓为零，即 $\Delta_f H_m^{\ominus}$（石墨）=0。

已知 C（石墨）$\xrightarrow{\text{标准态下，298.15K}}$ C（金刚石）的标准摩尔反应焓变（$\Delta_r H_m^{\ominus}$）为 $1.895\ kJ \cdot mol^{-1}$，这样金刚石的标准摩尔生成焓为：

$$\Delta_f H_m^{\ominus}(\text{金刚石}) = \Delta_r H_m^{\ominus} + \Delta_f H_m^{\ominus}(\text{石墨})$$
$$= 1.895\ kJ \cdot mol^{-1} + 0 = 1.895\ kJ \cdot mol^{-1}$$

表2-1列出了一些物质的标准摩尔生成焓。从表中可以看出，除了NO、NO_2 等少数物质外，绝大多数化合物的生成焓都是负值。这反映了一个事实，即由单质生成化合物时一般是放热的，而化合物分解时通常是吸热的。

表2-1 一些物质的标准摩尔生成焓（298.15K） （单位：$kJ \cdot mol^{-1}$）

物质	$\Delta_f H_m^{\ominus}$	物质	$\Delta_f H_m^{\ominus}$
AgCl(s)	-127.07	CO_2 (g)	-393.51
Ag_2O(s)	-31.05	Fe_2O_3 (s)	-824.25
Al(s)	0	HCl(g)	-92.31
Al_2O_3（α，刚玉）	-1 675.69	HBr(g)	-36.40
C（石墨）	0	HI(g)	26.48
C（金刚石）	1.895	H_2O(l)	-286
$CaCO_3$（方解石）	-1 206.92	H_2O(g)	-241.8
CaO(s)	-635.09	NH_3 (g)	-46.11
$Ca(OH)_2$ (s)	-986.09	NO(g)	90.25
CO(g)	-110.525	NO_2 (g)	33.18

（2）标准摩尔反应焓变的计算

一般的化学反应及其反应热可以通过实验直接测定，也可以通过热力学数据计算得出。根据标准摩尔生成焓的定义，应用盖斯定律可以导出：化学反应的标准摩尔反应焓变等于生成物的标准摩尔生成焓的总和减去反应物的标准摩尔生成焓的总和。

对于一般的化学反应： $aA + bB = yY + zZ$

任一物质均处于温度 T 的标准态下，它的标准摩尔反应焓变为：

$$\Delta_r H_m^{\ominus} = [y\Delta_f H_m^{\ominus}(Y) + z\Delta_f H_m^{\ominus}(Z)] - [a\Delta_f H_m^{\ominus}(A) + b\Delta_f H_m^{\ominus}(B)] \quad (2\text{-}4)$$

或表示为：$\Delta_r H_m^{\ominus}(T) = \sum \upsilon_i \Delta_f H_m^{\ominus}(\text{生成物,相态},T) + \sum \upsilon_i \Delta_f H_m^{\ominus}(\text{反应物,相态},T)$

式中：υ_i表示反应式中物质 i 的化学计量系数。当查到有关物质的标准摩尔生成焓的数据后，应用式（2-4）可计算出反应的标准摩尔反应焓变。

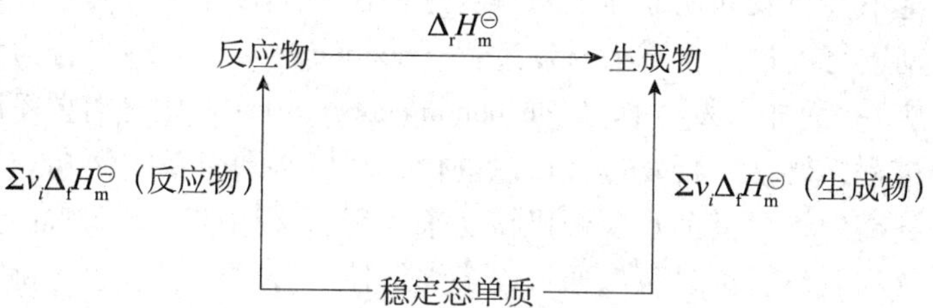

图 2-5　标准摩尔反应焓变的计算示意图

【例 1】已知下列光合作用：

$$6CO_2(g) + 6H_2O(l) \xrightarrow[\Delta_r H_m^{\ominus}]{h\nu,\text{叶绿素}} C_6H_{12}O_6(s) + 6O_2(g)$$

的 $\Delta_r H_m^{\ominus} = 2\ 802\ \text{kJ}\cdot\text{mol}^{-1}$。（1）试计算葡萄糖（$C_6H_{12}O_6$）的标准摩尔生成焓；（2）每合成 1kg 葡萄糖需要吸收多少千焦太阳能。

解：（1）查表得：

$\Delta_f H_m^{\ominus}(CO_2, g) = -393.51\ \text{kJ}\cdot\text{mol}^{-1}$； $\Delta_f H_m^{\ominus}(H_2O, l) = -286\ \text{kJ}\cdot\text{mol}^{-1}$

$$\Delta_r H_m^{\ominus} = [\Delta_f H_m^{\ominus}(C_6H_{12}O_6,s) + 6\Delta_f H_m^{\ominus}(O_2,g)] - [6\Delta_f H_m^{\ominus}(CO_2,g) + 6\Delta_f H_m^{\ominus}(H_2O,l)]$$

$$\begin{aligned}\Delta_f H_m^{\ominus}(C_6H_{12}O_6,s) &= \Delta_r H_m^{\ominus} - 6\Delta_f H_m^{\ominus}(O_2,g) + [6\Delta_f H_m^{\ominus}(CO_2,g) + 6\Delta_f H_m^{\ominus}(H_2O,l)] \\ &= 2\ 802 - 0 + 6\times(-393.51) + 6\times(-286) \\ &= -1\ 275\ \text{kJ}\cdot\text{mol}^{-1}\end{aligned}$$

光合作用的 $\Delta_r H_m^{\ominus} > 0$，表明其为吸热反应，热量来自太阳光；其逆过程为放热反应，所以氧化摄入生物体内的葡萄糖能供给热量。

（2）$M(C_6H_{12}O_6) = [(12.01\times6) + (1.01\times12) + (16.00\times6)]$

$$= 180.2\ \text{g}\cdot\text{mol}^{-1}$$

$$Q_p = (m/M)\times\Delta_r H_m^{\ominus} = \frac{1\ 000\ \text{g}}{180.2\ \text{g}\cdot\text{mol}^{-1}}\times 2\ 802\ \text{kJ}\cdot\text{mol}^{-1}$$

$$= 15.55\times 10^{3}\ \text{kJ}$$

2.2 化学反应的方向和吉布斯自由能变

2.2.1 化学反应的自发性

自然界中发生的宏观自动进行的变化过程都有一定的方向性，例如水总是自动地从高处向低处流，而不会自动地反方向流动；又如铁在潮湿的空气中易生锈，而铁锈绝不会自发地还原为金属铁。这种在一定条件下不需外界做功，一经引发就能自动进行的过程，称为自发过程（spontaneous process，若为化学过程则称为自发反应）；而非自发过程（nonspontaneous process）则是需要不断施加外力才能发生的过程，要使非自发过程得以进行，环境必须对系统做功。例如欲使水从低处输送到高处，可借助水泵做机械功来实现。又例如常温下水虽然不能自发地分解为氢气和氧气，但是可以通过电解强行使水分解。通过上述例子我们可以得到以下结论：

- 如果过程是自发过程，逆过程一定是非自发过程；
- 自发过程和非自发过程都可以发生，不同的是前者无须外力推动，而后者则需要从系统外部进行干预。

化学反应在指定条件下自发进行的方向和限度（或可能进行的程度）问题，是科学研究和生产实践中极为重要的理论问题之一。例如对于下列反应：

$$2H_2O(l) \longrightarrow 2H_2(g) + O_2(g)$$

如果能确定此反应在指定条件下可以自发进行，而且反应限度又较大，这就为我们提供了一种获得氢能源的理想方案，那么我们就可以集中精力去寻找能引发这个反应的催化剂或其他有效方法以促使该反应的实现。但是如果通过热力学计算表明此反应在任何合理的温度和压力条件下均为非自发反应，则显然没有必要为该方案去做无用功。

能否从理论上判断一个具体的化学反应是否为自发反应呢？或者说从理论上确立一个判断化学反应方向的判据呢？此问题为本节的核心内容。

2.2.2 影响化学反应方向的因素

2.2.2.1 反应热与化学反应的方向

在研究各种体系的变化过程时，人们发现自然界的自发过程一般都朝着能量降低的方向进行。显然，能量越低，体系的状态就越稳定。在 1878 年法国化学家 M. Berthelot 和丹麦化学家 J. Thomsen 就提出：自发的化学反应趋向于使系统放出最多的热，即系统的焓减少（$\Delta H < 0$），反应将能自发进行。这种以反应焓变作为判断反应方向的依据，简称为焓判据。从反应系统能量变化来看，放热反应发生以后，系统的能量降低，反应放出的热量越多，系统的能量降低得也越多，反应越完全。这就是说，在反应过程中，系统有趋向于最低能量状态的倾向，常称其为能量最低原理。

Berthelot 和 Thomsen 所提出的能量最低原理是许多实验事实的概括，对多数放热反应，特别是在温度不高的情况下是完全适用的。但是，有些吸热过程（$\Delta_r H_m > 0$）亦能自发进行。例如，水的蒸发，NH_4Cl 溶于水以及 Ag_2O 的分解等都是吸热过程，但在 298.15 K、标准态下均能自发进行：

$$NH_4Cl(s) \longrightarrow NH_4^+(aq) + Cl^-(aq) \qquad \Delta_r H_m^{\ominus} = 14.7\ kJ \cdot mol^{-1}$$

$$Ag_2O(s) \longrightarrow 2Ag(s) + \frac{1}{2}O_2(g) \qquad \Delta_r H_m^{\ominus} = 31.05\ kJ \cdot mol^{-1}$$

又如，高温下 $CaCO_3$ 的分解反应是吸热反应（$\Delta_r H_m > 0$）：

$$CaCO_3(s) \longrightarrow CaO(s) + CO_2(g) \qquad \Delta_r H_m^{\ominus} = 178.32\ kJ \cdot mol^{-1}$$

该反应在室温下不是自发的，但在 840℃以上能自发进行。由此可见，把焓变作为反应自发性的普遍判据是不准确、不全面的。因为除了反应焓变外，体系混乱度的增加和温度的改变，也是影响许多化学和物理过程自发进行方向的因素。

2.2.2.2 熵变与化学反应的方向

（1）混乱度（randomness）

在探寻自发变化判据的研究中，人们发现许多自发的吸热变化有混乱度增加的趋向。前面所举出的吸热反应实例也说明了这一点，这些实例都是宏观现象，如何将宏观的自发现象与系统的微观组成联系起来，这需要确立一个新的物理量，下面以 NH_4Cl 的溶解和 Ag_2O 的分解为例说明之。例如，NH_4Cl 晶体中的 $NH_4{}^+$ 和 Cl^-，在晶体中的排列是整齐、有序的，NH_4Cl 晶体投入水中后，形成水合离子（以 aq 表示）并在水中扩散。在 NH_4Cl 溶液中，无论是 $NH_4{}^+$（aq）、

Cl^-（aq）还是水分子，它们的分布情况比 NH_4Cl 溶解前要混乱得多。

又如 Ag_2O 的分解过程，从其分解反应式表明，反应前后对比，不但物质的种类和“物质的量”增多，更重要的是产生了热运动自由度很大的气体，整个物质体系的混乱程度增大了。

由此可见，自然界中的物理和化学的自发过程一般都朝着混乱程度（简称混乱度）增大的方向进行。

(2) 熵（entropy）和熵变

体系内组成物质粒子运动的混乱程度，在热力学中用另一个物理量——“熵”来表示（其符号为“S”）。一定条件下处于一定状态的物质及整个系统都有其各自确定的熵值。因此，熵是描述物质混乱度大小的物理量，同时也是体系的状态函数。物质（或体系）的混乱度越大，对应的熵值就越大。基于在 0 K 时，一个完整无损的纯净晶体，其组分粒子（原子、分子或离子）都处于完全有序的排列状态，因此，可以把任何纯净的完整晶态物质在 0 K 时的熵值规定为零（$S_0=0$，下标“0”表示在 0 K），并以此为基础，可求得在其他温度下的熵值（S_T）。例如我们将一种纯晶体物质从 0 K 升温到任一温度（T），并测量此过程的熵变量（ΔS），则

$$\Delta S = S_T - S_0 = S_T - 0 = S_T$$

S_T即为该纯物质在 T 时的熵。某单位物质的量的纯物质在标准态下的熵值称为标准摩尔熵（$S_m^\ominus$），单位为 $J \cdot mol^{-1} \cdot K^{-1}$。通常手册中给出 298.15 K 下一些常见物质的标准摩尔熵（$S_m^\ominus$），显然，即使是纯净单质在 298.15 K 时的 $S_m^\ominus$ 也不为零。物质的聚集状态不同其熵值不同，同种物质的 $S_m^\ominus$(g) > $S_m^\ominus$(l) > $S_m^\ominus$(s)。物质的熵值随温度的升高而增大。气态物质的熵值随压力的增大而减小。

熵与焓一样，也是一种状态函数，故化学反应的熵变（$\Delta_r S_m$）与反应焓变（$\Delta_r H_m$）的计算原则相同，只取决于反应的始态和终态，而与变化的途径无关。因此应用标准摩尔熵（$S_m^\ominus$）的数据可以算出化学反应的标准摩尔反应熵变（$\Delta_r S_m^\ominus$）：

$$\Delta_r S_m^\ominus = \sum \nu_i S_m^\ominus(\text{生成物}) + \sum \nu_i S_m^\ominus(\text{反应物}) \tag{2-5}$$

【例 2】 试计算反应：$2SO_2(g) + O_2(g) \rightleftharpoons 2SO_3(g)$，在 298.15 K 时的标准摩尔熵变（$\Delta_r S_m^\ominus$）。并判断该反应是熵增还是熵减。（已知 $SO_2(g)$、O_2(g)、$SO_3(g)$ 的 $S_m^\ominus$ 分别为：248.22 $J \cdot mol^{-1} \cdot K^{-1}$、205.138 $J \cdot mol^{-1} \cdot K^{-1}$ 和 256.76 $J \cdot mol^{-1} \cdot K^{-1}$）

解：	$2SO_2(g)$	$+ O_2(g)$	$\rightleftharpoons 2SO_3(g)$
$S_m^\ominus/(J \cdot mol^{-1} \cdot K^{-1})$	248.22	205.138	256.76

$$
\begin{aligned}
\Delta_r S_m^{\ominus} &= \sum \nu_i S_m^{\ominus}(\text{生成物}) + \sum \nu_i S_m^{\ominus}(\text{反应物}) \\
&= (2 \times 256.76\ \mathrm{J \cdot mol^{-1} \cdot K^{-1}}) + (-2 \times 248.22\ \mathrm{J \cdot mol^{-1} \cdot K^{-1}}) + \\
&\quad (-1 \times 205.138\ \mathrm{J \cdot mol^{-1} \cdot K^{-1}}) \\
&= -188.06\ \mathrm{J \cdot mol^{-1} \cdot K^{-1}}
\end{aligned}
$$

$\Delta_r S_m^{\ominus} < 0$，故在 298.15K 标准态下该反应为熵值减小的反应。

虽然熵增有利于反应的自发进行，但是与反应焓变一样，不能仅用熵变作为反应自发性的判据①。例如 SO_2（g）氧化为 SO_3（g）的反应在 298.15K、标准态下是一个自发反应，但其 $\Delta_r S_m^{\ominus} < 0$。又如水转化为冰的过程，其 $\Delta_r S_m^{\ominus} < 0$，但在 $T < 273.15$K 的条件下却是自发过程。这表明过程（或反应）的自发性不仅与焓变和熵变有关，而且还与温度条件有关。

（3）化学反应的吉布斯自由能变：反应自发性的最终判据

为了确定一个过程（或反应）自发性的判据，1878 年美国著名的物理化学家吉布斯（J W Gibbs，1839—1903 年）提出一个综合了体系焓变、熵变和温度三者关系的新的状态函数变量，称为摩尔吉布斯自由能变量（简称自由能变），以"$\Delta_r G_m$"表示。吉布斯证明：在等温、等压条件下，摩尔吉布斯自由能变与摩尔反应焓变（$\Delta_r H_m$）、摩尔反应熵变（$\Delta_r S_m$）、温度（T）之间有如下关系（推导从略）：

$$\Delta_r G_m = \Delta_r H_m - T\Delta_r S_m \tag{2-6}$$

式（2-6）称为吉布斯公式。

吉布斯

吉布斯提出：在等温、等压的封闭体系内，在不做非体积功的前提下，$\Delta_r G_m$（T）可作为热化学反应自发过程的判据。即：

$$
\Delta_r G_m(T)
\begin{cases}
< 0 & \text{自发过程,化学反应可正向进行;} \\
= 0 & \text{平衡状态;} \\
> 0 & \text{非自发过程,化学反应可逆向进行}
\end{cases}
$$

亦即等温、等压的封闭体系内，在不做非体积功的前提下，任何自发过程总是朝着吉布斯自由能（G）减小的方向进行。$\Delta_r G_m$（T）$=0$ 时，反应达平衡，体系的 G 降低到最小值。

① 对孤立体系（该体系与环境之间无物质和能量的交换）来说，可以用熵判据确定反应的方向，这将在物量化学课程中进行讨论。

由式（2-2）可以看出，在等温、等压下，$\Delta_r G_m$值取决于：$\Delta_r H_m$、$\Delta_r S_m$和 T。

按 $\Delta_r H_m$、$\Delta_r S_m$的符号及温度（T）对化学反应 $\Delta_r G_m$的影响，可归纳为以下四种情况，见表 2-2。

表 2-2　等压条件下 $\Delta_r H_m$、$\Delta_r S_m$及 T 对 $\Delta_r G_m$及反应方向的影响

各种情况	$\Delta_r H_m$的符号	$\Delta_r S_m$的符号	$\Delta_r G_m$的符号	反应情况
1	(－)	(＋)	(－)	任何温度下均为自发反应
2	(＋)	(－)	(＋)	任何温度下均为非自发反应
3	(＋)	(＋)	常温（＋）	常温下为非自发反应
			高温（－）	高温下为自发反应
4	(－)	(－)	常温（－）	常温下为自发反应
			高温（＋）	高温下为非自发反应

2.2.3　热化学反应方向的判断

2.2.3.1　标准摩尔生成吉布斯自由能（$\Delta_f G_m^{\ominus}$）

像定义标准摩尔生成焓一样，物质 B 的标准摩尔生成吉布斯自由能被定义为：在标准态下，由最稳定的纯态单质（参考状态）生成单位物质的量的某物质时的吉布斯自由能变，称为该物质的标准摩尔生成吉布斯自由能（以 $\Delta_f G_m^{\ominus}$ 表示）。根据此定义，不难理解，任何最稳定的纯态单质（如石墨、银、铜、氢气等）在任何温度下的标准摩尔生成吉布斯自由能均为零。

温度一定时，当某反应在标准状态下按照反应计量方程式完成由反应物到产物的转化时，相应的吉布斯自由能变被称为反应的标准摩尔吉布斯自由能变，以 $\Delta_r G_m^{\ominus}$ 表示。

2.2.3.2　化学反应的标准摩尔吉布斯自由能变的计算和反应方向的判断

反应的标准摩尔吉布斯自由能变的计算，可以根据掌握的数据，用下列三种方法之一来计算：

（1）利用盖斯定律进行计算

自由能（G）是状态函数，如果能由一组已知反应的方程式通过加减的办法得出所要研究的那个反应的方程式，就可以根据已知反应的 $\Delta_r G_m^{\ominus}$ 值，通过加减的办法得出所要研究的 $\Delta_r G_m^{\ominus}$ 值。

【例 3】由已知反应的标准摩尔吉布斯自由能变计算另一个反应的标准摩尔吉布斯自由能变。已知反应：

$$C(s) + O_2(g) \longrightarrow CO_2(g); \qquad \Delta_r G_m^{\ominus} = -394.36\ kJ \cdot mol^{-1}$$

$$C(s) + \frac{1}{2}O_2(g) \longrightarrow CO\ (g); \qquad \Delta_r G_m^{\ominus} = -137.17\ kJ \cdot mol^{-1}$$

试计算 298.15 K 下，下述反应的标准摩尔吉布斯自由能变：

$$CO(g) + \frac{1}{2}O_2(g) \longrightarrow CO_2(s)$$

解：根据盖斯定律，该反应的标准摩尔吉布斯自由能变可由上述两个已知反应及其标准摩尔吉布斯自由能变相减得到

$$C(s) + O_2(g) \longrightarrow CO_2(g); \quad \Delta_r G_m^{\ominus} = -394.36\ kJ \cdot mol^{-1}$$

$$-)\quad C(s) + \frac{1}{2}O_2(g) \longrightarrow CO\ (g); \quad \Delta_r G_m^{\ominus} = -137.17\ kJ \cdot mol^{-1}$$

$$CO(s) + \frac{1}{2}O_2(g) \longrightarrow CO_2(g); \quad \Delta_r G_m^{\ominus} = -257.19\ kJ \cdot mol^{-1}$$

（2）根据反应物和反应产物标准摩尔生成吉布斯自由能 $\Delta_f G_m^{\ominus}$ 数据进行计算

反应的吉布斯自由能变（$\Delta_r G_m^{\ominus}$）与反应焓变（$\Delta_r H_m^{\ominus}$）、熵变（$\Delta_r S_m^{\ominus}$）的计算原则相同，即与反应的始态和终态有关，与反应的具体途径无关。如果能从手册查得所要产物和反应物的标准摩尔生成吉布斯自由能 $\Delta_f G_m^{\ominus}$ 数据，则可利用下式进行计算：

$$\Delta_r G_m^{\ominus} = \sum \nu_i G_m^{\ominus}(产物) + \sum \nu_i G_m^{\ominus}(反应物) \tag{2-7}$$

【例 4】 在 298.15 K 时，反应 $CCl_4(l) + H_2(g) \longrightarrow HCl(g) + CHCl_3(l)$ 中四种物质的 $\Delta_f G_m^{\ominus}$ 按顺序分别为：$-65.27\ kJ \cdot mol^{-1}$，$0.00\ kJ \cdot mol^{-1}$，$-95.30\ kJ \cdot mol^{-1}$，$-73.72\ kJ \cdot mol^{-1}$，该反应在标准状态条件下是否为自发反应？

解：将相关数据代入式（2-7）：

$$\begin{aligned}\Delta_r G_m^{\ominus}(298.15\ K) &= [1 \times (-95.30\ kJ \cdot mol^{-1}) + 1 \times (-73.72\ kJ \cdot mol^{-1})] \\ &\quad + [-1 \times (-65.27\ kJ \cdot mol^{-1}) - 1 \times (0\ kJ \cdot mol^{-1})] \\ &= -103.8\ kJ \cdot mol^{-1}\end{aligned}$$

$\Delta_r G_m^{\ominus}$ 为负值表明：反应在给定条件下是自发反应。

（3）根据吉布斯自由能公式进行计算

在标准态时，吉布斯公式（2-6）变为：

$$\Delta_r G_m^{\ominus} = \Delta_r H_m^{\ominus} - T\Delta_r S_m^{\ominus} \tag{2-8}$$

如果有 $\Delta_r H_m^{\ominus}$ 和 $\Delta_r S_m^{\ominus}$ 数据，则可通过式（2-8）进行计算。需要指出的是，由于温度对焓变和熵变的影响较小，通常可认为 $\Delta_r H_m^{\ominus}(T) \approx \Delta_r H_m^{\ominus}(298.15\ K)$、$\Delta_r S_m^{\ominus}(T) \approx \Delta_r S_m^{\ominus}(298.15\ K)$，这样任一温度 T 时的标准摩尔吉布斯自由能变可按下式进行近似计算：

$$\Delta_r G_m^{\ominus}(T) = \Delta_r H_m^{\ominus}(T) - T \times \Delta_r S_m^{\ominus}(T)$$
$$\approx \Delta_r H_m^{\ominus}(298.15\ \text{K}) - T \times \Delta_r S_m^{\ominus}(298.15\ \text{K}) \tag{2-9}$$

【例 5】 在 298.15K、标准压力下，碳酸钙能否分解为氧化钙和二氧化碳？

解：查相关手册可获得热力学数据：

	$CaCO_3(s) \rightleftharpoons$	CaO (s) +	$CO_2(g)$
$\Delta_f G_m^{\ominus}/(\text{kJ}\cdot\text{mol}^{-1})$	−1 128.79	−604.03	−394.359
$\Delta_f H_m^{\ominus}/(\text{kJ}\cdot\text{mol}^{-1})$	−1 206.92	−635.09	−393.509
$\Delta_r S_m^{\ominus}/(\text{J}\cdot\text{mol}^{-1}\cdot\text{K}^{-1})$	92.9	39.75	213.74

① $\Delta_r G_m^{\ominus}$ (298.15K) $= \sum \nu_i \Delta_f G_m^{\ominus}$（生成物）$+ \sum \nu_i \Delta_f G_m^{\ominus}$（反应物）

$= [(-394.359\text{kJ}\cdot\text{mol}^{-1}) + (-604.03\text{kJ}\cdot\text{mol}^{-1})] + (-1)\times(-1\ 128.79\ \text{kJ}\cdot\text{mol}^{-1})$

$= 130.40\ \text{kJ}\cdot\text{mol}^{-1}$

由于 $\Delta_r G_m^{\ominus}$ (298.15K) >0，故在 298.15K、标准态下碳酸钙不会自发分解。

② $\Delta_r H_m^{\ominus}$ (298.15K) $= \sum \nu_i \Delta_f H_m^{\ominus}$（生成物）$+ \sum \nu_i \Delta_f H_m^{\ominus}$（反应物）

$= (-393.509\text{kJ}\cdot\text{mol}^{-1}) + (-635.09\ \text{kJ}\cdot\text{mol}^{-1}) + (-1)\times(-1\ 206.92\text{kJ}\cdot\text{mol}^{-1})$

$= 178.32\ \text{kJ}\cdot\text{mol}^{-1}$

$\Delta_r S_m^{\ominus}$ (298.15K) $= \sum \nu_i \Delta_r S_m^{\ominus}$（生成物）$+ \sum \nu_i \Delta_r S_m^{\ominus}$（反应物）

$= 213.74\text{J}\cdot\text{mol}^{-1}\cdot\text{K}^{-1} + 39.75\ \text{J}\cdot\text{mol}^{-1}\cdot\text{K}^{-1} + (-1)\times 92.9\text{J}\cdot\text{mol}^{-1}\cdot\text{K}^{-1}$

$= 160.6\ \text{J}\cdot\text{mol}^{-1}\cdot\text{K}^{-1}$

$\Delta_r G_m^{\ominus}$ (298.15K) $= \Delta_r H_m^{\ominus}$ (298.15K) $- T\Delta_r S_m^{\ominus}$ (298.15K)

$= 178.32\ \text{kJ}\cdot\text{mol}^{-1} - 298.15\ \text{K}\times 160.6\times 10^{-3}\ \text{kJ}\cdot\text{mol}^{-1}\cdot\text{K}^{-1}$

$= 130.4\ \text{kJ}\cdot\text{mol}^{-1} > 0$

由上计算可知，该分解反应是焓增、熵增反应，298.15K、标准态下不能自发进行。

2.2.3.3 非标准状态下化学反应的摩尔吉布斯自由能变的计算和反应方向的判断

由物质标准摩尔生成吉布斯自由能 $\Delta_f G_m^{\ominus}$ 数据计算所得到的反应标准摩尔生成吉布斯自由能变 $\Delta_r G_m^{\ominus}(T)$，只能判断标准状态下反应的自发性。在实际中的很多化学反应常常是在非标准态下进行的，用非标准态下自由能变 $\Delta_r G_m(T)$ 作为判据，才能得到符合实际的结论。

表达 $\Delta_r G_m(T)$ 与 $\Delta_r G_m^{\ominus}(T)$ 关系的式子叫范特霍夫（van't Hoff）等温方程式。在等温等压及非标准态下，对任一反应：

$$cC + dD = yY + zZ$$

根据热力学推导，反应摩尔吉布斯自由能变有如下关系式：

$$\Delta_r G_m(T) = \Delta_r G_m^{\ominus}(T) + RT\ln J \qquad (2\text{-}10)$$

式中 J 为反应商（reaction quotient）。

对于气体反应：$J = \dfrac{\{p(Y)/p^{\ominus}\}^y \{p(Z)/p^{\ominus}\}^z}{\{p(C)/p^{\ominus}\}^c \{p(D)/p^{\ominus}\}^d}$

对于水溶液中的（离子）反应：$J = \dfrac{\{c(Y)/c^{\ominus}\}^y \{c(Z)/c^{\ominus}\}^z}{\{c(C)/c^{\ominus}\}^c \{c(D)/c^{\ominus}\}^d}$

由反应商（J）表达式可知：非标准态下的自发性判据 $\Delta_r G_m(T)$ 不仅与 $\Delta_r G_m^{\ominus}(T)$ 有关，还与反应物和产物的压力（或浓度）有关。另外，由于固态或液态处于标准态与否对反应的 $\Delta_r G_m$（T）影响较小，故它们在反应商（J）式中不出现。例如反应：

$$MnO_2(s) + 4H^+(aq) + 2Cl^-(aq) \longrightarrow Mn^{2+}(aq) + Cl_2(g) + 2H_2O(l)$$

非标准态时：$\Delta_r G_m(T) = \Delta_r G_m^{\ominus}(T) + RT\ln J$

其中：$J = \dfrac{\{c(Mn^{2+})/c^{\ominus}\}\{p(Cl_2)/p^{\ominus}\}}{\{c(H^+)/c^{\ominus}\}^4 \{c(Cl^-)/c^{\ominus}\}^2}$

【例 6】 计算下列可逆反应在 723K 和某非标准态时的 $\Delta_r G_m$ 值并判断该反应自发进行的方向。

$$2SO_2(g) + O_2(g) \rightleftharpoons 2SO_3(g)$$

非标准态分压/Pa　1.0×10^4　1.0×10^4　1.0×10^8

解：根据 $\Delta_r G_m(T) = \Delta_r G_m^{\ominus}(T) + RT\ln J$，先计算出 $\Delta_r G_m^{\ominus}(T)$、$RT\ln J$ 两项

①　$2SO_2(g) + O_2(g) \rightleftharpoons 2SO_3(g)$

$\Delta_f H_m^{\ominus}$（298.15K）/（$kJ\cdot mol^{-1}$）　−296.830　0　−395.72

$S_m^{\ominus}$（298.15K）/（$J\cdot mol^{-1}\cdot K^{-1}$）　248.22　205.138　256.76

$$\begin{aligned}\Delta_r H_m^{\ominus}(298.15K) &= \Sigma\nu_i\Delta_f H_m^{\ominus}(\text{生成物}) + \Sigma\nu_i\Delta_f H_m^{\ominus}(\text{反应物})\\ &= 2\times(-395.72\ kJ\cdot mol^{-1}) + [(-2)\times(-296.830\ kJ\cdot mol^{-1}) + 0]\\ &\approx -197.78\ kJ\cdot mol^{-1}\end{aligned}$$

$$\begin{aligned}\Delta_r S_m^{\ominus}(298.15K) &= \Sigma\nu_i S_m^{\ominus}(\text{生成物}) + \Sigma\nu_i S_m^{\ominus}(\text{反应物})\\ &= (2\times256.76\ J\cdot mol^{-1}\cdot K^{-1}) + [(-2)\times248.22 + (-1)\times205.138 J\cdot mol^{-1}\cdot K^{-1}]\end{aligned}$$

$$\approx -188.06\ \mathrm{J \cdot mol^{-1} \cdot K^{-1}}$$

$$\begin{aligned}\Delta_r G_m^{\ominus}(723\mathrm{K}) &= \Delta_r H_m^{\ominus}(723\mathrm{K}) - 723\mathrm{K} \times \Delta_r S_m^{\ominus}(723\mathrm{K}) \\ &\approx \Delta_r H_m^{\ominus}(298.15\mathrm{K}) - 723\mathrm{K} \times \Delta_r S_m^{\ominus}(298.15\mathrm{K}) \\ &= -197.78\ \mathrm{kJ \cdot mol^{-1}} - 723\mathrm{K} \times (-188.06\ \mathrm{J \cdot mol^{-1} \cdot K^{-1}}) \\ &\approx -61\ 813\ \mathrm{J \cdot mol^{-1}}\end{aligned}$$

② $$J = \frac{\{p(SO_3)/p^{\ominus}\}^2}{\{p(SO_2)/p^{\ominus}\}^2\{p(O_2)/p^{\ominus}\}}$$

$$= \frac{\{1.0 \times 10^8/1.0 \times 10^5\}^2}{\{1.0 \times 10^4/1.0 \times 10^5\}^2\{1.0 \times 10^4/1.0 \times 10^5\}} = 10^9$$

$$RT\ln J = 2.303 \times 8.314\mathrm{J \cdot mol^{-1} \cdot K^{-1}} \times 723\mathrm{K} \times \lg 10^9$$

$$\approx 124\ 590.5\ \mathrm{J \cdot mol^{-1}}$$

③ $$\Delta_r G_m(723\mathrm{K}) = \Delta_r G_m^{\ominus} + RT\ln J \approx (-61\ 813 + 124\ 590.5)\ \mathrm{J \cdot mol^{-1}}$$

$$\approx 62.777\ \mathrm{kJ \cdot mol^{-1}} > 0$$

计算结果表明，该反应在本题条件下逆向自发进行。

2.2.4 使用 $\Delta_r G_m$ 判据的条件

根据热力学原理，使用 $\Delta_r G_m$ 判据有三个先决条件。

(1) 反应体系必须是封闭体系，反应过程中体系与环境之间不得有物质的交换，如不断加入反应物或取走生成物等。

(2) $\Delta_r G_m$ 只给出了某温度、压力条件下（而且要求始态各物质温度、压力和终态相等①）反应的可能性，未必能说明其他温度、压力条件下反应的可能性。例如：反应 $2SO_2(g) + O_2(g) \rightleftharpoons 2SO_3(g)$ 在 298.15K、标准态下 $\Delta_r G_m^{\ominus}$(298.15K) <0，反应自发向右进行；而在 723K 和 $p(SO_3) = 1.0 \times 10^8$Pa、$p(SO_2) = p(O_2) = 1.0 \times 10^4$Pa 的非标准态下，$\Delta_r G_m$(723K) >0，反应不能自发向右进行。

(3) 反应体系必须不做非体积功（或者不受外界如“场”的影响），反之，判据将不适用。例如：

$2NaCl(s) \longrightarrow 2Na(s) + Cl_2(g)$，$\Delta_r G_m > 0$，按热力学原理此反应是不能自发进行的，但如果采用电解的方法（环境对体系做电功），则可以强制其向右进行。

最后，必须提到 $\Delta_r G_m < 0$ 的某些反应，例如：

$$H_2(g) + \frac{1}{2}O_2(g) \longrightarrow H_2O(l)$$

在 298.15 K、标准态下的 $\Delta_r G_m^{\ominus}(298.15\mathrm{K}) = -237.129\ \mathrm{kJ \cdot mol^{-1}} < 0$ 按理

---

① 此问题较复杂，留待物理化学课程中解释。

说应该能自发向右进行，但因反应速率极小而实际上可以认为不发生，若有催化剂或点火引发则可剧烈反应甚至还会发生爆炸。

2.3　化学平衡和标准平衡常数

在研究化学反应的过程中，预测反应的方向和限度是至关重要的。如果一个反应根本不可能发生，采取任何加快反应速率的措施都是毫无意义的。只有反应物向产物转化是可能的反应，才有可能通过改变或控制外界条件，使其以一定的反应速率达到反应的最大限度——化学平衡（chemical equilibrium）。本节重点讨论化学反应的标准平衡常数和平衡组成的计算、平衡移动的规律。

2.3.1　化学平衡的基本特征

2.3.1.1　可逆反应和不可逆反应

各种化学反应中，反应物转化为产物的限度并不相同，有些反应逆向进行的趋势很小，正反应几乎能进行到底，这种反应叫做不可逆反应（nonreversible reaction）。如氯酸钾的分解反应：

$$2KClO_3(s) \xrightarrow[\triangle]{MnO_2} 2KCl(s) + 3O_2(g)$$

该反应逆向进行的趋势很小。

习惯上将从左到右的反应称为正反应，从右到左的反应叫做逆反应。在同一条件下既可以正向进行又能逆向进行的反应称为可逆反应（reversible reaction）。如氢气和碘蒸气相互作用生成气态碘化氢，同样条件下气态碘化氢也能分解成碘蒸气和氢气。

$$H_2(g) + I_2(g) \rightleftharpoons 2HI(g)$$

一般来说，反应的可逆性是化学反应的普遍特征。在密闭容器中，由于正、逆反应共处于同一系统内，可逆反应不能进行“到底”，即反应物不能完全转化为产物。

2.3.1.2　化学平衡的基本特征

现仍以 $H_2(g) + I_2(g) \rightleftharpoons 2HI(g)$ 反应为例，讨论化学反应达到平衡时的基本特征。

在一定温度下把定量氢气和碘蒸气置于一密闭容器中，反应开始后，每隔一定时间取样分析，发现反应物 H_2（g）、I_2（g）的分压逐渐减小，而生成物 HI（g）的分压逐渐增大。若保持温度不变，待反应进行到一定时间，将发现混合气体中各组分的分压维持恒定，不再随时间而改变，此时即达到化学平衡状态。这一过程可用反应速率解释。反应刚开始，反应物浓度或分压最大，具有最大的正反应速率（$v_{正}$），此时尚无生成物，故逆反应速率为零（$v_{逆}=0$）。随着反应进行，反应物不断消耗，浓度或分压不断减小，正反应速率随之减小。另外，生成物浓度或分压不断增加，逆反应速率增大，至某一时刻 $v_{正}=v_{逆}\neq 0$（图 2-6），即单位时间内因正反应使反应物减小的量等于因逆反应使反应物增加的量。此时宏观上，各种物质的浓度或分压不再改变，达到平衡状态；微观上，反应并未停止，正、逆反应仍在进行，只是两者速率相等而已，故化学平衡是一种动态平衡（dynamic equilibrium）。

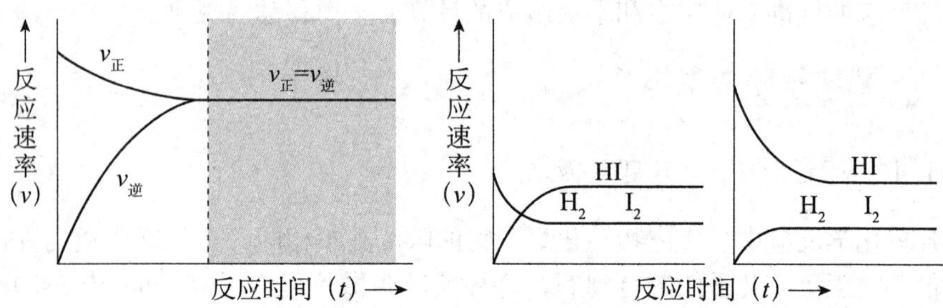

图 2-6 反应速率、浓度与反应时间的关系示意图

虽然各反应的可逆程度不同，但一旦平衡建立，所有达到平衡的化学反应都有如下共同特点：

（1）$v_{正}=v_{逆}$，都是动态平衡，平衡状态下，平衡组成不再随时间发生变化；

（2）体系总是自发趋向平衡状态。一旦外界条件有所变化，原来的平衡被破坏，在新条件下又将建立新的平衡。

（3）到达平衡状态的途径是双向的，这一特征的含义是：不论从哪个方向都能达到平衡。

2.3.2 标准平衡常数

2.3.2.1 标准平衡常数表达式

H_2（g）—I_2（g）—HI（g）的平衡问题是研究化学平衡的典型实例，其典型的实验数据见表 2-3。分析这些数据可以看出：平衡组成取决于开始时的系统组成；不同的开始组成得到不同的平衡组成。尽管不同平衡状态的平衡组成不同，但 $\frac{\{p(\mathrm{HI})\}^2}{\{p(\mathrm{H_2})\cdot p(\mathrm{I_2})\}}$（表 2-3 最右面一列）是一常量。425.4℃下，其平均值为 54.43①。该常量被称为实验平衡常数（experimental equilibrium constant）。由于热力学中对物质的标准态做了规定，平衡时各物种均以各自的标准态为参考态，热力学中的平衡常数称为标准平衡常数（standard equilibrium constant），以 $K^{\ominus}$ 表示。反应 $\mathrm{H_2(g)+I_2(g) \rightleftharpoons 2HI(g)}$ 的标准平衡常数表达式就改写为：

$$K^{\ominus}=\frac{\{p(\mathrm{HI})/p^{\ominus}\}^2}{\{p(\mathrm{H_2})/p^{\ominus}\}\cdot\{p(\mathrm{I_2})/p^{\ominus}\}}=54.43$$

表 2-3　445℃ $\mathrm{H_2(g)+I_2(g) \rightleftharpoons 2HI(g)}$ 反应系统的组成

	各组分初始分压 p/kPa			各组分平衡分压 p/kPa			$\frac{\{p(\mathrm{HI})\}^2}{\{p(\mathrm{H_2})\cdot p(\mathrm{I_2})\}}$
	$p(\mathrm{H_2})$	$p(\mathrm{I_2})$	$p(\mathrm{HI})$	$p(\mathrm{H_2})$	$p(\mathrm{I_2})$	$p(\mathrm{HI})$	
1	64.74	57.78	0	16.88	9.914	95.73	54.76
2	65.95	52.53	0	20.68	7.260	90.54	54.60
3	62.02	62.50	0	13.08	13.57	97.87	53.96
4	61.96	69.49	0	10.64	18.17	102.64	54.49
5	0	0	62.10	6.627	6.627	48.85	54.34
6	0	0	26.98	2.877	2.877	21.23	54.45

对一般的可逆化学反应

$$a\mathrm{A(g)}+b\mathrm{B(aq)}+c\mathrm{C(s)} \rightleftharpoons x\mathrm{X(g)}+y\mathrm{Y(aq)}+z\mathrm{Z(l)}$$

其标准平衡常数表达式为：

$$K^{\ominus}=\frac{\{p(\mathrm{X})/p^{\ominus}\}^x\{c(\mathrm{Y})/c^{\ominus}\}^y}{\{p(\mathrm{A})/p^{\ominus}\}^a\{c(\mathrm{B})/c^{\ominus}\}^b} \tag{2-11}$$

在该平衡常数表达式中，各物种均以各自的标准态为参考态。如果某物种是气体，要用分压表示，则其分压要除以标准压力（$p^{\ominus}=100\ \mathrm{kPa}$）；若是溶液中的某溶质，则其浓度要除以标准浓度（$c^{\ominus}=1\ \mathrm{mol\cdot L^{-1}}$）；若是液体或固体，则其标准态为相应的纯液体或纯固体，因此，表示液体或固体状态的物理量不出现在标准平衡常数表达式中。

式（2-11）说明，在一定温度下，可逆反应达到平衡时，生成物的相对浓度（或相对分压）以其化学方程式的计量数为幂的乘积，除以反应物的相对浓度（或相对分压）以其化学方程式的计量数为指数幂的乘积，其商为一常数。$K^{\ominus}$是量纲为一的量。

确定标准平衡常数数值最基本的方法是通过实验测定。通常，只要知道一定

① 在多数情况下，实验平衡常数不是量纲为一的量，它与标准平衡常数的数值往往不同。对该反应来说，两者相同，这是一种巧合。

温度下各反应物的初始分压或浓度和平衡时某一物种的分压或浓度，根据化学反应的计量关系，就可以推算出平衡时其他反应物和产物的分压或浓度，代入标准平衡常数表达式即可算出标准平衡常数 $K^{\ominus}$ 的值。

2.3.2.2 平衡常数的物理意义

(1) 平衡常数是反应的特征常数，它不随物质的初始浓度而改变。因为对于特定的反应，只要温度一定，平衡常数就是定值，该常数与反应物或生成物的初始浓度无关。

(2) 平衡常数数值的大小是反应进行程度的标志。因为平衡状态是反应进行的最大限度，而平衡常数的表达式很好地表示出了在反应达到平衡时生成物和反应物的浓度关系，一个反应的平衡常数越大，说明反应物的平衡转化率越高。

(3) 平衡常数明确了在一定温度下，体系达到平衡的条件。一个化学反应是否达到平衡状态，它的标志就是正反应速度是否等于逆反应速度。平衡时，各物质的浓度将不随时间而改变。

2.3.2.3 标准平衡常数与化学反应的摩尔吉布斯自由能变的关系

由吉布斯自由能判据我们可知，如果系统达到平衡，则意味着 $\Delta G_m(T)=0$，而且意味着反应商等于标准平衡常数。由式（2-10）等温方程式可得：

$$\Delta_r G_m^{\ominus}(T) = -RT\ln K^{\ominus} \tag{2-12}$$

这是一个重要公式，只要得到 $\Delta_r G_m^{\ominus}(T)$，就可以来计算 $K^{\ominus}$，或者进行相反的计算。

【例 7】 实验值 $p(H_2)=1.0\times10^6$ Pa 和 $p(HCl)=1.0\times10^4$ Pa 时，例 4 中反应的自发性是增大还是减小？与标准态下反应的自发性相比较呢？

解：反应 $CCl_4(l)+H_2(g)\longrightarrow HCl(g)+CHCl_3(l)$ 在实验条件下的反应商为：

$$J=\frac{p(HCl)/p^{\ominus}}{p(H_2)/p^{\ominus}}=\frac{(1.0\times10^4)/(1.0\times10^5)}{(1.0\times10^6)/(1.0\times10^5)}=0.01$$

将此值和例 4 的值代入等温公式（2-6）得：

$$\begin{aligned}\Delta_r G_m(298.15\ \text{K}) &= -103.8\ \text{kJ}\cdot\text{mol}^{-1}+(0.00831\ \text{kJ}\cdot\text{mol}^{-1}\cdot\text{K}^{-1})\times\\ &\quad 298.15\ \text{K}\times\ln 0.01\\ &= -103.8\ \text{kJ}\cdot\text{mol}^{-1}-11.4\ \text{kJ}\cdot\text{mol}^{-1}=-115.2\ \text{kJ}\cdot\text{mol}^{-1}\end{aligned}$$

与 $\Delta G_m^{\ominus}(298.15\ \text{K})$ 值相比，$\Delta G_m(298.15\ \text{K})$ 值更负，表明反应在实验条件下比标准状态条件下具有更大的自发性。

2.3.2.4　多重平衡规则

相同温度下，假设系统内存在着多个化学平衡体系，且各有其对应的 $\Delta_r G_m^{\ominus}$ 和 $K^{\ominus}$：

(1) $N_2(g) + O_2(g) \rightleftharpoons 2NO(g)$；　　$K_1^{\ominus}$　$\Delta_r G_1^{\ominus}$

(2) $2NO(g) + O_2(g) \rightleftharpoons 2NO_2(g)$；　　$K_2^{\ominus}$　$\Delta_r G_2^{\ominus}$

(3) $N_2(g) + 2O_2(g) \rightleftharpoons 2NO_2(g)$；　　$K_3^{\ominus}$　$\Delta_r G_3^{\ominus}$

由盖斯定律可知：

反应（1）+ 反应（2）= 反应（3）

$$\Delta_r G_1^{\ominus} + \Delta_r G_2^{\ominus} = \Delta_r G_3^{\ominus}$$

根据 $\Delta_r G_m^{\ominus} = -RT\ln K^{\ominus}$

$$RT\ln K_1^{\ominus} + RT\ln K_2^{\ominus} = RT\ln K_3^{\ominus}$$

$$\ln(K_1^{\ominus} \times K_2^{\ominus}) = \ln K_3^{\ominus}$$

$$K_1^{\ominus} \times K_2^{\ominus} = K_3^{\ominus}$$

由此可见，一个化学过程中若有多个平衡同时存在，并且有一种物质同时参与几种平衡，这种现象叫做多重平衡（multiple equilibrium）。若干反应方程式相加（减），所得到的反应的平衡常数等于这些反应的平衡常数之积（商），此即多重平衡规则。应用多重平衡规则，可以由若干个已知反应的平衡常数求得某个反应的平衡常数，而无须通过实验。

2.3.3　化学平衡的移动

因外界条件改变使可逆反应从一种平衡状态向另一种平衡状态转变的过程，称为化学平衡的移动（shift in chemical equilibrium）。如上所述，从质的变化角度来说，化学平衡是可逆反应的正、逆反应速率相等时的状态；从能量变化角度来说，可逆反应达平衡时，$\Delta G = 0$，$J = K^{\ominus}$。因此一切能导致 ΔG 或 J 值发生变化的外界条件（浓度、压力、温度）都会使平衡发生移动（图 2-7）。前两种外力导致的移动不改变平衡常数，温度导致的平衡移动同时也改变了平衡常数。催化剂能同等程度地改变反应速率，但却不能改变各物质在平衡状态时的分压（或浓度），因此催化剂不能改变平衡常数。

2.3.3.1　浓度对化学平衡的影响

对于某一可逆反应：　　$c\text{C} + d\text{D} = y\text{Y} + z\text{Z}$

在一定温度下，根据式（2-6）和式（2-8）可得：

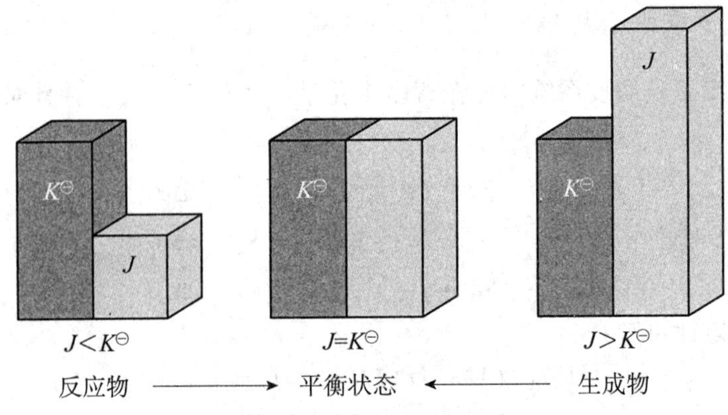

图 2-7　化学平衡移动示意图

$$\Delta_r G_m(T) = -RT\ln K^\ominus + RT\ln J = RT\ln \frac{J}{K^\ominus} \qquad (2\text{-}13)$$

式（2-13）称为化学反应等温方程式（chemical reaction isotherm）。它表明在恒温、恒压条件下，化学反应自由能变化与反应的 $K^\ominus$、参加反应的各物质浓度（或分压）之间的关系。应用最小自由能原理，并结合此等温方程式可判断平衡移动的方向。当

$$\Delta_r G_m = RT\ln \frac{J}{K^\ominus}\left\{\begin{matrix} < \\ = \\ > \end{matrix}\right\}0 \text{ 时}, J\left\{\begin{matrix} < \\ = \\ > \end{matrix}\right\}K^\ominus \begin{matrix} \text{平衡正向移动;} \\ \text{平衡状态;} \\ \text{平衡逆向移动} \end{matrix}$$

平衡常数仅是温度的函数，对于确定的反应来说，温度一定，平衡常数是一个定值。对于已达平衡的体系，如果增加反应物的浓度或减少生成物的浓度，会导致反应商（J）发生变化，使 $J<K^\ominus$，平衡即向正反应方向移动，移动的结果，使 J 增大，直至 J 重新等于 $K^\ominus$，体系又建立起新的平衡；反之，如果减少反应物的浓度或增加生成物的浓度，则 $J>K^\ominus$，平衡向逆方向移动。

如果是 A 与 B 之间的反应，增加反应物 A 的浓度后，要使减小了的 J 值重新回到 $K^\ominus$，只可能是使反应物 B 的浓度减小和产物浓度的增大，这意味着提高了反应物 B 的转化率。工业上通过增加廉价或易得原料（反应物 A）的投量来提高贵重或稀缺原料（反应物 B）的转化率。

【例 8】 含有 0.100 mol · L^{-1} $AgNO_3$、0.100 mol · L^{-1} $Fe(NO_3)_2$ 和 0.010 0 mol · L^{-1} $Fe(NO_3)_3$ 的溶液发生如下反应：$Fe^{2+} + Ag^+ \rightleftharpoons Fe^{3+} + Ag$，25℃时，$K^\ominus = 2.98$ 。

（1）反应向哪个方向进行？

（2）平衡时 Ag^+、Fe^{2+}、Fe^{3+} 的浓度各为多大？

（3）Ag^+ 的转化率是多少？

（4）如果保持 Ag^+、Fe^{3+} 的浓度不变，而使 Fe^{2+} 的浓度变为 0.300 mol · L^{-1}，求在新条件下 Ag^+ 的转化率，并与（3）中的转化率相比较。

解：　　$Fe^{2+} + Ag^+ \rightleftharpoons Fe^{3+} + Ag$

开始浓度/(mol · L^{-1})　0.100　0.100　0.010 0

（1）开始时：$J = \dfrac{\{c(Fe^{3+})/c^\ominus\}}{\{c(Fe^{2+})/c^\ominus\} \cdot \{c(Ag^+)/c^\ominus\}} = \dfrac{0.010\ 0}{0.100 \times 0.100} = 1.00$

即　$J < K^\ominus$，所以反应向正方向进行。

（2）平衡组成的计算：

	Fe^{2+}	+ Ag^+	$\rightleftharpoons$ Fe^{3+}	+ Ag
开始浓度/(mol · L^{-1})	0.100	0.100	0.010 0	
浓度变化/(mol · L^{-1})	$-x$	$-x$	$+x$	
平衡浓度/(mol · L^{-1})	$0.100 - x$	$0.100 - x$	$0.010\ 0 + x$	

$$\frac{\{c(Fe^{3+})/c^\ominus\}}{\{c(Fe^{2+})/c^\ominus\} \cdot \{c(Ag^+)/c^\ominus\}} = K^\ominus$$

$$\frac{0.010\ 0 + x}{(0.100 - x)^2} = 2.98$$

$$x = 0.013\ 0$$

即　　$c(Fe^{3+}) = 0.010\ 0 + 0.013\ 0 = 0.023\ 0$ mol · L^{-1}

　　$c(Fe^{2+}) = c(Ag^+) = 0.100 - 0.013\ 0 = 0.087\ 0$ mol · L^{-1}

（3）　　$\alpha_1(Ag^+) = \dfrac{x}{0.100} = \dfrac{0.013\ 0}{0.100} \times 100\% = 13\%$

（4）设在新条件下 Ag^+ 的转化率为 α_2：

	Fe^{2+}	+ Ag^+	$\rightleftharpoons$ Fe^{3+}	+ Ag
新平衡浓度/(mol · L^{-1})	$(0.300 - 0.100\alpha_2)$	$(0.100 - 0.100\alpha_2)$	$(0.010\ 0 + 0.100\alpha_2)$	

$$\frac{0.010\ 0 + 0.100\alpha_2}{(0.300 - 0.100\alpha_2)(0.100 - 0.100\alpha_2)} = 2.98$$

$$\alpha_2 \approx 38.1\%$$

α_2 $(Ag^+) > \alpha_1$ (Ag^+)。这是由于增加了 $c(Fe^{2+})$，使 Ag^+ 平衡向右移动，转化率有所提高。

2.3.3.2 压力对化学平衡的影响

如果把气态方程 $p = (\frac{n}{V})RT$ 中的 $(\frac{n}{V})$ 看做浓度项，不难得知，压力对平衡的影响是通过浓度变化来实现的。由于改变系统压力的方法不同，所以改变压力对平衡移动的影响要视具体情况而定。由于固、液相浓度几乎不随压力而变化，改变压力时对无气相参与的系统影响甚微。

具体讨论如下，对于可逆反应：$cC(g) + dD(g) = yY(g) + zZ(g)$

令 $\Delta n = (y+z) - (c+d)$，在一密闭容器中达到平衡，维持温度一定，将系统总压增至原来的 x 倍（各组分分压也增至原来的 x 倍）（$x>1$）。此时，反应商为：

$$J = \frac{\{xp(Y)/p^{\ominus}\}^{y}\{xp(Z)/p^{\ominus}\}^{z}}{\{xp(C)/p^{\ominus}\}^{c}\{xp(D)/p^{\ominus}\}^{d}} = \frac{\{p(Y)/p^{\ominus}\}\{p(Z)/p^{\ominus}\}\cdot x^{y}\cdot x^{z}}{\{p(C)/p^{\ominus}\}\{p(D)/p^{\ominus}\}\cdot x^{c}\cdot x^{d}}$$
$$= K^{\ominus}x^{\Delta n}$$

压力对化学平衡的影响如表 2-4 所示。

表 2-4　压力对化学平衡的影响

平衡移动方向 \ Δn / 压力变化	$\Delta n>0$ （气体分子总数增加的反应）	$\Delta n<0$ （气体分子总数减少的反应）
压缩体积以增加体系总压力	$J>K^{\ominus}$ 平衡向逆反应方向移动	$J<K^{\ominus}$ 平衡向正反应方向移动
	均向气体分子总数减少的方向移动	
增大体积以降低体系总压力	$J<K^{\ominus}$ 平衡向正反应方向移动	$J>K^{\ominus}$ 平衡向逆反应方向移动
	均向气体分子总数增多的方向移动	

【例 9】在 1 000℃ 及总压力为 3 000 kPa 下，反应：$CO_2(g) + C(s) \rightleftharpoons 2CO(g)$ 达到平衡时，CO_2 的摩尔分数为 0.17。求：①该温度下此反应的平衡常数；②压力减至 2 000 kPa 时，CO_2 的摩尔分数为多少？③由此可得出什么结论？

解：①先求平衡常数，在原有平衡时：

$$p(CO_2) = 3\,000\ \text{kPa} \times 0.17 = 510\ \text{kPa}$$
$$p(CO) = 3\,000\ \text{kPa} \times (1-0.17) = 2\,490\ \text{kPa}$$
$$K^{\ominus} = \frac{\{p(CO)/p^{\ominus}\}^2}{p(CO_2)/p^{\ominus}} = \frac{(2\,490/100)^2}{510/100} \approx 122$$

② 在 2 000 kPa 总压下的新平衡中，设 CO_2 的摩尔分数为 x，则 CO 的摩尔分数为 $(1-x)$。

$$p(CO_2) = 2\,000\ \text{kPa} \times x \qquad p(CO) = 2\,000\ \text{kPa} \times (1-x)$$
$$K^{\ominus} = \frac{\{p(CO)/p^{\ominus}\}^2}{p(CO_2)/p^{\ominus}} = \frac{\{2\,000\times(1-x)/100\}^2}{2\,000x/100} = 122$$
$$20\ (1-x)^2 = 122\ x$$
$$x^2 - 8.1x + 1 = 0$$
$$x = (8.1 - 7.85)/2 = 0.13$$

③ 可见，当总压减小时，平衡向着 CO_2 减少的方向（向右）移动，或者说向着体积增大的方向移动。

2.3.3.3　温度对化学平衡的影响

温度对化学平衡的影响与前两种情况有着本质的区别。改变浓度、压强或体积，只能使反应的平衡点改变，它们对化学平衡的影响都是从改变 J 而得以实现的。而温度的变化，却导致了平衡常数数值的改变。我们可以从热力学的知识导出这个结论：

如前所述，对于一定反应来说，$\Delta_r G_m^{\ominus} = -RT\ln K^{\ominus}$，即其 $\ln K^{\ominus}(T)$ 与 $1/T$ 呈线性关系，即

$$\ln K^{\ominus}(T) = \frac{\Delta_r S_m^{\ominus}(T)}{R} - \frac{\Delta_r H_m^{\ominus}(T)}{RT}$$

或 $$\ln K^{\ominus}(T) \approx \frac{\Delta_r S_m^{\ominus}(298.15\ \mathrm{K})}{R} - \frac{\Delta_r H_m^{\ominus}(298.15\ \mathrm{K})}{RT}$$

设某一可逆反应，在温度为 T_1、T_2 时，对应的平衡常数为 $K_1^{\ominus}$ 和 $K_2^{\ominus}$，代入上式中，即得：

$$\ln K_1^{\ominus} \approx \frac{\Delta_r S_m^{\ominus}(298.15\ \mathrm{K})}{R} - \frac{\Delta_r H_m^{\ominus}(298.15\ \mathrm{K})}{RT_1}$$

$$\ln K_2^{\ominus} \approx \frac{\Delta_r S_m^{\ominus}(298.15\ \mathrm{K})}{R} - \frac{\Delta_r H_m^{\ominus}(298.15\ \mathrm{K})}{RT_2}$$

将上述两式的后式减前式即得

$$\ln\frac{K_2^{\ominus}}{K_1^{\ominus}} \approx -\frac{\Delta_r H_m^{\ominus}(298.15\ \mathrm{K})}{R}\left(\frac{1}{T_2} - \frac{1}{T_1}\right) = \frac{\Delta_r H_m^{\ominus}(298.15\ \mathrm{K})}{R}\left(\frac{T_2 - T_1}{T_1 T_2}\right) \tag{2-14}$$

式（2-10）不仅更清楚地表示出 $K^{\ominus}$ 与 T 的变化关系，而且还可以看出其变化关系与反应焓变（$\Delta_r H_m^{\ominus}$）有关，如表 2-5 所示。

表 2-5　温度对化学平衡的影响

$K^{\ominus}(T)$ \ $\Delta_r H_m^{\ominus}$ \ T	$\Delta_r H_m^{\ominus} < 0$（放热反应）	$\Delta_r H_m^{\ominus} > 0$（吸热反应）
T 升高时	$K^{\ominus}(T)$ 值变小	$K^{\ominus}(T)$ 值增大
T 降低时	$K^{\ominus}(T)$ 值增大	$K^{\ominus}(T)$ 值变小

总之，改变反应条件时，如果 $J \neq K^{\ominus}$，化学平衡就会发生移动。

勒·夏特列

需要注意的是，不要混淆温度和浓度（压力）这两类影响的差别。通常讨论浓度（压力）的影响时以温度恒定为前提，标准平衡常数不变，而温度的影响则不然。

综合以上影响平衡移动的各种结论，可以得出一个更为概括的规律，这就是勒·夏特列（Le Chatelier，1850—1936）在1887年提出的普遍原理：如果对平衡体系施加外力，平衡将沿着减少此外力影响的方向移动。

勒·夏特列原理（Le Chatelier's principle）是一条普遍规律，它对于所有的动态平衡都是适用的（除化学反应外，还适用于物理、生物、经济活动等领域的平衡系统）。但必须注意，它只能应用于已经达到平衡的体系，对于未达到平衡的体系是不能应用的。在化学工业生产上，往往应用勒·夏特列原理综合考虑各种条件的选择，以求平衡迅速地向我们所希望的方向移动。

复习与思考题

1. 判断题

（1）在恒温恒压下，某化学反应的热效应 $Q_p = \Delta H = H_2 - H_1$，因为 H 是状态函数，故 Q_p 也是状态函数。（　　）

（2）功和热是系统与环境间能量传递的两种形式。（　　）

（3）由于 $CaCO_3$ 的分解是吸热的，故它的生成焓为负值。（　　）

（4）298K 时反应：$Na(s) + \frac{1}{2}Cl_2(g) \longrightarrow NaCl(s)$ 的 $\Delta_r H_m^{\ominus} = -411.1$ kJ·mol^{-1}，即该温度下 NaCl(s) 的标准摩尔生成焓为 -411.1 kJ·mol^{-1}。（　　）

（5）已知在某温度和标准态下，反应 $2KClO_3(s) \longrightarrow 2KCl(s) + 3O_2(g)$ 进行时，有 2.0 mol $KClO_3$ 分解，放出 89.5 kJ 的热量，则在此温度下该反应的 $\Delta_r H_m^{\ominus} = -89.5$ kJ·mol^{-1}。（　　）

（6）某一系统中，反应能自发进行，其熵值一定是增加的。（　　）

（7）密闭容器中，A、B、C 三种气体建立了如下平衡：$A(g) + B(g) \rightleftharpoons C(g)$，若保持温度不变，系统体积缩小至原体积的 $\frac{2}{3}$ 时，则此时反应商 J 与平

衡常数的关系是：$J=1.5K^{\ominus}$。(　　)

(8) 在一定温度下，某化学反应各物质起始浓度改变，平衡浓度改变，因此，标准平衡常数也改变。(　　)

(9) 已知 298K 时，反应：$SnO_2(s)+C(s)\longrightarrow Sn(s)+CO_2(g)$ 的 $\Delta_r G_m^{\ominus}=125.3\ kJ\cdot mol^{-1}$，则反应在 298K 时不能自发进行。(　　)

(10) 已知 850℃时，反应：$CaCO_3(s)\rightleftharpoons CaO(s)+CO_2(g)$ 的 $K^{\ominus}=0.50$。当温度不变，密闭容器中有足够多的 $CaCO_3(s)$ 和 $CaO(s)$ 时，则系统能达到平衡。(　　)

2. 单选题

(1) 下列叙述中正确的是(　　)。

(A) 只有等压过程，才有化学反应热效应

(B) 在不做非体积功时，等压过程所吸收的热量全部用来增加系统的焓值

(C) 焓可以被认为是系统所含的热量

(D) 在不做非体积功时，等压过程所放出的热量全部用来增加系统的焓值

(2) 在下列各反应中，其 $\Delta_r H_m^{\ominus}$ 恰好等于相应生成物的标准摩尔生成焓的是(　　)。

(A) $2H(g)+\frac{1}{2}O_2(g)\longrightarrow H_2O(l)$

(B) $2H_2(g)+O_2(g)\longrightarrow 2H_2O(l)$

(C) $N_2(g)+3H_2(g)\longrightarrow 2NH_3(g)$

(D) $\frac{1}{2}N_2(g)+\frac{3}{2}H_2(g)\longrightarrow NH_3(g)$

(3) 298K 时，$H_2O(l)$ 标准摩尔熵为 $69.9\ J\cdot mol^{-1}\cdot K^{-1}$，则 $S_m^{\ominus}(H_2O,\ g)$ (　　)。

(A) $=69.9\ J\cdot mol^{-1}\cdot K^{-1}$

(B) $>69.9\ J\cdot mol^{-1}\cdot K^{-1}$

(C) $<69.9\ J\cdot mol^{-1}\cdot K^{-1}$

(D) $=40\ J\cdot mol^{-1}\cdot K^{-1}$

(4) 298K 时，二氧化碳和甲酸的标准摩尔生成焓分别为 $-393.5\ kJ\cdot mol^{-1}$ 和 $-409.2\ kJ\cdot mol^{-1}$，则反应：$H_2(g)+CO_2(g)\rightarrow HCOOH(l)$ 的标准摩尔反应热 $\Delta_r H_m^{\ominus}=$(　　)。

(A) $-802.7\ kJ\cdot mol^{-1}$　　(B) $802.7\ kJ\cdot mol^{-1}$

(C) $15.7\ kJ\cdot mol^{-1}$　　(D) $-15.7\ kJ\cdot mol^{-1}$

(5) 化学反应达到平衡的标志是(　　)。

(A) 各反应物和生成物的浓度等于常数

(B) 各反应物和生成物的浓度相等

(C) 各物质浓度不再随时间而改变

(D) 正逆反应的速率系数相等

(6) 在一定条件下，反应的 $K^{\ominus}$ 很大，表示该反应(　　)。

(A) 进行的完全程度很大　　(B) 是放热反应

(C) 活化能很大　　(D) 是元反应

(7) 在下列有关标准平衡常数的叙述中，正确的是(　　)。

(A) 任一可逆反应，若不考虑该反应的机理，就无法写出相应的标准平衡常数表达式

(B) 任一可逆反应，标准平衡常数表达式不包括 H_2O 的浓度或分压

(C) 任一可逆反应，只要温度一定，标准平衡常数就是唯一的

(D) 实验（经验）平衡常数有的应是有量纲的，而标准平衡常数量纲为 1

(8) 在溶液中的反应：$A(aq) + B(aq) \rightleftharpoons C(aq) + D(aq)$，开始时只有 A 和 B，经长时间反应，最终结果是(　　)。

(A) C 和 D 的浓度大于 A 和 B 的浓度

(B) A 和 B 的浓度大于 C 和 D 的浓度

(C) A、B、C、D 的浓度不再变化

(D) A、B、C、D 浓度相等

(9) 密闭容器中，A、B、C 三种气体建立了化学平衡，有关反应是：$A(g) + 2B(g) \rightleftharpoons C(g)$。相同温度下体积增大一倍，则标准平衡常数 $K^{\ominus}$ 为原来的(　　)。

(A) 4 倍　　(B) 2 倍

(C) 3 倍　　(D) 1 倍

(10) 已知某反应在一定条件下的 $\Delta_r G_m$，则下列各项中，能够确定的是(　　)。

(A) 催化剂对该反应的作用

(B) 该反应的反应速率

(C) 该反应在此条件下的反应方向

(D) 该反应在标准状态下的反应方向

3. 2.00 mol 理想气体在 350K 和 152 kPa 条件下，经恒压冷却至体积为 35.0L，此过程放出了 1 260 J 热。试计算：(1) 起始体积；(2) 终态温度；(3) 体系做功；(4) 热力学能变化；(5) 焓变。

4. 利用下面两个反应热，求 NO 的生成热：

(1) $4NH_3(g) + 5O_2(g) \rightleftharpoons 4NO(g) + 6H_2O(l)$ ；$\Delta_r H_m^{\ominus} = -1\ 170\ kJ \cdot mol^{-1}$

(2) $4NH_3(g) + 3O_2(g) \rightleftharpoons 2N_2(g) + 6H_2O(l)$；$\Delta_r H_m^\ominus = -1\ 530\ kJ \cdot mol^{-1}$

5. 铝热法的反应如下：$8Al + 3Fe_3O_4 \longrightarrow 4Al_2O_3 + 9Fe$

(1) 利用 $\Delta_f H_m^\ominus$ 数据计算恒压反应热；

(2) 在此实验中，若用去 267.0 g 铝，问能释放出多少热量？已知：$\Delta_f H_m^\ominus(Fe_3O_4) = -1\ 118\ kJ \cdot mol^{-1}$，$\Delta_f H_m^\ominus(Al_2O_3) = 1\ 676\ kJ \cdot mol^{-1}$。

6. 已知：$Fe_2O_3(s) + 3CO(g) = 2Fe(s) + 3CO_2(g)$ (1)

$\Delta_r H_m^\ominus(1) = -24.7\ kJ \cdot mol^{-1}$

$3Fe_2O_3(s) + CO(g) = 2Fe_3O_4(s) + CO_2(g)$ (2)

$\Delta_r H_m^\ominus(2) = -46.4\ kJ \cdot mol^{-1}$

$Fe_3O_4(s) + CO(g) = 3FeO(s) + CO_2(g)$ (3)

$\Delta_r H_m^\ominus(3) = -36.1\ kJ \cdot mol^{-1}$

求反应：$FeO(s) + CO(g) = Fe(s) + CO_2(g)$ (4)

$\Delta_r H_m^\ominus(4) = ?\ kJ \cdot mol^{-1}$

7. 写出下列反应标准平衡常数的表达式。

(1) $Al_2O_3(s) + 3H_2(g) \rightleftharpoons 2Al(s) + 3H_2O(g)$

(2) $CaCO_3(s) \rightleftharpoons CaO(s) + CO_2(g)$

(3) $BiCl_3(aq) + H_2O(l) \rightleftharpoons BiOCl(s) + 2HCl(aq)$

(4) $\frac{1}{2}N_2(g) + \frac{3}{2}H_2(g) \rightleftharpoons NH_3(g)$

8. 已知 25℃时反应：(1) $2BrCl(g) \rightleftharpoons Cl_2(g) + Br_2(g)$ 的 $K_1^\ominus = 0.45$

(2) $I_2(g) + Br_2(g) \rightleftharpoons 2IBr(g)$ 的 $K_2^\ominus = 0.051$

计算反应：$2BrCl(g) + I_2(g) \rightleftharpoons 2IBr(g) + Cl_2(g)$ 的 $K_3^\ominus$。

9. 某温度下，Br_2 和 Cl_2 在 CCl_4 溶剂中发生下述反应：

$$Br_2 + Cl_2 \rightleftharpoons 2BrCl$$

平衡建立时，$c(Br_2) = c(Cl_2) = 0.004\ 3\ mol \cdot L^{-1}$，$c(BrCl) = 0.011\ 4\ mol \cdot L^{-1}$，试求：

(1) 反应的平衡常数；

(2) 如果平衡建立后，再加入 $0.01\ mol \cdot L^{-1}$ 的 Br_2 至系统中（体积变化可忽略），计算平衡再次建立时，系统中各组分的浓度。

10. 反应：$H_2(g) + I_2(g) \rightleftharpoons 2HI(g)$ 在 350℃时 $K^\ominus = 17.0$，若在该温度下 H_2、I_2 和 HI 三种气体在一密闭容器中混合，测得其初始分压分别为 405.2 kPa、405.2 kPa 和 202.6 kPa，则反应将向何方进行？

11. 在一定温度下，将 1.00 mol N_2O_4 放入一密闭容器内，当反应 $N_2O_4(g) \rightleftharpoons$

$2NO_2$（g）达平衡时，容器内有 0.80 mol NO_2，气体总压是 100.0 kPa，计算其 $K^{\ominus}$。

12. 1 000℃时，在一盛有 2.0 mol FeO(s) 的密闭容器中进行如下反应：

$$FeO(s) + CO(g) \rightleftharpoons Fe(s) + CO_2(g)$$

已知 $K^{\ominus}=0.403$，问：欲制得 1.0 mol 的 Fe(s)，需通入多少摩尔的 CO?

13. 在一密闭容器中，反应：$CO(g) + H_2O(g) \rightleftharpoons CO_2(g) + H_2(g)$ 的平衡常数 $K^{\ominus}=2.6$（476℃），求：

（1）当 H_2O 和 CO 的物质的量之比为 1 时，平衡时 CO 的转化率为多少?

（2）当 H_2O 和 CO 的物质的量之比为 3 时，平衡时 CO 的转化率为多少?

（3）根据计算结果，能得到什么结论?

14. 气体 NH_3 和 HCl 反应生成固体 NH_4Cl，在 300℃时该反应的平衡常数 $K^{\ominus}=17.8$。在同温下若将 NH_3 和 HCl 气体导入一真空容器，假如两组物质起始压力数据如下，则是否各有固体 NH_4Cl 生成?

(1) $p(NH_3)=113.0$ kPa　$p(HCl)=152.0$ kPa

(2) $p(NH_3)=8.10$ kPa　$p(HCl)=6.08$ kPa

15. 设汽车内燃机内温度因燃料燃烧反应达到 1 300℃，试估算此温度时下列反应：

$$1/2N_2(g) + 1/2O_2(g) \longrightarrow NO(g)$$ 的 $\Delta_r G_m^{\ominus}$ 和 $K^{\ominus}$ 值。

第3章　化学反应速率与化学动力学的初步概念

化学反应速率和化学平衡是化学反应研究工作中十分重要的两个方面，这两个方面是缺一不可的。它们分属两个不同的研究领域：化学动力学（chemistry kinetics）和化学热力学（chemical thermodynamics）。化学动力学研究的是反应进行的速率以及反应机理，所谓反应机理即反应的实际步骤，即反应物是怎样一步步转化为产物的，简单地说，化学动力学研究的是反应的快慢和反应进行的途径；化学热力学研究的是反应的自发性和反应进行程度。

化学动力学研究还在于它的实用意义。当前，人们经常议论环境的污染问题，特别是大城市汽车尾气中有害气体对环境的污染，如果这些有害气体（其中主要是 CO 和 NO）在常温常压下能自发地迅速发生反应，生成 CO_2和 N_2：

$$CO(g) + NO(g) \longrightarrow CO_2(g) + \frac{1}{2}N_2(g)$$

那么消除环境污染的前景似乎是很乐观的。诚然，不难根据热力学数据计算这个反应在 298K 和标准条件下的 $\Delta_r G_m = -343.8\ kJ \cdot mol^{-1}$，进而可算出此反应的标准平衡常数 $K^{\ominus} = 1.84 \times 10^{60}$。显然，这个反应在常温常压下，不仅能够自发进行，而且进行的程度很大。但事实并非如此，因为这个反应在常温常压下进行得如此之慢，以致它不能作为一种行之有效的方法来消除 CO 和 NO 对空气的污染。

像以上这种热力学上可以自发进行，而实际上却以无限缓慢的速率进行反应的例子并非个例。当然，也并非所有热力学上自发的反应，都进行得很慢，像大家熟悉的酸、碱中和反应和沉淀反应等，都是进行得很快，在瞬间就可完成的反应。因此，在研究一个化学反应时，不仅要从热力学上研究这个反应可能自发进行的方向与限度，而且也要研究这个反应进行的快慢，这就是本章要讨论的化学动力学中的反应速率及其影响因素的问题。

对于工农业生产有利的反应，需采取措施来增大反应速率以缩短生产时间，如氨、树脂、橡胶的合成等；但对另一些，则要设法抑制其进行，如金属的腐蚀、橡胶制品的老化等。

3.1 化学反应速率及其表示方法

反应速率（reaction rate）是指给定条件下反应物转化为产物的快慢，常用单位时间内反应物浓度的减少或生成物浓度的增加来表示。为使反应速率是正值，当用反应物浓度的减少来表示时，要在反应物浓度的变化值 Δc 前加一个负号。

您一定有过乘车旅行的经历。汽车花 2 h 在高速公路上行驶了 100 km，平均速率为 50 $km \cdot h^{-1}$，而每一瞬间的速率则是显示在仪表盘上的那个数值。化学反应的平均速率和瞬时速率与此相类似，本节以 N_2O_5 在 CCl_4 溶液中的分解反应为例来讨论这两个概念。在 25℃测定 N_2O_5 分解反应（$2N_2O_5 \longrightarrow 4NO_2 + O_2$）速率的实验中，数据见表 3-1。

表 3-1　N_2O_5 在 CCl_4 中的分解反应速率（25℃）

t/s	Δt/s	$c(N_2O_5)$/($mol \cdot L^{-1}$)	$c(NO_2)$/($mol \cdot L^{-1}$)	$c(O_2)$/($mol \cdot L^{-1}$)	$\bar{v}(N_2O_5)$/($mol \cdot L^{-1} \cdot s^{-1}$)	$\bar{v}(NO_2)$/($mol \cdot L^{-1} \cdot s^{-1}$)	$\bar{v}(O_2)$/($mol \cdot L^{-1} \cdot s^{-1}$)
0	0	2.10	0	0	0	0	0
100	100	1.95	0.30	0.075	1.5×10^{-3}	3.0×10^{-3}	7.5×10^{-4}
300	200	1.70	0.50	0.125	1.3×10^{-3}	2.6×10^{-3}	6.5×10^{-4}
700	400	1.31	0.78	0.195	9.9×10^{-4}	19.8×10^{-4}	4.95×10^{-4}
1 000	300	1.08	0.46	0.115	7.7×10^{-4}	15.4×10^{-4}	3.85×10^{-4}
1 700	700	0.76	0.64	0.160	4.5×10^{-4}	9.0×10^{-4}	2.25×10^{-4}

3.1.1 反应的平均速率

如果实验测定的是某一段时间间隔内的浓度变化，这样就可得到平均反应速率（average rate），如在第一个时间间隔 100s 内：

$$\bar{v}(N_2O_5) = -\frac{\Delta c(N_2O_5)}{\Delta t} = -\frac{(1.95 - 2.10)}{(100 - 0)} = 1.5 \times 10^{-3}\ mol \cdot L^{-1} \cdot s^{-1}$$

$$\bar{v}(NO_2) = \frac{\Delta c(NO_2)}{\Delta t} = \frac{(0.30 - 0)}{(100 - 0)} = 3.0 \times 10^{-3}\ mol \cdot L^{-1} \cdot s^{-1}$$

$$\bar{v}(O_2) = \frac{\Delta c(O_2)}{\Delta t} = \frac{(0.075 - 0)}{(100 - 0)} = 7.5 \times 10^{-4}\ mol \cdot L^{-1} \cdot s^{-1}$$

以下类推。

3.1.2　反应的瞬时速率

从图 3-1 可知，随着反应的进行，各物质的浓度每时每刻都在变化，化学反应速率随时间不断变化，在某一时间间隔内的平均速率不能真实地反映实际变化，而要用瞬时（instantaneous rate）速率才能表示化学反应在某一时刻的真实速率。瞬时速率等于时间间隔 Δt 趋于无限小时的平均速率的极限值。

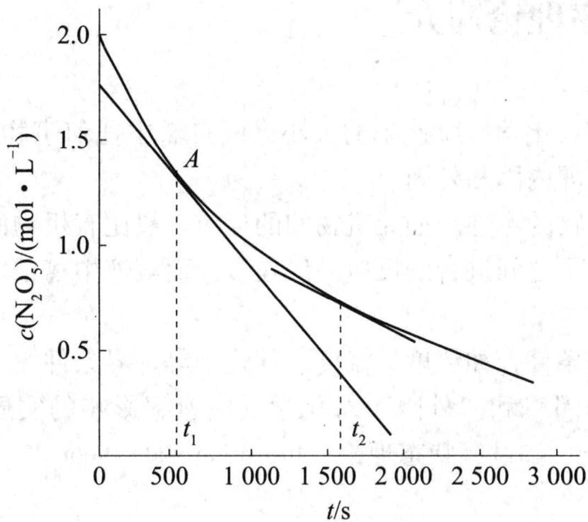

图 3-1　在 CCl_4 中 N_2O_5 的浓度随时间的变化曲线

瞬时速率：

$$v_{瞬}(N_2O_5) = \lim_{\Delta t \to 0}\left[-\frac{\Delta c(N_2O_5)}{\Delta t}\right] = -\frac{dc(N_2O_5)}{dt}$$

反应速率由实验测定，实验中只能测出不同时刻的浓度。然后通过作图法求得不同时刻的瞬时速率。如图 3-1 所示，先作出浓度 c（纵坐标)—时间 t（横坐标）图，得出浓度随时间变化的曲线。曲线上各点切线的斜率就是该时刻的瞬时速率。图 3-1 中 A 点所对应的纵坐标表示 560 s 时的浓度，A 点切线的斜率就是 560 s 时的瞬时速率。

$$A\text{点切线的斜率} = \frac{1.85 - 0}{2\,000 - 0} = 9.25 \times 10^{-4}$$

560 s 时的瞬时速率为：$v_{瞬}(N_2O_5) = 9.25 \times 10^{-4}\ mol \cdot L^{-1} \cdot s^{-1}$

由表 3-1 可以看出，用不同物质来表示反应速率时，其数值就可能不一致。这是由于反应式中各物质的化学计量数不同。如用 $v(N_2O_5)$、$v(NO_2)$、$v(O_2)$ 来表示反应速率时，由于这三种物质的化学计量数分别为 2、4、1，所得的反应速率在数值上的关系为：

$$v(N_2O_5) = \frac{1}{2}v(NO_2) = 2v(O_2)$$

因此，为避免混淆在表示反应速率时必须指明具体物质，通常用易于测定其浓度的物质来表示。还需注意，以后提到的反应速率均指瞬时速率。

3.2 反应速率理论简介

实验结果证明：化学反应速率的大小，同自然中任何事物的变化规律一样，取决于两个方面，即内因和外因。

内因：即反应物的本性。如无机物间的反应一般比有机物的反应快得多；对无机反应来说，分子之间进行的反应一般较慢，而溶液中离子之间进行的反应一般较快。

外因：即外界条件，如浓度、温度、催化剂等外界条件。

为了解释“内因”和“外因”对化学反应速率影响的实质，提出了碰撞理论（collision theory）和过渡状态理论（transition state theory）。

3.2.1 碰撞理论

化学反应的发生总是伴随着电子的转移（氧化还原反应）或电子的重新分配（酸碱反应），这种转移或重新分配似乎只有通过相关原子的接触才可能实现。1918 年，路易斯（lewis）根据气体分子运动论，提出了碰撞理论。其理论要点如下：

- 原子、分子或离子只有相互碰撞才能发生反应，或者说碰撞是反应发生的先决条件。
- 只有少部分碰撞能导致化学反应的发生，大多数反应物微粒之间的碰撞是无效的弹性碰撞。下面以碘化氢气体的分解为例，对碰撞理论进行讨论。

$$2HI(g) \longrightarrow H_2(g) + I_2(g)$$

通过理论计算，浓度为 1.0×10^{-3} mol · L^{-1}的 HI 气体，在 973 K 时，分子碰撞次数为 3.5×10^{28} 次 L^{-1} · s^{-1}。如果每次碰撞都发生反应，反应速率应约为 5.8×10^4 mol · L^{-1} · s^{-1}。但实验测得，该条件下实际反应速率约为 1.2×10^{-8} mol · L^{-1} · s^{-1}。这个数据告诉我们，在为数众多的碰撞中，大多数碰撞并不引起反应，是无效的弹性碰撞。只有极少数碰撞可以发生化学反应，是有效的碰撞。我们把能够发生化学反应的碰撞称为有效碰撞（effective collision）。单位时间内有效碰撞的频率越高，反应速率越大。发生有效碰撞至少应满足以下两个条件：

- 发生碰撞的分子应有足够的最低能量。
- 对某些物种而言，还应当采取有利的空间取向。

只有具有较高能量的分子在适当方向上的碰撞，反应才能发生。以下面反应来说明这个问题，见图 3-2。

$$NO_2(g) + CO(g) \longrightarrow NO(g) + CO_2(g)$$

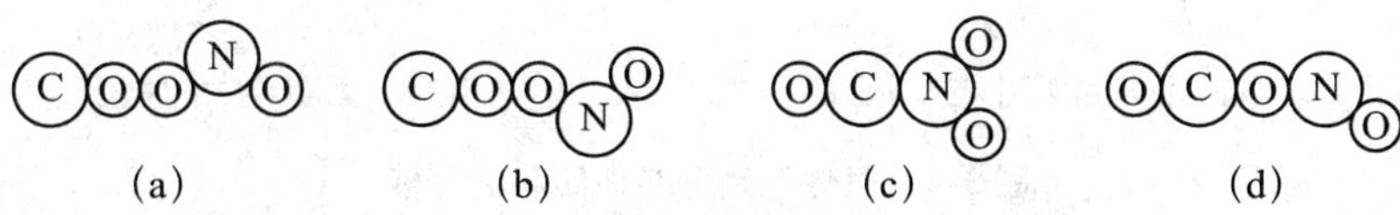

图 3-2　CO 和 NO_2 分子间几种可能的碰撞方式

反应中必须有一个氧原子从 NO_2分子转移到 CO 分子上去。但是在碰撞时两种分子的多种取向都是无效的，不可能实现这种转移，见图 3-2（a）（b）（c）。只有当 CO 分子中的碳原子与 NO_2中的氧原子相互碰撞时［图 3-2（d）］，才能发生重排反应。还需指出，当 NO_2的氧原子向 CO 的碳原子靠近时，二者的外电子层有相互排斥作用，导致它们在靠近到一定距离之前就分开了，见图 3-3（a）。所以只有当分子运动速度足够快、动能超过了某一限定值，电子之间的排斥不足以使它们分开时，才可能发生反应，见图 3-3（b）。这种具有足够能量、能够发生有效碰撞的分子称为活化分子（activated molecule）。

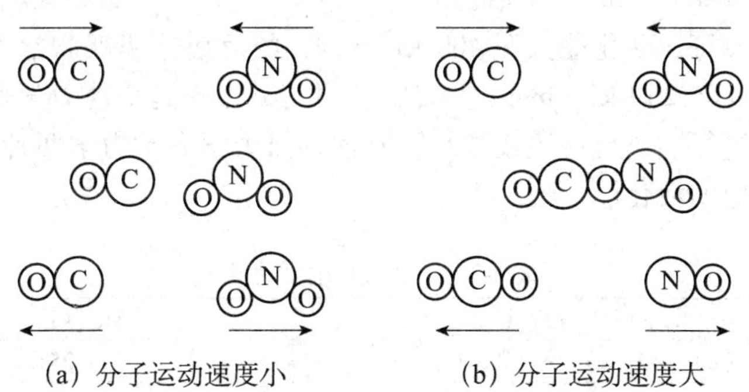

图 3-3　运动速度不同的 CO 和 NO_2 分子碰撞示意图

根据气体分子运动论，在任何给定的温度下，分子的运动速度有快有慢，也就是其所具有的能量不同，见图 3-4。

一定温度下气体能量分布情况如图 3-4 所示。横坐标为分子的能量，纵坐标表示分子能量处于 $E\sim(E+\Delta E)$ 区间内的分子数 ΔN 占总分子数 N 的百分数，故曲线下的总面积表示分子百分数的总和为 100%。$E_{平均}$ 为该温度下气体分子的

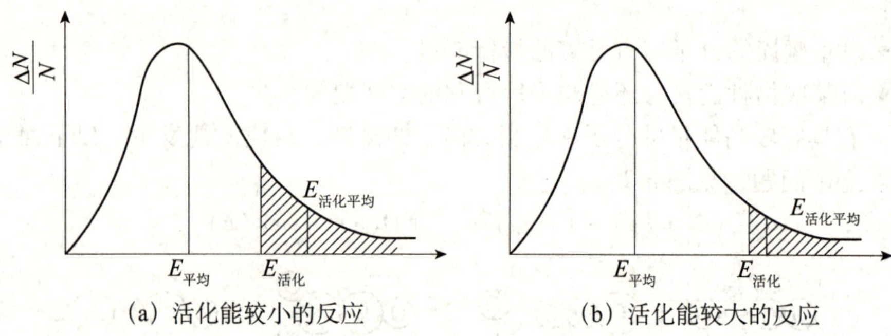

图 3-4 气体能量分布曲线和活化能

平均能量，$E_{活化}$是活化分子应具有的最低能量，$E_{活化平均}$是活化分子的平均能量，只有能量大于$E_{活化}$的分子碰撞后才能发生反应。活化分子的平均能量（$E_{活化平均}$）与反应物分子的平均能量$E_{平均}$之差叫做活化能E_a①（或把$E_{活化}$与$E_{平均}$之差称为活化能）。活化能（activation energy）E_a可以理解为：要使 1 mol 具有平均能量的分子变成活化分子所需吸收的最低能量。图 3-4（a）中阴影部分的面积表示活化分子所占的百分数。反应的活化能E_a越大，阴影部分越向右移［图3-4（b）］。活化分子百分数越小，反应就越慢；反之，反应活化能越小，活化分子百分数就越大，反应就越快。

每一个反应都有其特征的活化能，活化能可通过实验测定。一般化学反应的活化能在 40～400 $kJ \cdot mol^{-1}$。活化能小于 40 $kJ \cdot mol^{-1}$的反应速率很大可瞬间完成，如中和反应等；活化能大于 400 $kJ \cdot mol^{-1}$的反应速率就非常小。大多数反应的活化能为 60～250 $kJ \cdot mol^{-1}$。需要说明的是，E_a是个动力学参数，一个反应实际上能否进行、进行得快或慢，同时依赖热力学和动力学两种因素。表 3-2 列举了一些反应的活化能。

表 3-2 一些反应的活化能

化学反应方程式	$E_a/(kJ \cdot mol^{-1})$
$2SO_2(g) + O_2(g) \rightleftharpoons 2SO_3(g)$	251.84
$2NO_2(g) \rightleftharpoons 2NO(g) + O_2(g)$	133.89
$N_2(g) + 3H_2(g) \rightleftharpoons 2NH_3(g)$	175.7（有催化剂）
$2HI(g) \rightleftharpoons H_2(g) + I_2(g)$	183
$HCl(aq) + NaOH(aq) = NaCl(aq) + H_2O(l)$	13～25

① 具有的最低能量是指个体，平均能量是指群体，后者具有统计性。我们研究的对象是群体，故本书采用$E_{活化平均}$与$E_{平均}$之差表示活化能。

碰撞理论比较直观，用于简单的双分子反应比较成功。而对分子结构比较复杂的反应，如分子量较大的有机物发生的反应，这个理论通常不能解释。这是由于碰撞理论简单地把分子看成没有内部结构和内部运动的刚性球。随着原子结构和分子结构理论的发展，1935 年艾林（Henry Eyring）在量子力学和统计力学的基础上提出了化学反应速率的过渡状态理论。

3.2.2　过渡状态理论

过渡状态理论（也称活化络合物理论）认为，化学反应不是只通过反应物分子之间的简单碰撞就能完成，在反应物相互接近时，要经过一个中间过渡状态，即反应物分子先形成活化络合物（activated complex）。这时，由于分子的化学键要重排，分子的能量也要重新分配。中间状态的活化络合物的势能既高于始态也高于终态，因此它是不稳定的，本身既可以分解为原来的反应物分子，也可以分解为产物分子。向产物方向分解得越快，正反应速率就越快。图 3-5 表示了反应历程的变化。

$$A + B - C \longrightarrow [A \cdots B \cdots C] \longrightarrow A - B + C$$

活化络合物

{在活化络合物中，原有化学键被削弱但未完全断裂，新的化学键开始形成但尚未完全形成（均用虚线表示）}

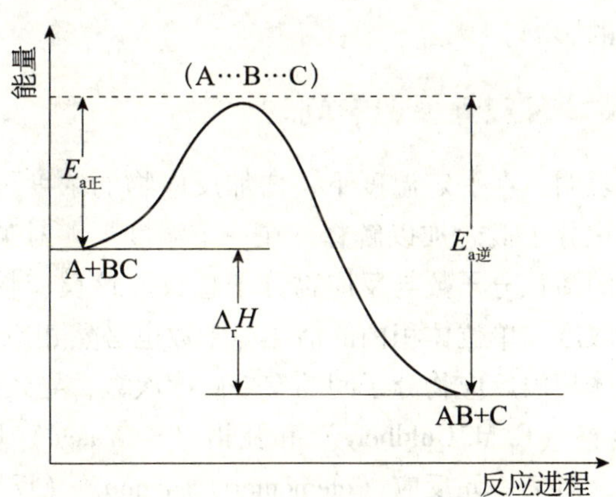

图 3-5　反应过程（放热反应）中能量变化

由图 3-5 可见，活化络合物和反应物（或生成物）间存在能垒，这一能垒被称为正反应（或逆反应）的活化能。显然，在活化络合物理论中，活化能的概念与碰撞理论中活化能的定义有本质的区别，它将活化能与键能联系起来，被赋予更明确的意义，揭示了活化能的本质。

由图 3-5 可知，正、逆反应活化能之差就是反应热：

$$E_{a正} - E_{a逆} = \Delta_r H$$

由于不同分子的化学键不同，键能也不同，所以在反应中要改组这些键需消耗的能量也不同（活化能不同）。因此，不同物质的反应有不同的反应速率，也就是说，活化能是决定反应速率的内在因素。

碰撞理论与过渡状态理论是互相补充的两种理论。过渡状态理论吸收了碰撞理论中合理的部分，建立了明确的活化能模型，将反应中涉及的物质的微观结构与反应速率理论结合起来，虽然它的发展远未达到成熟的阶段而且不如碰撞理论那样直观，但却被研究反应机理的化学家广泛采用，这是因为在处理复杂分子间的反应时，过渡状态理论更有前途。

3.3 影响化学反应速率的因素

毫无疑问，化学反应速率首先取决于反应物的本性，例如，将块状钠、块状锌和块状锡分别放入相同浓度的 HCl 溶液中，钠的反应剧烈，锌的反应平缓，而锡的反应则很慢。本节介绍浓度、温度、催化剂以及反应物之间的接触状况等外界条件对反应速率的影响。

3.3.1 浓度对化学反应速率的影响

大量实验结果表明：在一定温度下，增加反应物的浓度可以加快反应速率，这个结论可以用活化分子概念加以解释。在一定温度下，对某一化学反应来说，单位体积内反应物的活化分子数与反应物分子总数（该反应物的浓度）成正比。所以增加反应物的浓度，单位体积内的活化分子数也必然相应地增多，从而增加了单位时间、单位体积内反应物分子间的有效碰撞次数，导致反应速率加快。

1863 年古德贝格（C. M. Guldberg）和瓦格（P. Waage）从大量的实验中得出，在一定温度下，对某一元反应（elementary reaction）（反应物分子只经过一步反应就直接转变为生成物分子的反应称为元反应），其化学反应速率与各反应物浓度（以化学方程式中该物质的计量数为幂指数）的乘积成正比，此即为质量作用定律（mass action law）。

对于元反应： $a\mathrm{A} + b\mathrm{B} \longrightarrow y\mathrm{Y} + z\mathrm{Z}$

$$v \propto \{c(\mathrm{A})\}^a \cdot \{c(\mathrm{B})\}^b = k\{c(\mathrm{A})\}^a \cdot \{c(\mathrm{B})\}^b \tag{3-1}$$

式（3-1）也称为经验速率方程。式中，k 为用浓度表示的速率常数（rate

constant)，它可以被理解为当反应物浓度都为单位浓度时的反应速率。如为气体反应，因体积恒定时，各组分气体的分压与浓度成正比，故速率方程也可表示为：

$$v = k'\{p(\mathrm{A})\}^a \cdot \{p(\mathrm{B})\}^b \tag{3-2}$$

式中，k' 为用分压表示的速率常数。

k 或 k' 是由化学反应本身决定的，是化学反应在一定温度下的特征常数。在相同条件下，k 值越大，反应速率越大；反之则小。对一定的反应，k 的数值与反应物浓度无关，而与温度、催化剂等因素有关。

根据反应速率的质量作用定律，以下元反应的反应速率方程（rate equation）可以很容易地写出：

$$2NO_2(g) \rightleftharpoons 2NO(g) + O_2(g) \qquad v = k_1\{c(NO_2)\}^2$$

$$NO_2(g) + CO(g) \rightleftharpoons NO(g) + CO_2(g) \qquad v = k_2\{c(NO_2)\} \cdot \{c(CO)\}$$

对于非元反应（反应物分子需经几步反应才能转化为生成物的反应），质量作用定律不适用于总反应，但适用于其中每一步变化。非元反应的速率方程必须由实验确定。

3.3.2　温度对化学反应速率的影响

温度是影响反应速率的重要因素。实验表明，对多数反应来说，在浓度一定时，反应温度每升高 10℃，反应速率增加到原来的 2～4 倍。对此的直观解释是由于升高温度时，分子的运动速度增大，活化分子数目增多，有效碰撞次数随之增大，反应速率增大。例如，食物在夏天腐败变质要比冬天快得多。高压锅煮饭要比常压下快，是由于在高压锅内沸腾的温度比常压下高出 10℃左右。表 3-3 列出了温度对 H_2O_2 与 HI 反应速率的影响。

表 3-3　温度对 H_2O_2 与 HI 反应速率的影响

t/℃	0	10	20	30	40	50
相对反应速率	1.00	2.08	4.32	8.38	16.19	39.95

对于每升高 10℃，反应速率增大一倍的反应，100℃时的反应速率约为 0℃时的 2^{10} 倍，即在 0℃需要 7d 才能完成的反应，在 100℃只需 10min 左右。

3.3.3　催化剂对化学反应速率的影响

3.3.3.1　催化剂与催化作用

催化剂（catalyst，又称触媒）是一种能显著地改变反应速率而其本身的化学组成、质量、化学性质在反应前后保持不变的物质。催化剂能改变反应速率的作用叫催化作用（catalytic action）。根据催化剂对反应速率影响的不同，催化剂可分为正催化剂（加快反应速率）和负催化剂（减慢反应速率）。由于负催化剂压抑了反应进行，常称为抑制剂，如橡胶、塑料工业中采用的抗老化剂等。本书提到的催化剂都指正催化剂。

催化剂为什么能改变化学反应速率？这是由于催化剂参加了反应，改变了反应历程，降低了反应的活化能，提高了反应的活化分子分数，因而提高了反应速率。如图 3-6 所示。

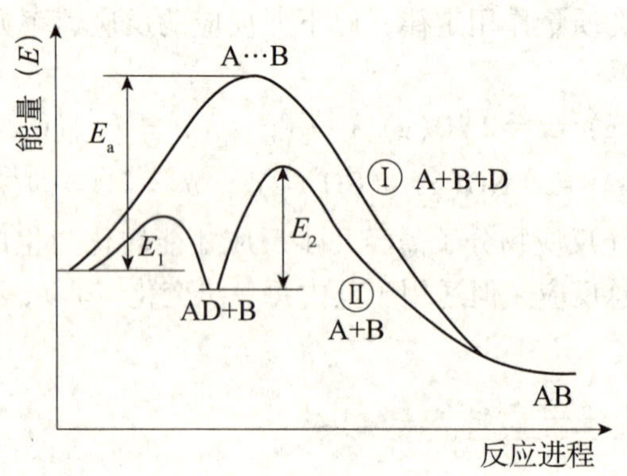

图 3-6　催化过程中的能量关系示意图

既然活化能可以用实验测定，我们就可以用实验数据来证实上述判断。例如，N_2O 分解反应，活化能为 250 kJ · mol^{-1}，而在金的表面上，其活化能变为 120 kJ · mol^{-1}；又如在 527℃时，氨的分解反应，其活化能为 376.5 kJ · mol^{-1}，当用铁作催化剂时，反应的活化能变为 163.17 kJ · mol^{-1}，由于催化作用，氨的分解速率在 527℃时竟提高了 8.5×10^{13} 倍。

3.3.3.2　催化剂的特性

（1）催化剂能同时加快正、逆反应速率，而且加快的倍数也相同。因此，催化剂只能缩短反应达到平衡的时间，而不能改变化学平衡状态。

（2）催化剂只能加速热力学认为可能进行的反应，即 $\Delta_r G<0$ 的反应。

从图 3-6 可以看出，催化剂的存在并不能改变反应物和生产物的相对能量状态，即反应过程中体系的始态和终态都不发生改变，只是具体途径发生变化，故催化剂并没有改变反应的 $\Delta_r H$ 和 $\Delta_r G$。热力学上不能进行的反应使用催化剂都是徒劳的。

（3）催化剂具有特殊的选择性

对于不同的化学反应往往采用不同的催化剂。如果相同的反应物选用不同的催化剂，则可能得到不同的产物。如乙醇的催化反应：

$$C_2H_5OH \begin{cases} \xrightarrow[473\sim 523\ K]{Cu} CH_3CHO + H_2 \\ \xrightarrow[623\sim 633\ K]{Al_2O_3} C_2H_4 + H_2O \\ \xrightarrow[413.2\ K]{H_2SO_4} C_2H_5OC_2H_5 + H_2O \\ \xrightarrow[673.2\sim 773.2\ K]{ZnO \cdot Cr_2O_3} CH_2=CH-CH=CH_2 + H_2 \end{cases}$$

如果选用不同的催化剂可增大工业上所需要的某个反应的速率，同时对其他不需要的反应加以抑制。

(4) 催化剂的活性

活性是催化剂加快反应速率的量度，可用速率常数 k 表示，这涉及反应级数和表观活化能等，每种催化剂只有在特定条件下才能体现出它的活性。在采用催化剂的反应中，少量杂质往往会使催化剂的催化活性突然降低甚至丧失，这种现象称催化剂中毒。因此，在使用催化剂的反应中，必须保持原料的纯净。

3.3.3.3 催化反应分类

有催化剂参加的反应叫催化反应。催化反应的种类很多，就催化剂和反应物的存在状态来划分，分为均相催化反应、多相催化反应和酶催化反应。

(1) 均相催化反应（homogeneous catalysis）

催化剂与反应物同处一相的催化反应叫均相催化反应。其中最重要、最普通的一种是酸碱催化反应。如酯类的水解以 H^+ 离子作催化剂：

$$CH_3COOCH_3 + H_2O \xrightarrow{H^+} CH_3COOH + CH_3OH$$

(2) 多相催化反应（hetergeneous catalysis）

指催化剂自成一相的催化反应。多相催化作用是现代化学工业中一个极其重要的方面。其中气固相的催化作用应用得尤为广泛。例如催化裂化、催化重整、催化加氢、脱氢、氨的合成、接触法制造 H_2SO_4 等都是气固相的催化反应。

(3) 酶催化反应（enzyme catalysis）

可以看做是介于均相与非均相催化反应之间的一种催化反应。既可以看成是反应物与酶形成了中间化合物，也可以看成是在酶的表面上首先吸附了反应物，然后再进行反应。在生物体内进行的各种复杂反应，如蛋白质、脂肪、碳水化合物的合成和分解等基本上都是酶催化反应。

化工生产中，催化剂的使用占有很重要的地位，在现代化工生产中80%～90%的反应过程都使用催化剂。许多缓慢的反应在工业生产上没有使用价值。但由于使用了催化剂，反应速率大大加快，在生产上就变得切实可行了。

3.3.4 其他因素对化学反应速率的影响

从相的角度，我们可以把反应体系分为均匀系统（单相系统）和非均匀系统（多相系统）。在非均匀系统中进行的反应，如固体和液体、固体和气体或液体和气体的反应等，除了上述几种影响因素外，还与反应物接触面积的大小和接触机会有关。对固液反应来说，如将大块固体破碎成小块或磨成粉末，反应速率必然增大。对于气液反应，可将液态物质采用喷淋的方式以扩大与气态物质的接触面。对反应物进行搅拌，同样可以增加反应物的接触机会。此外，让生成物及时离开反应界面，也能增大反应速率。紫外光、激光、高能射线和超声波等一样会对某些反应的速率产生影响。

复习与思考题

1. 试简要说明下列化学术语的含义：

（1）化学反应速率；

（2）有效碰撞、活化能、活化分子；

（3）元反应、非元反应、质量作用定律。

2. 试用活化分子的概念解释温度、浓度、催化剂是如何影响化学反应速率的。

3. 判断题

（1）化学反应：$3A(aq)+B(aq)\rightarrow 2C(aq)$，当其速率方程式中各物质浓度均为 $1.0\ mol\cdot L^{-1}$ 时，其反应速率系数在数值上等于其反应速率。(　　)

（2）反应 $aA(aq)+bB(aq)\rightarrow gG(aq)$ 的反应速率方程式为 $v=k[c(A)]^a[c(B)]^b$，则此反应一定是一步完成的简单反应。(　　)

（3）通常升高同样温度，E_a 较大的反应速率增大倍数较多。(　　)

（4）反应物浓度增大，反应速率必定增大。(　　)

（5）某反应：$O_3+NO \rightleftharpoons O_2+NO_2$，正反应的活化能为 $10.7\ kJ\cdot mol^{-1}$，$\Delta_r H_m^{\ominus}=-193.8\ kJ\cdot mol^{-1}$，则逆反应的活化能为 $204.5\ kJ\cdot mol^{-1}$。(　　)

4. 单选题

（1）反应速率的质量作用定律只适用于(　　)。

（A）实际上能够进行的反应

(B) 一步完成的元反应

(C) 化学方程式中反应物和生成物的化学计量数均为 1 的反应

(D) 核反应和链反应

(2) 复杂反应的反应速率取决于(　　)。

(A) 最快一步的反应速率　　(B) 最慢一步的反应速率

(C) 几步反应的平均速率　　(D) 任意一步的反应速率

(3) 反应：$aA + bB \longrightarrow cC + dD$ 的速率方程式可表示为(　　)。

(A) $v = k\,[c(A)]^a\,[c(B)]^b$　　(B) $v = k\,[c(A)]^x\,[c(B)]^y$

(C) $v = k\,[c(C)]^c\,[c(D)]^d$　　(D) $v = k\,[c(A)]^c\,[c(B)]^d$

(4) 反应：$A + B \longrightarrow C$ 的速率方程式是 $v = k\,[c(A)]^{1/2}c(B)$，如果 A、B 浓度都增大到原来的 4 倍，那么反应速率将增大到原来的(　　)。

(A) 16 倍　　(B) 8 倍

(C) 4 倍　　(D) 2 倍

(5) 通常，温度升高反应速率明显增加，主要原因是(　　)。

(A) 反应物浓度增加　　(B) 反应物压力增加

(C) 活化分子分数增加　　(D) 活化能降低

(6) 下列关于催化剂的叙述中，错误的是(　　)。

(A) 在几个反应中，某催化剂可选择地加快其中某一反应的反应速率

(B) 催化剂使正、逆反应速率增大的倍数相同

(C) 催化剂不能改变反应的始态和终态

(D) 催化剂可改变某一反应的正向与逆向的反应速率之比

5. 反应：$2N_2O_5 \longrightarrow 4NO_2 + O_2$ 在某温度下的实验数据如下：

$c(N_2O_5)\ /(mol \cdot L^{-1})$	5.00	3.52	2.48	1.75	1.23	0.87	0.61
t/s	0	500	1 000	1 500	2 000	2 500	3 000

(1) 计算反应开始 500s 和 1 500s 内的平均速率；

(2) 计算 1 500s 内分别用三种物质表示同一反应的平均速率。

6. 对于元反应：$A(aq) + 2B(aq) \longrightarrow C(aq)$，当 A、B 的原始浓度分别为 $0.30\ mol \cdot L^{-1}$ 和 $0.50\ mol \cdot L^{-1}$ 时，测得反应速率系数为 $0.40\ mol^{-2} \cdot L^2 \cdot s^{-1}$。求开始的反应速率为多少？经一段时间后 A 的浓度下降到 $0.10\ mol \cdot L^{-1}$，此时的反应速率等于多少？

第 4 章　酸碱反应和沉淀反应

日常生活中，人们几乎天天要和酸碱打交道。食醋的主要成分是醋酸，水果和蔬菜（如柑橘、柠檬、西红柿等）的酸味来自其中的有机酸，商店货架上的各种碳酸饮料的酸味来自二氧化碳与水反应产生的氢离子，阿司匹林和维生素 C 分别是叫做乙酰水杨酸和抗坏血酸的两种有机酸，用做泻药的“镁乳”是氢氧化镁的水悬浮液，肥皂和洗涤剂成分中不能缺少有机碱或无机碱。在世界范围内，年产量最大的化学品是硫酸，占第 3 位和第 4 位的则是两个碱（石灰和氨）。这种状况足以说明酸碱在化学工业中的重要地位。事实上，农业和其他工业（如冶金、建材等）都离不开酸和碱。

在化学实验和化工生产中，常利用沉淀反应进行离子的分离、鉴定和除去溶液中的杂质等，它是化学分析的重要分离手段，无机制备和化工生产的许多场合都离不开沉淀和溶解过程。

4.1　水的解离反应和溶液的酸碱性

水是生命之源，水是最重要的溶剂。许多生物、地质和环境化学反应以及多数化工产品的生产都是在水溶液中进行的。

阿仑尼乌斯

4.1.1　酸碱的解离理论

1884 年瑞典化学家阿仑尼乌斯（S. A. Arrhenius, 1859—1927 年）提出的酸碱理论认为：酸是在水溶液中解离产生的阳离子全部是氢离子（H^+）① 的化合物；碱是在水溶液中解离产生的阴离子全部是氢氧根离子（OH^-）的化合物。酸碱中和反应的实质就是 H^+ 和 OH^- 结合为 H_2O 的反应。酸碱的相对强弱可以根据它们在水溶液中电离出 H^+ 或 OH^- 程度的大小来衡量。

酸碱电离理论（Ionic Theory）从物质的化学组成上揭示了酸碱的本质，并应用化学平衡原理找到了衡量酸碱强弱的定量标度，是人们对酸碱认识由现象到本质的一次质的飞跃，对化学的发展起了很大作用，而且至今仍然普遍应用。但这个理论也是有缺陷的，实际上并不是只有含 OH^- 的物质才具有碱性，如氨的水溶液也显碱性，可作为碱来中和酸。酸碱电离理论另一个缺陷是将酸碱概念局限于水溶液体系，由于科学的进步和生产的发展，越来越多的反应在非水溶液中进行，对于非水体系的酸碱性，酸碱电离理论就无能为力了。

4.1.2　酸碱质子理论

4.1.2.1　质子酸碱的定义和共轭酸碱对

1923 年，丹麦化学家布朗斯特（J. N. Brønsted）和英国化学家劳瑞（T. M. Lowrey）各自独立提出了一种新酸碱理论，后人将其称为布朗斯特-劳瑞理论，即酸碱质子理论（Proton Theory）。该理论将酸定义为反应中凡能给出质子的分子或离子，即质子给予体（proton donor）；将碱定义为反应中接受质子的分子或离子，即质子接受体（proton acceptor）。

$$\text{质子酸} \rightleftharpoons H^+ + \text{质子碱}$$

根据酸碱质子理论，酸和碱不是孤立的，每一种酸给出质子后成为该酸的共轭碱（conjugate base）；每一种碱接受质子后成为该碱的共轭酸（conjugate acid）。酸碱这种相互依存又互相转化的性质称为共轭性，对应的酸碱构成共轭酸碱对（conjugate acid - base pair），这种关系可用下式表示：

$$\underset{\substack{H^+\text{给予体}\\(\text{酸})}}{HA} + \underset{\substack{H^+\text{接受体}\\(\text{碱})}}{B} \rightleftharpoons \underset{\substack{H^+\text{给予体}\\(\text{酸})}}{BH^+} + \underset{\substack{H^+\text{接受体}\\(\text{碱})}}{A^-}$$

共轭酸碱对（HA 与 A^-；B 与 BH^+）

① 水溶液中的氢离子实际上是质子（H^+）和水结合生成的 H_3O^+ 离子及其水合离子，但书写时除非必须注明其物态，一般仍可简写为 H^+。

如：

$$HAc \rightleftharpoons H^+ + Ac^- \quad (a)$$

$$NH_4^+ \rightleftharpoons H^+ + NH_3 \quad (b)$$

$$HCO_3^- \rightleftharpoons H^+ + CO_3^{2-} \quad (c)$$

$$HCO_3^- + H^+ \rightleftharpoons H_2CO_3 \quad (d)$$

酸给出质子的趋势越强，其生成的共轭碱越弱，反之亦然。在酸碱质子理论中不再有“盐”的概念。由式（c）和式（d）可知：一种物质（HCO_3^-）在不同条件下，有时给出质子可作为酸，有时接受质子可作为碱，这样的物质叫两性物质（amphoteric substance），其他常见的两性物质还有 H_2O、HSO_4^-、$H_2PO_4^-$、HPO_4^{2-}。某一物质是酸还是碱取决于给定的条件和该物质在反应中的作用与行为。

表 4-1 常见共轭酸碱对

酸		共轭碱	
名称	化学式	化学式	名称
高氯酸	$HClO_4$	ClO_4^-	高氯酸根
硫酸	H_2SO_4	HSO_4^-	硫酸氢根
氢碘酸	HI	I^-	碘离子
氢溴酸	HBr	Br^-	溴离子
盐酸	HCl	Cl^-	氯离子
硝酸	HNO_3	NO_3^-	硝酸银
水合氢离子	H_3O^+	H_2O	水
硫酸氢根	HSO_4^-	SO_4^{2-}	硫酸根
磷酸	H_3PO_4	$H_2PO_4^-$	磷酸二氢根
亚硝酸	HNO_2	NO_2^-	亚硝酸根
醋酸	CH_3COOH	CH_3COO^-	醋酸根
碳酸	H_2CO_3	HCO_3^-	碳酸氢根
氢硫酸	H_2S	HS^-	硫氢根
氨离子	NH_4^+	NH_3	氨
氢氰酸	HCN	CN^-	氰根
水	H_2O	OH^-	氢氧根
氨	NH_3	NH_2^-	氨基离子

4.1.2.2 酸碱反应的实质

根据酸碱质子理论，酸和碱反应的实质就是两个共轭酸碱对之间质子的传递反应。

酸的解离：$HAc + H_2O \rightleftharpoons H_3O^+ + Ac^-$（$HAc \rightleftharpoons H^+ + Ac^-$）

碱的解离：$NH_3 + H_2O \rightleftharpoons OH^- + NH_4^+$（$NH_3 + H^+ \rightleftharpoons NH_4^+$）

酸碱中和反应：$HCl + NH_3 \rightleftharpoons NH_4^+ + Cl^-$

盐类水解反应实际上也是离子酸碱的质子转移反应。例如，NaAc 的水解反应：

$$Ac^- + H_2O \rightleftharpoons OH^- + HAc$$

将酸碱质子理论与酸碱离解理论加以比较，可以看出：酸碱质子理论扩大了酸碱及酸碱反应范围。酸碱质子理论的概念具有更广泛的意义，其应用广泛，适用于水溶液和非水溶液，但它只限于质子的给予和接受，对于无质子参加的酸碱反应不能解释。如 SO_3、BF_3 等酸性物质。

4.1.3　水的解离反应和溶液的酸碱性

4.1.3.1　水的解离反应

用精密的电导仪测量，发现纯水有极微弱的导电能力。其原因是水有微弱的解离，使纯水中存在极微量的 H_3O^+ 和 OH^-。经实验测知，298.15 K 时纯水中 $c(H^+)$ 和 $c(OH^-)$ 均为 1.0×10^{-7} mol · L^{-1}。研究揭示：在纯水或稀溶液中，存在着水的解离平衡：

$$H_2O(l) \rightleftharpoons H^+(aq) + OH^-(aq)$$

而且：

$$\{c(H^+)/c^{\ominus}\}\{c(OH^-)/c^{\ominus}\} = K_w^{\ominus} \tag{4-1}$$

298.15 K 时可测知 $K_w^{\ominus} = 1.0\times10^{-14}$，此值也可通过热力学数据计算得到。

$K_w^{\ominus}$ 称为水的离子积常数（ion product constant of water），下标 w 表示水。$K_w^{\ominus}$ 与其他平衡常数一样，是温度的函数。不同温度下水的离子积见表 4-2。

表 4-2　不同温度下水的离子积

t /℃	5	10	20	25	50	100
$K_w^{\ominus}$ /10^{-14}	0.185	0.292	0.681	1.007	5.47	55.1

4.1.3.2　溶液的酸碱性和 pH

氢离子或氢氧根离子浓度的改变能引起水的解离平衡的移动。溶液中 H_3O^+ 浓度或 OH^- 浓度的大小反映了溶液酸碱性的强弱。在纯水中，$c(H_3O^+) = c(OH^-)$；如果在纯水中加入少量 HCl 或 NaOH 形成稀溶液，$c(H_3O^+)$ 和 $c(OH^-)$ 将发生改变。达到新平衡时 $c(H_3O^+) \neq c(OH^-)$；但是，只要温度保持恒定，$\{c(H^+)/c^{\ominus}\}\{c(OH^-)/c^{\ominus}\} = K_w^{\ominus}$，仍然保持不变。若已知 $c(H_3O^+)$，可根据式（4-1）求得 $c(OH^-)$；反之亦然。

溶液的酸碱性取决于溶液中 $c(H^+)$ 与 $c(OH^-)$ 的相对大小：

酸性溶液 $c(H^+) > 1.0 \times 10^{-7} mol \cdot L^{-1} > c(OH^-)$

纯水（或中性溶液） $c(H^+) = 1.0 \times 10^{-7} mol \cdot L^{-1} = c(OH^-)$

碱性溶液 $c(H^+) < 1.0 \times 10^{-7} mol \cdot L^{-1} < c(OH^-)$

当溶液中 $c(H^+)$ 或 $c(OH^-)$ 小于 $1\ mol \cdot L^{-1}$ 时，用浓度直接表示溶液的酸碱性显得不方便，可采用 pH 表示：

$$pH = -\lg\{c(H^+)/c^{\ominus}\} \tag{4-2}$$

由水的离子积 $K_w^{\ominus} = \{c(H^+)/c^{\ominus}\}\{c(OH^-)/c^{\ominus}\}$ 得：

$$c(H^+) = \frac{K_w^{\ominus}}{c(OH^-)} \times (c^{\ominus})^2$$

$$pH = -\lg\{\frac{K_w^{\ominus}}{c(OH^-)} \times (c^{\ominus})^2\}$$

$$pH + pOH = pK_w^{\ominus} = 14 \tag{4-3}$$

所以：酸性溶液 pH <7

纯水（或中性溶液） pH =7

碱性溶液 pH >7

溶液中 H_3O^+ 浓度或 OH^- 浓度的大小反映了溶液酸碱性的强弱，pH 越大，溶液的酸性越弱，碱性越强。$c(H_3O^+)$ 与 $c(OH^-)$ 是相互联系的，水的离子积常数表明了两者之间的数量关系。在化学学科中，通常习惯于以 $c(H_3O^+)$ 的大小表示溶液的酸碱性。

【例 1】 胃酸的主要成分是 HCl(aq)，某成年人的胃酸 pH = 1.50（25℃）。试计算其中的 $c(H_3O^+)$、$c(OH^-)$ 和 pOH。该胃酸中的盐酸浓度是多少？

解：$pH = -\lg\{c(H^+)/c^{\ominus}\} = 1.5$

$$c(H^+) = 10^{-pH}\ mol \cdot L^{-1} = 10^{-1.5}\ mol \cdot L^{-1} = 0.032\ mol \cdot L^{-1}$$

$$c(OH^-) = \frac{K_w^{\ominus}}{c(H^+)}\ mol \cdot L^{-1} = \frac{1.0 \times 10^{-14}}{0.032}\ mol \cdot L^{-1}$$

$$\approx 3.1 \times 10^{-13}\ mol \cdot L^{-1}$$

$$pOH = 14 - pH = 12.50$$

由于盐酸是强酸，其在水溶液中完全解离。因此，该胃酸中盐酸的浓度 $[c(H_3O^+)]$ 为 $0.032\ mol \cdot L^{-1}$。

实际应用中测定溶液 pH 的方法很多，常用的有酸碱指示剂、pH 试纸及 pH 计（酸度计）。

4.1.3.3 酸碱指示剂

酸碱指示剂（Indicator）本身多是一些有机染料，它们属于有机弱酸或弱碱。随着溶液 pH 值的改变，本身的结构发生改变而引起颜色的变化，而且这种结构变化和变色反应都是可逆的（reversible）。每一种指示剂都有一定的变色范围（图 4-1）。

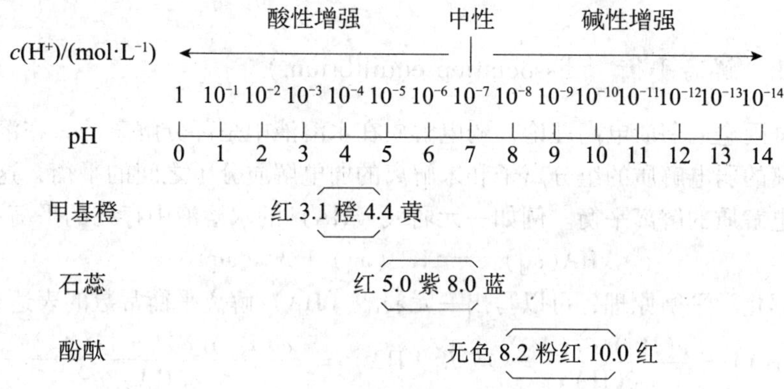

图 4-1　常用酸碱指示剂变色范围

图中可见，甲基橙的变色范围在酸性溶液；酚酞的变色范围在碱性溶液；石蕊则接近中性。利用这一特性可以指示溶液的 pH 的范围。例如，甲基橙在溶液中呈红色，说明该溶液 pH < 3.1；呈黄色，说明 pH > 4.4；呈橙色，说明溶液 pH 为 3.1～4.4。如果采用复合指示剂（两种或多种指示剂），指示的 pH 范围可以更窄、更精确。

pH 试纸是利用复合指示剂制作的，将试纸用多种酸碱指示剂的混合溶液浸透后晒干制成。它对不同 pH 的溶液能显示不同的颜色（称色阶），据此可以迅速判断溶液的酸碱性。常用的 pH 试纸有广泛和精密 pH 试纸，前者的 pH 范围为 1～14 或 0～10，可识别的 pH 差值约为 1；后者的 pH 范围较窄，可以判别 0.2 或 0.3 的 pH 差值。

4.2　弱酸、弱碱的解离平衡

通常所说的弱酸和弱碱是指酸、碱的基本存在形式为中性分子。它们大部分以分子形式存在于溶液中，只有少部分与水发生质子转移反应，只部分解离为阳、阴离子。通常所说的盐多数为强电解质，在水中完全解离为阳、阴离子，其中有些阳离子或阴离子与水能发生质子转移反应，或者给出质子或接受质子，称它们为离子酸或离子碱。另外，从每个酸（和碱）分子或离子能否给出（和接受）多个质子来划分：只能给出一个质子的称为一元弱酸，能给出多个质子的为多元弱酸；只能接受一个质子的为一元弱碱，能接受多个质子的为多元弱碱。

4.2.1 解离平衡和解离常数

4.2.1.1 解离平衡（dissociation equilibrium）

根据阿仑尼乌斯电离理论，弱电解质在水溶液中是部分解离的，在溶液中存在已解离的弱电解质的组分离子和未解离的弱电解质分子之间的平衡，这种平衡称为弱电解质的解离平衡。例如一元弱酸（HA）的水溶液中存在的平衡：

$$HA(aq) \rightleftharpoons H^+(aq) + A^-(aq)$$

根据化学平衡原理，可以写出一元弱酸（HA）解离平衡常数的表达式：

$$K_i(HA) = \frac{c(H^+) \cdot c(A^-)}{c(HA)} \text{ 或 } K_i^{\ominus}(HA) = \frac{\{c(H^+)/c^{\ominus}\} \cdot \{c(A^-)/c^{\ominus}\}}{c(HA)/c^{\ominus}}$$

4.2.1.2 解离平衡常数

$K_i(HA)$ 为 HA 的实验平衡常数；$K_i^{\ominus}(HA)$ 为 HA 的标准平衡常数，其值根据 $\lg K_i^{\ominus} = -\frac{\Delta_r G_m^{\ominus}}{2.303RT}$ 求得。考虑到 $c^{\ominus} = 1.0\ mol \cdot L^{-1}$，为演算简便起见，本课程后面书写的解离平衡常数表达式中，有时不再出现 $c^{\ominus}$ 项。而且，无论是实验的还是标准的解离平衡常数，一律以 $K_i^{\ominus}(HA)$ 表示。如 HA 的解离平衡常数表达式可简写为：

$$K_i^{\ominus}(HA) = \frac{c(H^+) \cdot c(A^-)}{c(HA)} \tag{4-4}$$

一般以 $K_a^{\ominus}$ 表示弱酸的解离常数，$K_b^{\ominus}$ 表示弱碱的解离常数。

（1）解离常数 $K_i^{\ominus}$ 的物理意义：解离常数 $K_i^{\ominus}$ 是表征弱电解质解离程度大小的特性常数；$K_i^{\ominus}$ 越小，表示弱电解质解离越困难，即电解质越弱。一般把 $K_i^{\ominus} \leqslant 10^{-4}$ 的电解质称为弱电解质；$K_i^{\ominus} = 10^{-2} \sim 10^{-3}$ 者称为中强电解质。

（2）影响解离常数的因素：$K_i^{\ominus}$ 具有一般平衡常数的特性，它与浓度无关，与温度有关。但是，温度对 $K_i^{\ominus}$ 的影响不显著，室温下研究解离平衡时，一般可以不考虑温度对 $K_i^{\ominus}$ 的影响。

说明：由于实验方法和实验条件差别，通过实验测得的解离常数之间可能略有不同，而且与利用热力学数据计算求得的 $K_i^{\ominus}$ 未必完全吻合。附录一和附录二列出了一些常见弱酸、弱碱的实验解离常数。但是，考虑到 $K_i^{\ominus}$ 与 K_i 实际上相差不大，在粗略计算时常常可以混用。

【例 2】 试求 298.15K、标准状态下醋酸（HAc）的 $K_a^\ominus$ 值。

解：标准状态下，HAc 为非纯态醋酸，已部分解离，计算 $K_a^\ominus$ 值时要用下面提供的 $\Delta_f G_m^\ominus$ 数据：

$$\mathrm{HAc} \rightleftharpoons \mathrm{H^+} + \mathrm{Ac^-}$$

$$\Delta_f G_m^\ominus/(\mathrm{kJ \cdot mol^{-1}}) \quad -396.46 \qquad 0 \qquad -369.31$$

$$\Delta_r G_m^\ominus = [(-369.31) + 0 - (-396.46)]\ \mathrm{kJ \cdot mol^{-1}}$$
$$= 27.15\ \mathrm{kJ \cdot mol^{-1}}$$

$$\lg K^\ominus = \frac{-\Delta_r G_m^\ominus}{2.303RT} = \frac{-27.15 \times 10^3\ \mathrm{J \cdot mol^{-1}}}{2.303 \times 8.314\ \mathrm{J \cdot mol^{-1} \cdot K^{-1}} \times 298.15\ \mathrm{K}} \approx -4.76$$

$$K_a^\ominus(\mathrm{HAc}) = 1.8 \times 10^{-5}$$

4.2.2 解离度和稀释定律

4.2.2.1 解离度

弱电解质在溶剂中解离达平衡后，已解离的弱电解质分子百分数，称为解离度（degree of dissociation）（用 α 表示）。实际应用时常以已解离的那部分弱电解质的浓度百分数来表示：

$$\text{解离度}(\alpha) = \frac{\text{已解离的弱电解质的量}}{\text{弱电解质的起始总量}} \times 100\%$$

4.2.2.2 解离度的物理含义

解离度是表征弱电解质解离程度大小的特征常数，在温度、浓度相同条件下，α 越小，电解质越弱。

4.2.2.3 解离度与解离常数之间的关系——稀释定律

设一元弱酸（HA）浓度为 $c\ \mathrm{mol \cdot L^{-1}}$，解离度为 α，则

$$K_a^\ominus = \frac{\{c(\mathrm{H^+})/c^\ominus\} \cdot \{c(\mathrm{A^-})/c^\ominus\}}{c(\mathrm{HA})/c^\ominus} = \left(\frac{\alpha^2}{1-\alpha}\right)\frac{c}{c^\ominus} \tag{4-5}$$

若 $\frac{(c/c^\ominus)}{K_a^\ominus} \geqslant 500$①，则 $1-\alpha \approx 1$，上式可改写为式（4-6）：

$$K_i^\ominus = \left(\frac{c}{c^\ominus}\right) \times \alpha^2 \tag{4-6}$$

---

① 计算表明，当（$c/c^\ominus$）/$K_a^\ominus \geqslant 500$ 时，解离度 <5% 时，计算相对误差 <2%，因此如果精确度要求不高，可按 $1-\alpha \approx 1$ 来处理。

$$\alpha = \sqrt{\frac{K_i^\ominus}{c/c^\ominus}} \tag{4-7}$$

式（4-7）是弱电解质溶液的浓度、解离度和解离常数的关系。对某一弱电解质来说，浓度越小，解离度越大。这种关系称为稀释定律（dilution law）。由于 α 随 c 而变，而 $K_i^\ominus$ 不随 c 而变，因此，$K_i^\ominus$ 能更本质地反映弱电解质的解离特性。

4.2.3 弱酸或弱碱溶液中离子浓度的计算

通常情况下，若已知溶液的浓度及该浓度下弱电解质的解离度，即可计算弱电解质溶液的离子浓度。需要注意的是，在弱酸或弱碱的水溶液中，水也会发生一定的解离，提供少量的 H^+（或 OH^-）；另外，弱酸或弱碱由于部分解离，使得其平衡浓度要小于初始浓度。为简化计算，我们一般要进行近似计算（由近似引入的误差要在允许的范围内，否则仍要进行较繁杂的计算），忽略水的解离及用弱酸或弱碱的初始浓度代替其平衡浓度进行计算。

例如，任何 HA 型弱酸，若其 $K_a^\ominus$、c（$mol \cdot L^{-1}$）都不很小，且 $K_a^\ominus \times c(HA) \geqslant 20 \times K_w^\ominus$，则水的解离可忽略，达解离平衡时：

$$HA \rightleftharpoons H^+ + A^-$$

平衡浓度/($mol \cdot L^{-1}$)　　$c-x$　　x　　x

如果 $(c/c^\ominus)/K_i^\ominus \geqslant 500$，$c(H^+) \ll c$，$c - c(H^+) \approx c$，则

$$K_a^\ominus = \frac{x^2}{(c-x)} \approx \frac{x^2}{c}$$

$$c(H^+) = x \approx \sqrt{c \cdot K_a^\ominus} \tag{4-8}$$

$$pH = -\lg\{c(H^+)\}$$

式（4-8）是计算 HA 型弱酸溶液中 $c(H^+)$ 和 pH 最常用的近似公式。

同理可推得，在 BOH 型弱碱溶液中：

$$c(OH^-) \approx \sqrt{c \cdot K_b^\ominus} \tag{4-9}$$

【例 3】 计算 $0.100\ mol \cdot L^{-1}$ 氨水溶液中的 $c(OH^-)$、pH 和 $NH_3 \cdot H_2O$ 的解离度（α）。（$K_b^\ominus(NH_3 \cdot H_2O) = 1.8 \times 10^{-5}$）

解：$K_b^\ominus(NH_3 \cdot H_2O) = 1.8 \times 10^{-5}$，$K_w^\ominus = 1.0 \times 10^{-14}$

$$K_b^\ominus(NH_3 \cdot H_2O) \gg K_w^\ominus$$

所以可以忽略水的解离，作近似计算。

设 $c(OH^-) = x\ mol \cdot L^{-1}$

$$NH_3 \cdot H_2O \rightleftharpoons NH_4^+ + OH^-$$

平衡浓度/（$mol \cdot L^{-1}$）　　$0.100-x$　　x　　x

$$K_b^{\ominus} = \frac{c(NH_4^+) \cdot c(OH^-)}{c(NH_3 \cdot H_2O)} = \frac{x \cdot x}{0.100 - x} = 1.8 \times 10^{-5}$$

因为 $$\frac{(c/c^{\ominus})}{K_b^{\ominus}(NH_3 \cdot H_2O)} = \frac{0.100}{1.8 \times 10^{-5}} > 500$$

所以可以忽略 $NH_3 \cdot H_2O$ 已解离的量 x，即 $0.100 - x \approx 0.100$，则

$$x = 1.34 \times 10^{-3}$$

$$c(OH^-) = 1.34 \times 10^{-3}\ mol \cdot L^{-1}$$

$$c(H^+) = \frac{1.0 \times 10^{-14} \cdot (c^{\ominus})^2}{1.34 \times 10^{-3}} \approx 7.5 \times 10^{-12}\ mol \cdot L^{-1}$$

$$pH = -\lg\{c(H^+)/c^{\ominus}\} = -\lg(7.5 \times 10^{-12}) \approx 11.12$$

$$\alpha = \frac{c(H^+)}{c} \times 100\% = \frac{c\alpha}{c} \times 100\% = \frac{1.34 \times 10^{-3}\ mol \cdot L^{-1}}{0.100\ mol \cdot L^{-1}} \times 100\% = 1.34\%$$

或根据 $$\alpha = \sqrt{\frac{K_b^{\ominus}}{c/c^{\ominus}}} = \sqrt{\frac{1.8 \times 10^{-5}}{0.100\ mol \cdot L^{-1}/1.0\ mol \cdot L^{-1}}} \approx 1.34\%$$

4.2.4 多元弱酸的解离平衡

4.2.4.1 多元弱酸的分步解离

多元弱酸在水溶液中的解离是分步（分级）进行的，平衡时每一级都有一个相应的解离平衡常数。例如，二元弱酸氢硫酸（H_2S）在水溶液中就是程度不同地分两步解离，而且其解离是可逆的。达平衡时，溶液中主要存在着两个平衡：

$$H_2S \rightleftharpoons H^+ + HS^-;\quad K_{a(1)}^{\ominus} = \frac{c(H^+) \cdot c(HS^-)}{c(H_2S)} = 1.1 \times 10^{-7}$$

$$HS^- \rightleftharpoons H^+ + S^{2-};\quad K_{a(2)}^{\ominus} = \frac{c(H^+) \cdot c(S^{2-})}{c(HS^-)} = 1.3 \times 10^{-13}$$

4.2.4.2 分级解离常数的相对大小

解离常数逐级减小，可以从两方面来考虑，平衡方面，因为第一步解离出的 H^+ 对第二步解离有抑制作用；电性作用，因为第二步解离需从带有一个负电荷的离子中再解离出一个阳离子 H^+，显然比中性分子困难，因此，多元弱酸的强弱主要取决于 $K_{a(1)}^{\ominus}$ 的大小；多元弱酸溶液中 H^+ 浓度主要由第一级解离决定，并且由于第二级解离程度更小，由上述例子，HS^- 消耗很少，故可认为 $c(H^+) \approx c(HS^-)$。

【例 4】 常温、常压下 H_2S 在水中的溶解度为 $0.10\ mol \cdot L^{-1}$，试求饱和溶液中 $c(H^+)$、$c(S^{2-})$ 及 H_2S 的解离度 α。

解：由于 $K_w^\ominus \ll K_{a(1)}^\ominus, K_{a(2)}^\ominus \ll K_{a(1)}^\ominus$，故可根据第一级解离平衡计算 $c(H^+)$。设溶液中 $c(H^+) = x\ mol \cdot L^{-1}$，

$$H_2S \rightleftharpoons H^+ + HS^-$$

平衡浓度 $\qquad 0.10 - x \quad x \quad x$

$$因：\frac{c/c^\ominus}{K_{a(1)}^\ominus} = \frac{0.10}{1.1 \times 10^{-7}} > 500，所以\ 0.10 - x \approx 0.10$$

$$故：\frac{x^2}{0.10} \approx 1.1 \times 10^{-7}, x = 1.0 \times 10^{-4}$$

$$c(H^+) = 1.0 \times 10^{-4}\ mol \cdot L^{-1}$$

$c(S^{2-})$ 可由二级解离平衡来计算：

$$HS^- \rightleftharpoons H^+ + S^{2-};\quad K_{a(2)}^\ominus = \frac{c(H^+) \cdot c(S^{2-})}{c(HS^-)}$$

$$c(S^{2-}) = K_{a(2)}^\ominus \times \frac{c(HS^-)}{c(H^+)}$$

因为 $\qquad K_{a(2)}^\ominus \ll K_{a(1)}^\ominus$，所以 $c(HS^-) \approx c(H^+)$

故 $\qquad c(S^{2-}) \approx K_{a(2)}^\ominus \times c^\ominus = 1.3 \times 10^{-13}\ mol \cdot L^{-1}$

$$\alpha = \sqrt{\frac{K_{a(1)}^\ominus}{c/c^\ominus}} = \sqrt{\frac{1.1 \times 10^{-7}}{0.10}} \approx 0.10\%$$

计算表明：二元弱酸（如 H_2S）溶液中酸根离子浓度 $c(S^{2-})$ 近似地等于 $K_{a(2)}^\ominus$，而与弱酸的浓度关系不大。

4.2.4.3 H_2S 饱和溶液中硫离子浓度与溶液酸度（pH）之间的关系

利用多重平衡规则，也可以得到溶液中氢离子浓度与硫离子浓度的关系：

$$H_2S \rightleftharpoons H^+ + HS^-;\ K_{a(1)}^\ominus = \frac{c(H^+) \cdot c(HS^-)}{c(H_2S)} \tag{4-10}$$

$$HS^- \rightleftharpoons H^+ + S^{2-};\ K_{a(2)}^\ominus = \frac{c(H^+) \cdot c(S^{2-})}{c(HS^-)} \tag{4-11}$$

式（4-10）+式（4-11）得：

$$H_2S \rightleftharpoons 2H^+ + S^{2-};\quad K_a^\ominus = K_{a(1)}^\ominus \times K_{a(2)}^\ominus$$

$$\frac{\{c(H^+)\}^2 \cdot c(S^{2-})}{c(H_2S) \cdot \{c^\ominus\}^2} = K_{a(1)}^\ominus \times K_{a(2)}^\ominus \tag{4-12}$$

式（4-12）表明了二元弱酸（H_2S）溶液中，$c(H^+)$、$c(S^{2-})$ 与未解离 $c(H_2S)$ 之间的关系。常温常压下，H_2S 饱和溶液中 $c(H_2S) \approx 0.10\ mol \cdot L^{-1}$，式（4-12）可改写成：

$$\{c(H^+)\}^2 \cdot c(S^{2-}) = 0.10 \times K_{a(1)}^\ominus \times K_{a(2)}^\ominus \times (c^\ominus)^2\ mol \cdot L^{-1}$$

即 $$\{c(H^+)\}^2 \cdot c(S^{2-}) = 1.4 \times 10^{-21} \times (c^{\ominus})^2\ mol \cdot L^{-1}$$

或 $$c(S^{2-}) = \frac{1.4 \times 10^{-21} \times (c^{\ominus})^2}{\{c(H^+)\}^2}\ mol \cdot L^{-1}$$

上式表明，在 H_2S 饱和溶液中 $c(S^{2-})$ 与 $c(H^+)$ 的平方成反比，如果在 H_2S 溶液中加入强酸以增大 $c(H^+)$，则可显著地降低 $c(S^{2-})$，因此调节 H_2S 溶液的酸度，可有效地控制 H_2S 溶液中的 $c(S^{2-})$。这一关系在通过形成难溶硫化物实现混合金属离子的分离方面有着重要的应用。

除多元弱酸外，多元弱碱如 $Al(OH)_3$、中强酸如 H_3PO_4 以及少数的盐如 $HgCl_2$、$Hg(CN)_2$等，在溶液中也是分步解离的。

4.2.5 解离平衡的移动——同离子效应

解离平衡和其他平衡一样，当维持平衡体系的外界条件改变时，会引起解离平衡的移动，其移动规律同样符合勒·夏特列原理。

在 HAc 溶液中，若加入与 HAc 含有相同离子（如 Ac^-）的易溶强电解质 NaAc，由于溶液中 $c(Ac^-)$ 的增大，会导致 HAc 解离平衡逆向移动。

$$HAc \rightleftharpoons H^+ + \boxed{Ac^-}$$

平衡移动方向 ←

$$NaAc \longrightarrow Na^+ + \boxed{Ac^-}$$

达到新平衡时，溶液中 $c(HAc)$ 比原平衡中 $c(HAc)$ 大，即 HAc 的解离度降低了。同理，若在 $NH_3 \cdot H_2O$ 溶液中加入铵盐（如 NH_4Cl），也会使 $NH_3 \cdot H_2O$ 的解离度降低。这种在弱电解质溶液中，加入和弱电解质含有相同离子的易溶的强电解质，使弱电解质解离度降低的现象称为同离子效应（common ion effect）。

【例 5】 在 0.100 $mol \cdot L^{-1}$ HAc 溶液中，加入固体 NaAc 使其浓度为 0.100 $mol \cdot L^{-1}$，求此混合溶液中 $c(H^+)$ 和 HAc 的解离度，并与 0.100 $mol \cdot L^{-1}$ 溶液中的 $c(H^+)$ 和 HAc 的解离度加以比较。

解：NaAc 为强电解质，在水溶液中完全解离，因此由 NaAc 解离所提供的 $c(Ac^-) = 0.100\ mol \cdot L^{-1}$。

在忽略水解离的情况下，设由 HAc 解离的 $c(H^+) = x\ mol \cdot L^{-1}$，

	HAc	$\rightleftharpoons$	H^+ +	Ac^-
平衡浓度/($mol \cdot L^{-1}$)	$0.100 - x$		x	$0.100 + x$

$$\frac{c(H^+) \cdot c(Ac^-)}{c(HAc)} = K_a^{\ominus}(HAc)$$

$$\frac{x \cdot (0.100 + x)}{(0.100 - x)} = 1.8 \times 10^{-5}$$

因为 $(c/c^{\ominus})/K_a^{\ominus}(\text{HAc}) = \dfrac{0.100}{1.8\times10^{-5}} \geqslant 500$，加上同离子效应的作用，所以 $0.100 - x \approx 0.100$，$0.100 + x \approx 0.100$，则上式可改为：

$$\frac{0.100 \cdot x}{0.100} = 1.8\times10^{-5}$$

$$x = 1.8\times10^{-5}$$

$$c(\text{H}^+) \approx 1.8\times10^{-5}\ \text{mol}\cdot\text{L}^{-1}$$

$$\alpha_1 = \frac{1.8\times10^{-5}\text{mol}\cdot\text{L}^{-1}}{0.100\ \text{mol}\cdot\text{L}^{-1}}\times100\% = 1.8\times10^{-2}\%$$

而未加固体 NaAc 时，在 $0.100\ \text{mol}\cdot\text{L}^{-1}$ HAc 溶液中：$c(\text{H}^+) = 1.34\times10^{-3}\text{mol}\cdot\text{L}^{-1}$，$\alpha_2 = 1.34\%$

$$\frac{\alpha_1}{\alpha_2} = \frac{1.8\times10^{-2}\%}{1.34\%} \quad \alpha_2 \approx 74\alpha_1$$

计算结果表明，由于同离子效应，$c(\text{H}^+)$ 和 HAc 的解离度都大大降低。在生产和实验中可以利用同离子效应调节溶液的酸碱性；控制弱酸溶液中酸根离子的浓度（如 H_2S，$H_2C_2O_4$，H_3PO_4 等溶液中的 S^{2-}，$C_2O_4^{2-}$ 和 PO_4^{3-} 浓度），使某些金属离子以难溶盐形式析出，另一些离子不沉淀，从而达到分离提纯的目的。

4.2.6 缓冲溶液

能够缓冲少量酸、碱和稀释的影响，使溶液的 pH 维持在一段范围内的溶液称为缓冲溶液（buffer solution）。许多化学反应（包括生物化学反应）需要在一定的 pH 范围内才能进行或进行得比较完全，然而某些反应有 H^+ 或 OH^- 的生成或消耗，溶液 pH 会随反应的进行而发生明显变化，从而影响反应的正常进行，在这种情况下，就要借助缓冲溶液来稳定溶液 pH，以维持反应的正常进行。

4.2.6.1 缓冲作用原理

为了说明缓冲作用，首先参看下列几组数据：

		加入 1.0 mL、1.0 mol·L^{-1} 的 HCl 溶液	加入 1.0 mL、1.0 mol·L^{-1} 的 NaOH 溶液
1#	1.0 L 纯水	pH 从 7 变为 3，改变 4 个单位	pH 从 7 变为 11，改变 4 个单位
2#	1.0L NaCl 水溶液	pH 从 7 变为 3，改变 4 个单位	pH 从 7 变为 11，改变 4 个单位

续表

3#	1.0 L溶液中含0.10 mol HAc和0.10 mol NaAc	pH从4.76变为4.75，改变0.01个单位	pH从4.76变为4.77，改变0.01个单位
4#	1.0 L溶液中含0.10 mol NH_3和0.10 mol NH_4Cl	pH从9.26变为9.25，改变0.01个单位	pH从9.26变为9.27，改变0.01个单位

以上数据说明，纯水和NaCl水溶液中加入少量的酸或碱，其pH发生明显变化；而由HAc和NaAc或NH_3和NH_4Cl组成的混合溶液，当加入少量的酸或碱时，其pH变化很小。这种能保持pH相对稳定的作用称为缓冲作用。缓冲溶液通常由弱酸及其弱酸盐或弱碱及其弱碱盐所组成。

现以HAc－NaAc组成的缓冲溶液为例，说明缓冲作用的原理。这种缓冲溶液的特点是：体系中同时含有相当大量的HAc和Ac^-，并存在着HAc的解离平衡：

$$\xrightarrow{\text{外加适量的碱（}OH^-\text{），平衡向右移动；}}$$

$$HAc \rightleftharpoons H^+ + Ac^-$$

$$NaAc \longrightarrow Na^+ + Ac^-$$

$$\xleftarrow[\text{外加适量的酸（}H^+\text{），平衡向左移动；}]{}$$

根据平衡移动原理，当外加适量酸时，溶液中的Ac^-瞬间即与外加H^+结合成HAc；当外加适量碱时，溶液中未解离的HAc就继续解离以补充H^+的消耗，从而使溶液的pH基本不变。根据$c(H^+)=\dfrac{K_a^\ominus(HAc)\times c(HAc)}{c(Ac^-)}$，当适当衡释此溶液时，由于$c(HAc)$、$c(Ac^-)$以同等倍数下降，比值$\dfrac{c(HAc)}{c(Ac^-)}$基本不变，因此，pH也基本不变（当缓冲溶液浓度$>10^{-3}\ mol \cdot L^{-1}$，稀释倍数不过大时）①。这种在溶液中同时存在大量弱酸分子及该弱酸根离子（或大量弱碱及该弱碱的阳离子）就是缓冲溶液组成上的特征。缓冲溶液中的弱酸及其盐（或弱碱及其盐）称为缓冲对（buffer pair），它们分别担负着抗酸、抗碱作用。

4.2.6.2 其他缓冲体系

除弱酸和弱酸盐、弱碱和弱碱盐可组成缓冲溶液外，由多元弱酸所组成的两种不同酸度的盐如$NaHCO_3-Na_2CO_3$、$NaH_2PO_4-Na_2HPO_4$的混合溶液等也有缓冲作用，其中HCO_3^-、$H_2PO_4^-$起着弱酸的作用。

---

① 如果缓冲溶液的浓度太小（$<10^{-3}\ mol \cdot L^{-1}$）或稀释倍数过大，上述结论就不正确了，因为在此情况下不能忽略水本身解离的影响。

前面讨论的缓冲溶液都含有两种物质：一种是能抵消酸（H^+）的物质，另一种是能抵消碱（OH^-）的物质，两种物质合称缓冲混合物。但是实践中有时只需对 H^+ 或对 OH^- 有抵消作用即可，由此可以根据需要选用合适的弱碱（或弱酸盐）作为对酸的缓冲剂；选用合适的弱酸（或弱碱盐）作为对碱的缓冲剂。如在电镀等工业上常选用单一的 H_3BO_3、HOAc、柠檬酸、酒石酸、NaOAc、NaF 等作为缓冲剂。

4.2.6.3 缓冲溶液 pH 计算

缓冲溶液实际上就是含有同离子的弱酸或弱碱溶液，因此其 pH 的计算方法与同离子效应的计算方法相同。作为控制酸度的缓冲溶液，不要求进行十分精确的计算，对弱酸及其共轭碱、弱碱及其共轭酸这样的两类缓冲系统来说，分别用以下两个通式计算：

$$\mathrm{pH} = \mathrm{p}K_a + \lg\frac{c(\text{共轭碱})}{c(\text{酸})} \tag{4-13}$$

$$\mathrm{pOH} = \mathrm{p}K_b + \lg\frac{c(\text{共轭酸})}{c(\text{碱})} \tag{4-14}$$

【**例6**】10.0 cm^3、0.200 $mol \cdot dm^{-3}$ 的 HAc 溶液与 5.5 cm^3、0.200 $mol \cdot dm^{-3}$ 的 NaOH 溶液混合。求该混合液的 pH。($pK_a^{\ominus}$ (HAc) =4.74)

解：加入 HAc 的物质的量为：$0.200 \times 10.0 \times 10^{-3} = 2.0 \times 10^{-3}$ mol

加入 NaOH 的物质的量为：$0.200 \times 5.5 \times 10^{-3} = 1.1 \times 10^{-3}$ mol

反应后生成的 Ac^- 的物质的量为：1.1×10^{-3} mol

$$c(\mathrm{Ac^-}) = \frac{1.1 \times 10^{-3}}{(10.0 + 5.5) \times 10^{-3}} \approx 0.071\ \mathrm{mol \cdot L^{-1}}$$

剩余的 HAc 物质的量为：$2.0 \times 10^{-3} - 1.1 \times 10^{-3} = 0.9 \times 10^{-3}$ mol

$$c(\mathrm{HAc}) = \frac{0.9 \times 10^{-3}}{(10.0 + 5.5) \times 10^{-3}} \approx 0.058\ \mathrm{mol \cdot L^{-1}}$$

$$\mathrm{pH} = \mathrm{p}K_a^{\ominus} + \lg\frac{c(\mathrm{A^-})}{c(\mathrm{HAc})} = 4.74 + \lg\frac{0.071}{0.058} \approx 4.74 + 0.09 \approx 4.83$$

4.2.6.4 缓冲溶液的应用

在化学上缓冲溶液的应用非常广泛，如离子的分离、提纯以及分析检验，经常要控制溶液的 pH。例如，欲除去镁盐中的杂质 Al^{3+}，可采用氢氧化物沉淀的方法。但因 $Al(OH)_3$ 具有两性，如果加入 OH^- 过多，不仅 $Al(OH)_3$ 会溶解，达不到分离的目的，而且镁也可能沉淀，造成损失；反之，加入 OH^- 过少，则 Al^{3+} 沉淀不完全。这时如采用 $NH_3 - NH_4Cl$ 的混合溶液作为缓冲溶液，保持溶液 pH 在 9

左右，就能将 Al^{3+} 沉淀完全，而 Mg^{2+} 仍然留在溶液中，达到分离的目的。

缓冲溶液不仅在化学、化工生产中，而且在生命活动方面都有极其重要的意义。例如人体血液中由于含有几对缓冲体系相互制约（$H_2CO_3-NaHCO_3$，$NaH_2PO_4-Na_2HPO_4$ 等），使人体血液的 pH 维持在 7.35～7.45，保证了细胞代谢的正常进行和整个机体的生存，超出这个范围就会不同程度地导致“酸中毒”或“碱中毒”。土壤由于硅酸、磷酸、腐殖酸等及其共轭碱的缓冲作用，得以使其 pH 保持在 5～8，适宜农作物的生长。

4.2.6.5* 缓冲溶液的选择和配制

（1）缓冲溶液的选择

常用的缓冲溶液是由一定浓度的缓冲对组成的，一般来说，不同的缓冲溶液具有不同的缓冲容量（buffer capacity）和缓冲范围（buffer range）。在实际工作中，为了满足需要，在选择缓冲溶液时应注意以下几点：

缓冲溶液对测量无干扰，缓冲溶液的缓冲组分不参与反应；以弱酸和弱酸盐构成的缓冲体系为例，为了保证缓冲溶液有足够的缓冲容量，缓冲对除了有足够浓度外，根据 $pH=pK_a+\lg\dfrac{c(Ac^-)}{c(HAc)}$，$c(Ac^-):c(HAc)=1:1$ 时缓冲容量最大，因此还应选择所需 pH 与 pK_a 接近的缓冲对，然后通过调节缓冲对的浓度比来微调溶液 pH，所需控制的 pH 应在缓冲溶液的缓冲范围之内。

（2）缓冲溶液的配制

下面举例说明缓冲溶液的配制方法。

例如，欲配制 pH = 9.20，$c(NH_3)=1.0\ moL\cdot L^{-1}$ 的缓冲溶液 500 mL，如何用浓 $NH_3\cdot H_2O$ 和 NH_4Cl 固体配制？

解：pH = 9.20，则 $c(OH^-)=1.6\times10^{-5}\ mol\cdot dm^{-3}$

若 $c(NH_3)=1.0\ mol\cdot dm^{-3}$

$$\frac{c(NH_3)}{c(NH_4{}^+)}=\frac{c(OH^-)}{K_b}=\frac{1.6\times10^{-5}}{1.8\times10^{-5}}\approx0.89$$

则 $c(NH_4Cl)=\dfrac{1.0\ mol\cdot L^{-1}}{0.89}\approx1.12\ mol\cdot L^{-1}$

配制 500 mL 溶液，需要固体 NH_4Cl（摩尔质量为 $53.5\ kg\cdot mol^{-1}$）和浓 $NH_3\cdot H_2O$（$15\ mol\cdot dm^{-3}$）的量分别为：

$$m(NH_4Cl)=0.5\times1.12\times53.5\approx30\ g$$

$$V(NH_3\cdot H_2O)=(1.0\times0.500)/15\approx33\ mL$$

配制方法：称取 30 g 固体 NH_4Cl 溶于少量水中，加入 33 mL 浓 $NH_3\cdot H_2O$ 溶液，然后加水至 500 mL。

4.3 盐类的水解反应

4.3.1 水解反应和水解常数

4.3.1.1 水解反应

某些盐溶于水形成溶液后，会呈现出酸性或碱性，但其本身组成中并不一定含 H^+或 OH^-。造成盐溶液具有酸、碱性的原因是盐类的阴离子或阳离子与水所离解出来的 H^+或 OH^-结合并生成弱酸或弱碱，使水的解离平衡发生移动，导致溶液中 H^+和 OH^-浓度不相等，而表现出酸、碱性，这种作用称为盐的水解作用(hydrolysis)。实际上，水解反应是中和反应的逆反应，并且这种中和反应中的酸或碱之一或二者都是弱的。

水解反应：指盐的组分离子与水解离出来的 H^+和 OH^-结合成弱电解质的反应，它是中和反应的逆反应。盐的水解状况与其组成密切相关，盐的组成可分为：强碱弱酸盐、强酸弱碱盐、弱酸弱碱盐及强酸强碱盐。

(1) 强碱弱酸盐：例如 NaAc 在水溶液中的水解过程可表示如下：

$$\begin{array}{rcl} NaAc & \longrightarrow & Na^+ + Ac^- \\ & & \qquad\quad + \\ H_2O & \rightleftharpoons & OH^- + H^+ \\ & & \qquad\quad \downarrow\uparrow \\ & & \qquad\quad HAc \end{array}$$

Ac^-的水解方程式为：$Ac^- + H_2O \rightleftharpoons HAc + OH^-$

由此可见，强碱弱酸盐（如 NaAc）的水解，实际上只是其阴离子（如 Ac^-）发生水解，使溶液呈碱性。

(2) 强酸弱碱盐：例如 NH_4Cl 在水溶液中的水解过程可表示如下：

$$\begin{array}{rcl} NH_4Cl & \longrightarrow & NH_4^+ + Cl^- \\ & & \quad + \\ H_2O & \rightleftharpoons & OH^- + H^+ \\ & & \quad \downarrow\uparrow \\ & & NH_3 \cdot H_2O \end{array}$$

NH_4^+的水解方程式为：$NH_4^+ + H_2O \rightleftharpoons NH_3 \cdot H_2O + H^+$

由此可见，强酸弱碱盐（如 NH_4Cl）的水解，实际上只是其阳离子（如

NH_4^+）发生水解，使溶液呈酸性。

（3）弱酸弱碱盐：弱酸弱碱盐解离出来的阴、阳离子均能发生水解，例如 AB 型弱酸弱碱盐的水解：

$$A^+ + B^- + H_2O \rightleftharpoons \underset{(\text{弱酸})}{HB} + \underset{(\text{弱碱})}{AOH}$$

弱酸弱碱盐溶液的酸碱性视水解产物的 $K_a^\ominus(HB)$ 和 $K_b^\ominus(AOH)$ 的相对大小而定，例如：

NH_4F：　$NH_4^+ + F^- + H_2O \longrightarrow NH_3 \cdot H_2O + HF$

$K_a^\ominus(HF) > K_b^\ominus(NH_3 \cdot H_2O)$　　显酸性

NH_4Ac：$NH_4^+ + Ac^- + H_2O \longrightarrow NH_3 \cdot H_2O + HAc$

$K_a^\ominus(HAc) \approx K_b^\ominus(NH_3 \cdot H_2O)$　　显中性

NH_4CN：$NH_4^+ + CN^- + H_2O \longrightarrow NH_3 \cdot H_2O + HCN$

$K_a^\ominus(HCN) < K_b^\ominus(NH_3 \cdot H_2O)$　　显碱性

有些弱酸弱碱盐在水中完全水解，水解后的溶液中几乎不留下自身的任何离子。如硫化铝、碳酸铬的水解反应：

$$Al_2S_3(s) + 6H_2O(l) \longrightarrow 2Al(OH)_3(s) + 3H_2S(g)$$

$$Cr_2(CO_3)_3(s) + 3H_2O(l) \longrightarrow 2Cr(OH)_3(s) + 3CO_2(g)$$

（4）强酸强碱盐：强酸强碱盐中的阴、阳离子均不能与水所离解出来的 H^+ 或 OH^- 结合生成弱电解质，水的解离平衡未被破坏，故溶液呈中性，即强酸强碱盐在溶液中不发生水解。

4.3.1.2　水解常数

水解反应与 H_2O 的解离平衡和弱酸（或弱碱）的解离平衡有关。例如强碱弱酸（NaAc）的水解反应式可由下列两个解离平衡式相减得到：

$$H_2O \rightleftharpoons H^+ + OH^- \qquad K_w^\ominus$$

$$HAc \rightleftharpoons H^+ + Ac^- \qquad K_a^\ominus$$

$$Ac^- + H_2O \rightleftharpoons HAc + OH^- \qquad K_h^\ominus$$

$$\frac{\{c(HAc)/c^\ominus\} \cdot \{c(OH^-)/c^\ominus\}\}}{\{c(Ac^-)/c^\ominus\}} = \frac{\{c(HAc)/(c^\ominus\}\{c(OH^-)/c^\ominus\} \cdot \{c(H^+)/c^\ominus\}}{\{c(Ac^-)/c^\ominus\} \cdot \{c(H^+)/c^\ominus\}} = K_h^\ominus$$

$$K_h^\ominus = \frac{K_w^\ominus}{K_a^\ominus} \tag{4-15}$$

$K_h^\ominus$ 是水解反应的平衡常数，称为水解常数（hydrolysis constant）。

同理可推得一元弱碱强酸盐水解常数关系式为：

$$K_h^{\ominus} = \frac{K_w^{\ominus}}{K_b^{\ominus}} \tag{4-16}$$

一元弱酸弱碱盐水解常数关系式为：

$$K_h^{\ominus} = \frac{K_w^{\ominus}}{K_a^{\ominus} \cdot K_b^{\ominus}} \tag{4-17}$$

各种水解反应的水解常数 $K_h^{\ominus}$ 没有现成数据可查，需要利用 $K_a^{\ominus}$ 或 $K_b^{\ominus}$ 通过计算求得。$K_h^{\ominus}$ 值越大，表示相应盐的水解程度越大。

盐类的水解程度，也可以用水解度（h）来衡量：

$$\text{水解度}(h) = \frac{\text{盐水解部分的“物质的量”(或浓度)}}{\text{始态盐的“物质的量”(或浓度)}} \times 100\%$$

4.3.2 分步水解

与多元弱酸（或多元弱碱）的分步解离相对应，多元弱酸盐（或多元弱碱盐）的水解也是分步进行的。例如 Na_2S 的水解是分两步进行的：

$$S^{2-} + H_2O \rightleftharpoons HS^- + OH^- \quad K_{h(1)}^{\ominus}$$

$$HS^- + H_2O \rightleftharpoons H_2S + OH^- \quad K_{h(2)}^{\ominus}$$

根据多重平衡可推知：

$$K_{h(1)}^{\ominus} = \frac{c(HS^-) \times c(OH^-)}{c(S^{2-})} = \frac{K_w^{\ominus}}{K_{a(2)}^{\ominus}(H_2S)} = \frac{1.0 \times 10^{-14}}{1.3 \times 10^{-13}} \approx 7.7 \times 10^{-2}$$

$$K_{h(2)}^{\ominus} = \frac{c(H_2S) \times c(OH^-)}{c(HS^-)} = \frac{K_w^{\ominus}}{K_{a(1)}^{\ominus}(H_2S)} = \frac{1.0 \times 10^{-14}}{1.1 \times 10^{-7}} \approx 9.1 \times 10^{-8}$$

由此可见，多元弱酸盐（或多元弱碱盐）的水解同多元弱酸（或多元弱碱）分步解离一样，也是逐步减小的。由于 $K_{h(2)}^{\ominus} \ll K_{h(1)}^{\ominus}$，因此在计算多元弱酸盐或多元弱碱盐溶液中的 $c(H^+)$ 或 $c(OH^-)$ 时一般只考虑第一步水解即可。

除了碱金属及部分碱土金属外，几乎所有金属阳离子组成的多元弱碱盐都会发生不同程度的水解，其水解也是分步进行的。如 Fe^{3+} 的水解可表示为：

$$Fe^{3+} + H_2O \rightleftharpoons [Fe(OH)]^{2+} + H^+$$

$$[Fe(OH)]^{2+} + H_2O \rightleftharpoons [Fe(OH)_2]^+ + H^+$$

$$[Fe(OH)_2]^+ + H_2O \rightleftharpoons Fe(OH)_3\downarrow + H^+$$

并非所有多价金属离子的盐都需要水解到最后一步才会析出沉淀，有时一级或二级水解即析出沉淀。此外，在水解反应的同时，还有聚合（polymerization）和脱水（dewatering）作用的发生，因此，水解产物也并非都是氢氧化物，所以多元弱碱盐的水解要比多元弱酸盐的水解复杂许多。

4.3.3　盐溶液 pH 的近似计算

盐溶液 pH 的计算，虽属水解平衡计算范畴，但只要计算出盐的水解常数，具体方法与解离平衡计算相同。

【例 7】计算 $0.10\ \mathrm{mol \cdot L^{-1}}\ NH_4Cl$ 溶液的 pH 和水解度。

解：
$$NH_4^+ + H_2O \rightleftharpoons NH_3 \cdot H_2O + H^+$$

$$K_h^\ominus = \frac{K_w^\ominus}{K_b^\ominus} = \frac{1.0 \times 10^{-14}}{1.8 \times 10^{-5}} \approx 5.6 \times 10^{-10}$$

因为 $K_h^\ominus \gg K_w^\ominus$，所以可以忽略 H_2O 解离所提供的 H^+。

设达平衡时 $c(H^+) = x\ \mathrm{mol \cdot L^{-1}}$，

$$NH_4^+ + H_2O \rightleftharpoons NH_3 \cdot H_2O + H^+$$

平衡浓度/$(\mathrm{mol \cdot L^{-1}})$　$0.10 - x$　　　x　　x

$$\frac{c(NH_3 \cdot H_2O) \cdot c(H^+)}{c(NH_4^+)} = K_h^\ominus = \frac{K_w^\ominus}{K_b^\ominus} = \frac{1.0 \times 10^{-14}}{1.8 \times 10^{-5}} \approx 5.6 \times 10^{-10}$$

$$\frac{x \cdot x}{0.10 - x} = 5.6 \times 10^{-10}$$

因为 $\dfrac{(c/c^\ominus)}{K_h^\ominus} = \dfrac{0.10}{5.6 \times 10^{-10}} > 500$，所以 $0.10 - x \approx 0.10$，

故
$$\frac{x^2}{0.10} = 5.6 \times 10^{-10},\ x = 7.5 \times 10^{-6}$$

$$c(H^+) = 7.5 \times 10^{-6}\ \mathrm{mol \cdot L^{-1}}$$

$$\mathrm{pH} = -\lg\{c(H^+)/c^\ominus\} = -\lg(7.5 \times 10^{-6}) \approx 5.12$$

$$\text{水解度}(h) = \frac{7.5 \times 10^{-6}\ \mathrm{mol \cdot L^{-1}}}{0.10\ \mathrm{mol \cdot L^{-1}}} \times 100\% = 7.5 \times 10^{-3}\%$$

4.3.4　影响盐类水解度的因素

（1）盐类水解度的大小主要取决于水解离子的本性，水解产物——弱酸或弱碱越弱，即 $K_a^\ominus$ 或 $K_b^\ominus$ 越小，则 $K_h^\ominus$、h 越大。

（2）水解产物的难溶性亦是增大水解度的重要因素之一。如果水解产物是很弱的电解质，又是溶解度很小的难溶物质或挥发性气体，则水解度极大，甚至可达完全水解。例如 Al_2S_3 的水解，就是完全水解的典型例子：

$$Al_2S_3\ (s) + 6H_2O\ (l) \longrightarrow 2Al(OH)_3\ (s) + 3H_2S\ (g)$$

可见上述物质直接溶于水，得到的不是相应的盐溶液，而是其水解产物。

再如，泡沫灭火器（$Al_2(SO_4)_3 + 6NaHCO_3 = 3Na_2SO_4 + 2Al(OH)_3\downarrow + 6CO_2\uparrow$）就是基于盐类的相互水解导致完全水解的原理制成的。

（3）根据平衡移动原理，盐溶液的浓度、温度和酸度也是影响盐类水解的重要因素。一般来说，盐溶液浓度越小，温度越高，盐的水解度越大；降低溶液的 pH，可增大阴离子的水解度；增大溶液的 pH，可增大阳离子的水解度。

4.3.5 盐类水解的抑制和利用

抑制或利用盐类水解服务于生产和科研的例子很多。现列举数例略加说明。

（1）在实验室中，配制一些易水解盐（如 Na_2S，$SnCl_2$，$SbCl_3$，$Bi(NO_3)_3$ 等）的溶液时，为抑制其水解，必须先将它们溶解在相应的碱或酸中。例如，配制 $SnCl_2$ 和 $SbCl_3$ 溶液时，必须先加入适量的 HCl；配制 $Bi(NO_3)_3$ 溶液时，必须先加入适量的 HNO_3；配制 Na_2S 溶液时，必须先加入适量的 NaOH；以免因水解产生碱式盐（如 $Sn(OH)Cl\downarrow$）、酰基①化合物沉淀（SbOCl，$BiONO_3$）或挥发性酸（$H_2S\uparrow$）。

$$SnCl_2(aq) + H_2O(l) \rightleftharpoons Sn(OH)Cl(s) + HCl(aq)$$

$$SbCl_3(aq) + H_2O(l) \rightleftharpoons SbOCl(s) + 2HCl(aq)$$

$$Bi(NO_3)_3(aq) + H_2O(l) \rightleftharpoons BiONO_3(s) + 2HNO_3(aq)$$

（2）在分析化学中，常利用盐类的水解反应达到物质的分离、鉴定和提纯的目的。例如，利用锑盐、铋盐的水解特性来鉴定锑、铋；利用 Fe^{3+} 易水解性以除去溶液中的 Fe^{2+} 或 Fe^{3+}，方法是先用氧化剂（如 H_2O_2）将 Fe^{2+} 氧化为 Fe^{3+}，然后加热和降低酸度（加入适量碱或碱性氧化物）至 pH = 3 ~ 4，促使 Fe^{3+} 完全水解，形成 $Fe(OH)_3$ 沉淀而除去。

（3）在生产中利用水解的例子更多。例如，用 NaOH 和 Na_2CO_3 的混合液作为化学除油液，就是利用了 Na_2CO_3 的水解性。从除油机理来看，主要是利用 NaOH 与油脂发生皂化反应，生成可溶性的肥皂而将油脂除去，就此而言似乎只需用 NaOH 除油就可以了。但由于皂化反应的进行，OH^- 因不断消耗而减少，若有 Na_2CO_3 存在，由于 Na_2CO_3 的水解，会不断地补充 OH^-，从而保证皂化反应的进行。

Na_2CO_3 的水解反应式：$Na_2CO_3 + H_2O \rightleftharpoons NaHCO_3 + NaOH$

在生产上还利用盐类的水解提纯一些物质。例如，可利用 $Bi(NO_3)_3$ 易水解的特性制取高纯度的 Bi_2O_3，方法是将 $Bi(NO_3)_3$ 浓溶液稀释并加热煮沸，使其发生完全水解，生成 $BiONO_3$，然后经过滤、灼烧即可得到纯度较高的 Bi_2O_3。

---

① 无机或有机含氧分子中，除去羟基—OH 后残余的原子团称为酰基。例如，磺（酰）基 RSO_2—、乙酰基 CH_3CO—、苯甲酰基 C_6H_5CO—等。

4.4 沉淀溶解平衡

沉淀反应

水溶液中的酸碱平衡是均相反应，除此之外，另一类重要的离子反应是难溶电解质在水中的溶解与沉淀。在含有难溶电解质固体的饱和溶液中，存在着固体与其已解离的离子间的平衡，这是一种多相的离子平衡（heterogeneous equilibrium of ions），称为沉淀 - 溶解平衡。在科研和生产中，经常需要利用沉淀反应和溶解反应来制备所需要的产品，或进行离子分离、除去杂质，进行定量分析。怎样判断沉淀能否生成或溶解，如何使沉淀的生成或溶解更加完全，又如何创造条件，在含有几种离子的溶液中使某一种或某几种离子完全沉淀，而其余离子保留在溶液中，这些都是实际工作中经常遇到的问题。本节将讨论难溶电解质的沉淀、溶解的原理和应用。

4.4.1 难溶电解质的溶度积和溶解度

物质的溶解度只有大小之分，绝对不溶于水的物质是不存在的。通常所说的"不溶物"确切地应当叫"难溶物"。在水中溶解度很小，溶于水后离解生成水合离子的物质称为难溶电解质（lowly water - soluble electrolyte），例如 $BaSO_4$，$CaCO_3$，AgCl 等。

等物质量的 $Ba(OH)_2$ 与 H_2SO_4 "完全"反应生成 $BaSO_4$ 沉淀，并不意味着与沉淀接触的溶液中不再含有 Ba^{2+} 和 SO_4^{2-}，溶液中构成沉淀的两种离子（构晶离子）与它们形成的固相处于动态平衡：

$$BaSO_4(s) \underset{\text{沉淀}}{\overset{\text{溶解}}{\rightleftharpoons}} Ba^{2+}(aq) + SO_4^{2-}(aq)$$

其标准平衡常数表达式为：

$$K^{\ominus} = \frac{\{c(Ba^{2+})/c^{\ominus}\} \cdot \{c(SO_4^{2-})/c^{\ominus}\}}{\{c(BaSO_4)/c^{\ominus}\}}$$

按规定将纯固体的浓度取 1，则

$$K^{\ominus} = c(Ba^{2+}) \cdot c(SO_4^{2-}) / (c^{\ominus})^2 = K_{sp}^{\ominus}$$

$K_{sp}^{\ominus}$ ①叫溶度积常数（solubility product constant），简称溶度积。对通式为：

$$A_mB_n(s) \xrightleftharpoons[\text{沉淀}]{\text{溶解}} mA^{n+}(aq) + nB^{m-}(aq)$$

的平衡而言，溶度积常数

$$K_{sp}^{\ominus}(A_mB_n) = \{c(A^{n+})\}^m\{c(B^{m-})\}^n/(c^{\ominus})^{m+n} \quad (4\text{-}18)$$

构晶离子离开固体表面进入溶液的过程叫溶解（dissolution），与之相反的过程叫沉淀（precipitation）；这种多相离子平衡叫沉淀－溶解平衡。与其他平衡常数一样，$K_{sp}^{\ominus}$只是温度的函数，与溶液中离子浓度无关，它反映了难溶电解质的溶解能力，其数值可以通过实验测定。本书附录五中列出了常见难溶电解质的溶度积常数。

物质的溶解度（solubility）是指一定温度下的饱和溶液中溶解的该物质的量，通常用“s”表示。溶解度常表示为单位体积饱和溶液中物质的质量（如 $g \cdot dm^{-3}$），也可以表示为单位体积饱和溶液中的“物质的量”（如 $mol \cdot dm^{-3}$）。

难溶电解质的溶解度和溶度积都可以用来表示难溶电解质的溶解能力，它们从不同的角度反映了难溶电解质溶解倾向的大小。同类型难溶电解质的$K_{sp}^{\ominus}$越大，其溶解度也就越大；不同类型的难溶电解质，由于溶度积表达式中离子浓度的幂指数不同，不能从溶度积的大小来直接比较溶解度的大小，要换算成溶解度再进行比较。

【例8】 在25℃时Ag_2CrO_4和AgCl的$K_{sp}^{\ominus}$分别为1.1×10^{-12}和1.8×10^{-10}，在此温度下，Ag_2CrO_4和AgCl在纯水中的溶解度哪个大?

解：这两种难溶电解质不是同一种类型，不能直接从溶度积的大小判断其溶解度的大小，须先计算出溶解度，然后进行比较。

首先计算Ag_2CrO_4在纯水中的溶解度：

$$Ag_2CrO_4(s) \rightleftharpoons 2Ag^+(aq) + CrO_4^{2-}(aq)$$

$$K_{sp}^{\ominus}(Ag_2CrO_4) = \{c(Ag^+)\}^2\{c(CrO_4^{2-})\}/(c^{\ominus})^3$$

设饱和溶液中溶解的Ag_2CrO_4的浓度为c_1 $mol \cdot L^{-1}$，则溶液中$c(Ag^+)$为$2c_1$ $mol \cdot L^{-1}$，$c(CrO_4^{2-})$为c_1 $mol \cdot L^{-1}$。

$$K_{sp}^{\ominus}(Ag_2CrO_4) = (2c_1)^2 \cdot c_1 = 4c_1^3$$

$$c_1 = \sqrt[3]{\frac{K_{sp}^{\ominus}(Ag_2CrO_4)}{4}} = 6.5 \times 10^{-5}\ mol \cdot L^{-1}$$

同理设AgCl的饱和溶液中，AgCl的溶解度为c_2 $mol \cdot L^{-1}$。

---

① 对于难溶电解质，其平衡常数的表达式应为活度式，在本章，我们讨论难溶电解质溶液，由于溶液通常很稀，离子间牵制作用较弱，浓度与活度间在数值上相差不大，我们用离子的浓度来代替活度进行计算。

$$AgCl(s) \rightleftharpoons Ag^{+}(aq) + Cl^{-}(aq)$$

$$K_{sp}^{\ominus}(AgCl) = c(Ag^{+}) \cdot c(Cl^{-}) = c_2 \times c_2 = (c_2)^2$$

$$c_2 = \sqrt{K_{sp}^{\ominus}(AgCl)} = 1.34 \times 10^{-5}\ mol \cdot L^{-1}$$

从计算的结果可看出，Ag_2CrO_4的溶度积常数比 AgCl 小，但在纯水中的溶解度比 AgCl 在纯水中的溶解度大。

需要注意的是，如果溶解度的单位为 g/100g H_2O，要换算成浓度单位($mol \cdot L^{-1}$)时，由于难溶电解质的溶解度很小，溶液浓度很小，其溶液的密度近似按纯水的密度计算。上面关于溶度积与溶解度的关系是有前提的，要求所讨论的难溶电解质溶于水的部分全部以简单的水合离子存在，而且离子在水中不会发生如水解、聚合、配位等反应。

4.4.2　溶度积规则

4.4.2.1　离子积（ionic product）

不同于溶度积，它泛指难溶电解质溶液中离子浓度的乘积，用“J”表示；而溶度积特指沉淀 - 溶解平衡状态下的离子浓度的乘积。在第 2 章中我们讨论过化学反应方向的判据（吉布斯自由能判据），其标准平衡常数和反应商的关系，与溶度积和离子积具有同样的关系。

对于难溶电解质（A_mB_n）的沉淀溶解 - 平衡，

$$A_mB_n(s) \underset{沉淀}{\overset{溶解}{\rightleftharpoons}} mA^{n+}(aq) + nB^{m-}(aq)$$

其反应的离子积表达式为：

$$J = \{c(A^{n+})\}^m \{c(B^{m-})\}^n / (c^{\ominus})^{m+n}$$

4.4.2.2　溶度积规则

根据化学反应方向自由能判据，利用溶度积与离子积的关系，可以归纳出沉淀生成和溶解的判据，即溶度积规则（The Solubility Product Rule）。

$$J\begin{cases} < K_{sp}^{\ominus} & 沉淀溶解为主导过程; \\ = K_{sp}^{\ominus} & 平衡状态;溶解速率等于沉积速率; \\ > K_{sp}^{\ominus} & 沉淀沉积为主导过程。\end{cases}$$

当 $J = K_{sp}^{\ominus}$ 时，溶液处于沉淀溶解平衡状态，此时的溶液为难溶电解质的饱和溶液，溶液中既无沉淀生成，又无固体溶解。

当 $J > K_{sp}^{\ominus}$ 时，溶液处于过饱和状态，会有沉淀生成，随着沉淀的生成，溶液中离子浓度下降，直至 $J = K_{sp}^{\ominus}$ 时达到平衡。

当$J < K_{sp}^{\ominus}$时，溶液未达到饱和，若溶液中有沉淀存在，沉淀会发生溶解，随着沉淀的溶解，溶液中离子浓度增大，直至$J = K_{sp}^{\ominus}$时达到平衡。若溶液中无沉淀存在，则两种离子间无定量关系。

溶度积规则还可用来判断生成沉淀的先后次序及一种沉淀转化为另一种沉淀的可能性。

4.4.2.3 分步沉淀

如果在溶液中含有几种离子且能与同一种沉淀剂反应，则当向溶液中逐渐加入该沉淀剂时，根据溶度积规则，生成沉淀时所需沉淀剂浓度小的离子先生成沉淀，需要沉淀剂浓度大的离子后生成沉淀，这种现象称为分步沉淀（fractional precipitation）。

例如，向含有Cl^-和I^-均为0.01 mol·L^{-1}的混合溶液中慢慢加入$AgNO_3$溶液时，随着$AgNO_3$溶液的加入，$J(AgCl)$和$J(AgI)$都不断增大，由于$K_{sp}^{\ominus}(AgI) < K_{sp}^{\ominus}(AgCl)$，所以沉淀碘离子所需的$c(Ag^+)$显然比沉淀氯离子所需的$c(Ag^+)$小，所以AgI先沉淀。由于AgI的不断析出，使得溶液中$c(I^-)$不断降低，为了继续析出沉淀，必须不断增加$c(Ag^+)$。当银离子浓度达到生成AgCl沉淀所需的条件时，AgCl也开始沉淀，此时I^-、Cl^-、Ag^+同时满足AgI和AgCl的溶度积。

值得注意的是，沉淀次序并不仅取决于$K_{sp}^{\ominus}$大小，还与溶液中要沉淀的离子的浓度有关。上例中如果$c(Cl^-) > 1.1 \times 10^6\ c(I^-)$（实际上达不到），则先析出的是AgCl而不是AgI。

应用分步沉淀方法来分离离子，首先两种离子应该先后沉淀，并且还必须保证先开始沉淀的离子沉淀完全（离子浓度小于10^{-5} mol·dm^{-3}）以后，第二种离子才开始生成沉淀。

【例9】溶液中Ba^{2+}浓度为0.10 mol·dm^{-3}，Pb^{2+}浓度为0.001 0 mol·dm^{-3}，向溶液中慢慢加入Na_2SO_4。哪一种沉淀先生成？当第二种沉淀开始生成时，先生成沉淀的那种离子的剩余浓度是多少？（不考虑Na_2SO_4溶液加入所引起的体积变化）

解：开始生成$BaSO_4$沉淀所需SO_4^{2-}的最低浓度为：

$$c(SO_4^{2-}) = \frac{K_{sp}^{\ominus}(BaSO_4)}{c(Ba^{2+})} = \frac{1.1 \times 10^{-10}}{0.10} = 1.1 \times 10^{-9}\ \text{mol} \cdot \text{dm}^{-3}$$

开始生成$PbSO_4$沉淀所需SO_4^{2-}的最低浓度为：

$$c(SO_4^{2-}) = \frac{K_{sp}^{\ominus}(PbSO_4)}{c(Pb^{2+})} = \frac{1.6 \times 10^{-8}}{0.001\ 0} = 1.6 \times 10^{-5}\ \text{mol} \cdot \text{dm}^{-3}$$

由于生成$BaSO_4$沉淀所需SO_4^{2-}的最低浓度较小，所以先生成$BaSO_4$沉淀。在持续加入Na_2SO_4溶液的过程中，随着$BaSO_4$不断沉淀出来，溶液中Ba^{2+}浓度不断下降，SO_4^{2-} 的浓度不断上升，当 SO_4^{2-} 的浓度达到 $1.6\times10^{-5}\ mol\cdot L^{-1}$时，同时满足 $PbSO_4$和 $BaSO_4$两种沉淀生成的条件，两种沉淀同时析出。但在 $PbSO_4$沉淀开始生成时，溶液中剩余 Ba^{2+}浓度为：

$$c(Ba^{2+}) = \frac{K_{sp}^{\ominus}(BaSO_4)}{c(SO_4^{2-})} = \frac{1.1\times10^{-10}}{1.6\times10^{-5}} \approx 6.9\times10^{-6}\ mol\cdot dm^{-3}$$

实际上在 $PbSO_4$开始沉淀时，Ba^{2+}已经沉淀的相当完全了，后生成的 $PbSO_4$沉淀中基本不含有 $BaSO_4$沉淀。

4.4.3　沉淀溶解平衡的移动

沉淀溶解平衡是化学平衡的一种，它的平衡移动规律也遵从勒·夏特列原理，当外界影响使溶液中某种离子浓度减小时，平衡就向这种离子浓度增加（沉淀溶解）的方向移动；反之，则平衡向沉淀生成的方向移动。

4.4.3.1　同离子效应与盐效应

向难溶电解质的饱和溶液中加入与其含有相同离子的易溶性强电解质时，平衡将向生成沉淀的方向移动，导致难溶电解质的溶解度降低，这种现象称作同离子效应（common ion effect）。

【例 10】试计算 298K 时 $BaSO_4$在 $0.1\ mol\cdot dm^{-3}$ Na_2SO_4溶液中的溶解度，并与其在纯水中的溶解度进行比较。

解：设在纯水中 $BaSO_4$的溶解度为 $s_1\ mol\cdot dm^{-3}$

则　$c(Ba^{2+}) = c_1\ mol\cdot dm^{-3} = s_1\ mol\cdot dm^{-3}$，$c(SO_4^{2-}) = c_1\ mol\cdot dm^{-3} = s_1\ mol\cdot dm^{-3}$

$$K_{sp}^{\ominus}(BaSO_4) = c(Ba^{2+})\cdot c(SO_4^{2-}) = {s_1}^2 = 1.1\times10^{-10}$$

$$c_1 = s_1 = 1.05\times10^{-5}\ mol\cdot dm^{-3}$$

设在 $0.1\ mol\cdot dm^{-3}$ Na_2SO_4溶液中 $BaSO_4$的溶解度为 $s_2\ mol\cdot dm^{-3}$，则 $c(Ba^{2+}) = c_2\ mol\cdot dm^{-3} = s_2\ mol\cdot dm^{-3}$，　$c(SO_4^{2-}) = 0.1 + c_2\ mol\cdot dm^{-3} = 0.1 + s_2\ mol\cdot dm^{-3}$

由于 $BaSO_4$的溶解度非常小，$s_2 \ll 0.1$，所以 $c(SO_4^{2-}) = (0.1 + s_2) \approx 0.1\ mol\cdot dm^{-3}$，

$$K_{sp}^{\ominus}(BaSO_4) = c(Ba^{2+})\cdot c(SO_4^{2-}) = s_2\times0.1 = 1.1\times10^{-10}$$

$$c_2 = s_2 = 1.1\times10^{-9}\ mol\cdot dm^{-3}$$

比较 $BaSO_4$在纯水中和在 $0.1\ mol\cdot dm^{-3}$ Na_2SO_4溶液中的溶解度可以看出，同离子效应使难溶电解质的溶解度大为降低。

同离子效应可以应用在沉淀的洗涤过程中。从溶液中分离出的沉淀物，常常

吸附有各种杂质，必须对沉淀进行洗涤。沉淀在水中总有一定程度的溶解，为了减少沉淀的溶解损失，常常用与沉淀具有相同离子的电解质稀溶液作洗涤剂对沉淀进行洗涤。例如，在洗涤硫酸钡沉淀时，可以用很稀的 H_2SO_4 溶液或很稀的 $(NH_4)_2SO_4$ 溶液洗涤。

当用沉淀反应来分离溶液中离子时，加入适当过量的沉淀剂可以使难溶电解质沉淀得更加完全。但如果沉淀剂过量太多，反而会出现难溶电解质溶解度增大的现象，这种现象叫盐效应（salt effect）。

产生盐效应的原因是由于易溶强电解质的存在，使溶液中阴、阳离子的浓度大大增加，离子间的相互吸引和相互牵制的作用加强，限制了离子运动的自由度，使离子的有效浓度（活度）减小，使溶液中离子的沉积速率变慢，这就破坏了原来的沉淀－溶解平衡，使平衡向溶解方向移动，当建立起新的平衡时溶解度必然有所增加。表 4-3 列出了 $PbSO_4$ 在 Na_2SO_4 溶液中的溶解度。

表 4-3　$PbSO_4$ 在 Na_2SO_4 溶液中的溶解度

$c(Na_2SO_4)$ / ($mol \cdot dm^{-3}$)	0	0.001	0.01	0.02	0.04	0.10	0.20
$s(PbSO_4)$ / ($mol \cdot dm^{-3}$)	1.5×10^{-4}	2.4×10^{-5}	1.6×10^{-5}	1.4×10^{-5}	1.3×10^{-5}	1.5×10^{-5}	2.3×10^{-5}

从表中可以看出，当 $c(Na_2SO_4)$ 由零增加到 $0.04\ mol \cdot dm^{-3}$ 时，$s(PbSO_4)$ 不断降低，此时，同离子效应起主导作用。但 $c(Na_2SO_4)$ 当超过 $0.04\ mol \cdot dm^{-3}$ 时，溶解度又有所增加，说明此时盐效应的作用已很明显。在实际工作中，沉淀剂的用量一般以过量 20%～50% 为宜。一般情况下，当溶液中离子浓度不是太高时，同离子效应对难溶电解质溶解度的影响远大于盐效应。因此，在有同离子效应的计算中，忽略盐效应所引起的误差不大，对于近似计算来说是允许的。

4.4.3.2　酸度对沉淀溶解平衡的影响

许多沉淀的生成和溶解与酸度有着十分密切的关系。例如，在达到饱和的 CaC_2O_4 溶液中加入酸，溶液中的 $C_2O_4^{2-}$ 与 H^+ 结合成 $HC_2O_4^-$ 和 $H_2C_2O_4$，使溶液中 $C_2O_4^{2-}$ 浓度减少，CaC_2O_4 的沉淀溶解平衡向沉淀溶解的方向移动，使草酸钙的溶解度增加。当酸度很大时，溶液中将主要是 $HC_2O_4^-$ 和 $H_2C_2O_4$，$C_2O_4^{2-}$ 浓度极小，甚至不能生成沉淀。

对于弱酸盐，酸度通过影响弱酸根离子的浓度而使平衡移动；对于难溶氢氧化物或弱酸，酸度对沉淀的生成影响更为直接。以难溶的金属氢氧化物为例，大多数的金属氢氧化物都难溶于水，其溶解度与溶液 pH 的关系见图 4-3，根据图中数据，我们可以通过控制溶液的 pH 分离金属离子。

表 4-4　金属氢氧化物沉淀的 pH

金属氢氧化物		开始沉淀时的 pH					
分子式	$K_{sp}^{\ominus}$	$c(M^{n+})$ / (1 mol · dm^{-3})	$c(M^{n+})$ / (10^{-1} mol · dm^{-3})	$c(M^{n+})$ / (10^{-2} mol · dm^{-3})	$c(M^{n+})$ / (10^{-3} mol · dm^{-3})	$c(M^{n+})$ / (10^{-4} mol · dm^{-3})	$c(M^{n+})$ / (10^{-5} mol · dm^{-3})
$Mg(OH)_2$	5.61×10^{-12}	8.37	8.87	9.37	9.87	10.37	10.87
$Mn(OH)_2$	1.9×10^{-13}	7.64	8.14	8.64	9.14	9.64	10.14
$Co(OH)_2$	5.92×10^{-15}	6.89	7.39	7.89	8.39	8.89	9.39
$Ni(OH)_2$	5.48×10^{-16}	6.37	6.87	7.37	7.87	8.37	8.87
$Fe(OH)_2$	4.87×10^{-17}	5.84	6.34	6.84	7.34	7.84	8.34
$Cu(OH)_2$	2.2×10^{-20}	4.17	4.67	5.17	5.67	6.17	6.67
$Cr(OH)_3$	6.3×10^{-31}	3.93	4.27	4.60	4.93	5.26	5.59
$Al(OH)_3$	1.3×10^{-33}	3.04	3.37	3.70	4.03	4.36	4.69
$Fe(OH)_3$	2.79×10^{-39}	1.15	1.48	1.82	2.15	2.48	2.82

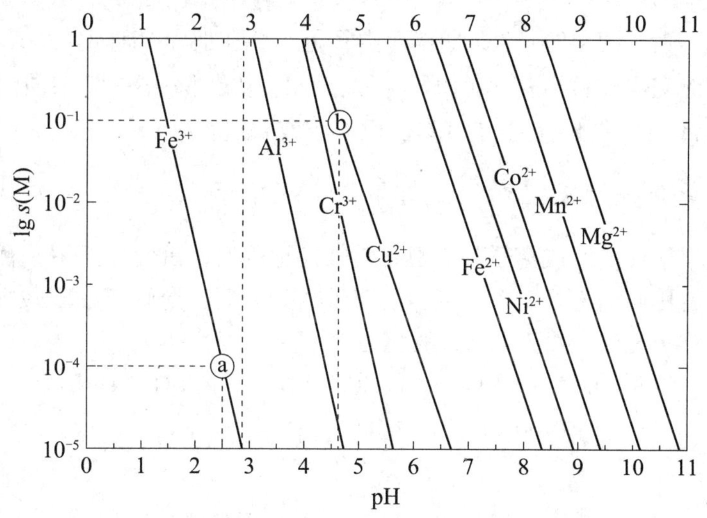

图 4-2　某些金属氢氧化物溶解度与溶液 pH 的关系

由图 4-2 可见：①所有难溶氢氧化物的溶解性随着溶液酸度的增大而增大，这是因为提高溶液酸度会使金属氢氧化物的沉淀溶解平衡 $M(OH)_n \rightleftharpoons M^{n+} + nOH^-$ 向右移动。②对于确定的一条直线，右上方区域是沉淀区，左下方区域是溶解区，直线上任何一点所表示的状态均为氢氧化物的饱和状态。如果金属离子的浓度已知，则可由横坐标读出氢氧化物开始沉淀时的 pH。例如 a 点表示：当 $c(Fe^{3+}) = 1 \times 10^{-4}$ mol · L^{-1} 时，溶液的 pH 上升至 2.48 即开始析出 $Fe(OH)_3$ 沉淀。③比较各条直线间的距离可以判断离子相互分离的难易程度。例如，将含有 0.1 mol·$L^{-1}Cu^{2+}$ 和 0.01 mol·$L^{-1}Fe^{3+}$ 的混合溶液，调节溶液 pH > 2.82（见图 4-2 上虚线），此时 $s(Fe^{3+}) < 1 \times 10^{-5}$ mol·L^{-1}，已经沉淀完全，而 Cu^{2+} 则尚未开始沉淀（pH > 4.67，0.1 mol·L^{-1} 的 Cu^{2+} 溶液才开始析出 $Cu(OH)_2$ 沉淀，见图 4-2 上虚线 *b* 点），即可以通过控制溶液 pH 来实现它们的分离。又如 Co^{2+} 和 Ni^{2+} 的两条直线非常接近，不能通过控制 pH 的方法进行分离。

氢氧化物的溶解性与溶液 pH 的关系图所提供的信息常被用来指导生产和科学研究。

【例 11】 工业上生产硫酸镍，溶液中常含有杂质离子 Fe^{3+}，应如何除去？若溶液中的杂质离子为 Fe^{2+}，又应如何处理？

解：查图 4-2 可知，杂质离子 Fe^{3+} 完全沉淀时 pH = 2.82，而 Ni^{2+} 开始沉淀时的 pH 与 Ni^{2+} 浓度有关，设若 Ni^{2+} 浓度为 0.1 mol·L^{-1}，则其开始沉淀时的 pH 为 6.87，即控制 pH > 2.82 可保证 Fe^{3+} 沉淀完全，pH < 6.87 可保证不使产品沉淀析出，生产中一般控制 pH 为 4～5。

若溶液中的杂质离子是 Fe^{2+}，由于 $Ni(OH)_2$ 溶度积比 $Fe(OH)_2$ 小，且二者溶度积相差不大，图 4-2 中两条曲线距离很近，即在加入 OH^- 时，$Ni(OH)_2$ 先沉淀，尚未沉淀完全，就会有 $Fe(OH)_2$ 沉淀析出。为了除去 Fe^{2+} 杂质，可先用适当的氧化剂将 Fe^{2+} 氧化为 Fe^{3+}，然后调节溶液 pH 除去。

4.4.3.3 氧化还原反应对沉淀溶解平衡的影响

当难溶电解质的组成离子具有氧化性或还原性时，沉淀-溶解平衡会受到氧化还原反应的影响。例如，CuS 沉淀不溶于浓盐酸而能溶解于浓硝酸中，是因为浓硝酸具有强氧化性，可以将 S^{2-} 氧化为 SO_4^{2-}：

$$3CuS + 8NO_3^- + 8H^+ = 3Cu^{2+} + 8NO\uparrow + 3SO_4^{2-} + 4H_2O$$

$$3CuS(s) \rightleftharpoons 3Cu^{2+}(aq) + 3S^{2-}(aq)$$

$$+$$

$$8NO_3^- + 8H^+$$

$$\uparrow\downarrow$$

$$8NO + 3SO_4^{2-} + 4H_2O$$

氧化还原反应的发生，使溶液中 S^{2-} 浓度降低，沉淀溶解平衡向沉淀溶解的方向移动。上述反应体系也可以看成是 Cu^{2+} 和 NO_3^- 对 S^{2-} 的争夺问题。

氧化还原反应会影响到沉淀溶解平衡的移动，沉淀的形成也会改变一些物质的氧化还原性质，从而影响氧化还原反应进行的方向，这一部分内容在下一章将详细讨论。

4.4.3.4　配位化合物形成对沉淀溶解平衡的影响

若难溶电解质的离子可以与配位剂生成可溶性配位离子，则也会使离子浓度降低而导致沉淀溶解。例如，在含有 Ag^+ 的溶液中加入盐酸，生成的 AgCl 沉淀不溶于稀盐酸溶液，但可溶于浓盐酸溶液，这是因为 Ag^+ 与浓盐酸形成了配位离子 $[AgCl_2]^-$ 而溶解。同样，HgS 沉淀不溶于浓硝酸，但可溶于王水中，也是因为王水中存在大量的 Cl^-，可以与 Hg^{2+} 形成 $[HgCl_4]^{2-}$ 配位离子，对 HgS 的溶解起着促进作用。

前面提到，为了使离子沉淀完全，我们会根据同离子效应原理，加入过量的沉淀剂，但由于有时过量的沉淀剂可以与金属离子形成配位化合物，使已经产生的沉淀发生溶解，所以对于能与过量的沉淀剂形成配位化合物的离子，沉淀剂应适当过量，而且应尽可能在稀溶液中进行沉淀。

配位化合物的形成使沉淀溶解涉及两个平衡：一个是沉淀溶解平衡，一个是配位平衡。一般情况下，配位离子越稳定，沉淀就越容易溶解。例如，AgCl 可溶于氨水中，而溶解度更小的 AgBr 则难溶于氨水中，若 AgBr 中加入 $Na_2S_2O_3$ 溶液，则由于 $[Ag(S_2O_3)_2]^{3-}$ 比 $[Ag(NH_3)_2]^+$ 更为稳定，AgBr 可以生成 $[Ag(S_2O_3)_2]^{3-}$ 而溶解。

4.4.4　沉淀反应的应用

4.4.4.1　制备难溶的化合物

例如，生产 $PbSO_4$、$MnCO_3$、$Cu(OH)_2$ 试剂的主要反应分别如下：

$$Pb(NO_3)_2 + H_2SO_4 \longrightarrow PbSO_4\downarrow + 2HNO_3$$

$$Mn(NO_3)_2 + 2NH_4HCO_3 \longrightarrow MnCO_3\downarrow + 2NH_4NO_3 + CO_2\uparrow + H_2O$$

$$CuSO_4 + 2NaOH \longrightarrow Cu(OH)_2\downarrow + Na_2SO_4$$

4.4.4.2　除去溶液中的杂质

例如，氯碱工业饱和食盐水的精制一般采用 $Na_2CO_3-NaOH-BaCl_2$ 精制法，以除去食盐中可溶性杂质 Ca^{2+}、Mg^{2+}、SO_4^{2-}：

$$Ba^{2+} + SO_4^{2-} \longrightarrow BaSO_4\downarrow$$

$$Ca^{2+} + CO_3^{2-} \longrightarrow CaCO_3\downarrow$$

$$Mg^{2+} + 2OH^- \longrightarrow Mg(OH)_2\downarrow$$

4.4.4.3 离子鉴定

例如，Ag^+、Cu^{2+}、Ni^{2+}、Ba^{2+}、Mg^{2+}可通过下列沉淀反应分别鉴定：

(1) Ag^+的鉴定

$$Ag^+ + Cl^- \longrightarrow AgCl\downarrow(白色)$$

$$AgCl(s) + 2NH_3 \cdot H_2O \longrightarrow [Ag(NH_3)_2]^+ + Cl^- + 2H_2O$$

$$[Ag(NH_3)_2]^+ + Cl^- + 2H^+ \longrightarrow AgCl\downarrow(白色) + 2NH_4^+$$

(2) Cu^{2+}的鉴定

$$2Cu^{2+} + [Fe(CN)_6]^{4-} \xrightarrow{中性或酸性介质} Cu_2[Fe(CN)_6]\downarrow(红褐色)$$

(Fe^{3+}、Bi^{3+}、Co^{2+}等离子与 $[Fe(CN)_6]^{4-}$亦可发生反应，会干扰对 Cu^{2+}的鉴定)

(3) Ni^{2+}的鉴定

$$Ni^{2+} + 丁二酮肟 \xrightarrow{氨水或醋酸钠介质} 玫瑰红色沉淀\downarrow$$

(Co^{2+}、Cu^{2+}、Fe^{2+}、Bi^{3+}、Mn^{2+}等离子与丁二酮肟亦可发生反应，会干扰对 Ni^{2+}的鉴定)

(4) Ba^{2+}的鉴定

$$Ba^{2+} + CrO_4^{2-} \xrightarrow{中性或弱酸性介质} BaCrO_4\downarrow(黄色)$$

(Sr^{2+}、Pb^{2+}、Ni^{2+}、Ag^{2+}、Zn^{2+}、Cu^{2+}、Bi^{3+}等离子与 CrO_4^{2-}亦可发生反应，会干扰对 Ba^{2+}的鉴定)

复习与思考题

1. 写出下列各酸的共轭碱：H_2O，$H_2C_2O_4$，$H_2PO_4^-$，HCO_3^-，C_6H_5OH，$C_6H_5NH_3^+$，HS^-，$Fe(H_2O)_6^{3+}$。

2. 写出下列各碱的共轭酸：H_2O，NO_3^-，HSO_4^-，S^{2-}，$C_6H_5O^-$，$Cu(H_2O)_2(OH)_2$。

3. 解离平衡常数的意义是什么？浓度对其有无影响？

4. 什么叫稀释定律？试计算下列不同浓度氨溶液的 $c(OH^-)$ 和电离度。

(1) 1.0 $mol \cdot L^{-1}$；(2) 0.10 $mol \cdot L^{-1}$；(3) 0.01 $mol \cdot L^{-1}$；当溶液稀释时，解离度如何变化？怎样影响 OH^-浓度？二者是否矛盾？解释之。

5. 什么叫同离子效应和盐效应？它们对弱酸、弱碱的解离度各有什么影响？

6. 什么是溶度积常数？影响溶度积常数的因素有哪些？影响沉淀溶解平衡

的因素有哪些？

7. 什么是分步沉淀？根据什么来判断沉淀生成的次序？

8. 判断题：

（1）相同温度下，纯水或 0.1 mol · L^{-1} HCl 或 0.1 mol · L^{-1} NaOH 溶液中，水的标准离子积常数都相同。(　　)

（2）某溶液的 pH 增加 1，溶液中的 H^+ 浓度增大 10 倍。(　　)

（3）当溶液的 pH 大于 4.4 时，加入甲基橙指示剂，呈现黄色。(　　)

（4）如果 HCl 溶液的浓度为 HAc 溶液浓度的 2 倍，则 HCl 中的 H^+ 浓度也是 HAc 溶液中 H^+ 浓度的 2 倍。(　　)

（5）由弱酸及其盐构成的缓冲溶液，弱酸的 $K_a^\ominus$ 值越大，缓冲能力越强。(　　)

（6）由弱碱及其盐组成的缓冲溶液，当二者浓度相等并且浓度越大时，缓冲能力越强。(　　)

（7）根据酸碱质子理论，对于反应：$HCN + H_2O \rightleftharpoons H_3O^+ + CN^-$ 来说，HCN 和 H_3O^+ 都是酸。(　　)

（8）任何 AgCl 溶液中，$[c(Ag^+)/c^\ominus]$ 和 $[c(Cl^-)/c^\ominus]$ 的乘积都等于 $K_{sp}^\ominus$(AgCl)。(　　)

（9）$BaSO_4$（s）和 $BaCrO_4$（s）的标准溶度积常数近似相等，由 $BaSO_4$（s）和 $BaCrO_4$（s）各自所形成的饱和溶液中，SO_4^{2-} 和 CrO_4^{2-} 浓度也近似相等。(　　)。

（10）当溶液的 pH 为 4 时，Fe^{3+} 能被沉淀完全。(　　)

9. 单选题

（1）pH = 2.00 的溶液中 H^+ 浓度是 pH = 4.00 的溶液中 H^+ 浓度的(　　)。

(A) 3 倍　　(B) 2 倍

(C) 300 倍　　(D) 100 倍

（2）要使 100 mL、0.10 mol · L^{-1} H_2SO_4 溶液的 pH = 7.00，需加入 NaOH 固体的物质的量为(　　)。

(A) 0.010 mol　　(B) 0.020 mol

(C) 0.10 mol　　(D) 0.20 mol

（3）酚酞指示剂的变色范围是(　　)。

(A) 6～8　　(B) 7～9

(C) 8～10　　(D) 10～12

（4）已知 $K_a^\ominus$(HAc) = 1.75×10^{-5}。现有一醋酸溶液与 1.0×10^{-3} mol · L^{-1} 盐酸溶液的 pH 相同，则醋酸溶液的浓度为(　　)。

(A) 1.75×10^{-4} mol·L^{-1} (B) 5.5×10^{-4} mol·L^{-1}

(C) 1.75 mol·L^{-1} (D) 0.057 mol·L^{-1}

(5) H_2S 的标准解离常数为：$K^{\ominus}_{a,1} = 1.32 \times 10^{-7}$，$K^{\ominus}_{a,2} = 7.10 \times 10^{-15}$，则 0.100 mol·$L^{-1}$ H_2S 水溶液的 pH 为(　　)。

(A) 4.14 (B) 2.94

(C) 3.50 (D) 3.94

(6) 下列溶液中，pH 最大的是(　　)。

(A) 0.1 mol·L^{-1} HAc 溶液中加入等体积的 0.1 mol·L^{-1} HCl

(B) 0.1 mol·L^{-1} HAc 溶液中加入等体积的 0.1 mol·L^{-1} NaOH

(C) 0.1 mol·L^{-1} HAc 溶液中加入等体积的蒸馏水

(D) 0.1 mol·L^{-1} HAc 溶液中加入等体积的 0.1 mol·L^{-1} NaAc

(7) 已知 $K^{\ominus}_{sp}$ (AgCl) = 1.8×10^{-10}，$K^{\ominus}_{sp}$ ($Ag_2C_2O_4$) = 3.4×10^{-11}，$K^{\ominus}_{sp}$ (Ag_2CrO_4) = 1.1×10^{-12}，$K^{\ominus}_{sp}$ (AgBr) = 5.0×10^{-13}。在下列难溶银盐饱和溶液中，$c(Ag^+)$ 最大的是(　　)。

(A) AgCl (B) AgBr

(C) Ag_2CrO_4 (D) $Ag_2C_2O_4$

(8) 已知 $K^{\ominus}_{sp}$ ($BaSO_4$) = 1.1×10^{-10}，$K^{\ominus}_{sp}$ (AgCl) = 1.8×10^{-10}，等体积的 0.002 mol·L^{-1} Ag_2SO_4与 2.0×10^{-5} mol·L^{-1} $BaCl_2$溶液混合，会出现(　　)。

(A) 仅有 $BaSO_4$沉淀 (B) 仅有 AgCl 沉淀

(C) AgCl 与 $BaSO_4$共沉淀 (D) 无沉淀

(9) 在饱和 $Mg(OH)_2$溶液中，$c(OH^-) = 1.0 \times 10^{-4}$ mol·L^{-1}。若往该溶液中加入 NaOH 溶液，使溶液中的 $c(OH^-)$ 变为原来的 10 倍，则 $Mg(OH)_2$的溶解度在理论上将(　　)。

(A) 变为原来的 10^{-3}倍 (B) 变为原来的 10^{-2}倍

(C) 变为原来的 10 倍 (D) 不发生变化

(10) 在含有 CrO_4^{2-} 和 SO_4^{2-} 均为 0.1 mol·L^{-1} 的溶液中，逐滴加入 $BaCl_2$ 溶液，以达到使 CrO_4^{2-} 和 SO_4^{2-} 分离的目的。通过实验，发现溶液中存在物质的量几乎相等的白色和黄色沉淀，其主要原因是(　　)。

(A) 加入 Ba^{2+} 量不够，还未达到沉淀转化

(B) $BaSO_4$和 $BaCrO_4$溶解度相近，无法分离

(C) 实验温度低，需要升高温度，才能实现分离

(D) 沉淀速率太快

10. 试计算：

(1) pH = 1.00 与 pH = 2.00 的 HCl 溶液等体积混合后溶液的 pH。

(2) pH =2.00 的 HCl 溶液与 pH = 13.00 的 NaOH 溶液等体积混合后溶液的 pH。

11. 健康人血液的 pH 为 7.35～7.45。患某种疾病的人的血液 pH 可暂时降到 5.90，问此人血液中 $c(H^+)$ 为正常状态的多少倍?

12. 5% 的 HAc 溶液，其密度为 1.006 7 g · mL^{-1}。试计算：(1) 该溶液的 $c(H^+)$、$c(Ac^-)$ 和 pH；(2) 该溶液稀释至多少倍后，其解离度增大为稀释前的 3 倍 ($K_a^{\ominus}(HAc) = 1.75 \times 10^{-5}$，HAc 的相对分子质量为 60)?

13. 在 1.0 L、0.10 mol · L^{-1} 氨水中，应加入多少 NH_4Cl 固体才能使溶液的 pH =9.00 (忽略固体的加入对溶液体积的影响)?

14. 已知 $K_a^{\ominus}(HAc) = 1.75 \times 10^{-5}$，计算 0.20 mol · L^{-1} HCl 与 0.80 mol · L^{-1} NaAc 等体积混合后溶液的 pH。如果在 100 mL 该混合溶液中加入 1.0 mL、0.010 mol · L^{-1} 的 NaOH 溶液，则溶液的 pH 为多少?

15. 工业废水的排放标准规定 Cd^{2+} 浓度降到 0.10 mg · L^{-1} 以下即可排放，若用加消石灰中和沉淀法除去 Cd^{2+}，那么按理论计算，废水溶液中的 pH 至少应为多大?

16. 将固体 AgBr 和 AgCl 加入到 50.0 mL 纯水中，不断搅拌使其达到平衡。计算溶液中 Ag^+ 浓度。

17. (1) 在 10 mL、1.5×10^{-3} mol · L^{-1} $MnSO_4$ 溶液中，加入 5 mL、0.15 mol · L^{-1} $NH_3 \cdot H_2O$ 能否生成 $Mn(OH)_2$ 沉淀?

(2) 若在原 $MnSO_4$ 溶液中，先加入 0.495g $(NH_4)_2SO_4$ 固体 (忽略体积变化)，然后再加入 5mL $NH_3 \cdot H_2O$，能否生成 $Mn(OH)_2$ 沉淀?

18. 现有一瓶含有 Fe^{3+} 杂质的 0.10 mol · L^{-1} 的 $MgCl_2$ 溶液，欲使 Fe^{3+} 以 $Fe(OH)_3$ 沉淀形式除去，溶液的 pH 应控制在什么范围?

19. 已知 $K_{sp}^{\ominus}(PbCl_2) = 1.6 \times 10^{-5}$，将 NaCl 溶液逐滴加到 0.020 mol · L^{-1} Pb^{2+} 溶液中：

(1) 当 $c(Cl^-) = 3.0 \times 10^{-4}$ mol · L^{-1} 时，有无 $PbCl_2$ 沉淀生成?

(2) 当 $c(Cl^-)$ 为多大时，开始生成 $PbCl_2$ 沉淀?

(3) 当 $c(Cl^-) = 6.0 \times 10^{-2}$ mol · L^{-1} 时，$c(Pb^{2+})$ 为多大才生成沉淀?

(4) 当 $c(Cl^-)$ 为多大时，Pb^{2+} 可沉淀完全? (忽略加入 Cl^- 后引起的体积变化)

20. 在 100 mL 含 0.10 mol · L^{-1} Cu^{2+} 和 0.10 mol · L^{-1} H^+ 的溶液中，不断通入 H_2S 并使其饱和，计算残留在溶液中的 Cu^{2+} 有多少克?

21. 某化工厂用盐酸加热处理粗的 CuO 的方法以制备 $CuCl_2$，在所得的溶液中，每 100 mL 有 0.056 8 g Fe^{2+} 杂质，请回答：

（1）能否以氢氧化物的形式直接沉淀 $Fe(OH)_2$以达到提纯 $CuCl_2$的目的？

（2）为了除去杂质铁，常用 H_2O_2使 Fe^{2+}氧化为 Fe^{3+}，再调整 pH 以沉淀出 $Fe(OH)_3$。请在 $NH_3 \cdot H_2O$、Na_2CO_3、ZnO、CuO 等化学品中选择合适的一种用以调整溶液的 pH，并说明理由。

（3）$Fe(OH)_3$开始沉淀时的 pH 为多少？

（4）$Fe(OH)_3$沉淀完全时的 pH 为多少？

22. 于 100 mL 含 0.100 0 $mol \cdot L^{-1}$ Ba^{2+}的溶液中，加入 50 mL、0.010 $mol \cdot L^{-1}$ H_2SO_4溶液，溶液中还剩余多少克的 Ba^{2+}？如沉淀用 100 mL 纯水或 100 mL、0.010 $mol \cdot L^{-1}$ H_2SO_4溶液洗涤，假设洗涤时达到了沉淀平衡，问各损失 $BaSO_4$多少毫克？

23. 今有纯 CaO 和 BaO 的混合物 2.212 g，转化为混合硫酸盐后其质量为 5.023 g，计算原混合物中 CaO 和 BaO 的质量分数。

第5章　氧化还原反应和化学电源简介

根据反应的过程中是否有氧化数的变化或电子的转移，化学反应基本上分为两大类：有电子转移或氧化数变化的氧化还原反应（oxidation - reduction reaction）和没有电子转移或氧化数变化的非氧化还原反应。早在远古时代，“燃烧”和学会用“火”这一最早被应用的氧化还原反应标志着人类文明的发展进入了一个崭新的时期。自然界的一些重要过程和一切以转化能量为目的而进行的反应，如生物的呼吸、生物的新陈代谢，植物的光合作用都涉及氧化还原反应。在现代社会中，金属冶炼、高能燃料和众多化工产品的合成无不涉及氧化还原反应。传统观念认为电化学（electrochemistry）主要研究电能和化学能之间的相互转换，如电解和原电池，但电化学并不局限于电能出现的化学反应，也包含其他物理化学过程，如金属的电化学腐蚀，以及电解质溶液中的金属置换反应。电能与化学能的相互转化是电化学研究的重要内容，传统的汽车依靠燃烧汽油的化学反应驱动，化学能转化为动能的效率大约只有25%，而电动汽车的电化学转化效率则是其3倍。不幸的是汽车技术发展的初期，化学能转化为电能的装置还没有达到理论效率。现在，从能源的可持续发展供给和减少环境污染的高度，人们的兴趣又回到电动汽车上来了。

本章将在中学化学的基础上进一步讨论氧化还原反应方程式的配平问题和氧化还原的本质、特点，同时在介绍标准电极电势基本概念的基础上，讨论影响电极电势的因素，判断氧化还原反应进行的方向和程度，最后介绍标准电极电势的应用和化学电源的初步知识。

5.1 氧化还原反应的基本概念

5.1.1 氧化与还原

人们对氧化还原反应的认识有个演变过程。最初把一种物质与氧化合的反应叫氧化（oxidation），如：$2Mg(s) + O_2(g) \longrightarrow 2MgO(s)$；把含氧的物质失去氧（或得氢）的反应叫还原（reduction），如：$H_2(g) + CuO(s) \longrightarrow Cu + H_2O(l)$。随着人们对化学反应研究的深入，人们认识到了氧化反应的实质是失去电子的过程，还原反应的实质是得到电子的过程，氧化与还原必然是同时发生、共同存在的。在氧化还原反应中，提供电子的物种叫还原剂（reducing agent）；得到电子的物种叫氧化剂（oxidizing agent）；我们把有电子得失（或转移）的反应叫做氧化还原反应（redox reaction）。

在反应：$H_2(g) + CuO(s) \longrightarrow Cu + H_2O(l)$ 中，H 失去电子、被氧化，H_2是还原剂；Cu^{2+}得到电子、被还原，CuO 是氧化剂。该反应可以用两个“半反应”（half reaction）来表示。

$$H_2(g) - 2e^- \rightleftharpoons 2H^+ (l) \quad 氧化反应$$

$$Cu^{2+}(aq) + 2e^- \rightleftharpoons Cu(s) \quad 还原反应$$

任何氧化还原反应都是由两个“半反应”组成的，每一个“半反应”中，都涉及同一元素的两种不同氧化数的物种，我们把它们叫做氧化还原电对（redox couple），其中氧化数较高的物种称为氧化型物质，氧化数较低的物种称为还原型物质。氧化还原电对通常表示为“氧化型/还原型”，如 H^+/H_2，Cu^{2+}/Cu。

与酸碱共轭相似，氧化还原电对中也存在如下的共轭关系：

$$氧化型 + ne^- \rightleftharpoons 还原型$$

氧化型物质的氧化能力越强，其共轭还原型物质的还原能力越弱；同样，还原型物质的还原能力越强，其共轭氧化型物质的氧化能力越弱。

5.1.2 氧化数

在氧化还原反应中，电子的得失将改变原子的价电子层结构，从而改变了这些原子的带电状态。但在极性共价键中，尽管共用电子对偏向于电负性较大的成键原子，但并没有电子的得失，为了更全面地定义氧化还原过程，人们提出了氧化数（oxidation number）的概念。

所谓氧化数，是指根据某些人为规定给单质或化合态的原子确定的电荷数。

在 1970 年国际纯粹和应用化学联合会（IUPAC）给氧化数的定义为：氧化数是指某元素的一个原子的荷电数，这个荷电数是假设把每个化学键中的电子指定给电负性较大的原子而求得的。由此可见，元素的氧化数是指元素原子在其化合态中的“形式电荷数”。确定氧化数的一些规则如下：

（1）在单质中，元素原子的氧化数为零。

（2）单原子离子中，元素的氧化数等于离子所带电荷数，例如 Al^{3+} 的氧化数为 +3，表示为（+3）。表示离子电荷时数字在前、正负号继后；表示氧化数时则相反。

（3）H 的氧化数一般为 +1，只有在活泼金属的氢化物（如 NaH、CaH_2）中，H 的氧化数才为 -1。

（4）O 的氧化数一般为 -2，但在过氧化物（如 H_2O_2，Na_2O_2）中，O 的氧化数为 -1；在氟化物（如 O_2F_2、OF_2）中，O 的氧化数为 +1 和 +2。

（5）在中性分子中，各元素原子的氧化数的代数和为零；在复杂离子中，各元素原子的氧化数的代数和等于该离子的电荷总数。例如：

① H_2O 中 H 的氧化数为 +1，O 的氧化数为 -2。

② H_2O_2中 H 的氧化数为 +1，O 的氧化数为 -1。

③ H_2中 H 的氧化数为 0。

④ HCl 中 Cl 的氧化数为 -1。

⑤ KCl 中 K 的氧化数为 +1。

⑥ $KMnO_4$中 Mn 的氧化数为 +7。

⑦ H_2SO_4中 S 的氧化数为 +6。

⑧ H_2SO_3中 S 的氧化数为 +4。

⑨ $S_2O_3^{2-}$ 中 S 的氧化数为 +2。

⑩ Fe_3O_4中 Fe 的氧化数为 +8/3，等等。

5.2　氧化还原方程式的配平

在氧化还原反应中，除氧化剂和还原剂外，往往还有第三种物质参加，这种物质在反应过程中氧化数不发生变化，称为介质（medium），介质常为酸或碱；此外，H_2O 也常常作为反应物或生成物存在于反应方程式中。涉及多个物种的氧化还原反应一般很难用目视法配平，最常用的两种配平方法是氧化数法和离子-电子法（半反应法）。

5.2.1 氧化数法

配平原则为：

(1) 元素原子氧化数升高的总数等于元素原子氧化数降低的总数；

(2) 反应前后各元素的原子总数相等。

以酸性溶液中 $KClO_3$ 与 $FeSO_4$ 的反应为例，说明氧化数法配平的具体步骤：

$$KClO_3 + FeSO_4 + H_2SO_4 \longrightarrow KCl + Fe_2(SO_4)_3$$

(1) 写出未配平的反应方程式，并在被氧化和被还原元素的原子上方标出氧化数，例如：

$$K\overset{+5}{Cl}O_3 + \overset{+2}{Fe}SO_4 + H_2SO_4 \longrightarrow K\overset{-1}{Cl} + \overset{+3}{Fe}_2(SO_4)_3$$

(2) 确定相关元素原子氧化数的升高值和降低值。

$$\overbrace{KClO_3 + FeSO_4 + H_2SO_4 \longrightarrow KCl}^{-6} + Fe_2(SO_4)_3 \quad (FeSO_4 \rightarrow Fe_2(SO_4)_3:\ +1)$$

(3) 上述元素原子氧化数的变化值乘以相应的系数，使氧化数升高的总数等于元素原子氧化数降低的总数，这个系数就是相应物种的化学计量数。

$$KClO_3 + 6FeSO_4 + H_2SO_4 \longrightarrow KCl + 3Fe_2(SO_4)_3$$

(4) 用观察法配平氧化数未改变的元素原子数目。则得

$$KClO_3 + 6FeSO_4 + 3H_2SO_4 = KCl + 3Fe_2(SO_4)_3 + 3H_2O$$

5.2.2 离子－电子法

任何一个氧化还原反应都可以看成由氧化、还原两个半反应组成，可以先配平半反应，然后通过半反应的加和来得到总反应。像其他化学反应方程式一样，半反应方程式必须反映化学变化过程的实际，氧化数发生变化的元素只能以实际存在的物种出现在方程式中。即以离子形式存在的物种才能写成离子，以分子形式存在的物种仍要写成分子；半反应方程的配平既要保证方程两边的原子数目相等，也要保证电荷数目相等。

(1) 配平原则为：

① 反应过程中氧化剂所夺得的电子数必须等于还原剂失去的电子数；

② 反应前后各元素的原子总数相等。

(2) 离子－电子法的配平步骤为：

① 写出未配平的离子方程式；

② 写出未配平的两个半反应方程式；

③ 配平每一个半反应方程的原子数和电荷数；

④ 用适当系数乘以两个半反应方程式，使得失电子的总数相等，然后将两个半反应方程式相加、整理，即得配平的离子反应方程式。

（3）以酸性溶液中 $KMnO_4$ 与 K_2SO_3 的反应为例说明离子－电子法配平方程式的具体步骤。

① $MnO_4^- + SO_3^{2-} \xrightarrow{\text{酸性溶液中}} Mn^{2+} + SO_4^{2-}$

② $MnO_4^- \longrightarrow Mn^{2+}$ 还原反应

$SO_3^{2-} \longrightarrow SO_4^{2-}$ 氧化反应

③ $MnO_4^- + 8H^+ + 5e^- \rightleftharpoons Mn^{2+} + 4H_2O$

$SO_3^{2-} + H_2O - 2e^- \rightleftharpoons SO_4^{2-} + 2H^+$

④ $MnO_4^- + 8H^+ + 5e^- \rightleftharpoons Mn^{2+} + 4H_2O \quad \times 2$

$+)\ SO_3^{2-} + H_2O - 2e^- \rightleftharpoons SO_4^{2-} + 2H^+ \quad \times 5$

$2MnO_4^- + 6H^+ + 5\,SO_3^{2-} = 2\,Mn^{2+} + 5\,SO_4^{2-} + 3H_2O$

应当指出的是，在配平半反应方程式时，如果反应在酸性介质中进行，反应式中就不能出现 OH^-；同样，在碱性介质中进行，反应式中就不能出现 H^+。当方程式两边所含的氧原子数目不等时，可以根据介质的酸碱性，分别在半反应式中加 H^+、OH^- 或 H_2O 使反应式两边的氧原子数目相等，其经验规则如表 5-1 所示。

表 5-1 不同介质条件下配平氧原子数的经验规则

介质条件	反应方程式箭号左边添加物	
	反应式左边氧原子数较多时	反应式左边氧原子数较少时
酸性	H^+	H_2O
碱性	H_2O	OH^-
中性	H_2O	H_2O

对于上述例子，若配平成：

$$2MnO_4^- + 3H_2O + 5\,SO_3^{2-} = 2\,Mn^{2+} + 5\,SO_4^{2-} + 6\,OH^-$$

表面上看是配平了，但与事实不符。

氧化数法配平化学反应方程式，对于在水溶液和非水溶液中进行的反应、高温反应及熔融态物质间的反应均适用。离子－电子法则只适用于配平水溶液中进行的化学反应，但学习这种方法可以比较方便地配平用氧化数法难以配平的反应方程式（如有机物参与的反应），此外可以很好地掌握书写半反应式的方法，而半反应式是电极反应的基本反应式。

5.3 电极电势

5.3.1 原电池

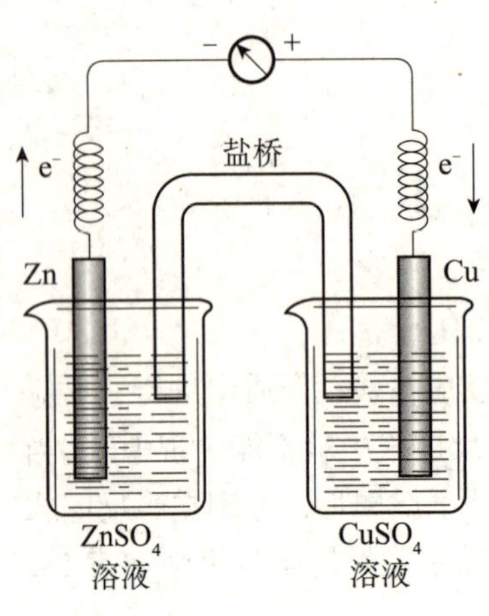

图 5-1 铜锌原电池

氧化还原反应在发生过程中，会涉及电子的转移。例如将 Zn 片放入 $CuSO_4$ 溶液中，可以看到 $CuSO_4$ 溶液的蓝色逐渐变浅，同时在 Zn 片上不断析出紫红色的 Cu，此现象表明 Zn 和 $CuSO_4$ 之间发生了氧化还原反应：

$$Cu^{2+} + Zn \rightleftharpoons Cu + Zn^{2+}$$

由于 Zn 片与 $CuSO_4$ 溶液接触，电子从 Zn 直接转移给 Cu^{2+}，电子的转移是无秩序的，反应放出的化学能转变成热能。但是，如果我们如图 5-1 所示，在一个盛有 $CuSO_4$ 溶液的烧杯中插入 Cu 片，构成一个叫半电池（half - cell）的装置，该装置也叫电极（electrode）；在另一个盛有 $ZnSO_4$ 溶液的烧杯中插入 Zn 片，组成锌电极，把两个烧杯中的溶液用一个倒置的 U 形管（盐桥，salt bridge）连接起来。当用导线把铜电极和锌电极连接起来时，检流计指针就会发生偏转。从指针的偏转方向我们可以看出，导线中有电子从 Zn 电极流向 Cu 电极。随着电池反应的发生，Zn 半电池溶液中，由于 Zn^{2+} 增加，正电荷过剩；铜半电池溶液中由于 Cu^{2+} 减少，负电荷过剩。这样会阻碍电子从 Zn 极流向 Cu 极而使电流中断。通过盐桥中离子的运动（氯离子流向锌半电池，钾离子向铜半电池运动），从而使锌盐和铜盐溶液维持着电中性，使得锌的溶解和铜的析出得以继续进行，电流得以继续流通。我们把这类利用自发氧化还原反应产生电流的装置叫做原电池（primary cell），在原电池中化学能转变为电能。

原电池中电极发生的反应叫电极反应（electrode reaction）（或半电池反应）：发生还原反应，接受电子的电极叫做正极（positive electrode）；发生氧化反应，给出电子的电极叫做负极（negative electrode）。两个电极反应的和叫做电池反应（cell reaction）。如铜锌原电池所发生的反应：

$$
\begin{array}{ll}
\text{正极}: Cu^{2+} + 2e^- \rightleftharpoons Cu & \text{还原反应} \\
+)\ \text{负极}: Zn - 2e^- \rightleftharpoons Zn^{2+} & \text{氧化反应} \\
\hline
\text{电池反应}\ Zn + Cu^{2+} \rightleftharpoons Zn^{2+} + Cu &
\end{array}
$$

原电池的结构通常可以形象化地用下列电池符号来表示，如 Cu – Zn 原电池可表示为：

$$(-)\ Zn \mid Zn^{2+}\ (c_2)\ \| Cu^{2+}\ (c_2)\ \mid Cu\ (+)$$

在书写电池符号时，一般把负极写在左边，正极写在右边；以化学式表示电池中物质的组成，注明物质的状态，气体物质要注明压力，溶液要注明浓度（严格地讲应该用活度，若溶液的浓度很小，也可用物质的量浓度代替活度）。其中单垂线“ | ”表示不同物相的界面，双垂线“ ‖ ”表示盐桥。如果组成电极的物质是非金属单质及其相应的离子，或者是同一种元素不同氧化数的离子，如 H^+/H_2、O_2/OH^-、Sn^{4+}/Sn^{2+}、Fe^{3+}/Fe^{2+} 等，则需外加惰性电极。惰性电极是一种能够导电而不参加电极反应的电极，如铂、石墨等。

如以锌电极与氢电极组成原电池，该电池的符号为：

$$(-)\ Zn \mid ZnSO_4\ (c_1)\ \| H_2SO_4\ (c_2)\ \mid H_2\ (p^{\ominus}),\ Pt\ (+)$$

又如以氢电极和 Fe^{3+}/Fe^{2+} 电极组成原电池，其符号为：

$$(-)\ Pt,\ H_2\ (p^{\ominus})\ \mid H^+\ (c_1)\ \| Fe^{3+}\ (c_2),\ Fe^{2+}\ (c_3)\ \mid Pt\ (+)$$

5.3.2　电极电势的产生

在 Cu – Zn 原电池中，电流从 Cu 极流向 Zn 极，说明 Cu 极电势比 Zn 极高。为什么这两个电极的电势不相等，电极电势（electrode potential）又是怎样产生的呢？这与金属及其盐溶液之间的相互作用有关。

当把金属浸入其盐溶液时，则会出现两种倾向：一种是金属表面的原子因热运动和受极性水分子的作用以离子形式进入溶液（金属越活泼或溶液中金属离子的浓度越小，这种倾向越大）；另一种是溶液中的金属离子受金属表面自由电子的吸引而沉积在金属表面上（金属越不活泼或溶液中金属离子浓度越大，这种倾向就越大）。当金属在溶液中溶解和沉积的速率相等时，则达到动态平衡。

$$M(s) \underset{\text{沉积}}{\overset{\text{溶解}}{\rightleftharpoons}} M^{n+}(aq) + ne^-$$

若金属溶解的倾向大于沉积的倾向，则达平衡时金属带负电荷，而靠近金属附近的溶液带正电荷。这样，在金属表面与其盐溶液之间就产生了电势差（electric potential difference），这种电

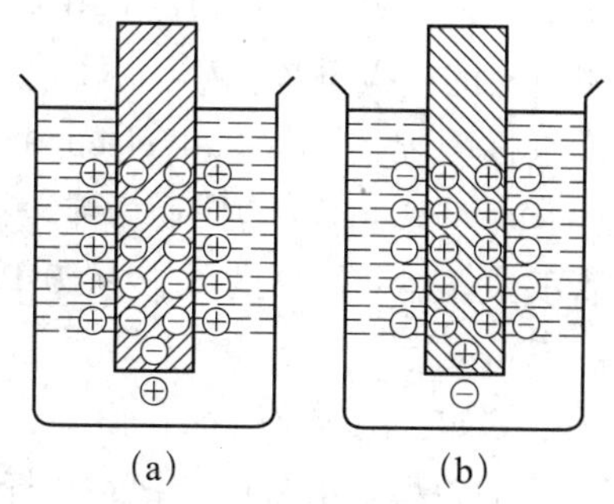

图 5-2　电极电势的产生

势差称为该金属的平衡电极电势（简称电极电势），如图 5-2 所示。若用两种活泼性不同的金属分别组成两个电极电势不等的电极，再将这两个电极以原电池的形式连接起来，就能产生电流。例如 Cu－Zn 原电池中，由于 Zn 比 Cu 活泼，Cu 电极的电极电势比 Zn 电极的电极电势高，就造成电子从 Zn 电极流向 Cu 电极。

5.3.3 电极电势的测定

迄今为止，电极电势（electrode potential）的绝对值仍无法测量，只能采用比较的方法确定出其相对值。为了获得各种电极的电极电势，必须选择一个通用的比较标准（comparison standard），通常采用标准氢电极作为比较标准。

5.3.3.1 标准氢电极

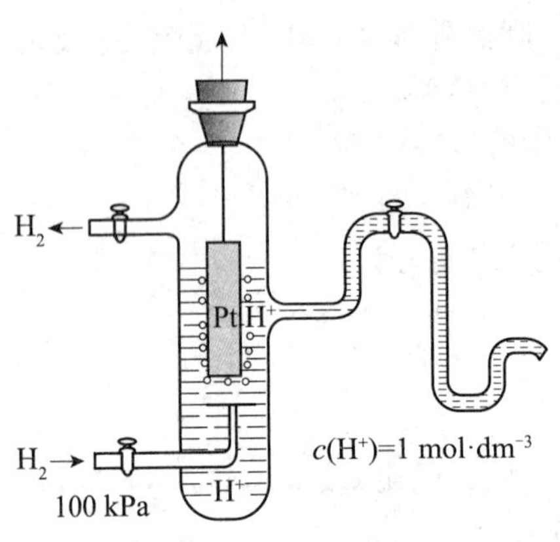

图 5-3 标准氧电极示意图

所谓标准氢电极（normal hydrogen electrode），是把镀有一层铂黑的铂片浸入 H^+ 浓度为 1 mol · dm^{-3} 的溶液中，在 298.15K 时不断通入压力为 10^5Pa 的纯氢气，让铂黑吸附并维持饱和状态，这时在用标准压力的氢气所饱和了的铂片与氢离子浓度为 1 mol · dm^{-3}的溶液间产生的电势差，就是标准氢电极的电极电势，并规定标准氢电极电极电势为零，即 $E^{\ominus}$（H^+/H_2）=0 V，右上角的符号“⊖”代表标准状态，如图 5-3 所示。

5.3.3.2 电极电势的测定

欲确定某电极的电极电势，可把该电极（待测电极）与标准氢电极组成原电池，由于 $E^{\ominus}$（H^+/H_2）=0 V，这样测量该原电池的电动势（E），即可确定欲测电极的电极电势：$E=E(+)-E(-)$。实际应用中为了便于比较，提出了标准电极电势（standard electrode potential）的概念。若待测电极处于标准态（standard state）（物质皆为纯净物，组成电对的有关物质的浓度为 1 mol · dm^{-3}，若涉及气体，气体的分压为 10^5Pa），所测得的电动势称为该原电池的标准电动势（$E^{\ominus}$）。

例如：测定 Zn/Zn^{2+} 电对的标准电极电势，是将纯净的 Zn 片放在 1 mol · dm^{-3}的硫酸锌溶液中，把它和标准氢电极用盐桥连接起来，组成一个原电池：

$(-)\ Zn \mid Zn^{2+}\ (1.0\ mol \cdot dm^{-3}) \parallel H^+\ (1.0\ mol \cdot dm^{-3}) \mid H_2\ (p^{\ominus}),\ Pt\ (+)$

用电流表测定可知：电流从氢电极流向锌电极，即在原电池中，氢电极为正极，锌电极为负极。在 298.15K 时，测得该电池的电动势：$E^{\ominus}$（电池）=0.763 V，因为：

$$E^{\ominus}(\text{电池}) = E^{\ominus}(\text{正}) - E^{\ominus}(\text{负}) = E^{\ominus}(H^+/H_2) - E^{\ominus}(Zn^{2+}/Zn) = 0.763\ \text{V}$$

可以求得锌电极的电极电势：

$$E^{\ominus}(Zn^{2+}/Zn) = E^{\ominus}(H^+/H_2) - E^{\ominus}(\text{电池}) = -0.763\ \text{V}$$

同样，也可由铜－氢原电池的电动势求出铜电极的电极电势：

$$E^{\ominus}(\text{电池}) = E^{\ominus}(\text{正}) - E^{\ominus}(\text{负}) = E^{\ominus}(Cu^{2+}/Cu) - E^{\ominus}(H^+/H_2) = 0.337\ \text{V}$$

$$E^{\ominus}(Cu^{2+}/Cu) = E^{\ominus}(\text{电池}) + E^{\ominus}(H^+/H_2) = +0.337\ \text{V}$$

用类似的方法可以测定大多数电对的电极电势，对于一些与水剧烈反应而不能直接测定的电极（如 Na^{2+}/Na；F_2/F^- 等）和不能直接组成可测定电动势的原电池的电极，可通过热力学数据间接计算出其电极的电极电势。附录三列出了 298.15K 时一些常用电对的标准电极电势 $E^{\ominus}$。必须注意：表中的电极反应均为还原反应，所以采用的是还原电势①。

由于标准氢电极为气体电极，制备和使用起来极不方便，通常采用甘汞电极（图 5-4）或氯化银电极作为参比电极（reference electrode），这些电极使用方便，工作性能稳定。

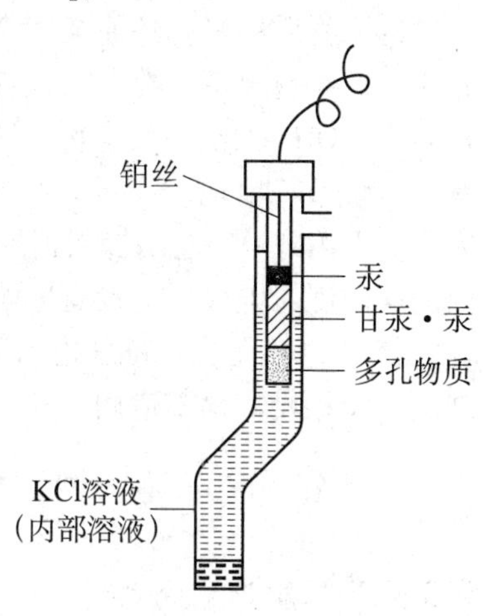

图 5-4 甘汞电极示意图

5.3.3.3 标准电极电势表

将测定和计算所得电极的标准电极电势排列成表，即为标准电极电势表。使用标准电极电势表需注意下面问题：

（1）标准电极电势表中的 $E^{\ominus}$值的大小，反映了电对中的氧化型（或还原型）物质，在标准状态时的氧化能力（或还原能力）的相对强弱。$E^{\ominus}$值越大，表示在标准状态时该电对中氧化型物质的氧化能力越强，或其共轭还原型的还原能力越弱。相反，$E^{\ominus}$值越小，表明电对中还原型物质的还原能力越强，或其共轭氧化型物质的氧化能力越弱。如 Cu^{2+} 离子的氧化能力比 Zn^{2+} 强，而还原能力是 Zn 比 Cu 强。

---

① 采用还原电势是1933 年所规定的，但在美洲习惯采用氧化电势。对同一电对而言，还原电势与氧化电势绝对值相等，正、符号相反。

(2) $E^{\ominus}$值的大小是衡量氧化剂氧化能力或还原剂还原能力强弱的标度，它取决于物质的本性，而与物质的量的多少无关，与反应方程式中的计量系数无关。如：

$$Cl_2 + 2e^- \rightleftharpoons 2Cl^- \quad E^{\ominus} = 1.358V$$

$$\frac{1}{2}Cl_2 + e^- \rightleftharpoons Cl^- \quad E^{\ominus} = 1.358V$$

(3) 同一物质在不同的电对中，可以是氧化型，也可以是还原型。例如，在电对 Fe^{3+}/Fe^{2+} 中 Fe^{2+} 是还原型，而在电对 Fe^{2+}/Fe 中 Fe^{2+} 是氧化型。当判断一个物质的还原能力时，应查该物质作为还原态的电对。例如，判断 MnO_4^- 在标准状态下能否氧化 Fe^{2+} 时，应查 $E^{\ominus}$（Fe^{3+}/Fe^{2+}），而不是 $E^{\ominus}$（Fe^{2+}/Fe）。

(4) 物质的氧化还原能力会受到介质的影响，所以在查表时需要注意反应的介质。通常情况下，在电极反应中，H^+ 不论在反应物中还是在产物中出现，皆查酸表；OH^- 无论在反应物中还是在产物中出现，皆查碱表。如果电极反应中没有 H^+ 和 OH^- 出现时，可以从物质的存在状态来考虑，例如 $E^{\ominus}$（Fe^{3+}/Fe^{2+}），因为 Fe^{3+} 和 Fe^{2+} 只能在酸性溶液中存在，所以该电极电势只能查酸表。若遇溶液的酸碱度对电极反应没有影响的情况，一般查酸表。

(5) $E^{\ominus}$值是在标准状态时的水溶液中测出的（或计算出的），对非水溶液和高温、固相反应均不适用。

5.3.4 影响电极电势的因素

5.3.4.1 能斯特方程

实际系统中，各物质不可能都处在标准状态，用非标准条件下的电极电势为判据，才能得到正确的结论。电极电势的大小，不仅取决于电极的本性，还与温度和溶液中离子的浓度、气体的分压有关。能斯特方程（Nernst equation）体现了浓度对电极电势的影响。

对半反应通式为：

$$\text{氧化型} + ne^- \rightleftharpoons \text{还原型}$$

的电极而言，电极电势与浓度和温度的关系可用下式来表示：

$$E(\text{ox/red}) = E^{\ominus}(\text{ox/red}) - \frac{RT}{nF}\ln J \qquad (5\text{-}1)$$

此式称为能斯特方程式。式中 E 是氧化型物质和还原型物质为任意浓度时电对的电极电势；$E^{\ominus}$是电对的标准电极电势；R 是气体常数，等于 8.314 $J \cdot mol^{-1} \cdot K^{-1}$；$n$ 是电极反应式中转移的电子数；F 是法拉第常数；J 为反应商。

298.15 K 时，将各常数代入上式，并将自然对数换算成常用对数，式（5-1）

改写为：

$$E(ox/red) = E^{\ominus}(ox/red) - \frac{0.059\,2}{n}\lg J$$

从能斯特方程式可看出，当体系温度一定时，对确定的电对来说，其电极电势主要与 $E^{\ominus}$有关，另外还与反应商的大小有关。

在应用电极电势时应注意以下几点：

(1) 能斯特方程中氧化型和还原型并非专指氧化数有变化的物质的浓度，而是包括参加电极反应的所有物质的浓度，而且浓度的幂次应等于它们在电极反应中的系数。

例如电极反应： $MnO_4^- + 8H^+ + 5e^- \rightleftharpoons Mn^{2+} + 4H_2O$

$$E(MnO_4^-/Mn^{2+}) = E^{\ominus}(MnO_4^-/Mn^{2+}) - \frac{0.059\,2}{5}\lg\frac{\{c(Mn^{2+})/c^{\ominus}\}}{\{c(MnO_4^-)/c^{\ominus}\}\cdot\{c(H^+)/c^{\ominus}\}^8}$$

(2) 纯固体、纯液体和 $H_2O(l)$ 的浓度为常数，认为是 1。

(3) 若电极反应中有气体参加，则气体代入的是相对分压与标准压力的比值（分压与标准压力的比值）。如电极反应：$O_2(g) + 4H^+ + 4e^- \rightleftharpoons 2H_2O(l)$

$$E(O_2/H_2O) = E^{\ominus}(O_2/H_2O) - \frac{0.059\,2}{4}\lg\frac{1}{\{p(O_2)/p^{\ominus}\}\cdot\{c(H^+)/c^{\ominus}\}^4}$$

(4) n 代表电极反应中电子的转移数，与电极反应方程式的系数有关。例如，在 $H^+ + e^- \rightleftharpoons \frac{1}{2}H_2$ 中，$n=1$；在 $2H^+ + 2e^- \rightleftharpoons H_2$ 中，$n=2$。

5.3.4.2 浓度对电极电势的影响

【例 1】 计算 298K 时电对 Fe^{3+}/Fe^{2+} 在下列情况下的电极电势：

(1) $c(Fe^{3+}) = 0.1\ mol\cdot dm^{-3}$，$c(Fe^{2+}) = 1\ mol\cdot dm^{-3}$；(2) $c(Fe^{3+}) = 1\ mol\cdot dm^{-3}$，$c(Fe^{2+}) = 0.1\ mol\cdot dm^{-3}$。

解：电对 Fe^{3+}/Fe^{2+} 的电极反应为：$Fe^{3+} + e^- \rightleftharpoons Fe^{2+}$

根据能斯特方程，电对 Fe^{3+}/Fe^{2+} 的电极电势为：

$$E(Fe^{3+}/Fe^{2+}) = E^{\ominus}(Fe^{3+}/Fe^{2+}) - \frac{0.059\,2}{1}\times\lg\frac{\{c(Fe^{2+})/c^{\ominus}\}}{\{c(Fe^{3+})/c^{\ominus}\}}$$

$$(1)\ E(Fe^{3+}/Fe^{2+}) = 0.771 - \frac{0.059\,2}{1}\times\lg\frac{1}{0.1} = 0.712\ V$$

$$(2)\ E(Fe^{3+}/Fe^{2+}) = 0.771 - \frac{0.059\,2}{1}\times\lg\frac{0.1}{1} = 0.830\ V$$

计算结果表明：如果降低电对中氧化型物质的浓度，电极电势数值减小，即电对中氧化型物质的氧化能力减弱或还原型物质的还原能力增强；反之，若降低电对中还原型物质的浓度，电极电势数值增大，电对中氧化型物质的氧化能力增强或还原型物质的还原能力减弱。

如果电极反应中包含氢离子或氢氧根离子，则酸度变化也会对电极电势产生影响。

【例 2】 重铬酸钾是一种常用的氧化剂，已知：

$Cr_2O_7^{2-} + 14H^+ + 6e^- \rightleftharpoons 2Cr^{3+} + 7H_2O \qquad E^{\ominus}(Cr_2O_7^{2-}/Cr^{3+}) = +1.33\ V$

试计算当 $Cr_2O_7^{2-}$ 和 Cr^{3+} 浓度为 1 mol · dm^{-3}，而 H^+ 浓度分别为 10^{-6} mol · dm^{-3}、10^{-3} mol · dm^{-3}时的 E 值。

解：$$E(Cr_2O_7^{2-}/Cr^{3+}) = E^{\ominus}(Cr_2O_7^{2-}/Cr^{3+}) - \frac{0.059\ 2}{6} \times \lg \frac{\{c(Cr^{3+})/c^{\ominus}\}^2}{\{c(Cr_2O_7^{2-})/c^{\ominus}\}\{c(H^+)/c^{\ominus}\}^{14}}$$

当 $c(H^+) = 10^{-6}$ mol · dm^{-3}时，$E(Cr_2O_7^{2-}/Cr^{3+})$

$$= 1.33 - \frac{0.059\ 2}{6} \times \lg \frac{1}{(10^{-6})^{14}} \approx 0.501\ V$$

当 $c(H^+) = 10^{-3}$ mol · dm^{-3}时，$E(Cr_2O_7^{2-}/Cr^{3+})$

$$= 1.33 - \frac{0.059\ 2}{6} \times \lg \frac{1}{(10^{-3})^{14}} \approx 0.916\ V$$

由计算可见，$Cr_2O_7^{2-}$的氧化能力随着酸度的降低而明显减弱。事实上大多数的含氧酸盐作为氧化剂时存在同样的情况，因此，当含氧酸及其盐或氧化物作氧化剂时，为了增强其氧化能力，通常是在较强的酸性溶液中使用。

凡是有 H^+或 OH^-参加的电极反应，若 H^+或 OH^-在电极反应中与氧化型在同侧，则其浓度变化与氧化型物质浓度变化对 E 的影响相同；反之若 H^+或 OH^-是在电极反应中与还原型在同侧，则其浓度变化与还原型物质浓度变化对 E 的影响相同。

在一些电极反应中，如果加入某种沉淀剂，使氧化型物质或还原型物质产生沉淀而浓度降低，也会导致电极电势的变化。如果沉淀剂与氧化型物质作用，电极电势减小；相反，沉淀剂与还原型物质作用，电极电势增大。生成的沉淀溶度积越小，影响越显著。

【例 3】 已知电极反应：$Ag^+ + e^- \rightleftharpoons Ag$，$E^{\ominus}(Ag^+/Ag) = 0.799\ V$，若往该体系中加入 NaCl 使 Ag^+产生 AgCl 沉淀，当达到平衡时，使 Cl^-的浓度为 1.00 mol · dm^{-3}，求此时 Ag^+/Ag 电极的电极电势。

解：Ag^+与 Cl^-相遇生成 AgCl 沉淀，体系中 Ag^+浓度受 Cl^-浓度的影响（$K_{sp}^{\ominus}(AgCl)$ 为常数），达到平衡时，该电极的电极电势可用两个电对来表示：Ag^+/Ag 或 $AgCl/Ag$。当达到平衡并且 $c(Cl^-) = 1$ mol · dm^{-3}时：

$$c(Ag^+) = \frac{K_{sp}^{\ominus}(AgCl)}{c(Cl^-)} = \frac{1.77 \times 10^{-10}}{1} = 1.77 \times 10^{-10}\ mol \cdot dm^{-3}$$

$$E(Ag^+/Ag) = E^{\ominus}(Ag^+/Ag) - \frac{0.059\ 2}{1} \times \lg \frac{1}{1.77 \times 10^{-10}}$$

$$= 0.799 + \frac{0.059\ 2}{1} \times \lg 1.77 \times 10^{-10}$$

$$\approx 0.221\ V$$

由标准电极电势的定义可知，该计算结果也是电极：$AgCl + e^- \rightleftharpoons Ag + Cl^-$，即电对（AgCl/Ag）的标准电极电势。

配合物的生成对电极电势也有影响。例如电极 Cu^{2+}/Cu，如果往含有 Cu^{2+} 溶液中加入适量氨水，Cu^{2+} 会和氨水生成 $[Cu(NH_3)_4]^{2+}$ 配离子而使 Cu^{2+} 离子的浓度降低，从而导致 Cu^{2+}/Cu 电极的电极电势减小。

与沉淀的生成对电极电势的影响一样，配位体与氧化型物质生成配合物时，电极电势减小；配位体与还原型物质生成配合物时，电极电势增加，而且，生成的配合物越稳定，影响越显著。

5.3.5 电极电势的应用

5.3.5.1 判断氧化剂、还原剂的相对强弱

电极电势代数值的大小反映了电对中氧化型物质得电子和还原型物质失电子能力的强弱，因此，根据电极电势代数值的大小，可以比较氧化剂或还原剂的相对强弱。

在附录三“标准电极电势表”中存在下列关系：

酸性溶液中

<table>
<tr><th>电对</th><th>氧化还原能力递变规律</th><th>$E^{\ominus}$/V</th></tr>
<tr><td>Li^+/Li
⋮
Zn^{2+}/Zn
⋮
H^+/H_2
⋮
Cu^{2+}/Cu
⋮
XeF/Xe</td><td>氧化型物质 氧化能力增强 ↓　↑ 还原型物质 还原能力增强</td><td>代数值增大 ↓</td></tr>
</table>

碱性溶液中

<table>
<tr><th>电对</th><th>氧化还原能力递变规律</th><th>$E^{\ominus}$/V</th></tr>
<tr><td>$Ca(OH)_2/Ca$
⋮
$Zn(OH)_2/Zn$
⋮
SO_4^{2-}/SO_3^{2-}
⋮
S/S^{2-}
⋮
O_3/OH^-</td><td>氧化型物质 氧化能力增强 ↓　↑ 还原型物质 还原能力增强</td><td>代数值增大 ↓</td></tr>
</table>

实验室常用的强氧化剂其电对的 $E^{\ominus}$ 值一般都大于 1.0V，例如 $KMnO_4$、$K_2Cr_2O_7$、HNO_3、H_2O_2等；常用的强还原剂其电对的 $E^{\ominus}$ 值一般都小于 0 V 或稍大于 0 V，例如 Fe、Zn、Sn^{2+}等。化工生产中采用的氧化剂和还原剂更要综合考虑性能、成本、安全、来源等因素。

5.3.5.2 计算难溶电解质溶度积常数（$K_{sp}^{\ominus}$）

【例 4】已知：$E^{\ominus}(PbSO_4/Pb) = -0.356$ V，$E^{\ominus}(Pb^{2+}/Pb) = -0.126$ V，求 $K_{sp}^{\ominus}(PbSO_4)$ 的值。

解：电极 Pb^{2+}/Pb 的电极反应为：$Pb^{2+} + 2e^- \rightleftharpoons Pb$

电极 $PbSO_4/Pb$ 的电极反应为：$PbSO_4 + 2e^- \rightleftharpoons Pb + SO_4^{2-}$，标准电极电势所对应的系统是处于标准状态的，即电极 $PbSO_4/Pb$ 系统中的 $c(SO_4^{2-}) = 1\ mol \cdot dm^{-3}$。

电极 $PbSO_4/Pb$ 可以看成是由向电极 Pb^{2+}/Pb 系统中加入 SO_4^{2-} 而得到，

$$Pb^{2+} + SO_4^{2-} \rightleftharpoons PbSO_4(s)$$

由标准电极电势的定义可知：当 $c(SO_4^{2-}) = 1\ mol \cdot dm^{-3}$ 时，电极 Pb^{2+}/Pb 的电极电势就是电极 $PbSO_4/Pb$ 的标准电极电势，即 $E^{\ominus}(PbSO_4/Pb) = E(Pb^{2+}/Pb)$。

$$\begin{aligned}
E^{\ominus}(PbSO_4/Pb) &= E(Pb^{2+}/Pb) \\
&= E^{\ominus}(Pb^{2+}/Pb) + \frac{0.059\,2}{2}\lg\{c(Pb^{2+})/c^{\ominus}\} \\
&= E^{\ominus}(Pb^{2+}/Pb) + \frac{0.059\,2}{2}\lg\frac{\{c(Pb^{2+})/c^{\ominus}\} \times \{c(SO_4^{2-})/c^{\ominus}\}}{\{c(SO_4^{2-})/c^{\ominus}\}} \\
&= E^{\ominus}(Pb^{2+}/Pb) + \frac{0.059\,2}{2}\lg\frac{K_{sp}^{\ominus}(PbSO_4)}{\{c(SO_4^{2-})/c^{\ominus}\}} \\
&= E^{\ominus}(Pb^{2+}/Pb) + \frac{0.059\,2}{2}\lg K_{sp}^{\ominus}(PbSO_4)
\end{aligned}$$

则

$$\begin{aligned}
\lg K_{sp}^{\ominus}(PbSO_4) &= \frac{2 \times \{E^{\ominus}(PbSO_4/Pb) - E^{\ominus}(Pb^{2+}/Pb)\}}{0.059\,2} \\
&= \frac{2 \times \{-0.356 - (-0.126)\}}{0.059\,2} = -7.77
\end{aligned}$$

$$K_{sp}^{\ominus}(PbSO_4) = 1.7 \times 10^{-8}$$

电极电势最重要的应用是判断氧化还原反应的方向和限度。

5.3.5.3 判断氧化还原反应的方向

化学反应自发进行的条件为 $\Delta_r G_m < 0$，根据热力学推导可知，ΔG 与原电池

电动势之间存在如下关系：

$$\Delta_r G_m = -z'FE \tag{5-2}$$

式中：z'为电池反应中转移的电子数，F 为法拉第常数。

当 $\Delta_r G_m < 0$ 时，$E > 0$，该化学反应能自发进行。可见，原电池电动势（E）值也可以作为氧化还原反应自发进行的判据。又因为 $E = [E(+) - E(-)]$，可知只有电极电势代数值较大的电对的氧化型物质才能与代数值较小的电对的还原型物质反应。氧化还原反应的规律是：

较强的氧化剂 + 较强的还原剂 $\longrightarrow$ 较弱的还原剂 + 较弱的氧化剂

【例 5】 在标准状态时，铜粉能否与 $FeCl_3$ 发生反应，产物是什么？

解：查表可知：$Cu^{2+} + 2e^- \rightleftharpoons Cu$ $\quad E^\ominus(Cu^{2+}/Cu) = 0.340\ V$

$Fe^{3+} + e^- \rightleftharpoons Fe^{2+}$ $\quad E^\ominus(Fe^{3+}/Fe^{2+}) = 0.769\ V$

$Fe^{3+} + 3e^- \rightleftharpoons Fe$ $\quad E^\ominus(Fe^{3+}/Fe) = -0.016\ V$

因为：$E^\ominus(Cu^{2+}/Cu) < E^\ominus(Fe^{3+}/Fe^{2+})$，所以，$Fe^{3+}$ 氧化性强于 Cu^{2+}，Cu 还原性强于 Fe^{2+}；即，$FeCl_3$ 能把铜粉氧化为 Cu^{2+}，自身被还原为 Fe^{2+}。

由于：$E^\ominus(Cu^{2+}/Cu) > E^\ominus(Fe^{3+}/Fe)$，所以铜粉不能把 Fe^{3+} 还原为 Fe。

在生产上，印刷电路板的制造工序，$FeCl_3$ 常用作铜板的腐蚀剂，把铜板上需要去掉的部分与 $FeCl_3$ 作用，使铜变成 $CuCl_2$ 而溶解。

浓度是影响电极电势的重要因素，严格地说，应该根据能斯特方程求得在给定条件下电对的电极电势值，然后再进行比较和判断。因为，对于标准电极电势值相差不大（$\Delta E^\ominus < 0.2\ V$）的电对来说，有时离子浓度的改变能够导致反应方向的改变。对于某些有含氧酸及其盐（如 $KMnO_4$、$K_2Cr_2O_7$、H_3AsO_4 等）参加的氧化还原反应，溶液的酸度有时也能够导致反应方向的改变。例如下列可逆反应：

$$H_3AsO_4 + 2I^- + 2H^+ \underset{\text{强碱性介质}}{\overset{\text{强酸性介质}}{\rightleftharpoons}} HAsO_2 + I_2 + 2H_2O$$

pH ≈ 8 时，I_2 可定量地被 $HAsO_2$ 还原，而在 $c(H^+)$ 等于 4～6 $mol \cdot dm^{-3}$，H_3AsO_4 可以定量地被 I^- 还原。即强酸性介质中反应正向进行，而在弱碱性介质中，反应却逆向进行。（读者可以自己通过计算证实）

5.3.5.4 判断氧化还原反应进行的程度

化学反应进行的程度可以用化学平衡常数来衡量。从理论上说，所有的氧化还原反应都可以构成原电池。随着反应的进行，正极氧化态物质浓度越来越低，电势不断降低；负极电势则随着还原态和氧化态物质浓度比的降低而增大，最终正极和负极电势相等，达到氧化还原的平衡状态。根据两个电极的电极电势，我们可以计算出氧化还原反应的平衡常数。

由2.3.2节中式（2-8）已知：

$$\lg K^{\ominus} = -\frac{\Delta_r G_m^{\ominus}}{2.303RT}$$

在标准态下，原电池的 $\Delta_r G_m^{\ominus} = -z'FE^{\ominus}$，则：

$$\lg K^{\ominus} = \frac{z'FE^{\ominus}}{2.303RT} \tag{5-3}$$

在298.15 K下，将 $F = 96\ 485\ (C \cdot mol^{-1})$，$R = 8.314\ J \cdot mol^{-1} \cdot K^{-1}$ 代入上式可得：

$$\lg K^{\ominus} = \frac{z'E^{\ominus}}{0.059\ 2} = \frac{z' \times \{E^{\ominus}(+) - E^{\ominus}(-)\}}{0.059\ 2} \tag{5-4}$$

由此可见，氧化还原反应的平衡常数（$K^{\ominus}$）只与标准电动势（$E^{\ominus}$）有关，而与物质浓度无关。当 $E^{\ominus}$ 值越大时，$K^{\ominus}$ 值越大，正反应有可能进行得越完全。

【例6】 计算 Cu－Zn 原电池反应的平衡常数。

解：Cu－Zn 原电池反应式为：$Zn + Cu^{2+} \rightleftharpoons Zn^{2+} + Cu$

$$\lg K^{\ominus} = \frac{z'E^{\ominus}}{0.059\ 2} = \frac{2 \times \{E^{\ominus}(Cu^{2+}/Cu) - E^{\ominus}(Zn^{2+}/Zn)\}}{0.059\ 2}$$

$$= \frac{2 \times \{0.340 - (-0.763)\}}{0.059\ 2}$$

$$\approx 37.26$$

$$K^{\ominus} = 1.82 \times 10^{37}$$

我们可以看出，标准电动势是氧化还原反应进行的内在动力，两个电对的标准电极电势的差值越大，平衡常数越大，正反应进行得越彻底。需要注意的是，E 的大小可以用来判断氧化还原反应进行的方向和程度，但不能说明反应的速率大小。

例如：根据 $E^{\ominus}(MnO_4^-/Mn^{2+}) = 1.51\ V$，$E^{\ominus}(Zn^{2+}/Zn) = -0.763\ V$，可以计算出反应：

$$2\,MnO_4^- + 5Zn + 16H^+ \longrightarrow 2\,Mn^{2+} + 5\,Zn^{2+} + 8H_2O$$

的平衡常数 $K^{\ominus} = 9.0 \times 10^{383}$。

计算表明，上述反应可以完全进行。然而实验证明：在酸性介质中，如果用纯锌与高锰酸盐作用，因反应速率非常小而难以察觉，只有在 Fe^{3+} 的催化下，反应才明显进行。

5.4 元素电势图及其应用

大多数元素具有多种氧化态，它们之间可以形成多对氧化还原电对，比较其各种氧化态的氧化还原性质，除利用标准电极电势表外，还可以利用图示法来进行。

5.4.1　元素电势图

同一元素的不同氧化数物质其氧化还原能力是不同的。因此为了突出表示同一元素不同氧化数物质的氧化还原能力，以及它们之间的相互关系，拉蒂摩尔（W. M. Latimer）提出：将同一元素不同氧化数物质按氧化数从高到低的顺序排列，在两种氧化数物质之间标出对应电对的标准电极电势，构成元素标准电极电势图（也叫 Latimer diagram），它是图示法中最简单的一种。由于元素的电极电势受溶液酸碱性的影响，所以元素电势图也分为酸表和碱表，例如，标准态下，氧在酸、碱介质中的标准电极电势图为：

氧化数　　0　　−1　　−2

$$E_A^{\ominus}/V \quad O_2 \xrightarrow{+0.695} H_2O_2 \xrightarrow{+1.763} H_2O \qquad (O_2 \xrightarrow{+1.229} H_2O)$$

$$E_B^{\ominus}/V \quad O_2 \xrightarrow{+0.076} HO_2^- \xrightarrow{+0.867} OH^- \qquad (O_2 \xrightarrow{+0.401} OH^-)$$

元素电势图与标准电极电势表相比，简明、综合、直观、形象，元素电势图对了解元素及其化合物的各种氧化还原性能、各物质的稳定性与可能发生的氧化还原反应，以及元素的自然存在形态等都有重要意义，下面从三个方面予以说明。

5.4.2　元素标准电势图的应用

（1）根据几个相邻电对的标准电极电势，求算其他电对的标准电极电势。

例如，有下列元素电势图：

$$A \xrightarrow[n_1]{E^{\ominus}(A/B)} B \xrightarrow[n_2]{E^{\ominus}(B/C)} C \qquad (A \xrightarrow{E^{\ominus}(A/C)} C)$$

从理论上可导出下列公式：

$$(n_1 + n_2)E^{\ominus}(A/C) = n_1E^{\ominus}(A/B) + n_2E^{\ominus}(B/C)$$

$$E^{\ominus}(A/C) = \frac{n_1 E^{\ominus}(A/B) + n_2 E^{\ominus}(B/C)}{n_1 + n_2} \tag{5-5}$$

式中：n_1、n_2分别为各个电对间的电极反应所转移的电子数。

对i个连续相邻电对而言，首尾两物质构成电对，其标准电极电势$E^{\ominus}$(ox/red)为：

$$E^{\ominus}(ox/red) = \frac{n_1 E_1^{\ominus} + n_2 E_2^{\ominus} + \cdots + n_i E_i^{\ominus}}{n_1 + n_2 + \cdots + n_i} \tag{5-6}$$

【例 7】根据下面列出的碘在碱性介质（pH = 14）中的电极电势图，求算$E_B^{\ominus}(IO^-/I_2)$。

I的氧化数	+1		0		-1
$E_B^{\ominus}/V$	IO^-	—?—	I_2	—+0.54V—	I^-
	└		+0.56V		┘

解：根据式（5-6）：

$$E_B^{\ominus}(IO^-/I^-) = \frac{n_1 E^{\ominus}(IO^-/I_2) + n_2 E^{\ominus}(I_2/I^-)}{n_1 + n_2}$$

$$E_B^{\ominus}(IO^-/I_2) = \frac{(n_1 + n_2)E^{\ominus}(IO^-/I^-) - n_2 E^{\ominus}(I_2/I^-)}{n_1}$$

$$= \frac{(1+1) \times 0.56\ V - 1 \times 0.54\ V}{1}$$

$$= +0.58\ V$$

(2) 判断歧化反应发生的可能性

歧化反应是自身氧化还原反应的一种。当一种元素处于中间氧化数时，它有一部分向较高氧化态变化（被氧化），另一部分向较低氧化态变化（被还原），这一类自身氧化还原反应称为歧化反应（disproportionation）；如果是有元素的较高和较低的两种氧化态相互作用生成其中间氧化态的反应，则是歧化反应的逆反应，或称逆歧化反应。

【例 8】根据 Mn 元素在酸性溶液中的电势图

$$E_A^{\ominus}/V \qquad MnO_4^- \xrightarrow{+0.56} MnO_4^{2-} \xrightarrow{+2.26} MnO_2$$

判断在酸性溶液中 MnO_4^{2-} 能否稳定存在。

解：$MnO_4^- + e^- \rightleftharpoons MnO_4^{2-}$ $\quad E^{\ominus}(MnO_4^-/MnO_4^{2-}) = +0.56\ V$

$MnO_4^{2-} + 4H^+ + 2e^- \rightleftharpoons MnO_2 + H_2O$ $\quad E^{\ominus}(MnO_4^{2-}/MnO_2) = +2.26\ V$

因为$E^{\ominus}(MnO_4^{2-}/MnO_2) > E^{\ominus}(MnO_4^-/MnO_4^{2-})$，在两个电对中，较强的氧

化剂和较强的还原剂都是 MnO_4^{2-}，所以发生 MnO_4^{2-} 的歧化反应。

推而广之，如果某元素有三种氧化态，氧化数由高到低为 A、B、C，则其元素电势图如下：

$$A \xrightarrow{E^{\ominus}(左)} B \xrightarrow{E^{\ominus}(右)} C$$

若 $E^{\ominus}$（右）> $E^{\ominus}$（左），则中间氧化态 B 会发生歧化反应：$B \longrightarrow A + C$；

若 $E^{\ominus}$（左）> $E^{\ominus}$（右），则会发生逆歧化反应：$A + C \longrightarrow B$。

（3）综合评价元素及其化合物的氧化还原性质

根据元素电势图，可以解释元素的某些氧化还原特性。例如酸性介质中 Fe 的元素电势图为：

$$E_A^{\ominus}/V \qquad Fe^{3+} \xrightarrow{+0.771} Fe^{2+} \xrightarrow{-0.440} Fe$$
$$\underbrace{\qquad\qquad\qquad\qquad}_{-0.037}$$

利用此电势图，可以预测金属铁在酸性溶液中的一些氧化还原特性：

① Fe 与盐酸或稀硫酸反应产生的为何是 Fe^{2+}，而不是 Fe^{3+}？

Fe 与非氧化性稀酸反应，即与 H^+ 反应。因为，$E^{\ominus}(H^+/H_2) = 0\ V$，$H^+$ 作为氧化剂，只能与 $E^{\ominus}$ 为负值的电对的还原型物质反应，而 $E^{\ominus}(Fe^{3+}/Fe^{2+}) = +0.771\ V$，$E^{\ominus}(Fe^{2+}/Fe) = -0.44\ V$，故 Fe 与非氧化性稀酸反应中，Fe 主要被氧化为 Fe^{2+} 而非 Fe^{3+}：

$$Fe + 2H^+ \longrightarrow Fe^{2+} + H_2\uparrow$$

② 在酸性介质中稳定存在的为何是 Fe^{3+}，而不是 Fe^{2+}？

因为 $Fe^{3+} + e^- \rightleftharpoons Fe^{2+}$；$E^{\ominus}(Fe^{3+}/Fe^{2+}) = +0.771\ V$

$O_2 + 4H^+ + 4e^- \rightleftharpoons 2H_2O$；$E^{\ominus}(O_2/H_2O) = +1.229\ V$

$E^{\ominus}(O_2/H_2O) > E^{\ominus}(Fe^{3+}/Fe^{2+})$，因此 Fe^{2+} 在酸性介质中遇 O_2 极易被氧化为 Fe^{3+}。故酸性介质中 Fe^{2+} 是不稳定的，稳定存在的是 Fe^{3+}。

$$4Fe^{2+} + O_2 + 4H^+ \rightleftharpoons 4Fe^{3+} + 2H_2O$$

③ 在酸性介质中如何使 Fe^{2+} 稳定存在？

因为 $E^{\ominus}(Fe^{3+}/Fe^{2+}) > E^{\ominus}(Fe^{2+}/Fe)$，故 Fe^{2+} 不会发生歧化反应，但可以发生逆歧化反应：

$$Fe + 2Fe^{3+} \rightleftharpoons 3Fe^{2+}$$

因此在 Fe^{2+} 溶液中加入少许金属铁，可以避免 Fe^{2+} 被氧化成 Fe^{3+}，使之较为稳定地存在。

*5.5[①] 化学电源简介

利用氧化还原反应把物质内部的化学能释放出来转变为电能，有两种途径：一种是通过氧化还原反应所产生的热能（例如煤、天然气的燃烧）来加热蒸汽，然后利用蒸汽推动涡轮机来发电；另一种是利用电池装置使化学能直接转变为电能。

目前我们的电能大都是用前一种间接方法得到的，这种间接过程无论在理论上还是在实用上，都比应用电池直接将化学能转变为电能的效率低，最好的电厂也只能将燃烧热的30%～45%[②]转换为电能，其余部分热能都消耗在周围的空气和水中。

用电池装置把化学能直接转变为电能，从理论上讲是完全可能的。日常用的干电池、蓄电池就属于这一类型装置，它的原理在原电池中已详细论述。然而前面所述的盐桥电池不适于商用，首先是因为内阻太高。这种高内阻产生于电流在电池室和盐桥中以正、负离子为载体的流动方式。盐桥电池不适于商用的另一个重要原因是：这种电池缺乏携带所需的简洁性和方便性。开放商用电池受到诸多条件的限制，这也从侧面解释了一种事实：19 世纪发明的干电池，至今仍活跃在现实生活中。现今的商用电池大体可分为三种类型：

5.5.1 原电池（primary battery）

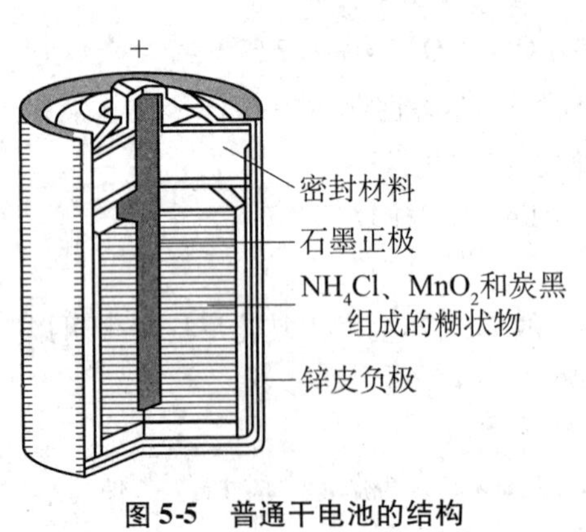

图 5-5 普通干电池的结构

又叫一次电池，其主要特征是电池反应不可逆，电能耗尽只能进入垃圾箱。最常见的原电池可能是图 5-5 所示的干电池（dry cell）。

Zn－Mn 干电池的电极和电池反应是复杂的，其放电时的电极反应可简单表达如下：

正极：$2NH_4^+ + 2MnO_2 + 2e^- \rightleftharpoons 2NH_3 + 2MnO(OH)$

负极：$Zn \rightleftharpoons Zn^{2+} + 2e^-$

---

① ＊系选学内容，全书同。

② 中国华能国际电力股份有限公司的玉环电厂的超超临界机组的热电转换效率达到45.4%。

电池反应：$Zn + 2MnO_2 + 2NH_4^+ \rightleftharpoons Zn^{2+} + 2MnO(OH) + 2NH_3$

酸性锌锰干电池的内部结构如图 5-5 所示。它以锌筒外壳作为负极；以石墨棒为正极的导电材料，石墨棒的周围裹上一层 MnO_2 和炭粉的混合物，两极之间的电解液是由 NH_4Cl、$ZnCl_2$、淀粉和一定量水加热调制成的糊浆，糊浆趁热灌入锌筒，冷却后成半透明的胶冻不再流动。锌筒上口加沥青密封，防止电解液的渗出。

新的锌锰干电池电压为 1.5 V，在使用过程中锌皮和二氧化锰不断被消耗，电池电压不断下降；同时，电解液显示的酸性也会导致金属锌缓慢溶解，从而使久置不用的电池失效。在碱性干电池中，以 KOH 取代了 NH_4Cl，其结构与传统锌锰干电池相似，这种电池具有更好的性能，适用于气温比较低的环境中使用，放电时电压稳定。

5.5.2 **蓄电池**（storage battery）

又叫二次电池，可反复充电和放电。较常见的是铅蓄电池（lead storage battery）。它的优点是放电时电动势较稳定，缺点是比能量（单位重量所蓄电能）小，对环境腐蚀性强。铅蓄电池的工作电压平稳、使用温度及使用电流范围宽、能充放电数百个循环、贮存性能好、造价较低，因而应用广泛。

铅蓄电池的结构如图 5-6 所示。电极是铅锑合金制成的栅状极板，分别填塞 PbO_2 和海绵状金属铅作为正极和负极。电极浸在 ω（H_2SO_4）= 0.30 的硫酸溶液（相对密度 d = 1.2）中，放电时：

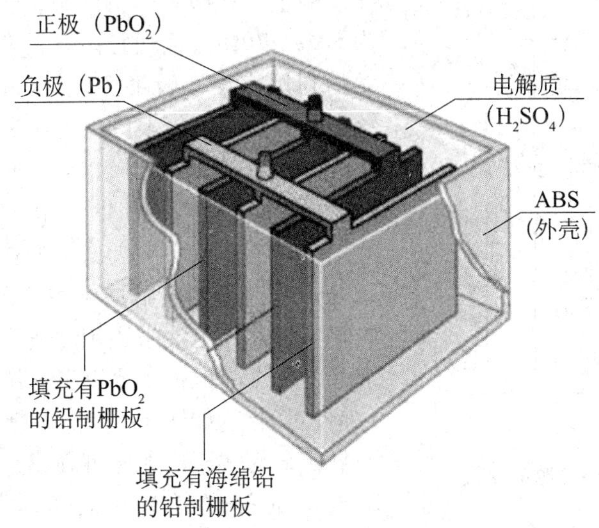

图 5-6 铅蓄电池

Pb 极（负极）：$Pb(s) + SO_4^{2-}(aq) \longrightarrow PbSO_4(s) + 2e^-$

PbO_2极（正极）：$PbO_2(s) + SO_4^{2-}(aq) + 4H^+(aq) + 2e^- \longrightarrow PbSO_4(s) + 2H_2O(l)$

电池反应：$Pb(s) + PbO_2(s) + 2H_2SO_4(aq) \underset{充电}{\overset{放电}{\rightleftharpoons}} 2PbSO_4(s) + 2H_2O(l)$

在放电时，两极表面都沉积着一层 $PbSO_4$，同时硫酸的浓度逐渐降低，当电动势由 2.2 V 降到 1.9 V 左右（或硫酸密度降为 1.05 $kg \cdot dm^{-3}$）时，就不能继续使用了。此时应该及时充电，否则就难以复原，从而造成电池损坏。

铅蓄电池的充电过程恰好是放电过程的逆反应。充电时，将一个电压略高于蓄电池电压的直流电源与蓄电池相接，将蓄电池负极上的 $PbSO_4$还原成 Pb；而将蓄电池正极上的 $PbSO_4$氧化成 PbO_2。随着不断地充电，电池的电动势和硫酸的浓度随之升高，经充电后，蓄电池又恢复原状，即可再次使用。但充放电的循环周期并非无限，因此，它也有一定的使用寿命。其充电反应：

阳极反应：$PbSO_4(s) + 2H_2O(l) \longrightarrow PbO_2(s) + SO_4^{2-}(aq) + 4H^+(aq) + 2e^-$

阴极反应：$PbSO_4(s) + 2e^- \longrightarrow Pb(s) + SO_4^{2-}(aq)$

电解反应：$2PbSO_4(s) + 2H_2O(l) \xrightleftharpoons{充电} Pb(s) + PbO_2(s) + H_2SO_4(aq)$

5.5.3 燃料电池（fuel cell）

燃料经由电池反应可以直接产生电能，提高了能量的利用效率，目前能达到的实际效率为 50%～70%；而通常以燃料直接燃烧产生能源的利用率，一般不会超过 20%。这种用传统燃料实现直接转换的电池叫燃料电池。

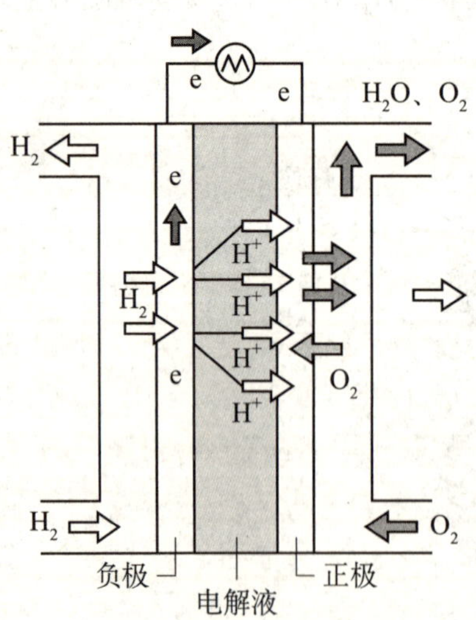

图 5-7　氢燃料电池示意图

燃料电池由氧正极、电解质和燃料负极构成，通过燃料和氧化剂的电化学反应产生电能并副产热能。其中电极采用多孔性碳电极和多孔性银电极等，电解质采用 KOH 溶液或固体电解质，此外电池中还包含适当的催化剂。目前开发的燃料电池主要以氢为燃料、以氧为氧化剂，其装置如图 5-7 所示。馈送给燃料电池的氧化剂为常压或加压氧气或空气；馈送给燃料电池的初级燃料还有多种，如甲醇、甲烷等。

碱性氢-氧燃料电池的电极过程为：

氢电极（负极）： $H_2(g) + 2OH^- - 2e^- \longrightarrow 2H_2O(l)$

氧电极（正极）： $\frac{1}{2}O_2(g) + H_2O + 2e^- \longrightarrow 2OH^-$

电池反应： $H_2(g) + \frac{1}{2}O_2(g) \longrightarrow H_2O\ (l)$

由若干个燃料电池单元串联起来构成的装置叫做燃料电池堆。由若干电池堆串、并联混合，构成燃料电池发电模块。根据不同的应用需要，选取不同的标准模块，就可组装成电池发电装置的本体。

干电池、蓄电池是一种储能装置，是把电能贮存起来，需要时再释放出来；而氢燃料电池严格地说是一种发电装置，像发电厂一样，是把化学能直接转化为电能的电化学发电装置。

复习与思考题

1. 在下列两组物质中，分别按 Mn，N 元素的氧化数由低到高的顺序将各物质进行排列：

（1） MnO_2，$MnSO_4$，$KMnO_4$，$MnO(OH)$，K_2MnO_4，Mn

（2） N_2，NO_2，N_2O_5，N_2O，NH_3，N_2H_4

2. 配平下列氧化还原反应式

（1） $Cr_2O_7^{2-} + Fe^{2+} \longrightarrow Cr^{3+} + Fe^{3+} + H_2O$（酸性介质）

（2） $Mn^{2+} + BiO_3^- + H^+ \longrightarrow MnO_4^- + Bi^{3+} + H_2O$

（3） $H_2O_2 + MnO_4^- + H^+ \longrightarrow O_2 + Mn^{2+} + H_2O$

（4） $H_2S + I_2 \longrightarrow I^- + S$

（5） $ClO_3^- + S^{2-} \longrightarrow Cl^- + S + OH^-$

（6） $H_2O_2 + Cr_2(SO_4)_3 + KOH \longrightarrow K_2CrO_4 + K_2SO_4 + H_2O$

（7） $KIO_3 + KI + H_2SO_4 \longrightarrow I_2 + K_2SO_4 + H_2O$

（8） $PbO_2 + Mn(NO_3)_2 + HNO_3 \longrightarrow Pb(NO_3)_2 + HMnO_4 + H_2O$

（9） $KNO_2 + H_2SO_4 \longrightarrow KNO_3 + K_2SO_4 + NO + H_2O$

（10） $As_2S_3 + HNO_3$（浓）$\longrightarrow H_3AsO_4 + NO + H_2SO_4$

3. 单选题

（1）下列物质既能作氧化剂又能作还原剂的是(　　)。

（A） HNO_3　　（B） KI

（C） H_2O_2　　（D） KIO_4

（2）电极电位对判断氧化还原反应的性质很有用，但它不能判断(　　)。

(A) 氧化还原的次序　　(B) 氧化还原反应速率

(C) 氧化还原反应方向　　(D) 氧化还原能力大小

(3) 原电池：(−) Zn | $ZnSO_4$ (c_1) || $CuSO_4$ (c_2) | Cu (+)，为使此原电池电动势减小，可采取以下哪种措施？(　　)

(A) 在 $CuSO_4$溶液中加入浓氨水　　(B) 在 $ZnSO_4$溶液中加入浓氨水

(C) 增加 $CuSO_4$溶液的浓度　　(D) 减小 $ZnSO_4$溶液的浓度

(4) 用能斯特方程式计算 Br_2/Br^- 电对的电极电势，下列叙述中正确的是(　　)。

(A) Br_2的浓度增大，E 增大　　(B) Br^-的浓度增大，E 减小

(C) H^+浓度增大，E 减小　　(D) 温度升高对 E 无影响

(5) 已知金属 M 的下列标准电极电势数据：

(1) $M^{2+}(aq) + e^- = M^+(aq)$　　$E_1^\ominus = -0.60$ V

(2) $M^{3+}(aq) + 2e^- = M^+(aq)$　　$E_2^\ominus = 0.20$ V

则 $M^{3+}(aq) + e^- = M^{2+}(aq)$ 的 $E^\ominus$ 是(　　)。

(A) 0.80 V　　(B) −0.20 V

(C) −0.40 V　　(D) 1.00 V

(6) 下列电对中 $E^\ominus$ 值最大的是(　　)。

(A) $E^\ominus(Ag^+/Ag)$　　(B) $E^\ominus(Ag(NH_3)_2^+/Ag)$

(C) $E^\ominus(Ag(CN)_2^-/Ag)$　　(D) $E^\ominus(AgI/Ag)$

(7) 已知，$E^\ominus(Sn^{4+}/Sn^{2+}) = 0.14$ V，$E^\ominus(Fe^{3+}/Fe^{2+}) = 0.77$ V，则不能共存于同一溶液中的一对离子是(　　)。

(A) Sn^{4+}，Fe^{2+}　　(B) Fe^{3+}，Sn^{2+}

(C) Fe^{3+}，Fe^{2+}　　(D) Sn^{4+}，Sn^{2+}

(8) 由铬在酸性溶液中的元素电势图，可确定能自发进行的反应是(　　)。

$$Cr^{3+} \xrightarrow{-0.41\,V} Cr^{2+} \xrightarrow{-0.91\,V} Cr$$

(A) $3Cr^{2+} \longrightarrow 2Cr^{3+} + Cr$　　(B) $Cr + Cr^{2+} \longrightarrow 2Cr^{3+}$

(C) $2Cr \longrightarrow Cr^{2+} + Cr^{3+}$　　(D) $2Cr^{3+} + Cr \longrightarrow 3Cr^{2+}$

4. 将下列反应设计成原电池，用标准电极电势判断标准状态下电池的正极和负极，电子传递的方向，正极和负极的电极反应，电池的电动势，写出电池符号。

(1) $Zn + 2Ag^+ = Zn^{2+} + 2Ag$;

(2) $2Fe^{3+} + Fe = 3\ Fe$;

(3) $Zn + 2H^+ = Zn^{2+} + H_2$;

(4) $H_2 + Cl_2 = 2HCl$;

（5）$3I_2 + 6KOH = KIO_3 + 5KI + 3H_2O$

5. 将铜片插入盛有 0.5mol·L^{-1} $CuSO_4$溶液的烧杯中，银片插入盛有 0.5 mol·L^{-1} $AgNO_3$溶液的烧杯中，组成一个原电池。（1）写出原电池符号；（2）写出电极反应式和电池反应式；（3）求该电池的电动势。

6. 求出下列原电池的电动势，写出电池反应式，并指出正负极。

（1）Pt | Fe^{2+}（1mol·L^{-1}），Fe^{3+}（0.000 1mol·L^{-1}）‖ I^-（0.000 1 mol·L^{-1}），I_2（s）| Pt

（2）Pt | Fe^{3+}（0.5 mol·L^{-1}），Fe^{2+}（0.05 mol·L^{-1}）‖ Mn^{2+}（0.01 mol·L^{-1}），H^+（0.1 mol·L^{-1}），MnO_2（s）| Pt

7. 下列物质在一定条件下均可作为氧化剂：$KMnO_4$、$K_2Cr_2O_7$、$FeCl_3$、H_2O_2、I_2、Br_2、Cl_2、F_2、PbO_2。试根据它们在酸性介质中对应的标准电极电势数据，把上述物质按其氧化能力递增顺序重新排列，并写出它们对应的还原产物。

8. 已知 $E^{\ominus}$（H_3AsO_4/H_3AsO_3）=0.559V，$E^{\ominus}$（I_2/I^-）=0.535V，试计算下列反应：

$$H_3AsO_3 + I_2 + H_2O \rightleftharpoons H_3AsO_4 + 2I^- + 2H^+$$

在 298K 时的平衡常数。如果 pH =7，反应朝什么方向进行？

9. 已知 c（Sn^{2+}）=0.100 0 mol·L^{-1}，c（Pb^{2+}）=0.100 mol·L^{-1}。

（1）判断下列反应进行的方向 $Sn + Pb^{2+} \rightleftharpoons Sn^{2+} + Pb$

（2）计算上述反应的平衡常数 K。

10. 用能斯特方程计算来说明，使 $Fe + Cu^{2+} = Fe^{2+} + Cu$ 的反应逆转是否有现实的可能性？

11. 用能斯特方程计算与二氧化锰反应得到氯气的盐酸在热力学理论上的最低浓度。

已知锰的元素电势图为：

$$E_A^{\ominus}/V \quad MnO_4^- \underline{\ 0.564\ } MnO_4^{2-} \underline{\ 2.26\ } MnO_2 \underline{\ 0.95\ } Mn^{3+} \underline{\ 1.51\ } Mn^{2+} \underline{\ -1.18\ } Mn$$

（MnO_4^- 至 MnO_2：1.69；MnO_2 至 Mn^{2+}：1.23）

（1）求 $E^{\ominus}$（MnO_4^-/Mn^{2+}）；

（2）确定 MnO_2可否发生歧化反应？

（3）指出哪些物质会发生歧化反应并写出反应方程式。

12. 已知：电池（－）Cd | Cd^{2+}（? mol·L^{-1}）‖ Ni^{2+}（2.00 mol·L^{-1}）| Ni（＋）的电动势 E 为 0.200 V，$E^{\ominus}$（Cd^{2+}/Cd）= －0.402 V，$E^{\ominus}$（Ni^{2+}/Ni）=

$-0.230V$，求电池中 Cd^{2+} 的浓度。

13. 已知铅蓄电池的两个半反应是：

$$PbSO_4(s) + 2e^- \rightleftharpoons Pb(s) + SO_4^{2-}\ ;\ E^\ominus = -0.355\ V$$

$$PbO_2(s) + SO_4^{2-} + 4H^+ + 2e^- \rightleftharpoons PbSO_4(s) + 2H_2O\ ;\ E^\ominus = 1.685\ V$$

（1）计算自发进行的总反应的电池电动势 $E^\ominus$；

（2）计算该反应的 $\Delta_r G_m^\ominus$；

（3）计算该反应的平衡常数 $K^\ominus$。

14. 已知半电池反应：

$$Ag^+ + e^- \rightleftharpoons Ag;\quad E^\ominus(Ag^+/Ag) = +0.7991\ V$$

$$AgBr(s) + e^- \rightleftharpoons Ag + Br^-;\quad E^\ominus(AgBr/Ag) = +0.0711V$$

试计算 $K_{sp}^\ominus(AgBr)$。

15. 今有氢电极（氢气压力为 100 kPa），该电极所用的溶液由浓度均为 $1.0\ mol \cdot L^{-1}$ 的弱酸（HA）及其钾盐（KA）所组成。若将此氢电极与另一电极组成原电池，测得电动势 $E = 0.38V$，并知氢电极为正极，另一电极的 $E = -0.65\ V$。问该氢电极中溶液的 pH 和弱酸（HA）的解离常数各为多少？

16. 已知反应 $2Ag^+ + Zn \rightleftharpoons 2Ag + Zn^{2+}$。

（1）开始时 Ag^+ 和 Zn^{2+} 的浓度分别为 $0.10\ mol \cdot L^{-1}$ 和 $0.30\ mol \cdot L^{-1}$，求 $E(Ag^+/Ag)$、$E(Zn^{2+}/Zn)$ 和 E 值；

（2）计算反应的 $K^\ominus$、$E^\ominus$ 及 $\Delta_r G_m^\ominus$ 值；

（3）求达平衡时溶液中剩余的 Ag^+ 浓度。

第 6 章　原子结构和元素周期律

物质世界精彩纷呈，种类繁多，但物质的多样性并不是原子的多样性而是有限种类的原子相互化合的多样性所造成的。化学正是研究物质的产生、组成、结构、性质及其变化规律的科学。到 2013 年经 IUPAC 正式公布的已有 114 种元素，其中在自然界能稳定存在的元素有 90 余种，其他为人造元素。

“原子”（atom）是化学上使用最频繁也是最重要的术语之一。它是古希腊哲学家提出的一个概念，在希腊语中意为“不可再分”，我国化学家将其译为“原子”，以表达“原始”、“终极”之意。人们对原子、分子的认识经历了一个漫长而又曲折的历程。1803 年道尔顿（J. Dalton）提出了现代原子 - 分子论，成为人们认识物质世界的漫长道路上的一个重要里程碑。道尔顿接受了“不可再分”的概念，既然不可再分，当然无“结构”可言。

19 世纪末，物理学的一系列重大发现为近代原子结构理论的建立提供了实验基础，电子、X 射线和放射性的发现，打破了原子不可再分割的旧观点。原子是由带正电荷的原子核和绕核运动的带负电荷的电子所组成，原子核又包含带正电荷的质子与不带电荷的中子。化学反应不涉及原子核的变化，只是原子核外电子的运动状态发生了改变，因此，本章重点介绍原子核外电子的运动规律和特征、原子核外电子的排布以及元素周期表和元素性质的周期性变化规律。

6.1　氢原子光谱和玻尔原子模型

原子非常小（直径约为 10^{-10} m），一个篮球内所能容纳的原子数目与把地球大小的空球体装满乒乓球的数目相当。由于原子的大小比眼睛所能看见的可见光的波长要短，所以借助光学显微镜人们也看不见单个的原子（在 20 世纪 80 年代中期，研究人员利用扫描隧道显微镜（STM）间接绘制了原子的轮廓图）。为了对原子结构进行形象的描述，人们沿用了描述宏观物体采用比例模型的方法，提出了原子（概念）模型。在众多的原子模型中，丹麦科学家玻尔（N. Bohr）的原子模型（atom model）的提出，对原子结构理论的发展起到了重要的作用。

6.1.1 氢原子光谱

人们对原子结构的深层次探究是与光谱分析（spectrum analysis）分不开的，光谱学的研究成果为原子结构理论的建立奠定了坚实的实验基础。当用火焰、电弧或电火花等方法灼热气体或蒸汽时，它就能发出不同频率的光，这些光通过棱镜（色散系统）后，因折射率不同而被分开，变成一系列按波长长短的次序排列的线条（谱带），这些线条叫做谱线，我们把由谱线（谱带）组成的影像叫做光谱（spectrum）。原子光谱都是线状光谱，每种原子都有自己的特征光谱，它反映了原子本身微观结构上的特征。当氢气受到激发以后所辐射的光线通过棱镜，就产生了氢原子光谱（hydrogen atomic spectrum）。氢原子光谱（图 6-1）是最简单的一种光谱。

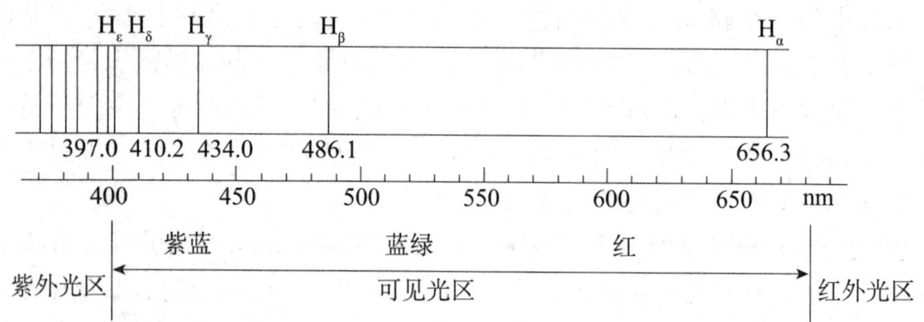

图 6-1 氢原子光谱

氢原子光谱在可见光区有五条比较明显的谱线：H_α、H_β、H_γ、H_δ、H_ε，后来在氢光谱的紫外线区和红外线区又分别发现若干谱线。这一系列光谱线组的频率可用下列公式计算：

$$\nu = 3.29 \times 10^{15}\left(\frac{1}{n_1^2} - \frac{1}{n_2^2}\right) \qquad (6\text{-}1)$$

式中：ν 为谱线频率（s^{-1}），n_1、n_2 分别为正整数，且 $n_1 < n_2$，氢原子可见光范围的 5 条谱线的 n_1 等于 2，n_2 分别为 3、4、5、6、7。由式（6-1）可见：氢原子光谱的谱线频率不是任意的，而是随着 n_1 和 n_2 的改变做跳跃式的改变，即频率是不连续的。

经典电磁理论和卢瑟福（E. Rutherford）原子模型不能解释氢原子光谱的实验及其经验公式。这引起了科学家的关注，推动了近代原子结构理论的发展。

6.1.2　玻尔原子模型

1913 年，玻尔（N. Bohr）在卢瑟福（E. Rutherford）含核原子模型的基础上，引用了德国物理学家普朗克（M. Planck）关于辐射的量子论和爱因斯坦（A. Einstein）的光子学说，提出了原子结构模型假说。

6.1.2.1　Planck 量子论

1900 年，普朗克提出了表达光的能量（E）与频率（ν）的关系的方程式，即著名的普朗克方程：一个光子所具有的能量 E 与光的频率 ν 成正比。

$$E = h\nu \tag{6-2}$$

式中：h ——普朗克常数（Planck constant），$h = 6.625 \times 10^{-34}$ J · s；

ν ——光子的特征频率，s^{-1}。

量子理论认为微观粒子的能量是量子化的，只能以某一最小单位（$h\nu$）的整数倍（如 $1h\nu$，$2h\nu$，$3h\nu$ 等）一份一份地吸收或释放光能，即其变化是不连续的、是跳跃式的，这种物理量的不连续变化称为量子化（quantization）。把不连续变化的物理量的最小单位称为量子，如能量变化的最小单位称为能量子，光的最小能量单位称为光量子，简称光子（photon）。

在微观领域，不仅能量的变化是量子化的，其他许多物理量的变化也是量子化的。微观粒子只能存在于符合量子化条件的某种状态（如能量量子化条件）中，而不能存在于任意状态。

微观粒子由一种状态变化到另一状态时，可以通过吸收或发射电磁波（光波）来实现。吸收或发射的电磁波的频率是确定的，并服从下列关系式：

$$h\nu = E_2 - E_1 \tag{6-3}$$

式中：E_2，E_1 分别表示微观粒子处于两个不同状态时的能量。

根据能量量子化条件，E_2、E_1 是确定的值，因此式中的频率也是确定的值。由量子论可知，原子光谱中辐射波频率的不连续性是能量量子化的必然结果。

6.1.2.2　玻尔原子模型的要点

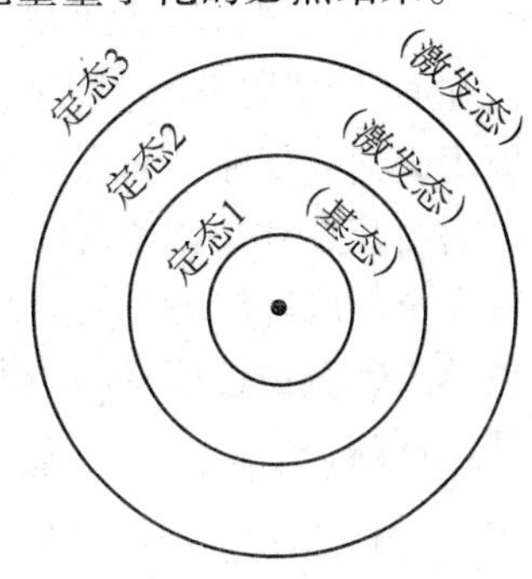

（1）原子核外电子不能在任意的轨道上运动，只能在符合量子化条件的轨道上绕核运动。电子在这种原子轨道上运动时，既不吸收能量也不放出能量，这种轨道称为稳定轨道，沿着某种稳定轨道运动的电子，称为处于某种定态（stationary state）。

（2）电子在不同的稳定轨道上运动，其能量状态是不同的，轨道离核越远，能量越高，轨道的这些能量状态称为能级（energy level）。在正常情况下，电子总是尽量靠近原子核，处于较低的能级。原子所处能量最低的状态称为基态（ground state），其他的状态称为激发态（excited state）。

（3）电子在不同的原子轨道间跃迁时，就要发生能量的辐射或吸收，其值为两种稳定状态的能量差，它与光的频率的关系由式（6-3）可知为：

$$\Delta E = E_2 - E_1 = h\nu$$

当电子由能量较高（激发态）的各个轨道跃迁回能量较低的各轨道时，同时以光的形式放出能量，表现为一定频率的光，在光谱上就产生了一定频率的特征谱线。

玻尔认为，氢的可见光区各条谱线的产生，是由于电子由能级较高的轨道跃迁回 $n=2$ 的轨道时放出辐射能的结果。氢原子中各轨道的能级见图 6-2（玻尔在建立其模型时，取氢原子中电子与核完全分离，即电离状态为原子能态的零点）。

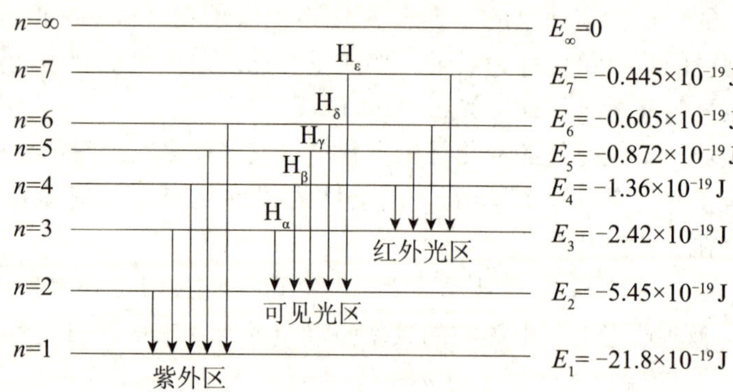

图 6-2 氢原子轨道能级和氢原子光谱

玻尔理论成功地解释了单电子系统（如氢原子和 He^+，Li^{2+} 等类氢离子）的光谱，阐明了谱线的波长（λ）与电子在不同轨道之间跃迁时能级差的关系，因而在原子结构理论的发展过程中作出了很大的贡献。但是该理论不能解释多电子原子光谱、氢原子光谱的精细结构（在精密的分光镜下，发现氢光谱的每一条谱线是由几条波长相差甚微的谱线所组成的）等新的实验事实。其原因是该理论没有完全摆脱经典力学的束缚，不能正确反映微观粒子的运动规律，不可能认识到电子这种微观粒子运动的本质。随着量子力学的形成和发展，微观粒子的运动特征才逐渐被认识。

6.2　微观粒子运动的基本特征

6.2.1　微观粒子的波粒二象性

6.2.1.1　波的粒子性

可见光是电磁波的一种，与紫外光、红外光、X 射线、微波和无线电波的区别，仅在于各自具有不同的波长范围（图 6-3）。可见光被棱镜分解为七色光谱的现象，经常被用来说明光的波动性（连续性），波动性表现在能发生折射、衍射等光学现象上。

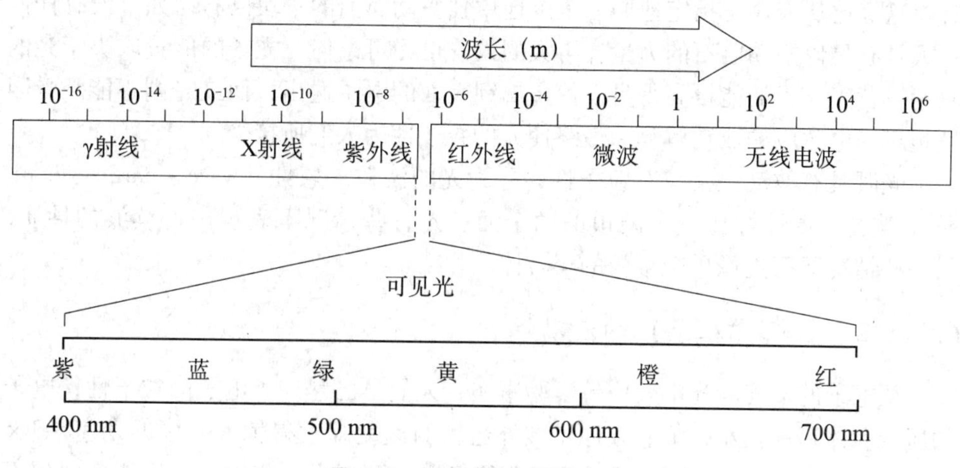

图 6-3　电磁波谱和可见光谱

1905 年，爱因斯坦（A. Einstein）成功地解释了光电效应（photoelectric effect）。光电效应是指某些金属（特别是 Cs、Rb、K 等碱金属）表面在光辐照作用下发射电子的效应，发射出来的电子叫做光电子。经典物理学认为：任何频率的光所携带的能量都随光强度的增大而增大；照射时间越长，积累在金属表面的能量也越多。这意味着，只要光照时间足够长，金属表面原子中的电子终归可以积累到足够的能量，克服与晶格骨架之间的引力而离开金属表面。但实际并非如此，对某一特定金属而言，不是任何频率的光都能使其发射光电子。每种金属都有一个特征的最小频率（叫极限频率），光线低于这一频率时，不论其强度多大和照射时间多久，都不能导致光电效应。例如，用红光［$\nu=(4.3\sim4.6)\times$

$10^{14}\ s^{-1}$] 照射金属钾的表面，无论光的强度多大和照射时间多久，都不能产生光电子。但若改用黄光 [$\nu = (5.1\sim5.2)\times10^{14}\ s^{-1}$]，即使光的强度很弱，也会立即产生光电效应（钾的临界频率 $\nu = 5.0\times10^{14}\ s^{-1}$）。这一点无法用光的波动性解释；还有一点与光的波动性相矛盾，即光电效应的瞬时性，只要光的频率高于金属的极限频率，光的亮度无论强弱，光子的产生都几乎是瞬时的，不超过 10^{-9}s。

爱因斯坦认为，光是由高速运动光子组成的粒子流构成，频率一定的光子其能量都相同（其能量也是量子化的），光的强弱只表明光子的多少，而与每个光子的能量无关。一个光子的行为像一个微粒那样与金属中的一个电子碰撞，并将其能量传递给电子。显然，只有在该电子获得的能量足以使其从金属表面逸出的情况下，光电效应才能发生。特别需要指出的是，光子与电子的碰撞只能“一对一”地发生，对低能量的光子来说，即使数量再多（光的强度再大）也于事无补。这好比从人群中指定他们一个个地单独搬动面前的一块巨石，如果没有任何一人具有足以搬动巨石的力量，再大的人群也无可奈何。光子的能量取决于光的频率，黄光光子的能量高得足以使金属钾表面的电子逸出，而红光则不能。爱因斯坦对光电效应的成功解释，最终使光的粒子性为人们所接受。

光既具有波动性又具有粒子性，称为光的波粒二象性（wave - particle duality）。波粒二象性好比一个硬币的两个面：光有些情况下表现出连续波的性质，另一些情况下则更像单个微粒的集合体。

6.2.1.2 微粒（粒子）的波动性

从电子的发现和光电效应等实验事实，人们早已熟知了电子的粒子性，电子的质量和体积都很小，但它在原子核外运动的速度却大得惊人，接近光速（3×10^8 m/s）；但如果有人说运动中的电子能像光波那样发生衍射，你可能也感到不可思议，但这种说法是正确的。人们受到光的波粒二象性的启发，想到高速运动的电子是否也具有波粒二象性？1927 年戴维逊（C. J. Davisson）和革末（L. H. Germer）进行了电子衍射实验，证实了电子运动确实具有波动性。当高速运动着的电子束穿过晶体光栅投射到感光底片上时，得到的不是一个个感光点，而是明暗相间的衍射环，这种现象称为电子衍射（electron diffraction）。衍射是一切波动的共同特性，由此充分证明了高速运动的电子流，除有粒子性外，也有波动性，叫做电子的波粒二象性。除光子、电子外，其他微观粒子如质子、中子等也具有波粒二象性。

人们发现用较强的电子流可在短时间内得到前面提到的电子衍射环纹；若以一束极弱的电子流使电子一个一个地发射出去，电子打在底片上的就是一个一个的斑点，并不形成衍射环纹［图 6-4（a）］，这表现了电子的粒子性。但随时间的延长，衍射斑点不断增多，当斑点足够多时在底片上的分布就形成了环纹［图 6-4（b）］，与较强电子流在短时间内得到的衍射图形完全相同。这就表明电子（微粒）的波动性是电子无数次行为的统计结果，所以，电子波（实物的微粒波）是一种统计波。

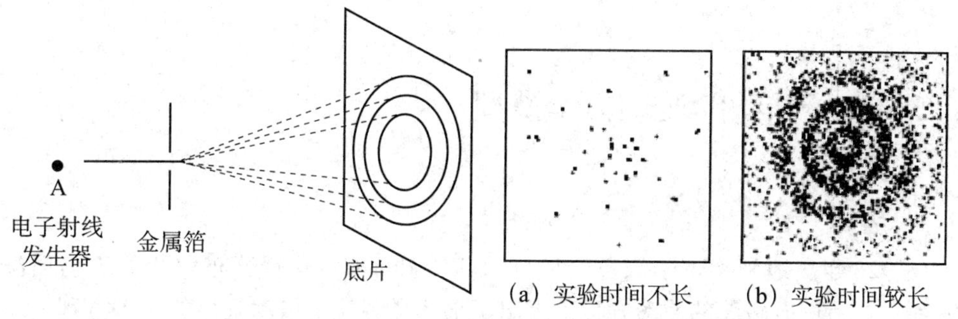

图 6-4　电子衍射实验示意图

6.2.2　测不准原理与微观粒子运动的统计规律

宏观物体的运动状态，可以根据经典力学用准确的位置和速度（或动量）来确定。如人造卫星的运行，人们不仅可以同时准确地测定它现在的坐标位置和运行速度，而且还能推知它过去和未来的坐标和速度。

德国物理学家海森堡（W. Heisenberg）在研究光谱谱线强度时，对旧量子论中“电子轨道”的概念产生了怀疑，在爱因斯坦相对论的启发下，经过严格的理论分析和推导，论证了微观粒子的运动规律不同于宏观物体。1927 年海森堡提出了测不准原理（indeterminacy principle）：对于运动中的微观粒子来说，不可能同时准确地测量它的坐标位置和动量。其数学表达式叫测不准关系式：

$$\Delta x \cdot \Delta p \geqslant \frac{h}{4\pi} \tag{6-4}$$

式中：Δp 表示动量的不准确程度，Δx 表示位置不准确程度，h 为普朗克常数。关系式表明：Δx 越小，Δp 就越大，以确保两项的乘积不小于 $\frac{h}{4\pi}$。或者说，位置测定越准确，测得的动量就越不准确，反之亦然。

我们可将测不准原理理解为微观粒子运动轨迹的不确定性，它也揭示了电子不可能按照波尔模型中行星绕太阳那样的轨道运动。但是，测不准原理并不意味着微观粒子的运动规律是不可认识的。微观粒子所具有的波动性可以与粒子行为的统计规律相联系，以“概率波”和“概率密度”来描述原子中电子的运动特征。对于图 6-4 那样的衍射环，人们无法得知每个电子落在感光屏的哪个部位，但统计结果却能显示电子在不同区域出现的机会。

要研究微观粒子的运动规律，就要去寻找一个函数，把该函数的图像与粒子的运动规律建立联系，这种函数就是微观粒子运动的波函数 ψ，它是微观粒子的波动方程的解。

6.3 原子结构的波动力学模型

6.3.1 薛定谔方程与波函数

1926 年奥地利物理学家薛定谔（E. Schrödinger）根据德布罗依关于物质波的观点，引用电磁波的波动方程，提出了描述微观粒子启动规律的波动方程——薛定谔方程，这是一个二阶偏微分方程：

$$\left(\frac{\partial^2\psi}{\partial x^2}+\frac{\partial^2\psi}{\partial y^2}+\frac{\partial^2\psi}{\partial z^2}\right)+\frac{8\pi^2 m}{h^2}(E-V)\psi=0 \tag{6-5}$$

式中：ψ 为描写特定微粒运动状态的波函数（wave function）；h 为普朗克常数；m 为微粒的质量；x、y、z 是微粒的空间坐标；E 为系统的总能量（动能和势能之和）；V 代表势能。

其中描述电子粒子性的物理量是电子的位置坐标、电子的质量、总能量和势能；表征电子波动性的是波函数 ψ。因此，薛定谔方程体现了电子运动的波粒二象性的特征。

求解薛定谔方程得到的解（波函数 ψ）是一系列复杂的数学方程，不是本课程的教学内容。讨论大多数化学问题时，经常使用波函数的空间图像而不是波函数本身，我们只需要知道它的一些重要结论即可。

数学上求解薛定谔方程得到的解可以有许多个，其中满足一定量子化条件的解是合理的，每一个合理解对应一种电子可能的运动状态。我们沿用轨道的称呼，依然将波函数叫做原子轨道，但已经完全没有了玻尔模型的轨道的概念，它只反映电子在核外运动的某个空间范围。为了与玻尔的原子轨道相区别，有时也称为原子轨函。量子化学中，波函数、原子轨道、原子轨函是同义词。

求解薛定谔方程得到的波函数 ψ 不是具体的数值，而是包括三个常数项（n，l，m）和三个变量（x，y，z）的函数式 $\psi_{n,l,m}$（x，y，z）。由于原子核具有球形对称的库仑场，人们更喜欢用球极坐标替代直角坐标，球极坐标对应的函数式为 $\psi_{n,l,m}$（r，θ，φ）。两种坐标之间的相互转换见图 6-5。

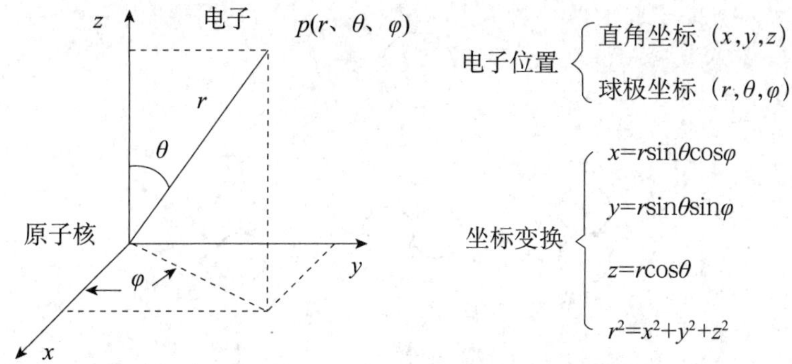

图 6-5　直角坐标和球极坐标的关系

由于波函数 ψ 涉及三个变量（r，θ，φ），为讨论方便起见，通常将波函数分解为两部分：

$$\psi(r,\ \theta,\ \varphi) = R(r)\ Y(\theta,\ \varphi) \tag{6-6}$$

函数 $R(r)$ 是波函数的径向（radial direction）部分，只含一个变量 r，它代表电子运动时离核的远近，由 $R(r)$ 可以了解到电子在核外运动的空间范围的大小；函数 $Y(\theta,\ \varphi)$ 是波函数的角度部分，包含两个变量 θ 和 φ，它表示电子在核周围运动的方位角，由它可以了解电子在核外各个方向上的空间分布；如果将 Y 随 θ，φ 角的变化作图，即可得波函数的角度分布图（原子轨道角度分布图）。将这两部分综合起来，就可以反映出核外电子的运动状态。

6.3.2　原子轨道与电子云的图形描述

用波函数的数学形式描述核外电子的运动状态不如用其图像更直观，因此，在讨论原子结构时，许多时候是用原子轨道的角度分布图来描述核外电子的运动状态；另外，轨道的形象化概念对理解原子间的相互作用（化学键的形成）和分子的空间构型至关重要。图 6-6 为原子轨道（波函数）的角度分布图。注意：图中的“+”、“-”号表示波函数的角度部分在某一象限数值的正、负，不代表正、负电荷。

s 轨道为球形对称的。

p 轨道为哑铃形，在三个轴上有极值分布，每一个极值分布称为一个伸展方向，共有三个伸展方向，依极值分布对称轴的不同分别称为 p_x、p_y、p_z。

d 轨道为四瓣花形，有 5 个伸展方向。

f 轨道有 7 个伸展方向，其形状较为复杂，本书不作介绍。

习惯上，将波函数的角度分布图作为原子轨道的直观形象。对原子轨道图像的极值的分布及“+”、“-”号应予以特别的关注，在讨论化学键的形成时非

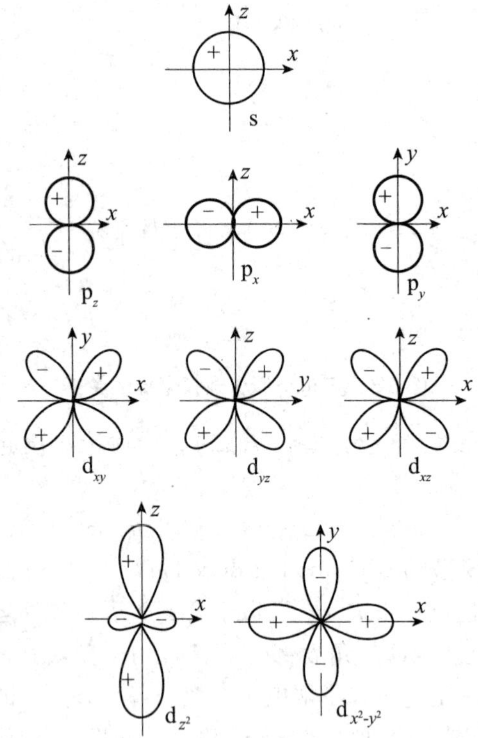

图 6-6 s、p、d 原子轨道的角度分布（平面图）

常有用。

为了更形象地说明原子核外电子的运动状态，有时还借用电子云（electron cloud）的概念。

波函数的物理意义曾引起科学家的长期争议，实际上与一般的物理量不同，它没有明确的、直观的物理意义。1926 年德国物理学家波恩（M. Born）考虑到电子的波粒二象性，将电子的波函数绝对值的平方（$|\psi|^2$）与电子在核外空间单位体积内出现的概率联系起来，指出：$|\psi|^2$表示电子在核外空间某点附近单位体积内出现的概率（probability），即概率密度（probability density）。

“电子云”的概念是为了形象化地说明电子在原子核外的概率密度分布而引入的。化学上惯用小黑点分布的疏密表示电子出现概率密度的相对大小。小黑点较密的地方，表示概率密度较大，单位体积内电子出现的机会多。用这种方法来描述电子在核外出现的概率密度分布所得的空间图像称为电子云。

显然，电子云密度大的区域也就是理论上讲的电子概率密度大的区域。所以电子云是$|\psi|^2$形象化的图像。应当注意，图中黑点的疏密并不代表电子的多少，而是代表一个电子某一瞬间在核外空间各处出现的概率。

图 6-7 为基态氢原子中电子的概率密度分布及电子云示意图，图的左部分表示电子的概率密度随其离核远近（r）的变化（径向分布）；右部分表示电子云分布。

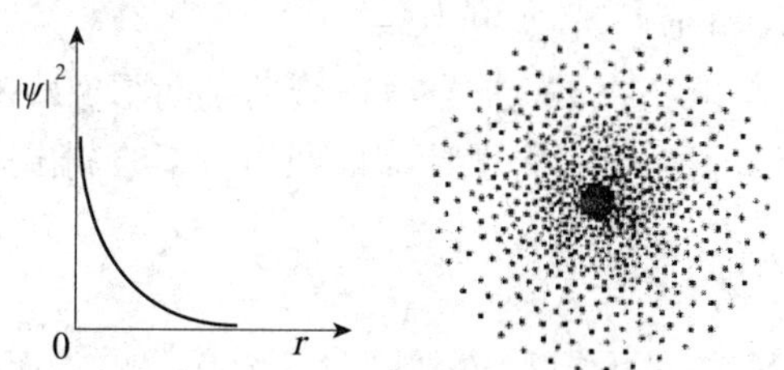

图 6-7　s 轨道中电子的概率密度分布及电子云示意图

类似于作原子轨道角度分布图，也可以作电子云的角度分布图（图 6-8）。电子云的角度分布剖面图与相应的原子轨道角度分布剖面图基本相似，但有两点不同：

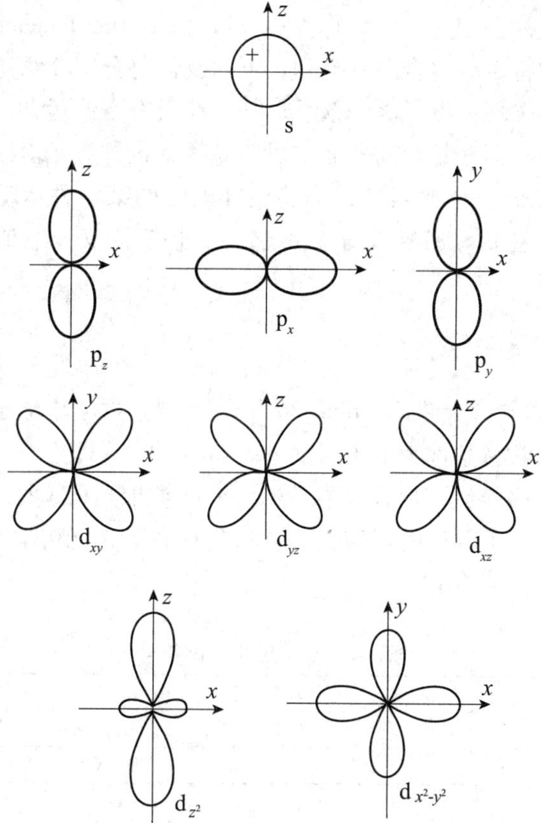

图 6-8　s、p、d 电子云的角度分布（平面图）

(1) 原子轨道角度分布图带有正、负号，而电子云角度分布图均为正值（习惯不标出正号）；

(2) 电子云角度分布图比原子轨道角度分布图要“瘦”些，这是因为 ψ 值一般是小于1的，所以 $|\psi|^2$ 值就更小些。

从以上介绍可以看出：原子轨道和电子云的空间图像既不是通过实验、更不是直接观察到的，而是根据量子力学计算得到的数据绘制出来的。

6.3.3 描述电子运动状态的四个量子数

在求解薛定谔方程的过程中，必须引入三个常数项才能得到一个合理的解。用 n、l、m 表示列入的三个常数项，只有当 n、l、m 的取值都确定以后，波函数 ψ 才有确定的具体的数学形式。这就是说，只有当 n、l、m 的取值确定后，薛定谔方程才有确定的解。而且 n、l、m 的取值不可能是任意值，只能是满足一定条件的特定值，否则，相应的波函数将失去其物理意义。n、l、m 本身的取值必须是量子化的，因此我们把 n、l、m 称为量子数（quantum number）；其次 n、l、m 的取值必须按一种特定的组合关系排列，下面我们将分别介绍这三个取值间的关系。另外，由实验发现：电子除绕核运动外，还具有自旋运动，这种运动对电子总能量的影响较小，但在精密的实验中仍能观察到这种影响。因此，还必须再引入一个新的量子数 m_s。由此可知，描述核外电子的某一种运动状态，共需要四个量子数 n、l、m 和 m_s。四个量子数的名称、物理意义及取值范围下面分别予以说明。

6.3.3.1 主量子数（n）

主量子数（the principal quantum number）n 描述原子中电子出现概率最大区域离核的远近，通常将其称为电子层（electron shell），即主层。

离核最近的为第一层，稍远为第二层，依此类推。n 越大，离核越远。主量子数 n 的取值数为从1开始的正整数（1,2,3,4…）。在光谱学上常用符号来表示电子所处的主层数（表6-1）。

表6-1 电子层与光谱符号

n	1	2	3	4	5	6
电子层名称	第一层	第二层	第三层	第四层	第五层	第六层
光谱符号	K	L	M	N	O	P

电子层能量高低顺序：

$$K < L < M < N < O < P$$

主量子数的另一个重要意义在于：n 是决定电子能量的主要因素。对于单电子原子或离子，n 越大，电子的能量越高。对于多电子原子，在原子轨道形状相同时，n 越大，电子的能量越高。

可见，多电子原子中电子的能级还与轨道的形状有关。

6.3.3.2　角量子数（l）

根据光谱实验及理论推导，即使在同一电子层内，电子的能量也有所差别，运动状态也有所不同，即一个电子层还可分为若干个能量稍有不同、原子轨道形状不同的亚层（snbshell）。

角量子数（the second quantum number）（又称副量子数）l 描述的是电子在核外运动时所处的轨道的形状。l 的取值不同，轨道的形状各异。

它的取值受 n 限制，当 $n=1$ 时，l 只能取 0；$n=2$ 时，l 可以取 0,1。依此类推 $l=0,1,2,3,\cdots,(n-1)$，即 l 的最大值为 $n-1$。

l 的每个取值对应着轨道的一种形状（表 6-2）。

表 6-2　l 取值与轨道形状

l	0	1	2	3
亚层符号	s	p	d	f
原子轨道 或电子云形状	球形	哑铃形	花瓣形	花瓣形

同一电子层中，随着 l 数值的增大，原子轨道能量也依次升高，即 $E_{ns}<E_{np}<E_{nd}<E_{nf}$。故从能量角度讲，每一个亚层都有不同的能量，也常称为相应的能级。与主量子数决定的电子层间的能量差别相比，角量子数决定的亚层间的能量差要小得多。

6.3.3.3　磁量子数（m）

根据光谱线在磁场中会发生分裂的现象得出：原子轨道不仅有一定的形状，并且还具有不同的空间伸展方向。磁量子数（magnetic quantum number）就是用来描述原子轨道在空间的伸展方向的。磁量子数（m）的取值受角量子数的制约。当角量子数为 l 时，m 的取值可以从 $+l$ 到 $-l$ 并包括 0 在内的 $2l+1$ 个值，即 $m=0$，±1，±2，$\cdots$，$\pm l$。每个取值表示亚层中的一个有一定空间伸展方向的轨道。因此，一个亚层中 m 有几个数值，该亚层中就有几个不同伸展方向的同类的轨道。n，l，m 的关系见表 6-3。

表 6-3　*n*，*l* 和 *m* 的关系

主量子数（n）	1	2		3			4			
电子层符号	K	L		M			N			
角量子数（l）	0	0	1	0	1	2	0	1	2	3
电子亚层符号	1s	2s	2p	3s	3p	3d	4s	4p	4d	4f
磁量子数（m）	0	0	0 ±1	0	0 ±1	0 ±1 ±2	0	0 ±1	0 ±1 ±2	0 ±1 ±2 ±3
亚层轨道数（$2l+1$）	1	1	3	1	3	5	1	3	5	7
电子层轨道数 n^2	1	4		9			16			

如 $n=1$，$l=0$ 时，$m=0$，表示 1s 亚层在空间只有一种伸展方向（球形对称）。

当 $n=2$，$l=1$ 时，$m=0,+1,-1$，表示 2p 亚层中有 3 个空间伸展方向不同的轨道，即 p_x，p_y，p_z 原子轨道。

当 $n=3$，$l=2$ 时，$m=0,\pm1,\pm2$，表示 3d 亚层中有 5 个空间伸展方向不同的 d 轨道，即 d_{xy}，d_{xz}，d_{yz}，d_{z^2}，$d_{x^2-y^2}$ 原子轨道。

磁量子数 m 与原子轨道的能量无关。当 n，l 相同，m 不同的原子轨道（形状相同，空间取向不同）其能量是相同的，这些能量相同的各原子轨道称为简并轨道或等价轨道（equivalent orbital）。如：np_x，np_y，np_z 为等价轨道；nd_{xy}，nd_{xz}，nd_{yz}，nd_{z^2}，$nd_{x^2-y^2}$ 也是等价轨道。

综上所述，用 n，l，m 三个量子数即可决定一个特定原子轨道的大小、形状和伸展方向。

6.3.3.4　自旋量子数（m_s）

电子除绕核运动外，本身还做两种相反方向的自旋运动，描述电子自旋运动的量子数称为自旋量子数。取值为 $+\frac{1}{2}$ 和 $-\frac{1}{2}$，用符号“↑”和“↓”表示。由于自旋量子数只有 2 个取值，因此每个原子轨道最多可以容纳 2 个电子（图 6-9）。

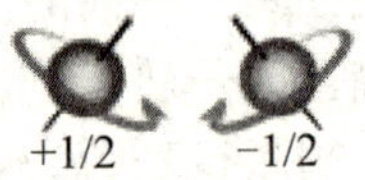

图 6-9　电子自旋示意图

以上讨论了四个量子数的意义和它们之间相互联系又相互制约的关系。有了这四个量子数就能够比较全面地描述一个核外电子的运动状态。如原子轨道的分布范围、轨道形状和伸展方向以及电子的自旋状态

等。此外，由 n 值可以确定 l 的最大限量（几个亚层或能级）；由 l 值又可以确定 m 的最大限量（几个伸展方向或几个等价轨道），这样就可以推算出各电子层和各亚层上的轨道总数，见表 6-3。再结合 m_s，也很容易得出各电子层和各亚层的电子最大容量。

【例 1】 某一多电子原子，试讨论在其第三电子层上：

（1）亚层数是多少？请用符号表示各亚层；

（2）各亚层上的轨道数是多少？该电子层上的轨道总数是多少？

（3）哪些是等价轨道？

（4）最多能容纳多少电子？

解：第三电子层，即主量子数 $n=3$

（1）亚层数是由角量子数 l 的数目确定的。$n=3$ 时，l 可以取三种值，即 $l=0,1,2$。故第三电子层上有三个亚层，分别为 3s、3p、3d。

（2）各亚层上轨道数目由磁量子数 m 的取值确定的：

当 $n=3$ 及 $l=0$ 时，$m=0$，即只有一个 3s 轨道。

当 $n=3$ 及 $l=1$ 时，$m=0, -1, +1$，即可有 3 个 3p 轨道：$3p_x$、$3p_y$、$3p_z$。

当 $n=3$ 及 $l=2$ 时，$m=0, \pm1, \pm2$，即可有 5 个 3d 轨道：$3d_{xy}$、$3d_{yz}$、$3d_{xz}$、$3d_z{}^2$、$3d_{x^2-y^2}$；故第三电子层上共有 9 条轨道。

（3）等价轨道是能量相同的轨道，轨道的能量主要由 n 决定，其次是 l 决定，所以 n、l 相同的轨道具有相同的能量；故等价轨道分别为 3 个 3p 和 5 个 3d 轨道。

（4）每条轨道上最多能容纳自旋反平行的两个电子。故第三电子层上最多能容纳 $2\times9=18$ 个电子。

6.4　原子中电子的排布

6.4.1　多电子原子轨道的能级

氢原子核外只有一个电子，它的原子轨道能级只取决于主量子数 n。在多电子原子中，由于电子间的相互排斥作用，原子轨道能量除取决于主量子数 n 以外，还与角量子数 l 有关。原子中各原子轨道能级的高低主要根据光谱实验确定，但也可从理论上去推算。原子轨道能级的相对高低情况，若用图示法近似表示，就是所谓近似能级图（energy level diagram）。在无机化学中比较实用的是鲍林（L. Pauling）近似能级图（图6-10）。在图中，每一个小圆圈代表一个原子轨道，小圆圈位置的高低表示原子轨道能级的高低。

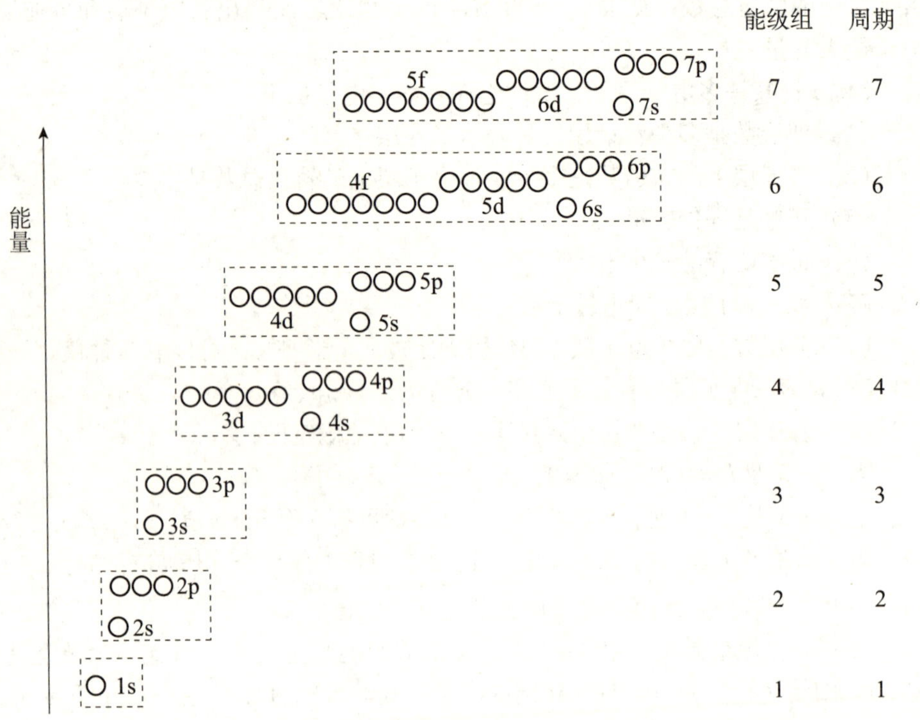

图6-10 原子轨道近似能级图

近似能级图按照能量由低到高的顺序排列，并将能量相近的能级划分成若干个能级组，以虚线框起来，通常分为七个能级组。能级组之间的能量差较大，能级组内的能量差较小。每个能级组（除第一能级组）都是从s能级开始，于p能级终止。能级组数等于核外电子层数。从图6-10可以看出：

（1）主量子数相同时，角量子数越大，轨道的能级越高。

$$E(ns) < E(np) < E(nd) < E(nf)$$

（2）角量子数相同时，轨道的能级取决于主量子数n，n越大，其能级越高。如：

$$E(1s) < E(2s) < E(3s) \cdots$$

（3）同一原子中的第三层以上的电子层中，不同类型的亚层之间，在能级组中常出现能级交错现象。例如：

$E(4s) < E(3d) < E(4p)$；$E(5s) < E(4d) < E(5p)$；$E(6s) < E(5d) < E(6p)$

必须指出的是，鲍林近似能级图（图6-10）反映了多电子原子中原子轨道能量的近似高低，较好地解决了电子填充的次序问题，但不能认为所有元素原子中的能级高低都是一成不变的，更不能用它来比较不同元素原子轨道能级的相对高低。

6.4.2　原子核外电子排布原理

通过对原子光谱实验结果与原子中电子排布的关系研究，人们归纳、总结出原子处于基态时，核外电子排布的三个基本原理。

6.4.2.1　泡利不相容原理（The Pauli exclusion principle）

泡利（W. Pauli）提出：在同一原子中，不可能有运动状态完全相同的两个电子存在，即同一轨道内最多只能容纳两个自旋方向相反的电子。应用泡利不相容原理，可以推算出每一电子层上电子的最大容量（参见表 6-1）。

6.4.2.2　能量最低原理（The principle of minimum total potential energy）

自然界任何体系总是能量越低，所处状态越稳定，这个规律称为能量最低原理，原子核外电子的排布也遵循这个原理。所以，多电子原子处在基态时，核外电子的分布在不违反泡利不相容原理的前提下，总是尽先分布在能量较低的轨道上，以使原子处于能量最低的状态。

需要指出的是，无论是实验结果还是理论推导都证明：原子在失去电子时的次序与填充时的次序并不对应。基态原子外层电子填充顺序为：ns→（$n-2$）f→（$n-1$）d→np；而基态原子失去外层电子的顺序为：np→ns→（$n-1$）d→（$n-2$）f。

例如，Fe 的最高能级组电子填充的顺序为先填 4s 轨道上的 2 个电子，再填 3d 轨道上的 6 个电子；而在失去电子时，却是先失去 2 个 4s 电子（变为 Fe^{2+}），再失 1 个 3d 电子（变为 Fe^{3+}）。

6.4.2.3　洪特规则（Hund's rule）

洪特（F. Hund）提出：在同一亚层的等价轨道上，电子将尽可能地占据不同的轨道，并且自旋方向相同（这样排布时能量最低）。例如$_7$N 原子的电子排布式为 $1s^2 2s^2 2p^3$，其轨道上的电子排布为：1s (↑↓) 2s (↑↓) 2p (↑)(↑)(↑)，而不是：1s (↑↓) 2s (↑↓) 2p (↑↓)(↑)( ) 或 1s (↑↓) 2s (↑↓) 2p (↑)(↓)(↑)；

此外，根据光谱实验结果，又归纳出了一个规律：在等价轨道中，电子处于全充满、半充满、全空时的状态能量较低，体系稳定。即

（p^6 或 d^{10} 或 f^{14}）　全充满

（p^3或d^5或f^7）　　半充满

（p^0或d^0或f^0）　　全　空

例如铬和铜原子核外电子的排布式：

$_{24}Cr$ 不是$1s^2 2s^2 2p^6 3s^2 3p^6 3d^4 4s^2$，而是$1s^2 2s^2 2p^6 3s^2 3p^6 3d^5 4s^1$。$3d^5$为半充满。

$_{29}Cu$ 不是$1s^2 2s^2 2p^6 3s^2 3p^6 3d^9 4s^2$，而是$1s^2 2s^2 2p^6 3s^2 3p^6 3d^{10} 4s^1$。$3d^{10}$为全充满。

为了书写方便，以上两例的电子排布式也可简写为：

$_{24}Cr$：[Ar] $3d^5 4s^1$　$_{29}Cu$：[Ar] $3d^{10} 4s^1$

方括号中所列稀有气体表示该原子内层的电子结构与此稀有气体原子的电子结构相同，[Ar]、[Kr]、[Xe] 等称为原子实（也叫原子芯）。

6.4.3 基态原子中核外电子的排布

应用鲍林近似能级图，再根据泡利不相容原理、能量最低原理和洪持规则，就可以写出元素周期表中绝大多数元素的核外电子分布式（对于少数不相符的，还应以光谱实验结果为准），见表 6-4。

表 6-4　基态原子的电子分布

周　期	原子序数	元素名称	元素符号	电子分布式
（一）	1	氢	H	$1s^1$
	2	氦	He	$1s^2$
（二）	3	锂	Li	[He] $2s^1$
	4	铍	Be	[He] $2s^2$
	5	硼	B	[He] $2s^2 2p^1$
	6	碳	C	[He] $2s^2 2p^2$
	7	氮	N	[He] $2s^2 2p^3$
	8	氧	O	[He] $2s^2 2p^4$
	9	氟	F	[He] $2s^2 2p^5$
	10	氖	Ne	[He] $2s^2 2p^6$
（三）	11	钠	Na	[Ne] $3s^1$
	12	镁	Mg	[Ne] $3s^2$
	13	铝	A1	[Ne] $3s^2 3p^1$
	14	硅	Si	[Ne] $3s^2 3p^2$
	15	磷	P	[Ne] $3s^2 3p^3$
	16	硫	S	[Ne] $3s^2 3p^4$
	17	氯	Cl	[Ne] $3s^2 3p^5$
	18	氩	Ar	[Ne] $3s^2 3p^6$

续表

周 期	原子序数	元素名称	元素符号	电子分布式
（四）	19	钾	K	[Ar] $4s^1$
	20	钙	Ca	[Ar] $4s^2$
	21	钪	Sc	[Ar] $3d^14s^2$
	22	钛	Ti	[Ar] $3d^24s^2$
	23	钒	V	[Ar] $3d^34s^2$
	24	铬	Cr	[Ar] $3d^54s^1$
	25	锰	Mn	[Ar] $3d^54s^2$
	26	铁	Fe	[Ar] $3d^64s^2$
	27	钴	Co	[Ar] $3d^74s^2$
	28	镍	Ni	[Ar] $3d^84s^2$
	29	铜	Cu	[Ar] $3d^{10}4s^1$
	30	锌	Zn	[Ar] $3d^{10}4S^2$
	31	镓	Ga	[Ar] $3d^{10}4s^24p^1$
	32	锗	Ce	[Ar] $3d^{10}4s^24p^2$
	33	砷	As	[Ar] $3d^{10}4s^24p^3$
	34	硒	Se	[Ar] $3d^{10}4s^24p^4$
	35	溴	Br	[Ar] $3d^{10}4s^24p^5$
	36	氪	Kr	[Ar] $3d^{10}4s^24p^6$
（五）	37	铷	Rb	[Kr] $5s^1$
	38	锶	Sr	[Kr] $5s^2$
	39	钇	Y	[Kr] $4d^15s^2$
	40	锆	Zr	[Kr] $4d^25s^2$
	41	铌	Nb	[Kr] $4d^45s^1$
	42	钼	Mo	[Kr] $4d^55s^1$
	43	锝	Tc	[Kr] $4d^55s^2$
	44	钌	Ru	[Kr] $4d^75s^1$
	45	铑	Rh	[Kr] $4d^85s^1$
	46	钯	Pd	[Kr] $4d^{10}$
	47	银	Ag	[Kr] $4d^{10}5s^1$
	48	镉	Cd	[Kr] $4d^{10}5s^2$
	49	铟	In	[Kr] $4d^{10}5s^25p^1$
	50	锡	Sn	[Kr] $4d^{10}5s^25p^2$
	51	锑	Sb	[Kr] $4d^{10}5s^25p^3$
	52	碲	Te	[Kr] $4d^{10}5s^25p^4$
	53	碘	I	[Kr] $4d^{10}5s^25p^5$
	54	氙	Xe	[Kr] $4d^{10}5s^25p^6$

续表

周　期	原子序数	元素名称	元素符号	电子分布式
	55	铯	Cs	[Xe] $6s^1$
	56	钡	Ba	[Xe] $6s^2$
	57	镧	La	[Xe] $5d^16s^2$
	58	铈	Ce	[Xe] $4f^15d^16s^2$
	59	镨	Pr	[Xe] $4f^36s^2$
	60	钕	Nd	[Xe] $4f^46s^2$
	61	钷	Pm	[Xe] $4f^56s^2$
	62	钐	Sm	[Xe] $4f^66s^2$
	63	铕	Eu	[Xe] $4f^76s^2$
	64	钆	Gd	[Xe] $4f^75d^16s^2$
	65	铽	Tb	[Xe] $4f^96s^2$
	66	镝	Dy	[Xe] $4f^{10}6s^2$
	67	钬	Ho	[Xe] $4f^{11}6s^2$
	68	铒	Er	[Xe] $4f^{12}6s^2$
	69	铥	Tm	[Xe] $4f^{13}6s^2$
	70	镱	Yb	[Xe] $4f^{14}6s^2$
（六）	71	镥	Lu	[Xe] $4f^{14}5d^16s^2$
	72	铪	Hf	[Xe] $4f^{14}5d^26s^2$
	73	钽	Ta	[Xe] $4f^{14}5d^3$
	74	钨	W	[Xe] $4f^{14}5d^46s^2$
	75	铼	Re	[Xe] $4f^{14}5d^56s^2$
	76	锇	Os	[Xe] $4f^{14}5d^66s^2$
	77	铱	Ir	[Xe] $4f^{14}5d^76s^2$
	78	铂	Pt	[Xe] $4f^{14}5d^96s^1$
	79	金	Au	[Xe] $4f^{14}5d^{10}6s^1$
	80	汞	Hg	[Xe] $4f^{14}5d^{10}6s^2$
	81	铊	Tl	[Xe] $4f^{14}5d^{10}6s^26p^1$
	82	铅	Pb	[Xe] $4f^{14}5d^{10}6s^26p^2$
	83	铋	Bi	[Xe] $4f^{14}5d^{10}6s^26p^3$
	84	钋	Po	[Xe] $4f^{14}5d^{10}6s^26p^4$
	85	砹	At	[Xe] $4f^{14}5d^{10}6s^26p^5$
	86	氡	Rn	[Xe] $4f^{14}5d^{10}6s^26p^6$

续表

周 期	原子序数	元素名称	元素符号	电子分布式
（七）	87	钫	Fr	[Rn] $7s^1$
	88	镭	Ra	[Rn] $7s^2$
	89	锕	Ac	[Rn] $6d^17s^2$
	90	钍	Th	[Rn] $6d^27s^2$
	91	镤	Pa	[Rn] $5f^26d^17s^2$
	92	铀	U	[Rn] $5f^36d^17s^2$
	93	镎	Np	[Rn] $5f^46d^17s^2$
	94	钚	Pu	[Rn] $5f^67s^2$
	95	镅	Am	[Rn] $5f^77s^2$
	96	锔	Cm	[Rn] $5f^76d^17s^2$
	97	锫	Bk	[Rn] $5f^97s^2$
	98	锎	Cf	[Rn] $5f^{10}7s^2$
	99	锿	Es	[Rn] $5f^{11}7s^2$
	100	镄	Fm	[Rn] $5f^{12}7s^2$
	101	钔	Md	[Rn] $5f^{13}7s^2$
	102	锘	No	[Rn] $5f^{14}7s^2$
	103	铹	Lr	[Rn] $5f^{14}6d^17s^2$

6.4.3.1 核外电子的充填顺序

电子在核外的分布依电子分布三原则，按鲍林能级图的能级顺序依次填充。顺序为：1s 2s 2p 3s 3p 4s 3d 4p 5s 4d 5p 6s 4f 5d 6p 7s 5f 6d 7p；按从左到右的顺序依次充填。

6.4.3.2 核外电子分布式

将电子按上述顺序充填并在轨道符号的右上角标出电子的数目即为核外电子分布式（表6-4）。

11 号元素 Na 的电子分布式为：$1s^22s^22p^63s^1$；

19 号元素 K 的电子分布式为：$1s^22s^22p^63s^23p^64s^1$；

26 号元素 Fe 的电子分布式为：$1s^22s^22p^63s^23p^64s^23d^6$。

我们为什么要讨论原子的电子构型呢？因为当原子互相结合时，这些原子的最外层电子（或价层电子）将相互作用，电子构型将发生变化。在原子的价电子层没有填满前，原子是不稳定的。价电子是决定元素原子化学活性的主要因素，含有相同价电子数的原子通常具有相似的化学性质。

价电子构型（valence electron configuration）还可以预测原子的稳定性。当原子所有的轨道都填满电子时，原子是最稳定的，如惰性气体原子的电子构型，惰性气体的化学反应活性是非常低的。

电子构型可以帮助你对某些元素原子的反应方式及不同元素的原子发生反应形成“化合物”或“分子”做出预测。你所学习的这些原子核外电子的排布规律会帮助你了解所有化学品的行为，从最基本的元素，如氢和氦，到你身体内的最复杂的蛋白质（由不同原子结合形成的巨大的生物化学物质）。

6.5 原子核外电子排布与元素周期率

人们根据大量的实验事实总结得出：元素及其形成的单质与化合物的性质，随着原子序数（核电荷数）的递增，呈现周期性变化，这一规律称为元素周期律（periodic law of elements）。元素周期律的图表形式称为元素周期表，常用的周期表附于本书附录。随着原子结构理论的深入发展，周期系的本质也就被不断地揭示出来，现分几个问题讨论如下：

6.5.1 周期与能级组

周期表中一个横行叫一个周期（period），周期表中现有7个周期。按周期中所含元素的多少将周期表分为特短周期（第一周期），短周期（第二周期），长周期（第四、第五周期），超长周期（第六周期）和未完成周期（第七周期，若填满也为超长周期，但目前仍有空缺，因此称为不完全周期）。

由表6-5可以看出：每建立一个新能级组，即出现一个新的周期。元素在周期表中所处的周期数就是其电子充填的最高能级组数（或核外电子层数）；而每一周期的元素数目等于该能级组中各轨道所能容纳的电子总数。

表6-5 能级组与周期的关系

周期		能级组		原子序数	可填充电子数	元素种数
1	特短周期	Ⅰ	1s	1～2	2	2
2	短周期	Ⅱ	2s2p	3～10	8	8
3		Ⅲ	3s3p	11～18	8	8
4	长周期	Ⅳ	4s3d4p	19～36	18	18
5		Ⅴ	5s4d5p	37～54	18	18
6	超长周期	Ⅵ	6s4f5d6p	55～86	32	32
7	未完周期	Ⅶ	7s5f6d7p	87～未完	23（未填满）	23（尚待发现）

每一周期中的元素随着原子序数的递增，总是从活泼的碱金属开始（第一周期例外），逐渐过渡到稀有气体为止。对应于其电子结构的能级组则总是从 ns^1 开始至 np^6 结束，如此周期性地重复出现。在长周期或超长周期中，其电子层结构还夹着（$n-1$）d 或（$n-2$）f，（$n-1$）d 亚层。

可见，元素划分为周期的本质在于能级组的划分。元素性质周期性的变化，是原子核外电子层结构周期性变化的反映。

6.5.2　族与价层电子构型

电子构型是指局部的电子分布，原子的最外层和次外层电子构型对原子的性质影响较大；原子参加化学反应时仅涉及其最高能级组的电子构型的变化，我们把能用于成键的电子叫做价电子（valence electron）。价电子所在的亚层统称为价电子层（valence electron shell），简称价层。原子的价层电子构型，是指价层电子的排布式，它能反映出该元素原子在电子层结构上的特征。

长式周期表中共有 18 个纵行，传统的主、副分类法共分为 7 个主（A）族、7 个副（B）族和 1 个零族、1 个第Ⅷ族（包含三个纵行）。同族元素虽然电子层数不同，但价层电子构型基本相同（少数例外），所以原子的价层电子构型相同是元素分族的实质，元素在周期表中的族数取决于元素的价层电子构型。

6.5.2.1　主族元素（main group elements）

在各族号罗马字旁加 A 表示主族。周期表中共有 7 个主族，即ⅠA～ⅦA。凡原子核外最后一个电子填入 ns 或 np 亚层上的元素，都是主族元素。其价层电子构型为 $ns^{1\sim2}$ 或 $ns^2np^{1\sim6}$，价电子总数等于其族数。例如，元素 $_{17}Cl$ 核外电子排布式为 $1s^22s^22p^63s^23p^5$，最后的电子填入 3p 亚层，为主族元素，其价层电子构型为 $3s^23p^5$，即ⅦA 族。

零族为稀有气体。这些元素原子的最外层（ns，np）上电子都已填满，价层电子构型为 ns^2np^6，成为 8 电子稳定结构（He 只有 2 个电子即 $1s^2$）。它们的化学性质很不活泼，故称为零族或惰性气体。

6.5.2.2　副族元素（subgroup elements）

在各族号罗马字旁加 B 表示副族。周期表中共有 7 个副族，即ⅢB～ⅧB～ⅡB。凡是原子核外最后一个电子填入（$n-1$）d 或（$n-2$）f 亚层上的元素，都是副族元素，也称过渡元素［最后一个电子填在（$n-2$）f 亚层上的元素，称内过渡元素］。（$n-1$）$d^{1\sim10}ns^{1\sim2}$ 为过渡元素的价层电子构型，ⅢB 到ⅦB 族元素原子的价层电子总数等于其族数。第Ⅷ族有三个纵行，它们的价层电子构型为（$n-1$）$d^{6-10}ns^{0\sim2}$（$_{46}Pd$ 无 ns 电子），价层电子总数为 8～10 个，第Ⅷ族的多数元素在化学反应中表现出的价电子数并不等于其族数。ⅠB，ⅡB 族元素由于其（$n-1$）

d 亚层已经填满，所以最外层（ns）上的电子数等于其族数。

这种划分主、副族的方法，将主族割裂为前后两部分，且副族的排列也不是由低到高，第Ⅷ族又包含 8、9、10 三行，其依据不多。IUPAC 于 1988 年建议将 18 列定为 18 个族，不分主、副族，并仍以元素的价层电子构型作为族的特征列出。这样虽然避免了上述问题，但 18 族不分类，显得多而乱，不易为初学者把握，故本书仍使用过去的主、副族分类法。

6.5.2.3 周期表中元素的分区

元素的化学性质主要取决于价电子，而周期表中“区”的划分主要是基于价电子构型的不同。根据元素最后 1 个电子填充的能级不同，将周期表中的元素分为 5 个区，如图 6-11 所示。

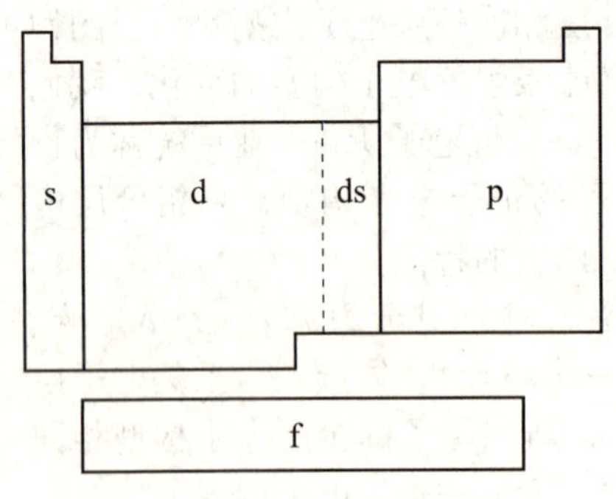

图 6-11 周期表中元素的分区

s 区元素：最后 1 个电子填充在 s 轨道上的元素，价电子的构型是 ns^1 或 ns^2，位于周期表的左侧，包括ⅠA 和ⅡA 族，它们容易失去电子形成 +1 或 +2 价离子，它们是活泼金属。

p 区元素：最后 1 个电子填充在 p 轨道上的元素，价电子构型是 $ns^2\ np^{1\sim6}$，位于长周期表右侧，包括ⅢA～ⅦA 族元素。稀有气体元素也属于 p 区。

s 区和 p 区的共同特点是：最后 1 个电子都排布在最外层，最外层电子的总数等于该元素的族数。s 区和 p 区就是按族划分的周期表中的主族元素。

d 区元素：它的电子构型是 $(n-1)\ d^{1-9}\ ns^{1-2}$，最后 1 个电子基本都是填充在次外层，即 $(n-1)$ 层 d 轨道上的元素（个别也有例外），位于长周期的中部。这些元素常有可变化的氧化态。它包括ⅢB～ⅦB 族和第Ⅷ族元素。

ds 区元素：价电子层结构是 $(n-1)\ d^{10}\ ns^{1-2}$，即次外层 d 轨道是充满的，最外层 ns 轨道上有 1～2 个电子。它们既不同于 p 区，也不同于 d 区，故称为 ds 区，它包括ⅠB 和ⅡB 族，周期表中处于 d 区和 p 区之间。

f 区元素：价电子层结构是 $(n-2)\ f^{0\sim14}\ (n-1)\ d^{0\sim2}ns^2$，最后 1 个电子填充在 $(n-2)$ f 轨道上，它包括镧系和锕系元素，由于本区包括的元素数较多（各有 15 种元素），故常将其列于周期表之下（图 6-12）。

综上所述，原子的电子层结构与元素周期表之间有着密切的关系。对于多数元素来说，如果知道了元素的原子序数，便可写出该元素原子的电子层结构，从而判断其在周期表中的位置；反之，如果已知某元素在周期表中的位置（周期数和族数），也可写出该元素原子的电子层结构，也可推知它的原子序数。

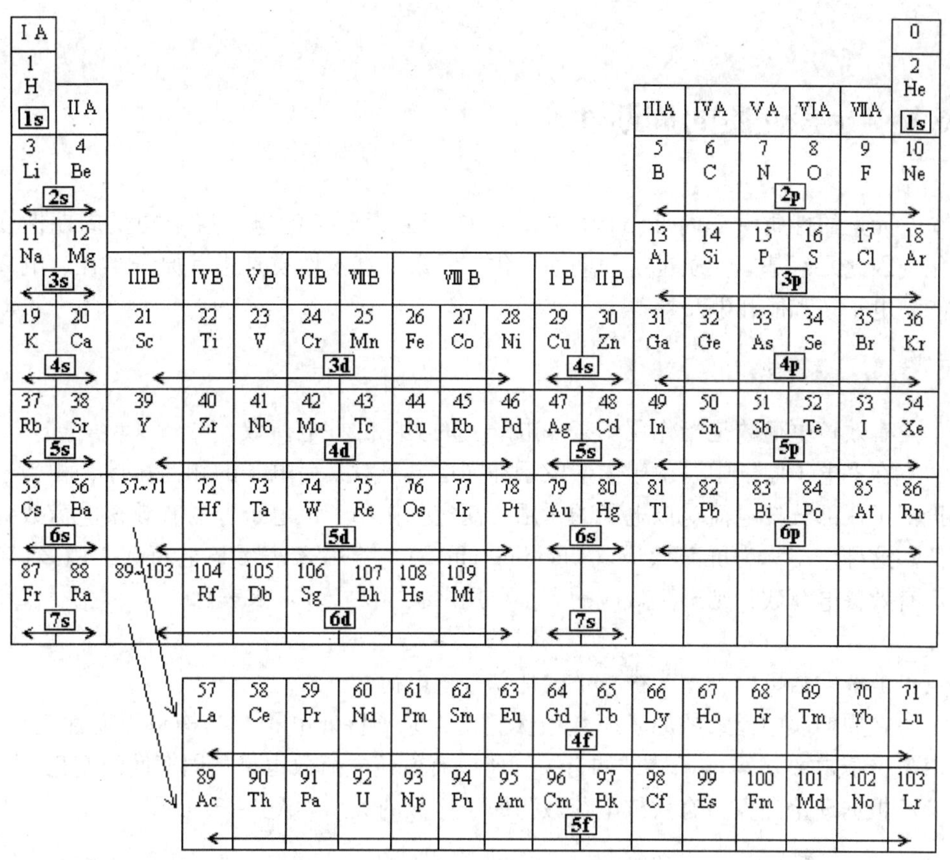

图 6-12 周期表中原子核外电子的填充

【**例 2**】确定 25 号元素在周期表中的位置。

解：25 号元素的价层电子构型为 $3d^5 4s^2$，由于 3d 未充满，即其最后一个电子充填入 d 轨道，因此为 d 区元素；价层（$3d^5 4s^2$）电子数为 7，为第ⅦB 族；最大主量子数为 4，因而是第 4 周期元素。即该元素位于周期表 d 区、第 4 周期、第ⅦB 族。

【**例 3**】某元素的价层电子构型为 $3s^2 3p^5$，确定该元素在周期表中的位置，并推断其原子序数。

解：由于其最后一个电子充填在 p 轨道，因此为 p 区元素；最外层电子数为 7，因而为第ⅦA 族；最大主量子数为 3，则为第 3 周期。故该元素的位置为 p 区，第 3 周期，第ⅦA 族。

元素的原子序数与其核外电子数相同，该元素的电子分布式为 $1s^2 2s^2 2p^6 3s^2 3p^5$，电子总数为 17 个，因而为第 17 号元素。

6.6 元素性质的周期性

元素的性质由其内部结构所决定。由于元素原子的电子层结构呈周期性变化，因此元素基本性质也呈周期性变化。元素的基本性质是指其原子半径、电离能、电子亲和能和电负性等。

6.6.1 有效核电荷数（Z^*）

有效核电荷数是指作用于某一电子上的实际的核电荷数。

在多电子原子中，由于内层电子和同层电子对某一电子的相互排斥，相当于抵消了一部分核电荷对该电子的作用，使实际作用于该电子上的有效核电荷数降低。这种作用称为屏蔽效应（shielding effect）。若用 Z 表示核电荷数，用 Z^* 表示有效核电荷数，则屏蔽效应的大小可用屏蔽常数（σ）来表示：

$$Z^* = Z - \sigma$$

可见屏蔽常数可以理解为被抵消的那部分核电荷。

在周期表中元素的原子序数依次递增，原子核外电子层结构呈周期性变化。由于屏蔽常数 σ 与电子层结构有关，所以有效核电荷数也呈现周期性的变化。

根据理论计算，有效核电荷数与原子序数的关系如图 6-13 所示。

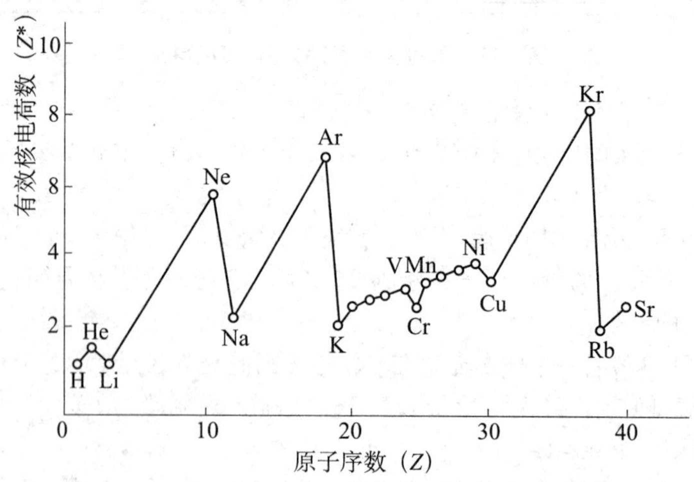

图 6-13 有效核电荷数随原子序数的周期性变化

由该图可以看出：

（1）有效核电荷数随原子序数增加而增加，并呈周期性变化。

（2）同一周期的主族元素，从左到右随原子序数的增加，Z^* 有明显的增加；而副族元素 Z^* 增加的幅度要小许多。造成这种差别的原因是前者为同层电子之间的屏蔽，屏蔽作用较小；而后者是内层电子对外层电子的屏蔽，屏蔽作用较大。

（3）同族元素由上到下，虽然核电荷增加得较多，但上、下相邻两元素的原子依次增加一个电子层，屏蔽常数较大，故有效核电荷数增加得并不多。

6.6.2 原子半径（*r*）

原子半径（atomic radius）是元素原子的一个重要参数，对元素及化合物的性质有较大影响。不论轨道有多少种形状和空间取向，总体上仍可以将原子当做球体。半径常用于表示球体的大小，但对原子这样的球体而言，由于核外电子的运动具有波动性，电子云没有明显的边界，所以原子的大小无法直接测定，我们通常讨论的原子半径是人为规定的物理量，都是在结合状态下测定的。

通常所说的原子半径，是根据相邻原子间作用力（化学键）的差异来定义的，常用的有以下三种：

6.6.2.1 金属半径（metallic radius）

把金属晶体看成是由金属原子紧密堆积而成的。因此，测得两相邻金属原子核间距离的一半，称为该金属原子的金属半径。

6.6.2.2 共价半径（covalent radius）

同种元素的两个原子以共价键结合时，测得它们核间距离的一半，称为该原子的共价半径。

6.6.2.3 范德华半径（van der Waals radius）

在分子晶体中，分子间以范德华（van der Waals）力相结合，这时相邻分子间两个非键结合的同种原子，其核间距离的一半，称为该原子的范德华半径。

在比较元素原子半径的相对大小时，要选择同一类型的原子半径。通常，讨论原子半径的变化规律一般采用共价半径，但由于稀有气体不形成共价键，因此，稀有气体的半径为范德华半径。

原子半径的大小主要取决于原子的核外电子层数和有效核电荷。周期表中各元素原子的共价半径见表 6-6。由表中数据可总结出原子半径的变化有以下规律。

表 6-6 原子半径 r 单位：pm

IA																	0
H																	He
37	IIA											IIIA	IVA	VA	VIA	VIIA	122
Li	Be											B	C	N	O	F	Ne
157	112											88	77	70	66	64	160
Na	Mg											Al	Si	P	S	Cl	Ar
191	160	IIIB	IVB	VB	VIB	VIIB	VIIIB			IB	IIB	143	118	110	104	99	191
K	Ca	Sc	Ti	V	Cr	Mn	Fe	Co	Ni	Cu	Zn	Ga	Ge	As	Se	Br	Kr
235	197	164	147	135	129	137	126	125	125	128	137	153	122	121	117	114	198
Rb	Sr	Y	Zr	Nb	Mo	Tc	Ru	Rh	Pd	Ag	Cd	In	Sn	Sb	Te	I	Xe
250	215	182	160	147	140	135	134	134	137	144	152	167	158	141	137	133	217
Cs	Ba	Lu	Hf	Ta	W	Re	Os	Ir	Pt	Au	Hg	Tl	Pb	Bi			
272	224	172	159	147	141	137	135	136	139	144	155	171	175	182			

来源：Wells. A. F, Structural Inorganic Chemistry. 5th ed. Oxford: Clarendon Press, 1984.

（1）同一周期从左到右原子半径逐渐减小，原因是同一周期元素原子的电子层数相同，有效核电荷数逐渐递增，核对外层电子的引力增强，故从左到右原子半径逐渐减小。主族元素有效核电荷数增加比过渡元素显著，所以同一周期主族元素的原子半径减小的幅度较大。

（2）同一主族，从上到下原子的电子层数增加，原子半径依次增大。同族副族元素，自上而下原子半径增大幅度较小。第五和第六周期的同族元素间，由于“镧系收缩①”的影响，原子半径非常接近。如第五周期锆的半径（160 pm）与第六周期铪的半径（159 pm）很接近，第五周期钼的半径（140 pm）与第六周期钨的半径（141 pm）很接近。

6.6.3 元素的金属性和非金属性

从化学的观点来看，金属原子易失去电子成为阳离子，而非金属原子易结合电子变成阴离子。我们常用电离能（I）来表示原子失去电子的难易，并用电子亲和能（E）来表示原子和电子结合的难易。因此周期系中元素的金属性和非金属性的递变，可以用电离能和电子亲和能的递变来说明。

6.6.3.1 电离能（I）

从基态原子移去电子，需要消耗能量以克服核电荷的吸引力，我们把在定温

① 镧系收缩现象：镧系元素从镧到镱因增加的电子填入靠近内层的 f 亚层，而使有效核电荷数 Z^* 增加变得更为缓慢，故镧系元素的原子半径自左而右的递减更趋缓慢，这种现象称为镧系收缩。

定压下，基态的气态原子失去电子所需要的能量称为元素的电离能（ionization energy），以 I 表示，其 SI 的单位为 $kJ \cdot mol^{-1}$。

对于多电子原子，单位物质的量的基态气态原子失去第一个电子成为气态 +1 价阳离子所需要的能量称为该元素的第一电离能 I_1。由气态 +1 价阳离子再失去一个电子变成气态 +2 价阳离子所需要的能量，称为元素的第二电离能 I_2，依此类推。通常 $I_1 < I_2 < I_3 \cdots$，例如：

$$Al(g) - e^- \longrightarrow Al^+(g); \quad I_1 = 577.6\ kJ \cdot mol^{-1}$$

$$Al^+(g) - e^- \longrightarrow Al^{2+}(g); \quad I_2 = 1\ 817\ kJ \cdot mol^{-1}$$

$$Al^{2+}(g) - e^- \longrightarrow Al^{3+}(g); \quad I_3 = 2\ 745\ kJ \cdot mol^{-1}$$

电离能的大小反映原子失电子的难易。电离能越大，原子失电子越难；反之，电离能越小，原子失电子越容易。通常用第一电离能来衡量元素原子失去电子的能力。

电离能的大小主要取决于有效核电荷数、原子半径和电子层结构等，周期表中各元素原子的第一电离能也呈周期性的变化，见图 6-14。

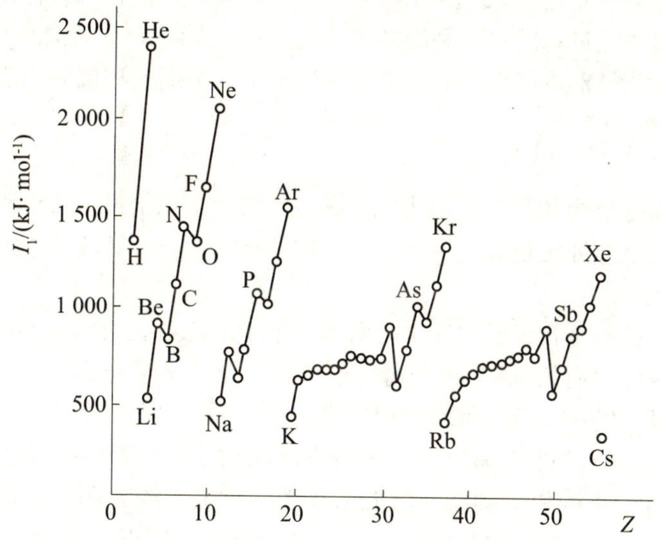

图 6-14 元素第一电离能随原子序数的周期性变化

元素的电离能在周期和族中都呈现规律的变化，同一周期元素原子的第一电离能从左到右总的趋势是逐渐增大。某些元素如氮、磷等，具有全充满或半充满的电子构型，稳定性高，其第一电离能比左右相邻元素都高。过渡元素的电离能升高比较缓慢，这种现象和它们的有效核电荷数增加缓慢、半径减小缓慢是一致的。

同一主族元素从上到下有效核电荷数增加不明显，但原子的电子层数相应增多，原子半径增大显著，因此，核对外层电子的引力逐渐减弱，电子移去就较为容易，故电离能逐渐减小。

6.6.3.2 电子亲和能（Y）

原子失去电子要消耗能量，反过来，原子得到电子就要放出能量。单位物质的量的基态气态原子得到一个电子成为气态1价阴离子时所放出的能量，称为电子亲和能（electron affinity），用符号 Y 表示，其国际单位也为 $kJ \cdot mol^{-1}$ 。

电子亲和能也有 Y_1，Y_2…之分，如果没有特别说明，通常说的电子亲和能，就是指第一电子亲和能。例如：

$$O(g) + e^- \longrightarrow O^-(g); \quad Y_1 = -141\ kJ \cdot mol^{-1}$$

$$O^-(g) + e^- \longrightarrow O^{2-}(g); \quad Y_2 = +780\ kJ \cdot mol^{-1}$$

电子亲和能的大小反映原子获得电子的难易。电子亲和能越负，原子获得电子的能力越强。电子亲和能的大小与有效核电荷数、原子半径和电子层结构有关，故也呈周期性变化。以主族元素为例，同一周期从左到右，各元素的原子结合电子时放出的能量总的趋势是增加的或更负的（稀有气体除外），表明原子越来越容易结合电子形成阴离子。但是也表现出了与电离能相似的波浪形变化。

6.6.3.3 电负性（X）

电离能和电子亲和能都只是从一个侧面反映元素原子失去或得到电子能力的大小，为了较全面地衡量分子中原子争夺电子的能力，引入电负性（electronegativity）的概念。

元素电负性是指在分子中原子吸引成键电子的能力。我们并不需要确定元素电负性的绝对值，而只是给一个元素以任意值，建立相对电负性标度。通常采用的是鲍林标度，鲍林指定最活泼的非金属元素氟的电负性为4.0（后来修正为3.90），然后通过计算得出其他元素电负性的相对值。元素电负性越大，表示该元素原子在分子中吸引成键电子的能力越强。反之，则越弱。一般来说，非金属的电负性大于2，金属的电负性小于2。表6-7列出了鲍林的元素电负性数值。

由表6-7可见，同一周期主族元素的电负性从左到右依次递增。也是由于原子的有效核电荷数逐渐增大、半径依次减小的缘故，原子在分子中吸引成键电子的能力逐渐增加。在同一主族中，从上到下电负性趋于减小，说明原子在分子中吸引成键电子的能力趋于减弱。过渡元素电负性的变化没有明显的规律。

表 6-7 元素电负性（鲍林标度）

Li 0.98	Be 1.57						H 2.20					B 2.04	C 2.55	N 3.04	O 3.44	F 3.90
Na 0.93	Mg 1.31											Al 1.61	Si 1.90	P 2.19	S 2.58	Cl 3.16
K 0.82	Ca 1.00	Sc 1.36	Ti 1.54	V 1.63	Cr 1.66	Mn 1.55	Fe 1.83	Co 1.88	Ni 1.91	Cu 1.90	Zn 1.65	Ga 1.81	Ge 2.01	As 2.18	Se 2.55	Br 2.96
Rb 0.82	Sr 0.95	Y 1.22	Zr 1.33	Nb 1.6	Mo 2.16	Tc 2.10	Ru 2.2	Rh 2.28	Pd 2.20	Ag 1.93	Cd 1.69	In 1.78	Sn 1.96	Sb 2.05	Te 2.1	I 2.66
Cs 0.79	Ba 0.89	La 1.10	Hf 1.3	Ta 1.5	W 1.7	Re 1.9	Os 2.2	Ir 2.2	Pt 2.2	Au 2.4	Hg 1.9	Tl 1.8	Pb 1.8	Bi 1.9	Po 2.0	At 2.2
Fr 0.7	Ra 0.9	Ac 1.1														
	镧系	Ce 1.12	Pr 1.13	Nd 1.14		Sm 1.17		Gd 1.20		Dy 1.22	Ho 1.23	Er 1.24	Tm 1.25	Lu 1.0		
	锕系	Th 1.3	Pa 1.5	U 1.7	Np 1.3	Pu 1.3	Am 1.3	Cm 1.3	Bk 1.3	Cf 1.3	Es 1.3	Fm 1.3	Md 1.3	No 1.3		

来源：James G. Speight, Lange's Handbook of Chemistry 16th. McGRAW－HILL, 2005。

元素的金属性是指原子失去电子成为阳离子的能力，通常可用电离能来衡量。元素的非金属性是指原子得到电子成为阴离子的能力，通常可用电子亲和能来衡量。元素的电负性综合反映了原子得失电子的能力，故可作为元素金属性与非金属性统一衡量的依据。一般来说，金属的电负性小于2，非金属的电负性则大于2。

同一周期主族元素从左到右，元素的金属性逐渐减弱，非金属性逐渐增强。同一主族从上到下，元素的非金属性逐渐减弱，金属性逐渐增强。

复习与思考题

1. 何为微观粒子的波粒二象性？举例说明。

2. 原子轨道、概率密度和电子云等概念有何联系和区别？

3. 原子光谱是线状光谱还是连续光谱，为什么？

4. 简要说明四个量子数的物理意义、符号及取值规则。哪些量子数决定了原子中电子的能量？

5. 指出下列概念与量子数的关系：电子层　能级　轨道　自旋。

6. 写出下列各轨道的名称。

（1）$n=2\quad l=0$　（2）$n=3\quad l=2$　（3）$n=4\quad l=1$　（4）$n=5\quad l=3$

7. 下列原子轨道中哪些是等价轨道？

$2s \quad 3s \quad 3p_x \quad 4p_x \quad 2p_x \quad 2p_y \quad 2p_z$

8. 一个原子中，量子数 $n=3$，$l=2$，$m=0$ 时可允许的最多电子数是多少？

9. 在下列各组量子数中，填入合适的量子数。

（1）$n=?\quad l=2\quad m=0\quad m_s=+\frac{1}{2}$

（2）$n=2\quad l=?\quad m=-1\quad m_s=-\frac{1}{2}$

（3）$n=4\quad l=2\quad m=0\quad m_s=?$

（4）$n=2\quad l=0\quad m=?\quad m_s=+\frac{1}{2}$

10. 根据泡利不相容原理，当主量子数为 4 时，有多少个原子轨道？最多能容纳多少电子？

11. 下列各组量子数是否有不合理的？为什么？

（1）$n=3$，$l=2$，$m=2$　　（2）$n=2$，$l=2$，$m=-1$

（3）$n=2$，$l=0$，$m=-1$　　（4）$n=2$，$l=3$，$m=+2$

（5）$n=3$，$l=0$，$m=0$　　（6）$n=3$，$l=2$，$m=-1$

12. 判断题

（1）原子轨道就是原子核外电子运动的轨道，这与宏观物体运动轨道的含义相同。（　　）

（2）电子具有波粒二象性，它循着有形的轨道或途径运动。（　　）

（3）每一电子层的最大容量为 $2n^2$，每一电子亚层中的电子数不超过 $2(2l+1)$。（　　）

（4）在多电子原子中，核外电子的能级只与主量子数 n 有关，n 越大，能级越高。（　　）

（5）原子轨道角度分布图有正、负号，代表正、负电荷。（　　）

（6）多电子原子中，能量与 n、l 有关。n 相同时，能量随 l 增大而升高；l 相同时，能量随 n 增大而升高。（　　）

（7）宏观物体的波动性极小，不能被人们观察出来。（　　）

（8）因内层电子的屏蔽作用而减弱核电荷对指定电子的作用称为屏蔽常数。（　　）

（9）电子亲和能与电离能的变化规律基本上相同，即同一周期从左到右是逐渐增加的，同主族从上到下是减小的。（　　）

（10）通常元素电负性在 2.0 以上为非金属元素，而在 2.0 以下为金属元素。但不能把电负性 2.0 作为划分金属和非金属的绝对界限。（　　）

13. 写出原子序数分别为 22，14，25 的电子排布式，它们各有几个未成对电子？

14. 境充下表：

原子序数	电子排布式	价电子构型	所在周期	所在族	所属区
19					
22					
30					
33					
60					

15. 写出下列各原子电子构型代表的元素名称及符号。

（1）［Ar］$3d^6 4s^2$　　（2）［Ar］$3d^2 4s^2$

（3）［Kr］$4d^{10} 5s^2 5p^5$　　（4）［Xe］$4f^{14} 5d^{10} 6s^2$

16. 如何划分 s 区、p 区、d 区、f 区元素？

17. 为什么任何原子的最外层上最多只能有 8 个电子，次外层上最多能有 18 个电子？（提示从能级考虑）

18. 满足下列条件之一的是什么元素？

（1）某元素的正二价阳离子与氩元素的电子构型相同；

（2）某元素正二价阳离子的 3d 轨道完全充满电子；

（3）某元素正三价阳离子与氟元素的负一价阴离子的电子构型相同。

19. 不参看周期表，试推测下列每一对原子中哪一个原子具有较高的第一电离能和较大的电负性？

（1）19 号和 29 号元素　（2）37 号和 55 号元素　（3）37 号和 38 号元素

20. 选出下列各组中第一电离能最大的元素。

（1）Na　Mg　Al　　（2）Na　K　Rb

（3）Si　P　S　　（4）Li　Be　B

21. 下列元素中哪组电负性依次减小？

（1）K　Na　Li　　（2）O　Cl　Br

（3）As　P　H　　（4）Zn　Cr　Ni

22. 在某一周期（其稀有气体原子的最外层电子构型为 $4s^2 4p^6$）中有 A、B、C、D 四种元素，已知它们的最外层电子数分别为 2，2，1，7；A、C 的次外层电子数为 8，B、D 的次外层电子数为 18。问 A、B、C、D 分别是哪个元素？

第7章 化学键与分子结构

在丰富多彩的物质世界里，我们所遇到的物质，除稀有气体以单原子形式存在外，其他物质都是以一种或几种元素的原子依一定方式结合而成的分子或晶体的形式存在的。例如，氧气是以两个氧原子结合而成的氧分子存在，金属铜是以为数众多的铜原子结合而成的金属晶体存在。一般情况下，分子（molecule）是指由数目确定的原子组成，并具有一定稳定性的物种。它是保持物质化学性质的最小微粒，通常是物质参与化学反应的基本单元。物质的化学性质主要取决于分子的性质，而分子的性质又是由分子的内部结构决定的。因此，研究原子与原子是怎样结合成分子的、分子的内部结构如何等，对了解物质的化学性质、探求化学反应基本规律的本质等都是非常重要的。

在上一章里，介绍了原子结构方面的知识。根据物质的原子结构可以解释物质的一些宏观性质，如元素金属性、非金属性及其递变规律。但仅此是很不够的，比如根据原子结构还无法解释物质的同素异性（allotrope）、同分异构现象（isomerism）。这是因为物质的性质不仅与原子的结构有关，还与物质的分子结构或晶体结构有关。

分子结构（molecular structure）通常包括以下内容：①化学键，即分子内部原子之间以什么样的相互作用力结合在一起。②分子的空间构型，即分子中原子的空间排布、几何形状等；③分子间力，即分子与分子之间的相互作用力。

7.1 化学键

7.1.1 化学键的定义

自然界中，人们通常所遇到的物质，除了稀有气体（rare gas）是以单原子分子形式存在之外，其他则是以原子之间相互结合成分子（molecule）或晶体（crystal）的形式存在。分子或晶体既然能存在，说明分子或晶体内原子（或离子）之间必定存在着某种相互吸引作用。化学上把分子或晶体中相邻原子（或离子）之间强烈的相互作用力称为化学键（chemical bond）。根据原子或离子间相互作用的不同方式，化学键大致可分为离子键（ionic bond）、共价键（covalent bond）和金属键（metallic bond）三种类型。

原子可以通过失去、获得或共用电子取得稳定的外层电子构型，从而形成不同类型的化学键。

7.1.2 键参数

化学键的性质可以用某些物理量来描述，例如键长、键能、键角、键级、电负性等。我们把这些表征化学键性质的物理量叫键参数（bond parameter）。我们在此着重介绍键长、键能、键角，键级将在分子轨道理论中介绍。这些键参数在理论上可以由量子力学计算得出，也可以通过实验直接或间接地测出。

7.1.2.1 键长（l）

分子中成键两原子核间的平衡距离（核间距），称为键长（bond length）或键距，常用单位为 pm（皮米）。

利用分子光谱和 X 射线衍射方法可以精确地测得各种化学键的键长。键长对确定分子的几何构型以及键的强弱有重要的影响。通常键长越长，共价键越弱，形成的分子越活泼；键长越短，共价键越牢固，形成的分子越稳定。

7.1.2.2 键能（E）

键能（bond energy）是表示化学键强弱的物理量。它的定义是：在一定温度和标准压力下，断裂气态分子的单位物质的量的化学键（6.022×10^{23} 个化学键），使它变成气态原子或原子团时所需要的能量，称为键能，用符号 E 表示，其国际单位为 $kJ \cdot mol^{-1}$。

对于双原子分子，键能在数值上等于键离解能（D）。例如：1 mol H_2分子离解时所吸收的能量为 436 $kJ \cdot mol^{-1}$，即

$$H_2(g) = H(g) + H(g); \qquad E_{(H-H)} = D_{(H-H)} = 436\ kJ \cdot mol^{-1}$$

$$N_2(g) = N(g) + N(g); \qquad E_{(N\equiv N)} = D_{(N\equiv N)} = 941.69\ kJ \cdot mol^{-1}$$

对于 A_mB 或 AB_n类的多原子分子所指的是 m 个或 n 个等价键的离解能的平均键能。例如 CH_4分子有 4 个等价的 C－H 键，其离解能各不相同。

$$CH_4(g) \longrightarrow CH_3(g) + H(g) \quad D_1 = 435.34\ kJ \cdot mol^{-1}$$

$$CH_3(g) \longrightarrow CH_2(g) + H(g) \quad D_2 = 460.46\ kJ \cdot mol^{-1}$$

$$CH_2(g) \longrightarrow CH(g) + H(g) \quad D_3 = 426.97\ kJ \cdot mol^{-1}$$

$$+)\ CH(g) \longrightarrow C(g) + H(g) \quad D_4 = 339.07\ kJ \cdot mol^{-1}$$

$$CH_4(g) \longrightarrow C(g) + 4H(g) \quad D_{总} = 1\,661.84\ kJ \cdot mol^{-1}$$

$$E_{(C-H)} = \frac{D_{总}}{4} = \frac{1\,661.84}{4} = 415.46\ kJ \cdot mol^{-1}$$

键能的大小反映了共价键的稳定性。键能越大，说明破坏该键需要的能量越多，键越牢固，相应的分子越稳定；反之，共价键就越弱，越易被破坏。化学反应的实质往往就是化学键的改组，化学反应的热效应本质上就来源于化学键改组时键能的变化。因此，键能是表征共价键强弱的重要物理量，常见共价键的键能见表7-1。

表7-1　常见共价键的键能（298.15 K）　单位：$kJ \cdot mol^{-1}$

键能		H	F	Cl	Br	I	O	S	N	P	C	Si
单键	H	436										
	F	565	155									
	Cl	431	252	243								
	Br	368	239	218	193							
	I	297	—	209	180	151						
	O	465	184	205	—	201	138					
	S	364	340	272	214	—	—	264				
	N	389	272	201	243	201	201	247	159			
	P	318	490	318	272	214	352	230	300	214		
	C	415	486	327	276	239	343	289	293	264	331	
	Si	320	540	360	289	214	368	226	—	214	281	197
双键	C=C	620	C=N	615	C=O	708	C=S	578				
	O=O	498	N=N	419	S=O	420	S=S	423				
叁键	C≡C	812	N≡N	945	C≡N	879	C≡O	1 072				

来源 Steudel R. Chemistry of the Non-metals（1997）.

从表7-1中的键参数可以看出：在两个原子间双键或叁键的键能比单键的高，但一般来说，双键（或叁键）的键能并不刚好是相应单键的两倍（或三倍）。

7.1.2.3　键角（α）

分子中相邻两个共价键键轴之间的夹角定义为键角。键角反映了分子的空间构型。对于双原子分子，总是直线型的；但对于多原子分子，就存在一个空间构型问题。例如，实验测得 H_2O 分子中，两个 O—H 键之间的夹角为 104.5°，O—H 键长 98pm，由此可说明水分子是 V 形结构而不是直线形；NH_3 分子中的三个 N—H 键之间的夹角为 107.3°，N—H 键长 107pm，从而决定了 NH_3 分子的三角锥型结构。另外，键角对多原子分子的极性也有重要影响。

键角也可用分子光谱及 X 射线衍射实验确定。如果知道一个分子中所有的化学键的键长及键角，则其几何构型就可以确定。

7.2　离子键理论

7.2.1　离子键的形成

1916 年德国化学家科塞尔（W. Kossel）根据稀有气体具有稳定电子结构的事实提出了离子键理论。他认为：当电负性（electronegativity）相差较大的原子相互接近时，电子从电负性小的原子转移到电负性大的原子，形成具有稀有气体原子的稳定电子结构的阴、阳离子，阴、阳离子以静电作用键合形成离子键。

以 NaCl 的形成为例：

$$\left.\begin{aligned} &Na\ (3s^1) \xrightarrow{-e^-} Na^+\ (2s^2 2p^6) \\ &Cl\ (3s^2 3p^5) \xrightarrow{+e^-} Cl^-\ (3s^2 3p^6) \end{aligned}\right\} \xrightarrow{\text{静电引力}} Na^+Cl^-\ \text{（离子型“分子”）}$$

当两者相互靠近时，电负性较小的 Na 原子失去电子，形成 Na^+；电负性较大的 Cl 原子得到电子形成 Cl^-。

Na^+ 与 Cl^- 相互靠近时，正、负离子间相互吸引，当达到一定的距离时，体系出现能量最低点，此时形成 NaCl。不能认为，靠得越近，结合力越强，因为当正负离子相互接近时，除有静电引力外，还存在着两离子核外电子云间的斥力、两原子核间的斥力。因此，两离子距离较远时，吸引力是主要的，体系的能量（势能）随两离子间距的缩短而降低，当达到一定的距离时，体系能量最低；若再靠近，则斥力急剧增大。只有当吸引和排斥达平衡时，体系能量才达最低值，形成稳定的离子键，如图 7-1 所示。

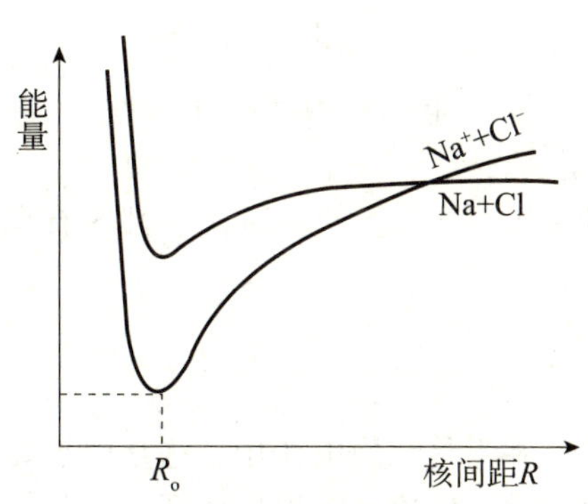

图 7-1　NaCl 的势能曲线

显然，原子间欲要发生电子转移形成阴、阳离子，并组成离子键的必要条件是二者的电负性差值足够大。

7.2.2 离子键的特点

7.2.2.1 离子键的本质是静电作用力

离子键是由正负离子靠静电作用而形成的化学键，其本质是静电作用力。在离子键的模型中，将正负离子近似地视为球形电荷，根据库仑定律，两种带相反电荷（q^+和q^-）的离子间的静电引力f则与离子电荷的乘积成正比，而与离子的核间距的平方成反比，即：

$$f=\frac{q^+\times q^-}{R^2}$$

由此可见，当离子所带电荷越多，离子间的距离越小，则离子键越强。

7.2.2.2 离子键既没有方向性也没有饱和性

由于离子键是由正、负离子通过静电吸引作用结合而成的，而离子的电荷所产生的电场是球形对称的，所以它在空间各个方向静电效应是相同的，可以从任何方向吸引电荷相反的离子，因而离子键没有方向性。

离子键没有饱和性是指离子晶体中，只要周围空间条件许可，每个离子将尽可能多地吸引带异号电荷的离子，使体系处于尽量低的能量状态，即离子键无饱和性。

根据上述特征，可以较好地说明离子键形成的化合物往往是三维的巨型分子。例如，Na^+和Cl^-，它们彼此都能从各个方向接近对方，且绝不因其只带一个电荷，而只与一个带异号电荷的离子结合，这样就可以在空间三个方向上相间结合，形成巨型分子（图7-2）。但没有饱和性并不是说可以吸引任意多个带相反电荷的离子，实际上每一种离子都各有自己的配位数。

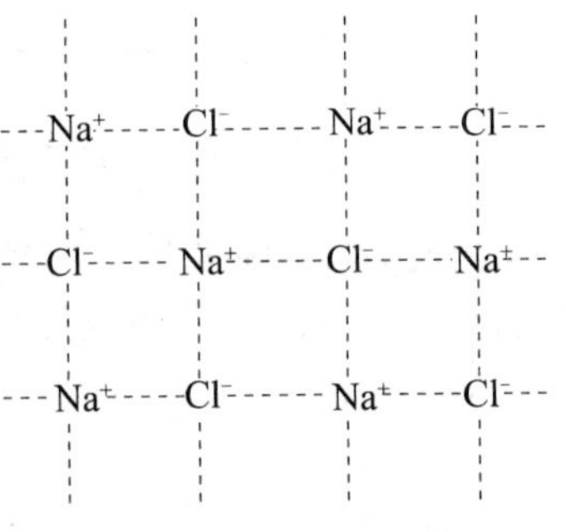

图7-2 Na^+和Cl^-结合

7.2.2.3 键的离子性与元素的电负性有关

近代实验发现，在离子型化合物中，离子间并不是纯静电作用。这是由于离子并不是刚性电荷，正负离子的轨道会有部分重叠，使离子键表现出部分的共价性。例如，氟和铯形成最典型的离子型化合物氟化铯，其键的离子性只有92%，仍有 8% 的共价性。

离子化合物中离子键成分取决于元素电负性差值的大小。一般来说，对于 AB 型化合物单键当 $\Delta x > 1.7$ 时，单键离子性百分数大于 50%，可认为此物质是离子化合物；若 $\Delta x < 1.7$ 时，单键离子性百分数小于 50%，可认为此物质是共价化合物。

7.2.3 离子的特征

离子型化合物的性质与离子键的强弱有关，离子键的强弱与离子的电荷、离子的电子层构型和离子半径有关。

7.2.3.1 离子的电荷

对于简单离子来说，其所带的电荷就是由原子变为离子所得失的电子数目。正离子的电荷数就是相应原子失去的电子数目；负离子的电荷数就是相应原子获得的电子数。正负离子所带的电荷越多，离子间静电引力越大，离子键越强。

7.2.3.2 离子的电子层构型

在形成离子时，原子趋向于得到或失去一定数目的电子，以便达到稳定的稀有气体原子电子构型（electronic configuration），所有简单阴离子的电子构型均与同周期稀有气体原子相同，其最外层均是 ns^2np^6 的 8 电子稳定构型，如 Cl^-，O^{2-} 等。

简单阳离子的电子构型则取决于原子本身的性质、电子层构型的稳定性、相作用的其他原子或分子。概括起来可以分为如下 5 类。

（1）2 电子构型：最外层为 2 个电子的离子。如 Li^+、Be^{2+} 等第二周期 s 区元素。

（2）8 电子构型：最外层为 8 个电子的离子。如 Na^+、Al^{3+} 等第三及以后周期 s 区元素和第三周期部分 p 区元素。

（3）18 电子构型：最外层为 18 个电子的离子。如 Zn^{2+}、Sn^{4+} 等长周期中 ds 区元素和部分 p 区元素。

（4）（18+2）电子构型：次外层为 18 个电子，最外层为 2 个电子的离子。如 Pb^{2+}、Sn^{2+} 等长周期部分 p 区元素。

（5）8～18 电子构型：最外层电子为 8～18 的不饱和结构离子。如 Fe^{2+}、Cr^{3+}、Mn^{2+} 等 d 区元素。

在离子的半径和电荷大致相同的情况下，不同构型的正离子对同种负离子的结合力的大小有如下经验规律：

8 电子构型离子 <8～18 电子层构型离子 <18 或 18 +2 电子层构型离子。

这是因为内层 d 电子比 s、p 电子对原子核正电荷有较大的屏蔽作用的缘故。例如 Na^+、K^+、Cu^+、Ag^+，它们的半径和电荷相同，但电子层结构不同，所形成的氯化物的性质有明显差别，NaCl、KCl 易溶于水，而 CuCl、AgCl 难溶于水。

7.2.3.3 离子半径

离子半径（ionic radius）指的是离子中电子云的分布范围，而电子云可以无限伸展，因此离子半径无法严格确定。一般把晶体中的正、负离子看成是不等径的硬球，当正、负离子通过离子键形成离子晶体时，正负离子的核间距就是正负离子的半径之和，也是离子键的键长。离子的半径可以反映出离子键的强弱，离子半径越小，离子间的吸引力越大，离子化合物的熔沸点越高（图 7-3）。

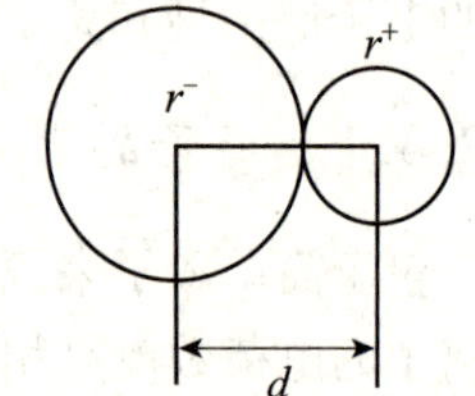

图 7-3 离子半径示意图

离子半径的大小存在如下规律：

（1）阳离子的半径小于其原子半径，简单阴离子半径大于其原子半径。如：$r(Na) > r(Na^+)$，$r(F^-) > r(F)$。

（2）同一周期主族元素，电子层构型相同的，离子半径随正离子的电荷数增加而减小。

（3）同族元素离子电荷数相同的，离子半径随电子层数的增多而增大。

（4）对同一元素正离子，高价离子的半径小于低价离子的半径。如：$r(Fe^{3+}) < r(Fe^{2+})$。

（5）周期表中处于相邻族的左上方和右下方斜对角线上的正离子半径近似相等。例如：Li^+(60 pm)～Mg^{2+}(65 pm)；Sc^{3+}(81 pm)～Zr^{4+}(80 pm)；Na^+(95 pm)～Ca^{2+}(99 pm)。

7.3 共价键理论

7.3.1 经典共价键理论

离子键理论能很好地解释离子化合物的形成，但是不能解释由电负性相近或相同的原子组成的分子（如 H_2、HF 等）的形成。1916 年美国化学家路易斯（G. N. Lewis）提出了共价学说解释这些分子的形成，这就是经典的共价键理论

（Classical Covalent Bond Theory）。他认为 H_2、HF 分子中两个原子间是以共用电子对（electron pair）吸引两个原子核；电子共用成对后每个原子都达到稳定的稀有气体的原子结构。这种分子中原子间通过共用电子对结合而成的化学键称为共价键（covalent bond）。一般来说，电负性相差不大的原子间常形成共价键。

路易斯共价键理论对于一些简单的共价型分子（如 HCl、H_2O 等）是适用的，也初步提示了共价键和离子键的区别，但是路易斯理论也有其局限性。

（1）不能说明共价键的本质。根据经典静电理论，同性电荷应该相斥，而两个电子皆带负电荷，为何不相斥，反而互相配对？

（2）不能解释非八隅体分子的形成。例如 BF_3、PCl_5 等，化合物中心原子最外层已超过 8 个，但仍然相当稳定。

（3）不能解释某些分子的性质。例如，按路易斯的学说，O_2 的每个氧原子都形成稳定的八隅体结构，所有的电子都组成电子对。但实验测得 O_2 分子是顺磁性的，这说明分子中存在单电子。

为了解决这些矛盾，1927 年法国化学家海特勒和伦敦首先把量子力学理论应用到最简单的 H_2 分子结构中，使共价键的本质获得初步解释。后来鲍林等又发展了这一成果，建立了现代价键理论（modern valence Bond Theory，简称 VB 法）或电子配对法。

7.3.2 现代价键理论

7.3.2.1 共价键的形成和本质

在应用量子理论处理 H 原子形成 H_2 的系统时，海特勒和伦敦认为当两个氢原子相距很远时，彼此孤立存在，而一旦两个原子相互靠近，原子间就要产生相互作用，发生原子轨道的重叠，表现为体系能量会随核间距发生变化（原子间的相互作用、体系能量和电子的自旋方向有着密切关系）：

（1）如果自旋方向相反，当这两个原子相互接近时，A 原子的电子不但受 A 原子核的吸引，而且也要受到 B 原子核的吸引；同理，B 原子的电子不但受 B 原子核的吸引，而且也要受到 A 原子核的吸引；整个体系的能量要比两个氢原子单独存在时低。在到达平衡距离 R_0 以前，随着 R 的减少，电子运动的空间轨道发生重叠，电子在两核间出现的机会较多，即电子密度较大；体系的能量随着 R 的减小不断降低。直到 $R = R_0$，出现能量最低值 D，原子间的相互作用主要表现为吸引。这种吸引作用使生成 H_2 分子时放出能量，达到稳定状态。在达到平衡距离以后，R 进一步缩小时，原子核之间存在的斥力使体系的能量迅速升高；这种排斥作用，又将 H 原子核推回平衡位置（图 7-4）。因此，稳定状态的 H_2 分子中的两个原子是在平衡距离 R_0附近振动，故 R_0为 H_2的核间距，等于 H_2共价键的键长。这种状态称为氢分子的基态（ground state）。

（2）如果电子的自旋是平行的，那么原子间的相互作用总是推斥的，体系的能量高于两个单独存在的氢原子能量之和，因此，氢的排斥态不可能形成稳定分子。

总的来说，这两种结果是 H_2 形成过程能量随核间距的变化（图 7-4）。

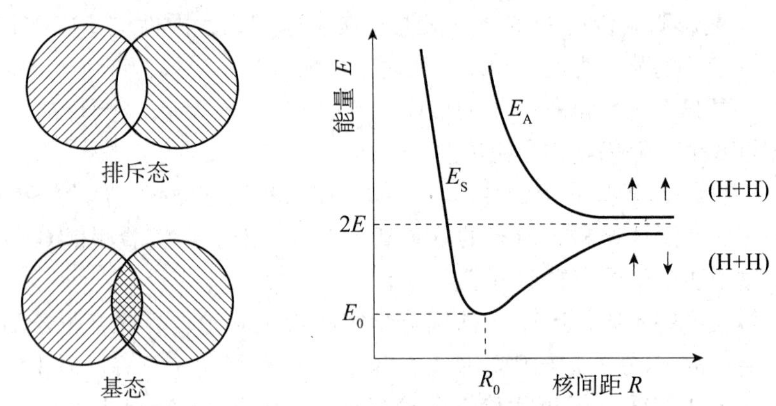

图 7-4　H_2 形成过程能量随核间距的变化

（E_A—排斥态能量曲线；E_S—耦合态能量曲线）

量子化学对 H_2形成过程的解释更重要的是说明了共价键的本质。自旋状态相反的两个未成对电子发生原子轨道的重叠时，电子云密集在两个原子核之间，既降低了两个原子核正电荷间的排斥作用，又增加了两个原子核对密集于核间的负电荷区域的吸引，相当于用一个负电荷的桥梁将两个正电荷连接起来，有利于体系能量的降低。由此可见，共价键的本质是电性的，是原子轨道的重叠，是电子波的叠加，但这种电性作用是不能用经典的静电理论来解释的，它是通过量子力学用原子轨道的线性组合来说明的。

7.3.2.2　价键理论要点

（1）电子配对原理

两个原子靠近时，自旋相反的单电子可以相互配对形成稳定的共价键。在成键的过程中，因电子配对放出能量，而使体系能量降低，放出的能量越多则形成的化学键越稳定。

$$H{\uparrow} + {\downarrow}H \longrightarrow H{\uparrow\downarrow}H$$ 或简写为 H∶H 或 H—H

（2）原子轨道最大重叠原理

原子轨道重叠时，必须考虑原子轨道的“+”、“−”号（轨道的对称性）。

因电子运动具有波动性，两个原子轨道只有同号才能实行有效重叠。而原子轨道重叠时总是沿着重叠最多的方向进行，重叠越多、形成的共价键越牢固，分子也越稳定。s 轨道和 p_x轨道的几种可能重叠方式见图 7-5。

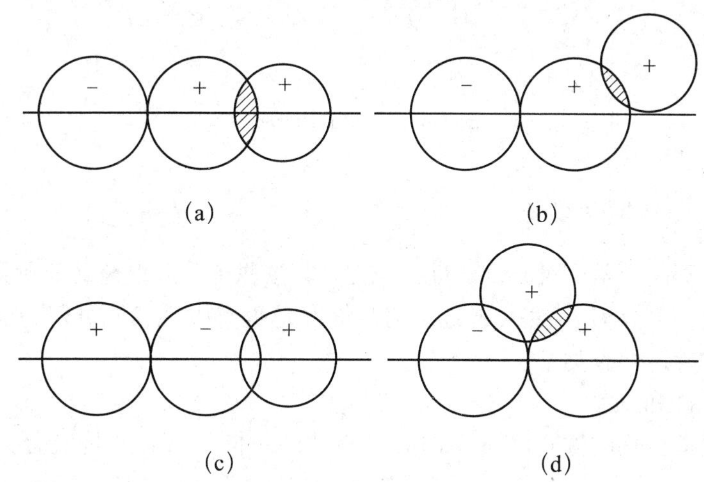

图 7-5　s 和 p_x 轨道可能的重叠方式

7.3.2.3　共价键的特点

根据以上共价键的成键原理，可以推知共价键具有饱和性和方向性。

(1) 饱和性

由于是原子中未成对电子配对成键，所以一个原子所能形成的共价键数目受到未成对电子数的限制。例如，H 原子的电子和另一 H 原子的电子配对后，形成 H_2；H_2则不能再与第三个原子配对了，所以不可能有 H_3形成。另外，如 He 原子中由于没有未成对电子，则不能形成 He_2分子。

(2) 方向性

共价键形成时要满足原子轨道最大重叠原理，而原子轨道（p、d、f）具有方向性，只有沿着一定的方向重叠才能发生最大限度的重叠。

例如：在形成 HCl 分子时，H 原子的 1s 电子与 Cl 原子的一个未成对电子（设为 $2p_x$）形成共价键，s 电子只有沿着 p_x轨道的对称轴（x 轴）方向才能达到最大程度的重叠，而形成稳定的共价键，如图 7-6 所示。

由此可见：共价键有方向性的原因是原子轨道有一定的方向性，它和相邻原子的轨道重叠成键要满足最大重叠条件。共价键的方向性决定着分子的空间构型，分子的空间构型又将影响分子的某些性质。

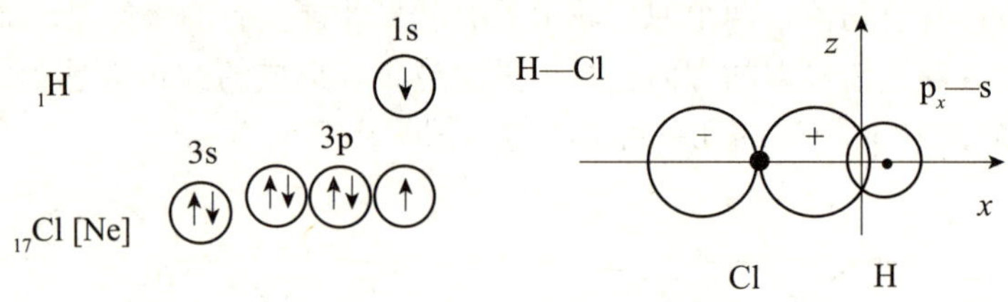

图 7-6 HCl 分子的形成

7.3.2.4 共价键的类型

可以从不同的角度对共价键进行分类。若按原子轨道重叠部分所具有的对称性进行分类，可分为 σ 键和 π 键；按共价键是否有极性，又可分为非极性共价键和极性共价键两大类型。

(1) σ 键和 π 键

根据轨道重叠的方式和重叠部分对称性的不同，可将共价键分为 σ 键和 π 键等。

原子轨道沿键轴①的方向，以“头碰头”的方式发生轨道重叠，如图 7-7 (a) 中 s-s（H_2分子中的键）、s-p_x（如 HCl 分子中的键）、p_x-p_x等，这些轨道重叠部分是沿着键轴呈圆柱形对称的，这种键叫 σ 键。σ 键由于成键轨道在轴向上重叠，故成键时，原子轨道发生最大程度的重叠，所以 σ 键的键能大，稳定性高。

原子轨道以平行或“肩并肩”的方式发生重叠，轨道重叠部分对通过键轴的平面具有镜面反对称，这种键叫 π 键，如图 7-7（b）中 p_y-p_y，p_z-p_z等。从原子轨道的重叠程度来看，π 键的轨道重叠程度要比 σ 键差，因此 π 键电子活泼性较高，易断裂发生化学反应。

根据最大重叠原理，形成化学键时，两个原子会优先形成 σ 键，所以所有的共价单键都是 σ 键；形成 σ 键后，如果两个原子还有单电子，则由于轨道的方向性限制，只能形成 π 键，所以在共价双键和三键中，其中一个是 σ 键，其余的都是 π 键。

例如对于 N_2，N 有三个未成对的 p 电子，分别位于三个互相垂直的对称轴上。当两个 N 相化合时，每个 N 的一个 p_x电子沿着对称轴 x 轴“头碰头”地重叠，形成一个 σ 键。这时每个 N 原子其余的 2 个 p 电子，只能让 p 轨道对称轴相互平行，采取“肩并肩”的方式重叠，形成 2 个 π 键。因此，在 N_2分子中，两个 N 是以一个 σ 键及两个 π 键相结合的（图 7-8）。

---

① 键轴：成键的两个原子的原子核之间的连线。

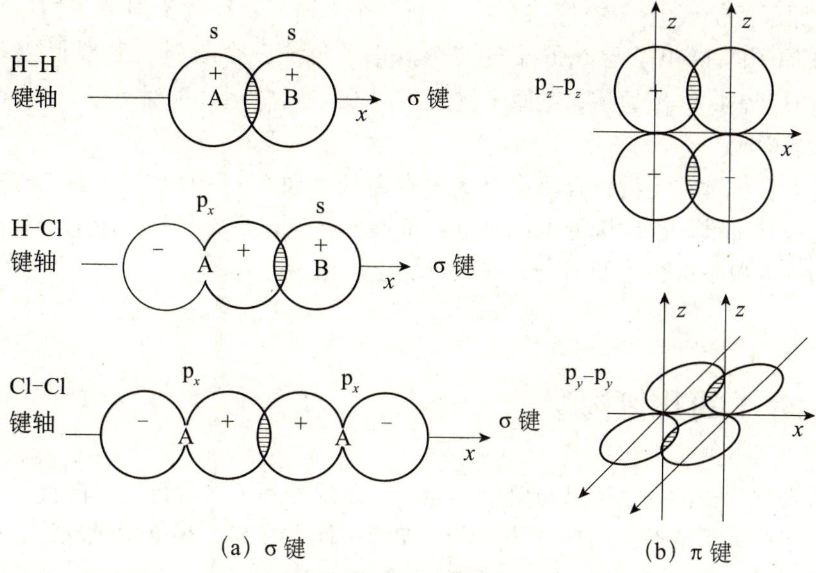

图 7-7　σ 键和 π 键示意图

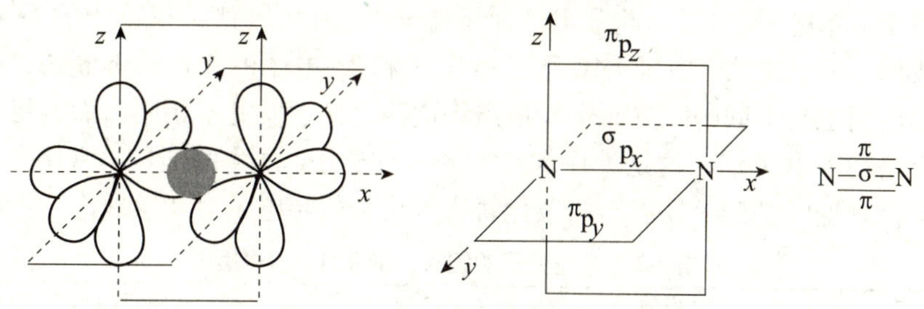

图 7-8　N_2 分子中的 σ 键和 π 键示意图

（2）配位键

形成共价键的共用电子对可由两个原子共同提供，也可由其中一个原子提供。这种由一个原子提供电子对为两个原子共用而形成的共价键称为共价配键，简称配位键。在配位键中，提供电子对的原子称为电子给予体；接受电子对的原子称为电子接受体。配位键的符号用箭头"→"表示，箭头指向接受体。下面以 NH_4^+ 为例说明配位键的形成：

2s　2p

N　⇅　↑ ↑ ↑

○　↓ ↓ ↓

1s　1s

H^+　H

H
|
$[H—N→H]^+$
|
H

N 原子的价层电子构型是 $2s^22p^3$，有三个单电子；H 的价层电子构型是 $1s^1$，三个 H 原子的 1s 电子与 N 原子的三个 p 电子形成三个 σ 键。若要形成 NH_4^+，则要由 H^+ 提供 1s 空轨道，N 原子提供 2s 上的一对电子（孤对电子），由两者共用，形成 NH_4^+。

此类共价键在无机化合物中是大量存在的，如 CO、SO_4^{2-}、ClO_4^- 等离子中都有配位共价键。配位键的本质仍是共价键，属于 σ 键，只是共用电子对由成键原子的一方单独提供，而另一方提供价层空轨道。

7.4 分子的几何构型

价键理论虽然揭示了共价键的本质，满意地解释了共价键的方向性，但它解释不了某些分子的空间结构（表 7-2）。如在 CH_4 分子中，根据价键理论，碳原子的电子层结构为 $1s^22s^22p_x^12p_y^1$，只有两个未成对的电子，所以它只能与两个氢原子形成两个共价单键。如果考虑将碳原子的 1 个 2s 电子激发到 2p 轨道上去，则有四个成单电子（1 个 s 电子和 3 个 p 电子），它可与四个氢原子的 1s 电子配对形成四个 C－H 键。由于碳原子的 2s 电子和 2p 电子的能量是不同的，那么这四个键应当也是不同的。然而实验指出：这四个键性质完全相同，而且键与键之间的夹角均为 109.5°，这是为什么？解释多原子分子的空间结构，常用方法是鲍林在价键理论的基础上发展出的杂化轨道理论和价层电子对互斥理论。

表 7-2　一些分子的键长、键角和分子构型

分子式	键长/pm（实验值）	键角（实验值）	分子构型
CO_2	116.2	180°	D—A—D 直线型
H_2S	134	93.3°	A, D, D 角型
BF_3	131	120°	D, A, D, D 三角型

续表

分子式	键长/pm（实验值）	键角（实验值）	分子构型
NH_3	101.5	107.3°	三角锥型
CH_4	109	109.5°	正四面体

7.4.1 杂化轨道理论

7.4.1.1 “杂化”与“杂化轨道”

杂化轨道理论（hybrid orbital theory）认为，原子在形成分子的过程中，为了增强成键能力，使分子的稳定性增大，趋向于将同一原子中能量相近的某些原子轨道，在成键过程中重新组合成一系列能量相等的新轨道而改变了原有轨道的状态，这一过程称为“杂化”（hybridization）。所形成的新轨道叫做“杂化轨道”（hybrid orbital）。杂化改变了原有轨道的状态，但不能改变轨道的数目，即杂化前后原子轨道的数目不变。

根据参加杂化的原子轨道的种类和数目的不同，可以组成不同类型的杂化轨道。对于主族元素，由于 ns、np 能级比较接近，往往采用 s p 型杂化，对于副族元素，$(n-1)$ d，ns，np 能级比较接近，往往采用 d s p 型杂化。本章主要介绍 s、p 杂化。

7.4.1.2 s 轨道和 p 轨道参与的杂化

根据参与杂化的 p 轨道的数目不同，sp 型杂化可以分为 sp，sp^2，sp^3 三种杂化。

（1）sp 杂化

一个 s 轨道和一个 p 轨道之间的杂化叫 sp 杂化。当发生 sp 杂化时，由于参与杂化的是两个轨道，杂化后得到的就是两个 sp 杂化轨道（图 7-9）。

新形成的两个 sp 杂化轨道能量和形状完全相同，形状上一头大一头小，成键时用较大的一头重叠，比未杂化的 p 轨道重叠程度更大，形成的共价键更稳

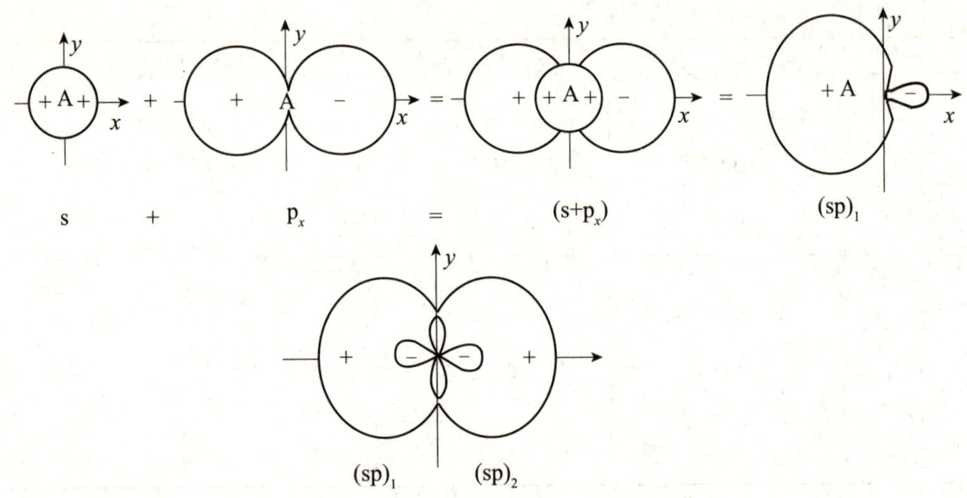

图 7-9　sp 杂化轨道的形成示意图

定。由于两个 sp 杂化轨道间存在斥力，当夹角最大时斥力最小，因此两个 sp 杂化轨道的夹角是 180°。

如 $BeCl_2$ 分子中，Be 的价层电子构型为 $2s^2$，成键时其 2s 电子中的 1 个激发到 2p 轨道上（成为激发态 $2s^1\,2p^1$），形成两个单电子，成单电子所在的轨道实施 sp 杂化，组成 2 个等价 sp 杂化轨道。Be 的 2 个杂化轨道分别与 2 个 Cl 的 3p 轨道重叠形成两个 σ 键。由于 sp 杂化轨道间的夹角为 180°，所以 $BeCl_2$ 分子的空间构型为直线型，$BeCl_2$ 分子中的三个原子在一直线上，Be 原子位于中间（又称其为中心原子），如图 7-10 所示。

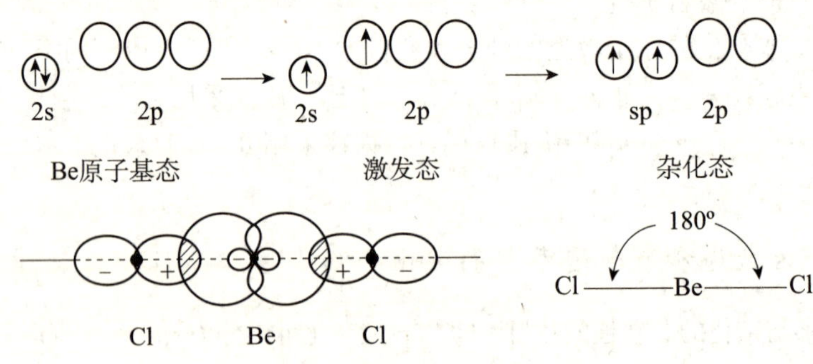

图 7-10　$BeCl_2$ 分子的形成

（2）sp^2 杂化

一个 s 轨道和两个 p 轨道之间的杂化叫 sp^2 杂化。当发生 sp^2 杂化时，由于参与杂化的是三个轨道，杂化后得到的是位于同一平面的三个 sp^2 杂化轨道。sp^2 杂化轨道与 sp 杂化轨道的形状类似，三个轨道之间彼此排斥，当夹角为 120°时稳定。以 BF_3 分子的形成为例，实验测得 BF_3 分子的几何构型是平面正三角形，键角为 120°，该分子的形成过程和几何构型如图 7-11 所示。

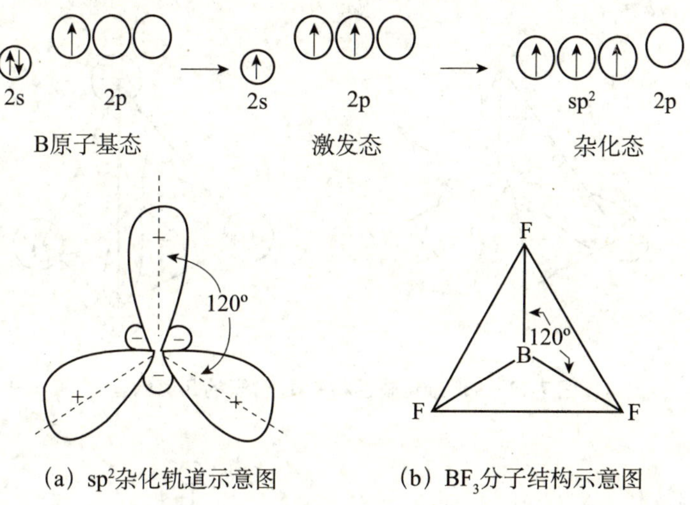

(a) sp^2杂化轨道示意图　　(b) BF_3分子结构示意图

图 7-11　sp^2 杂化轨道和 BF_3 分子的形成

B 原子的价层电子构型为 $2s^2 2p^1$，只有 1 个未成对电子，成键时其 2s 电子中的 1 个激发到 2p 空轨道上（成为激发态 $2s^1\ 2p_x^1\ 2p_y^1$），此时的价层单电子数为 3 个，成单电子所在的轨道实施 sp^2 杂化，得到 3 个等价的 sp^2 杂化轨道。该杂化轨道分别与三个 F 的成单电子所在的 p 轨道重叠形成三个完全等同的 σ 键，从而构成了平面正三角形的 BF_3 分子，B 位于三角形的中心，键角是 120°。

（3）sp^3 杂化

如果一个 s 轨道与三个 p 轨道进行杂化，称为 sp^3 杂化。所形成的四个新轨道称为 sp^3 杂化轨道。每一个 sp^3 杂化轨道都含有 1/4s 成分和 3/4p 成分，它们的形状相同，能量相等，轨道间的夹角为 109.5°，在空间呈正四面体构型。例如 CH_4 分子的形成过程见图 7-12。

（4）s 轨道、p 轨道和 d 轨道参与的杂化

第三周期及其后的元素原子，价层中有 d 轨道，若（$n-1$）d 或 nd 轨道与 ns，np 轨道能级比较接近，成键时有可能发生 s-p-d（或 d-s-p）型杂化，如 sp^3d（dsp^3）、sp^3d^2（d^2sp^3）和 dsp^2 等类型的杂化轨道（图 7-13）。

7.4.1.3　等性杂化和不等性杂化

同种类型的杂化轨道又可分为等性杂化和不等性杂化两种。所谓等性杂化是

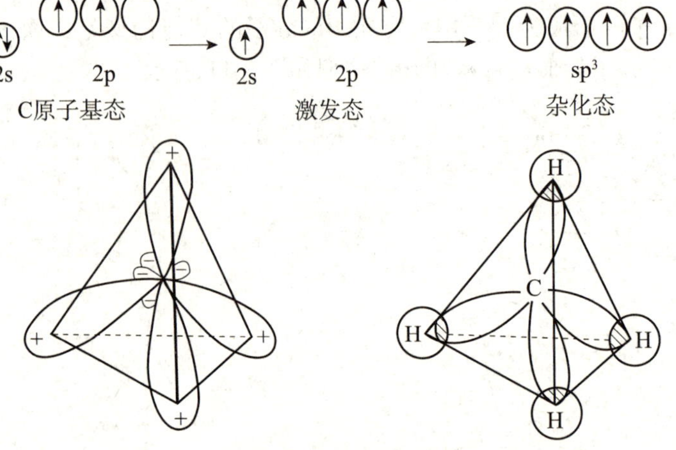

图 7-12　sp^3 杂化轨道和 CH_4 分子的几何构型

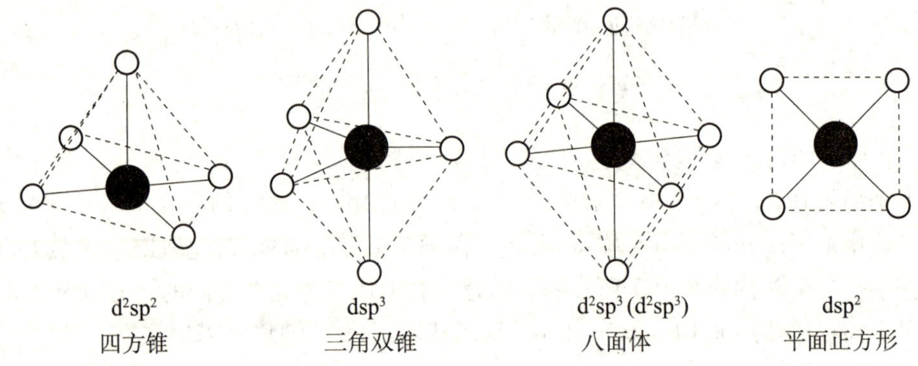

图 7-13　d^2sp^2、dsp^3、d^2sp^3（d^2sp^3）和 dsp^2 类型的杂化轨道示意图

指所得杂化轨道的能量和成分完全等同的杂化，称为等性杂化。如果参加杂化的原子轨道中有不参加成键的孤对电子存在，杂化后所形成的杂化轨道的形状和能量不完全等同，这类杂化称为不等性杂化，其产生原因主要是有孤对电子的存在。

以 NH_3 中 N 的 sp^3 杂化为例（图 7-14），在 NH_3 分子中，N（$2s^22p^3$）采取 sp^3 杂化，但实验测得其键角并不等于 109. 5°而是等于 107. 3°。这是由于 N 利用 1 个 2s 轨道，3 个 2p 轨道组成四个等同的 sp^3 杂化轨道，这四个 sp^3 杂化轨道已近乎正四面体的结构排列。其中 N 上已成对的两个电子占据了一个杂化轨道，而剩下的 3 个未成对电子则各占据剩下的三个杂化轨道，并与氢原子成键。

N 原子上原来已成对的电子，不参加成键，称为孤对电子。由于孤对电子未和 H 原子共用，它的电子云仅受氮核的吸引，电子云主要密集于氮原子周围，

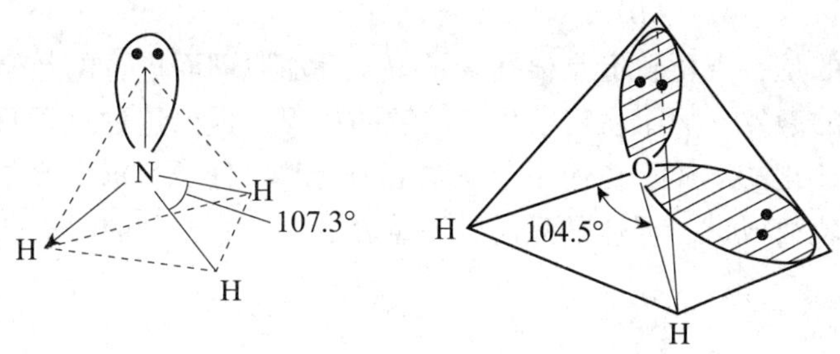

图 7-14　NH_3 和 H_2O 分子的几何构型

比较松散地占据着较大的空间，对三个 N—H 键的电子云有较大的静电排斥作用力，致使 N—H 键间的夹角比正四面体的 109.5°略小，压缩至 107.3°，使得 NH_3 分子中 N 虽发生 sp^3 杂化，但键角不是 109.5°。

与此相同，水分子中的 O 原子也采用 sp^3 杂化，形成 4 个 sp^3 杂轨道。其中两个轨道各有一个未成对电子，与 H 成键；另外两个 sp^3 轨道分别被孤对电子占据。由于有两对孤对电子，其对成键电子云的静电斥力比 NH_3 更为强烈，致使 O—H 键的夹角被压缩到 104.5°。所以，H_2O 中 O 与两个 H 原子之间排列形成三角形，即 V 型的几何结构，且具有 104.5°的键角。

如果键合原子不完全相同，也可引起中心原子轨道的不等性杂化。如 $CHCl_3$ 分子中，C 原子采取 sp^3 杂化，其中与 Cl 原子键合的 3 个 sp^3 杂化轨道，每个含 s 轨道成分为 0.258，而与 H 原子键合的 1 个 sp^3 杂化轨道所含 s 轨道成分为 0.226，所以 $CHCl_3$ 分子中 C 原子的 sp^3 杂化也是不等性的。

7.4.1.4　杂化轨道的特点

根据上面的讨论，可将杂化轨道理论的基本要点归纳如下：

（1）原子轨道杂化是在形成分子时发生的，杂化轨道的数目与原来轨道的数目相同。

（2）杂化轨道对键轴是对称的，在垂直于键轴的方向不对称，杂化轨道只有沿键轴方向重叠才满足最大重叠原则，因此杂化轨道只能形成 σ 键，不能形成 π 键。

（3）杂化轨道成键时，要满足化学键之间最小排斥原理。所以杂化轨道有特定的空间伸展方向，所形成分子的空间构型与原子轨道杂化类型有关：sp 杂化——直线型，sp^2 杂化——平面三角形，sp^3（等性）杂化——正四面体型，sp^3d^2 杂化、d^2sp^3 杂化——正八面体，d^2sp^3 杂化——平面正方形。

（4）杂化轨道增加了原子轨道成键的键能，一般情况下所形成的 σ 键键能大小顺序为：sp < sp^2 < sp^3 < dsp^2 < sp^3d^2。

应该指出的是，杂化轨道是根据量子力学叠加原理而进行的数学处理，不存在原子中电子的激发—原子轨道杂化—成键的过程，提出这种过程只是描述，便于理解，不是杂化的本质。在使用杂化轨道理论时，分子中每个原子都可以考虑为以一定杂化轨道成键，但通常只需要注重分子中中心原子的轨道杂化。

7.4.2 价层电子对互斥理论

价键理论和杂化轨道理论都可以解释共价键的方向性，特别是杂化轨道理论在解释和预见分子的空间构型上是比较成功的。但是一个分子究竟采取哪种类型的杂化轨道，有些情况下是难以确定的。正因为如此，后来又发展起来一种叫价层电子对互斥理论（valence shell electron pair repulsion theory，简称 VSEPR 理论）的新理论，它比较简单、不需要原子轨道的概念，解释、判断和预见 AX_m 型分子结构准确而且方便。

7.4.2.1 理论的基本要点

在一个共价分子 AX_m 中，几何结构与中心原子周围电子对（electron pair）排布的几何形状有关，而中心原子周围电子对排布的几何形状，主要取决于中心原子的价电子层中的电子对数（包括成键的电子对和未成键的电子对）。这些电子的位置倾向于分离得尽可能远一些，使彼此间斥力最小。中心原子价层电子对的理想几何分布见表 7-3。

表 7-3　中心原子价层电子对的理想几何分布

价层电子对数（VP）	价层电子对的理想几何分布	排布形式
2	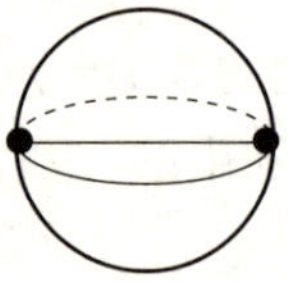 球体直径的两端	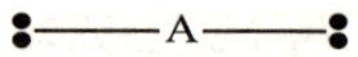 A 直线型
3	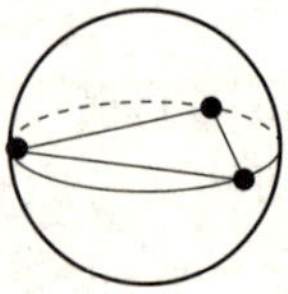 通过球心的内接三角形的顶点	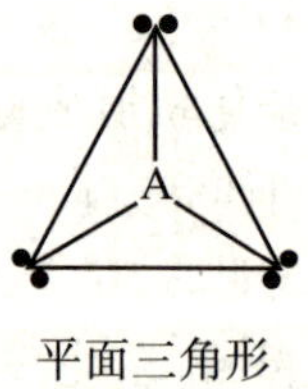 A 平面三角形

续表

价层电子对数（VP）	价层电子对的理想几何分布	排布形式
4	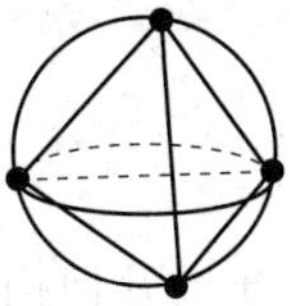 内接四面体的四个顶点	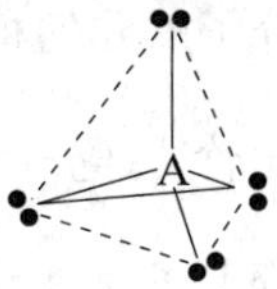 四面体
5	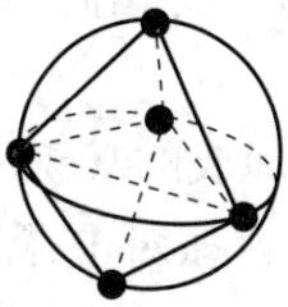 内接三角双锥的五个顶点	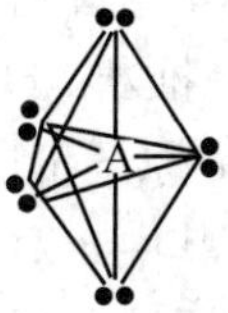 三角双锥
6	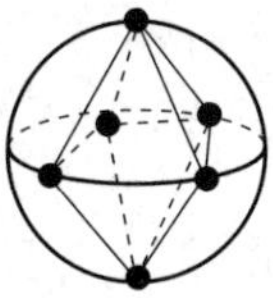 内接八面体的六个顶点	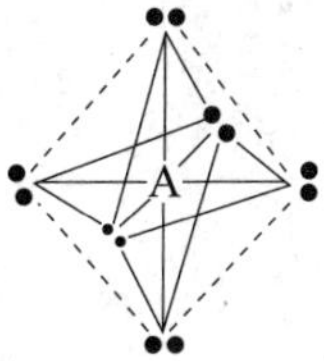 八面体

价电子层中电子对相互排斥作用的大小，取决于电子对间的相距角度和电子对的成键情况。相距角度越小则排斥力越大。如果价层中有孤对电子存在，则由于孤对电子在中心原子周围占据较大的空间，对相邻电子对的排斥作用比较大，所以不同种类价层电子对之间斥力大小的顺序为：

孤对电子—孤对电子 ＞ 孤对电子—成键电子对 ＞ 成键电子对—成键电子对

7.4.2.2　价层电子对数的确定

在 AX_m 型分子中，中心原子 A 价层电子对数等于成键电子对数（复键电子视为一对电子）和孤对电子对数之和。电子对数又等于中心原子 A 的价电子数和每个配位原子提供的电子数之和的一半。如果配位原子为 H 或卤素原子，则每个配位原子提供一个电子；如果配位原子为 O、S 原子，配位原子与中心原子形成双键，如 CO_2、CS_2。由于双键只算一对电子，中心原子要提供两个电子成键，因此也可以认为 O、S 不提供电子。

对于离子，中心原子 A 价层电子数应减去所带电荷数。例如 PO_4^{3-}，NH_4^+ 中，中心原子 P、N 价层电子对数为 4。

若中心原子 A 价层中有成单电子，则按电子对处理。例如 NO_2分子中，中心原子 N 价层有 5 个电子，则视为 3 对电子，其中一对为孤对电子，2 对为成键电子，因此分子的几何构型为 V 型。

7.4.2.3 价层电子对模型的应用

应用价电子对互斥模型判断分子或离子的几何构型，一般先计算出中心原子价层电子对数，将这些电子对按一定构型排列，考虑孤对电子和多重键电子较大的排斥作用修正键角，从而确定分子或离子的几何构型。

【例 1】 推断 XeF_2分子的几何构型。

基态 Xe 原子价层已有 8 个价电子，形成的 XeF_2分子中，Xe 原子价层内有 5 对价电子，其中 2 对为成键电子对，3 对为孤对电子，各价电子对的相对位置可能有三种不同情况（图 7-15）：

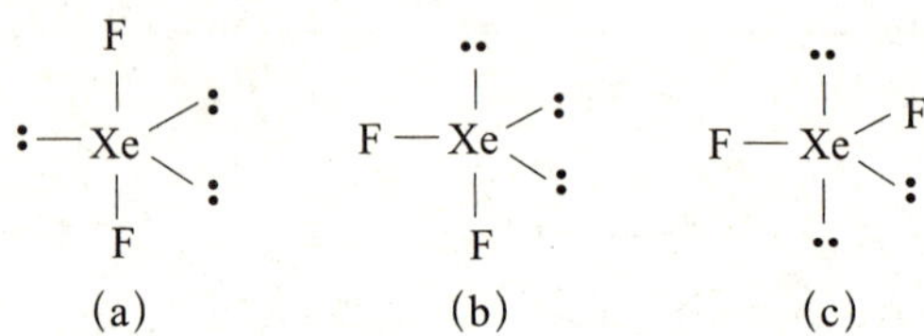

图 7-15 XeF_2 价电子对相对位置的可能情况

在这三种构型中，电子对之间的夹角有 90°和 120°两种情况，其中夹角最小的电子对之间斥力最大，各种可能的构型电子对在 XeF_2分子中处于 90°夹角位置的机会见表 7-4。

表 7-4 电子对在分子中处于 90°夹角位置的机会

XeF_2可能的空间结构	处于 90°夹角位置的机会		
	孤对电子间	孤对电子—键电子对间	键电子对间
图 7-15（a）	0	6	0
图 7-15（b）	2	3	1
图 7-15（c）	2	4	0

显然图 7-15（a）的分子体系能量最低，因此 XeF_2分子采取图 7-15（a）结构的可能性最大。

价层电子对互斥模型能够简单、直观、有效地预测分子或离子的几何构型，但其应用也有以下局限性：

（1）它适用于讨论 AX_m型分子或离子，不适用于含有多中心的分子。例如 H_2O_2、C_2H_4的几何构型不能用 VSEPR 模型判断。

(2) 适用于中心原子是主族元素的分子，对于副族元素，由于价层内 d 电子多，电子云空间分布复杂，对分子的几何构型会产生影响。

(3) 不适用于具有离域 π 键的分子或离子，例如 $[C(CN)_3]^-$，其构型不是三角锥型而是平面三角形。

(4) 不适用于具有强极性的分子。例如 Li_2O，决定其构型的不是电子对之间的排斥，而是离子 $Li^+ - Li^+$ 之间的排斥。

7.5　分子轨道理论（MO 法）

价键理论由于袭用了早期经典化学键理论中的价键概念，理论比较直观，也能较好地说明共价键的形成和分子的空间构型，但它也有局限性。

由于价键理论认为形成共价键的电子只局限于两个相邻原子的小区域内运动，缺乏对分子作为一个整体的全面考虑，因此，它在解释有些分子的形成时，遇到了困难。例如：

(1) 有些稳定的分子，其中参与成键的电子是奇数，如氢分子离子 H_2^+，只有一个电子的单电子键。H_2^+ 中虽然没有电子配对，但却有明显的键能。

(2) 按照 VB 法，O_2、B_2 中电子皆已成对，应为抗磁性物质。但是，磁性测定实验结果表明 O_2、B_2 是顺磁性物质，O_2 和 B_2 中都有两个未成对电子。

(3) VB 法在解释较复杂的分子如 O_3、许多配位化合物分子以及有离域 π 键的有机分子的结构时也与实际偏差较大。

而分子轨道理论（简称 MO 法，Molecular Orbital Theory）着重于分子的整体性，它把分子作为一个整体来处理，比较全面地反映了分子内部电子的各种运动状态，因而能够圆满地解释以上问题。特别是在阐述光谱结果时更有独到之处。因此 MO 法尽管比 VB 法发展晚，而近年来似乎有超过 VB 法的趋势。

7.5.1　分子轨道理论的基本要点

在分子中电子不从属于某些特定的原子，而是在遍及整个分子范围内运动。分子轨道理论认为：组成分子的所有原子是一个整体，分子中的电子也像原子中的电子一样，处于一系列不连续的运动状态中。在分子中电子的空间运动状态叫做分子轨道（molecular orbit）。由此可见，分子轨道是多核即多中心的，而之前所学的原子轨道则是单核即单中心的。

分子轨道是由原子轨道线性组合而成的，而且组成的分子轨道的数目与互相化合原子的原子轨道的数目相同。例如，如果两个原子组成一个双原子分子，则两个原子的2个s轨道可组合成2个分子轨道；两个原子的6个p轨道可组合成6个分子轨道。

分子轨道中电子的排布也遵从原子轨道电子排布的同样原则：能量最低原理、泡利不相容原理、洪特规则。每一个分子轨道都有各自相应的能量，当电子进入分子轨道后，若体系总能量有所降低，就能成键。

7.5.2 分子轨道由原子轨道组合而成

7.5.2.1 组合的原则

原子轨道在组成分子轨道时，只有符合以下三条原则才能形成有效的分子轨道。它们是：能量近似原则、最大重叠原则和对称性原则。

能量近似原则是指只有能量相近的原子轨道才能有效组合成分子轨道。对于同核双原子分子，只要参与组合的量子数 n、l 相同，则其能量相同。对于异核双原子分子，即使原子轨道的量子数 n、l 相同，其能量也不相同，所以必须考虑原子轨道能量是否相近。

最大重叠原理是指原子轨道组合成分子轨道时，原子轨道会发生重叠，重叠程度越大，成键分子轨道能量越低，形成的化学键越牢固。原子轨道重叠的大小取决于原子核间距和重叠方向。

对称性原则是指只有对称性匹配的原子轨道才能组合成分子轨道。所谓对称性匹配，就是指原子轨道重叠时，必须有相同的符号。

在上述三个条件中，对称性条件是首要的，它决定原子轨道能否组合成成键轨道，其他两个条件只影响组合的效率。

7.5.2.2 组合方式

对称性匹配的两原子轨道组合成分子轨道时，由于波函数 ψ_a 和 ψ_b 符号有正、负之分，因此波函数 ψ_a 和 ψ_b 有两种可能的组合方式，即两个波函数以相同符号或相反符号组合，从数学的意义讲叫原子轨道的线性组合。

$$\psi_1 = c_1(\psi_a + \psi_b)$$

$$\psi_2 = c_2(\psi_a - \psi_b)$$

若 ψ_a 和 ψ_b 为同核原子相同的原子轨道，则组合为分子轨道的能级如图7-16所示。两个符号相同的波函数的叠加所形成的分子轨道（如 ψ_1），在两核间概率密度会增大，其能量较原子轨道的能量低，称为成键分子轨道（bonding molecular orbital）；而两个符号相反的波函数的叠加所形成的分子轨道（如 ψ_2），在两核间概率密度会减小，其能量较原子轨道的能量高，称为反键分子轨道（antibonding molecular orbital）。

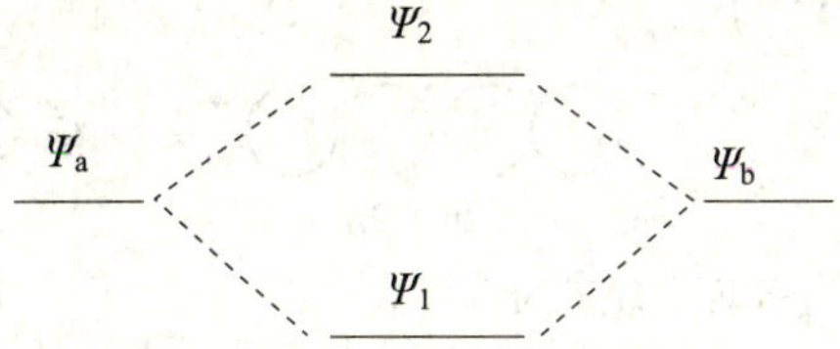

图 7-16　原子轨道 ψ_a，ψ_b 组合为分子轨道 ψ_1，ψ_2

由不同的类型原子轨道线性组合可以得到不同种类的分子轨道，组合而成的分子轨道通常按照其沿键轴分布的特点分为 σ 轨道、π 轨道和 δ 轨道。

原子轨道的线性组合主要有下列几种类型：

（1）s-s 原子轨道组合

例如，当 A、B 两个氢原子的 1s 轨道相结合时，可形成两个分子轨道。

其中一个分子轨道是由 A、B 原子的波函数正值与正值相结合或相加而成的。形成的分子轨道能量比原来的原子轨道能量低，是成键分子轨道，用符号 σ_{1s}表示；同时，还会形成另一个反键分子轨道，用符号 σ_{1s}^*表示，过程如图 7-17 所示。

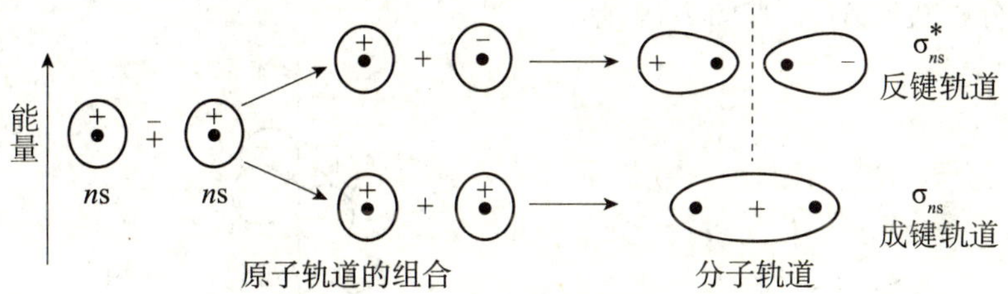

图 7-17　s-s 原子轨道组合成分子轨道

（2）p-p 原子轨道组合

两个原子的 p 轨道可以有两种组合方式：“头碰头”和“肩并肩”。

当两个原子的 $2p_x$轨道沿着 x 键轴方向互相接近时，得到沿键轴对称分布的 σ_{2p}成键轨道和 σ_{2p}^*反键轨道。

当 $2p_x$已和 $2p_x$形成 σ 键后，$2p_y-2p_y$、$2p_z-2p_z$只能采取“肩并肩”的方式组合成 π_{2Py}、π_{2Pz}成键轨道和反键轨道。这样，两个原子的各 3 个 p 轨道共组合成了六个分子轨道。其组合过程如图 7-18 所示。

（3）其他组合方式

两个原子的 d 轨道也可以重叠产生成键的分子轨道 $\sigma_{d\text{-}d}$，$\pi_{d\text{-}d}$和反键的分子

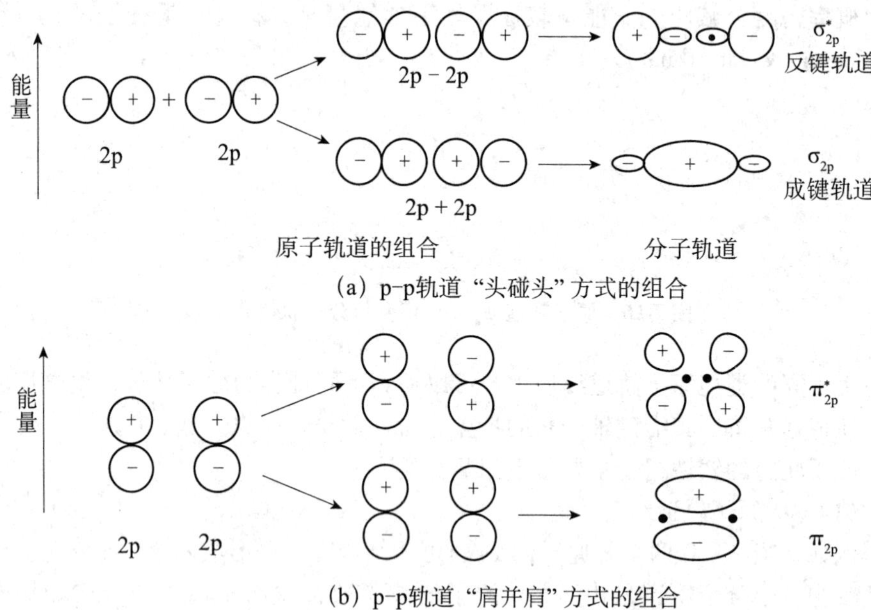

图 7-18　p-p 原子轨道组合成分子轨道示意图

轨道 $\sigma^*_{d\text{-}d}$，$\pi^*_{d\text{-}d}$。当两个 d 轨道面对面重叠，则可以组合成成键的分子轨道 $\delta_{d\text{-}d}$ 和反键的分子轨道 $\delta^*_{d\text{-}d}$，如图 7-19 所示。

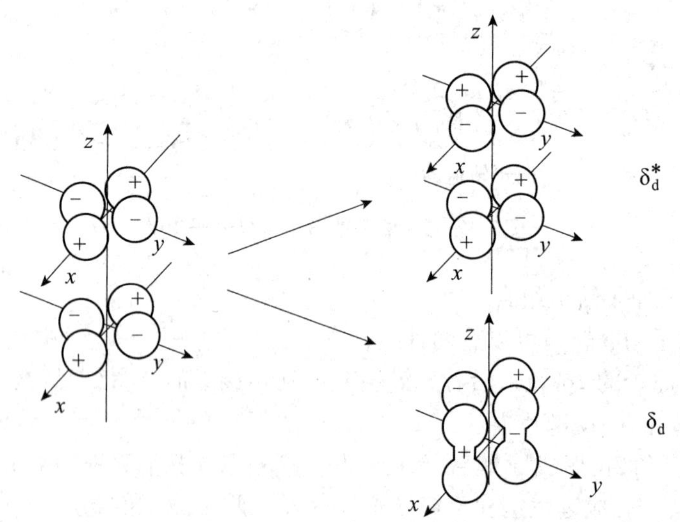

图 7-19　d-d 原子轨道组合成 δ 分子轨道示意图

除此之外，在对称性相同的前提下，如果 s 轨道和 p 轨道的能级差不大，能量相近，也可以组合成有效的 σ_{ps} 分子轨道。一个原子的 p 轨道可以同另一个原子的 d 轨道发生重叠，形成成键的 π_{p-d} 和反键的分子轨道 π^*_{p-d}。

7.5.3　分子轨道能级图

每种分子的每个分子轨道都有确定的能量，不同种分子的分子轨道能量是不同的。由于分子轨道能量理论计算复杂，目前主要借助光谱实验来确定。

对第一、第二周期元素所组成的多数同核双原子分子（除 O_2、F_2 外），其分子轨道能量高低次序大体如下：

$$\sigma_{1s} < \sigma_{1s}^* < \sigma_{2s} < \sigma_{2s}^* < \pi_{2py} = \pi_{2pz} < \sigma_{2px} < \pi_{2py}^* = \pi_{2pz}^* < \sigma_{2px}^*$$

O_2、F_2 分子有所不同，分子中 π_{2p} 分子轨道的能量比 σ_{2p} 分子轨道的能量稍高，发生了能级交错，如图 7-20 所示。

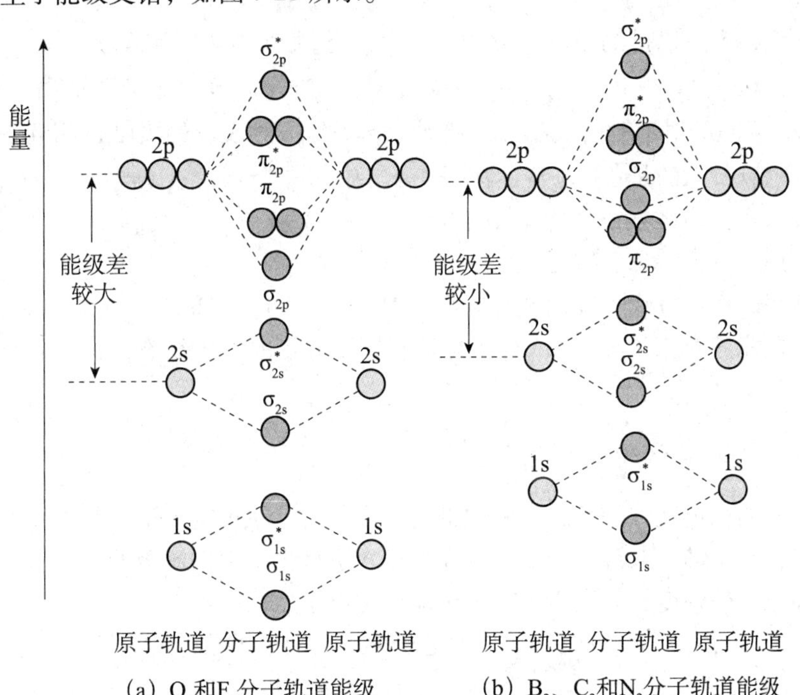

图 7-20　$n=2$ 的同核双原子分子轨道相对能级示意图

由于 B_2～N_2 分子中 2s 和 2p 轨道能量差较小，两原子靠近时，不但发生 s-s 和 p-p 重叠，也发生 s-p 重叠，导致发生能级交错，σ_{2p} 的能量比 π_{2p} 还高。

7.5.4　分子轨道理论的应用

用分子轨道理论处理共价型分子，通常先根据电子在分子轨道中排布原则写出分子的电子组态，然后分析化学键的键型、分子的稳定性、分子的顺磁性与反磁性。

7.5.4.1 推测分子的结构

以 N_2为例，根据 N_2的分子轨道能级图和电子填充的三原则，可以得出 N_2分子轨道中电子组态为：

$$(\sigma_{1s})^2\ (\sigma_{1s}^*)^2\ (\sigma_{2s})^2\ (\sigma_{2s}^*)^2\ (\pi_{2py})^2\ (\pi_{2pz})^2\ (\sigma_{2px})^2$$

其中第一层全充满，成键轨道和反键轨道相互抵消，总的结果相当于电子对未参加成键，这样的电子叫非键电子，这样的轨道叫非键轨道。对于 $(\sigma_{2s})^2$ $(\sigma_{2s}^*)^2$情况也类似。实际对成键有贡献的只是 $(\pi_{2py})^2$ $(\pi_{2pz})^2$ $(\sigma_{2px})^2$三对电子，即形成两个 π 键和一个 σ 键。

同理，也可以推测 O_2分子的结构。O_2分子轨道中电子组态为：

$$(\sigma_{1s})^2(\sigma_{1s}^*)^2(\sigma_{2s})^2(\sigma_{2s}^*)^2(\sigma_{2px})^2(\pi_{2py})^2(\pi_{2pz})^2(\pi_{2py}^*)^1(\pi_{2pz}^*)^1$$

其中：σ_{1s}和 σ_{1s}^*对成键的贡献相互抵消，σ_{2s}和 σ_{2s}^*对成键的贡献也相互抵消。实际对成键有贡献的是：$(\sigma_{2px})^2$构成 O_2分子中的一个 σ 键；$(\pi_{2py})^2$ $(\pi_{2py}^*)^1$在空间方位一致，构成一个“三电子 π 键”，$(\pi_{2pz})^2$ $(\pi_{2pz}^*)^1$构成另一个“三电子 π 键”。

根据同样的方法，我们也可以得出 H_2、He_2、Li_2、Be_2、B_2、C_2、F_2等第一、第二周期元素双原子分子和 CO 等异核双原子分子的电子组态，进而判断其化学键类型。

7.5.4.2 判断分子的稳定性

分子的稳定性与相邻原子间成键的强度有关，在价键理论中是以键的数目表示键级，如单键、双键、叁键等。在分子轨道理论中则以键级的大小来表示相邻原子间成键的强度，其定义为分子中净成键电子数的一半：

$$\text{键级} = \frac{\text{成键电子数} - \text{反键电子数}}{2}$$

一般来说，键级越多，键能越大，分子结构越稳定。键级为零，分子不能存在。例如：

H_2分子的分子轨道式为 $(\sigma_{1s})^2$，键级 = 1，说明 H_2分子能稳定存在。

H_2^+的分子轨道式为 $(\sigma_{1s})^1$，键级 = 1/2，也能稳定存在，但其稳定性比 H_2小。

He_2分子的分子轨道式为 $(\sigma_{1s})^2(\sigma_{1s}^*)^2$，键级为 0，说明 He_2不能稳定存在（总的效果是没有成键）。

He_2^+的分子轨道式为 $(\sigma_{1s})^2(\sigma_{1s}^*)^1$，键级为1/2，能稳定存在，其稳定性比$He_2$大。

7.5.4.3 推测分子的顺磁性和反磁性

物质的磁性实验发现：凡有未成对电子的分子，在外加磁场中必须顺着磁场方向排列，表现出顺磁性，具有这种性质的物质称为顺磁性物质①。反之，电子完全配对的分子则具有反磁性。

以上述 O_2分子为例，其电子组态为：

$$(\sigma_{1s})^2\ (\sigma_{1s}^{\ *})^2\ (\sigma_{2s})^2\ (\sigma_{2s}^*)^2\ (\sigma_{2px})^2\ (\pi_{2py})^2\ (\pi_{2pz})^2\ (\pi_{2py}^*)^1\ (\pi_{2pz}^*)^1$$

可以看出 O_2中有 2 个单电子，所以是顺磁性的。O_2具有顺磁性这是 VB 法无法解释的，但是在 MO 法处理 O_2分子结构时，则是很自然地得出的结论。

7.6 金属键理论

在周期表中的100 多种元素中，金属元素约占3/4。金属有许多共同的性质，如具有金属光泽以及良好的导电性、导热性和机械加工性能等，这些性质与金属晶体结构和金属键有关。

非金属元素原子核外都有足够多的价电子，彼此互相结合时可以共用电子，而金属元素的价电子都少于4 个，一般只有 1 个或 2 个价电子，但在金属晶格中每个金属原子通常被 8 个或 12 个相邻原子所包围，配位数较大。为了说明金属键的本质，目前已发展起来两种主要的理论：自由电子理论和能带理论。

7.6.1 自由电子理论

自由电子理论认为：金属元素原子核对外层电子的作用比较松弛，容易失去电子，形成正离子。在金属原子与其正离子之间，存在着从原子上脱落下来的电子，金属原子和金属离子随时都在进行电子交换，而这些电子不是固定在某一金属离子的附近，而是能够在离子晶格中相对自由地运动的电子，使金属离子沉浸在电子的海洋之中。由于自由电子不停的运动，金属内部的金属原子和金属离子结合在一起，这种化学键叫金属键（metallic bond）。金属键可以看成是由许多金

---

① 顺磁性物质的主要特征是：不论外加磁场是否存在，原子内部存在永久磁矩。但在无外加磁场时，由于顺磁物质的原子做无规则的热振动，宏观看来，没有磁性；在外加磁场作用下，每个原子磁矩比较规则地取向，物质显示极弱的磁性。磁化强度与外磁场方向一致，磁性大小与外磁场 H 成正比。

属原子共用许多自由电子而形成的一种特殊形式的共价键，是一种离域的共价键。

金属的许多特性与金属中存在的自由电子有关。在外加电场存在下，自由电子向一个方向移动，因而金属具有良好的导电性。自由电子易吸收热量，且在运动中不断和原子或离子交换能量，故金属具有传热性能。另外，金属键不是固定在两个原子之间，原子可做相对滑动而不破坏整个结构，因而金属具有延展性。金属中自由电子可全部吸收可见光，然后又把各种波长的光大部分都发射出来，所以金属通常呈银白色光泽。

自由电子理论尽管能定性说明许多金属性质，但很难对这些性质进行定量计算。另外，对于金属的光电效应、导体、绝缘体和半导体的区别，以及某些金属的导电特性不能解释。

随着现代量子力学理论的发展，人们又在分子轨道理论的基础上建立了金属键的能带理论。

7.6.2 能带理论

7.6.2.1 能带

用分子轨道理论把整个金属晶体看成一个大分子，由于各个原子轨道的外层轨道相互重叠，可以形成一系列能级相近的分子轨道，分子轨道数等于原子轨道数。最终形成一个几乎是连成一片的且具有一定的上、下限的能级，这就是能带（energy band）。如图 7-21 所示。

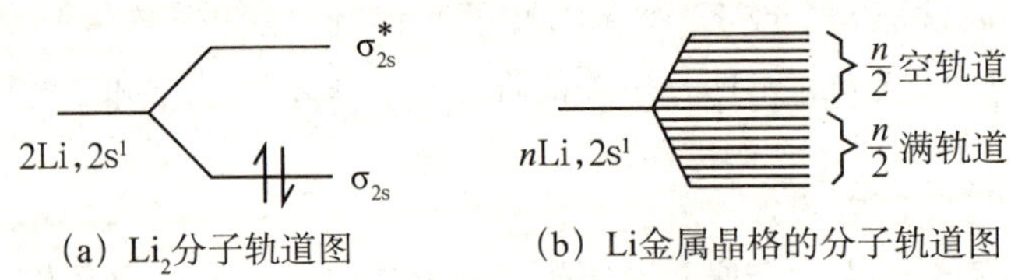

(a) Li_2分子轨道图　　(b) Li金属晶格的分子轨道图

图 7-21　金属能带的形成

7.6.2.2 满带、导带和禁带

金属的价电子按照分子轨道理论的基本原则依次填入这些能带中。充满电子的能带叫满带。由于能带内所含分子轨道是由原子轨道组合成的，如果参与组合的原子轨道完全为电子所充满，则组合成的分子轨道也必然为电子所充满。例如金属 Li（$1s^2 2s^1$）的 $1s^2$ 能带就是满带（图 7-22）。满带是分子中能量比较低的能带，其中的电子不能自由移动。

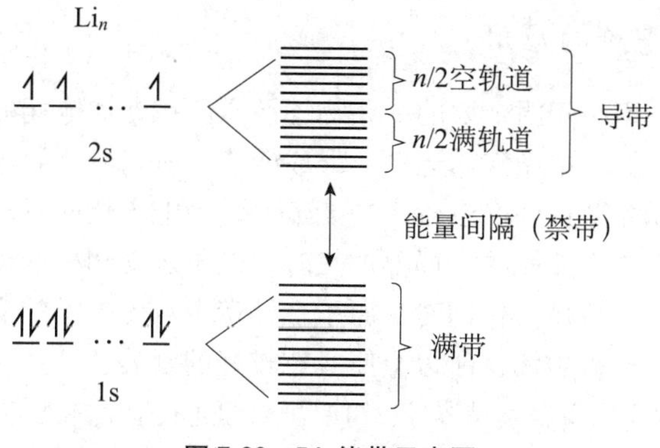

图 7-22　Li$_n$能带示意图

参加组合的原子轨道如果未充满电子，则形成的能带也是未充满的，还有空的分子轨道存在。这种能带上的电子只要吸收微小的能量就能跃迁到能带内能量稍高的轨道上，从而使金属具有导热、导电的作用。这种未充满电子的高能量能带叫导带（如 Li 的 $2s^1$能带）。

正如原子中各个能级间有能量差别一样，金属晶体中各个能带之间也有能量差别，这使相邻能带之间一般都有能量间隔，如同带隙。带隙是电子的禁区，电子不能停留，所以也叫禁带。

金属具有良好的导电性存在两种情况：一种是类似 Li，电子进入能带时，存在未充满电子的导带，导带上电子可以自由移动，在电场作用下形成电流；另一种情况是，虽然不存在未满带，但由于金属的紧密堆积结构，使形成的能带之间的带隙很小，尤其是当金属原子相邻亚层原子轨道之间能级接近时，形成的能带会出现重叠现象。如图 7-23，Be 充满电子的 2s 满带的电子可以跃迁到空的 2p 能带，所以 Be 也是良导体。

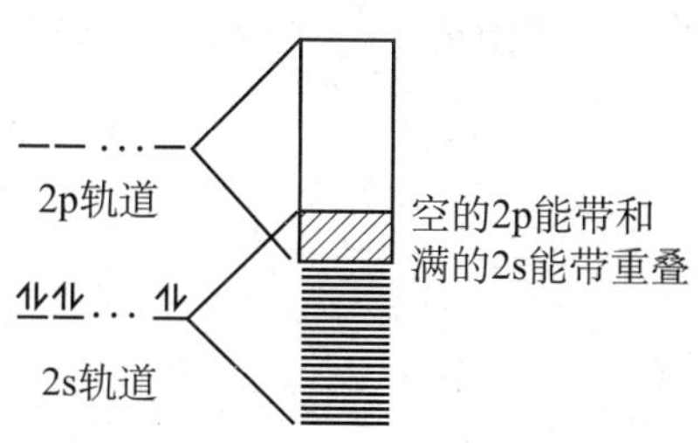

图 7-23　Be$_n$2s 和 2p 能带重叠示意图

如果满带与导带之间的能量间隔很大，低能级的满带和高能级的导带跃迁电子则是不可能的，不能导电，为绝缘体。

7.6.2.3 能带理论的应用

能带理论可以用来阐明金属的一些物理性质。在外加电场的作用下，金属导体导带中的电子在能带中做定向运动，形成电流，所以能够导电。光照使导带中的电子可以吸收光能跃迁到能量较高的能带上，当电子跃回时把吸收的能量又发射出来，使金属具有金属光泽。局部加热时，电子运动和核的震动可以传热，使金属具有导热性。受机械力作用时，原子在导带中自由电子的润滑下可以相互滑动，而能带并不因此被破坏，所以金属具有较好的延展性。

能带理论不仅应用于金属晶体，也可以用来阐述其他晶体的导电性能（图7-24）。

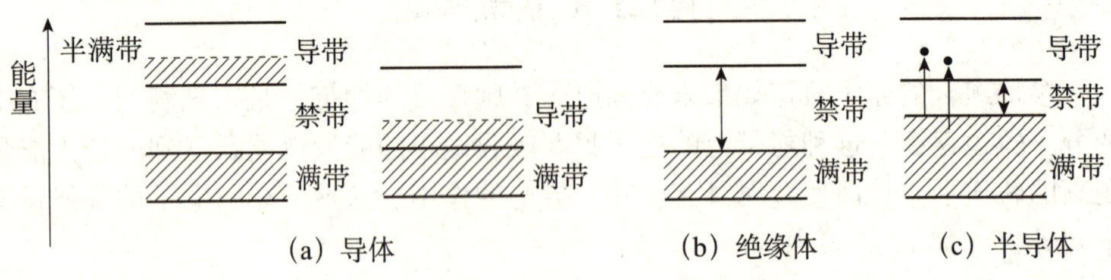

图7-24　导体、半导体和绝缘体的能带

绝缘体（insulator）由于电子只存在于满带上，并且禁带较宽，即使有外电场的作用，满带上的电子也很难越过禁带跃迁到导带上，因此绝缘体不能导电。还有一类物质，禁带较窄，常温下导带上有少量激发电子，因此导电性能不好。它们的导电能力介于导体和绝缘体之间，称为半导体（semiconductor）。

半导体在温度升高时，由于禁带较窄，满带中的电子容易被激发，越过禁带跃迁到导带上，从而起到增强导电能力的作用。而一般的金属则不是这样，由于禁带宽，升高温度时不仅不能使满带中的电子跃入导带，以增加导带中的电子数目；相反，由于金属原子和金属阳离子的振动加剧，使导带中自由电子的流动受阻，还减弱了导电能力。

7.7 分子间作用力

离子键、金属键和共价键，这三大类型化学键指的都是原子间强烈的相互作用。除了这种原子间较强的作用之外，在分子之间还存在着一种较弱的相互作用力，如气体分子能凝聚成液体和固体，主要就靠这种分子间作用力（intermolecular force）。Van der Waals 早在1873年就注意到这种作用力的存在并且进行了卓有成效的研究，所以后人把分子间力叫做范德华力。

由于分子间力本质上属于电学性质的范畴，因此在介绍分子间力之前，先熟悉分子的两种电学性质——分子极性和变形性。

7.7.1 分子的极性和变形性

7.7.1.1 分子的极性

每个分子都有带正电荷的原子核和带负电荷的电子，由于正、负电荷数量相等，整个分子是电中性的。但对每一种电荷来说，都可以设想其集中于某点上，我们把电荷的这种集中点叫做“电荷中心”。在分子中，如果正负电荷中心不重合在同一点上，那么这两个中心又可称作分子的两个极（正极和负极），这样的分子就具有极性（polarity）。

例如两个 H 原子形成的 H_2分子，正负电荷中心重合，是非极性分子。由两个不同原子形成的分子，如 HCl，由于卤原子对电子的吸引力大于氢原子，使共用电子对偏向 Cl 原子一边，结果 Cl 一边显负电，而氢原子一边显正电；在 HCl 分子中，正负电荷“重心”不重合，形成极性分子（图 7-25）。由此可见，对于双原子分子来说，分子的极性取决于键的极性，键有极性，分子也是极性的；键是非极性，分子也是非极性的。

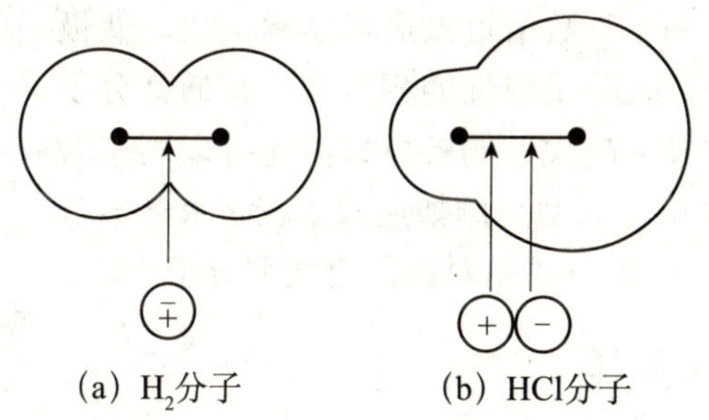

图 7-25 H_2 和 HCl 分子电荷分布示意图

对于多原子分子来说，分子的极性还取决于分子的空间构型的对称性。例如在 CO_2分子中，C—O 键是极性键，但是由于 CO_2分子的空间结构是线型对称的（O = C = O），两个 C—O 键的极性相互抵消，其正负电荷中心是重合的，因此，CO_2是非极性分子。例如在 H_2O 分子中，H—O 键也是极性键，但是由于 H_2O 分子的空间结构是角型的，不对称，两个 H—O 键的极性不能相互抵消，其正负电荷中心不重合，因此，H_2O 是极性分子（图 7-26）。在由极性共价键组成的多原子分子中，空间结构完全对称的是非极性分子，不对称的是极性分子。

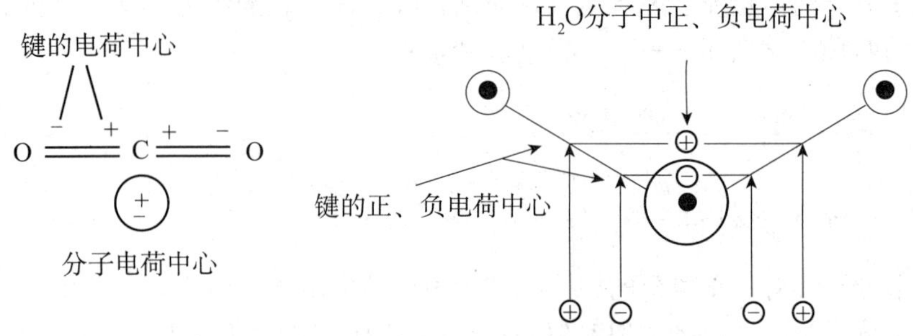

图 7-26　CO_2 和 H_2O 中正、负电荷中心的分布

人们用分子的偶极矩来衡量分子极性大小。偶极矩（μ）定义为分子中电荷中心（正电荷中心或负电荷中心）上的电荷电量（q）与正负电荷中心之间距离（d）的乘积：

$$\mu = q \cdot d$$

分子偶极矩（图 7-27）是一个矢量，既有数量，又有方向，其方向是从正极到负极。一般电子的电荷等于 1.6×10^{-19}C，d 和分子的直径有相同的数量级，即 10^{-10}m，所以，分子偶极矩的大小数量级为 10^{-30}，单位为库仑·米（C·m）。

每个键都有自己特征的偶极矩，分子的总偶极矩是各单个键偶极矩的矢量和，其数值可以通过实验测出。偶极矩数值可以帮助我们比较分子极性的相对强弱，通常分子偶极矩越大，分子的极性越大；偶极矩数值还可以用来验证和推断某些分子的几何构型。例如通过实验测得 CS_2 分子的偶极矩为 0，说明 CS_2 分子是对称的直线型分子。

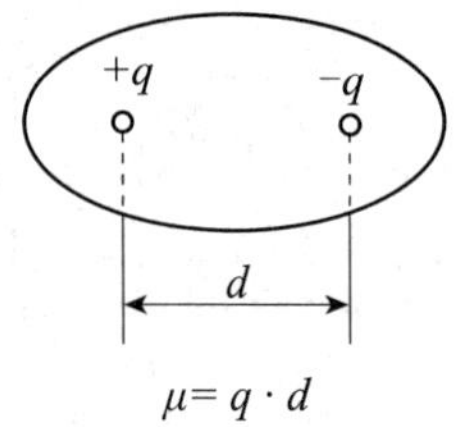

图 7-27　分子的偶极矩

7.7.1.2　分子的变形性

分子的极性并不是一成不变的，因为极性分子和非极性分子的正负电荷重心在外电场的影响下会发生变化。在电场中，非极性分子的原子核被吸引向负极，电子云被吸引向正极，分子发生形变，使原来重合的正负电荷中心分离，分子出现了偶极（dipole）。这种在外电场作用下所产生的偶极叫诱导偶极（induced dipole），外界电场强度越大，分子越易变形，诱导偶极矩越大；外界电场取消，诱导偶极随之消失。

对于极性分子来说，由于正、负电荷重心不重合，分子中自始至终存在着一个偶极，极性分子的这种固有的偶极叫做永久偶极（permanent dipole）。在没有外电场的作用时，它们一般都做不规则的热运动，但在外电场作用下，极性分子会顺着电场方向整齐排列（图 7-28），这个过程叫做取向（orientation）。在电场的进一步作用下，产生诱导偶极，产生的诱导偶极叠加在固有偶极上，表现为分子的极性增强。

由于分子内部的原子核和电子都是在不停地运动，它们的相对位置也随时在改变，因此正负电荷的重心也可能发生变化。在某一瞬间，分子的正电荷重心和负电荷重心会发生不重合现象，这时所产生的偶极叫瞬间偶极（transient dipole），其偶极矩叫瞬间偶极矩。分子越大，分子的变形性越大，瞬间偶极越大。

7.7.2 分子间作用力（范德华力）

根据分子间作用力产生的原因和特点，又可以分为：取向力、诱导力和色散力三部分。

7.7.2.1 取向力

取向力发生在极性分子和极性分子之间。由于极性分子具有偶极，当两极性分子相互接近时，同极相斥，异极相吸，使分子发生相对转动，这就是取向。在取向的偶极分子之间，由于静电引力将相互吸引，当接近到一定距离后，排斥和吸引达到相对平衡，从而使体系能量达到最低。这种极性分子与极性分子之间，偶极定向排列产生的作用力，叫做取向力（orientation force）；或者说，这种永久偶极和永久偶极之间所产生的分子间作用力叫取向力（图 7-28）。

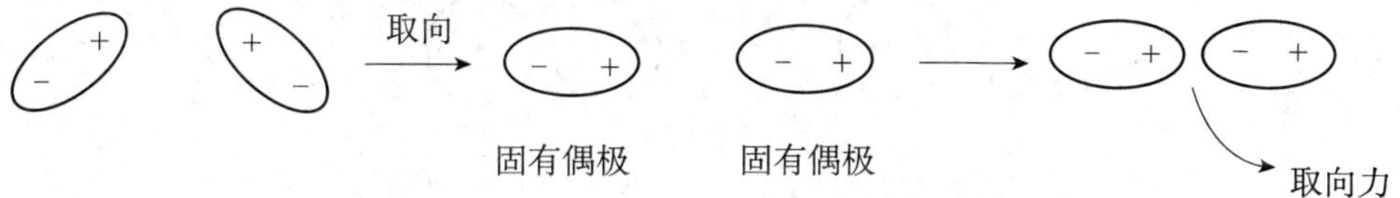

图 7-28 极性分子间的取向力

取向力只发生在极性分子和极性分子之间，分子的极性越强，分子的偶极矩越大，取向力越大。在室温下，取向力对强极性分子的化合物（如 H_2O，NH_3）的凝聚起主要作用，在高温或气态时，由于分子热运动的结果，取向力会大大减弱。

7.7.2.2 诱导力

当极性分子和非极性分子靠近时（图 7-29），非极性分子由于受到极性分子偶极电场的影响而发生变形，可以使正、负电荷重心发生位移，产生诱导偶极。诱导偶极与极性分子的固有偶极相吸引产生的作用力，称为诱导力（induction force）。

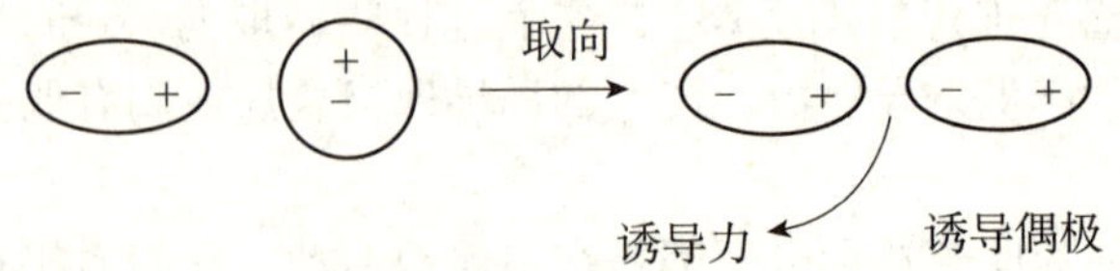

图 7-29　极性分子与其他分子间的诱导力

同样，在极性分子与极性分子相互接近时，在固有偶极的相互作用下，每个分子也会发生变形，产生诱导偶极，其结果使极性分子的偶极矩增大，从而使分子之间出现了除取向力之外的额外吸引力——诱导力。因此，诱导力也存在于极性分子之间。

诱导力与极性分子的偶极矩、被诱导分子的可极化性以及分子间的距离有关。由于大多数物质分子的可极化性不是很大，所以诱导力比较弱。

7.7.2.3　色散力

不管是极性分子还是非极性分子，每个分子中的电子和原子核皆处在不断的运动之中，要使每一瞬间的正、负电荷中心保持不变是不可能的。因此，经常会发生电子云和原子核之间的瞬时相对位移，产生瞬时偶极。两个瞬时偶极必然也是处于异极相邻的状态，而相互吸引。这种瞬时偶极与瞬时偶极之间产生的相互作用力叫色散力（dispersion force）（图 7-30）。

图 7-30　分子间的色散力

色散力普遍存在于各种分子之间，主要与分子的变形性以及分子间距离有关。分子的变形性越大，越易变形，色散力就越大；分子间距离越小，色散力越大。

极性分子与极性分子之间，取向力、诱导力、色散力都存在；极性分子与非极性分子之间，则存在诱导力和色散力；非极性分子与非极性分子之间，则只存在色散力。这三种类型的力的比例大小，取决于相互作用分子的极性和变形性。极性越大，取向力的作用越重要；变形性越大，色散力就越重要；诱导力则与这两种因素都有关。但对于大多数分子来说，色散力是主要的。实验证明：对大多数分子来说，色散力是主要的；只有偶极矩很大的分子（如水），取向力才是主要的；而诱导力通常是很小的。

7.7.3　氢键

从第六主族氧族和第七主族卤素元素的氢化物的沸点变化可以看出：在同一主族中，一般随着氢化物的分子量的增大沸点逐渐升高。但有两种氟化物 HF、H_2O 例外，尽管它们的分子量较小，但与同族的氢化物相比，它们的沸点都特别高，表现出反常的现象，这是因为在 HF 和 H_2O 的分子间除了有分子间作用力之外，还存在另外一种作用力——氢键（hydrogen bond），致使这些简单的分子发生缔合形成缔合分子，使其沸点大大升高。

7.7.3.1　氢键的概念

下面以水分子为例来说明氢键的形成。在水分子中，氧的电负性比氢的电负性大得多，因此水分子中的 O—H 键的共用电子对强烈地偏向于氧原子一边，因而氢原子带有部分正电荷、氧原子带部分负电荷。同时由于氢原子核外只有一个电子，其电子云偏向氧原子，它几乎成为赤裸的质子，这个半径很小又带有正电性的氢原子能够与另一个水分子中含有孤对电子并带有部分负电荷的氧原子充分靠近，相互吸引（图 7-31）。这种吸引力叫氢键。

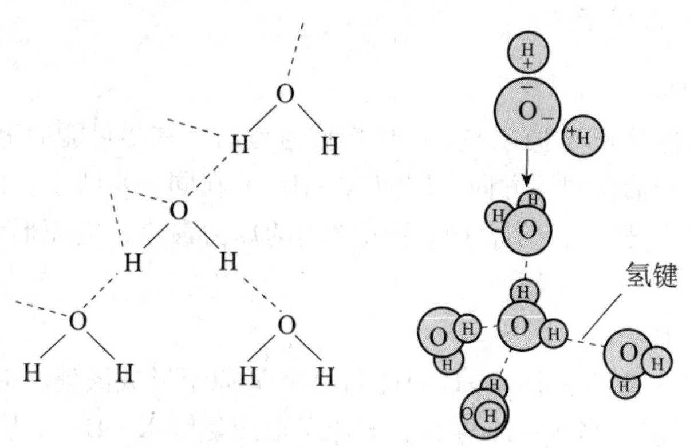

图 7-31　H_2O 分子的氢键

结果水分子间便构成氢键而缔合在一起，形成 $(H_2O)_n$ 缔合分子，致使 H_2O 的熔沸点比同族其他元素氢化物的熔沸点高。

同样 HF 也因氢键的形成而发生缔合现象，生成 $(HF)_n$ 缔合分子，$n=2,3,4,\cdots$，以至于其沸点升高（图 7-32）。

不仅同种分子之间可以存在氢键，某些不同种分子之间也可能形成氢键，例如 NH_3 和 H_2O 之间（图 7-33）。

综上所述，氢键的通式是 X－H－Y，其中 X 代表电负性大且半径较小的原

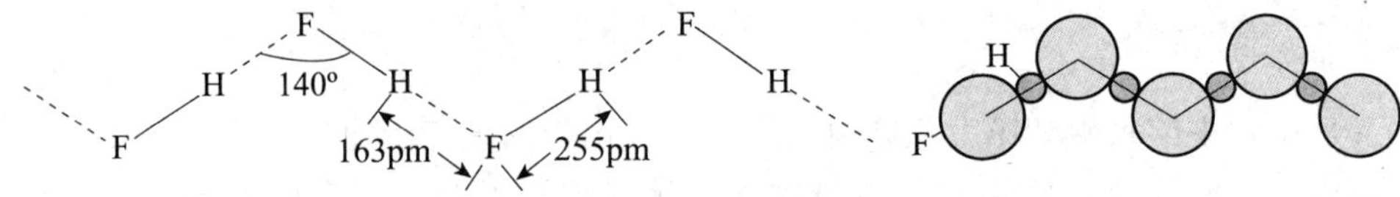

图 7-32　固体（HF）$_n$ 的氢键

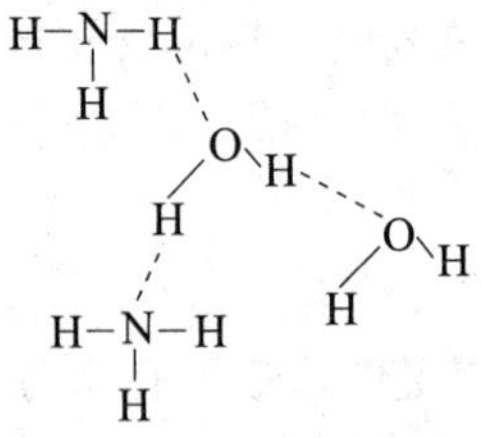

图 7-33　NH_3 和 H_2O 之间的氢键

子（F，O，N）；Y 代表电负性大，半径较小，且有孤对电子的原子（F，O，N）。X，Y 可以是相同元素，也可以是不同元素。

7.7.3.2　氢键的特点

（1）有方向性

氢键的方向性是指 Y 原子与 X—H 形成氢键时，在尽可能的范围内要使氢键的方向与 X—H 键轴在同一方向，即使 X—H…Y 在同一直线上。因为这样成键，可使 X 与 Y 的距离最远，两原子电子云之间的斥力最小，因而形成的氢键愈强，体系愈稳定。

（2）有饱和性

氢键的饱和性是指一个 X—H 只能与一个 Y 原子形成氢键。由于氢原子的半径比 X 和 Y 小得多，当 X—H 与一个 Y 原子形成氢键 X—H…Y 后，如果再有一个极性分子的 Y 原子靠近它们，则这个原子的电子云受“X—H…Y”中的 X、Y 原子电子云的排斥力，其排斥力比受带正电性的 H 的吸引力大，因此，X—H…Y 上的这个氢原子不可能与第二个 Y 原子再形成第二氢键。

（3）氢键的强弱

氢键的强弱取决于 X、Y 的电负性和原子半径的大小。电负性越大、半径越小的原子所形成的氢键越稳定。

“F—H…F” > “O—H…O” > “O—H…N” > “N—H…N”

（4）氢键的本性

氢键基本上还是属于静电吸引作用，氢键的键能较化学键小（一般在 41.84

$kJ \cdot mol^{-1}$以下），和分子间力的数量级相近，可把氢键看做是有方向性的分子间力。

7.7.3.3 氢键的类型

氢键可以分为分子间氢键和分子内氢键两种类型。

（1）分子间氢键：一个分子的X—H键与另一个分子的原子Y相结合而成的氢键。

其中Y可以和X相同，也可不相同。如我们前面讨论过的水和氟化氢分子中的氢键就属于分子间氢键。又如：KHF_2中也存在“F…H…F”分子间氢键，甲酸、醋酸、乙醇分子中也存在分子间氢键。

（2）分子内氢键：一个分子的X—H键与它内部的原子Y原子相结合而成的氢键。

如在苯酚的邻位上有—CHO，—COOH，—OH，—NO_2等时，便可形成分子内氢键（图7-34）。

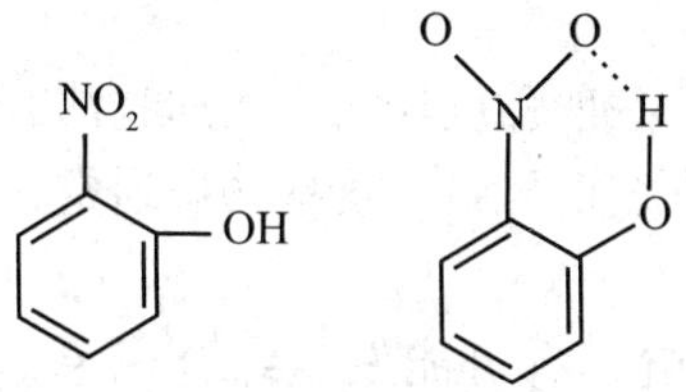

图 7-34 邻硝基苯酚分子内氢键

7.7.3.4 氢键对化合物性质的影响

（1）熔点、沸点

分子间形成氢键时，化合物的熔点、沸点显著升高。HF、H_2O和NH_3等第二周期元素的氢化物，由于分子间氢键的存在，要使其固体熔化或液体气化，必须给予额外的能量破坏分子间的氢键，所以它们的熔点、沸点均高于各自同族的氢化物（图7-35）。

但是，能够形成分子内氢键的物质，其分子间氢键的形成将被削弱，因此它们的熔点、沸点不如只能形成分子间氢键的物质高。硫酸、磷酸都是高沸点的无机强酸，但是硝酸由于可以生成分子内氢键的原因，却是挥发性的无机强酸。可以生成分子内氢键的邻硝基苯酚，其熔点远低于它的同分异构体对硝基苯酚。

（2）溶解度

在极性溶剂中，如果溶质分子与溶剂分子之间可以形成氢键，则溶质的溶解

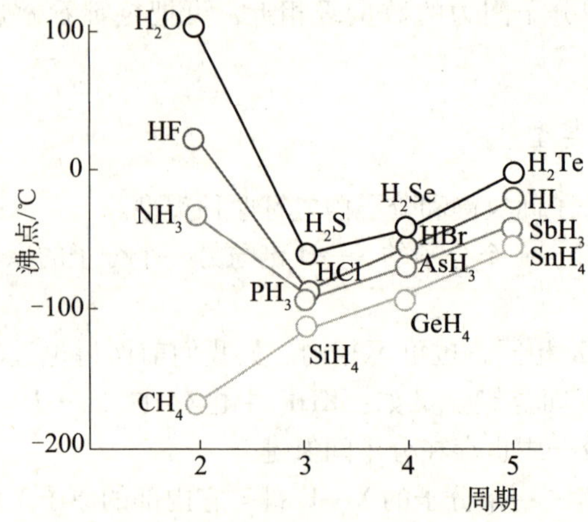

图 7-35 氢化物沸点的递变

度增大。HF 和 NH_3在水中的溶解度比较大，就是这个缘故。

(3) 黏度

分子间有氢键的液体，一般黏度较大。例如甘油、磷酸、浓硫酸等多羟基化合物，由于分子间可形成众多的氢键，这些物质通常为黏稠状液体。

(4) 密度

液体分子间若形成氢键，有可能发生缔合现象，例如液态 HF，在通常条件下，除了正常的简单 HF 分子外，还有通过氢键联系在一起的复杂分子 $(HF)_n$。其中 n 可以是 2，3，4…这种由若干个简单分子联成复杂分子而又不会改变原物质化学性质的现象，称为分子缔合。分子缔合的结果会影响液体的密度。

复习与思考题

1. 根据现代共价键理论（电子配对法），形成共价键需要满足的条件是什么？为什么共价键具有方向性和饱和性？

2. 什么叫轨道杂化？什么是杂化轨道？什么是等性杂化？什么是不等性杂化？主要的杂化轨道及其空间构型有哪些？

3. 对比杂化轨道理论和价电子对互斥理论，请问二者相同和不同之处有什么，二者的适用情况和优缺点各是什么？

4. 根据电负性数据指出下列两类化合物中哪个化合物键的极性最小？哪个化合物键的极性最大？

（1）NaCl，$MgCl_2$，$AlCl_3$，$SiCl_4$；

（2）HF，HCl，HBr，HI。

5. 什么是氢键？氢键有哪些特点？有哪些类型？举例说明氢键对物质性质有哪些影响。为什么不把氢键归为化学键的一类？氢键不是共价键，为什么它也有方向性和饱和性？

6. 下列说法是否正确？为什么？

（1）在多原子分子中，键的极性越强，分子的极性也越强；

（2）由极性共价键形成的分子，一定是极性分子；

（3）分子中的键是非极性键，分子一定是非极性分子；

（4）非极性分子中的化学键一定是非极性共价键。

（5）相对分子质量越大，分子间力越大；

（6）色散力只存在于非极性分子之间；

（7）δ 键比 π 键的键能大。

7. 写出下列各离子的核外电子构型，并指出它们各属于哪一类的离子构型：

Al^{3+}、Fe^{3+}、Pb^{2+}、Zn^{2+}、Cr^{3+}、Ca^{2+}、Br^-、Tl^+。

8. 试用杂化轨道理论说明下列分子的键角：PCl_3的键角为 101°，NH_3的键角为 107°，$SiCl_4$的键角为 109° 28′。

9. 已知 NO_2、CO_2、SO_2分子中键角分别为 132°、180°、120°，判断它们的中心原子轨道的杂化类型，说明成键情况。

10. 在下列各对化合物中，哪一个化合物中的键角大？说明原因。

（1）CH_4和 NH_3　（2）OF_2和 Cl_2O　（3）NH_3和 NF_3　（4）PH_3和 NH_3。

11. 根据杂化轨道理论填写下表：

	NH_3	BBr_3
中心原子杂化轨道（注明等性或不等性）		
分子几何构型		
共价键有无极性		
分子有无极性		
分子间存在的作用力		

12. 指出下列分子中，每个 C 原子所采取的杂化类型：

（1）$CH_2{=}CH{-}CH{=}CH_2$　（2）$CH_3{-}CH{=}C{=}CH_2$

（3）$CH{\equiv}C{-}CH{=}CH_2$　（4）$CH_3COCH{=}CHCH_3$

13. 指出下列分子或离子中中心原子所具有的孤对电子数：

（1）H_2O　（2）NH_3　（3）NH_4^+　（4）H_2S　（5）OH^-

14. 综合应用杂化轨道理论和价层电子对互斥理论填写下表：

物质	中心原子价层电子对数	成键电子对数	孤对电子数	空间几何构型	中心原子杂化轨道类型	是否极性分子
XeF_4						
AsO_4^{3-}						
CH_2F_2						
BCl_3						
SF_4						

15. 已知 NO 分子具有与 N_2 分子相同的分子轨道能级类型，试写出 NO、NO^+ 的分子轨道式，指出它的键级、磁性和相对稳定性。

16. 对下列双原子分子或离子：Li_2　Be_2　B_2　N_2　CO^+　CN^-，试回答：(1) 写出它们的分子轨道式；(2) 通过键级计算判断哪种分子最稳定，哪种分子最不稳定；(3) 判断哪些分子或离子是顺磁性的，哪些是反磁性的。

17. 对于 (1) H_2；(2) CH_4；(3) $CHCl_3$；(4) 氨水；(5) 溴与水之间，只存在色散力的是：________，只有色散力和诱导力的是________；既有色散力又有诱导力的是________；不仅有分子间力，还有氢键的是________。

18. 判断下列各组分子之间存在什么形式的分子间作用力。

(1) 苯和 CCl_4；(2) 氨 和水；(3) CO_2 气体；(4) HBr 气体；(5) 甲醇和水；(6) 甲醇和 CCl_4

19. 根据等电子原理，原子数相同的分子或离子中，若电子数也相同，则这些分子或离子将具有相似的电子结构和相似的几何构型。已知 CO_2，NO_2^-，BF_3 分别为直线形、V 字形和平面三角形。试用等电子原理将下列分子或离子与前述三个相比较，并把它们的成键情况汇总并按下表要求列出来：O_3，NO_2^+，NO_3^-，N_3^-，CO_3^{2-}。

电子总数	分子或离子	σ 键类型	π 键类型	空间几何构型

20. 比较化合物熔沸点高低并说明理由。

(1) CH_3CH_2OH 和 CH_3OCH_3；(2) O_3 和 SO_2；(3) $HgCl_2$ 和 HgI_2；

（4）邻羟基苯甲酸 和 对羟基苯甲酸

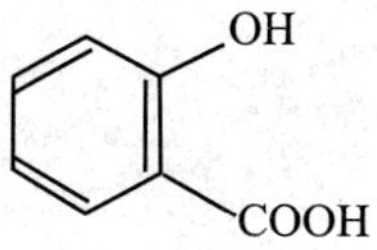

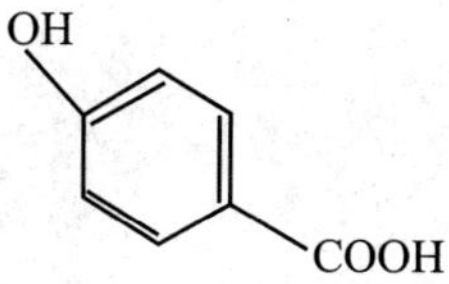

21. 考虑到阳离子的极化作用，试说明在 $FeCl_2$ 和 $FeCl_3$，$FeCl_2$ 和 $MgCl_2$，$CaCl_2$ 和 $HgCl_2$ 中键的离子性成分的变异。

第 8 章　配位化合物

人们应用配位化合物的历史非常久远，当时大多与日常生活用途有关，原料也基本上是由天然取得的，比如杀菌剂胆矾和用作染料的普鲁士蓝（$KFe[Fe(CN)_6]$）。但最早对配合物进行的理论研究开始于 1798 年，法国化学家塔索尔特（B. M. Tassert）首次用二价钴盐、氯化铵与氨水制备出 $CoCl_3 \cdot 6NH_3$，并发现铬、镍、铜、铂等金属以及 Cl、H_2O、CN、CO 和 C_2H_4 也都可以生成类似的化合物。根据化学式判断，它是由两个简单化合物（$CoCl_3$ 和 NH_3）形成的一种新类型化合物。这类化合物的出现令化学家迷惑不解：既然简单化合物中的原子都已满足了各自的化合价，那是什么促使它们之间形成了新的一类化合物？由于人们不了解成键作用的本质，故将其称为“complex compound”（复杂化合物）。当代化学家对这类化合物本性的了解，是以维尔纳（A. Werner）教授在 1913 年提出的维尔纳配位理论为基础的。维尔纳曾获得 1913 年诺贝尔化学奖，他的学说深深影响着 20 世纪无机化学和化学键理论的发展。

8.1　配位化合物的基本概念

配位化合物（coordination compound）简称为配合物（以前译为络合物），是一类由中心金属原子（离子）和配位体组成的化合物。自然界中许多无机化合物都是以配合物的形式存在的，其作为现代无机化学重要的研究对象，在科学研究和生产实践中起着十分重要的作用。

近几十年来，现代理论化学、量子力学、现代测量技术和计算技术的发展，促进了配位化学的发展，并使其广泛应用于贵重金属的湿法冶炼、分离提取、电镀与电镀液的处理、工业分析、配位催化、环保、医药、食品以及生命科学等多个领域。随着对配位化合物研究的不断深入，至今已形成了一门独立的分支学科——配位化学（coordination chemistry），可以说，配位化学在整个化学领域内已经成为一个不可缺少的组成部分。

8.1.1 配位化合物的定义

根据 1980 年中国化学会修订的《无机化合命名原则》，将配位化合物定义为：由可以给出孤对电子或多个不定域电子的一定数目的离子或分子（称为配位体）和具有接受孤对电子或多个不定域电子的空位的原子或离子（统称为中心离子），按一定的组成和空间构型所形成的化合物。

从这个定义中，可以认为配位化合物是由中心离子（或原子）和配位体（阴离子或分子）以配位键的形式结合而成的复杂离子（或分子），通常称这种复杂离子为配位单元（coordination entity），而含有配位单元的化合物都称为配位化合物。

例如，我们常见的化合物 NH_3、H_2O、AgCl、$CuSO_4$ 等，它们之间可以进一步结合形成 $[Ag(NH_3)_2]Cl$、$[Cu(NH_3)_4]SO_4$ 等复杂的化合物。这些复杂化合物的共同特征是都含有复杂的组成单元，且这些组成单元内部都存在有配位键。如：$[Ag(NH_3)_2]^+$ 是由 1 个 Ag^+ 和 2 个 NH_3 分子以 2 个配位键结合而成；$[Cu(NH_3)_4]^{2+}$ 是由 1 个 Cu^{2+} 和 4 个 NH_3 分子以 4 个配位键结合。根据上述定义，Ag^+、Cu^{2+} 为中心离子；NH_3、H_2O 为配位体；$[Ag(NH_3)_2]^+$、$[Cu(NH_3)_4]^{2+}$ 为配位单元或配位离子；$[Ag(NH_3)_2]Cl$、$[Cu(NH_3)_4]SO_4$ 称为配位化合物。

8.1.2 配位化合物的组成

在配合物的分子中，有一个带正电的中心离子，在中心离子的周围结合着负离子或中性分子，这样组成的配位离子是配合物的内界；而不在内界的其他离子，距中心离子较远，则构成配合物的外界。通常把内界即配位离子用方括号括起来，而外界写在方括号的外面。如 $[Cu(NH_3)_4]SO_4$ 配合物，Cu^{2+} 是中心离子，$[Cu(NH_3)_4]^{2+}$ 是配合物的内界，而 SO_4^{2-} 是外界。

当配位化合物溶于水时，外界离子容易解离出来，而配位离子很稳定，很难解离。比如 $[Cu(NH_3)_4]SO_4$ 溶于水时，是按照下式解离的：

$$[Cu(NH_3)_4]SO_4 \rightleftharpoons [Cu(NH_3)_4]^{2+} + SO_4^{2-}$$

因此，在 $[Cu(NH_3)_4]SO_4$ 溶液中加入 $BaCl_2$ 溶液能产生 $BaSO_4$ 沉淀，但加入少量 NaOH，却并不产生 $Cu(OH)_2$ 沉淀。有些配合物的内界不带电荷，其本身就是一个中性配合物，例如：$[PtCl_2(NH_3)_2]$、$[CoCl_3(NH_3)_3]$ 等，这些配合物便只有内界而没有外界，在水溶液中几乎不解离出离子。

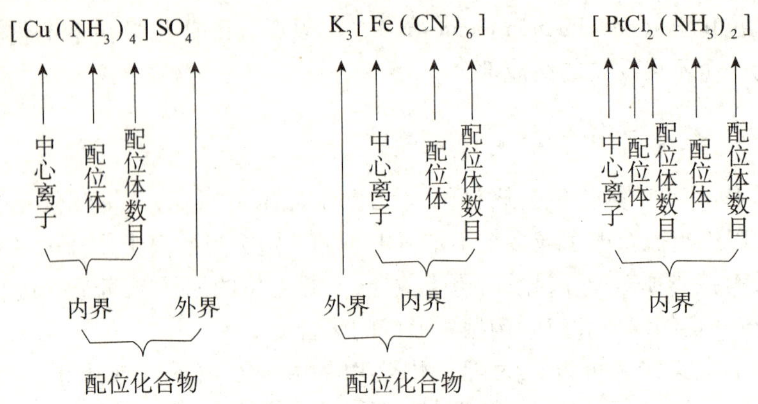

图 8-1　配位化合物组成示意图

8.1.2.1　中心离子（形成体）

在配合物的内界，有一个带正电荷的离子（或原子），位于配合物的中心位置，称为配合物的中心离子（central ion）或者中心原子（central atom），又称配合物的形成体，用 M 表示，它是配合物的核心。配合物的形成体通常是金属离子，尤其以过渡金属离子居多，如 Cu^{2+}、Ag^{+}、Fe^{3+} 等；某些金属原子及高氧化态的非金属元素也可作为配合物的形成体，如 $Ni(CO)_4$ 及 $Fe(CO)_5$ 中的 Ni 及 Fe，$[SiF_6]^{2-}$ 中的 Si^{4+}。

8.1.2.2　配位体

在配合物中，与中心离子以配位键结合的中性分子或阴离子称为配位体（ligand），简称配体，它们与中心离子结合成为配合物内界，如 $[Cu(NH_3)_4]^{2+}$ 中的 NH_3、$[Fe(CN_6)]^{4-}$ 中的 CN^-。原则上，任何具有未共用电子对（孤对电子）并且可以与金属离子形成配位键的分子或离子，都可以作为配体，例如 NH_3、H_2O、OH^-、CN^- 和卤素离子等。

实际上，任何配体通常都含有电负性较大的元素原子，如 C、N、O、S、F、Cl、Br、I 等，形成的配体既可以是分子，如 NH_3、H_2O，也可以是离子，如 OH^-、X^-、CN^-。

在配体中提供孤对电子与中心离子键合的原子称为配位原子（ligating atom），如 NH_3 中的 N、H_2O 和 OH^- 中的 O、CN^- 中的 C 等原子。只含 1 个配位原子的配位体叫做单齿配位体（monodentate ligand），它与中心离子只形成一个配位键，其组成比较简单，如 NH_3、H_2O、X^- 等；含有两个或两个以上的配位体总称为多齿配位体（polydentate ligand），如 $C_2O_4^{2-}$、$H_2NCH_2CH_2NH_2$、1,10－菲咯啉等。

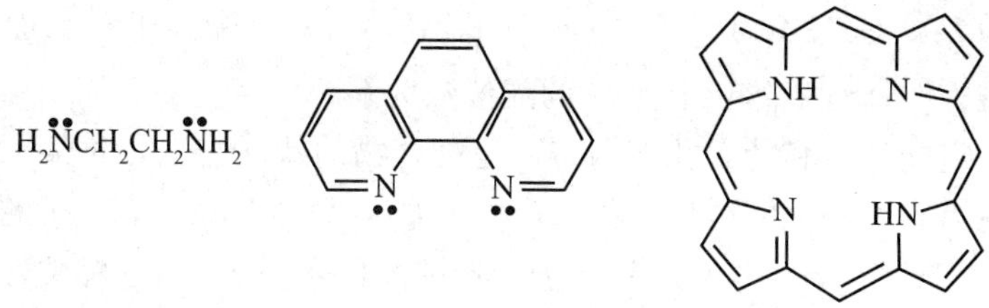

(a) 乙二胺　(b) 1,10–菲咯啉　(c) 卟啉

图 8-2　多齿配体

图 8-2（a）中的乙二胺（ethylene diamine）和（b）中的 1,10 - 菲咯啉（phenanthroline）分子为双齿配体，配位原子是两个 N 原子；（c）中的卟啉（porphyrin）分子是四齿配体，配位原子是 4 个 N 原子（具有孤对电子的两个 N 原子和 H^+ 解离后留下孤对电子的两个 N 原子）。有时也将这类配体叫做大环配体（macrocyclic ligand），通过环上的杂原子（C、N、S、P 等非 C 原子）与金属原子配位。通常情况下大环配体是指有九个或更多个原子，其中至少有三个或三个以上配位原子的环状配体。包括 4 个 N 原子在内，卟啉环共有 16 个环原子。卟啉环是存在于生物体内的一类非常重要的配体，例如植物体内的叶绿素（图 8-3）和动物体内的血红素。

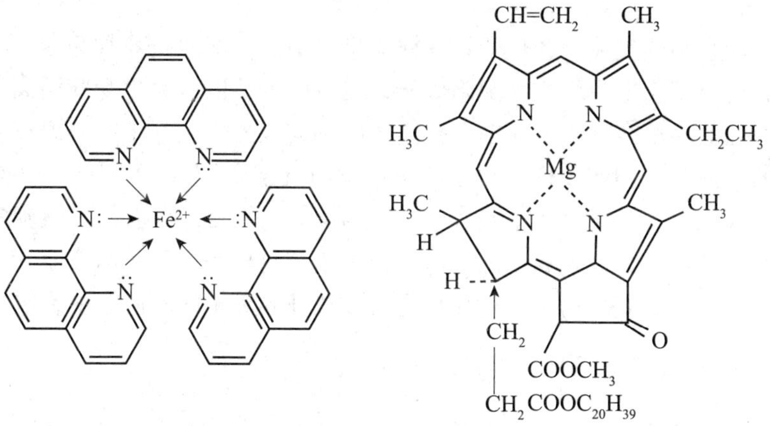

(a) $[Fe(phen)_3]^{2+}$　(b) 叶绿素a

图 8-3　螯合物实例

8.1.2.3　配位数

在配体中，直接与形成体结合成键的配位原子的数目称为中心离子的配位数（coordination number），一般中心离子的配位数为偶数，如 $[Ag(NH_3)_2]^+$ 中 Ag^+

的配位数为 2；$[Cu(NH_3)_4]^{2+}$中 Cu^{2+}的配位数为 4，配离子有平面正方形或四面体的构型；$[Fe(CN)_6]^{4-}$中 Fe^{2+}的配位数为 6。

具有一定配位数和特定几何构型，是配合物的特征之一。对某一金属离子来说，常表现为有一特征配位数，如 Zn^{2+}、Cd^{2+}、Pd^{2+}、Pt^{2+}等离子的特征配位数为 4；Co^{3+}、Fe^{2+}、Fe^{3+}、Pt^{4+}等离子的特征配位数为 6。特征配位数是金属离子形成配合物时的代表性配位数，并非是唯一的配位数，例如 Ni^{2+}就既能形成配位数为 6 的配合物，也能形成配位数为 4 的配合物。

由单齿配位体形成的配合物，中心离子的配位数就是与它配位的配体个数，而含有多齿配位体时，则不能仅从与中心离子结合的配体个数来确定配位数，而应等于与形成体配位的原子数目。如 $H_2NCH_2CH_2NH_2$中有两个配位氮原子，故在 $[Pt(en)_2]Cl_2$中 Pt^{2+}的配位数为 $2\times2=4$，而配位体为 2 个。依此类推。

与元素的化合价一样，中心离子配位数的大小取决于中心离子和配位体的性质——它们的电荷、体积、电子层结构以及它们之间的相互影响等；一般来说，中心离子的电荷数越高，离子半径越大，配位体的半径越小，其配位体的数目越多。此外，还与形成配位化合物的条件有关，特别是浓度和温度。一般来说，增大配位体的浓度有利于形成高配位的配合物，而温度升高，则常使配位数减小。

8.1.2.4 配离子电荷

一个配合物同其他一般化合物一样应呈电中性，即净电荷数为零。在配合物的内界，可以带正电荷而称为配阳离子，也可以带负电荷而称为配阴离子，或者不带电荷而称为配合分子。而一个配离子所带的电荷，应等于中心离子和所有配体电荷的代数和。例如 $[Fe(CN)_6]^{4-}$的配离子电荷为 $(+2)+(-1)\times6=-4$；而 $[Cu(NH_3)_4]^{2+}$的配离子电荷为 $(+2)+0\times4=+2$，根据这一原则很容易算出各个配离子的电荷。配离子都应与电荷数相等的异号离子相结合，才能形成电中性的配合物，因此配离子的电荷数也可以从外界离子的电荷数来确定。

8.1.3 螯合物和金属大环配合物

螯合物（chelate）是螯合物形成体和某些合乎一定条件的螯合剂（配位体）配合而成具有环状结构的配合物（环中包含了金属原子）。“螯合”即成环的意思，犹如螃蟹的两个螯把形成体（中心离子）钳住似的，故叫螯合物。

形成螯合物的第一个条件是：螯合剂必须有两个或两个以上都能给出电子对的配位原子（主要是 N、O、S 等原子）；第二个条件是：每两个能给出电子对的配位原子，必须隔着两个或三个其他原子，因为只有这样，才可以形成稳定的五原子环或六原子环。如图 8-3（a）给出螯合剂 1,10－菲咯啉与 Fe^{2+}形成的螯合物，其中存在 3 个五元环。金属大环配合物近年来发展迅速，它是金属原子与大环配体形成的一类化合物。叶绿素是镁的大环配合物，图 8-3（b）给出了叶绿素 a 的结构，它是卟啉环通过 4 个 N 原子与 Mg^{2+} 配位的，叶绿素分子中涉及包括 Mg 原子在内的 4 个六元螯环。

8.1.4　配位化合物的命名

配位化合物的组成较为复杂，命名也比较困难。根据 1980 年中国化学会无机专业委员会制订的汉语命名原则，整个配位化合物的命名与一般的无机化合物的命名原则相同，即阴离子在前，阳离子在后。其遵循以下几点规则：

8.1.4.1　配合物内界（配位离子）

在对配合物的内界进行命名时，将配位体的名称放在中心离子前面，并用“合”字将两者联系在一起。配位体的数目用倍数字头“一”、“二”、“三”等汉语数字表示；中心离子的氧化数，可在该元素名称后加上括号，括号内用罗马数字表示它的氧化数。因此，对于配合物的内界，其命名的次序为：

配位体个数→配位体→合→中心离子（氧化数），例如：

$[Cu(NH_3)_4]^{2+}$，　四氨合铜（Ⅱ）离子；

$[Co(NH_3)_6]^{3+}$，　六氨合钴（Ⅲ）离子。

8.1.4.2　含配阳离子的配合物

对于含有配阳离子的配合物，若配合物的外界为一个简单酸根离子，如 Cl^- 等，便称为某化某，例如 $[Co(NH_3)_6]Cl_3$ 称为三氯化六氨合钴（Ⅲ）；若外界为一个复杂的阴离子，如 SO_4^{2-} 等，则称为某酸某，例如 $[Cu(NH_3)_4]SO_4$ 称为硫酸四氨合铜（Ⅱ）。因此，含配阳离子的配合物的命名次序为：

外界阴离子→配位体→中心离子。

8.1.4.3　含配阴离子的配合物

对于含有配阴离子的配合物，若外界仅为 H 的配合物，命名时只要在配离子名称后面加上“酸”字即可。例如：$H_2[PtCl_6]$ 称为六氯合铂（Ⅳ）酸；$H_2[SiF_6]$ 称为六氟合硅（Ⅳ）酸。而对于其他的情况则只需要在内界和外界名称之间加上“酸”字，例如：$Ca_2[Fe(CN)_6]$ 称为六氰合铁（Ⅱ）酸钙，其命名的次序为

配位体→中心离子→外界阳离子。

8.1.4.4　含有多个配位体的配合物

如果同一配位离子中含多个配位体，其命名须遵循下列要求：

（1）当既有无机配位体，又有有机配位体存在，命名时须先命名无机配位体，再命名有机配位体；

（2）当无机配位体或有机配位体中既有阴离子又有分子存在，命名时先阴离子，后分子；

（3）同类配位体的名称，按配位原子元素符号的拉丁字母顺序排列；

（4）同类配位体原子也相同时，则将含较少原子数的配位体排在前面；

（5）若配位体原子相同，所含的原子的数目也相同，则在结构式中与配位原子相连的原子的元素符号的字母顺序排列。

不同配位体之间用“·”隔开。下面列举一些配位化合物命名的实例：

$K[PtCl_3NH_3]$　　三氯·一氨合铂（Ⅱ）酸钾；

$[Co(NH_3)_5H_2O]Cl_3$　　三氯化五氨·一水合钴（Ⅲ）；

$[CrCl_2(H_2O)_4]Cl$　　一氯化二氯·四水合铬（Ⅲ）；

有些配位化合物常有习惯上的名称，比如：$K_4[Fe(CN)_6]$（六氰合铁（Ⅱ）酸钾），又称为亚铁氰化钾，俗称为黄血盐；$K_3[Fe(CN)_6]$（六氰合铁（Ⅲ）酸钾），又称为铁氰化钾，俗称为赤血盐。

8.2 配位化合物的结构

配位化合物的结构主要涉及配位化合物中的化学键及其空间构型两方面内容。配合物的化学键理论主要有现代的价键理论、晶体场理论和分子轨道理论（又叫配位场理论），其中在解释配合物结构时以价键理论较为常用。

8.2.1 配合物中的化学键

配合物的价键理论是 L. Pauling 在电子对配理论和杂化轨道理论的基础上发展起来的，后来逐步完善形成了现代的配合物价键理论。

价键理论认为：中心离子（或中心原子）M 与配位体 L 形成配位离子时，形成体的价电子轨道必须进行杂化，组成各种类型的杂化轨道。每个杂化的空轨道可以接受配位体提供的孤对电子，形成一个 σ 配位共价键，简称为 σ 配键，而 σ 配键的数目就是中心原子的配位数。例如：形成 $[AlF_6]^{3-}$ 时，首先 Al^{3+} 的 1 个 3s、3 个 3p 和 2 个 3d 轨道进行杂化，形成六个能量相同的 sp^3d^2 杂化轨道，容纳由六个 F^- 提供的六对孤对电子，形成六个配位键。六个 sp^3d^2 杂化轨道在空间是对称分布的，指向正八面体的中心，六个配位离子在正八面体的六个顶角上［图 8-4（b）］。

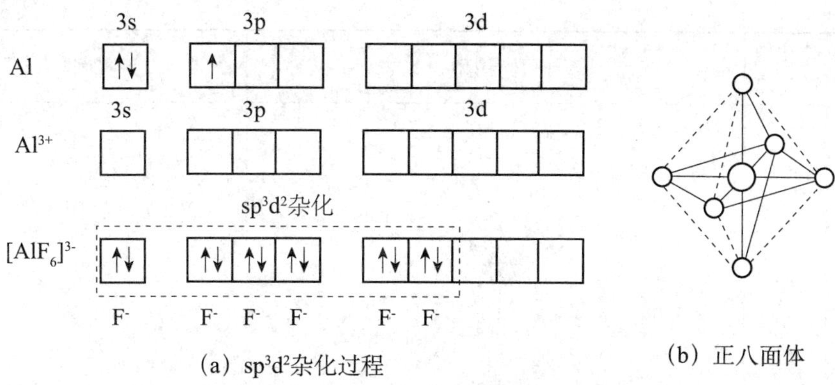

(a) sp^3d^2杂化过程　(b) 正八面体

图 8-4　$[AlF_6]^{3-}$中心离子的杂化和配离子空间构型

8.2.2　配离子的空间构型

在上一章我们讨论过配位共价键的形成及杂化轨道理论，其结论也适用于配离子，只是对于高配位数的配离子来说，需要提供更多的空轨道参与杂化，其杂化类型多数还涉及 *d* 轨道。由杂化轨道的数目和类型，可以较好地说明配离子的空间构型和中心原子的配位数。例如，$[Ni(NH_3)_4]^{2+}$配离子的配位键是由 sp^3 型杂化轨道组成的，它的空间结构是正四面体型；$[Ag(NH_3)_2]^+$配离子的配位键是由 sp 型杂化轨道组成的，它的空间结构是直线结构。形成体杂化轨道的类型主要取决于它的价层电子结构，同时也与配位体有一定的关系。

表 8-1　杂化轨道类型与配位个体的几何构型

配位数	杂化轨道类型	几何构型	实例
2	sp	直线型	$[Ag(NH_3)_2]^+$，$[Ag(CN)_2]^-$，$[CuCl_2]^-$
3	sp^2	平面等边三角形	$[CuCl_3]^{2-}$，$[HgI_3]^-$

续表

配位数	杂化轨道类型	几何构型	实例
4	sp^3	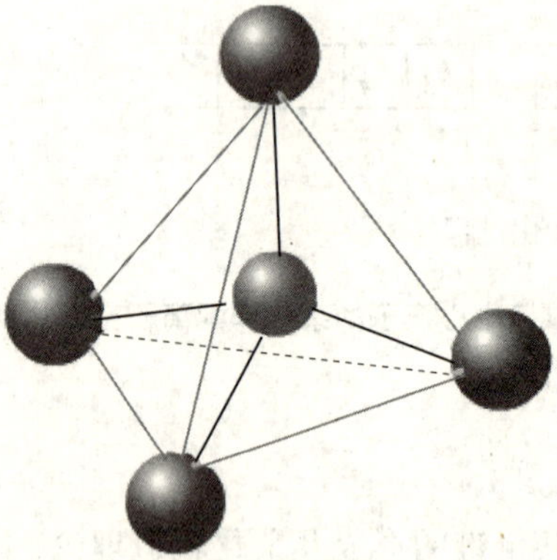 正四面体	$[Ni(NH_3)_4]^{2+}$，$[Zn(NH_3)_4]^{2+}$，$[HgI_4]^{2-}$，$[Ni(CO)_4]$，$[CoCl_4]^{2-}$
	dsp^2	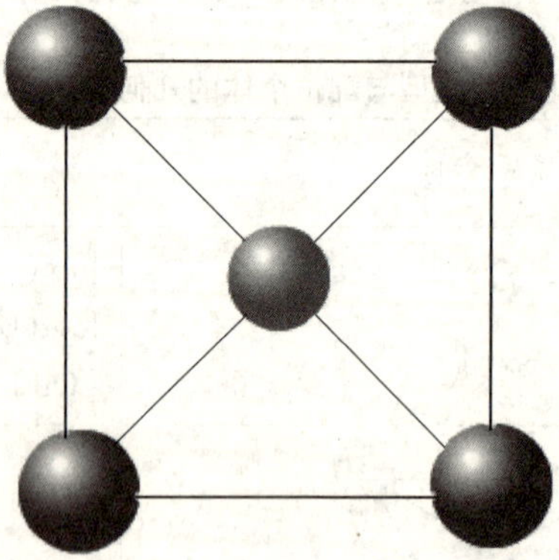 正方形	$[Ni(CN)_4)]^{2-}$，$[Cu(NH_3)_4]^{2+}$，$[PtCl_4]^{2-}$，$[Cu(CN)_4]^{2-}$，$[PtCl_2(NH_3)_2]$

续表

配位数	杂化轨道类型	几何构型	实例
5	dsp^3	三角双锥型	$[Fe(CO)_5]$， $[Co(CN)_5]^{3-}$
6	sp^3d^2	正八面体型	$[FeF_6]^{3-}$， $[Fe(H_2O)_6]^{3+}$， $[CoF_6]^{3-}$
	d^2sp^3		$[Fe(CN)_6]^{3-}$， $[Fe(CN)_6]^{4-}$， $[Co(NH_3)_6]^{3+}$， $[PtCl_6]^{2-}$

注：（表中较小者）为形成体，（表中较大者）为配体

8.2.3 内轨型配合物与外轨型配合物

你可能已经注意到了对于配位数为4、6的配离子，其中心离子可能有多种杂化类型，例如：$[Co(NH_3)_6]^{3+}$，$[FeF_6]^{3-}$，它们的空间构型都是正八面体，但前者使用的是外层的 d 轨道，后者使用的是内层的 d 轨道。

中心离子以最外层的轨道组成杂化轨道后与配位体形成的配位键称为外轨配键（outer orbital coordination bond），其对应的配合物则称为外轨型配合物（outer orbital coordination compound），如前面提到的 $[FeF_6]^{3-}$。在形成外轨型配合物时，形成体的电子排布不受配位体的影响，仍保持自由离子的电子层构型，所以配合物形成体的未成对电子数和自由离子中未成对电子数相同，此时具有较多的未成对电子。

形成内轨型配位化合物（inner orbital coordination compound）时，形成体的电子分布在配位体的影响下发生变化，进行了电子归并，共用电子对深入到形成体的内层轨道，使得配合物形成体的未成对电子数比自由离子中未成对电子数少，此时具有较少的未成对电子。

一般来说，内轨型配离子的稳定性（stability）比外轨型配离子的强。配合物是外轨型还是内轨型可以由磁矩（magnetic moment）的大小来判断。物质的磁性与组成物质的原子、分子或离子中电子的自旋运动有关。如果物质中正自旋电子数和反自旋电子数相等（电子皆已成对），电子自旋所产生的磁效应相互抵消，该物质就表现为反磁性。而当物质中正、反自旋电子数不等时（有成单电子），总磁效应不能互相抵消，整个原子或分子就具有顺磁性。所以，物质的磁性强弱（用磁矩 μ 表示）与物质内部未成对的电子数多少有关。根据磁学理论，μ 与未成对电子数（n）之间存在如下关系：

$$\mu = \sqrt{n\ (n+2)}$$

式中 n 为成单电子数。磁矩的单位为波尔磁子，单位符号为 B. M. 。

表 8-2 磁矩的理论值

未成对电子数 n	1	2	3	4	5
μ/(B. M.)	1.73	2.83	3.87	4.90	5.92

将磁矩的实验值与理论值相比较，可以推断出配位离子中未成对的电子数。如：实验测得 $[FeF_6]^{3-}$ 的磁矩为5.9波尔磁子，可以推断出该配离子中的 Fe^{3+} 含有5个未成对电子，为外轨型配位离子。以 $[FeF_6]^{3-}$ 和 $[Fe(CN)_6]^{3-}$ 为例，比较两种类型配合物的异同（表8-3）。

表 8-3　两种类型配合物的比较

配离子	$[FeF_6]^{3-}$	$[Fe(CN)_6]^{3-}$
类型	外轨型配离子	内轨型配离子
自旋状态	高自旋状态	低自旋状态
杂化轨道	$nsnp^3d^2$	$(n-1)d^2nsnp^3$
空间构型	正八面体	正八面体
实验磁矩测定 μ	5.88（波尔磁子）	2.3（波尔磁子）
未配对电子数 n	5	1
稳定性	较差	稳定

由于价键理论简单明了，又能解决一些问题，如它可以解释配离子的几何构型、形成体的配位数以及配合物的某些化学性质和磁性，所以它有一定的用途。但是这个理论也有缺陷，它忽略了配体对形成体的作用，而且到目前为止还不能定量地说明配合物的性质。如无法定量地说明过渡金属配离子的稳定性随中心离子的 d 电子数变化而变化的事实，也不能解释配离子的吸收光谱和特征颜色（如 $[Ti(H_2O)_6]^{3+}$ 为何显紫红色）。此外，价键理论根据磁矩虽然可区分中心离子 d^4～d^7 构型的八面体配合物属内轨型还是外轨型，但对具有 d^1，d^2，d^3 和 d^9 构型的中心离子所形成的配合物，因未成对电子数无论在内轨型还是外轨型配合物中均无差别，只根据磁矩仍无法区别。

*8.2.4　晶体场理论简介

晶体场理论（crystal field theory）最初由物理学家 H. Bethe 和 J. H. van Vlack 分别于 1929 年和 1932 年提出，用于解释离子晶体的性质，但由于人们当时未了解其重要意义而被忽视。直到 20 世纪 50 年代才开始将晶体场理论应用于配合物的研究，后来又进一步发展成为比较完整的配位场理论。

晶体场理论是一种改进了的静电理论，该理论将阴离子配体和电中性极性分子配体分别看做点电荷和偶极子，把带负电荷的配体对中心原子产生的静电场叫做晶体场。你也许会注意到中心原子正电荷与配体负电荷（或偶极子负端）之间的静电引力，可能会忽视配体负电荷（或偶极子负端）对中心原子 d 轨道电子的静电排斥力。晶体场理论认为在配体电性的作用下，自由中心原子 5 条 d 轨道产生的能级分裂，在不同构型的配合物中，分裂方式和大小都不同，我们在此仅以八面体场中的能级分裂为例，加以简要介绍。

8.2.4.1　d 轨道在八面体场中的分裂

（1）五种简并的 d 轨道

在配体作用前，作为中心离子的五个 d 轨道虽然空间取向不同，但具有相同的能量（E_o）［图 8-6（a）］。如果该离子处在一个带负电荷的球形场中心，则中心离子的五个 d 轨道都垂直地指向球壳，并受到球形场平均电场的静电排斥，各个 d 轨道的能量都升高到 E_s［图 8-6（b）］。由于受到静电排斥的程度相同，因而能级并不发生分裂。

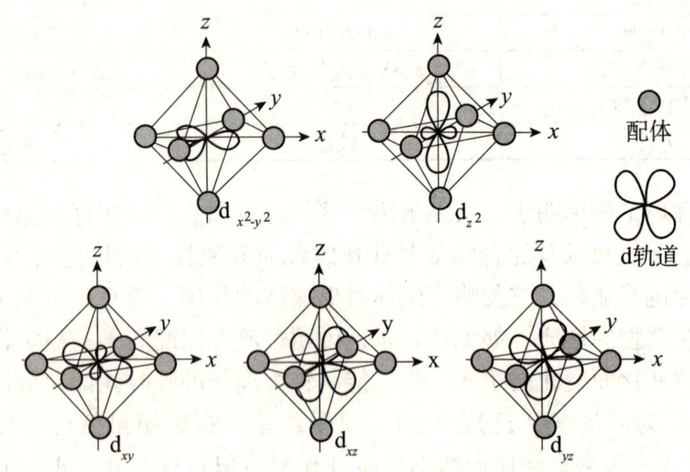

图 8-5 正八面体配合物内中心离子 d 轨道和配体相对位置示意图

若处于非球形电场中，则根据电场的对称性不同，各轨道能量升高的幅度可能不同，即原来的简并轨道将发生能量分裂。

（2）正八面体场中的 d 轨道

六配位的配合物中，六个配体形成正八面体的对称性电场；六个配体沿 x、y、z 三轴的正负 6 个方向分布，以形成电场（图 8-5）。在电场中各轨道的能量均有所升高，但受电场作用不同，能量升高程度不同。

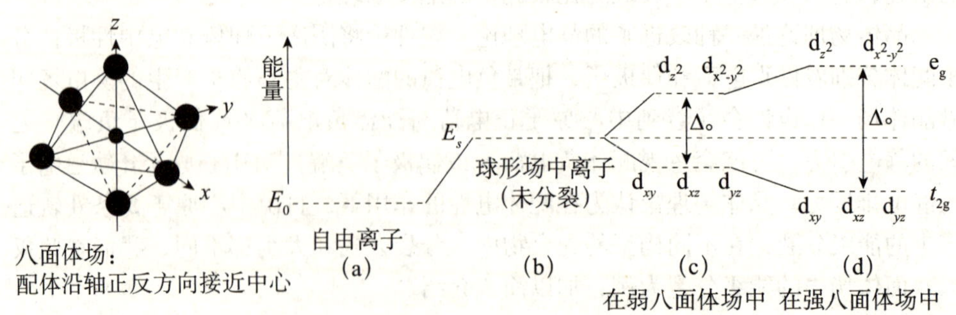

图 8-6 八面体场内中心离子 d 轨道能级的分裂

$d_{x^2-y^2}$，d_{z^2}的波瓣与六个配体正相对，受电场作用大，能量升高得多，高于球形场。d_{xy}，d_{zx}，d_{yz}；不与配体相对，能量升高得少，低于球形场。

高能量的 $d_{x^2-y^2}$，d_{z^2}统称 e_g轨道；能量低的 d_{xy}，d_{zx}，d_{yz}统称 t_{2g}轨道，两组轨道间能量差叫做八面体的晶体场分裂参数（crystal field splitting parameter）或晶体场分裂能（splitting energy），用符号 Δ_o① 表示。

$$\Delta_o = E\ (e_g) - E\ (t_{2g})$$

此能量的大小可由配合物的光谱来测定。在不同构型的配合物中 Δ 值是不同的，即使相同构型的配合物，也因配位体和中心离子的不同而有不同的 Δ 值。

8.2.4.2　弱场配体和强场配体

在数值上，晶体场分裂能相当于一个电子由 t_{2g}轨道跃迁至 e_g轨道时吸收的能量。同种中心离子，与不同配体形成相同构型的配离子时，其分裂能 Δ_0值随配体场强弱不同而变化，因而 Δ_0是配体晶体场强度的量度。将配体晶体场按强弱顺序排得：

$$I^- < Br^- < Cl^- < F^- < OH^- < H_2O < SCN^- < NH_3 < en < NO_2^- < CN^- < CO$$

这个顺序是从配合物的光谱实验确定的，故称为光谱化学序列（spectrochemical series）。光谱化学序列前部的配体（大体上以 H_2O 为界）是弱场配体（weak field ligand），序列后部的配体（大体以 NH_3 为界）为强场配体（strong field ligand）的界限。

8.2.4.3　高自旋配合物和低自旋配合物

在八面体场中，中心离子的 d 轨道能级分裂为两组（t_{2g}和 e_g），由于 t_{2g}轨道比 e_g轨道能量低，按照能量最低原理，电子将优先分布在 t_{2g}轨道上（图 8-7）。

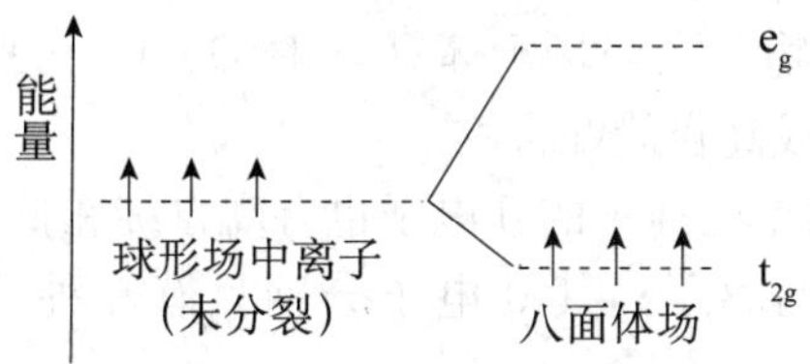

图 8-7　八面体场中 t_{2g}和 e_g

对于具有 d^1～d^3构型的离子，当其形成八面体配合物时，根据能量最低原理和洪特规则，d 电子应分布在 t_{2g}轨道上。例如 Cr^{3+}（构型）的三个 d 电子分布方式只有一种（图 8-8）。

---

① Δ_o 中的脚标“o”表示八面体（octahedron）。

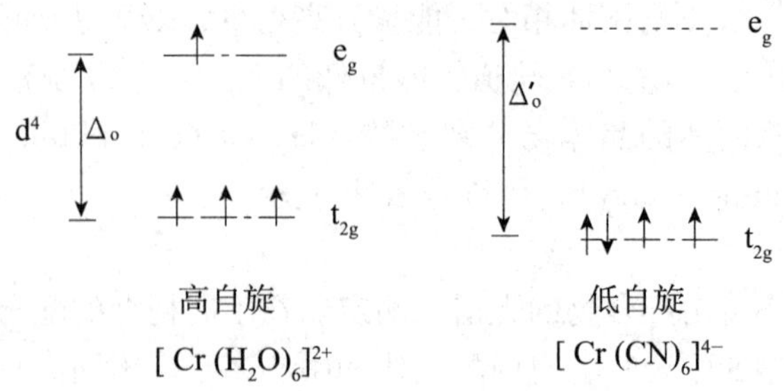

图 8-8　Cr^{3+}的三个 d 电子分布方式

对于 d^4～d^7构型的离子，当其形成八面体配合物时，d 电子可以有两种分布方式。

具有 d^4构型的离子（如 Cr^{2+}，Mn^{3+}），其第 4 个电子可进入 e_g轨道，形成高自旋①配合物，此时需要克服分裂能 Δ_o；这个电子也可进入已被 d 电子占据的 t_{2g}轨道之一，并和原来占据该轨道的电子成对，形成低自旋②配合物，此时需要克服电子成对能（pairing energy）。所谓电子成对能（P），是指当一个轨道上已有一个电子时，如果另有一个电子进入该轨道与之成对，为克服电子间的排斥作用所需要的能量。如果填入 e_g轨道，则需要克服上面提到的晶体场分裂能。究竟选择哪一种方式，则取决于 Δ_o 和 P 的相对大小：

若 $\Delta_o < P$，电子较难成对，而尽可能占据较多的 d 轨道，保持较多的自旋平行电子，形成高自旋型配合物（high-spin complex）；若 $\Delta'_o > P$，电子尽可能占据能量低的 t_{2g}轨道而自旋配对，则成单电子数减少，形成低自旋型配合物（low-spin complex）。如果将上述两种情况下的成对能看成定值，选择也就取决于晶体场分裂能的大小了。在强场配体（如 CN^-）作用下，分裂能 Δ 值较大，此时 $\Delta > P$，易形成低自旋配合物。在弱场配体（如 H_2O，F^-）作用下，分裂能 Δ 值较小，此时 $\Delta < P$，易形成高自旋配合物。

具有 d^5，d^6，d^7构型的离子的 d 电子也有高自旋和低自旋两种分布方式。而具有 d^8，d^9，d^{10}构型的离子，其 d 电子分别只有一种分布方式，无高低自旋之分。

8.2.4.4　晶体场稳定化能

前面讨论中引入了平均电场的概念，是为了说明 d 轨道在能级分裂前后总能量应当不变，一组轨道（t_{2g}）释放的能量被另一组轨道（e_g）所吸收，若以分裂

① 高自旋：自旋平行电子数相对较多。

② 低自旋：自旋平行电子数相对较少。

前的球形场中的离子为基准，设其能量为零（$E_s=0$），则：

$$2E(e_g)+3E(t_{2g})=0$$

而 t_{2g} 轨道和 e_g 轨道能量差等于分裂能：

$$E(e_g)-E(t_{2g})=\Delta_o$$

由上两式可以解出：

$$E(e_g)=+\frac{3}{5}\Delta_o=+0.6\Delta_o$$

$$E(t_{2g})=-\frac{2}{5}\Delta_o=-0.4\Delta_o$$

即在八面体场中 d 轨道能级分裂的结果，与球形场中未分裂前比较，若 e_g 轨道上填入 1 个电子，就会减少 $0.6\Delta_o$ 的稳定化能，若 t_{2g} 轨道上填入 1 个电子，就会增加 $0.4\Delta_o$ 的稳定化能。d 电子进入分裂的轨道比处于未分裂轨道时的总能量有所降低。所谓晶体场稳定化能（crystal field stabilization energy，用符号 CFSE 表示），是指电子占据分裂的 d 轨道后产生的高于平均能量的额外稳定化能。如 Ti^{3+}（d^1）在八面体场中，其电子分布为 $t_{2g}{}^1$，相应的晶体场稳定化能 $CFSE=1\times(-0.4\Delta_o)=-0.4\Delta_o$。$Cr^{3+}$（$d^3$）在八面体场中，其电子分布为 $t_{2g}{}^3$，相应的晶体场稳定化能 $CFSE=3\times(-0.4\Delta_o)=-1.2\Delta_o$。

晶体场稳定化能与中心离子的 d 电子数有关，也与晶体场的场强有关，此外还与配合物的几何构型有关。晶体场稳定化能越负（代数值越小）体系越稳定。

8.2.4.5　过渡金属配合物的颜色与 d-d 跃迁

物质之所以在日光照射下呈现不同颜色，是由于物质对混合光的选择吸收。如物质吸收日光中的红色光，便呈现蓝色；即物质呈现的颜色与选择吸收光的颜色互为补色（表 8-4）。

表 8-4　物质颜色与吸收光颜色的关系

物质颜色	吸收光颜色	吸收波长范围/nm
黄绿色	紫色	400～425
黄色	深蓝色	425～450
橙黄色	蓝色	450～480
橙色	绿蓝色	480～490
红色	蓝绿色	490～500
紫红色	绿色	500～530
紫色	黄绿色	530～560
深蓝色	橙黄色	560～600
绿蓝色	橙色	600～640
蓝绿色	红色	640～750

晶体场理论能较好地解释过渡金属配合物的颜色。过渡元素水合离子为配离子，其中心离子在配体水分子的影响下，d 轨道能级分裂。而 d 轨道又常没有填满电子，当配离子吸收可见光区某一部分波长的光时，d 电子可从能级低的 d 轨道跃迁到能级较高的 d 轨道（例如八面体场中由 t_{2g}轨道跃迁到 e_g轨道），这种跃迁称为 d-d 跃迁。发生 d-d 跃迁所需的能量即为轨道的分裂能 Δ_0。吸收光的波长越短，电子被激发而跃迁所需要的能量越大，即分裂能 Δ 值越大。例如 $[Ti(H_2O)_6]^{3+}$，中心离子 Ti^{3+} 因吸收光能 d 电子发生 d-d 跃迁，其吸收光谱（图 8-9）显示最大吸收峰在 490 nm 处（蓝绿光），最少吸收的光区为紫区和红区，所以它呈现出与蓝绿光相应的补色——紫红色。

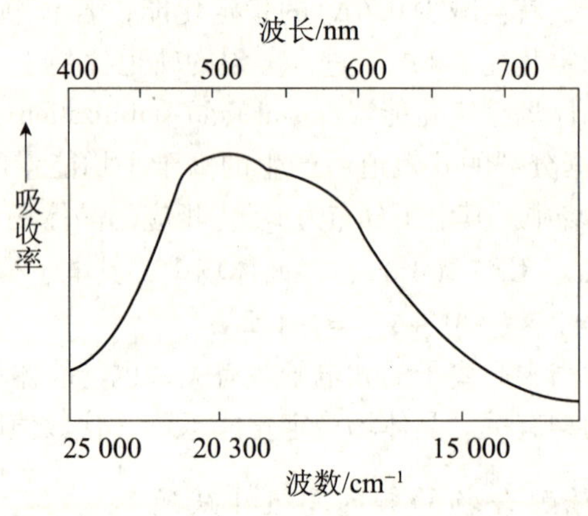

图 8-9　$[Ti(H_2O)_6]^{3+}$ 的吸收光谱

因为晶体场理论认为：由于 d 轨道未充满，电子可以吸收光能在 t_{2g} 与 e_g 轨道间发生跃迁，从而使配离子呈现被吸收光的互补色。对于不同的配合物，分裂能 Δ 不同，电子跃迁需要的能量也不同，因此吸收光的波长不同，因而呈现不同的颜色。

可见晶体场理论能较好地解释配合物的构型、稳定性、磁性、颜色等，因而从 20 世纪 50 年代以来，有了很大的发展。但是它假设配体是点电荷或偶极子，只考虑中心离子与配体间的静电作用，相当于只考虑离子键作用；没有考虑二者之间有一定程度的共价结合。因此，对 $[Ni(CO)_4]$、$[Fe(C_5H_5)_2]$ 类配合物无法说明；也不能完全满意地解释光谱化学序列，如为什么 NH_3 分子的场强比卤素阴离子强，以及为什么 CN^- 及 CO 配体场强最强。后续发展起来的配位场理论考虑了配位体与金属离子间的共价作用，采用了分子轨道理论的方法，弥补了晶体场理论的不足，较好地解释了配合物的许多性质。

8.3 配位平衡及其影响因素

在 AgCl 沉淀中加入氨水，由于 Ag^+ 能与 NH_3 形成稳定的 $[Ag(NH_3)_2]^+$，因此我们可以观察到 AgCl 沉淀的溶解。若接着向该溶液中加入 KI 溶液，则又会有黄色的 AgI 沉淀析出。这说明在 $[Ag(NH_3)_2]^+$ 溶液中仍然有 Ag^+ 存在，即溶液中既有 Ag^+ 与 NH_3 的配位反应，也有 $[Ag(NH_3)_2]^+$ 的解离反应。

8.3.1 配位平衡

在一定条件下，当配合离子的离解过程和生成过程达到平衡状态时，称为配离子的离解平衡，简称为配位平衡（coordination equilibrium）。

以 $[Ag(NH_3)_2]^+$ 为例，达到配位平衡时，其表示式为：

$$Ag^+ + 2NH_3 \rightleftharpoons [Ag(NH_3)_2]^+$$

配位平衡是化学平衡中的一种，因此同样符合质量作用定律，其平衡常数表达式为：

$$K_{稳}^{\ominus} = \frac{\{c[Ag(NH_3)_2]^+\}}{c(Ag^+) \cdot c^2(NH_3)}$$

该反应是配离子的形成反应，所以 $K_{稳}^{\ominus}$ 称为 $[Ag(NH_3)_2]^+$ 的稳定常数；$c(Ag^+)$、$c(NH_3)$ 以及 $c([Ag(NH_3)_2]^+)$ 分别表示平衡状态下，溶液中 Ag^+、NH_3 和 $[Ag(NH_3)_2]^+$ 的平衡浓度。

从平衡常数的表达式中可以看出：$K_{稳}$ 越大，则形成配位离子的趋势越大，即配位离子越稳定。如：$[Ag(NH_3)_2]^+$ 的 $K_{稳} = 1.7 \times 10^7$，而 $[Ag(CN)_2]^-$ 的 $K_{稳} = 1 \times 10^{21}$，可见 $[Ag(CN)_2]^-$ 比 $[Ag(NH_3)_2]^+$ 稳定性强很多。在 $[Ag(CN)_2]^-$ 溶液中加入 KI 溶液，就不会析出 AgI。

高配位数的配离子的生成和离解一般是分步进行的，因此在溶液中会存在一系列的配位平衡，而这些平衡又对应有一系列的稳定常数。

以 Cu^{2+} 与 NH_3 形成 $[Cu(NH_3)_4]^{2+}$ 为例：

$$Cu^{2+} + NH_3 \rightleftharpoons [Cu(NH_3)]^{2+}$$

$$K_1^{\ominus} = \frac{c([Cu(NH_3)]^{2+})}{c(Cu^{2+}) \cdot c(NH_3)} = 1.35 \times 10^4$$

$$[Cu(NH_3)]^{2+} + NH_3 \rightleftharpoons [Cu(NH_3)_2]^{2+}$$

$$K_2^{\ominus} = \frac{c([Cu(NH_3)_2]^{2+})}{c([Cu(NH_3)]^{2+}) \cdot c(NH_3)} = 3.02 \times 10^3$$

$$[Cu(NH_3)_2]^{2+} + NH_3 \rightleftharpoons [Cu(NH_3)_3]^{2+}$$

$$K_3^{\ominus} = \frac{c([Cu(NH_3)_3]^{2+})}{c([Cu(NH_3)_2]^{2+}) \cdot c(NH_3)} = 7.41 \times 10^2$$

$$[Cu(NH_3)_3]^{2+} + NH_3 \rightleftharpoons [Cu(NH_3)_4]^{2+}$$

$$K_4^{\ominus} = \frac{c([Cu(NH_3)_4]^{2+})}{c([Cu(NH_3)_3]^{2+}) \cdot c(NH_3)} = 1.29 \times 10^2$$

K_1、K_2、K_3、K_4对应各级配位平衡，称为配离子的逐级稳定常数（stepwise formation contant）。将逐级稳定常数依次相乘，则得到各级累积稳定常数（β_n）。

$\beta_1 = K_1 \quad \beta_2 = K_1 \cdot K_2 \quad \beta_3 = K_1 \cdot K_2 \cdot K_3 \quad \beta_4 = K_1 \cdot K_2 \cdot K_3 \cdot K_4$

依此类推：$\beta_n = K_1 \cdot K_2 \cdot K_3 \cdots K_n$

最后一级累积稳定常数就是配合物的总稳定常数。

从 $[Cu(NH_3)_4]^{2+}$的逐级配位常数（彼此相差不太大）可以看出：通常情况下，它们都是在同一体系中共存的，因此在计算离子浓度时必须考虑各级配位离子的存在。但是在实际工作中，总是会加入过量的配位剂，使得配位离子绝大部分处在最高配位数的状态，其他较低级配位离子可忽略不计，这样就可以根据总稳定常数作计算。

$$Cu^{2+} + 4NH_3 \rightleftharpoons [Cu(NH_3)_4]^{2+}$$

$$K_{稳}^{\ominus} = \frac{c([Cu(NH_3)_4]^{2+})}{c(Cu^{2+}) \cdot \{c(NH_3)\}^4} = 2.1 \times 10^{13}$$

【例1】 计算溶液中与 1.00×10^{-3} mol · L^{-1} $[Cu(NH_3)_4]^{2+}$和 1.00 mol · L^{-1}的 NH_3处于平衡状态时的游离 Cu^{2+}浓度。

解：设平衡时 Cu^{2+}游离浓度为 x，根据反应：

$$Cu^{2+} + 4NH_3 \rightleftharpoons [Cu(NH_3)_4]^{2+}$$

则：$$K_{稳}^{\ominus} = \frac{c([Cu(NH_3)_4]^{2+})}{c(Cu^{2+}) \cdot \{c(NH_3)\}^4}$$

已知 $[Cu(NH_3)_4]^{2+}$的 $K_{稳} = 2.1 \times 10^{13}$，将题目中的各项平衡浓度代到 $K_{稳}$的表达式中得：

$$K_{稳} = \frac{c([Cu(NH_3)_4]^{2+})}{c(Cu^{2+}) \cdot \{c(NH_3)\}^4}$$

$$= \frac{1.00 \times 10^{-3}}{x \times (1.00)^4}$$

$$x=\frac{1.0\times10^{-3}}{2.1\times10^{13}}\approx4.8\times10^{-17}\ \text{mol}\cdot\text{L}^{-1}$$

即游离 Cu^{2+} 的浓度为 $4.8\times10^{-17}\ \text{mol}\cdot\text{L}^{-1}$。

8.3.2　配位平衡的移动

在一个配位反应中：$M^{n+}+x\text{L}\rightleftharpoons[ML_x]^{(x-n)-}$

加入各种试剂，如酸、碱、沉淀剂、氧化剂、还原剂或另一配体，如果这些试剂也可以与中心离子 M^{n+} 或配位体 L 发生反应，那么都可以使上述配位平衡发生移动，从而使得原溶液中各个组分的浓度发生变化。

8.3.2.1　配位平衡与酸碱平衡

在配位反应中作为配位体的一些物质，如 F^-、CN^-、NH_3 等，按照酸碱质子理论来判断，它们都是碱，可以接受质子生成酸；此外中心离子的存在状态也与溶液的酸度有关。在配位化合物的溶液中加入少量的酸或者碱的话，可能存在有这样两种反应：① 配位体得到质子生成相应的酸；②中心离子发生水解反应。

例如：　$Al^{3+}+6F^-\rightleftharpoons[AlF_6]^{3-}$

当外加少量的酸，则会发生：$F^-+H^+\rightleftharpoons HF$

F^- 浓度降低，导致配位离子 $[AlF_6]^{3-}$ 发生离解，配位平衡发生移动。可见，酸度增加，反应向配离子离解的方向进行，酸度越高，离解程度越大。

此外，在配离子水溶液中，多数中心离子（过渡金属）都有明显的水解作用，若溶液的酸度降低，则会与 OH^- 结合生成氢氧化物或羟基化合物，使得溶液中金属离子的浓度降低，配位离子的稳定性减弱，反应同样向配离子发生离解的方向进行。例如在 $[CuCl_4]^{2-}$ 的平衡中，当溶液的酸度降低，Cu^{2+} 可能发生如下水解反应：

$$Cu^{2+}+2H_2O\rightleftharpoons[Cu(OH)]^++H_3O^+$$

$$[Cu(OH)]^++2H_2O\rightleftharpoons Cu(OH)_2\downarrow+H_3O^+$$

随着水解反应的进行，溶液中的金属离子浓度降低，配位平衡发生了移动，配位离子被破坏。

8.3.2.2　配位平衡和沉淀平衡

当配位平衡体系中有能够与金属离子生成沉淀的物质存在时，也会使平衡发生移动。这个过程可以将其看成是配位体和沉淀剂争夺金属离子的过程。例如，AgCl 沉淀能溶于 $NH_3\cdot H_2O$ 生成 $[Ag(NH_3)_2]Cl$，就是配位体战胜了沉淀剂，夺取了 AgCl 中的 Ag^+。利用这一关系，实际生产中，往往用一种理想的配位剂来溶解难溶性盐。例如，AgI 黄色沉淀难溶于浓氨水，但能溶于氰化钾溶液。

$$AgI\ (s) \rightleftharpoons Ag^{+} + I^{-}$$

$$Ag^{+} + 2CN^{-} \rightleftharpoons [Ag(CN)_2]^{-}$$

总反应式为： $AgI(s) + 2CN^{-} \rightleftharpoons [Ag(CN)_2]^{-} + I^{-}$

实践证明，配位离子与沉淀之间的转化作用取决于配位离子的稳定常数和沉淀的溶度积大小。配位离子的 $K_{稳}$ 越大，或沉淀的 K_{sp} 越大，则沉淀越容易被配合溶解。相反，配位离子的 $K_{稳}$ 越小，或沉淀的 K_{sp} 越小，则配位离子越容易离解转化为沉淀。

【例 2】 将 10.0 mL、0.20 $mol \cdot L^{-1}$ $AgNO_3$ 溶液与 10.0 mL、1.0 $mol \cdot L^{-1}$ $NH_3 \cdot H_2O$ 混合，计算溶液中 $c\ (Ag^{+})$。

解：两种溶液混合后，因溶液中 NH_3 过量，Ag^{+} 能定量地转化为 $[Ag(NH_3)_2]^{+}$，且每形成 1 mol $[Ag\ (NH_3)_2]^{+}$ 要消耗 2 mol NH_3。

$$Ag^{+} + 2NH_3 \rightleftharpoons [Ag(NH_3)_2]^{+}$$

起始浓度/$mol \cdot L^{-1}$ 0.10 0.50 0

平衡浓度/$mol \cdot L^{-1}$ x $0.50 - 2 \times 0.1 + 2x$ $0.1 - x$

$$x = \frac{c([Ag\ (NH_3)_2]^{+})}{\{c(NH_3)\}^2 \cdot K_f^{\ominus}} = \frac{0.10}{(0.3)^2 \times 1.12 \times 10^7} \approx 9.9 \times 10^{-8}$$

$$c\ (Ag^{+}) = 9.9 \times 10^{-8}\ mol \cdot L^{-1}$$

8.3.2.3 配合物间的转化与平衡

配位离子之间的相互转化，与配位离子和沉淀间的转化情况类似。配位平衡会向着生成更稳定配合物的方向移动。两种配位离子之间的稳定常数相差越远，就越完全。

例如在 $Fe(SCN)_3$ 的溶液中加入 EDTA，血红色的 $Fe(SCN)_3$ 的颜色将会褪去。

$$Fe(SCN)_3 + H_2Y^{2-} \rightleftharpoons FeY^{-} + 2HSCN + SCN^{-}$$

我们在实验中常会加入 F^{-} 做掩蔽剂，来消除 $Fe(SCN)_3$ 的颜色对测定的干扰，其原理也就是利用了配位离子间的转化。向 $Fe(SCN)_3$ 溶液中加入饱和的 NH_4F 溶液，会发现红色消失。

$$Fe(SCN)_3 + 3F^{-} \rightleftharpoons FeF_3 + 3SCN^{-}$$

8.4 配合物的应用

由于自然界中大多数化合物是以配合物的形式存在，因此，配合物化学所涉及的范围和应用是非常广泛的。配合物化学已成为当代化学的前沿领域之一，它的发展打破了传统的无机化学和有机化学之间的界限，其新奇的特殊性能在生产实践中取得了重大应用。如金属的分离和提取、分析技术、化工合成上的配位催化、无机高分子材料、染料、电镀、鞣革和医药等方面都和配合物有密切的关系。与配合物相联系的学科也很多，例如生物无机化学、药物学、有机化学、结构化学和分析化学等，下面从几个方面简要介绍配合物应用的几个实例。

8.4.1 在分析化学方面

(1) 离子的鉴定

形成有色配离子：例如在溶液中 NH_3 与 Cu^{2+} 能形成深蓝色的 $[Cu(NH_3)_4]^{2+}$，借此配位反应可鉴定 Cu^{2+}。

$$\underset{(天蓝色)}{Cu^{2+}} + 4NH_3 \rightleftharpoons \underset{(深蓝色)}{[Cu(NH_3)_4]^{2+}}$$

形成难溶有色配合物：例如丁二肟在弱碱性介质中与 Ni^{2+} 可形成鲜红色的难溶二（丁二肟）合镍（Ⅱ）沉淀，借此可鉴定 Ni^{2+}，也可用于 Ni^{2+} 的测定。

$$Ni^{2+} + 2\begin{matrix} CH_3-C{=}N-OH \\ | \\ CH_3-C{=}N-OH \end{matrix} + 2NH_3\cdot H_2O \rightarrow \left[\begin{matrix} & O\cdots H-O & \\ CH_3-C{=}N & & N{=}C-CH_3 \\ | & Ni & | \\ CH_3-C{=}N & & N{=}C-CH_3 \\ & O-H\cdots O & \end{matrix}\right]\downarrow + 2NH_4^+ + 2H_2O$$

(2) 离子的分离

在溶液中的任何分离方法（如溶剂萃取法、离子交换法、沉淀法等）和许多分析方法（如配位滴定法、比色法、分光光度法、极谱法等），几乎都和配合物密切相关，它们都利用生成配合物的倾向不同而达到分离和分析的目的。

例如，在含有 Zn^{2+} 和 Al^{3+} 的溶液中加入过量氨水：

$$(Zn^{2+}、Al^{3+}) \xrightarrow{过量 NH_3\cdot H_2O} [Zn(NH_3)_4]^{2+}(aq) + Al(OH)_3$$

可达到分离 Zn^{2+} 与 Al^{3+} 的目的。

(3) 离子的掩蔽

例如，加入配合剂 KSCN 鉴定 Co^{2+} 时，Co^{2+} 与配合剂将发生下列反应：

$$[Co(H_2O)_6]^{2+}(粉红) + 4SCN^- \longrightarrow [Co(SCN)_4]^{2+}(艳蓝) + 6H_2O$$

但是如果溶液中同时含有 Fe^{3+}，Fe^{3+} 也可与 SCN^- 反应，形成血红色的 $[Fe(SCN)]^{2+}$，妨碍了对 Co^{2+} 的鉴定。若事先在溶液中先加入足量的配合剂 NaF（或 NH_4F），使 Fe^{3+} 形成更为稳定的无色配离子 $[FeF_6]^{3-}$，这样就可以排除 Fe^{3+} 对鉴定 Co^{2+} 的干扰作用。在分析化学上，这种排除干扰作用的效应称为掩蔽效应（masking effect），所用的配合剂称为掩蔽剂（masking agent）。

8.4.2 在配位催化方面

近年许多基本有机合成，如氧化、氢化、聚合和羟基化等许多重要反应，均可借助于以过渡金属配合物为基础的催化剂来实现。在有机合成中，凡利用配位反应而产生的催化作用，称为配位催化（coordination catalysis）。其含义是指单体分子先与催化剂活性中心配合，接着在配位界内进行反应。由于催化活性高、选择性专一以及反应条件温和，广泛应用于石油化学工业生产中。例如，乙烯在钯配合物上直接氧化制取乙醛的方法已投入生产，首先是在水溶液中乙烯同 Pd^{2+} 配位形成 $[(C_2H_4)Pd(H_2O)Cl_2]$，接着它水解成 $[(C_2H_4)Pd(OH)Cl_2]^-$，最后生成 CH_3CHO（乙醛），同时 Pd^{2+} 被还原成金属 Pd，又可循环使用。其反应式为：

$$C_2H_4 + 1/2\ O_2 \xrightarrow{PdCl_2 + CuCl_2,\ HCl\ 溶液} CH_3HO$$

20 世纪 60 年代初，厦门大学蔡启瑞等较早地研究了配位催化，对配位催化理论的发展起了重要作用。

8.4.3 工业应用

（1）高纯金属的制备

绝大多数过渡元素都能与一氧化碳形成金属羰基配合物。与常见的相应金属化合物比较，它们容易挥发，受热易分解成金属和一氧化碳。利用上述特性，工业上采用羰基化精炼技术制备高纯金属。先将含有杂质的金属制成羰基配合物并使之挥发以与杂质分离；然后加热分解制得纯度很高的金属。例如，制造铁芯和催化剂用的高纯铁粉，正是采用这种技术生产的：

$$Fe\ (细粉) + 5CO \xrightarrow{200℃、20MPa} [Fe(CO)_5] \xrightarrow{200\sim250℃} Fe\ (高纯) + 5CO$$

由于金属羰基配合物大多剧毒、易燃，在制备和使用时应特别注意安全。

（2）在电镀工业方面

欲获得牢固、均匀、致密、光亮的镀层，金属离子在阴极镀件上的还原速率不应太快，为此要控制镀液中有关金属离子的浓度。几十年来，镀 Cu、Ag、Au、Zn、Sn 等工艺中用 NaCN 使有关金属离子转变为氰合配离子，以降低镀液中简单金属离子的浓度。由于氰化物剧毒，20 世纪 70 年代以来人们开始研究无氰电镀工艺，目前已研究出多种非氰配合剂，例如 1－羟基亚乙基－1,1－二膦酸便是一种较好的电镀通用配合剂，它与 Cu^{2+} 可形成羟基亚乙基二膦酸合铜（Ⅱ）配离子，电镀所得镀层达到质量标准。

（3）在生物、医药学方面

生物体内各种各样起特殊催化作用的酶，几乎都与有机金属配合物密切相关。如血红素就是铁的配合物，它与呼吸作用有密切关系。叶绿素是镁的配合物（图 8-3），是进行光合作用的关键物质。目前证明对人体有特殊生理功能的必需微量元素有 Mn，Fe，Co，Mo，I，Zn 等；还有初步查明的必需元素有 V，Cr，F，Si，Ni，Se，Sn 等，它们是以配合物的形式存在于人体内。有些必要的微量元素是酶和蛋白质的关键成分（如 Fe，Cu，Zn 等），有些参与激素的作用（如 Zn 参与促进性腺激素的作用，Ni 促进胰腺作用）；有些则影响核酸的代谢作用（如 V，Cr，Ni，Fe，Cu 等）。最近人们已普遍注意到各种金属元素在人体和动植物内部起着很重要的作用，如各种酶分子几乎都含有以配合物形态存在的金属元素，它们控制着生物体内极其重要的化学作用。

在医学上，常利用配位反应治疗人体中某些元素的中毒。例如，EDTA 的钙盐是人体铅中毒的高效解毒剂。对于铅中毒病人，可注射溶于生理盐水或葡萄糖溶液的 $Na_2[Ca(EDTA)]$，这是因为：

$$Pb^{2+} + [Ca(EDTA)]^{2-} \longrightarrow [Pb(EDTA)]^{2-} + Ca^{2+}$$

$Pb(EDTA)]^{2-}$ 及剩余的 $[Ca(EDTA)]^{2-}$ 均可随尿排出体外，从而达到解铅毒的目的。但是切不可用 Na_2H_2EDTA 代替 $Na_2[Ca(EDTA)]$ 作注射液，它会使人体缺钙。

另外，治疗糖尿病的胰岛素，治疗血吸虫病的酒石酸锑钾以及抗癌药顺铂［顺式二氯·二氨合铂（Ⅱ）］、碳铂、二氯茂钛等都属于配合物（图 8-10）。现已证实多种顺铂（$[Pt(NH_3)_2Cl_2]$）及其一些类似物对子宫癌、肺癌、睾丸癌有明显疗效。最近还发现金的配合物 $[Au(CN)_2]^-$ 有抗病毒作用。

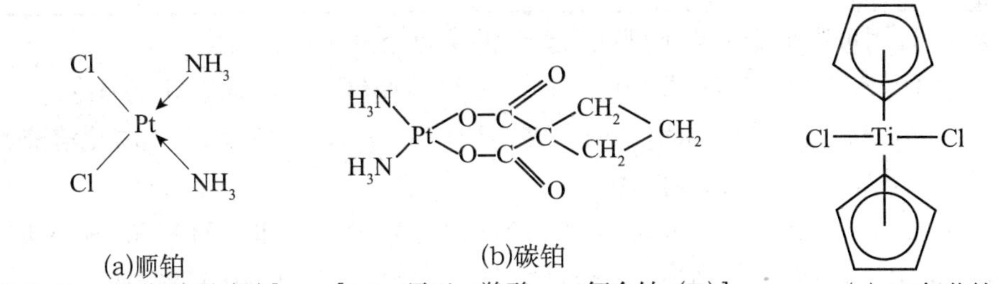

(a)顺铂
[顺式二氯・二氨合铂(II)]

(b)碳铂
[1,1-环丁二羧酸・二氨合铂（II)]

(c) 二氯茂钛

图 8-10　顺铂、碳铂和二氯茂钛结构式

现代物质结构、化学键理论和实验方法的发展为深入地研究配合物化学提供了极其有利的条件，同时配合物的研究也促进了物质结构和化学键理论的发展。例如，许多新类型的配合物发现以后，就引起人们对其键的本质的研究。最近人们又合成了许多锕系和镧系元素的配合物，从而提出了 f 电子是否参与成键的问题。随着配合物化学的发展，需要了解配合物在结构与化学性能之间的关系，这又促使各种现代物理方法在配合物化学中的应用。由此可见，配合物化学无论在生产实际中还是在理论研究上都具有非常重要的作用。

复习与思考题

1. 举例说明什么叫做配位化合物？配位化合物的组成特征是什么？

2. 区分下列概念。

（1）内界和外界；（2）形成体和配位体；

（3）单齿配位体和多齿配位体；（4）配合物和螯合物；

（5）外轨配合物和内轨配合物；（6）绝对稳定常数和条件稳定常数

3. 指出下列配离子的形成体、配体、配位原子及中心离子的配位数。

配离子	形成体	配体	配位原子	配位数
$[Cr(NH_3)_6]^{3+}$				
$[Co(H_2O)_6]^{2+}$				
$[Al(OH)_4]^-$				
$[Fe(OH)_2(H_2O)_4]^+$				
$[PtCl_5(NH_3)]^-$				
$[Zn(OH)(H_2O)_3]^-$				
$[CoCl_2(NH_3)_3(H_2O)]^-$				

4. 试用价键理论说明下列配位离子的杂化类型及空间结构。

（1）$[FeF_6]^{3-}$和$[Fe(CN)_6]^{3-}$；（2）$[Ni(CN)_4]^{2-}$和$[Ni(NH_3)_4]^{2+}$

5. AgCl 沉淀可溶于浓氨水中生成 $[Ag(NH_3)_2]Cl$，若用 HNO_3酸化溶液，沉淀重新析出。这一现象如何解释？

6. 在 50.0 mL、0.20 $mol \cdot L^{-1}$ $AgNO_3$溶液中加入等体积的 1.00 $mol \cdot L^{-1}$的 $NH_3 \cdot H_2O$，计算达平衡时溶液中 Ag^+，$[Ag(NH_3)_2]^+$和 NH_3的浓度。

7. 单选题

（1）已知某金属离子配合物的磁矩为 4.90 B. M.，而同一氧化态的该金属离子形成的另一配合物，其磁矩为零，则此金属离子可能为（　　）。

（A）Cr（Ⅲ）（B）Mn（Ⅱ）（C）Fe（Ⅱ）（D）Mn（Ⅲ）

（2）价键理论可以解释配合物的（　　）。

（A）磁性和颜色（B）空间构型和颜色

（C）颜色和氧化还原性（D）磁性和空间构型

(3) 下列叙述中错误的是 ( )。

(A) 一般地说，内轨型配合物较外轨型配合物稳定

(B) ⅡB 族元素所形成的四配位配合物，几乎都是四面体构型

(C) CN^- 和 CO 作配体时，趋于形成内轨型配合物

(D) 金属原子不能作为配合物的形成体

(4) 下列配离子的中心离子采用 sp 杂化呈直线形的是 ( )。

(A) $[Cu(en)_2]^{2+}$ (B) $[Ag(CN)_2]^-$

(C) $[Zn(NH_3)_4]^{2+}$ (D) $[Hg(CN)_4]^{2-}$

(5) $[Fe(CN)_6]^{4-}$ 是内轨型配合物，则中心离子未成对电子数和杂化轨道类型是 ( )。

(A) 4，sp^3d^2 (B) 4，d^2sp^3

(C) 0，sp^3d^2 (D) 0，d^2sp^3

(6) 下列电对中标准电极电势最小的电对是 ( )。

(A) $E^\ominus$ (Ag^+/Ag) (B) $E^\ominus$ (AgCl/Ag)

(C) $E^\ominus$ (AgBr/Ag) (D) $E^\ominus$ (AgI/Ag)

8. 今有两种配合物异构体，其化学式为 $CoBrSO_4 \cdot 5H_2O$，在向第一种异构体溶液中加入 $BaCl_2$ 溶液时，有 $BaSO_4$ 白色沉淀产生，滴加 $AgNO_3$ 溶液时不产生 AgBr 沉淀；而第二种异构体溶液所产生的现象，恰好与第一种相反。试写出这两种配合物异构体的结构式。

9. 试根据晶体场理论，简要说明下列问题：

(1) Ni^{2+} 的八面体配合物都是高自旋配合物；

(2) 过渡金属的水合离子多数有颜色，也有少数是无色的。

10. 对含有 2.5 $mol \cdot L^{-1}$ $AgNO_3$ 和 0.41 $mol \cdot L^{-1}$ NaCl 的混合溶液，如果不产生 AgCl 沉淀，则溶液中含有 CN^- 的最低浓度为多少？已知 $K_{sp,AgCl} = 1.8 \times 10^{-10}$，$K_{稳,[Ag(CN)_2]^-} = 1.0 \times 10^{21}$。

11. 已知：$E^\ominus$ $(Cu^{2+}/Cu) = 0.340$ V，计算出电对 $[Cu(NH_3)_4]^{2+}/Cu$ 的 $E^\ominus$ 值。并根据有关数据说明：在空气存在下，能否用铜制容器储存 1.0 $mol \cdot L^{-1}$ 的氨水？[假设 $p(O_2) = 100$ kPa 且 $E^\ominus$ $(O_2/OH^-) = 0.401$ V]

12. 已知下列原电池：(−) Zn | Zn^{2+} (1.00 $mol \cdot L^{-1}$) ‖ Cu^{2+} (1.00 $mol \cdot L^{-1}$) | Cu (+)。

(1) 先向右半电池中通入过量 NH_3，使游离 NH_3 的浓度达到 1.00 $mol \cdot L^{-1}$，此时测得电动势 $E_1 = 0.7083$ V，求 $K_f^\ominus$ $[Cu(NH_3)_4]^{2+}$ (假定 NH_3 的通入不改变溶液的体积)。

(2) 然后向左半电池中加入过量 Na_2S，使 $c(S^{2-}) = 1.00$ $mol \cdot L^{-1}$，求算

原电池的电动势 E_2（已知 $K_{sp}^{\ominus}(ZnS)=1.6\times10^{-24}$，假定 Na_2S 的加入也不改变溶液的体积）。

（3）用原电池符号表示经（1）、（2）处理后的新原电池，并标出正、负极。

（4）写出新原电池的电极反应和电池反应。

（5）计算新原电池反应的平衡常数 $K^{\ominus}$ 和 $\Delta_r G_m^{\ominus}$。

第 9 章　主族金属元素（一）

元素化学是无机化学的重要内容，它主要研究元素的单质及其化合物的组成、结构、存在、制备、性质及其变化规律、应用等有关知识。元素化学常被称为叙实化学或描述化学：物质的性质及反应的有关事实是元素化学中最本质的内容。化学元素的分类方法有多种，若根据元素原子的价层电子构型的特点来分，可分为主族元素（main group elements）和副族元素（subgroup elements）。从本章开始我们将以元素周期表为基础，依次介绍有代表性的主族元素和副族元素。

9.1　化学元素的自然资源

世界是由物质组成的，化学则是人类认识和改造物质世界的主要方法和手段之一，人类活动的历史就是一部化学元素资源被发现、利用的历史。能源、信息和材料是现代社会发展的三大支柱产业，而材料又是能源和信息工业技术的物质基础。天然化石能源的有效利用，新能源的开发，信息工程中的信息采集、处理和执行等都需要各种功能材料。因此新材料的发明、应用和开发往往是人类社会文明发展进程的里程碑。例如焦炭和钢铁的生产开始了资本主义的工业革命，石油的催化裂解促进了塑胶工业，而一些智能材料的发明和应用开辟了信息时代。无论社会如何发展，生产的主体永远是物质，物质的变化离不开化学，化学研究的主角则是元素。

9.1.1　地壳中元素的分布和存在类型

自然界的万物种类繁多，但组成物质的元素是有限的，到 2013 年经 IUPAC 正式公布的已有 114 种元素，其中在自然界能稳定存在的元素有 90 余种，其余为人工合成元素——它们的数量很少，稳定性差，有些存在几毫秒就会发生裂变生成其他元素，因此多数只具有科学研究价值。

就整个地球而言，地壳虽然只占地球总质量的 0.7%，但所含元素极为丰富，达 90 多种。元素在地壳中的含量称为丰度①，丰度可以用质量分数或原子摩尔分数来表示。其中分布最广的 10 种元素的丰度（质量分数）见表 9-1。

表 9-1　地壳中分布最广的 10 种元素的丰度（质量分数）

元素	O	Si	Al	Fe	Ca	Na	K	Mg	H	Ti
ω / %	48.6	26.3	7.73	4.75	3.45	2.74	2.74	2.00	0.76	0.42

由表可见：各种元素在地壳中的含量相差很大，含量最多的是氧，几乎占地壳质量的一半；其次是硅。这 10 种元素占地壳总质量的 99.2%。Ti 在地壳中的丰度虽然不低，但它非常分散，难以提纯，直至 20 世纪 40 年代才被重视；Ag、Au 的丰度虽低，但由于它们的性质不活泼，又比较集中，在古代就已被人们广为利用。

元素在地壳中的存在形式比较复杂，只有 O、N、S、C、Au、Pt、稀有气体等少量元素在自然界中能以单质（simple substance）存在，其余均以化合物形态存在。化合物主要有氧化物（oxide）（包括含氧酸盐）和硫化物（sulfide）两大类。周期表中各元素在地壳中的主要存在形式如图 9-1 所示。

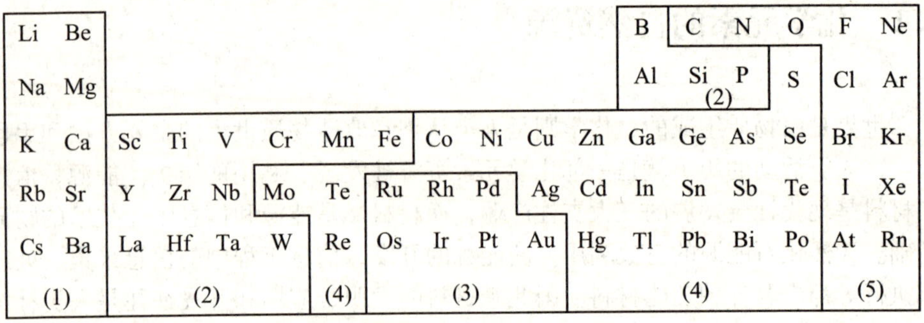

Li	Be											B	C	N	O	F	Ne
Na	Mg											Al	Si	P (2)	S	Cl	Ar
K	Ca	Sc	Ti	V	Cr	Mn	Fe	Co	Ni	Cu	Zn	Ga	Ge	As	Se	Br	Kr
Rb	Sr	Y	Zr	Nb	Mo	Te	Ru	Rh	Pd	Ag	Cd	In	Sn	Sb	Te	I	Xe
Cs	Ba	La	Hf	Ta	W	Re	Os	Ir	Pt	Au	Hg	Tl	Pb	Bi	Po	At	Rn
(1)		(2)				(4)		(3)					(4)			(5)	

图 9-1　元素在地壳中的主要存在形式

注：(1) 以卤化物、含氧酸盐存在；(2) 以氧化物或含氧酸盐存在；(3) 主要以单质存在；(4) 主要以硫化物存在；(5) 以阴离子形式存在，有些也以单质存在。

9.1.2　元素资源的存在形态和我国的自然资源

无机化工产品的主要原料是含硫、钠、磷、钾、钙等元素的化学矿物、天然

① 元素在地壳中的含量，称为元素丰度（abundance of elements），常简称丰度或克拉克值。丰度有两种表示方法，分别是质量分数和原子摩尔分数。

含盐水和大气等自然资源，此外还有农副产品和工业废料等二次资源。

9.1.2.1 化学矿物

自然界的矿物种类很多，已知的约有 3 000 种，但目前可开发利用的矿物只有 150 种左右。矿物大致可分为两大类：一类为金属矿物（metallic minerals），如用来提取 Au、Ag、Cu、Fe、W、Mo 等金属的矿物；另一类为非金属矿物（non metallic minerals），如硫铁矿、岩盐、芒硝等，化工原料多属于这一类。它们为生产各种化工材料、化学试剂、农药、化肥等提供原料。

我国矿产资源丰富，目前可开发利用的矿物大多在我国都能找到矿藏。但铬、金、铂族、钾盐、金刚石等资源严重不足，铁矿、磷矿等多为贫矿；其他如稀土、钨、钛、锂、锑矿等矿藏含量虽然居于世界首位，锌、钴、钼、汞、铁、铅等矿藏也非常丰富，但我国人口众多，如不能合理开采和利用，我国各种矿物资源将会很快贫乏和枯竭。

从化学矿物提取非金属单质有三种情况：以游离状态存在的稀有气体、N_2、O_2、S 等用物理方法分离；硼、硅、磷等以正氧化态化合物形态存在的，可用活泼金属（如 Al、Mg、Fe）、C 或 H_2 等还原其氧化物或含氧酸盐；卤素等以负离子形态存在的，可以通过电解氧化或用活泼非金属的取代反应来制取。提取金属单质，通常首先经过富集（concentration），即用重选（gravity separation）、浮选（floatation）和磁选（magnetic separation）等物理方法，或溶解—沉淀、溶剂萃取（solvent extraction）和离子交换（ion exchanging）等化学方法，提高矿石品位或中间产物的纯度；然后通过电解还原或用 C、CO、H_2、活泼金属等化学还原的方法来制取金属单质（个别金属也可用化合物热分解的方法制备）。各种元素的化合物，一般以矿物为原料，通过各种化学途径进行制备。

9.1.2.2 天然含盐水

天然含盐水包括海水、盐湖水、地下卤水等。

海洋是一个巨大的取之不尽的化工资源库，它富含 50 多种元素，大多数以离子形式存在。海水中含盐量达 3.5%，其中 NaCl 占 2.7%，其次为 $MgCl_2$、Na_2SO_4、$MgSO_4$、K_2SO_4 等。此外还含有溴、铷、锂、碘、锌、铯、铀等离子，虽然它们的含量很低，但由于海水总体积比大陆大得多，因此许多元素资源在海洋中的储量比大陆多。如海水中含铀总量在 20 亿 t 以上，是陆地储量 200 万 t 的 1 000倍。海洋里锰的储量达 4 000 亿 t，是大陆储量的 4 000 倍。当然有效的富集和提取是海洋资源利用的前提和关键，科学家在这方面虽然已经做了大量的工作，但充分利用海洋元素资源仍是人类 21 世纪科学研究的重大课题之一。

盐湖有两种：一种为普通盐湖，与海水、地下卤水等的主要成分相似，即以 NaCl 为主，但 K、B、Br、I 等元素的含量可能相差很大；另一种为碱湖，主要成分为 Na_2CO_3、$NaHCO_3$ 等。所有的天然含盐水，都已用来提取无机盐，而且随着富集、提取技术的进步，低含量甚至微量元素也在不断的开发利用中。

9.1.2.3 大气

地球表面的大气层有约 100km 厚、总质量达 5×10^{14} t。大气的主要成分是 N_2、O_2 和稀有气体，所以大气层也是元素资源的一个巨大宝库。目前世界各国每年从大气中提取数以千万吨计的 N_2、O_2 和稀有气体等物质。采取的方法是将空气液化，利用各物质沸点的不同进行精馏，即可得到纯组分。

9.1.2.4 农副产品

某些农副产品也可以用来提取无机物。如可以从向日葵壳、棉籽壳、甜菜制酒后的酒糟、洗羊毛的废水中提取钾盐；从海带中提取碘；从兽骨中提取磷酸氢钙等。

9.1.2.5 工业废料

工业生产中产生的大量废水、废气和废渣（俗称“三废”），是环境污染的根源，其中含有大量可再利用的元素资源。如果与“三废”治理结合，可以变废为宝。如用水泥厂的窑灰制钾盐、用硫酸厂的含 SO_2 废气制 NH_4HSO_3 等。

9.2 s区元素概述

s 区元素包括周期表中ⅠA 和ⅡA 族。ⅠA 族由锂（lithium，Li）、钠（sodium，Na）、钾（potassium，K）、铷（rubidium，Rb）、铯（caesium，Cs）和钫（francium，Fr）6 种元素组成。由于它们氧化物的水溶液显碱性，所以有碱金属（alkali metal）之称。锂、铷、铯是轻稀有金属；钫是放射性元素。ⅡA 族由铍（beryllium，Be）、镁（Magnesium，Mg）、钙（Calcium，Ca）、锶（Strontium，Sr）、钡（Barium，Ba）、镭（Radium，Ra）六种金属元素组成。由于钙、锶及钡的氧化物性质介于“碱性的”碱性氧化物和“土性的”（既难溶解，又难熔融）氧化物如 Al_2O_3 等之间，所以称做碱土金属（Alkaline earth metal），现在习惯上把铍和镁也包括在碱土金属之内。铍也属于轻稀有金属，镭是放射性元素。

它们的价电子构型分别为 ns^1 和 ns^2；只有一种稳定的氧化态，失去 ns 电子后，成为 +1 和 +2 价离子，它们的化合物大多数为离子型化合物。它们以化合物形式广泛存在于自然界中。锂最重要的矿石是锂辉石（$LiAlSi_2O_6$）。钠主要以 NaCl 形式存在于海洋、盐湖及岩石中。钾的主要矿物是钾石盐（$2KCl \cdot MgCl_2 \cdot 6H_2O$），我国青海钾盐储量占全国的 96.8%。锂、铷、铯在自然界中含量少而分散，主要存在于各种硅酸盐中。铍的主要矿物是绿柱石（$3BeO \cdot Al_2O_3 \cdot 6SiO_2$）。镁主要以菱镁矿（$MgCO_3$）、白云石［$MgCa(CO_3)_2$］形式存在。钙、锶、钡以碳酸盐、硫酸盐形式存在，如方解石（$CaCO_3$）、石膏（$CaSO_4 \cdot 2H_2O$）、天青石（$SrSO_4$）、重晶石（$BaSO_4$）等。

9.3　碱金属和碱土金属的性质

碱金属和碱土金属的一些基本性质，分别列于表 9-2 和表 9-3 中。

表 9-2　碱金属性质

	锂（Li）	钠（Na）	钾（K）	铷（Rb）	铯（Cs）
原子序数	3	11	19	37	55
价电子层构型	$2s^1$	$3s^1$	$4s^1$	$5s^1$	$6s^1$
金属半径 r_{met}/ pm	152	190	227.2	247.5	265.4
离子半径 r_{ion}/ pm	60	95	133	148	169
氧化值	+1	+1	+1	+1	+1
电负性	1.0	0.9	0.8	0.8	0.7
电离能 $I/(kJ \cdot mol^{-1})$	520.2	495.8	418.8	403.0	272.5
电子亲和能 $Y/(kJ \cdot mol^{-1})$	60	53	48	47	46
电极电势 $E^{\ominus}$（M^+/M）/V	−3.045	−2.714	−2.925	−2.925	−2.923
密度 $\rho/(g \cdot cm^{-3})$	0.53	0.97	0.86	1.53	1.90
熔点 t_m/℃	180.6	97.8	63.6	39.0	28.7
沸点 t_b/℃	1347	881.4	756.5	694	702
硬度（金刚石 = 10）	0.6	0.4	0.5	0.3	0.2

表 9-3　碱土金属

	铍（Be）	镁（Mg）	钙（Ca）	锶（Sr）	钡（Ba）
原子序数	4	12	20	38	56
价电子层构型	$2s^2$	$3s^2$	$4s^2$	$5s^2$	$6s^2$
金属半径 r_{met}/ pm	110	160	197	215	217

续表

	铍（Be）	镁（Mg）	钙（Ca）	锶（Sr）	钡（Ba）
离子半径 r_{ion}/ pm	31	65	99	113	135
氧化值	+2	+2	+2	+2	+2
电负性	1.5	1.2	1.0	1.0	0.9
电离能 $I/(kJ \cdot mol^{-1})$	899.4	737.9	589.8	549.5	502.9
电极电势 $E^{\ominus}$（M^{2+}/M）/V	−1.85	−2.37	−2.87	−2.89	−2.90
密度 $\rho/(g \cdot cm^{-3})$	1.85	1.74	1，55	2.63	3.62
熔点 t_m/ ℃	1 288	647	838	768	727
沸点 t_b/ ℃	2 502	1 105	1 494	1 381	1 851
硬度（金刚石 =10）	4	2.0	1.5	1.8	—

从表9-2、表9-3中所列出的碱金属、碱土金属的一些物理性质可以看出，显然，它们都不具备一些通常和金属相关联的物理性质：硬度（hardness）、高熔点（melting point）、高沸点（boiling point），但是它们均具有金属的外观及良好的导电性（electrical conductivity）。对于ⅠA族、ⅡA族元素的原子，其成键电子数量少，形成的金属键较弱，因此这些金属仍然是相当软的，同时有较低的熔沸点。沿ⅠA族从上到下随原子半径的增加，金属键的强度降低，硬度、熔沸点都不断地降低。这些变化在ⅡA族中并不十分明显，但要注意铍和镁（在较低程度上）都是硬金属，这是由于它们的原子体积很小，成键电子数比锂、钠多的缘故。这一性质与其密度低结合就使得它们具有某些工艺方面的重要性。

碱金属和碱土金属表面都具有银白色光泽，在同周期中碱金属是金属性最强的元素，碱土金属逊于碱金属，在同族元素中随原子序数增加，元素的金属性依次递增。碱金属，尤其是铯，失去电子的倾向很强，当受到光的照射时，金属表面电子逸出，此种现象称做光电效应（photoelectric effect）。因此，常用铯（也可用钾、铷）来制造光电管。铍由于相对原子质量小，吸收X射线很少，常用作X射线管的窗材料。镁的密度小，可用于制造轻质结构合金。

钙、锶、钡及碱金属的挥发性化合物在高温火焰中，电子易被激发。当电子从较高的能级回到较低的能级时，便分别发射出一定波长的光，使火焰呈现特征颜色。钙使火焰呈橙红色，锶呈红色，钡呈黄绿色，锂呈红色，钠呈黄色，钾、铷、铯呈紫色。在分析化学上常利用火焰颜色来检定这些元素，这种方法称为焰色反应（flame analysis）（表9-4）。

表9-4　碱金属和某些碱土金属的火焰颜色

元素	Li	Na	K	Rb	Cs	Ca	Sr	Ba
火焰颜色	深红	黄	紫	红紫	蓝	橙红	砖红	绿

碱土金属的熔点和沸点都比碱金属高，密度和硬度比碱金属大。其中 Li 是最轻的金属。碱金属和 Ca、Sr、Ba 均可以用刀切割，最软的是 Cs。碱金属与汞一起研磨时发生强放热反应形成汞齐（amalgam），如钠汞齐；随着钠含量的增加，钠汞齐由液体变成固体。钠汞齐是一种还原剂，与金属钠本身相比，它作为还原剂的反应速率比较平缓，常用于分析化学和有机化学中。

碱金属和碱土金属的化学性质活泼，可与空气中氧、水及许多非金属直接反应（表 9-5），而且碱金属的化学活泼性比碱土金属更强。

表 9-5　碱金属和碱土金属的一些重要反应

金属	反应物质	反应式
碱金属 碱土金属	H_2	$2M + H_2 \longrightarrow 2MH$ $M + H_2 \longrightarrow MH_2$
碱金属 Ca、Sr、Ba、Mg	H_2O	$2M + 2H_2O \longrightarrow 2MOH + H_2$ $M + 2H_2O \longrightarrow M(OH)_2 + H_2$ $M + H_2O\ (g) \longrightarrow MO + H_2$
碱金属 碱土金属	卤素	$2M + X_2 \longrightarrow 2MX$ $M + X_2 \longrightarrow MX_2$
Li、Mg、Ca、 Sr、Ba	N_2	$6M + N_2 \longrightarrow 2M_3N$ $3M + N_2 \longrightarrow M_3N_2$
碱金属 Mg、Ca、Sr、Ba	S	$2M + S \longrightarrow M_2S$ $M + S \longrightarrow MS$
Li Na K、Rb、Cs 碱金属 Ca、Sr、Ba	O_2	$4M + O_2 \longrightarrow 2M_2O$ $2M + O_2 \longrightarrow M_2O_2$ $M + O_2 \longrightarrow MO_2$ $2M + O_2 \longrightarrow 2MO$ $M + O_2 \longrightarrow MO_2$

ⅠA 和ⅡA 族元素常见的氧化数分别为 +1 和 +2。常见的化合物以离子型为主。由于 Li^+、Be^{2+} 的半径远小于同族其他阳离子，故锂、铍的化合物具有一定程度的共价性。碱金属和碱土金属同族元素的标准电极电势随原子序数增加而降低，但 Li 的标准电极电势（−3.045 V）却比 Cs（−3.026 V）还低，这是由于 Li 有较小的半径，易与水分子结合生成水和离子而释放出较多能量。但实际上在水中的反应性，锂远逊于钠、钾、铷、铯，钠与水猛烈反应，后三者遇水就发生燃烧，量较大时甚至爆炸。显然锂与水反应性较低是由于其动力学因素影响超过热力学，因为它硬、熔点高、很难熔化和不易分散。

这两族金属标准电极电势很负，在水溶液中迅速同水反应释放出 H_2，所以不能用来还原水溶液中的其他物质，但是它们的强还原性在干态和有机反应中得到较广泛的应用。例如，在高温下，钠、镁和钙能夺取氧化物中的氧或氯化物中的氯。

$$TiCl_4\ (g) + 4Na\ (l) \xrightarrow{700\sim800℃} Ti\ (s) + 4NaCl\ (s)$$

$$ZrO_2 + 2Ca \xrightarrow{\triangle} Zr + 2CaO$$

目前就是利用钠、镁和钙等作为还原剂，在真空或稀有气体保护下来生产某些稀有金属。

碱金属在液氨中的溶解度超出人们的想象，碱金属溶于液氨形成深蓝色溶液，如将溶液蒸发又可重新得碱金属。有趣的是，不论溶解的是何种金属，稀溶液都具有同一吸收波长的蓝色，这一事实暗示，不同金属的溶液中存在着某一同样的物种，经研究表明，这一物种为溶剂合电子（氨合电子），钠溶于液氨的反应为：

$$M\ (s) + (x+y)\ NH_3 \longrightarrow M^+(NH_3)_x + e^-(NH_3)_y$$

碱金属的氨溶液具有较高的导电性和与金属本身相同的化学反应。其稀溶液是优良的还原剂，例如，钾的液氨溶液可还原 Ni（Ⅱ），可制得Ni（Ⅰ）配合物：

$$2K_2[Ni(CN)_4] + 2K^+(NH_3) + 2e^-(NH_3) \xrightarrow[NH_3(l)]{-33℃} K_4[Ni_2(CN)_6](NH_3)_4 + 2KCN$$

只要保持干燥和足够高的纯度，碱金属和碱土金属蓝色溶液就相当稳定。但痕量杂质如过渡金属的盐类、氧化物等的存在，以及光化学作用都能催化产生氨基化钠的反应：

$$2Na + 4NH_3(l) \longrightarrow 2Na^+(NH_3) + 2e^-(NH_3) \xrightarrow{\text{铁的氧化物}} 2\ NaNH_2\ (NH_3) + H_2(g)$$

钙、锶、钡和碱金属相似，也能溶于液氨生成蓝色液氨溶液。

9.4 碱金属和碱土金属的化合物

9.4.1 氢化物

碱金属和碱土金属（铍、镁除外）在加热时能与氢直接化合，生成离子型氢化物：

$$2M + H_2 \longrightarrow 2MH\ (\text{M 代表碱金属})$$

$$M + H_2 \longrightarrow MH_2\ (\text{M 代表 Ca、Sr、Ba})$$

所有纯的离子型氢化物都是白色晶体，不纯的通常为浅灰色至黑色，其性质类似盐，又称为类盐型氢化物。

这类氢化物具有离子化合物特征，如熔点、沸点较高，熔融时能够导电等。其密度都比相应的金属的密度大得多（例如 K 的密度是 $0.86\ g \cdot cm^{-3}$，而 KH 的密度为 $1.43\ g \cdot cm^{-3}$）。碱金属氢化物中以 LiH 最稳定，加热到熔点（961K）也不分解。其他碱金属氢化物的稳定性较差。

在受热时可以分解为氢气和游离金属：

$$2MH \xrightarrow{\triangle} 2M + H_2 \uparrow$$

$$MH_2 \xrightarrow{\triangle} M + H_2 \uparrow$$

易与水反应而产生氢气，例如：

$$MH + H_2O \longrightarrow MOH + H_2 \uparrow$$

离子型氢化物都是极强的还原剂，$E^{\ominus}(H_2/H^-) = -2.23\ V$。例如，在400℃时，NaH 可以从 $TiCl_4$ 中还原出金属钛：

$$TiCl_4 + 4NaH \longrightarrow Ti + 4NaCl + 2H_2$$

H^- 能在非极性溶剂中同 B^{3+}、Al^{3+}、Ga^{3+} 等结合成复合氢化物，如氢化铝锂的生成：

$$4LiH + AlCl_3 \xrightarrow{乙醚} Li[AlH_4] + 3LiCl$$

这类化合物包括 $Na[BH_4]$、$Li[GaH_4]$ 等。其中 $Li[AlH_4]$ 是重要的还原剂。

氢化铝锂在干燥空气中较稳定，遇水则发生猛烈的反应：

$$Li[AlH_4] + 4H_2O \longrightarrow LiOH \downarrow + Al(OH)_3 \downarrow + 4H_2 \uparrow$$

$Li[AlH_4]$、$Na[BH_4]$ 在有机合成工业中用作还原剂，例如将醛、酮、羧酸等还原为醇，将硝基还原为氨基等。

最有实用价值的离子型氢化物是 CaH_2、LiH 和 NaH。由于 CaH_2 反应性能最强（较安全），可在工业规模的还原反应中用作氢气源，制备硼、钛、钒和其他单质，也可用作微量水的干燥剂。

9.4.2　氧化物

碱金属和碱土金属能形成多种类型的氧化物：正常氧化物（含有 O^{2-}）、过氧化物（含有 O_2^{2-}）、超氧化物（含有 O_2^-）、臭氧化物（含有 O_3^-）及低氧化物。s 区元素所形成的氧化物列于表 9-6 中。

表 9-6 s 区元素形成的氧化物

	在空气中直接形成	间接形成
正常氧化物	Li、Be、Mg、Ca、Sr、Ba	ⅠA、ⅡA 所有元素
过氧化物	Na	除 Be 外的所有元素
超氧化物	Na、K、Rb、Cs	除 Be、Mg、Li 外的所有元素

9.4.2.1 正常氧化物

碱金属中的锂和所有碱土金属在空气中燃烧时，分别生成正常氧化物 Li_2O 和 MO。其他碱金属的正常氧化物是用金属与它们的过氧化物或硝酸盐相互作用而制得。例如：

$$Na_2O_2 + 2Na \longrightarrow 2Na_2O$$

$$2KNO_3 + 10K \longrightarrow 6K_2O + N_2\uparrow$$

碱土金属氧化物也可以由它们的碳酸盐或硝酸盐加热分解而得到。例如：

$$MCO_3 \xrightarrow{\triangle} MO + CO_2\uparrow \quad (M = Be、Mg、Ca、Sr、Ba)$$

$$2Mg(NO_3)_2 \xrightarrow{\triangle} 2MgO + 4NO_2\uparrow + O_2\uparrow$$

碱金属氧化物的一些性质列于表 9-7。

表 9-7 碱金属氧化物的性质

氧化物	LiO_2	Na_2O	K_2O	Rb_2O	Cs_2O
颜色	白色	白色	淡黄色	亮黄色	橙红色
熔点/℃	>1 700	1 275	350（分解）	400（分解）	400（分解）

碱土金属的氧化物均为白色粉末，一般来说在水中溶解度较小。除 BeO 为 ZnS 型晶体外，其余均为 NaCl 型晶体。由于阴、阳离子都是带有两个单位电荷，而且 M-O 核间距又较小，MO 具有较大晶格能，因此它们的硬度和熔点都很高。根据这种特性，BeO 和 MgO 常用来制造耐火材料和金属陶瓷。特别是 BeO，还具有反射放射性射线的能力，常用作原子反应堆外壁砖块材料。CaO 是重要的建筑材料，在冶炼厂中作助溶剂，以除去硫、磷、硅等杂质；在化工中用作取电石（CaC_2）的原料，还可用作生产钙的化学试剂，以及用于污水处理、造纸等。

9.4.2.2 过氧化物和超氧化物

过氧化物（peroxide）是含有过氧基（—O—O—）的化合物，可看做是 H_2O_2的衍生物。除铍外，所有碱金属和碱土金属都能形成过氧化物。

除了锂、铍、镁外，碱金属和碱土金属都能形成超氧化物（superoxide）。其中钠、钾、铷、铯在过量的氧气中燃烧可直接生产超氧化物。

Na_2O_2是化工中最常用的碱金属过氧化物，实际用途也较广。纯的 Na_2O_2为白色粉末，工业品一般为浅黄色。工业上是将除去 CO_2的干燥空气通入熔融钠中，控制空气流量和温度制得 Na_2O_2（浅黄色小米粒状）。

Na_2O_2在碱性介质中是强氧化剂，常用作溶矿剂，使极难溶于酸的矿石被氧化分解为可溶于水的化合物。例如：

$$2Fe(CrO_2)_2 + 7Na_2O_2 \longrightarrow 4Na_2CrO_4 + Fe_2O_3 + 3Na_2O$$

Na_2O_2在熔融时几乎不分解，但遇到棉花、木炭或铝粉等还原性物质时，就会发生爆炸，故使用时要特别小心。由于 Na_2O_2具有强碱性，熔融时宜用铁制或者镍制器皿。

室温时，过氧化物、超氧化物与水或稀酸反应生成过氧化氢，过氧化氢又分解而放出氧气：

$$Na_2O_2 + 2H_2O \longrightarrow 2NaOH + H_2O_2$$

$$Na_2O_2 + H_2SO_4 \longrightarrow Na_2SO_4 + H_2O_2$$

$$2KO_2 + 2H_2O \longrightarrow 2KOH + H_2O_2 + O_2\uparrow$$

$$2KO_2 + H_2SO_4 \longrightarrow K_2SO_4 + H_2O_2 + O_2\uparrow$$

$$2H_2O_2 \longrightarrow 2H_2O + O_2\uparrow$$

过氧化物和超氧化物与二氧化碳反应放出氧气：

$$2Na_2O_2 + 2CO_2 \longrightarrow 2Na_2CO_3 + O_2\uparrow$$

$$4KO_2 + 2CO_2 \longrightarrow 2K_2CO_3 + 3O_2\uparrow$$

因此，过氧化物和超氧化物常用作防毒面具、高空飞行、潜水的供氧剂。

干燥的 Na、K、Rb、Cs 的氢氧化物固体与 O_3反应，可得到臭氧化物固体，例如：

$$3KOH\,(s) + 2O_3\,(g) \longrightarrow 2KO_3\,(s) + KOH\cdot H_2O\,(s) + \frac{1}{2}O_2\uparrow$$

KO_3是红色固体，可用作高能氧化剂。

Rb 和 Cs 除可形成以上氧化物外，还可形成低氧化物 Rb_6O、Cs_7O、Cs_4O、$Cs_{11}O_3$、$Cs_{3+x}O$（为非化学计量物质）等。

9.4.3 氢氧化物

碱金属和碱土金属的氧化物（除 BeO、MgO 外）与水作用，即可得到相应的氢氧化物（hydroxide），并伴随着释放出大量热：

$$M_2O + H_2O \longrightarrow 2MOH$$

$$MO + H_2O \longrightarrow M(OH)_2$$

碱金属和碱土金属的氢氧化物均为白色固体，易潮解，在空气中吸收 CO_2生成碳酸盐。由于碱金属氢氧化物对纤维、皮肤有强烈的腐蚀作用，故称为苛性碱(caustic soda)。

碱金属和碱土金属的氢氧化物［除 $Be(OH)_2$ 外］均呈碱性，同族元素氢氧化物的碱性均随金属元素原子序数的增加而增强：

LiOH	NaOH	KOH	RbOH	CsOH
中强碱	强碱	强碱	强碱	强碱
$Be(OH)_2$	$Mg(OH)_2$	$Ca(OH)_2$	$Sr(OH)_2$	$Ba(OH)_2$
两性	中强碱	强碱	强碱	强碱

$Be(OH)_2$ 是两性的氢氧化物，它既溶于酸也溶于碱：

$$Be(OH)_2 + 2H^+ \longrightarrow Be^{2+} + 2H_2O$$

$$Be(OH)_2 + 2OH^- \longrightarrow [Be(OH)_4]^{2-}$$

金属氧化物水合物的酸碱性取决于它们的解离方式。若金属氧化物水合物用 ROH 表示，则在水中可有两种解离方式：

$$RO^- + H^+ \xleftarrow{\text{酸式解离}} R—O—H \xrightarrow{\text{碱式解离}} R^+ + OH^-$$

R—O—H 究竟进行酸式解离还是进行碱式解离与 R^+ 的极化作用有关。R^+ 的极化作用强，氧原子的电子云偏向 R^+，使 O—H 键的极性增强，R—O—H 按酸式解离，表现为酸性；反之，R—O 键的极性强，则 R—O—H 按碱式解离，表现为碱性。碱金属离子的极化作用弱，其氢氧化物在水中进行碱式解离，表现为碱性。并且 Li→Na→K→Rb 离子半径逐渐增大，R—O 键的极性逐渐增强，其氢氧化物的碱性也逐渐增强。碱土金属也如此。

碱金属的氢氧化物都易溶于水，仅 LiOH 溶解度较小。一般来说，碱土金属氢氧化物 $M(OH)_2$ 溶解度较低，在水中的溶解度比碱金属的氢氧化物小得多，而且同族元素的氢氧化物的溶解度从上往下逐渐增大。这是因为随着阳离子半径的增大，阳离子和阴离子之间的吸引力逐渐减小，易被水分子拆开的缘故。同理，在同一周期内，从 M（Ⅰ）到 M（Ⅱ）随着离子半径的减小和离子电荷的增多，氢氧化物的溶解度减小。

碱土金属氢氧化物中，较重要的是氢氧化钙 $Ca(OH)_2$（熟石灰）。它的溶解度不大，且随温度升高而减小。如果配成石灰乳，在石灰乳中则存在着如下平衡：

$$Ca(OH)_2(s) \rightleftharpoons Ca^{2+} + 2OH^-$$

当需要浓度不高的碱且 Ca^{2+} 的存在也不妨碍进行的反应时，则可以使用价廉易得的 $Ca(OH)_2$。

9.4.4 盐类化合物

碱金属、碱土金属最常见的盐有卤化物（halide）、硫酸盐（sulfate）、硝酸盐（nitrate）、碳酸盐（carbonate）和磷酸盐（phosphate）。

9.4.4.1 盐的性质

（1）键型

绝大多数碱金属、碱土金属盐类的晶体属于离子晶体，它们具有较高的熔点和沸点，常温下是固体，熔化时能导电。只有 Be^{2+} 半径小，电荷较多，极化力较强，当它与易变形的阴离子如 Cl^-、Br^-、I^- 结合时，其化合物已过渡为共价化合物。如 $BeCl_2$ 就是一个共价化合物。

（2）溶解性

碱金属的盐类一般都易溶于水。仅有少数碱金属盐微溶于水，一类是若干锂盐如 LiF、Li_2CO_3、$Li_3PO_4 \cdot H_2O$ 等，另一类是 K^+、Rb^+、Cs^+（以及 NH_4^+）同某些较大阴离子所成的盐，例如高氯酸钾（$KClO_4$）、六氯合铂酸钾（$K_2[PtCl_6]$）、四苯硼酸钾（$K[B(C_6H_5)_4]$）、六氯合锡酸铷（$Rb_2[SnCl_6]$）等。碱土金属中，铍盐多数是易溶的，镁盐有部分易溶，而钙、锶、钡的盐则多为难溶。其中依 Ca-Sr-Ba 的顺序，硫酸盐和铬酸盐的溶解度递减。

铍盐和可溶性钡盐均有毒。

（3）颜色

碱金属离子（M^+）和碱土金属离子（M^{2+}）都是无色的。若阴离子是有色的，则它们的化合物常显阴离子的颜色，如 CrO_4^{2-} 是黄色的，$BaCrO_4$ 和 K_2CrO_4 也呈黄色。

碱金属和碱土金属化合物在高温火焰中部分电子获得能量受到激发跃迁到高能级轨道上，而当电子从高能级轨道回到低能级轨道时，将会发射出某种特定波长的光，使火焰呈现特征的颜色。Li—深红，Rb—紫红，Cs—蓝，Ba—绿等。

（4）热稳定性

一般来说，碱金属盐具有较高的热稳定性。卤化物在高温时挥发而不分解；硫酸盐在高温时既难挥发又难分解；碳酸盐除 Li_2CO_3 外，其余皆难分解；唯有硝酸盐的热稳定性较差，加热到一定温度即可分解：

$$4LiNO_3 \xrightarrow{670℃} 2Li_2O + 4NO_2\uparrow + O_2\uparrow$$

$$2NaNO_3 \xrightarrow{830℃} 2NaNO_2 + O_2\uparrow$$

碱土金属的碳酸盐在常温下是稳定的（除 $BeCO_3$ 外），但在强热下，能分解为相应的 MO 和 CO_2。

9.4.4.2 某些盐类的生产和用途

(1) 氯化钠：俗称食盐。来源有海盐、岩盐和井盐等，它是制取金属钠、氢氧化钠、碳酸钠、氯气和盐酸等多种化工产品的基本原料。冰盐混合物常作为制冷剂。

(2) 氯化镁：主要资源来自光卤石和海水。氯化镁通常情况下以 $MgCl_2 \cdot 6H_2O$ 形式存在，用加热水合物的方法不能得到无水盐。无水氯化镁常用干燥的氯化氢气流加热脱水或高温下通氯气于焦炭和氧化镁的混合物制取。氯化镁有吸潮性，普通食盐的潮解就是含有氯化镁之故。

(3) 氯化钙：六水氯化钙加热至200℃失去水而成二水氯化钙，温度高于260℃完全脱水形成白色多孔的氯化钙。无水氯化钙有很强的吸水性，是一种重要的干燥剂。

由于它能与气态氨和乙醇形成加成物，所以不能用于干燥氨气和乙醇。

(4) 氯化钡：氯化钡为无色单斜晶体，一般为水合物二水氯化钡，加热至130℃变为无水盐。氯化钡可溶于水，常用于医药、灭鼠剂和用做鉴定硫酸根离子的试剂。可溶性钡盐对人、畜都有害，切忌入口。

(5) 碳酸钠：又称纯碱、苏打或碱面。有无水、一水、七水及十水结晶物。生产方法主要有氨碱法、联碱法。它是一种重要的化工原料。

(6) 碳酸氢钠：俗称小苏打，其水溶液呈弱碱性，主要用于医药和食品工业，煅烧碳酸氢钠可得到碳酸钠。

(7) 硝酸钾：在空气中不吸潮，在加热时有强氧化性，用来制黑火药。硝酸钾还是含氮肥、钾的优质化肥。

(8) 无水硫酸钠：俗称元明粉，大量用于玻璃、造纸、水玻璃、陶瓷等工业中，也用于制硫化钠和硫代硫酸钠等。十水硫酸钠俗称芒硝，是一种较好的相变贮热材料的主要组分，可用于低温贮存太阳能。

(9) 硫酸钡：重晶石硫酸钡是制备其他钡类化合物的原料。与煤粉混合煅烧还原成可溶性硫化钡；硫化钡与盐酸作用制得氯化钡；硫化钡与二氧化碳得碳酸钡。硫酸钡可作白色涂料，在橡胶、造纸工业中作白色填料。硫酸钡是唯一无毒钡盐，用做肠胃系统X射线造影剂。

(10) 硫酸镁：用做媒染剂、泻盐，也用于造纸、纺织、肥皂、陶瓷、油漆工业。七水硫酸镁为无色斜方晶体，加热至350K失去六分子水，在520K变为无水盐。

9.4.5 碱金属、碱土金属离子的配位性

碱金属离子由于离子构型的特点，形成稳定的配合物很少。但有一类多基螯

合配体——环状多醚，形似皇冠亦称冠醚（crown ether），能与碱金属离子形成特殊稳定的配合物。冠醚中的氧原子有固定的几何形状，中间有腔空。图 9-2 中（a）是 18—冠—6，18 和 6 分别表示环原子数和环氧原子数，距离最近的 O 原子间以“—CH_2—CH_2—”相桥联；（b）是两个小的冠醚，12—冠—4 及 15—冠—5。（c）是苯并—15—冠—5。

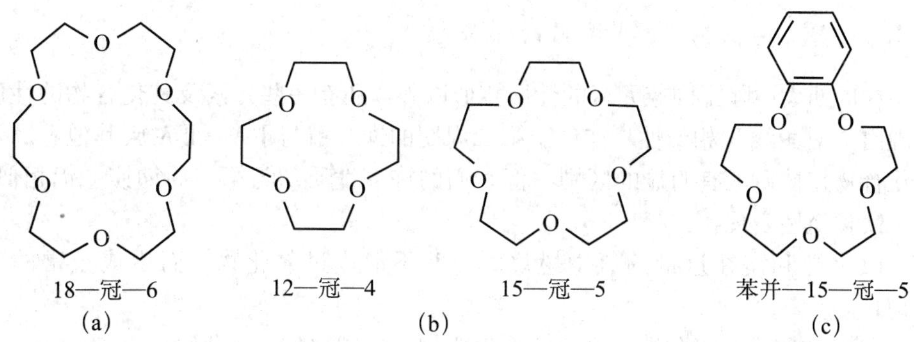

图 9-2　冠醚

冠醚的特点是既有疏水的外部结构，又具有亲水的可与金属离子成键的内腔。不同的冠醚其腔径不同，大小不同的空腔对不同体积的金属离子具有选择性，当金属离子的大小与冠醚腔空大小匹配时，金属离子和氧原子作用强烈，能形成稳定的大环配合物。冠醚与碱金属离子的配位有高度的选择性，用于碱金属离子的分离。

碱土金属离子与碱金属相似，也仅能与某些螯合剂形成配合物，如与 EDTA 螯合形成稳定的配合物，还能与大环配体形成配合物，如叶绿素就是 Mg^{2+} 和大环配体卟啉的配合物［图 8-3（b）］。

1968 年法国化学家莱恩（J. M. Lehn）报道了另一类叫穴醚（cryptand）的大环化合物。这类化合物中含有 O、N 两种杂原子，因分子结构似地穴而得名。碱金属阳离子的穴醚配合物比冠醚配合物更稳定，甚至能存在于水溶液中，这显然与穴醚更接近于实现对金属离子的完全包封有关。图 9-3（a）叫穴醚 2. 2. 1，结构中存在有 3 个“氮－氧－氮”链节，“2. 2. 1”表示每个链节中氧原子的数目。图 9-3（b）的穴醚叫 2. 2. 2，与穴醚 2. 2. 1 不同的是，中间的“氮-氧-氮”链节有 2 个氧原子。可以想象，穴醚 2. 2. 2 的穴腔大于穴醚 2. 2. 1。

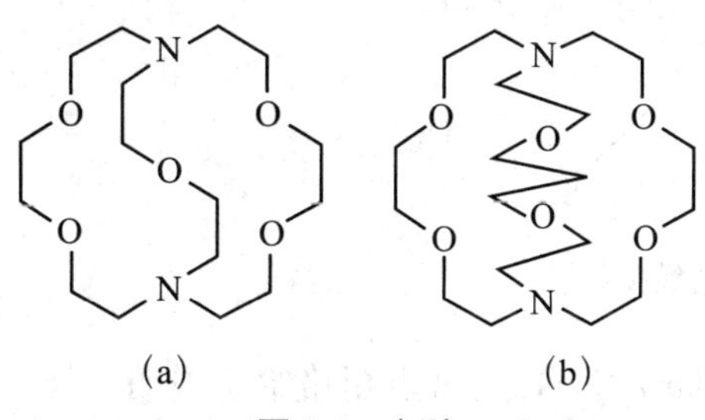

图 9-3　穴醚

作为配体，冠醚和穴醚显示出十分

有趣的性质：不同大小、不同形状的穴腔对碱金属离子具有选择性。穴醚几乎能够实现对 K^+ 和 Na^+ 的完全分离，选择性高达 10^5：1。对 Na^+/ K^+ 的选择性具有非常重要的意义，人体的许多生理功能有赖于这种选择性。

大环化学的发展导致了一个化学新领域的诞生，它发展的一个重要驱动力就是用模拟的方法合成存在于自然界的大环配体。

9.4.6 锂和铍的特殊性和对角线关系

在周期表中除了同族元素的性质相似以外，还有一些元素及其化合物的性质呈现出“对角线”相似性。如位于第二周期的锂、铍与ⅠA、ⅡA 族其他金属及其化合物在性质上有明显的区别，但它们的许多性质却与第三周期镁、铝相似。锂、镁相似性表现在：

（1）锂和镁在过量的氧中燃烧时，并不形成过氧化物，而生成正常的氧化物；

（2）锂和镁直接和碳、氮化合，生成相应的碳化物或氮化物；

（3）Li^+ 和 Mg^{2+} 都有很大的水合能力；

（4）锂和镁的氢氧化物在加热时，可分解为 Li_2O 和 MgO；

（5）锂和镁的某些盐类和氟化物、碳酸盐、磷酸盐等，均难溶于水。

铍、铝相似性表现在：

（1）两种金属的标准电极电势相近（Be^{2+}/Be：-1.85V；Al^{3+}/Al：-1.66V）；

（2）铍和铝经浓硝酸处理都表现钝化；

（3）铍和铝都是两性元素；

（4）BeO 和 Al_2O_3 都有高熔点和高硬度；

（5）铝和铍的氯化物是共价分子，能通过氯桥键形成双聚分子，可升华，能溶于有机溶剂。

我们把在周期表中某一元素的性质和它左上方或右下方的另一元素性质的相似性称为对角线关系（规则）（diagonal relationship）。这种相似性比较明显地表现在 Li 和 Mg、Be 和 Al、B 和 Si 三对元素之间（图 9-4）。

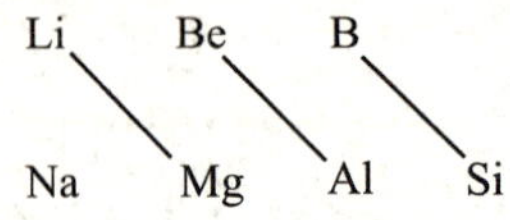

图 9-4 对角线关系

对角线关系可以用离子极化（ionic polarization）的观点粗略给予说明。处于对角线上的元素在性质上的相似性，是由于它们的离子极化力相近的缘故。离子极化力的大小取决于它的半径、电荷和离子构型。例如，Li^+ 和 Na^+ 虽然属于同一族，离子电荷相同，但是前者半径较小，并且 Li^+ 具有 2 电子构型，所以 Li^+ 的极化力比同族的 Na^+ 强得多，因而使锂的化合物同钠的化合物在性质上差别较大。由于 Mg^{2+} 的电荷较高，而半径又小于 Na^+，它的极化力与 Li^+ 接近，于是 Li^+ 便与它右下方的 Mg^{2+} 在性质上显示出某些相似性。由此可见，对角线关系是物质的结构和性质内在联系的一种具体表现。

复习与思考题

1. 填空题

（1）锂、钠、钾、钙、锶、钡的氯化物在无色火焰中灼烧时，火焰的颜色分别为____________。

（2）在ⅡA 族元素中，性质与锂最相似的元素是________，它们在过量的氧气中燃烧都生成________；它们都能与氮气直接化合生成________；它们的________和________盐都难溶于水。

（3）金属钠应该在________中保存；金属锂应该在________中保存。

（4）Na_2O_2 与稀 H_2SO_4 反应的产物是________，KO_2 与 CO_2 反应的产物是________。

（5）在 s 区金属中，熔点最高的是________，熔点最低的是________，密度最小的是________，硬度最小的是________。

（6）写出下列物质的化学式：

①萤石________；②生石膏________；③重晶石________；④天青石________；⑤方解石________；⑥光卤石________；⑦纯碱________；⑧烧碱________；⑨芒硝________；⑩白云石________。

（7）$Be(OH)_2$ 与 $Mg(OH)_2$ 性质的最大差异是________。

2. 写出下列过程的反应方程式

（1）钠汞齐与水反应；

（2）过氧化钠和稀硫酸反应；

（3）超氧化钾投入水中；

（4）氮化镁投入水中；

（5）六水合氯化镁加热分解；

（6）氢化钠投入水中；

（7）金属镁还原四氯化钛；

（8）氯化锂溶液中滴加磷酸氢二钠溶液。

3. 简答题

（1）商品 NaOH 中为什么常含有杂质 Na_2CO_3？怎样用最简便的方法加以检验？如何除去它？

（2）为什么将 CO_2 气体通入 $BaCl_2$ 或 $Ba(NO_3)_2$ 溶液时，没有 $BaCO_3$ 沉淀析出，而当 CO_2 作用于 $Ba(OH)_2$ 溶液时，却能析出 $BaCO_3$ 沉淀？

（3）盛 $Ba(OH)_2$ 溶液的瓶子在空气中放置一段时间后，内壁会蒙上一层白色薄膜，这是什么物质？欲除去这层薄膜，应选取何种物质洗涤？说明理由。

（4）在某酸性 $BaCl_2$ 溶液中，有少量 $FeCl_3$ 杂质，现用 $BaCO_3$ 调节溶液的 pH 值，可把 Fe^{3+} 沉淀为 $Fe(OH)_3$ 而除去，试用有关平衡理论解释之。

（5）实验室中有 5 个试剂瓶，均装有白色粉末状固体，它们可能是 $MgCO_3$、$BaCO_3$、无水 Na_2CO_3、无水 $CaCl_2$ 和无水 Na_2SO_4，试鉴别之（以反应方程式表示），并简单说明。

（6）某化工厂以芒硝（$Na_2SO_4 \cdot 10H_2O$）、石灰、碳酸氢铵为原料生产纯碱和烧碱。试按照 $Na_2SO_4 \longrightarrow NaHCO_3 \longrightarrow Na_2CO_3 \longrightarrow NaOH$ 的转变顺序写出反应的方程式。为了充分利用原料，是否可以在分离出 $NaHCO_3$ 后的滤液中加入 NaCl 生产化肥 NH_4Cl？

（7）用化学反应方程式表示碱金属和碱土金属在空气中的燃烧反应。

（8）金属 Na 的金属活泼性低于 K、Rb、Cs，但却可用金属 Na 在高温下还原 K、Rb、Cs 的氯化物以制备 K、Rb、Cs 单质。为什么？

（9）设计实验证实白云石中的确含有 $CaCO_3$ 和 $MgCO_3$。

（10）一固体混合物可能含有 $MgCO_3$、Na_2SO_4、$Ba(NO_3)_2$、$AgNO_3$、$CuSO_4$。混合物投入水中得到无色溶液和白色沉淀，将溶液进行焰色试验，火焰呈黄色，沉淀可溶于稀盐酸并放出气体。试判断哪些物质肯定存在？哪些物质可能存在？哪些物质肯定不存在？并分析原因。

（11）在电炉法炼镁时，要用大量的冷氢气将炉口馏出的蒸气稀释、降温，以得到金属镁粉。问能否用空气、氮气或二氧化碳代替氢气作冷却剂？解释原因。

第 10 章　主族金属元素（二）

10.1　p 区元素概述

周期表中ⅢA～ⅦA 族元素及稀有气体元素称为 p 区（p block）元素。p 区元素共计 31 种，其性质以多样性为特点，除氢外，非金属元素全部集中在该区；p 区应该是唯一既包括金属又包括非金属的一个区，有些元素的性质处于金属和非金属之间，有人将 B-Si-As-Te-At 和 Al-Ge-Sb-Po 两条对角线分别看做非金属和金属的边界线。这种划分并未得到一致认可，一致认可的金属元素只有 Al、Ga、In、Tl、Sn、Pb 和 Bi 7 种。尽管 Ge、Sb 和 Po 3 种元素有时仍被当做金属看（汉字均以“金”为部首），但成键状况更接近非金属。

p 区元素（除零族外）具有以下特点：

- 与 s 区元素相似，p 区同族元素自上而下原子半径逐渐增大，元素的金属性逐渐增强、非金属性逐渐减弱。除ⅦA 族外，都是由典型的非金属元素经准金属过渡到典型的金属元素。
- p 区元素具有多种氧化数，除有正氧化数外，还有负氧化数。ⅢA～ⅤA 族同族元素自上往下低氧化数化合物的稳定性增强，高氧化数化合物的稳定性减弱，这种现象称为“惰性电子对效应”。
- p 区金属的熔点一般较低，例如：Sn 为 213.88℃，Ga 为 29.78℃。
- p 区某些准金属具有半导体性质，是制造半导体的重要原料，如超纯锗、砷化镓、锑化镓等。

10.2 铝

10.2.1 单质的提取、性质和用途

铝（aluminum，Al）是地壳中丰度最大的元素之一，仅次于氧和硅排第三位，也是最丰富的金属元素。然而，它主要分布在铝硅酸盐矿中，这种存在状态对单质和化合物的提取不具很大吸引力。最重要的炼铝原料是铝矾土矿（bauxite，$Al_2O_3 \cdot 2H_2O$）和冰晶石（cryolite，Na_3AlF_6）。

从产量和耗量而言，铝是最重要的有色金属。全世界每年生产的金属铝（不包括回收部分）在 1.5×10^7 t 以上。工业上用电解 Al_2O_3 的方法生产金属铝。电解槽的阳极和阴极都使用石墨材料（图 10-1），Al^{3+} 在阴极放电生成金属铝，O^{2-} 在阳极放电生成的 O_2 使石墨燃烧放出 CO 或 CO_2。电解在 940～980℃的温度下进行，电极反应如下：

阴极：$Al^{3+}(l) + 3e^- \longrightarrow Al(l)$

阳极：$C(s) + 2O^{2-}(l) \longrightarrow CO_2(g) + 4e^-$

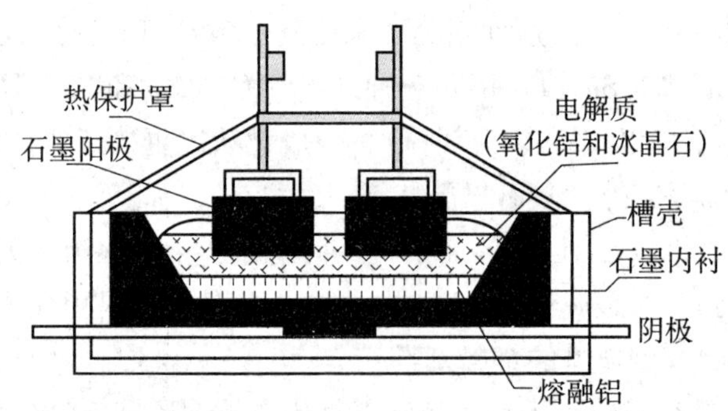

图 10-1 生产金属铝的电解槽示意图

无水氧化铝的熔点高于 2 000℃，不宜直接用作电解质。通常是将提纯了的 Al_2O_3 熔解在冰晶石中。此外，还加入多种金属氟化物（如 AlF_3，CaF_2，LiF 和 MgF_2）以增加熔体的导电性，提高电流效率并减少氟向环境的飞逸。

电解法制铝是炼铝工艺上的一次突破，这次突破使铝由实验室珍品成为航空工业和建材工业中重要的结构金属。近些年来，电解工艺的改进使生产 1 kg 铝的能耗降至 13～16 kW · h，但无疑仍属高能耗工业。正因为如此，大型炼铝厂

都建在能源丰富的地区，而不是建在铝土矿产地。

铝是相当活泼的金属，在适当条件下可与许多非金属单质（如 O_2，卤素，S，N_2，P 和 C 等）以及与水、酸和碱起反应。铝与氧的亲和力很高，氧化铝的生成热比一般金属氧化物大得多：

$$2Al(s)+\frac{3}{2}O_2(g)\longrightarrow Al_2O_3(s)\qquad \Delta_f H_m^{\ominus}=-1\ 676\ kJ\cdot mol^{-1}$$

铝的这一性质被用于冶金工业，例如，将块铝加入钢水可以脱除其中的氧。作为还原剂，铝在高温下可将许多金属氧化物还原为金属。

金属铝表面在空气中形成保护性氧化膜。如果没有这种保护膜，铝的应用领域将会小很多。通过电解可使铝制器皿表面的氧化膜增厚，这种方法叫阳极氧化（anodic oxidation）。硝酸（包括浓硝酸和稀硝酸）和冷的浓硫酸使铝钝化的现象也与氧化膜的生成有关。与热浓硫酸反应不是置换出氢而是将其还原为 SO_2：

$$2Al(s)+6H_2SO_4(l)\longrightarrow Al_2(SO_4)_3(aq)+3SO_2(g)+6H_2O(l)$$

10.2.2 铝的化合物

如果不是考虑瓷和黏土产品（主要成分为铝硅酸盐），氧化铝及其水合物当算是最重要的铝化合物了。其他重要铝化合物有硫酸铝、氯化铝、偏铝酸钠、氟化铝和冰晶石。氧化铝及其水合物主要用于电解生产金属铝；约 10% 的总产量用于耐火材料、玻璃、搪瓷、塑料工业（阻燃剂）以及磨料和抛光剂；活性氧化铝用作吸附剂、催化剂和催化剂载体。无水氯化铝主要用作有机化学工业的催化剂。硫酸铝总产量的一半用于造纸工业，几乎同样的量消耗于水的净化（絮凝剂）。

10.2.2.1 Al_2O_3 和 $Al(OH)_3$

铝土矿中含有 SiO_2，Fe_2O_3 和 TiO_2 等杂质，用电解法生产金属铝时，铝土矿必须预先提纯。$Al(OH)_3$ 是两性氢氧化物，在高酸性和高碱性溶液中分别以 $[Al(H_2O)_6]^{3+}$ 和 $[Al(OH)_4]^-$ 形式的物种存在，中间 pH 区域沉淀为 $Al(OH)_3$，可见 Al^{3+} 在水溶液中有三种存在形式（图 10-2）。经典的工艺流程是利用 Al_2O_3 显示的两性将杂质分离。

在高压釜中以 NaOH 浓溶液浸渍铝土矿，水合氧化铝在浸渍过程中溶解生成铝酸钠：

$$Al_2O_3(s)+2NaOH(aq)+3H_2O(l)\longrightarrow 2Na[Al(OH)_4](aq)$$

澄清后将分离得到的滤液经稀释、搅拌、冷却并加入大量 $Al(OH)_3$ 晶种，大部分氢氧化铝以 α-$Al(OH)_3$ 形式沉淀出来：

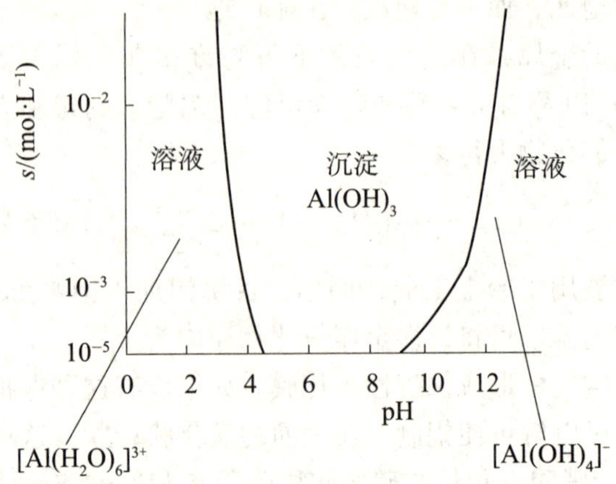

图 10-2 Al_2O_3 溶解度与溶液 pH 的关系

$$Al(OH)_4^-\ (aq) \xrightarrow{H_2O} \alpha\text{-}Al(OH)_3\ (s) + OH^-\ (aq)$$

分离 $Al(OH)_3$后得到的滤液经蒸发浓缩后返回铝土矿浸渍设备，得到的产物为 α-$Al(OH)_3$。在特定条件下将 α-$Al(OH)_3$加热可以制得高比表面的 γ-$Al(OH)_3$，后者显示出良好的吸附性能和催化性能。

加热氢氧化铝，由于温度不同可脱水生成氧化铝的各种变体。在 732～773 K 脱水生成γ-Al_2O_3，>1 173K 生成α-Al_2O_3。自然界存在的刚玉为α-Al_2O_3，α-Al_2O_3也可由金属铝在氧中燃烧或热分解某些铝盐得到。γ-Al_2O_3高温灼烧能转变为α-Al_2O_3。α-Al_2O_3的晶体属于六方紧密堆积构型，氧原子按六方紧密堆积方式排列，6 个氧原子围成一个八面体，在整个晶体中有 2/3 的八面体孔穴为铝原子所占据。由于这种紧密堆积结构，加上晶体中 Al^{3+} 和 O^{2-}之间的吸引力强，晶格能大，所以α-Al_2O_3的熔点（2 288 ± 15K）和硬度（8.8）都很高，它不溶于水，也不溶于酸或碱，只能用 $K_2S_2O_7$使之转化为可溶性的硫酸盐：

$$Al_2O_3 + 3K_2S_2O_7 \longrightarrow 3K_2SO_4 + Al_2(SO_4)_3$$

α-Al_2O_3耐腐蚀，电绝缘性好，用作高硬度研磨材料和耐火材料。天然的或人造刚玉由于含有不同杂质而有多种颜色，例如含微量 Cr（Ⅲ）的呈红色，称为红宝石；含有 Fe（Ⅱ）、Fe（Ⅲ）或 Ti（Ⅲ）的称为蓝宝石；含有少量 Fe_2O_3的氧化铝称为刚玉粉，刚玉和刚玉粉用作磨料和抛光剂。将铝矾土（$Al_2O_3 \cdot xH_2O$）在电炉中熔化，可以得到人造宝石，用作机器的轴承、手表的钻石和耐火材料等。

γ-Al_2O_3晶体属于六方面心的紧密堆积构型，铝原子不规则地排列在由氧原子围成的八面体和四面体孔穴中。这种 Al_2O_3不溶于水，但能溶于酸或碱。它只在低温下稳定，γ-Al_2O_3比表面很大，为200～600 m^2/g，具有强的吸附能力和催化活性，所以又名活性氧化铝，可用作吸附剂和催化剂载体。

还有一种β-Al_2O_3，它有离子传导能力（容许Na^+通过），称钠离子导体。可作为固体电解质，用于新型高能钠硫（固体电解质）蓄电池中，这种电池的贮电能力约为铅蓄电池的10倍。

10.2.2.2 卤化物

AlF_3的性质在铝的卤化物系列中较特殊，其熔点和升华焓较其他卤化物高得多。卤素离子中以F^-体积最小，高晶格焓还导致了AlF_3在大多数溶剂中具有较低的溶解度。

与氟化物不同，铝的其他卤化物易溶于多种极性溶剂，而且都是良好的路易斯酸。无水$AlCl_3$和$AlBr_3$用作有机化学反应的催化剂，主要是基于其路易斯酸性。气态三氯化铝或溶于有机溶剂或熔融态时都以共价的二聚分子（Al_2Cl_6）形式存在。这是由于$AlCl_3$为缺电子分子，电子对形成sp^3杂化的四面体。两个这样的铝四面体共用一边，即形成Al_2Cl_6分子，其结构如图10-3所示。

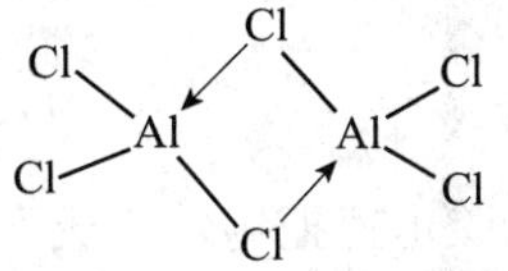

图 10-3 Al_2Cl_6 分子结构

无水氯化铝的生成主要采用金属直接氯化法，这种方法是将液态铝和氯气在600～700℃下在陶瓷衬内的反应器中反应。近些年，人们开始采用氧化铝的还原氯化法：

$$Al_2O_3\ (s) + 3C\ (s) + 3Cl_2\ (g) \xrightarrow{800\sim900^\circ C} 2AlCl_3\ (s) + 3CO\ (g)$$

这种方法的能耗比金属直接氯化法低得多。

10.3 锡、铅

锡（Tin）、铅（Lead）分别为第五周期的ⅣA族元素。它们在地壳中的含量虽不高（丰度分别为21×10^{-6}，13×10^{-6}），但易于从它们的氧化物或硫化物矿中提取，因此早为古代人们所利用。它们都是低熔点的合金金属。例如，“青铜时代”的青铜是含有锡和锌的铜合金，焊锡是锡与铅的合金，印刷业中的铅字用的也是合金（80% Pb、5% Sn、15% Sb）。近代，锡大量用于生产食品罐头的镀锡铁皮（马口铁），而铅则大量用于生产铅蓄电池和电缆皮等。铅板和铅砖因其密度高且对放射性稳定而用作防护放射线的材料，原子能工业离不开铅。

10.3.1 锡、铅的单质

锡有三种同素异形体（allotrope），即灰锡、白锡和脆锡：

$$\text{灰锡}\xleftrightarrow{286K}\text{白锡}\xleftrightarrow{434K}\text{脆锡}$$

（α 型）（β 型）（γ 型）

白锡是银白带蓝色的金属，有延展性，升温到505K时，锡开始熔化，低于286K时，白锡非常慢地转变成灰锡。

锡器都用白锡制造，在室温下它们都很稳定。在降到273K时，白锡将转为灰锡。灰锡是金刚石型结构，密度为5.7 $g\cdot cm^{-3}$；白锡是四方晶系，密度为7.31 $g\cdot cm^{-3}$。故白锡转变为灰锡时，由于体积骤然膨胀，会使金属锡器碎裂成粉末，这种锡的“疾病”还会污染给其他“健康”的锡器，俗称“锡疫”。

金属锡是较活泼的两性金属，在冷的稀盐酸中溶解缓慢，但迅速溶于热浓盐酸中：

$$Sn + 2HCl \longrightarrow SnCl_2 + H_2\uparrow$$

冷的极稀硝酸与锡反应生成硝酸亚锡（Ⅱ），而浓硝酸迅速把锡转变成不溶于水的β-锡酸（H_2SnO_3），即为水合二氧化锡（$SnO_2\cdot H_2O$）。

$$3Sn + 8HNO_3 \longrightarrow 3Sn(NO_3)_2 + 2NO\uparrow + 4H_2O$$

$$Sn + 4HNO_3(\text{浓}) \longrightarrow H_2SnO_3 + 4NO_2\uparrow + H_2O$$

锡也能与苛性碱溶液作用而放出氢：

$$Sn + 2OH^- + 2H_2O \longrightarrow [Sn(OH)_4]^{2-} + H_2\uparrow$$

铅是软的、强度不高的金属，密度很大（11.35 $g\cdot cm^{-3}$），次于汞（13.546 $g\cdot cm^{-3}$）和金（19.32 $g\cdot cm^{-3}$），熔点为601K。新切开的铅表面有金属光泽，但很快变成暗灰色，这是它受空气中氧、水和二氧化碳的作用，表面迅速生成一层致密的碱式碳酸盐（$Pb_2(OH)_2CO_3$）保护层的缘故。铅缓慢地与盐酸作用，易溶于硝酸和浓度大于79%的硫酸中。在空气存在下，铅与水反应生成氢氧化铅。铅在加热下能与氯、氧、硫反应生成相应的二元化合物。由于铅的稳定性及质软，常用它来方便地制作铅皮、铅管以保护电缆线。

$$Pb + 2HCl \longrightarrow PbCl_2 + H_2\uparrow$$

$$Pb + 2H_2SO_4\ (>79\%) \longrightarrow Pb(HSO_4)_2 + H_2\uparrow$$

$$Pb + 4HNO_3 \longrightarrow Pb(NO_3)_2 + 2NO_2\uparrow + 2H_2O$$

$$Pb + Cl_2 \longrightarrow PbCl_2$$

自然界的锡矿主要是以锡石（SnO_2）存在。我国云南个旧锡矿闻名于世。锡的冶炼是先将粉碎洗净的硫化矿石焙烧，使砷和硫变成氧化物挥发除去，然后加盐酸溶解其他金属氧化物。将净化后的矿石用碳还原：

$$SnO_2(s) + 2C(s) \longrightarrow Sn(s) + 2CO(g)$$

最后以氟硅酸（H_2SiF_6）和硫酸作为电解液，用电解精炼的方法制取纯锡。

铅主要以方铅矿（PbS）存在于自然界，把经过浮选的方铅矿在空气中焙烧，使硫化物变成氧化物：

$$2PbS(s) + 3O_2(g) \longrightarrow 2PbO(s) + 2SO_2(g)\uparrow$$

然后在反射炉中用焦炭使焙烧产物还原成铅：

$$2PbO(s) + C(s) \longrightarrow 2Pb + CO_2(g)$$

以粗铅为阳极，纯铅为阴极，$PbSiF_6$和 H_2SiF_6为电解液进行电解精炼制取纯铅。粗铅经电解精制得到纯度为 99.995% 的铅。由于 PbS 矿中含少量 Ag_2S，在提取 Pb 的过程中还可获得银。

10.3.2　锡、铅的化合物

10.3.2.1　锡、铅的氧化物及其水合物

锡和铅有两类氧化物（MO 和 MO_2）和相应的氧化物水合物［$M(OH)_2$和 $M(OH)_4$］。它们的酸碱性递变规律如下：

氧化数		Sn	Pb
	+2	SnO（黑色） $Sn(OH)_2$（白色） 两性偏碱	PbO（黄色或黄红色） $Pb(OH)_2$（白色） 两性偏碱
	+4	SnO_2（白色） $Sn(OH)_4$（白色） 两性偏酸	PbO_2（棕黑色） $Pb(OH)_4$（棕色） 两性偏酸

（自上而下：酸性增强、碱性减弱；自左而右：酸性减弱、碱性增强）

一氧化铅（PbO）俗称“密陀僧”，由铅在空气中加热或 $Pb(OH)_2$加热脱水制得。有两种变体（橙红色四方晶体与黄色正交晶体），常温下橙红色较稳定，不溶于水，易溶于醋酸和硝酸，较难溶于碱，偏碱性。PbO 用于制铅蓄电池、铅玻璃和铅的化合物等。PbO_2是两性的，其酸性大于碱性，与强碱共热可得铅酸盐。

铅的氧化物除 PbO 和 PbO_2外，还有“混合氧化物”，即鲜红色的 Pb_3O_4（铅丹）和橙色的 Pb_2O_3。Pb_3O_4可以看做是正铅酸的铅盐（Pb_2PbO_4），或者视为氧化铅的二氧化铅的“混合氧化物”（$2PbO \cdot PbO_2$）。Pb_2O_3可以看成是偏铅酸的铅盐（$PbPbO_3$），或者说它也是氧化铅和二氧化铅的“混合氧化物”（$PbO \cdot PbO_2$）。

Pb_2O_3和Pb_3O_4与稀硝酸反应如下：

$$Pb_2[PbO_4] + 4HNO_3 \longrightarrow 2Pb(NO_3)_2 + PbO_2 \downarrow + 2H_2O$$

$$PbPbO_3 + 2HNO_3 \longrightarrow Pb(NO_3)_2 + PbO_2 \downarrow + H_2O$$

可见Pb_2O_3和Pb_3O_4中的铅具有两种不同的氧化数。铅丹的化学性质较稳定，用作防锈漆。

锡、铅的氧化物难溶于水，它们的氢氧化物是用盐溶液和碱反应制得的，与它们相应的氧化物一样，都有两性性质，既溶于酸又溶于碱，$Sn(OH)_2$、$Pb(OH)_2$是Sn、Pb的主要氢氧化物：

$$Sn(OH)_2 + 2H^+ \longrightarrow Sn^{2+} + 2H_2O$$

$$Sn(OH)_2 + 2OH^- \longrightarrow [Sn(OH)_4]^{2-}$$

$$Pb(OH)_2 + 2H^+ \longrightarrow Pb^{2+} + 2H_2O$$

$$Pb(OH)_2 + 2OH^- \longrightarrow [Pb(OH)_4]^{2-}$$

在Sn（Ⅳ）化合物的溶液中加入碱金属氢氧化物，可生成白色的胶状沉淀正锡酸（$Sn(OH)_4$）。正锡酸易失水成为H_2SnO_3（偏锡酸）。H_2SnO_3有α-H_2SnO_3和β-H_2SnO_3两种。在Na_2SnO_3溶液中加入适量的盐酸，可得到α-H_2SnO_3（$SnO_2 \cdot xH_2O$）。α-H_2SnO_3是无定形粉末，它易溶于过量的浓盐酸及碱溶液中。β-H_2SnO_3是由浓硝酸和锡作用而生成的白色粉末，它既难溶于酸也难溶于碱。α-H_2SnO_3经长时间放置则向β-H_2SnO_3转变。

10.3.2.2 锡、铅的盐类

（1）Sn（Ⅱ）的还原性和Pb（Ⅳ）的氧化性

Sn（Ⅱ）在酸性介质、碱性介质中均具有还原性，Pb（Ⅳ）在酸性介质中具有氧化性，其有关电势图如下：

$$E_A^\ominus/V \quad Sn^{4+} \underline{\ +0.154\ } Sn^{2+} \underline{\ -0.136\ } Sn$$

$$PbO_2 \underline{\ +1.46\ } Pb^{2+} \underline{\ -0.126\ } Pb$$

$$E_B^\ominus/V \quad [Sn(OH)_6]^{2-} \underline{\ -0.93\ } [Sn(OH)_4]^{2-} \underline{\ -0.91\ } Sn$$

$$PbO_2 \underline{\ +0.28\ } PbO \underline{\ -0.580\ } Pb$$

亚锡酸盐（$[Sn(OH)_4]^{2-}$）具有强还原性，例如：

$$3[Sn(OH)_4]^{2-} + 2Bi^{3+} + 6OH^- \longrightarrow 2Bi(\text{黑色})\downarrow + 3[Sn(OH)_6]^{2-}$$

此反应用于鉴定Bi^{3+}。

$SnCl_2$是重要的还原剂。例如：

$$SnCl_2 + 2HgCl_2 \longrightarrow SnCl_4 + Hg_2Cl_2\ (\text{白色})\downarrow$$

当$SnCl_2$过量时，

$$SnCl_2 + Hg_2Cl_2 \longrightarrow SnCl_4 + 2Hg\text{（黑色）}\downarrow$$

该反应可用于鉴定 Sn^{2+} 或 Hg（Ⅱ）盐。

PbO_2在酸性介质中是强氧化剂，例如：

$$PbO_2 + 4HCl\text{（浓）} \longrightarrow PbCl_2\text{（白色）}\downarrow + Cl_2\uparrow + 2H_2O$$

$$5PbO_2 + 2Mn^{2+} + 4H^+ \longrightarrow 5Pb^{2+} + 2MnO_4^-\text{（紫红色）} + 2H_2O$$

（2）锡盐的水解性

$SnCl_2$和亚锡酸盐在水中均易发生水解：

$$SnCl_2 + H_2O \longrightarrow Sn(OH)Cl\downarrow + HCl$$

$$SnO_2^{2-} + 2H_2O \longrightarrow Sn(OH)_2 + 2OH^-$$

由于 Sn^{2+} 在空气中易被氧化：

$$Sn^{2+} + O_2 + 4H^+ \longrightarrow Sn^{4+} + 2H_2O$$

在配制 $SnCl_2$溶液时，除需加浓盐酸外，还需加入一些锡粒以防止 Sn^{2+} 被氧化：

$$Sn^{4+} + Sn \longrightarrow 2Sn^{2+}$$

$SnCl_4$是无色液体，遇水强烈水解，在潮湿空气中因水解而冒烟。

（3）铅盐的难溶性

绝大多数铅盐难溶于水。PbI_2（金黄色）可溶于沸水或 KI 溶液：

$$PbI_2 + 2I^- \longrightarrow [PbI_4]^{2-}$$

白色的 $PbCl_2$易溶于热水或浓盐酸：

$$PbCl_2 + 2HCl\text{（浓）} \longrightarrow H_2[PbCl_4]$$

$PbSO_4$溶于浓硫酸生成 $Pb(HSO_4)_2$，溶于 NH_4OAc 溶液生成可溶性的弱电解质 $Pb(OAc)_2$（俗称铅糖）：

$$PbSO_4 + 2OAc^- \longrightarrow Pb(OAc)_2 + SO_4^{2-}$$

在硝酸铅溶液中加入碳酸钠溶液可得到白色沉淀：

$$2Pb^{2+} + 2CO_3^{2-} + H_2O \longrightarrow Pb_2(OH)_2CO_3\downarrow + CO_2\uparrow$$

碱式碳酸铅俗称铅白，是白色颜料。

Pb^{2+} 与 $CrO_4{}^{2-}$ 反应，生成黄色沉淀：

$$Pb^{2+} + CrO_4^{2-} \longrightarrow PbCrO_4\downarrow$$

$PbCrO_4$俗称铬黄，是黄色颜料。这一反应常用来鉴定 Pb^{2+} 或 $CrO_4{}^{2-}$。

可溶性铅盐均有毒。铅中毒后可用乙二胺四乙酸二钠钙盐解毒，因 EDTA 对 Pb^{2+} 比 Ca^{2+} 有更大的配位能力。

$$[Ca(EDTA)]^{2-} + Pb^{2+} \longrightarrow [Pb(EDTA)]^{2-} + Ca^{2+}$$

然后形成铅的配合物就从尿中排出。长期从事铅冶金工作的人应定期服用 EDTA 制剂进行排铅。

10.4 砷、锑、铋

10.4.1 砷、锑、铋的单质

砷、锑、铋在自然界主要以硫化矿存在，例如雄黄（As_4S_4）、雌黄（As_2S_3）、砷硫铁矿（FeAsS）、辉锑矿（Sb_2S_3）、辉铋矿（Bi_2S_3）等。这三种元素在地壳中的含量都不大，我国和瑞典是世界上主要产砷国家。我国锑的蕴藏量占世界第一位。一般先焙烧硫化矿使它们转化为氧化矿，然后以还原剂碳熔炼制得金属，或由碳直接还原氧化物等制取。

砷与锑都有黄、灰、黑三种同素异性体，在常温下稳定的是灰砷和灰锑。黄砷、黄锑和白磷相似，能溶于二硫化碳，性质活泼。黑砷、黑锑结构则与黑磷类似，性质较不活泼。灰砷、灰锑和铋都有金属的外形，能传热、导电，但性脆，熔点低，易挥发。熔点从 As 到 Bi 依次降低。

常温下砷、锑、铋在水和空气中都比较稳定，在高温时能和氧、硫、卤素反应。砷、锑、铋都不溶于稀酸，但能和硝酸、热浓硫酸、王水等反应，与硝酸作用生成砷酸、锑酸（水合五氧化二锑）和铋（Ⅲ）盐。

$$3As + 5HNO_3 + 2H_2O \longrightarrow 3H_3AsO_4 + 5NO$$

$$6Sb + 10HNO_3 \longrightarrow 3Sb_2O_5 \cdot H_2O + 10NO + 2H_2O$$

$$Bi + 4HNO_3 \longrightarrow Bi(NO_3)_3 + NO + 2H_2O$$

10.4.2 砷、锑、铋的化合物

10.4.2.1 合金及金属化合物

在熔化状态时金属可以互相溶解或互相混合形成合金（alloy）。合金可视为具有金属特性的多种元素混合物。合金的力学、物理和化学性能往往优于纯金属，工业上应用的金属材料多数为合金。合金的种类繁多，发展较快的有合金钢（如不锈钢）、低熔合金（如含铟低熔合金作为玻璃、陶瓷和金属间的黏合剂和密封材料）、硬质合金（如 WC、TiC、CrN、FeB 等，有较高的熔点和硬度）和形状记忆合金（如 Ni-Ti 合金）等。

金属化合物是合金的一种类型。当两种金属元素的电负性、电子构型和原子半径相差较大时易形成金属化合物（或金属互化物），它可分为组成固

定的正常化合物和组成可变的电子化合物。大多数的金属化合物是电子化合物。

砷、锑、铋可与很多金属作用形成合金。人们发现即使是很难熔化的铂（熔点为 2 074 K），只要添加砷，就可降低它的熔点。锑可作合金的加硬剂，如在铅中加入 10%～20% 锑能使铅的硬度增加，适用于制造子弹和轴承。熔融的锑或铋具有在凝固时体积膨胀的特性，可用于制铸字合金（Bi∶Pb∶Sn∶Sb＝4∶1∶1∶1）。含有一定比例的 Bi、Sn、Cd 和 Pb 的合金（伍德合金）熔点低（344K），可制保险丝、锅炉安全塞及自动喷洒消防系统。

砷、锑、铋与ⅢA 族形成 GaAs、GaSb、InAs、AlSb 等具有半导体性能的材料。特别是 GaAs，近年来它是继 Si 后最重要的半导体信息材料，GaAs 可在高温下工作，掺杂某些元素可制作大功率的电子元器件；用 GaAs 制成的晶体管可制造功能强、速度快的计算机；另外 GaAs 具有光电转换效应，可制作半导体激光器和发光二极管等。

10.4.2.2　砷、锑、铋的氧化物及其水合物

砷、锑、铋主要形成三氧化物（R_2O_3）和五氧化物（R_2O_5）两种类型的氧化物。直接燃烧砷、锑、铋单质能制得 R_2O_3。R_2O_5 则是用浓硝酸氧化砷、锑、铋单质所得相应水合物脱水而制得的。

三氧化物中以 As_4O_6（双聚分子）最为重要，俗称砒霜，是剧毒①白色粉状固体，致死量为 0.1g。它在冷水中溶解度很小，在热水中溶解度稍大，可生成亚砷酸。As_2O_3 是以酸性为主的两性氧化物；Sb_2O_3 则是以碱性为主的两性氧化物；而 Bi_2O_3 是碱性氧化物。这三种氧化物的水合物也呈现规律性的变化，按照 H_3AsO_3-$Sb(OH)_3$-$Bi(OH)_3$ 的顺序碱性依次增强。由于 As、Sb 氢氧化物有两性，故它们可形成阴离子盐（RO_3^{3-}）和阳离子盐（R^{3+}）。而阳离子盐（R^{3+}）的稳定性按 As-Sb-Bi 氢氧化物碱性增强的顺序增强。

砷、锑、铋氧化数为 +3、+5 的氧化物见表 10-1。

表 10-1　砷、锑、铋的氧化物

+3	As_2O_3（白色）	Sb_2O_3（白色）	Bi_2O_3（黄色）
+5	As_2O_5（白色）	Sb_2O_5（白色）	Bi_2O_5（红棕色）

① 当 As_2O_3 中毒时，可服用新制的氢氧化亚铁（用 $FeSO_4$ 和 MgO 溶液强烈摇动制得）悬浮液或活性炭等解毒。慢性中毒可肌肉注射二巯基丙醇。

五氧化物（R_2O_5）及其水合物的酸性强于相应的 R_2O_3 及其水合物。As_2O_5 的酸性比 As_2O_3 酸性强，其水合物砷酸（H_3AsO_4）易溶于水，是中等强度的酸。Sb_2O_5 及其水合物锑酸（$HSb(OH)_6$）呈弱酸性，难溶于水。Bi_2O_5 极不稳定。由于 R_2O_5 酸性强于 R_2O_3，它较易形成含氧酸盐而难以形成 R^{5+} 盐。砷和锑一般不形成 R^{5+} 盐，但有 AsF_5、$AsCl_5$、$SbCl_5$ 等化合物。对 Bi 来说，没有 Bi^{5+} 盐（除 BiF_5 外）。

10.4.2.3 砷、锑、铋的盐

砷、锑、铋主要形成 RO_3^{3-} 类型的盐，另有少数 As^{5+}、Sb^{5+} 的卤化物和硫化物存在，铋主要形成 Bi^{3+} 类型的盐。

R（Ⅲ）的氯化物和硝酸盐（除 As^{3+} 外）在水中极易水解，其水解反应式如下：

$$AsCl_3 + 3H_2O \longrightarrow As(OH)_3 + 3HCl$$

$$SbCl_3 + 2H_2O \longrightarrow Sb(OH)_2Cl + 2HCl$$
$$\qquad \llcorner\!\longrightarrow SbOCl\downarrow + H_2O$$

$$BiCl_3 + 2H_2O \longrightarrow Bi(OH)_2Cl + 2HCl$$
$$\qquad \llcorner\!\longrightarrow BiOCl\downarrow + H_2O$$

$AsCl_3$ 水解生成亚砷酸和盐酸，$SbCl_3$、$BiCl_3$ 则生成氯化氧锑和氯化氧铋，随着 As—Sb—Bi 顺序碱性逐渐增强，其水解程度逐渐减弱。由于 Sb（Ⅲ）和 Bi（Ⅲ）氧基盐是难溶的，所以 Sb（Ⅲ）和 Bi（Ⅲ）盐在常温时水解进行得并不完全，通常就停留在氧基盐的阶段。在配制这些盐溶液时，应将盐先溶解在相应的酸中（抑制水解），再加入水稀释至所需浓度。

由于“惰性电子对效应”，按 As—Sb—Bi 的顺序：R（Ⅲ）化合物的还原性减弱，R（Ⅴ）化合物的氧化性增强。

铋酸盐在酸性介质中具有强氧化性，例如：

$$2Mn^{2+} + 5NaBiO_3 + 14H^+ \longrightarrow 2MnO_4^- + 5Bi^{3+} + 5Na^+ + 7H_2O$$

此反应可用于鉴定 Mn^{2+}。

砷酸盐、锑酸盐在强酸性介质中才显出明显的氧化性，例如：

$$H_3AsO_4 + 2H^+ + 2I^- \longrightarrow H_3AsO_3 + I_2 + H_2O$$

此反应方向取决于溶液的酸度，酸性较强时，H_3AsO_4 可以氧化 I^-，酸性较弱时，AsO_3^{3-} 可以还原 I_2。

Bi^{3+} 在碱性介质中可与强氧化剂反应，例如：

$$Bi(OH)_3 + Cl_2 + 3NaOH \longrightarrow NaBiO_3 + 2NaCl + 3H_2O$$

在砷、锑、铋的盐溶液中或酸化后的 RO_3^{3-}、RO_4^{3-} 溶液中通入 H_2S，或加

入可溶性硫化物，可得到相应的硫化物沉淀，例如：

$$2As^{3+} + 3H_2S \longrightarrow As_2S_3 \downarrow + 6H^+$$

$$2AsO_3^{2-} + 3H_2S + 6H^+ \longrightarrow As_2S_3 \downarrow + 6H_2O$$

砷、锑、铋的硫化物与它们相应的氧化物类似，具有酸碱性，见表 10-2。

表 10-2 砷、锑、铋的硫化物

硫化物	颜色	酸碱性	在稀 HCl 中	在浓 HCl 中	在 NaOH	在 NaS 或 $(NH_4)_2S$
As_2S_3	黄色	两性偏酸	难溶	难溶	溶	溶
As_2S_5	黄色	酸性	难溶	难溶	溶	溶
Sb_2S_3	橙红色	两性	难溶	溶	溶	溶
Sb_2S_5	橙红色	两性	难溶	溶	溶	溶
Bi_2S_3	黑色	碱性	难溶	溶	难溶	难溶

砷、锑的氧化物能溶于强碱溶液中，生成相应的含氧酸盐：

$$R_2O_3 + 6OH^- \longrightarrow 2RO_3^{3-} + 3H_2O \quad (R = As、Sb)$$

与此相似，砷、锑的硫化物既能溶于碱溶液，也能溶于硫化物（如 Na_2S 或 $(NH_4)_2S$）中生成相应的硫代酸盐：

$$As_2S_3 + 6NaOH \longrightarrow Na_3AsS_3 + Na_3AsO_3 + 3H_2O$$

$$Sb_2S_3 + 6NaOH \longrightarrow Na_3SbO_3 + Na_3SbS_3 + 3H_2O$$

$$As_2S_3 + 3Na_2S \longrightarrow 2Na_3AsS_3 \quad (\text{硫代亚砷酸钠})$$

$$Sb_2S_3 + 3Na_2S \longrightarrow 2Na_3SbS_3 \quad (\text{硫代亚锑酸钠})$$

$$As_2S_5 + 3Na_2S \longrightarrow 2Na_3AsS_4 \quad (\text{硫代砷酸钠})$$

$$Sb_2S_5 + 3Na_2S \longrightarrow 2Na_3SbS_4 \quad (\text{硫代锑酸钠})$$

硫代酸根可以看做是含氧酸根中的氧原子被硫原子取代的产物。硫代酸盐与酸反应生成相应的硫代酸。硫代酸很不稳定，立即分解为相应的难溶硫化物并放出硫化氢气体：

$$2AsS_3^{3-} + 6H^+ \longrightarrow As_2S_3\ (s) + 3H_2S$$

$$2SbS_3^{3-} + 6H^+ \longrightarrow Sb_2S_3\ (s) + 3H_2S$$

$$2AsS_4^{3-} + 6H^+ \longrightarrow As_2S_5\ (s) + 3H_2S$$

$$2SbS_4^{3-} + 6H^+ \longrightarrow Sb_2S_5\ (s) + 3H_2S$$

根据此性质，化学分析上常用 Na_2S 或 $(NH_4)_2S$ 溶液将砷、锑的硫化物溶解，使之与其他金属硫化物分离。将分离后的溶液酸化，又可得到原来的硫化物沉淀。

10.4.3 含砷废水的处理

10.4.3.1 硫化沉淀法

硫化沉淀法是去除废水中的砷和多种重金属的常用方法，它的处理机理是在废水中加入硫化剂与砷生成难溶的硫化物，沉降分离除去砷。常用的硫化剂有硫化钠、硫氢化钠、硫化氢等。对于砷含量较高的酸性废水，采用硫化法可去除废水中约99%以上的砷，形成以三硫化二砷为主要成分且含量较高的含砷废渣，有利于砷的回收利用。但该方法不适用于污水中的微量砷的去除，只适用于对工业生产中高含量砷的废水进行初步除砷；要使工业废水达标排放，还要辅助使用混凝法等其他方法。而且最好在酸性条件下进行，否则沉淀物难以过滤。另外，硫化沉淀后的清液中尚有过剩的 S^{2-}，因此排放前要除 H_2S。硫化剂本身有毒、价贵，因而限制了它在工业上的广泛应用。

10.4.3.2 絮凝共沉法（目前处理含砷废水用得最多的方法）

借助加入（或者原有）的 Fe^{2+}，Fe^{3+}，Al^{3+}，Mg^{2+}，Mn^{2+} 等，并用碱（一般是氢氧化钙）调到适当的 pH，使其水解形成氢氧化物胶体。这些氢氧化物胶体能把 AsO_4^{3-}、$Ca(AsO_2)_2$、$Fe(AsO_2)_3$、CaF_2 及其他杂质吸附在表面；在水中电解质的作用下，氢氧化物胶体相互碰撞凝聚，并将其表面吸附物（砷化物）包裹在凝聚体内，形成绒状凝胶下沉，达到除砷的目的。常用的絮凝剂有铝盐（如硫酸铝、聚合硫酸铝等）和铁盐（如三氯化铁、硫酸铁、硫酸亚铁、聚合硫酸铁等）。其中，铁盐混凝法是利用 $FeCl_3$ 在水溶液中易水解成 $Fe(OH)_3$ 的性质，进行混凝吸附五价砷的方法。该方法一般采用搅拌、铁氧化等将三价砷氧化成五价砷，从而达到除砷目的。

10.4.3.3 中和沉淀法

中和沉淀法是一种应用较广的方法，其机理主要是往废水添加碱［$Ca(OH)_2$ 或 NaOH］，提高溶液 pH 值，这时砷生成钙或钠盐沉淀。由于砷的固有性质，这种方法泥渣沉淀缓慢，且很难将废水的砷净化到符合排放标准。在酸性废水处理中主要的碱性中和剂有：NaOH（烧碱）、$Ca(OH)_2$（熟石灰）、氨水、白云石、石灰、电石渣等。其中石灰应用最为普遍，它价廉易得，中和反应效果好。工业上也常用石灰作为钙中和沉淀剂。有数据显示，在向含 As^{5+} 的废水中投加石灰时，会形成 $Ca_4(OH)_2(AsO_4)_2\cdot 4H_2O$、$Ca_5(AsO_4)_3OH$ 和 $Ca_3(AsO_4)_2$ 等。用石灰作为沉淀剂的最大优点是处理成本低、工艺简单，对含砷较高的污水用此法可得到理想的处理效率，但在含砷废水处理过程中沉淀析出的砷酸钙稳定性较差。20 世纪 80 年代的一些研究结果表明，砷酸钙与空气中的二氧化碳接触会分解成碳酸钙和砷酸，从而使砷重新进入溶液中，造成二次污染。一般工厂采用中和铁盐法处理含砷废水，但是效果并不是很好。

10.4.3.4　建议

（1）可以考虑添加氧化剂将三价砷氧化成五价砷，以提高沉淀效率。考虑将投加的铁盐换为三氯化铁。

（2）采用硫化沉淀法对砷的去除率很高，同时砷以三硫化二砷形式沉淀，便于回收处理。一般用于氧化焙烧。

（3）针对各厂污酸和废水的砷处理效果不好的现状，添加戈尔膜对出水进行深度处理。

复习与思考题

1. 填空题

（1）$Pb(OH)_2$是________性氢氧化物，在过量的 NaOH 溶液中 Pb（Ⅱ）以________形式存在，$Pb(OH)_2$溶于________酸或________酸得到无色清液。

（2）α-锡酸________能溶于酸，________能溶于碱；β-锡酸________能溶于酸，________能溶于碱。

（3）今有下列 6 瓶无色溶液：K_2SO_4、$Pb(NO_3)_3$、$SnCl_2$、$SbCl_3$、$Al_2(SO_4)_3$和 $Bi(NO_3)_3$。在鉴别过程中，出现一系列现象，试根据现象作出判断，将答案填入括号内：

取试液少许，通入 H_2S 气体时，有一种试液出现橙红色沉淀，原试液应为________。

取试液少许，通入 H_2S 气体时，有两种溶液没有任何变化；若再取此种溶液，分别滴加 NaOH 溶液，则无反应为________；有白色沉淀出现并在过量 NaOH 中消失的为________。

取试液少许，通入 H_2S 气体时，有三种溶液生成棕黑色沉淀。若再取此类沉淀少许，分别加入 H_2O_2溶液，则沉淀转变为白色者，原试液为________；若在余下的两种沉淀中各取少许，加入$(NH_4)_2S_2$溶液，则沉淀溶解者，原试液为________，沉淀不溶者其原试液为________。

（4）有一瓶白色固体，可能含有 $PbSO_4$、$PbCl_2$、$SnCl_4$（结晶水合物）、$SnCl_2$中的某几种。实验现象为：加水后生产悬浊液和不溶性固体。在悬浊液中加入少量浓盐酸后则澄清，滴加碘淀粉溶液可以褪色。不溶性固体可溶解于浓盐酸，在此溶液中通入 H_2S 可得黑色沉淀，该沉淀于 H_2O_2 作用下可转变为白色。则在原白色固体中，确实存在的物质是________。

2. 完成并配平下列化学反应方程式

（1）锡溶于浓硝酸：

（2）铅溶于热浓硝酸：

（3）以过量氢碘酸溶液处理铅丹：

（4）$AsCl_3 + 3Zn + 3HCl \longrightarrow$

（5）$AsH_3 + 6AgNO_3 \longrightarrow$

（6）金属铝溶于热的烧碱溶液：

3. 简答题

（1）如何配制 $SnCl_2$ 溶液？配制好的溶液放置久了其组成有何变化？

（2）常温时，$PbCl_2$ 在盐酸中的溶解度随盐酸浓度的增大先逐渐减小后又逐渐增大，试说明原因。

（3）设计一实验证实 Pb_3O_4 中 Pb 的氧化态。

（4）用四种方法鉴别 $SnCl_4$ 和 $SnCl_2$ 溶液。

（5）电解锡产生的阳极泥中铅的质量分数为60%～70%，怎样利用氯化后的阳极泥（主要为 $PbCl_2$）制备 PbO_2？

（6）简述由铝土矿制备单质铝的工艺路线。

（7）以明矾为主要原料制备 $Al(OH)_3$ 和 $KAlO_2$，写出有关的化学反应方程式。

（8）为什么铅易溶于浓盐酸和稀硝酸中，而难溶于稀盐酸和冷的浓硝酸？

（9）为什么铅不溶于水，却易溶于浓 NH_4Cl 或浓 Na_2CO_3 溶液中？

（10）某金属氯化物 A 的晶体放入水中产生白色沉淀 B。A 的晶体放入稀 HCl 溶液中则得到澄清溶液，此溶液与过量的 $2mol \cdot L^{-1}$ NaOH 溶液作用生成白色沉淀 C。C 与 NaClO 及 NaOH 作用生成棕黄色沉淀 D。D 可与稀 $MnSO_4$ 溶液及 HNO_3 反应生成紫红色溶液。沉淀 C 与稀 HCl 反应也得到澄清的溶液，再加饱和 H_2S 溶液时生成黑色沉淀 E。C 还能同亚锡酸钠作用生成黑色沉淀 F。试确定各字母所代表的物质，并写出有关的反应方程式。

第 11 章 非金属元素（一）

11.1 氢

氢（hydrogen，H）是宇宙间含量最丰富的元素。在自然界中氢主要以化合态存在。空气中氢的含量极微，但在星际空间含量却很丰富，幼年星体几乎100%是氢。水、碳氢化合物及所有生物的组织中都含有氢。

1766 年，Cavendish H 用 Zn、Fe、Sn 分别与 HCl 或 H_2SO_4反应制出了氢气。但他认为这是金属中含有的燃素在金属溶于酸后放出而形成的“可燃空气”。1785 年 Lavoisier A L 首次明确指出：水是氢和氧的化合物，氢是一种元素，并将“可燃空气”命名为“Hydrogen”。这个术语是由两个希腊字“Hydro”（水）和“gennao”（产生）拼成，意为“生水元素”，汉字“氢”字是采用“轻”的偏旁，把它放进“气”里面，表示“轻气”。

11.1.1 氢的性质和用途

11.1.1.1 氢气的性质

（1）物理性质

通常情况下，氢气是无色、无味的气体，几乎不溶于水，密度在所有气体当中最小，比空气轻 14.38 倍，在 101 kPa 压强下，温度 -252.87 ℃时，气态氢可被液化。液氢还是超低温制冷剂，可将除氦外的所有气体冷冻成固体。在减压情况下，使液氢蒸发、凝固，可得固态氢（11K 时密度为 0.0708 $g \cdot cm^{-3}$）。另外，早在 20 世纪 70 年代已有关于在 20K、2.8 Mbar（1bar = 100kPa）条件下制得金属氢① (密度为1.3g·cm^{-3}) 的报道，揭示了金属元素与非金属元素之间并无不可逾越的界限。

氢气的主要物理性质列入表 11-1 中。

表 11-1 氢气的主要物理性质

熔点/℃	−259.23	熔化热/ (J·mol^{-1})	117.15
沸点/℃	−252.77	汽化热/ (J·mol^{-1})	903.74
气体密度/ (g·cm^{-3})	8.988×10^{-5} (为空气的 1/4 倍)	热导率/ (W·m^{-1}·K^{-1})	0.187 (为空气的 5 倍)

(2) 化学性质

常温下，氢气的性质很稳定，不容易跟其他物质发生化学反应。但当条件改变时 (如点燃、加热、使用催化剂等)，情况就不同了。例如，能在空气中燃烧生成水；当在空气中的体积分数为 4%～75% 时，遇到火源，可引起爆炸。高温下，氢气是一个非常好的还原剂：能同卤素、N_2等非金属反应，生成共价型氢化物；与活泼金属反应，生成金属氢化物；能还原许多金属氧化物或金属卤化物为金属。如：$H_2 + CuO = Cu + H_2O$。在有机化学中，氢可发生加氢反应 (还原反应)。

11.1.1.2 氢气的用途

氢气具有广泛的用途 (图 11-1)。例如，用它来充灌气球；氢气在氧气中燃烧放出大量的热，其火焰——氢氧焰的温度达 3 000℃，可用来焊接或切割金属。液态氢可作火箭或导弹的高能燃料。氢气作为燃料具有资源丰富、燃烧发热量高和污染少的特点。今后如能在利用太阳能和水制取氢气的技术上有重大突破，氢气将成为一种重要的新型燃料。目前，有关氢

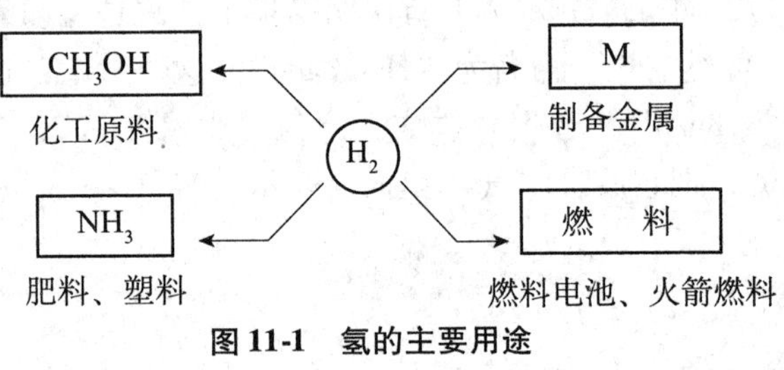

图 11-1 氢的主要用途

① 金属氢：氢是人们最熟悉的化学元素。它在常温下是一种气体，在低温下可以成为液体，在温度降到 −259℃时即为固体。如果对固态氢施加几百万个大气压的高压，就可能成为金属氢。金属氢的出现是当代超高压技术创造的一项奇迹，它是目前高压物理研究领域中一项十分活跃的课题。

在金属状态下，氢分子将分裂成单个氢原子，并使电子能够自由运动。在金属氢中，氢分子键断裂，分子内受束缚的电子被挤压成公有电子，这种电子的自由运动，使金属氢具有了导电的特性。因此，把氢制成金属，关键就是把电子从原子的束缚下解放出来。

能源研究的三大课题是：氢气的发生、氢气的储存、氢气作为能源的利用。在这三大课题中，氢气的储存是中心研究课题。氢气还在冶金、化学工业等方面有着广泛的应用。

11.1.2 天然资源和工业制备方法

氢元素在地球上的储量非常丰富，主要以 H_2O 和 H_2的形式存在。

工业上制备氢气的主要方法有以下两种：

11.1.2.1 电解水制氢

多采用铁为阴极面、镍为阳极面的串联电解槽（外形似压滤机）来电解苛性钾或苛性钠的水溶液。阳极出氧气，阴极出氢气。该方法成本较高，但产品纯度大，可直接生产99.7%以上纯度的氢气。这种纯度的氢气常用做：①电子、仪器、仪表工业中用的还原剂、保护气和对坡莫合金（permalloy）① 的热处理等；②粉末冶金工业中制钨、钼、硬质合金等用的还原剂；③制取多晶硅、锗等半导体的原材料；④油脂氢化；⑤双氢内冷发电机中的冷却气等。

据统计，目前世界上的氢气约有96%的产量是由天然气、煤、石油等矿物燃料转化生产的，电解法制氢因耗电大、成本高，只占4%。近年来，利用太阳能用光化学催化分解水制氢的研究得到较大的进展。此外，科学工作者还发现：某些微生物具有产生氢的本领，如1 g葡萄糖在使用一种芽孢杆菌发酵时，可产生0.25 L氢气，因而探讨微生物产生氢气的原理及如何提高微生物产氢的能力是目前的一个研究课题。

11.1.2.2 水煤气法制氢

用无烟煤或焦炭为原料与水蒸气在高温时反应可得到水煤气（water gas）。净化后使它与水蒸气一起通过触媒令其中的 CO 转化成 CO_2（$CO + H_2O \longrightarrow CO_2 + H_2$），可得含氢量在80%以上的气体，再压入水中以溶去 CO_2，然后通入含氨蚁酸亚铜（或含氨乙酸亚铜）溶液中除去残存的 CO 而得到较纯氢气。这种方法制氢成本较低、产量很大，设备较多，在合成氨厂多用此法。

除上面介绍的方法外，氢还是石油工业中烷烃脱氢和氯碱工业的副产物。

---

① 1913 年美国人埃尔门（G. W. Elmen）发现，含镍量为30%～90%的 Ni－Fe 合金在弱、中磁场下具有良好的软磁特性，其中含镍78%的镍铁合金的起始磁导率 μ_i 最高，遂命名为坡莫合金（permalloy），意即导磁合金。

11.2 稀有气体

周期表第 18 族元素包括氦（helium，He）、氖（neon，Ne）、氩（argon，Ar）、氪（krypton，Kr）、氙（xenon，Xe）和氡（radon，Rn）等元素，其总称曾两次改变。也许是由于相对于大气的主要组分而言丰度太低，它们最早被称为“稀有气体”（rare gas）。大气组成被准确确定后，人们发现 Ar 的丰度比普通气体 CO_2高出近 10 倍，由于稀有气体元素外层 s 和 p 轨道都填充满了电子，其生成化合物的倾向很小，随之被改称“惰性气体”（inert gas），意为“不起化学反应的气体”。1962 年成功地制备出第一个“惰性气体”化合物，它们面临第二次更名的局面。当今国际化学界接受了“noble gas”这个名称，它是参照“noble metal”提出的，意指这些气体元素具有较低的（但不是不具有）反应活性。“noble metal”在汉语中被译为“贵金属”，但相对而言，“贵气体”的译法显然难以为人们所接受。国内将其译为“稀有气体”，表面上回到了原先那个名称，但意义大有不同了。也许你可从“物以稀为贵”来理解它。

11.2.1 存在、提取和用途

11.2.1.1 稀有气体的性质

稀有气体在宇宙中的丰度随着原子序数的增大而降低。氦是宇宙中仅次于氢的最丰富的元素之一，质量分数大约为 24%（来源于恒星核合成中的氢的聚变）。地球上的丰度则完全不同，氦仅仅是大气中第三丰富的稀有气体，地球上的氦来自地壳中重元素（例如铀和钍）的 α 衰变，这样产生的氦往往积聚在天然气田中。按体积计算，空气中含量最丰富的三个稀有气体依次为 Ar（0.934%），Ne（0.001 818%），He（0.000 524%）。

氦、氖、氩、氪、氙五种元素所有的天然同位素都是稳定的，无放射性。而氡却相反，所有天然同位素都具有放射性，无稳定同位素。氡在岩石圈中通过镭的 α 衰变生成，它会通过裂缝逸出石材进入建筑物，并在通风不佳的建筑物内积聚。因为氡的放射性很强，它对人体健康有很大的危害。

常温常压下，各稀有气体均呈单原子状态，这是本族元素独有的特性。因此，有人建议将这族元素称为“单原子气态元素”。这一特性决定了稀有气体和本区其他族元素的不同物理性质。

稀有气体分子是球形对称的单原子非极性分子，分子之间的作用力（色散力）是很弱的，色散力大小与分子的变形性成正比。分子的半径越大，最外层电子离核就越远，分子的变形性也越大，色散力也就越大。可见，稀有气体分子之间的作用力是随着原子序数的增加而加大，因此，表 11-2 中所列稀有气体的物理性质（除颜色外）都随原子序数（或分子量）的增加依次增大。由于色散力很弱，所以它们的熔、沸点等都很低。稀有气体都较难液化，但一经液化后，再稍加冷却就将固化；常压下，只要低于它们的沸点 3～6 K（氦气除外），就都能凝固。

表 11-2　稀有气体的物理性质

性质	He	Ne	Ar	Kr	Xe	Rn
颜色	无色	无色	无色	无色	无色	无色
光谱颜色（放电管中）	黄	红	蓝	淡蓝	蓝绿	—
气体密度/（g/L）	0. 178 5	0. 900 2	1. 780 9	3. 708	5. 851	9. 73
熔点/K	0. 95*	24. 5	84. 0	116. 6	161. 2	202. 2
沸点/K	4. 25	27. 3	87. 5	120. 3	166. 1	208. 2

*：在 2. 6 MPa 下。

11. 2. 1. 2　稀有气体的提取方法

由于稀有气体一般化学性质较稳定，通常采用物理方法提取，即把混合气体经降温压缩液化后，根据各混合气体不同的液化点分离提取所需要的气体。目前提取稀有气体的工艺主要包括：

（1）精馏法

这是通过多次重复的蒸发和冷凝过程来使组分分离的方法。例如在粗氩塔中进行氧、氩分离，精氩塔中进行的氩、氮分离，氪塔中进行的氧、氪、氙的分离都是精馏法的具体应用。

（2）分凝法

当稀有气体和杂质的沸点差较大时，可以采用分凝的办法将它们分开。例如，可用分凝的方法将氮和氖、氦初步分离，得到粗氖氦气。

（3）冷凝冻结法

当稀有气体间的沸点差很大时，可用此方法将其中高沸点的组分冷凝冻结出来。例如，在分离氖和氦时，由于氖在 24. 3 K 时已凝固冻结，而氦的液化温度为 4. 178 K，所以可用液氢为冷源（它在标准大气压时的沸点为 13 K）来实现氖、氦分离。

（4）吸附法

利用吸附剂（如分子筛、活性炭等）具有选择性吸附的特性使稀有气体组分分离或者进一步提纯。例如粗氖的净化，氖、氦、氪、氙的提纯都可采用此方法。

在提取稀有气体时，实际上并不是采取单一的分离方法，往往要几种方法联合起来使用才能得以分离。例如氖、氦的提取就同时采用了分凝、吸附、冻结等几种方法。

11.2.1.3 稀有气体的用途

具有工业用途的稀有气体元素主要是较轻的元素，其原因是它们的活泼性较低，资源也相对较丰富。稀有气体的特殊用途基于其特殊的性质，例如：

(1) 氦气是除了氢气以外密度最小的气体，可以代替氢气装在飞船里。使用氦气的飞艇不会着火，也不会发生爆炸。

(2) 所有物质中以 He 的沸点为最低（-269 ℃），是所有气体中最难液化的，利用液态氦可获得接近绝对零度（-273.15 ℃）的超低温。

(3) 氦气还用来代替氮气作人造空气，供探海潜水员呼吸。因为氦气在血液里的溶解度比氮气小得多，用氦跟氧的混合气体（人造空气）代替普通空气，就不会发生“气塞症”。

(4) 氦—氖激光器是利用氦、氖混合气体，密封在一个特制的石英管中，在外界高频振荡器的激励下，混合气体的原子间发生非弹性碰撞，被激发的原子之间发生能量传递，进而产生电子跃迁，并发出与跃迁相对应的受激辐射波，近红外光。氦—氖激光器可应用于测量和通信。

(5) 稀有气体通电时会发光。世界上第一盏霓虹灯是填充氖气制成的（霓虹灯的英文原意是“氖灯”）。氖灯射出的红光，在空气里透射力很强，可以穿过浓雾。因此，氖灯常用在机场、港口、水陆交通线的灯标上。灯管里充入氩气或氦气，通电时分别发出浅蓝色或淡红色光。有的灯管里充入了氖、氩、氦、水银蒸气等四种气体（也有三种或两种的）的混合物。由于各种气体的相对含量不同，便制得五光十色的各种霓虹灯。人们常用的荧光灯，是在灯管里充入少量水银和氩气，并在内壁涂荧光物质（如卤磷酸钙）而制成的。通电时，管内因水银蒸气放电而产生紫外线，激发荧光物质，使它发出近似日光的可见光，所以又叫做日光灯。

(6) 氡是自然界唯一的天然放射性气体，氡也有着它的用途，将铍粉和氡密封在管子内，氡衰变时放出的 α 粒子与铍原子核进行核反应，产生的中子可用作实验室的中子源。氡还可用作气体示踪剂，用于检测管道泄漏和研究气体运动。

11.2.2 稀有气体化合物

稀有气体化合物指含有稀有气体元素的化合物。由于稀有气体元素原子外层为闭壳结构，化学性质不活泼，因此其化合物的制备颇费了一些周折。

鲍林（L. Pauling）在 1933 年根据理论计算认为：原子序数较大的稀有气体元素有可能与氟和氧生成化合物，他预言了六氟化氪（KrF_6）和六氟化氙（XeF_6）的存在，但实验化学家的尝试却屡屡失败。

英国化学家巴特列特（N. Bartlett）一直从事无机氟化学的研究。自 1960 年以来，文献上报道了数种新的铂族金属氟化物，它们都是强氧化剂，其中高价铂的氟化物六氟化铂（PtF_6）的氧化性甚至比氟还要强。巴特列特首先用 PtF_6 与等物质的量的氧气在室温条件下混合反应，得到了一种深红色固体，经 X 射线衍射分析和其他实验确认此化合物的化学式为 O_2PtF_6，其反应方程式为：

$$O_2 + PtF_6 \longrightarrow O_2PtF_6$$

这是人类第一次制得 O^{2+} 的盐，证明 PtF_6 是能够氧化氧分子的强氧化剂。巴特列特头脑机敏，善于联想类比和推理。他考虑到 O_2 的第一电离能是 1 175.7kJ/mol，氙的第一电离能是 1 175.5 kJ/mol，比氧分子的第一电离能还略低，既然 O_2 可以被 PtF_6 氧化，那么氙也应能被 PtF_6 氧化。他同时还计算了晶格能，若生成 $XePtF_6$，其晶格能只比 O_2PtF_6 小 41.84 kJ/mol。这说明 $XePtF_6$ 一旦生成，也应能稳定存在。于是巴特列特根据以上推论，仿照合成 O_2PtF_6 的方法，将 PtF_6 的蒸气与等物质的量的氙混合，在室温下竟然轻而易举地得到了一种橙黄色固体 $XePtF_6$：

$$Xe + PtF_6 \longrightarrow XePtF_6$$

该化合物在室温下稳定，其蒸气压很低。它不溶于非极性溶剂四氯化碳，这说明它可能是离子型化合物。它在真空中加热可以升华，遇水则迅速水解，并逸出气体：

$$2XePtF_6 + 6H_2O \longrightarrow 2Xe\uparrow + O_2\uparrow + 2PtO_2 + 12HF$$

这样，具有历史意义的第一个含有化学键的“惰性”气体化合物诞生了，从而很好地证明了巴特列特的正确设想。1962 年 6 月，巴特列特在英国“Proccedings of the Chemical Society”杂志上发表了一篇重要短文，正式向化学界公布了自己的实验报告，一下震动了整个化学界。持续 70 年之久的关于稀有气体在化学上完全惰性的传统说法，首先从实践上被推翻了。化学家们开始改变了原来的观念，摘掉了冠以稀有气体头上名不副实的“惰性”的帽子，很快形成了一个合成和研究新的稀有气体化合物的热潮，开辟了一个稀有气体化学的新天地。

11.3　硼

硼（boron，B）是ⅢA 族元素，自然界中没有游离态的硼，它常与其他元素

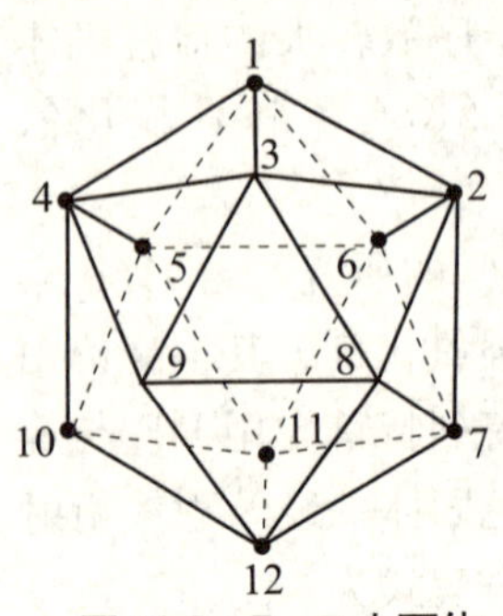

图 11-2 B_{12}二十面体

伴生在一起，以各种硼酸盐形式的矿存在，如常见的硼砂（borax，$Na_2B_4O_7 \cdot 10H_2O$）、方硼石（$2Mg_3B_8O \cdot MgCl_2$）、白硼钙石（$Ca_2B_6O_{11} \cdot 3H_2O$）等。硼占地壳总质量的0.001%。

单质硼有晶形和无定形之分。无定形硼用于生产硼钢，它是制造喷气发动机的优质钢材（抗冲击性能好）。因为硼有吸收中子的特性，硼钢还用于制造原子反应堆中的控制棒。将含硼酸盐、铝硅酸盐的陶瓷粉末与钴、钛、镍的金属粉末混匀经过特殊热处理烧结成的金属陶瓷是耐高温和超硬质材料。单质硼的基本结构单元为 B_{12} 二十面体（图 11-2），各种不同晶形硼的差别仅在于二十面体的连接方式的不同。更有趣的是，许多硼的化合物中仍然保留了这种结构单元。

11.3.1 硼的成键特征

（1）共价性。在ⅢA 族中，B 的原子半径最小，仅 88 pm，第一电离能比较高，为 801 $kJ \cdot mol^{-1}$，电负性 2.0。所以 B 在成键时，不易失去电子，而是与其他原子共用电子，形成共价键。因而 B 的所有化合物都是共价化合物，在固态和水溶液中都不存在 B^{3+}。

（2）缺电子原子，形成缺电子化合物。硼族元素的价电子层结构为 ns^2np^1。我们知道 ns 和 np 共有四个轨道，而硼族元素的原子只有 3 个价电子，其价电子数少于价键轨道数，这类原子称为“缺电子原子”。缺电子原子形成共价化合物时常只共用 3 对电子，比稀有气体结构少一对电子，多一个空轨道，这样的化合物叫做“缺电子化合物”。这类化合物具有很强的接受电子能力，因此，本身容易聚合，也容易与电子给予体形成配位化合物。

B 的以上特征：缺电子、半径小、高电离能等结合在一起决定了 B 化学的独特性。

11.3.2 硼氢化合物

硼和氢不能直接化合，但能通过间接的方法得到一系列的共价型硼氢化物，这类氢化物和碳氢化物中的烷烃相似，故称为硼烷（borane）。目前已知有 20 多种硼烷，如乙硼烷（B_2H_6）、丁硼烷（B_4H_{10}）、己硼烷（10）（B_6H_{10}）和己硼烷（12）（B_6H_{12}），这 20 多种硼烷可分属于 B_nH_{n+4} 和 B_nH_{n+6} 两类，前者较稳定，后者稳定性较差。

最简单的硼烷是乙硼烷，又称二硼烷。它的最简式是 BH_3，但测定其分子量，确定它的分子式应是 B_2H_6。如果将 B_2H_6 看成像乙烷（C_2H_6）那样的结构式，则应有 7 根共价键，须 14 个价电子，但 B_2H_6 只有 12 个价电子。由于 B_2H_6 是缺电子分子，所以它的结构完全不同于 C_2H_6。根据电子衍射测得 B_2H_6 的结构是具有氢桥键（三中心二电子键）的结构（图 11-3）。

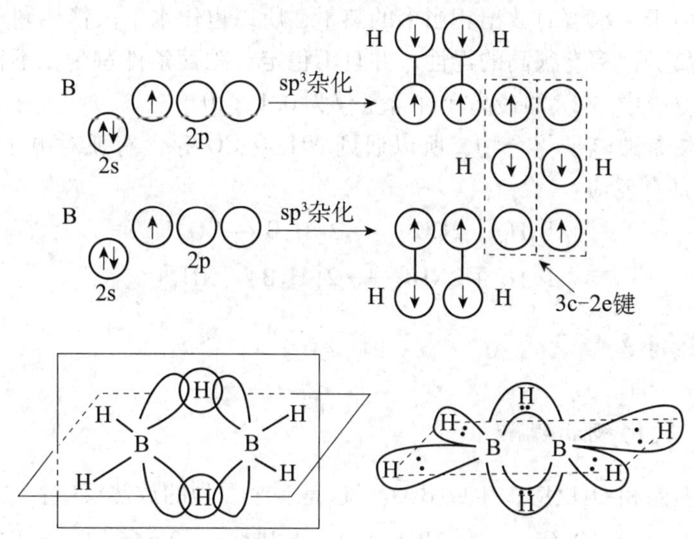

图 11-3　乙硼烷分子的形成及结构示意图

形成乙硼烷这样分子结构的原因是由于硼原子的缺电子性质。在乙硼烷（diborane，B_2H_6）分子中，每一个 BH_3 中的 B 在成键时采取 sp^3 杂化，形成的四个 sp^3 杂化轨道中，其中三个轨道有单电子，另一个是空轨道。每一个 B 中两个 sp^3 杂化轨道的电子与两个 H 的 s 电子组成两个正常的 σ 键，四个 B－H 键处于同一平面上。两个 B 的另两个 sp^3 杂化轨道（一个有电子，另一个没有电子）同另两个 H 的 s 电子形成两根键，每一根键由一个 H 的 s 轨道、一个 B 的含有 1 个电子的 sp^3 杂化轨道和另一个 B 的没有电子的 sp^3 杂化轨道重叠形成，即由一个 H 和两个 B 共用两个电子构成，这样的键称三中心二电子键，简写为（3c－2e）键。在上述（3c－2e）键中，H 在两个 B 之间搭了桥，把两个 B 连接起来，称为氢桥。这两个氢桥都垂直于上述平面，一个在平面的上方，一个在平面的下方。据测定，氢桥的键能比一般共价键要弱得多（大体上相当于一般共价键的一半左右）。一般书写时常用弧线来表示氢桥，这样，我们就可简单地把 B_2H_6 写成：四个 B－H 键和两个 B_HB 氢桥。

简单的硼烷在室温下是无色具有难闻气味的气体或液体。它们的物理性质与烷烃相似，但是硼烷的化学性质比烷烃活泼得多。它们很不稳定，多数硼烷在空气中易自燃（B_9H_{15} 和 $B_{10}H_{14}$ 除外），这些反应都是强烈的放热反应，例如：

$$B_2H_6(g) + 3O_2(g) \longrightarrow B_2O_3(s) + 3H_2O(g) \quad \Delta_r H_m^\ominus = -2\,026\ kJ \cdot mol^{-1}$$

硼烷易水解，如：

$$B_2H_6(g) + 6H_2O(l) \longrightarrow 2H_3BO_3(aq) + 6H_2(g) \quad \Delta_r H_m^\ominus = -505\ kJ \cdot mol^{-1}$$

由此可见，硼烷燃烧的热效应很大，所以曾设想作为高能燃料应用于火箭与导弹上；又由于它水解时放出相当多的热量，所以也作水下火箭燃料。但后来由于硼烷价格昂贵，都有很高的毒性，并且不稳定、贮存条件苛刻，不得不放弃了这种设想。空气中 B_2H_6 的最高允许含量仅为 0.1×10^{-6}。

由于硼烷是缺电子化合物，所以遇到 NH_3 或 CO 等含有孤对电子的分子时，B_2H_6 会发生加合反应：

$$B_2H_6 + 2CO \longrightarrow 2[H_3B \leftarrow CO]$$

$$B_2H_6 + 2NH_3 \longrightarrow 2[H_3B \leftarrow NH_3]$$

11.3.3 硼的含氧化合物

11.3.3.1 氧化硼和硼酸

B 在高温能和 O_2 反应，生成 B_2O_3，这是一个强烈的放热反应：

$$4B(s) + 3O_2(g) \longrightarrow 2B_2O_3(s) \quad \Delta_r H_m^\ominus = -2\,545\ kJ \cdot mol^{-1}$$

B_2O_3 溶于水后，能与水结合为硼酸（boric acid）：

$$B_2O_3 + 3H_2O \longrightarrow 2H_3BO_3$$

工业上，硼酸是用强酸处理硼砂（borax）制得的：

$$Na_2B_4O_7 \cdot 10H_2O + H_2SO_4 \longrightarrow 4H_3BO_3 + Na_2SO_4 + 5H_2O$$

H_3BO_3 晶体的结构是平面型的，其中 B 以 sp^3 杂化方式与三个 O 结合，这三个 O 又分别与三个 H 结合成平面三角形的 $B(OH)_3$ 分子。这种平面三角形的分子彼此通过氢键连成一片，各片间通过分子间力组成大晶体，因此，H_3BO_3 具有“层状晶体”的结构，晶体呈鳞片状，分子内层与层之间容易滑动，所以，H_3BO_3 可作润滑剂。

在加热时，H_3BO_3 易失水，当 H_3BO_3 被加热到 100℃时，一分子 H_3BO_3 失去一分子水成为偏硼酸（HBO_2）。HBO_2 仍保持鳞片状，在更高温度下，可进一步失水成为四硼酸（$H_2B_4O_7$），再加热后又进一步失水成为氧化物（B_2O_3），实际上 B_2O_3 就是通过 H_3BO_3 失水制得的：

$$H_3BO_3 \xrightarrow{>100℃} HBO_2 + H_2O$$

$$4HBO_2 \longrightarrow H_2B_4O_7 + H_2O$$

$$H_2B_4O_7 \longrightarrow 2B_2O_3 + H_2O$$

与化学式所暗示的不同，H_3BO_3是个一元弱酸（$K_a^{\ominus}=5.8\times10^{-10}$）。这是因为 B 是缺电子原子，具有空轨道，它接受了 H_2O 分子中氧原子的孤对电子形成配位键，同时将这个 H_2O 分子的一个质子转移给一个溶剂水分子：

$$B(OH)_3(aq)+2H_2O(l)\longrightarrow[B(OH)_4]^-(aq)+H_3O^+(aq)$$

硼酸与一元醇作用可生成硼酸酯；与某些多元醇作用，可生成较强的配位酸。这个反应在分析化学中很有用，因为硼酸的酸性很弱，无法找到合适的指示剂进行中和滴定，但加入多元醇后硼酸酸性增强，就能用一般的指示剂指示滴定终点，进行中和法分析。

$$2\ \begin{matrix} & H & \\ R- & C & -OH \\ & | & \\ R- & CH & -OH \end{matrix}\ +H_3BO_3 = H\left[\begin{matrix} & H & & & & H & \\ R- & C & -O & & O- & C & -R \\ & | & & \diagdown\ \diagup & & | & \\ & | & & B & & | & \\ & | & & \diagup\ \diagdown & & | & \\ R- & CH & -O & & O- & C & -R \\ & & & & & H & \end{matrix}\right]+3H_2O$$

大量硼酸被用于玻璃、搪瓷等工业，还被用作消毒剂和防腐剂。

11.3.3.2　硼酸盐

最重要的硼酸盐是四硼酸钠（$Na_2B_4O_7\cdot10H_2O$），俗称硼砂。硼砂矿是 B 在自然界主要的矿石，它是制造单质 B 和其他硼化物的主要原料。硼酸钠盐的年消耗量占硼的总消耗量的 80%，其中一半以上用于玻璃、陶瓷和搪瓷工业。

硼砂为无色透明晶体，在空气中容易失去部分水分子而风化，加热至 350～400℃，完全失水成为无水盐 $Na_2B_4O_7$；加热到 878℃，则熔化为玻璃状物。熔化的硼砂能溶解许多金属氧化物，生成具有特征颜色的偏硼酸复盐。例如：

$$Na_2B_4O_7+CoO\longrightarrow 2NaBO_2\cdot Co(BO_2)_2\text{（蓝色）}$$

$$Na_2B_4O_7+NiO\longrightarrow 2NaBO_2\cdot Ni(BO_2)_2\text{（棕色）}$$

$Na_2B_4O_7$可看成 $B_2O_3\cdot2NaBO_2$，因此，上述反应可看成是酸性氧化物 B_2O_3 与碱性的金属氧化物结合成盐的反应。硼砂的这一性质用在定性分析上鉴定某些金属离子，称为硼砂珠试验。焊接金属时硼砂被用作助熔剂以除去金属表面的氧化物。

硼砂易溶于水，产生水解而显碱性：

$$B_4O_7^{2-}+7H_2O \rightleftharpoons 4H_3BO_3+2OH^- \rightleftharpoons 2H_3BO_3+2B(OH)_4^-$$

20℃时，硼砂溶液的 pH = 9.24，硼砂溶液中含有的H_3BO_3和 $B(OH)_4^-$的物质的量相等，所以具有缓冲作用。又因其水溶液显碱性，因此可用作肥皂粉的填料。硼砂正成为农业上的重要角色——硼肥，它对植物体内的醣类代谢起重要的调节作用。

11.3.4 硼的三卤化物

三卤化硼是一类非常重要的化合物。由于硼原子是缺电子原子，所以 BX_3 有强烈接受电子对的倾向，它们是强的路易斯酸，不仅能从水分子接受电子对，还能从其他许多配体如 HF、NH_3、醚、醇以及胺类等接受电子对。三卤化硼都是熔点、沸点较低的共价化合物。BF_3 和 BCl_3 在通常条件下是气体，BBr_3 和 BI_3 分别是挥发性液体和固体。性质的这种变化趋势与分子间色散力的变化趋势一致。

BF_3 在水中只发生部分水解，而 BCl_3、BBr_3 和 BI_3 则完全水解。

最常见的为三氯化硼，发生强烈水解。

$$BX_3(g) + 3H_2O(l) \longrightarrow B(OH)_3(aq) + 3HX(aq) \quad (X = Cl, Br, I)$$

BF_3 是有机合成中常用的催化剂。水解后得氟硼酸（HBF_4）。

$$4BF_3 + 3H_2O \longrightarrow B(OH)_3 + 3HBF_4$$

BF_3 的制备多采用 B_2O_3 与氟氢酸作用，然后用乙醚吸收得到。

$$B_2O_3(s) + 6HF(aq) \longrightarrow 2BF_3(g) + 3H_2O(l)$$

制备 BCl_3 可采用元素硼与氯化氢的反应，也可用在还原剂存在下以 B_2O_3 为起始物的氯化反应：

$$B_2O_3(s) + 3Cl_2(g) + 3C(s) \xrightarrow{\triangle} 2BCl_3(g) + 3CO(g)$$

11.4 碳

碳在地壳中的丰度尽管不大（约 0.027%），但就碳元素形成的化合物数量、种类而言，其他元素无法与之相比，以至于以碳为主构成有机化学这样一个独立的化学分支。不论是社会经济的发展对传统能源的依赖，还是由于过度的温室气体排放所引起的气候变化，都与碳的化合物密切相关。大气中二氧化碳的平衡遭到破坏，这种由于地球上二氧化碳浓度加大而引起地球温度上升给人类生活，动植物生长带来的新危机，已引起世界各国的关注。

11.4.1 碳的单质

在自然界中，碳有三种同位素：${}^{12}_{6}C$、${}^{13}_{6}C$ 和 ${}^{14}_{6}C$，其中 ${}^{14}_{6}C$ 是放射性同位素，半衰期为 5 730 年，测定死亡有机体内 C 的含量以推算生物体年代的方法已经有效而广泛地应用于考古。

碳有三种同素异形体（allotrope），它们是金刚石（diamond）、石墨（graphite）和以 C_{60} 为代表的富勒烯（fullerenes）。金刚石、石墨是天然存在的游离单质 C，C_{60} 是 1985 年从激光照射石墨得到的产物中检出的。

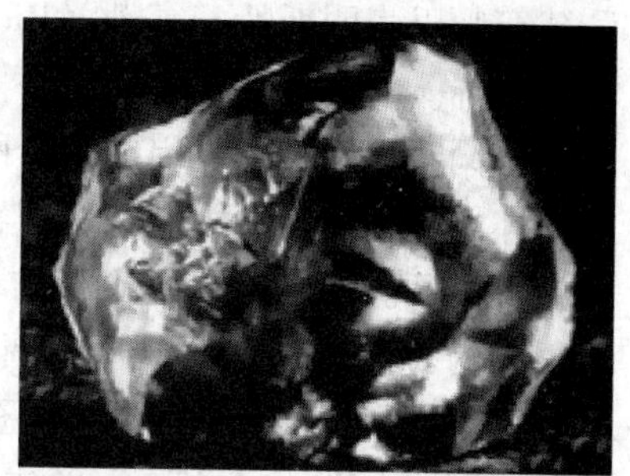

我国最大的天然金刚石——常林钻石

金刚石是原子晶体，在金刚石中，C 采用 sp^3 杂化，C 之间以极强的共价键联系，因此有很高的熔点和很大的硬度。由于高硬度，金刚石在工业上用作钻头、摩擦剂和拉金属丝的模具等，但工业上用的都是含有杂质、价格低廉的较小晶体。

在石墨中，C 以一个 2s 轨道和两个 2p 轨道进行 sp^2 杂化，每个 C 与其他三个 C 以 s 键相连接，键角为 120°，形成由无数的正六角形构成的网状平面层，所以石墨晶体具有层状结构。每个 C 还有 1 个未杂化的 2p 轨道（其中有 1 个 2p 电子）。这些 2p 轨道与六角网状平面垂直，并相互平行，这些相互平行的 p 轨道可形成 p 键。由于这种键是由很多个 C 形成的，称为大 π 键。大 π 键中的电子与金属中的自由电子有些类似，因此石墨具有金属光泽，并有良好的导电性（石墨沿层面方向的导电性良好，而在与层面垂直方向的导电性差，两者相差达 1 万倍）。由于石墨导电率大，化学性质又不活泼，所以用来制造电极。另外，它还可以用来制造冶金用的坩埚和原子反应堆中的中子减速剂等。石墨的层状结构空隙较大，能容纳某些物质，故石墨可作吸附剂，还能获得许多种的石墨插入化合物。

在石墨晶体中，层与层之间以分子间力联系，这种作用力较弱，层与层之间容易滑动和断裂，因此，石墨可作润滑剂和铅笔芯。由上可知，在石墨晶体中，既有共价键，又有非定域的大 π 键，还有分子间力，所以石墨晶体是一种混合型晶体。

科学家巧妙地利用了石墨的层状结构，把石墨的层状结构撕开得到一种叫“石墨烯”（graphene）的新材料，从而获得 2010 年度诺贝尔物理学奖。石墨烯是已知的世上最薄、最坚硬的纳米材料，是一种透明、良好的导体，适合用来制造透明触控屏幕、光板甚至是太阳能电池。

富勒烯是一种碳的同素异形体。任何由碳一种元素组成，以球状、椭圆状或管状结构存在的物质，都可以被叫做富勒烯。1985 年美国的柯尔（Robert Curl）等三人制备出了 C_{60}，他们因此获得了 1996 年诺贝尔化学奖。1989 年，德国科学家霍夫曼（Huffman）和克雷奇默（Kraetschmer）的实验证实了 C_{60} 的笼型结构，从此物理学家所发现的富勒烯被科学界推向一个崭新的研究阶段。富勒烯的结构和建筑师巴克明斯特·富勒（Richard Buckminster Fuller）的代表作相似，所以称为富勒烯。

不同于无限个原子组成的金刚石和石墨，富勒烯是由确定数目碳原子组成的集合体。富勒烯与石墨结构类似，但石墨的结构中只有六元环，而富勒烯中可能存在五元环。富勒烯当以笼状结构的酷似足球的 C_{60} 最稳定。这个多面体分子具有很高的对称性，60 个碳原子围成直径为 700 pm 的球形骨架，有 60 个顶点、12 个五元环面和 20 个六元环面（图 11-4）。与石墨分子相似，在 C_{60} 中，每个碳原子和周围三个碳原子相连，形成三个 σ 键，剩余的轨道和电子共同组成离域 π 键。C_{60} 发现的重大科学意义可以与 120 年前德国化学家凯库勒发现苯的结构相媲美。C_{60} 笼状结构一方面代表分子结构中的一种崭新概念，另一方面将为有机化学打开一个新的天地。

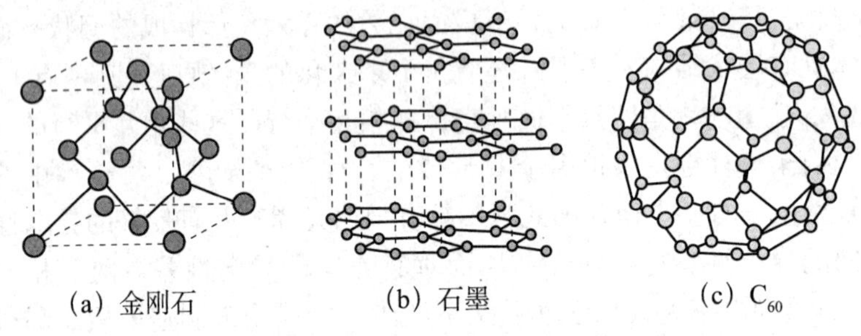

(a) 金刚石　　(b) 石墨　　(c) C_{60}

图 11-4　碳的三种同素异形体

11.4.2　碳的氧化物、碳酸及其盐

11.4.2.1　一氧化碳和二氧化碳

一氧化碳（carbon monoxide）是无色、无臭、剧毒的气体。在 CO 中，C 和 O 之间也是通过叁键结合，这叁根键中有一根是 s 键，一根是双方各提供一个价电子的共价 p 键，还有一根是由 O 单独提供一对电子的配位 p 键。CO 的结构可表示为：

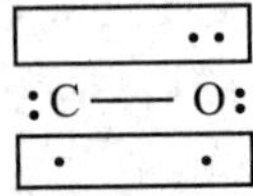

由于在 C 上有较多的负电荷，所以 CO 中 C 中的孤对电子容易进入其他原子的空轨道产生加合反应。CO 能和很多过渡金属形成羰基配合物，在工业上应用铁与 CO 形成 $Fe(CO)_5$，经挥发与杂质分离，然后将 $Fe(CO)_5$ 分解，可得到高纯铁，这种铁粉可以用于制造磁铁心和催化剂。CO 能和血液中的铁形成羰基配合物，破坏了运载氧的能力而使人中毒。

作为一种优良的气体燃料，CO 是管道煤气、水煤气和半水煤气的主要成分。空气中燃烧时发出蓝色火焰，同时放出大量的热：

$$2CO(g) + O_2(g) \longrightarrow 2CO_2(g) \quad \Delta_r H_m^{\ominus} = -596\ kJ \cdot mol^{-1}$$

CO 中的 C 的氧化值是 +2，所以它有强还原性，它在高温下能把许多金属从它们的氧化物中还原出来。例如：

$$Fe_2O_3 + 3CO \longrightarrow 2Fe + 3CO_2$$

$$CuO + CO \longrightarrow Cu + CO_2$$

因此 CO 是冶金工业中常用的重要还原剂。在气体分析时 CO 的鉴定是利用 CO 的还原性，将 $PdCl_2$还原成黑色的钯。其反应如下：

$$PdCl_2 + CO + H_2O \longrightarrow Pd + CO_2 + 2HCl$$

CO 与 F_2、Cl_2、Br_2反应可得到碳酰卤化物，如：

$$CO + Cl_2 \xrightarrow{\text{活性炭}} COCl_2(\text{碳酰氯})$$

碳酰氯又名“光气”，剧毒，它是有机合成中的重要中间体。

实验室制备少量的 CO 可采用向甲酸或草酸中滴加热浓硫酸的反应：

$$H_2C_2O_4(s) \xrightarrow{\triangle,\text{浓硫酸}} CO(g) + CO_2(g) + H_2O(l)$$

将产生的混合气体用固体 NaOH 柱吸收，以除去其中的 CO_2和水分。

二氧化碳（carbon dioxide）是无色、无臭的气体。大气中含有少量的 CO_2，它主要来自生物的呼吸、有机化合物的燃烧、动植物的腐败分解等。同时又通过植物的光合作用、碳酸盐岩石的形成等而移去。大气中 CO_2的含量几乎保持一定，约 0.03%（体积分数）。目前，世界各国工业化的进程使空气中 CO_2的含量逐渐增加，已被认为是造成“温室效应”的主要原因之一，因此，保持大气中 CO_2的平衡引起科学界的高度重视。

CO_2不具有 CO 的可燃性和还原性，加合性也不明显。CO 有毒，而 CO_2 却用于制造各种碳酸饮料。CO_2是非极性分子，所以可推知 CO_2是直线型结构，经典结构式为 O ═C ═O。但实验测得 CO_2中 C 与 O 之间的键长为 116 pm，这个数值介于 C ═O 双键键长（以丙酮中 C ═O 为准，122 pm）和 C≡O 叁键键长（以 CO 为准，113 pm）之间，而更接近于叁键。因此 CO_2的结构式用 O ═C ═O 表示是不恰当的。现代化学认为 CO_2成键情况是：CO_2中 C 以 sp 杂化成键时，2 个 sp 杂化轨道上的电子分别与 2 个 O 未成对的 p 电子结合，形成两个 s 键，因而 CO_2分子呈直线型。C 未参与杂化的 2 个 p 轨道上的电子则分别与一个 O 的 p 轨道上的 1 个未成对电子及另一个 O 的 p 轨道上的一对孤对电子形成两个大 π 键。这两个大 π 键均由 3 个原子（1 个 C、2 个 O）提供的 4 个电子组成，称为三中心四电子键，以 $\pi_3^{\,4}$表示（图 11-5）。

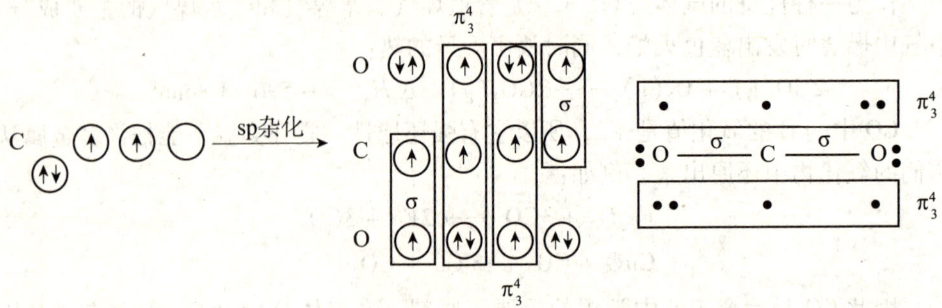

图 11-5　二氧化碳分子的形成

固态 CO_2 是分子晶体，它的熔点很低（−78.5℃），固态 CO_2 常不经熔化而直接升华，所以称为干冰。干冰比普通的冰要冷得多，常用作制冷剂，其冷冻温度可达 −70～−80℃。干冰还是保存和运输易腐食品的理想物质。

CO_2 的临界温度①为 31.1℃，加压可液化。在该温度下，CO_2 可作为优良溶剂，可以选择性地分离各种有机原料以及用于固体物料的管道输送过程中。

CO_2 不能自燃，又不助燃。密度比空气大，可使物体与空气隔绝，而且价格低廉。所以常用作灭火剂，也可作为防腐剂和灭虫剂。在化工厂中常用作“安全保护气”。

CO_2 还是一种重要的化工原料，如 CO_2 与盐可制成碱；CO_2 与氨可制成尿素、碳酸氢铵；此外，CO_2 也可用以制甲醇和醛类等基本化工产品。

11.4.2.2　碳酸及其盐

CO_2 的水溶液通常叫碳酸。碳酸为二元弱酸，分两级解离，在水溶液中存在下列平衡：

$$CO_2 + H_2O \rightleftharpoons H_2CO_3 \rightleftharpoons H^+ + HCO_3^- \qquad K_{a1}^{\ominus} = 4.2 \times 10^{-7}$$

$$HCO_3^- \rightleftharpoons H^+ + CO_3^{2-} \qquad K_{a2}^{\ominus} = 4.7 \times 10^{-11}$$

H_2CO_3 不稳定，仅存在于溶液中，加热 H_2CO_3 溶液，上述平衡向左移动，CO_2 逸出。20℃时，一体积水能溶解 0.878 体积 CO_2，被 CO_2 饱和的水溶液，CO_2 的浓度约为 0.033 mol · L^{-1}，但溶于水的二氧化碳并非全部转化为碳酸，其中大部分是以结合成较弱的水合分子形式存在的，只有一小部分生成碳酸。CO_2 在水溶液中的主要存在形式仍为 CO_2。CO_2、HCO_3^- 和 CO_3^{2-} 在水溶液中的平衡及各自存在的酸度范围如下：

---

① 物质处于临界状态的温度，即加压使气体液化时所允许的最高温度。

$$CO_2(aq) \underset{H_3O^+}{\overset{OH^-}{\rightleftharpoons}} HCO_3^-(aq) \underset{H_3O^+}{\overset{OH^-}{\rightleftharpoons}} CO_3^{2-}(aq)$$

pH 范围　2～3　　　8～9　　　　11～12

碳酸盐（carbonate）可分为三种类型：酸式碳酸盐（$MHCO_3$）、碱式碳酸盐［$M_2(OH)_2CO_3$］和碳酸的正盐。通常所说的碳酸盐是指碳酸的正盐。

（1）溶解性

碳酸盐中，除铵盐和碱金属盐（Li_2CO_3）以外，都难溶于水。一般来说，难溶碳酸盐对应的碳酸氢盐的溶解度较大，例如，$Ca(HCO_3)_2$溶解度比 $CaCO_3$大，因而 $CaCO_3$能溶于 H_2CO_3中。但是，对易溶的碳酸盐来说，它对应的碳酸氢盐的溶解度反而较小。例如，$NaHCO_3$溶解度就比 Na_2CO_3小，因而浓的 Na_2CO_3溶液会因吸收 CO_2和 H_2O 后转化为 $NaHCO_3$而形成白色沉淀。易溶碳酸盐对应的碳酸氢盐溶解度较小的原因可能是由于它们中的 HCO_3^-会通过氢键形成（$(HCO_3)_n^{n-}$）的缘故。

（2）水解性

由于碳酸的酸性很弱，其盐在溶液中都会水解。水解程度的大小及水解产物则取决于金属氢氧化物的碱性及溶解性。

碱金属碳酸盐的水解分两步进行：

$$CO_3^{2-} + H_2O \rightleftharpoons HCO_3^- + OH^- \tag{1}$$

$$HCO_3^- + H_2O \rightleftharpoons H_2CO_3 + OH^- \tag{2}$$

一级水解远大于二级水解，因此碱金属碳酸盐的水溶液呈强碱性，而碳酸氢盐的水溶液呈弱碱性。由于碳酸盐的水解性，常把碳酸盐当做碱用。在实际工作中，可溶性碳酸盐可同时既作为碱，又作为沉淀剂，用以分离溶液中某些金属离子。

重金属的碳酸盐，在水溶液中会部分水解生成碱式碳酸盐。例如，将碳酸钠溶液和锌盐、铜盐、铅盐等溶液混合时，得到的不是碳酸盐沉淀，而是碱式碳酸盐沉淀：

$$2Cu^{2+} + 2CO_3^{2-} + H_2O \rightleftharpoons Cu_2(OH)_2CO_3\downarrow + CO_2\uparrow$$

某些金属的碳酸盐几乎完全水解，例如，用碳酸盐处理可溶性的三价铁、铝、铬盐时，得到的不是碳酸盐沉淀，而是氢氧化物沉淀：

$$2Fe^{3+} + 3CO_3^{2-} + 3H_2O \rightleftharpoons 2Fe(OH)_3\downarrow + 3CO_2\uparrow$$

（3）热稳定性

一般来说，碳酸对热的稳定性低于碳酸氢盐，后者又低于相应的碳酸盐，而活泼金属的碳酸盐对热往往十分稳定。例如，碳酸钠约在 2 073K 分解，碳酸钙则在 1 183K 分解，碳酸盐热稳定性的高低主要与组成碳酸盐的金属离子的电荷数、离子半径大小及电子构型有关，这可以通过离子极化理论解释。

碳酸盐和碳酸氢盐在高温下均会分解：

$$M(HCO_3)_2 \xrightarrow{\triangle} MCO_3 + H_2O + CO_2\uparrow$$

$$MCO_3 \xrightarrow{\triangle} MO + CO_2 \uparrow$$

所有的碳酸盐和碳酸氢盐都会被酸分解放出 CO_2。这一反应常被用来检验碳酸盐。

11.4.3 碳化物

碳与电负性比碳高的元素如氧、硫、卤素等形成的二元化合物，分别叫做氧化物（oxide）、硫化物（sulfide）、卤化物（halide）等；碳与电负性比它小的元素所组成的二元化合物，叫做碳化物（carbide）。某些碳化物的最简式符合化合价规则，例如 Al_4C_3，SiC 等，而另一些碳化物的最简式却表示出碳化物结构的复杂性，如 B_4C，Cr_3C_2 等。从碳化物的键型来看，它们一般分为离子型、共价型和间充型（金属型）三类。

11.4.3.1 离子型碳化物

离子型碳化物又叫似盐型碳化物（saline carbide），通常由碱金属、碱土金属和铝与碳所形成，这些固体混合物一般可看做离子型化合物。如碳化钙（CaC_2），在工业上它是用焦炭和氧化钙在电弧炉中高温焙烧而得到的产品。

$$CaO(s) + 3C(s) \xrightarrow{2\,200℃} CaC_2(s) + CO(g)$$

纯的 CaC_2 是一种白色结晶状固体，熔点为 2 573K，工业产品因掺有杂质炭而呈灰色，称为电石（calcium carbide）。当用水处理时，由于钙离子或 C_2^{2-} 的水解，立即生成碳的氢化物乙炔。

$$CaC_2(s) + 2H_2O(l) \longrightarrow Ca(OH)_2(s) + C_2H_2(g)$$

由电石生产的乙炔曾经是有机合成工业的重要原料，由于生产电石的反应耗能极高，这条线路终将会被淘汰。

11.4.3.2 共价型碳化物

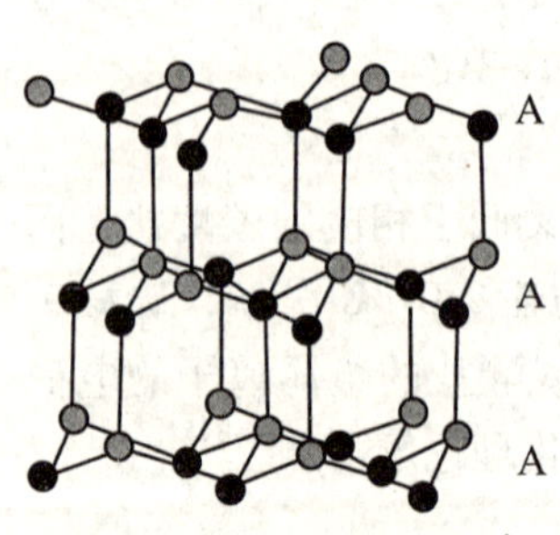

图 11-6 碳化硅的结构

共价型碳化物是非金属硅或硼的碳化物，其中 SiC，B_4C 最为重要，它们是原子晶体，都是极硬、难溶、化学惰性的物质。碳化硅（carborundum）俗称金刚砂，其结构与金刚石相似；在 SiC 中，每个碳原子以 sp^3 杂化轨道与硅原子形成四个单键，而硅原子也以 sp^3 杂化轨道与碳原子构成四个单键，这样构成无限的空间网络结构；其硬度仅次于金刚石，常用作磨料和制造砂轮，也可用作炉壁的衬里（见图 11-6）。

11.4.3.3 金属型碳化物

金属型碳化物（metallic carbide）是由碳与钛、铪、钒、铌、钽、铬、钼、钨、锰、铁等过渡金属形成的。金属型碳化物中的 C 原子处于金属晶格的八面体空隙中，因而又叫间充型碳化物（interstitial carbide）。后一名称给人以错误印象，似乎它们不能算作正统化合物，实际上，这类化合物的机械硬度和许多其他性质都表明其存在强的金属—碳键。例如 WC、Fe_2C 等，这些碳化物的共同特点是具有金属光泽，能导电、导热，熔点、沸点高，硬度大，但脆性也大。

11.5 硅

硅在地壳中的丰度仅次于氧，但主要分布在铝硅酸盐矿物中。单质 Si 有无定形和晶态两种形态，单晶硅是半导体元件的理想材料，多晶硅为六方棱柱状。在冶金工业上大量使用硅铁合金，因为含硅量较高的硅钢可以抗化学腐蚀。硅的氧化物二氧化硅又称硅石，是由 Si 和 O 组成的巨型分子，有晶体和无定形两种形态。石英是天然的二氧化硅晶体。水晶是不含有杂质的石英，由于水晶适于紫外线透射和硬度较玻璃大的特点，其主要用做光学仪器上的部件，如石英材料的折光计、光谱仪、摄谱仪等，紫石英是含有杂质的水晶。

工业上通常在 2 000℃以上的电弧炉中，用焦炭还原石英砂（SiO_2）制备冶金级硅，反应如下：

$$SiO_2(s) + 2C \xrightarrow{>2\,000℃} Si(s) + 2CO(g)$$

这样得到的 Si 含有很多杂质，半导体工业用的超纯硅的纯度要求极高，一般是将粗 Si 制成 $SiCl_4$，经蒸馏提纯后，用 H_2 还原制得。

$$Si(s) + 2Cl_2(g) \longrightarrow SiCl_4(l)$$

$$SiCl_4(l) + 2H_2(g) \xrightarrow{1\,150℃} Si(s) + 4HCl(g)$$

单质硅的晶体结构类似于金刚石，熔点 1 683K，呈灰黑色，有金属外貌、性硬脆，能刻划玻璃。

11.5.1 二氧化硅

二氧化硅（silicon dioxide）是无色、硬而脆、难溶的固体，石英、水晶、砂

子等的成分主要是 SiO_2，它和同族的二氧化碳相比有着极不相同的性质，它不能像 CO_2 那样以 C ═O 双键组成 CO_2 分子，而是以 Si－O 单键组成的巨型分子，打破全部的 Si—O 键所需能量高，所以石英的硬度很大。

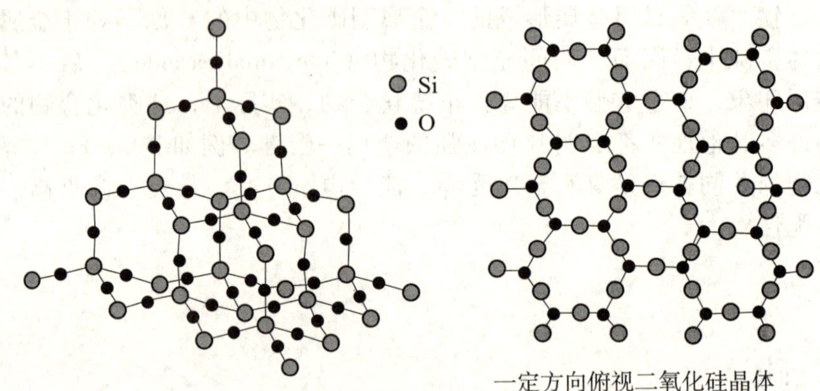

图 11-7 二氧化硅的晶体结构示意图

自然界的 SiO_2 有晶态（如石英）和无定形态（如硅藻土）之分。SiO_2 与同系列元素 C 的氧化物不同，CO_2 是分子晶体，而 SiO_2 为巨型分子的原子晶体。在 SiO_2 晶体中结构的基本单位是“硅氧四面体”，其中 Si 以 sp^3 杂化形式同四个 O 结合，组成 SiO_4 正四面体。在这个 SiO_4 中，Si 位于四面体的中心，O 位于四面体的四个顶点（图 11-7）。SiO_4 之间可以通过共用 O 构成巨大的空间网状结构。SiO_2 和硅酸盐均以 SiO_4 为“结构基本单元”。

在结晶的 SiO_2 中，SiO_4 整齐地按一定规则排列，根据排列形式的不同，可有石英、鳞石英、方石英等不同变体。在无定形的 SiO_2 中，SiO_4 作杂乱的堆积。但这两种 SiO_2 均有较高的熔点和较高的硬度。

SiO_2 化学性质很不活泼，又不溶于水，在室温下仅 HF 能与它反应，生成 SiF_4。

$$SiO_2 + 4HF \longrightarrow SiF_4 + 2H_2O$$

由于 SiO_2 不溶于水，因而欲从 SiO_2 制备相应的酸须经过两步，首先让 SiO_2 和 NaOH（或 Na_2CO_3）在熔化条件下反应生成相应的盐：

$$SiO_2 + 2NaOH \xrightarrow{\text{熔化}} Na_2SiO_3 + H_2O$$

$$SiO_2 + 2Na_2CO_3 \xrightarrow{\text{熔化}} Na_2SiO_3 + CO_2$$

然后用酸同盐作用制得硅酸：

$$Na_2SiO_3 + 2HCl \xrightarrow{\text{熔化}} H_2SiO_3 + 2NaCl$$

11.5.2 硅酸

硅酸（silicic acid）是一种极弱的酸，$K_1^{\ominus}=1.7\times10^{-10}$，$K_2^{\ominus}=1.6\times10^{-12}$。从 SiO_2 间接制得多种硅酸，它的组成随形成条件的不同而不同，例如正硅酸（H_4SiO_4）、偏硅酸（H_2SiO_3）、二偏硅酸（$H_2Si_2O_5$）等。一般用通式"xSiO$_2$ · yH$_2$O"表示。例如正硅酸为 $x=1$、$y=2$ 的 $SiO_2\cdot2H_2O$，偏硅酸为 $x=1$、$y=1$ 的 $SiO_2\cdot H_2O$ 等。其中 $x/y>1$ 者，可称为"多硅酸"，实际上见到的硅酸常常是各种硅酸的混合物。由于在各种硅酸中以偏硅酸（H_2SiO_3 即 $SiO_2\cdot H_2O$）的分子式最简单，因此习惯采用 H_2SiO_3 作为硅酸的代表。

根据 Na_2SiO_3 浓度、pH 以及外加电解质的不同，可以制得各种不同的硅酸，它们具有各种不同的用途。较浓的 Na_2SiO_3 溶液与酸作用所得的硅酸在失水过程中，可经历下面几个步骤：刚制得的硅酸是单个小分子，能溶于水，在存放过程中，它会逐渐失水聚合，形成各种多硅酸，接着就形成不溶于水，但又暂不从水中沉淀出来的"硅溶胶"。如果向硅溶胶中加入电解质，则它会失水转为"硅溶胶"。把硅溶胶烘干可得到"硅胶"。烘干的硅胶是一种多孔性物质，具有良好的吸水性。而且吸水后还能烘干重复使用，所以在实验室中常把硅胶作为干燥剂。如果在硅胶烘干前，先在 $CoCl_2$ 溶液中浸泡，让它吸收一些 $CoCl_2$，然后再烘干。烘干后的硅胶，在干燥时呈蓝色，在吸潮后转为淡红色，这种硅胶称为"变色硅胶"。变色硅胶不仅有干燥能力，而且可以从它所显示的颜色判断它的干燥能力大小，使用颇为方便。

11.5.3 硅酸盐

硅酸或多硅酸的盐称为硅酸盐。在硅酸盐中，仅碱金属能溶于水。将 Na_2CO_3 与 SiO_2 共熔可制得硅酸钠，其透明的浆状溶液称做"水玻璃"，俗称"泡化碱"。

与硅酸是多种多硅酸的混合物相似，硅酸钠也是多种多硅酸钠的混合物。因而在水玻璃中 SiO_2 和 Na_2O 的物质的量不是固定的，它可在一定范围内变动，工业上把水玻璃中 SiO_2 和 Na_2O 的物质的量之比称做水玻璃的"模数"。水玻璃是纺织、造纸、制皂、铸造等工业的重要原料。

除碱金属硅酸盐外，其他的硅酸盐均不溶于水。不溶于水的硅酸盐分布十分广泛，地表主要就是由各种硅酸盐组成的，许多矿物如长石、云母、石棉、滑石都是硅酸盐，许多岩石如花岗岩、玄武岩中均含硅酸盐。由于这些硅酸盐成分都比较复杂，通常写成氧化物的形式。几种天然硅酸盐的化学式如下：

高岭土：$Al_2O_3\cdot2SiO_2\cdot2H_2O$，白云母：$K_2O\cdot3Al_2O_3\cdot6SiO_2\cdot2H_2O$，石棉：$CaO\cdot3MgO\cdot4SiO_4$，泡沸石：$Na_2O\cdot Al_2O_3\cdot nH_2O$，正长石：$K_2O\cdot Al_2O_3\cdot6SiO_2$，

滑石：$3MgO \cdot 4SiO_4 \cdot H_2O$。

在这些矿石的晶体内，都是以 SiO_4 作为基本结构单元，除了少数硅酸盐中由单个 SiO_4 或少量几个 SiO_4 构成硅酸根或多硅酸根离子和晶体中正离子相结合外，大部分硅酸盐中的 SiO_4 都是通过共用 O 组成链式、层式或三维空间骨架的大型结构。值得注意的是，这些结构特征和它们的特性间存在着联系。如链状的石棉具有纤维性质，层状的云母具有片状的性质等。硅酸盐是重要的建筑材料，玻璃、水泥、陶瓷等工业均建立在硅酸盐化学的基础之上。

分子筛（molecular sieve）是一类具有立体架状结构的铝硅酸盐，它是一种新型的高效能选择性吸附剂，可用来分离气体或液体混合物中的大小不同或极性不同的分子，分子筛有天然的和合成的两大类。

在分子筛结构中有许多内表面很大的孔穴，以及与这些孔穴贯通的孔径均匀的孔道。如果把孔穴和孔道中的水分子加热赶出，它便具有很大的吸附能力。由于它的孔道孔径很小，所以只能把某些直径比孔道孔径小的分子吸附到孔道内部以及孔穴中，而直径比孔道孔径大的分子就进不去，因而起着筛离分子的作用，分子筛的名称也来源于此。分子筛的吸附性能不仅取决于分子筛本身孔道孔径的大小，还和被吸附分子的极性、沸点、有机物分子的不饱和程度有关；一般来讲，分子的极性愈大、沸点愈高、不饱和程度愈大，就愈易被吸附。

利用分子筛的强吸附性，除了把它当做吸附剂和催化剂外，沸石分子筛还可用作离子交换剂和催化剂载体。有关沸石分子筛的研究和应用正在迅速发展中。

复习与思考题

1. 完成并配平下列反应方程式

（1）$WO_3 + H_2 \xrightarrow{\text{高温}}$

（2）$SiHCl_3 + H_2 \xrightarrow{\text{高温}}$

（3）无定形单质硼与浓硝酸作用。

（4）乙硼烷与氢化锂反应。

（5）向 $Na_2[Sn(OH)_6]$ 溶液中通入二氧化碳。

（6）向氯化汞溶液中滴加少量氯化亚锡溶液。

（7）$XeF_2 + H_2O \longrightarrow$

（8）$XeF_2 + H_2O_2 \longrightarrow$

2. 简答题

（1）为什么不能采用加热 $AlCl_3 \cdot 6H_2O$ 脱水的方法来制备无水氯化铝？

（2）C 和 O 的电负性差较大，但 CO 分子的偶极矩却很小，请说明原因。

（3）N_2和 CO 具有相同的分子轨道和相似的分子结构，但 CO 与过渡金属形成配合物的能力却比 N_2强得多，请解释原因。

（4）如何配制 $SnCl_2$溶液？

（5）H_3BO_3与 H_3PO_3化学式相似，为什么 H_3BO_3为一元酸，而 H_3PO_3为二元酸？

3. 今有一瓶白色固体，可能含有 $SnCl_2$、$SnCl_4$、$PbCl_2$、$PbSO_4$等化合物，从下列实验想象判断哪几种物质是确实存在的，并用反应式表示实验现象：

（1）白色固体用水处理得一乳浊液 A 和不溶固体 B；

（2）乳浊液 A 加入少量 HCl 则澄清，滴加碘—淀粉溶液可以褪色；

（3）固体 B 易溶于 HCl，通 H_2S 得黑色沉淀，此沉淀与 H_2O_2反应后又生成白色沉淀。

4. 无色晶体 A 易溶于水。将 A 在煤气灯上加热得到黄色固体 B 和棕色气体 C。B 溶于硝酸后又得到 A 的水溶液。碱性条件下 A 与次氯酸钠溶液作用得到黑色沉淀 D，D 不溶于硝酸。向 D 中加入盐酸有白色沉淀 E 和气体 F 生成，F 可使淀粉碘化钾试纸变色。将 E 和 KI 溶液共热，冷却后有黄色沉淀 G 生成，试确定 A，B，C，D，E，F，G 各为何物质。

第 12 章　非金属元素（二）

12.1　氮

N_2（nitrogen gas）是由两个 N 原子以一个 σ 键和两个 π 键组成的，键能很大，分子特别稳定，在室温下是非常不活泼的气体。故 N 在自然界以游离的分子态大量存在于空气之中。在动植物蛋白中也含有 N，因此，当蛋白质被细菌分解时也放出 N_2。氮原子的最外层有 5 个电子，价电子层结构为 ns^2np^3，它是氧化态变化最多的元素之一，它可呈现从 −3 到 +5 的多种氧化值，几乎所有氧化态都存在稳定的物种，其中主要的为 −3、+3、+5。

氧化态	−3	−2	−1	−1/3	0	+1	+2	+3	+4	+5
物种	NH_3	N_2H_4	NH_2OH	HN_3	N_2	N_2O	NO	N_2O_3	NO_2	N_2O_5

氮原子主要形成共价键，但当与电负性比它们小的元素（如 Li、Mg、Ca 等）结合时，也可形成离子键化合物。

12.1.1　氮的存在与用途

氮在地壳中的质量分数是 0.046%，绝大部分氮是以单质分子 N_2 的形式存在于空气中。除了土壤中含有一些铵盐、硝酸盐外，氮以无机化合物形式存在于自然界是很少的，而氮却普遍存在于有机体中，是组成动植物体的蛋白质和核酸的重要元素（图 12-1）。

氮是无色无味难溶于水的气体，熔点 63.29K，沸点 77.4K。工业上用分馏液态空气的方法可得纯度为 99% 的“普氮”（其余 1% 为 O_2 和稀有气体）。普氮经纯化得纯度为 99.99% 的“高纯氮”。氮气在加压、低温下变为液体氮，“液氮”（liquid nitrogen）在冷冻和保存食物上有重要作用，为保存生物样品（如血、组织、精液）以及研究超导体提供了低温的环境。

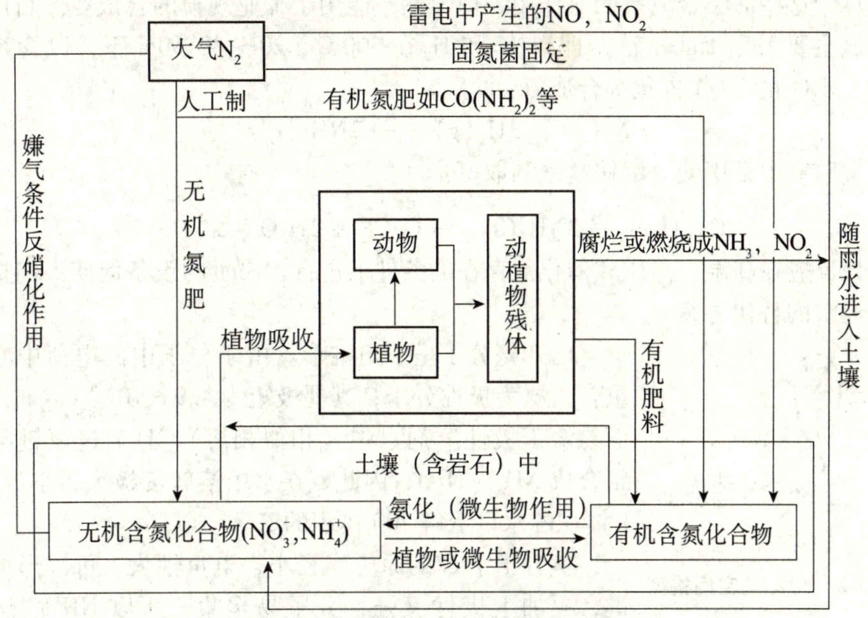

图 12-1 自然界的氮循环示意图

氮主要用于合成氨，由此制造化肥、硝酸和炸药等。实验室常用 N_2、Ar 和 He 等气体提供惰性气氛，以防止某些物体暴露于空气时被氧所氧化。氮气是这类保护性气体中最廉价易得的一种；此外，用 N_2充填粮仓可达到安全地长期保管粮食的目的。液态氮可作深度冷冻剂。

实验室可利用加热浓亚硝酸铵溶液来制取少量氮气：

$$NH_4NO_2(aq) \xrightarrow{约 70℃} N_2(g) + 2H_2O(l)$$

由于亚硝酸铵很不稳定，不易储存，因此在实际工作中，常用加热饱和亚硝酸钠和氯化铵溶液反应来代替。

$$NH_4Cl + NaNO_2 \longrightarrow N_2(g) + 2H_2O + NaCl$$

12.1.2 氨和铵盐

12.1.2.1 氨（ammonia）

将大气中游离的 N_2转化为 NH_3的过程叫固氮（nitrogen fixation）。氮在常温下与金属锂和高温下与金属镁反应的产物发生水解都能得到 NH_3：

$$Li_3N(s) + 3H_2O(l) \longrightarrow 3LiOH(s) + NH_3(g)$$

$$Mg_3N_2(s) + 6H_2O(l) \longrightarrow 3Mg(OH)_2(s) + 2NH_3(g)$$

尽管这些活泼金属有固氮作用，但显然不能用于工业规模的合成氨。目前工业合成主要采用 Haber 法，即以 N_2 和 H_2 在 500℃、20～30 MPa 下，以含少量 K_2O、Al_2O_3 的 Fe 作催化剂合成氨：

$$N_2(g) + 3H_2(g) \longrightarrow 2NH_3(g)$$

实验室中常用碱分解铵盐来制取氨：

$$Ca(OH)_2 + 2NH_4Cl \xrightarrow{\triangle} CaCl_2 + 2H_2O + 2NH_3$$

该反应在高温、高压和催化剂存在的条件下进行，昂贵的设备促使人们探索更为经济的替代方案。

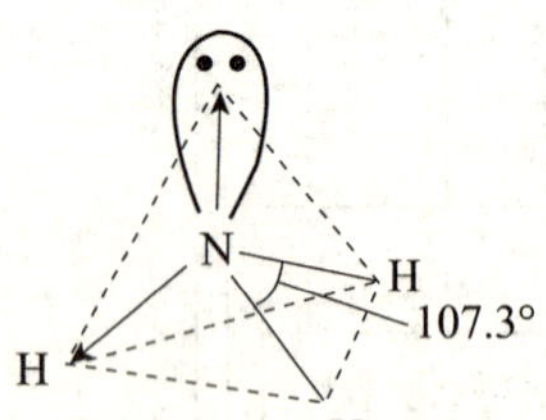

图 12-2　NH_3 的空间构型

已知氨分子呈三角锥形。由于分子中的电荷中心不重合，氨为极性分子，其偶极矩为 4.9×10^{-30} C · m，因而易溶于极性溶剂水中（相似相溶），且通过氢键与水结合成 $NH_3 \cdot H_2O$，因此氨在水中溶解度极大，室温下，1 体积的水可溶解 700 体积的氨。

氨分子中 N 的原子半径小，电负性大，可以形成氢键，再加上极性又强，分子易聚集，所以 NH_3 的熔点（-77.7℃）、沸点（-33.4℃）较高，因此气体氨极易在常温下加压液化。液氨汽化时能大量吸热，为此以前常用作冷冻机的循环制冷剂，但因有刺激味而不够理想。液态的氨是良好的溶剂。

氨的化学性质相当活泼，主要有以下三类反应：

（1）配位反应

氨的配位作用是很突出的，这是由于氨分子中的 N 原子上有一对孤对电子是路易斯碱，它能与许多过渡金属离子形成共价配键的氨配合物，如 $[Cu(NH_3)_4]SO_4$、$[Ag(NH_3)_2]Cl$ 等。这样可使难溶于水的化合物如 AgCl、$Cu(OH)_2$ 等溶解在氨水中，所以常用作配位剂。

氨水呈弱碱性的原因与氨分子的结构特点有关。氨分子具有孤对电子，可以作为电子对的给予体与水中 H^+ 的 1s 空轨道以配位键相互结合而成 NH_4^+，并游离出 OH^-。

$$NH_3 + H_2O \rightleftharpoons [H \leftarrow NH_3]^+ + OH^-$$

$$即：NH_3 + H_2O \rightleftharpoons NH_4^+ + OH^-$$

因此氨水溶液呈弱碱性（$K_b^\ominus = 1.8 \times 10^{-5}$），$NH_3$ 还可以和酸（如 HCl、H_2SO_4 等）中的 H^+ 加合而生成 NH_4^+。

（2）取代反应

氨中氢的取代反应可从两种不同角度来观察。一种是把分子 NH_3 看做三元酸，其中的 H 原子依次被取代，生成含氨基（$-NH_2$）、亚氨基（$=NH$）的衍生物和氮化物（如 Mg_2N_3）。例如，金属钠可与氨发生反应，生成氨基化钠：

$$2NH_3 + 2Na \xrightarrow{350℃} 2NaNH_2 + H_2$$

表面看来氨与强还原剂（活泼金属）反应，似乎有了氧化性，其实氨分子中的 N^{3-} 未起作用，而是 H^+ 在起作用。

也可将取代反应看做其他化合物中的原子（或原子团）被氨基或亚氨基所取代。例如 $HgCl_2$ 中的一个 Cl 原子被氨基取代得到氨基氯化汞：

$$HgCl_2 + 2NH_3 \longrightarrow Hg(NH_2)Cl\downarrow + NH_4Cl$$

$Hg(NH_2)Cl$ 是个白色沉淀，该反应用于定性检验水溶液中存在的 Hg^{2+}。

(3) 氧化反应

氨分子中 N 的氧化值为 -3，是 N 的最低氧化态，所以 NH_3 具有还原性，其被氧化的产物除与氧化剂本性有关以外，还与反应的外界条件有关，最后可通过实验来确证反应产物。现以 NH_3 与氧化剂（Cl_2、O_2、NaOCl）的反应进行分析。

氨与 Cl_2 反应，氨被氧化为 N_2：

$$2NH_3 + 3Cl_2 \longrightarrow N_2 + 6HCl$$

氨与 O_2 的反应，当温度与催化剂等外界条件不同时产物有所不同：

$$4NH_3 + 3O_2 \xrightarrow{400℃,\text{无催化剂}} 2N_2 + 6H_2O$$

$$4NH_3 + 5O_2 \xrightarrow{800℃,\ Pt-Rh} 4NO + 6H_2O$$

工业上合成硝酸的一个重要步骤就是在高温下将 NH_3 氧化为 NO，该反应需要有催化剂存在。

又氨与 NaOCl 反应如下：

$$2NH_3 + NaOCl \longrightarrow N_2H_4(\text{联氨}) + NaCl + H_2O$$

联氨又名肼，是无色液体，其中 N 的氧化值为 -2，是强还原剂。燃烧时放出大量热，可作火箭推进剂。

12.1.2.2　铵盐（ammonium salt）

铵盐是氨和酸进行加合反应的产物。铵盐一般是无色晶状化合物，易溶于水，它的溶解度与碱金属盐，尤其是钾盐和铷盐相近，同类铵盐和钾或铷盐还有同晶现象。这是因为任何铵盐中都含有 NH_4^+，它以 N 为中心，周围被四个 H 所包围，致使 NH_4^+ 半径（148 pm）比 Na^+ 半径（95 pm）大得多，但却和 K^+ 的半径（133 pm）和 Rb^+ 的半径（148 pm）很接近，在晶体中可以互相替换以致有同晶现象；且铵盐和钾盐、铷盐的溶解度相近，能沉淀 K^+ 和 Rb^+ 的试剂也能作为 NH_4^+ 的沉淀剂。因此，在化合物分类时将铵盐归属于碱金属盐类。

铵盐易于水解，强酸的铵盐水溶液显酸性，溶液中存在下列离子平衡：

$$NH_4^+ + H_2O \longrightarrow NH_3 \cdot H_2O + H^+$$

当铵盐与强碱作用时，不论是溶液还是固体，都能产生 NH_3，根据 NH_3 的特殊气味和它对石蕊试剂的反应是鉴定铵盐的常用方法。

固态铵盐加热均易分解，其分解产物常取决于组成铵盐的酸的性质。

如果是由没有氧化性的酸或氧化性不够强的酸组成的铵盐，其热分解产物取决于酸有无挥发性。若为非挥发性酸，加热时放出氨，而酸则残留在加热的容器中，例如 $(NH_4)_2SO_4$ 和 $(NH_4)_3PO_4$。若为挥发性酸，加热时氨和酸同时逸出，遇冷时又重新结合，例如 NH_4Cl。利用这种特点可将不纯的氯化铵加热分解提纯。

如果是由氧化性的酸组成的铵盐，则加热分解产生的氨被氧化性酸氧化成氮或氮的氧化物。例如 NH_4NO_3、NH_4NO_2 等：

$$NH_4NO_2 \xrightarrow{\Delta} N_2\uparrow + 2H_2O$$

$$NH_4NO_3 \xrightarrow{\sim 220℃} N_2O\uparrow + 2H_2O$$

温度更高则硝酸铵以另一种方式分解，同时放出大量的热：

$$2NH_4NO_3 \xrightarrow{>300℃} 2N_2\uparrow + O_2\uparrow + 4H_2O\uparrow \quad \Delta_r H_m\ (573\ K) = -236.1\ kJ \cdot mol^{-1}$$

由于该热分解反应产生大量的气体和热量，如果在密闭的容器中进行，则气体热膨胀就会引起爆炸，因此硝酸铵可用于制造炸药。

铵盐都可用作化学肥料，其中最常用的是 $(NH_4)_2SO_4$、NH_4NO_3、NH_4HCO_3、$(NH_4)_3PO_4$。此外氨与 CO_2 反应可制得尿素（$CO(NH_2)_2$），也是一种重要的氮肥。

12.1.3 氮的氧化物、含氧酸及其盐

12.1.3.1 氮的氧化物

氮的常见氧化物有 N_2O、NO、N_2O_3、NO_2、N_2O_4、N_2O_5 等多种，其中以 NO 和 NO_2（它的二聚体为 N_2O_4）最为重要。

(1) 一氧化氮（nitrogen oxide）

一氧化氮为无色气体，由于氮的电负性比氧小（但两者相差不多），所以 NO 是极性分子。NO 分子中氮和氧的价电子总数为 11，是奇电子分子①，这种分子一般不够稳定，容易自行结合或与其他物质反应。例如在雷电之际，天空闪电途径中一些 N_2 和 O_2 反应生成 NO，随即与 O_2 结合生成 NO_2，又溶于雨水形成极稀的硝酸和亚硝酸溶液，而沉积于土壤中转化为植物的养料。据估计大自然借雷

① 奇电子分子是指中心原子价层电子数为奇数的分子。

电之助每年可以固定氮约 4 000 万 t。与一般的奇电子分子不同，它是无色的，有顺磁性，在常温下缔合不明显；在低温、液态、固态时，单电子可以互相偶合，因而在低温时 NO 分子可以聚合成 $(NO)_2$ 分子，而呈反磁性，红外光谱证明存在二聚体。

NO 分子中氮的氧化值为 +2，介于最低和最高氧化态之间，所以既有氧化性，又有还原性。例如氧化剂高锰酸钾能将 NO 氧化成 NO_3^-：

$$10NO + 6KMnO_4 + 9H_2SO_4 \longrightarrow 6MnSO_4 + 10HNO_3 + 3K_2SO_4 + 4H_2O$$

例如红热的铁、镍、碳等又能将 NO 氧化成 N_2：

$$2Ni + 2NO \longrightarrow 2NiO + N_2$$

$$C + 2NO \longrightarrow CO_2 + N_2$$

NO 分子中有孤对电子，所以能与金属离子形成加合物。例如，NO 能与 Fe^{2+} 加合，生成棕色的 $[Fe(NO)]^{2+}$ 离子。

$$FeSO_4 + NO \longrightarrow [Fe(NO)]SO_4$$

此反应是重要的，可作为一个分析 NO 的方法。

（2）二氧化氮（nitrogen dioxide）和四氧化二氮（dinitrogen tetroxide）

纯 NO_2 可通过 $Pb(NO_3)_2$ 的热分解制得：

$$2Pb(NO_3)_2 \xrightarrow{\triangle} 2PbO + 4NO_2 + O_2$$

将逸出的气体冷却，使 NO_2 液化而与 O_2 分离。Cu 与浓硝酸作用也可制得 NO_2，但不纯。

二氧化氮为红棕色气体，其中一个氮和两个氧的价电子总数为 17，是奇电子分子，低温可以聚合成四氧化二氮。N_2O_4 为无色气体，当降至 -10℃ 以下时可以形成无色晶体，在室温时 N_2O_4 与 NO_2 间建立平衡：

$$\underset{（无色）}{N_2O_4} \rightleftharpoons \underset{（棕色）}{2NO_2} \qquad \Delta_r H_m^\ominus = -56.9\ kJ \cdot mol^{-1}$$

当温度升至 100℃ 时混合气中 NO_2 占 90%，温度升至 150℃ 以上时 NO_2 开始分解为 NO 和 O_2。

NO_2 分子中氮的氧化值为 +4，既有氧化性又有还原性，但以氧化性为主，如遇强氧化剂，NO_2 呈还原性。例如 NO_2 与高锰酸钾等溶液作用：

$$5NO_2 + KMnO_4 + H_2O \longrightarrow Mn(NO_3)_2 + KNO_3 + 2HNO_3$$

从标准电极电位值可以看出在溶液中 NO_2 的较强氧化性和较弱还原性。

$$NO_2 + H^+ + e^- \rightleftharpoons HNO_2 \qquad E^\ominus = 1.065\ V$$

$$NO_3^- + 2H^+ + e^- \rightleftharpoons NO_2 + H_2O \qquad E^\ominus = 0.927\,5\ V$$

由上述电对的电极电位可知，NO_2 可以产生歧化反应。NO_2 溶于水中歧化为硝酸和亚硝酸，溶于强碱中得硝酸盐和亚硝酸盐：

$$2NO_2 + H_2O \longrightarrow HNO_2 + HNO_3$$

$$2NO_2 + 2NaOH \longrightarrow NaNO_2 + NaNO_3 + H_2O$$

由于亚硝酸不稳定，受热即分解为硝酸和一氧化氮，因此 NO_2 在热水中歧化反应为：

$$2NO_2 + H_2O(\text{热}) \longrightarrow NO + 2HNO_3$$

12.1.3.2 硝酸（nitric acid）及其盐

硝酸是工业上重要的三酸（盐酸、硫酸、硝酸）之一。它是制造化肥、炸药、染料、人造纤维、药剂、塑料和分离贵金属的重要化工原料。

（1）硝酸的制备

实验室可用 $NaNO_3$ 和浓 H_2SO_4 作用制取；工业上是用氨的催化氧化法，生成的 NO 与氧作用，被氧化成 NO_2，再被水吸收就成为 HNO_3。

实验室方法：

$$NaNO_3 + H_2SO_4(\text{浓}) \xrightarrow{\triangle} HNO_3 + NaHSO_4$$

工业合成：

$$4NH_3 + 5O_2 \xrightarrow[\text{Pt - Rh}]{800^\circ C} 4NO + 6H_2O \quad \Delta_r H_m^\ominus = -90\ kJ \cdot mol^{-1}$$

$$2NO + O_2 \longrightarrow 2NO_2$$

$$3NO_2 + H_2O \longrightarrow 2HNO_3 + NO$$

此法制得的硝酸浓度为50%左右，加入浓硫酸或硝酸镁（作脱水剂）混合加热，收集 HNO_3 蒸气，冷凝后即得浓硝酸。

（2）硝酸和硝酸根离子的结构

硝酸分子结构是以氮为中心，氮原子取 sp^2 杂化，形成三个 sp^2 杂化轨道，呈平面三角形。杂化时，2s 轨道中有一个电子激发到 2p 的一个轨道上，与其中未成对的电子偶合起来，其余的两个 p 轨道与一个 s 轨道杂化成三个 sp^2 杂化轨道（图 12-3）。

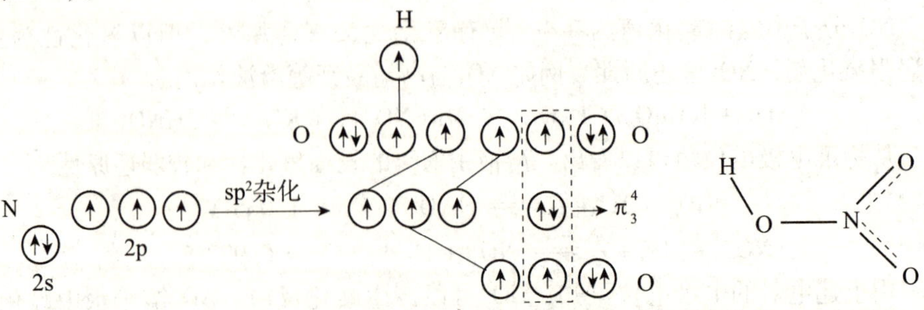

图 12-3 HNO_3 分子的结构

在硝酸分子中，氮原子的三个 sp^2 杂化轨道分别与三个配位氧原子的 2p 轨道在同一平面内形成三个 s 键。这样，每一个配位氧原子还有一个单电子的 p 轨道，其中一个氧原子的 p 轨道与氢原子的 1s 轨道相重叠，形成 s 键；另两个氧原子的两个 p 轨道（各含一个电子）与中心氮原子的一个 p 轨道（剩余的一个未参加杂化的 p 轨道，其中含 2 个电子），均垂直于 sp^2 杂化轨道平面，它们肩并肩地形成大 π 键，这个大 π 键来自三个原子，含有 4 个电子，用 π_3^4 表示。同理，硝酸根离子结构为 π_4^6 键（图 12-14）。

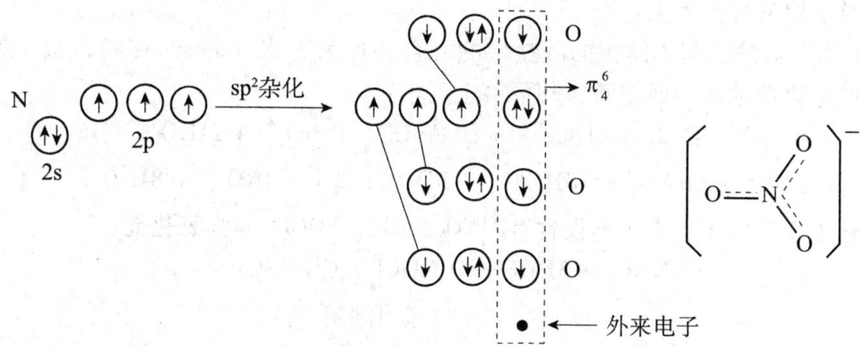

图 12-4　硝酸根离子的结构

（3）硝酸的性质

纯硝酸为无色液体，沸点 83℃，它能以任何比例与水混溶。实验室常用的浓硝酸含 HNO_3 65%～68%，密度为 1.4 $g \cdot cm^{-3}$，相当于 15 $mol \cdot L^{-1}$。溶有过多 NO_2 的浓 HNO_3 叫发烟硝酸（fuming nitric acid）。稀硝酸溶液比较稳定，而浓硝酸不稳定，见光或受热，即按下式分解：

$$4HNO_3(浓) \xrightarrow{见光或受热} 4NO_2\uparrow + O_2\uparrow + 2H_2O$$

分解产生的 NO_2 溶于浓硝酸中，使它的颜色呈黄色到红色（NO_2 含量越高颜色越深）。

硝酸是一种强氧化剂，可以和金属及非金属发生反应：

$$4HNO_3 + Hg \longrightarrow Hg(NO_3)_2 + 2NO_2\uparrow + 2H_2O$$

$$C + 4HNO_3 \longrightarrow CO_2 + 4NO_2\uparrow + 2H_2O$$

$$S + 2HNO_3 \longrightarrow H_2SO_4 + 2NO\uparrow$$

作为氧化剂，硝酸本身被还原的产物受多种因素的影响，可能是：NO_2、NO_2^-、NO、N_2O、N_2 或 NH_3 等。其被还原的程度除与还原剂（活泼金属、不活泼金属、非金属）的本性有关外，还与硝酸的浓度有关。

如果金属的活泼性不同，硝酸的浓度也不同，其情况更为复杂。例如：

$$Cu + 4HNO_3(浓) \longrightarrow Cu(NO_3)_2 + 2NO_2\uparrow + 2H_2O$$

$$Mg + 4HNO_3(浓) \longrightarrow Mg(NO_3)_2 + 2NO_2\uparrow + 2H_2O$$
$$3Cu + 8HNO_3(稀) \longrightarrow 3Cu(NO_3)_2 + 2NO\uparrow + 4H_2O$$
$$4Mg + 10HNO_3(稀) \longrightarrow 4Mg(NO_3)_2 + N_2O\uparrow + 5H_2O$$
$$4Mg + 10HNO_3(极稀) \longrightarrow 4Mg(NO_3)_2 + NH_4NO_3 + 3H_2O$$

由上可见浓硝酸不论与活泼或不活泼金属反应，一般皆被还原到 NO_2，稀硝酸与不活泼金属反应一般被还原到 NO，若与活泼金属反应则得到 N_2O，极稀硝酸和活泼金属作用，则被还原为 NH_4^+ 盐，也就是说，硝酸愈稀，金属愈活泼，硝酸被还原的程度愈大。

1 体积浓硝酸和 3 体积的浓盐酸的混合物称为王水（aqua regia），金、铂等贵金属不为单独的酸所溶解，却可溶于王水：

$$Au + HNO_3 + 4HCl \longrightarrow H[AuCl_4] + NO\uparrow + 2H_2O$$
$$3Pt + 4HNO_3 + 18HCl \longrightarrow 3H_2[PtCl_6] + 4NO\uparrow + 8H_2O$$

这主要是由于王水中不仅含有 HNO_3、Cl_2、NOCl① 等强氧化剂：

$$HNO_3 + 3HCl \longrightarrow \underset{(氯化亚硝酰)}{NOCl} + Cl_2 + 2H_2O$$

同时还有高浓度的 Cl^-，它与金属离子形成稳定的配离子 $[AuCl_4]^-$ 或 $[PtCl_6]^{2-}$，从而降低了溶液中金属离子的浓度，有利于反应向金属溶解的方向进行。

硝酸以硝基（$-NO_2$）取代有机化合物分子中的一个或几个氢原子，称为硝化作用（nitration）。例如 HNO_3 与苯反应生成黄色油状的硝基苯。

$$C_6H_6 + HNO_3 \xlongequal{H_2SO_4} C_6H_5NO_2 + H_2O$$

这类反应是有机化学中极其重要的反应。在硝化过程中有水生成，因此浓 H_2SO_4 可以促进硝化作用的进行。

利用硝酸的硝化作用可以生产许多含氮染料、塑料、药物（制造）硝化甘油、三硝基甲苯（TNT）、三硝基苯酚（苦味酸）等，它们都是烈性的含氮炸药。

（4）硝酸盐

硝酸是强酸，在稀溶液中完全电离。硝酸和碱作用生成硝酸盐，大多数硝酸盐是无色、易溶于水的离子晶体，其水溶液没有氧化性。室温下，所有的硝酸盐都十分稳定，加热则发生分解，分解产物因金属离子的不同而有差异。硝酸盐分

① NOCl 叫氯化亚硝酰。含氧酸中氢氧根被取代后所余下的基团称亚硝酰。

解有三种方式（硝酸铵除外）：

① 生成亚硝酸盐，放出 O_2。指碱金属和碱土金属硝酸盐（位于金属活动顺序 Mg 前面）。

$$2NaNO_3(s) \xrightarrow{\triangle} 2NaNO_2(s) + O_2(g)$$

② 生成氧化物，放出 NO_2 及 O_2。指重金属硝酸盐（位于金属活动顺序 Mg 与 Cu 之间）。

$$2Pb(NO_3)_2(s) \xrightarrow{\triangle} 2PbO(s) + 4NO_2(g) + O_2(g)$$

③ 生成金属，放出 NO_2 及 O_2。指不活泼金属的硝酸盐（位于金属活动顺序 Cu 后面）。

$$2AgNO_3(s) \xrightarrow{\triangle} 2Ag(s) + 2NO_2(g) + O_2(g)$$

固体硝酸盐热分解都能放出 O_2，所以高温时它们是氧化剂。它们与可燃物混合，受热则急剧燃烧甚至爆炸，因此硝酸盐用于烟火制造中。但通常都用 KNO_3，因为除 KNO_3 外，许多硝酸盐在空气中都易吸水潮解。

硝酸盐的水溶液经酸化后，即具有氧化性。硝酸根离子在强酸性溶液中，能被硫酸亚铁还原成 NO，而生成的 NO 又与过量的硫酸亚铁进行加合反应生成棕色的 $[Fe(NO)]SO_4$：

$$NO_3^- + 3Fe^{2+} + 4H^+ \longrightarrow 3Fe^{3+} + NO + 2H_2O$$

$$FeSO_4 + NO \longrightarrow [Fe(NO)]SO_4$$

当所用强酸为浓硫酸时，在 H_2SO_4 与溶液交界面上出现“棕色环”。这个反应可用来鉴定 NO_3^-，称为棕色环试验。亚硝酸根离子也有同样反应，但得到的是棕色溶液，而观察不到棕色环。亚硝酸根在弱酸性（如醋酸）溶液中与过量硫酸亚铁反应可生成 $[Fe(NO)]SO_4$，而使溶液呈棕色，利用这一反应可鉴定 NO_2^-。由于 NO_2^- 对 NO_3^- 的鉴定有干扰，因此当有 NO_2^- 存在时，应先加入 NH_4Cl 共热，以消除 NO_2^- 干扰：

$$NH_4^+ + NO_2^- \longrightarrow N_2\uparrow + 2H_2O$$

12.1.3.3 亚硝酸（nitrous acid）及其盐

与 HNO_3 相比 HNO_2 的酸性要弱得多（与 HOAc 相近），而且也很不稳定。它的氧化性不如 HNO_3 强，但用作氧化剂时反应速率比较快。与 HNO_3 不同，HNO_2 也可作为还原剂使用。

在亚硝酸钡的溶液中加入定量的稀硫酸，即可制得亚硝酸溶液：

$$Ba(NO_2)_2 + H_2SO_4 \longrightarrow BaSO_4 + 2HNO_2$$

HNO_2 仅存在于稀溶液中，浓溶液会立即分解：

$$2HNO_2 \longrightarrow N_2O_3\uparrow + H_2O \longrightarrow NO_2\uparrow + NO\uparrow + H_2O$$

在低温下分解制得N_2O_3，溶于水呈天蓝色，随温度升高进一步分解为NO和NO_2。HNO_2的浓溶液受热分解产物如下：

$$3HNO_2 \longrightarrow HNO_3 + 2NO\uparrow + H_2O$$

亚硝酸虽然不稳定，但亚硝酸盐，特别是碱金属和碱土金属的亚硝酸盐，都有很高的热稳定性。$NaNO_2$广泛用于涂料工业和有机合成重氮化合物。亚硝酸盐均有毒，易转化为致癌物质亚硝胺，使用时必须注意。

在亚硝酸和亚硝酸盐分子中氮的氧化值为+3，处于中间氧化态，所以它们既有氧化性又有还原性。从$E^\ominus$数据（酸性介质）判断，HNO_2的氧化性强于它的还原性。

$$HNO_2 + H^+ + e^- \rightleftharpoons NO + H_2O \quad E^\ominus = 1.00\ V$$

$$NO_3^- + 3H^+ + 2e^- \rightleftharpoons HNO_2 + H_2O \quad E^\ominus = 0.94\ V$$

亚硝酸及其盐在酸性介质中主要表现为氧化性，例如它们能将KI氧化成单质碘：

$$2HNO_2 + 2KI + H_2SO_4 \rightleftharpoons 2NO + I_2 + K_2SO_4 + 2H_2O$$

$$2NaNO_2 + 2KI + 2H_2SO_4 \rightleftharpoons 2NO + I_2 + Na_2SO_4 + K_2SO_4 + 2H_2O$$

这个反应可以定量测定亚硝酸盐。

亚硝酸及其盐只有遇强氧化剂才被氧化。例如与高锰酸钾反应，其离子方程式如下：

$$5NO_2^- + 2MnO_4^- + 6H^+ \rightleftharpoons 5NO_3^- + 2Mn^{2+} + 3H_2O$$

12.2 磷

磷（phosphoros，P）是1669年德意志的商人布兰德（Hennig Brandt）由尿液中制得的，它在黑暗中能放出闪烁的亮光，于是布兰德给它取了个名字叫“冷光”（白磷），名来自希腊文Phōsphoros，原意为发光物。

自然界单质磷很少，大多以磷酸盐存在，最重要的矿物是磷酸钙矿[$Ca_3(PO_4)_2$]和磷灰石（由$Ca_3(PO_4)_2$和CaF_2、$CaCl_2$伴生）。制取单质磷通常是将磷酸钙矿石与石英砂、炭粉混合放在电弧炉中焙烧（1 100～1 400℃）：

$$2Ca_3(PO_4)_2 + 6SiO_2 + 10C \longrightarrow 6CaSiO_3 + 10CO\uparrow + P_4\uparrow$$

按如上反应产生CO气体和P_4蒸气，导入冷水，则CO逸出得到凝固的白磷。碳还原磷酸钙需要很高的反应温度，加入的SiO_2与反应过程中生成的CaO发生

强烈放热反应生成 $CaSiO_3$，从而大大降低了反应温度。

磷有多种同素异形体，其中以白磷和红磷最为重要，气态白磷的结构为正四面体的 P_4 分子，键角为 60°（图 12-5），P－P 键的键能很低（210 kJ · mol^{-1}）。固体白磷由 P_4 分子通过分子间力结合堆积而成，所以它的熔点和沸点都比较低，化学性质比较活泼。白磷的着火点低，遇空气 40℃ 就着火，因此通常将它储存在水中。白磷不溶于水，但溶于 CS_2。白磷最特殊的性质是能发磷光。在黑暗场所将白磷暴露于空气中可见淡绿色的光，它是磷蒸气与氧结合时部分能量以光的形式放出的结果，这种发光而不发热的现象称为化学发光。白磷剧毒，误服 0.1 g 白磷即可死亡。由于白磷有毒性，故在火柴制造中用红磷代之。

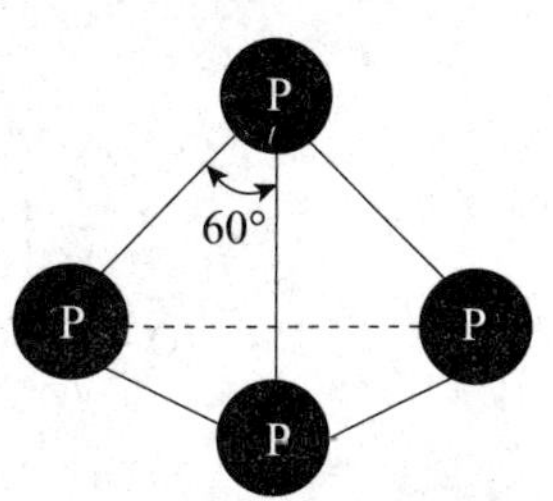

图 12-5　白磷分子结构

红磷由可燃白磷隔绝空气，加热到 260℃ 制得，红磷无毒，性质没有白磷活泼，它的着火点高（240℃），在空气中难被氧化，不溶于水及 CS_2 但易溶于浓硝酸并生成磷酸。

虽然白磷是最容易制备的同素异形体，并被取作标准热力学状态，但它不是最稳定的同素异形体，在加热（523K）或辐照时白磷转化为红磷。第三种同素异形体黑磷是在高压下加热白磷而产生的，黑磷是最稳定的形式。

白磷用于制纯磷酸，将少量的白磷加入青铜中，所生成的磷青铜合金富有弹性，耐磨、耐腐蚀，用于制轴承阀门等。大量红磷用于火柴生产，火柴盒侧面所涂物质就是红磷和三硫化二锑等的混合物。红磷用于生产著名的有机磷农药和防火发泡塑料制品，将红磷加入发泡塑料制品中使之遇火产生自熄作用，因为红磷燃烧时生成磷酸，在塑料制品表面形成一层膜，从而防止空气进入。磷还用于制发光二极管材料如 GaAsP、GaNP、ZnGaP 等。

12.2.1　磷的氧化物

磷在空气中燃烧通常得到五氧化二磷，如果空气不足，则生成三氧化二磷。根据蒸气密度的测定，五氧化二磷分子式为 P_4O_{10}，三氧化二磷的分子式为 P_4O_6。它们的结构都是以 P_4 分子四面体结构为基础而衍生的（图 12-6）。

五氧化二磷为白色雪花状固体，吸湿性很强，为很强的干燥剂，必须贮存在耐酸密闭容器中。它对皮肤和黏膜有腐蚀性，使用时注意不要沾在皮肤上。气体经过五氧化二磷干燥后，每升气体中残留的水分小于 2×10^{-5} mg，但不适用于碱性气体。五氧化二磷溶于水，最后生成磷酸，因此，五氧化二磷又称为磷酐。

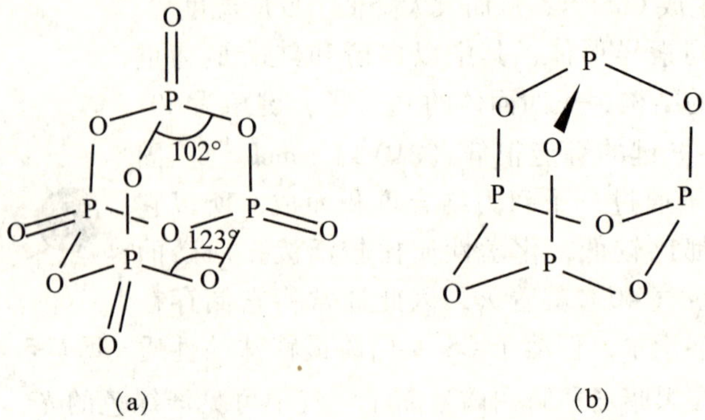

(a) (b)

图 12-6 P_4O_{10}（a）和 P_4O_6（b）分子的结构

$$P_4O_{10} + 6H_2O \longrightarrow 4H_3PO_4$$

三氧化二磷为天蓝色挥发性晶体，溶于冷水生成亚磷酸，因此它又称为亚磷酐。

$$P_4O_6 + 6H_2O \longrightarrow 4H_3PO_3$$

12.2.2 磷的含氧酸

磷能形成多种含氧酸，根据氧化态不同有次磷酸（H_3PO_2）、亚磷酸（H_3PO_3）、正磷酸（H_3PO_4）。在这三种酸的分子中，虽都含有三个氢原子，但唯有正磷酸是三元酸，次磷酸和亚磷酸分别为一元酸和二元酸，而且它们都是中强酸，这种独特的行为是与它们的分子结构有关的。上述几种磷酸都是四面体结构，直接与磷相连的氢原子（H－P 基团）不显酸性，而只有与氧结合的氢原子（POH 基团）才是可解离的，显酸性（图 12-7）。

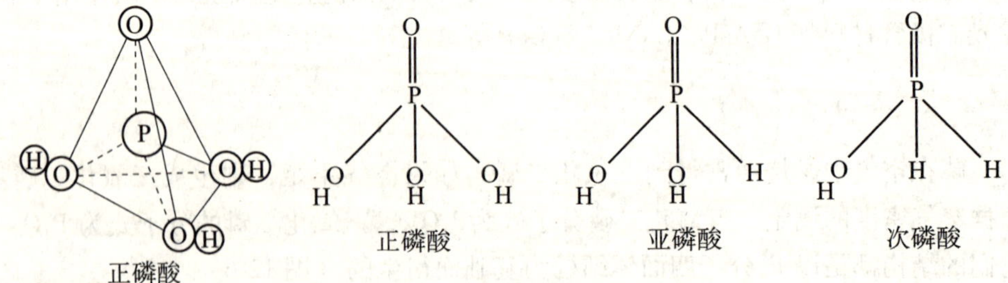

图 12-7 磷的含氧酸的结构

磷的含氧酸中以正磷酸最为重要，也最稳定。纯净的磷酸是无色透明的晶体，熔点 42℃，易溶于水。通常市售的磷酸是一种无色黏稠浓溶液，质量分数为 85%～95%。

磷酸是一种无氧化性、不挥发的酸，可以分级解离。

$$H_3PO_4 \rightleftharpoons H^+ + H_2PO_4^- \qquad K_{a1}^{\ominus} = 7.1 \times 10^{-3}$$

$$H_2PO_4^- \rightleftharpoons H^+ + HPO_4^{2-} \qquad K_{a2}^{\ominus} = 6.3 \times 10^{-8}$$

$$HPO_4^{2-} \rightleftharpoons H^+ + PO_4^{3-} \qquad K_{a3}^{\ominus} = 4.8 \times 10^{-13}$$

磷酸是一个中强酸，因此可用强酸作用于它的盐而得，通常用磷矿石与硫酸作用来制取，此法制得的磷酸不纯。纯净磷酸是将黄磷燃烧为 P_4O_{10}，然后用水吸收而制得。

磷酸中磷的氧化值为 +5，按一般规律，一元素的最高氧化态只具有氧化性，但是 H_3PO_4 缺乏氧化性，它既不能氧化 I^-，也不能氧化 S^{2-}。从下列标准电极电位数值可得到证实：

$$H_3PO_4 + 2H^+ + 2e^- \rightleftharpoons H_3PO_3 + H_2O \qquad E^{\ominus} = -0.28\ V$$

$$H_3PO_4 + 4H^+ + 4e^- \rightleftharpoons H_3PO_2 + 2H_2O \qquad E^{\ominus} = -0.39\ V$$

$$H_3PO_4 + 5H^+ + 5e^- \rightleftharpoons P + 4H_2O \qquad E^{\ominus} = -0.41\ V$$

从 $E^{\ominus}$ 均为负值，可知 H_3PO_4 的氧化性极弱，实际上缺乏氧化性。

将磷酸加热至 210℃，两分子 H_3PO_4 失去一分子水即成焦磷酸（$H_4P_2O_7$），继续加热至 400℃，则 $H_4P_2O_7$ 又失去一分子水成偏磷酸（HPO_3），而偏磷酸吸收水分又可恢复到正磷酸。

焦磷酸是由两个正磷酸脱去一分子水而形成，其中含有 2 个磷原子，它们之间以氧键相连。这种由几个单酸经过脱水，由氧键连起来形成的酸叫多酸。由于正磷酸脱水程度不同，可以聚合而成多磷酸。例如三个正磷酸脱去三分子水即形成三偏磷酸（HPO_3）$_3$，又三个正磷酸脱去二分子水即成二缩三磷酸（$H_5P_3O_{10}$），又称三聚磷酸。

```
        O                 O                               O       O
        ↑                 ↑                               ↑       ↑
H—O—P[O—H + H]O—P—O—H  —————H2O—————→  H—O—P—O—P—O—H
        |                 |        473~573K               |       |
        O                 O                               O       O
        H                 H                               H       H
                                                              焦磷酸

     O               O               O                        O       O       O
     ↑               ↑               ↑                        ↑       ↑       ↑
H—O—P[O—H + H]O—P[O—H + H]O—P—O—H  ——−2H2O——→  H—O—P—O—P—O—P—O—H
     |               |               |      573K以上          |       |       |
     O               O               O                        O       O       O
     H               H               H                        H       H       H
                                                                  三聚磷酸
```

磷酸有很强的配合能力，它可以和许多金属离子形成配合物，在分析化学中为了掩蔽 Fe^{3+}（浅黄色）的干扰，常用 H_3PO_4 与 Fe^{3+} 形成无色可溶性的配合物

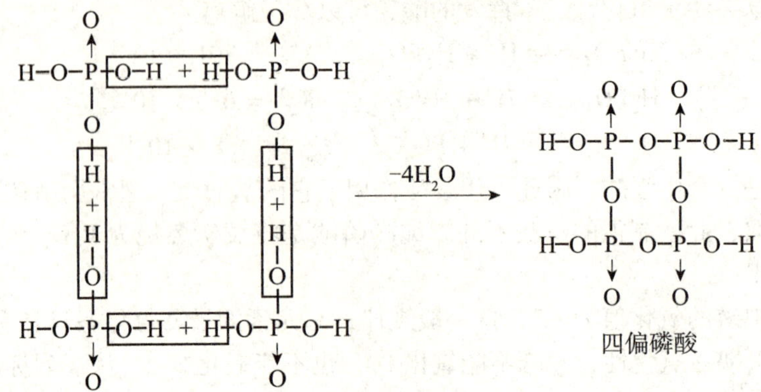

$H_3[Fe(PO_4)_2]$、$H[Fe(HPO_4)_2]$等。浓磷酸能溶解惰性金属钨、铜、铌等也是基于能和它们形成配合物（杂多酸型）。高温时，磷酸能溶解矿石，如铬铁矿、金红石等，这是磷酸的主要用途之一。

12.2.3 磷酸盐

磷酸作为三元酸，其中三个氢离子都可逐步被金属离子所取代，形成三种不同的盐：磷酸二氢盐（如 NaH_2PO_4）、磷酸一氢盐（如 Na_2HPO_4）、磷酸正盐（如 Na_3PO_4）。磷酸一氢盐和磷酸正盐（除钠、钾和铵等正盐外）均难溶于水，但能溶于酸，而磷酸二氢盐均能溶于水。

可溶性磷酸盐在水溶液中有不同程度的水解。PO_4^{3-} 水解分三步进行：

$$PO_4^{3-} + H_2O \rightleftharpoons HPO_4^{2-} + OH^-$$

$$HPO_4^{2-} + H_2O \rightleftharpoons H_2PO_4^- + OH^-$$

$$H_2PO_4^- + H_2O \rightleftharpoons H_3PO_4 + OH^-$$

第一步水解程度最大，所以磷酸正盐如 Na_3PO_4溶液呈强碱性。Na_2HPO_4水溶液呈弱碱性，这是由于水解的同时发生电离，但水解是主要的：

$$HPO_4^{2-} + H_2O \rightleftharpoons H_2PO_4^- + OH^- \quad \text{（水解为主）}$$

$$HPO_4^{2-} \rightleftharpoons H^+ + PO_4^{3-} \quad K_{a3}^{\ominus} = 4.17 \times 10^{-13} \quad \text{（离解度很小）}$$

NaH_2PO_4在水溶液中呈弱酸性，因 $H_2PO_4{}^-$电离能力与水解相比，要大得多：

$$H_2PO_4^{2-} + H_2O \rightleftharpoons H_3PO_4 + OH^- \quad \text{（水解度小）}$$

$$H_2PO_4^- \rightleftharpoons H^+ + HPO_4^{2-} \quad K_{a2}^{\ominus} = 6.31 \times 10^{-8}$$

磷酸盐在硝酸溶液中，与过量钼酸铵$(NH_4)_2MoO_4$一起加热时，有磷钼酸铵黄色沉淀产生：

$$PO_4^{3-} + 3NH_4^+ + 12MoO_4^{2-} + 24H^+ \rightleftharpoons \underset{\text{黄色}}{(NH_4)_3PO_4 \cdot 12MoO_3 \cdot 6H_2O} \downarrow + 6H_2O$$

此反应为鉴定 PO_4^{3-} 的特征反应，需在 HNO_3（1.8～2.3 mol·L^{-1}）介质中，加热进行。生成的 12 - 磷钼酸铵是一种杂多酸。

磷酸盐在工农业生产上也有很多用途。例如，$Ca(H_2PO_4)_2$在农业上用作肥料，$CaHPO_4$用作动物饲料的添加剂，$Na_5P_3O_{10}$（三聚磷酸钠）用于合成洗涤剂工业，$(NaPO_3)_n$（多聚偏磷酸钠）用于软化锅炉用水等。

12.3 氧

氧（oxygen）是地球上含量最多、分布最广的元素，约占地壳总质量的 46.6%。它遍及岩石层、水层和大气层。在大气中它以单质存在，占空气总体积的 20.9%（按质量计为 23.1%）。地球表面 3/4 被水（海洋）覆盖着，氧占水总质量的 89%，海洋可以说是氧的巨大“仓库”。在动植物体内，水占总质量一半以上，不含水部分也含有氧。在岩石层中，氧主要以氧化物和含氧酸盐的形式存在。

自然界中的氧含有三种同位素，即^{16}O、^{17}O 和^{18}O。在普通氧中，^{16}O 的含量占 99.76%，^{17}O 占 0.04%，^{18}O 占 0.2%。^{18}O 是一种稳定同位素，常作为示踪原子用于化学反应机理的研究中。

按分子轨道理论，氧分子（O_2）的结构如下：$KK(\sigma 2s)^2(\sigma^* 2s)^2\ (\sigma 2p)^2(\pi 2p)^4(\pi^* 2p)^2$，即 O_2分子由一个 σ 键和两个三电子 π 键构成。通常写成：$O \overset{\cdots}{\underset{\cdots}{-}} O$。由于每个三电子 π 键中仍有一个未成对电子，所以 O_2分子是顺磁性的。

工业上 O_2是用液态空气的分级蒸馏来制取的；实验室中常用 $KClO_3$的加热分解（以 MnO_2为催化剂）来制备。

在常温下，O_2反应性能较差；在加热或高温条件下，除卤素、稀有气体和少数金属外，O 可以和所有元素直接化合，并放出大量的热。O_2作为氧化剂的反应，有些是在水溶液中进行的，这时 O_2被还原为水。

$$O_2 + 4H^+ + 4e^- \rightleftharpoons 2H_2O \quad E^{\ominus} = 1.229\ V$$

12.3.1 臭氧

臭氧（ozone，O_3）和 O_2都是 O 元素组成的单质，它们是同素异形体。不同于 O_2，O_3在地面附近的大气层中含量极微，但在大气层的上层，离地面 20～30 km处，则有一 O_3层（浓度达 0.2×10^{-6}）存在。它是由于太阳的高能紫外辐射作用于大气中的 O_2而形成的。O_3层能非常有效地吸收紫外辐射（波长 200～400 nm），使太阳射向地面的有害辐射的 99% 被滤掉，从而保护地球上的生命不受紫外辐射的伤害。

臭氧，顾名思义是具有一种臭的鱼腥味，是淡蓝色的气体，通常借无声放电作用于氧气来制备臭氧。

$$3O_2 \xrightarrow{\text{无声放电}} 2O_3 \qquad \Delta_r H_m^\ominus = 285.3\ \text{kJ} \cdot \text{mol}^{-1}$$

臭氧分子的三个氧原子呈 V 形排列（图 12-8）。

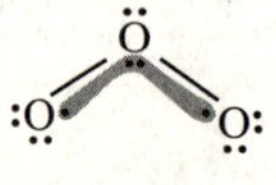

这三个氧原子均采取 sp^2 杂化，中心氧原子的一个 sp^2 杂化轨道为孤对电子所占，另外两个未成对电子则分别与两旁氧原子的 sp^2 杂化轨道上未成对电子形成两个（$sp^2 - sp^2$）σ 键，中心氧原子未参与杂化的 p 轨道上有一对电子，两旁的氧原子未参与杂化的 p 轨道上各有一个电子，这些未参与杂化的 p 轨道互相平行，彼此重叠形成了垂直于分子平面的三中心四电子大 π 键，以 π_3^4 表示。这种大 π 键是不定域（或离域）π 键，不固定在两个原子之间。臭氧分子中无单电子，故为反磁性物质。

图 12-8　臭氧分子的成键作用

O_3 的氧化能力比 O_2 强得多，是最强的氧化剂之一。O_3 作为氧化剂时，其中一个 O 原子还原为 -2 氧化值，同时产生 O_2。O_3 在酸性溶液和中性溶液中的标准电极电位为：

$$O_3 + 2H^+ + 2e^- \rightleftharpoons O_2 + H_2O \qquad E^\ominus = 2.07\ \text{V}$$

$$O_3 + H_2O + 2e^- \rightleftharpoons O_2 + 2OH^- \qquad E^\ominus = 1.24\ \text{V}$$

在 O_3 作用下，润湿的 S 可被氧化为 H_2SO_4、KI 被氧化，析出 I_2：

$$S + 3O_3 + H_2O \rightleftharpoons H_2SO_4 + 3O_2$$

$$2KI + O_3 + H_2O \rightleftharpoons 2KOH + I_2 + O_2$$

I_2 遇淀粉呈蓝色，因此，湿润的浸过 KI - 淀粉的试纸可用来检测 O_3。但由于 Cl_2、NO_2 等一些氧化剂也可氧化碘离子生成 I_2，因此，这个反应一般只用来检验 O_2 中是否混有 O_3。

O_3 能把酚、苯、醇等氧化为无害物质，因此，可用于工业废水的处理中。O_3 可使许多染料被氧化而褪色，因此，可用来做棉、麻、纸张等的漂白剂。医学上可以利用臭氧的杀菌能力大而将其作为杀菌剂。在空气中，含少量 O_3 可使人兴奋，当浓度达 1×10^{-6} 人将会感到疲劳头痛即对人体健康有害。

12.3.2　过氧化氢

H_2 和 O_2 除了可结合成 H_2O 外，还可形成另一种化合物—— H_2O_2（hydrogen peroxide），俗称双氧水，因分子中含有过氧键（—O—O—）而得名。在 H_2O_2 分子中，两个 O 原子是连在一起的，它的一般结构式可表示为：H—O—O—H。但是，这个式子没有反映出 H_2O_2 的空间构型。在气态时，H_2O_2 分子中，H - O 键

(95 pm）与 O—O 键（147.5 pm）之间的夹角不是 180°而是 94.8°，并且两根 H—O键不在同一平面上，夹角是 111.5°（图 12-9）。

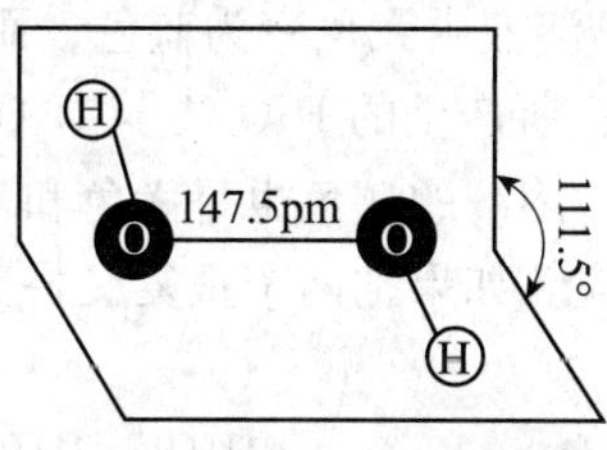

图 12-9　H_2O_2 分子的结构

纯 H_2O_2为无色黏稠液体，在 0.40℃凝固，151℃沸腾，沸腾时伴同爆炸分解。如在减压下蒸馏，则可在较低温度下沸腾，例如，在 3.47 kPa 下，沸点为 69.2℃。

由于氢键的存在，H_2O_2液态和固态时都产生分子缔合，其缔合程度大于 H_2O。H_2O_2比 H_2O 约重 1.5 倍，它与 H_2O 可以任何比例混合。

H_2O_2的主要化学性质是起氧化还原性。

在 H_2O_2分子中 O 的氧化值为 -1，介于 O 的最低氧化值 -2 与最高氧化值 0 之间，这就决定了 H_2O_2既具有氧化性，又具有还原性，并且还能产生歧化反应。

H_2O_2是一强氧化剂。H_2O_2作为氧化剂时，其中 ${O_2}^{2-}$ 得到电子，还原为 O^{2-}。但 O^{2-} 在溶液中不能单独存在，在酸性介质中，O^{2-} 与 H^+结合为 H_2O；在碱性介质中，O^{2-} 与 H_2O 分子结合为 OH^-。

$$H_2O_2 + 2H^+ + 2e^- \rightleftharpoons 2H_2O \qquad E_A^{\ominus} = 1.77\ V$$

$$HO_2^- + H_2O + 2e^- \rightleftharpoons 3OH^- \qquad E_B^{\ominus} = 0.88\ V$$

H_2O_2在酸性介质和碱性介质中，都是一个强氧化剂。在酸性介质中 H_2O_2可以把 I^- 氧化为 I_2，并且还可将 I_2进一步氧化为 HIO_3：

$$H_2O_2 + 2H^+ + 2I^- \longrightarrow I_2 + 2H_2O$$

$$5H_2O_2 + I_2 \longrightarrow 4H_2O + 2HIO_3$$

遇强氧化剂时，H_2O_2显还原性；H_2O_2作为还原剂时；其中 ${O_2}^{2-}$ 失去电子氧化为 O_2。

$$O_2 + 2H^+ + 2e^- \rightleftharpoons H_2O_2 \qquad E_A^{\ominus} = 0.68\ V$$

例如，Cl_2、$KMnO_4$、HIO_3等强氧化剂均可与 H_2O_2反应得到 O_2：

$$Cl_2 + H_2O_2 \longrightarrow 2HCl + O_2$$

$$2HIO_3 + 5H_2O_2 \longrightarrow I_2 + 5O_2 + 6H_2O$$

$$2KMnO_4 + 5H_2O_2 + 3H_2SO_4 \longrightarrow 2MnSO_4 + K_2SO_4 + 5O_2 + 8H_2O$$

在上述的一些氧化还原反应中，H_2O_2与 HIO_3之间的反应很有趣。由于 H_2O_2

作为氧化剂，可将 I_2 氧化为 HIO_3，而作为还原剂时，又将 HIO_3 还原为 I_2。因此，如果把 HIO_3 与 H_2O_2 溶液混合在一起时（同时在溶液中加一点淀粉溶液），则由于 HIO_3 与 H_2O_2 反应产生 I_2，溶液由无色变为蓝色；而生成的 I_2 又被 H_2O_2 氧化为 HIO_3，使溶液又恢复为无色；所产生的 HIO_3 再与 H_2O_2 反应产生 I_2，溶液又呈蓝色。两个反应重复交替进行，溶液的颜色也呈无色和蓝色的交替变化。这样重复交替进行的反应称为摇摆反应。如果把两个重复交替反应的方程式相加，则可得到摇摆反应的净结果：

$$
\begin{array}{rl}
 & 5H_2O_2 + I_2 \longrightarrow 4H_2O + 2HIO_3 \\
+ & 2HIO_3 + 5H_2O_2 \longrightarrow I_2 + 5O_2 + 6H_2O \\
\hline
 & 10H_2O_2 \longrightarrow 10H_2O + 5O_2
\end{array}
$$

由此可知，该反应的实质是 H_2O_2 的分解反应，I_2 不过起了催化剂的作用。随着反应的进行，H_2O_2 在消耗，它的浓度逐渐降低，因此变色的周期越来越长，最后溶液稳定在蓝色。

H_2O_2 的分解反应是一个氧化还原反应，而且是一个歧化反应。在该反应中，一部分 H_2O_2 作为氧化剂，其中 O_2^{2-} 被还原为 $O^{2-}(H_2O)$；一部分 H_2O_2 作为还原剂，其中 O_2^{2-} 被氧化为 O_2：

$$2H_2O_2 \rightleftharpoons 2H_2O + O_2$$

H_2O_2 中 O 呈中间价态（氧化值为 -1），根据标准电极电位：

$$O_2 \xrightarrow{0.682\ V} H_2O_2 \xrightarrow{1.77\ V} H_2O$$

可知，H_2O_2 的 $E_{氧} > E_{还}$，它可产生歧化反应。

任何浓度的 H_2O_2，如果不与催化剂接触都是很稳定的。很多物质，如 I_2、MnO_2、多种重金属的离子都可使 H_2O_2 催化分解；而对于高浓度的 H_2O_2，少量杂质包括灰尘的引入，都将导致爆炸分解：

$$2H_2O_2 \rightleftharpoons 2H_2O + O_2$$

微量的焦磷酸钠或 8－羟基喹啉可阻止 H_2O_2 的分解，见光或加热将加速 H_2O_2 的分解过程，因此，H_2O_2 应置于棕色瓶中，并放阴冷处。

H_2O_2 的定性检测，通常利用在酸性溶液中过氧化氢能使重铬酸盐生成二过氧合铬的氧化物来进行，二过氧合铬的化学式为 $Cr(O_2)_2O$ 或 CrO_5，其结构式表示为：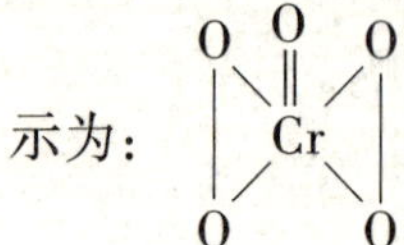

CrO_5 在乙醚中比较稳定，生成 CrO_5 与乙醚的加合物，分子式为 $CrO_5 \cdot (C_2H_5)_2O$，显蓝色。故通常预先加一些乙醚，否则在水溶液中 CrO_5 将进一步与 H_2O_2 反应，蓝色迅速消失。

$$4H_2O_2 + H_2Cr_2O_7 \longrightarrow 2Cr(O_2)_2O + 5H_2O$$

$$CrO_5 + (C_2H_5)_2O \longrightarrow \underset{\text{蓝色}}{CrO_5 \cdot (C_2H_5)_2O}$$

$$4H_2O_2 + H_2Cr_2O_7 \longrightarrow 2Cr(O_2)_2O + 5H_2O$$

$$2Cr(O_2)_2O + 7H_2O_2 + 3H_2SO_4 \longrightarrow Cr_2(SO_4)_3 + 7O_2 + 10H_2O$$

这反应除了用于检验 H_2O_2，也可以检验 CrO_4^{2-} 或 $Cr_2O_7^{2-}$ 的存在。

H_2O_2是重要的无机化工产品，主要利用它的强氧化性。稀的和 30% 的 H_2O_2是实验室中常用的试剂。应该注意，浓度稍大的 H_2O_2溶液会灼伤皮肤，使用时要格外小心。H_2O_2作为氧化剂时其还原产物为 H_2O 或 OH^-，因此使用时不会引入杂质，无二次污染的缺点，是一种“清洁”氧化还原剂。H_2O_2溶液具有杀菌作用，3% 的溶液在医学上用作消毒剂和食品的防霉剂。90% 的 H_2O_2曾作为火箭燃料的氧化剂。

12.4 硫

硫（sulfur）在自然界以单质和化合态两种形态出现，硫的主要工业矿物有：黄铁矿（FeS_2）、有色金属（如铜、镍、铅、锌、钴等）硫化物、石膏（$CaSO_4 \cdot 2H_2O$）和芒硝（$Na_2SO_4 \cdot 10H_2O$）等硫酸盐矿、矿物燃料（如煤、石油和天然气）中的无机和有机硫化合物；矿物燃料燃烧尾气的净化既保护了环境，也使之成为一个工业硫重要的来源。在热泉和火山地区有硫黄矿存在，火山喷发过程中地下的硫化物与高温水蒸气作用生成 H_2S，H_2S 再与 SO_2或 O_2反应生成单质硫：

$$2H_2S(g) + SO_2(g) \longrightarrow 3S(s) + 2H_2O(g)$$

$$2H_2S(g) + O_2(g) \longrightarrow 2S(s) + 2H_2O(g)$$

单质硫的同素异形体很多，据报道已接近 50 种，最常见的是斜方晶硫（也称菱形硫、α－硫，相对密度为 2.06，熔点为 385.8K）和单斜硫（也称 β－硫，相对密度为 1.99，熔点 392K），如图 12-10 所示。这两种晶态硫在 369K 时发生转变。

$$\text{斜方硫} \underset{369\text{K以下}}{\overset{369\text{K以上}}{\rightleftharpoons}} \text{单斜硫}$$

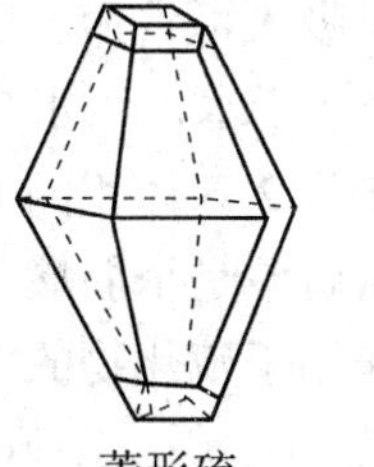

菱形硫

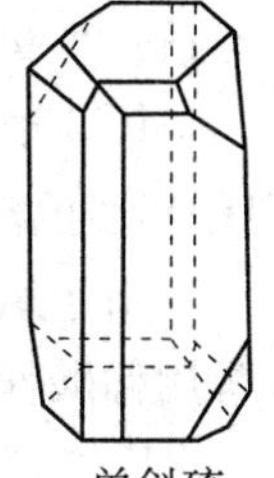

单斜硫

图 12-10 单质硫晶体

根据分子量测定，单质硫的分子都是由 8 个硫原子组成的环状结构，每个硫原子采取不等性 sp^3杂化并形成两个共价单键（图 12-11）。

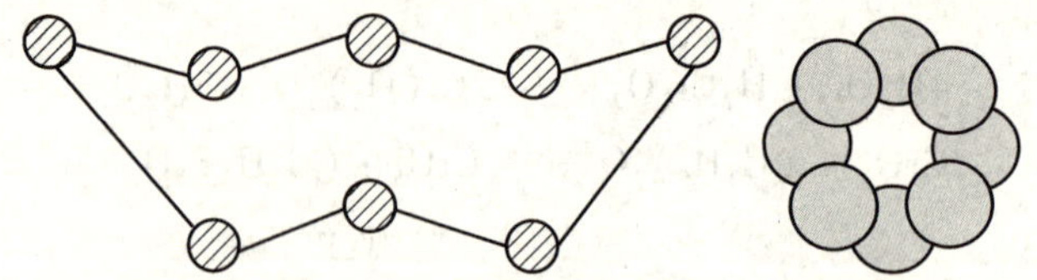

图 12-11　S_8 环状结构（左为侧视图，右为俯视图）

把单质硫加热到 433K 以上，S_8 环形分子破裂变成开链状的线形分子，并且聚合成更长链的大分子，黏度增高，颜色变暗红，约在 503K 将这种液态硫急速倾入冷水中，纠缠在一起的长链硫被固定下来，成为可以拉伸的弹性硫（S_μ）。经放置，无定形的弹性硫逐渐变成晶状硫。弹性硫与晶状硫不同点在于后者能完全溶于二硫化碳而前者仅部分溶解；若继续加热到 563K 以上，长硫链的大分子就断裂成短链的小分子，如 S_6、S_3、S_2 等，黏度重新降低，流动性加大。到 717.6K 时，硫就变成了蒸气。根据蒸气密度测定，确知硫蒸气中含有 S_8、S_6、S_4 和 S_2 分子，其相对含量取决于温度的高低。当温度高于 2 000 K 时，还可以出现单原子分子硫。

硫的化学性质比较活泼。它既能从电负性比它小的元素中取得 2 个电子形成 S^{2-}，又能共用 2 个电子形成氧化数为 −2 的化合物，还能借助有效 d 轨道和电负性比它大的元素形成氧化数为 +4、+6 的化合物。因此单质硫既有氧化性又有还原性。硫不仅能和单质作用，还能和碱或氧化性的酸起反应。如：

$$3S + 6NaOH \xrightarrow{\triangle} 2Na_2S + Na_2SO_3 + 3H_2O$$

$$S + 6HNO_3 \xrightarrow{\triangle} H_2SO_4 + 6NO_2\uparrow + 2H_2O$$

实验室中可用碱来除去器皿中的硫污。

12.4.1　硫化氢和氢硫酸

硫化氢的分子结构与 H_2O 分子结构类似，但由于分子间形成氢键的能力极小，通常状态下以气体状态存在。吸入这种恶臭的毒性气体会引起头痛、眩晕等不适，大量吸入可致命。所以在制取和使用 H_2S 时要注意通风。

H_2S 稍溶于水，其水溶液称为氢硫酸（hydrosulfuric acid）。20℃时，1 体积 H_2O 约可溶解 2.6 体积的 H_2S，所得溶液的浓度约为 0.1 mol · L^{-1}。

由于氢硫酸是个弱酸，而且 H_2S 又是一个微溶于水的气体，因此实验室中通常用稀酸作用于硫化物的方法来制备：

$$FeS + 2HCl \longrightarrow FeCl_2 + H_2S\uparrow$$

H_2S 的主要化学性质有下列两个方面：

（1）弱酸性：氢硫酸是一个很弱的二元酸。关于氢硫酸的解离和计算的关系已讨论过。

它可生成两种类型的盐：正盐（硫化物）和酸式盐（硫氢化物）。例如，将 H_2S 通入 NaOH 溶液至饱和，则得酸式盐 NaHS，将所得的 NaHS 与等物质的量的 NaOH 作用，则得正盐 Na_2S，由于氢硫酸是一个弱酸，所以硫化物和硫氢化物都易水解。

$$H_2S + NaOH \longrightarrow NaHS + H_2O$$

$$NaHS + NaOH \longrightarrow Na_2S + H_2O$$

（2）还原性：H_2S 中 S 的氧化值为 -2，是 S 的最低氧化态，因此 H_2S 具有还原性。作为还原剂时，可被氧化到 0、+4、+6 三种氧化值。

H_2S 的水溶液被氧化时，其产物为 S 或 SO_4^{2-}，但基本上没有 SO_3^{2-}，这是由于 SO_3^{2-} 在水溶液中很易被氧化为 SO_4^{2-}。氢硫酸即 H_2S 水溶液，它的还原性较 H_2S 为强，在空气中放置，就被氧化而析出游离 S，使得溶液呈现浑浊。在酸性溶液中，I_2、Br_2、Cl_2、$KMnO_4$ 都可将 H_2S 氧化为单质 S，如果是强氧化剂，而且用量过量时，还可将 H_2S 氧化为 SO_4^{2-}。例如：

$$Cl_2 + H_2S \longrightarrow 2HCl + S\downarrow$$

$$4Cl_2 + H_2S + 4H_2O \longrightarrow 8HCl + H_2SO_4$$

12.4.2 硫化物、多硫化物

12.4.2.1 硫化物

氢硫酸可形成正盐和酸式盐，酸式盐均易溶于水，而正盐中除碱金属（包括 NH_4^+）的硫化物和 BaS 易溶于水外，碱土金属硫化物微溶于水（BeS 难溶），其他硫化物大多难溶于水，并具有特征的颜色。

大多数金属硫化物难溶于水。从结构方面来看，S^{2-} 的半径比较大，因此变形性较大，在与重金属离子结合时，由于离子相互极化作用，这些金属硫化物中的 M—S键显共价性，造成此类硫化物难溶于水。显然，金属离子的极化作用越强，其硫化物溶解度越小。根据硫化物在酸中的溶解情况，将其分为四类（表 12-1）。

表 12-1　硫化物的分类

溶于稀盐酸（0.3 mol·L⁻¹HCl）	难溶于稀盐酸		
	溶于浓盐酸	难溶于浓盐酸	
		溶于浓硝酸	仅溶于王水
MnS（肉色）CoS（黑色） ZnS（白色）NiS（黑色） FeS（黑色）	SnS（褐色）Sb_2S_3（橙色） SnS_2（黄色）Sb_2S_5（橙色） PbS（黑色）CdS（黄色） Bi_2S_3（暗棕色）	CuS（黑色） As_2S_3（浅黄） Cu_2S（黑色） As_2S_5（浅黄） Ag_2S（黑色）	HgS（黑色） Hg_2S（黑色）
$K_{sp}^{\ominus} > 10^{-24}$	$10^{-25} > K_{sp}^{\ominus} > 10^{-30}$	$K_{sp}^{\ominus} < 10^{-30}$	$K_{sp}^{\ominus} << 10^{-30}$

由于氢硫酸是弱酸，故硫化物都有不同程度的水解性。碱金属硫化物，例如 Na_2S 溶于水，因水解而使溶液呈碱性。工业上常用价格便宜的 Na_2S 代替 NaOH 作为碱使用，故硫化钠俗称“硫化碱”。其水解反应式如下：

$$S^{2-} + H_2O \rightleftharpoons HS^- + OH^-$$

某些氧化数较高金属的硫化物如 Al_2S_3、Cr_2S_3 等遇水发生完全水解：

$$Al_2S_3 + 6H_2O \rightleftharpoons 2Al(OH)_3\downarrow + 3H_2S\uparrow$$

$$Cr_2S_3 + 6H_2O \rightleftharpoons 2Cr(OH)_3\downarrow + 3H_2S\uparrow$$

因此这些金属硫化物在水溶液中是不存在的。制备这些硫化物必须用干法，如用金属铝粉和硫粉直接化合生成 Al_2S_3。

可溶性硫化物可用作还原剂，用于制造硫化染料、脱毛剂、农药和鞣革，也用于制荧光粉。

12.4.2.2 多硫化物

在可溶性金属硫化物（例如 Na_2S）的溶液中，加入单质 S，S 溶解于其中，产生下列反应：

$$Na_2S + (x-1)S \longrightarrow Na_2S_x (x = 2\sim 6)$$

一般而言，Na_2S_x 溶液显黄色，随着单质硫 x 值的增大，颜色加深，由黄色→橙色→红色。S_x^{2-} 具有链状结构，叫多硫离子，多硫离子中 S 原子通过共用电子对而连在一起，例如：[：S：S：S：]$^{2-}$。多硫化物和过氧化物相似，既具有氧化性，又具有还原性。多硫化物作用氧化剂时，本身还原为 −2 氧化值的 S：

$$Na_2S_2 + SnS \longrightarrow Na_2SnS_3$$

多硫化物又具有还原性，它在空气中燃烧时，本身被氧化为 +4 氧化态 SO_2：

$$3FeS_2 + 8O_2 \longrightarrow Fe_3O_4 + 6SO_2$$

多硫化物遇酸则产生多硫化氢，多硫化氢非常不稳定，很快分解为 H_2S 和单质 S：

$$S_2^{2-} + 2H^+ \longrightarrow H_2S_2 \longrightarrow H_2S + S$$

我们可以看到：上述反应和 H_2O_2 的歧化反应非常相似。

多硫化物是分析化学上的常用试剂，在制革工业中用做原皮的去毛剂，在农业上用作杀灭害虫的药剂。

12.4.3 硫的氧化物、含氧酸及其盐

12.4.3.1 二氧化硫（sulfur dioxide）、亚硫酸（sulfurous acid）及其盐

SO_2 为无色、具有刺激臭味的气体，熔点 −76℃，沸点 11℃，容易液化，液

态 SO_2 是一种良好的非水溶剂。

SO_2 中 S 的氧化值为 +4，是 S 的中间氧化态，因此，它既可作为氧化剂，又可作为还原剂，但还原性强于氧化性，只有在遇到强还原剂情况下，SO_2 才呈现氧化性。SO_2 作为还原剂时，本身被氧化为 +6 氧化值；SO_2 作为氧化剂时，一般被还原为 S。

$$2SO_2 + O_2 \xrightarrow{\text{催化剂}} 2SO_3$$

$$SO_2 + 2H_2S \xrightarrow{\text{少量空气}} 3S + 2H_2O$$

$$SO_2 + 2CO \xrightarrow{\text{铝矾土,500℃}} S + 2CO_2$$

硫化矿冶炼时，有大量的 SO_2 产生，若用铝矾土做催化剂，可使烟道气中 SO_2 与 CO 作用以回收 S，并减少有害气体污染环境。

SO_2 还可以和有些有机色素结合成无色的加成物，因此可用做漂白剂，漂白纸张和稻草等。但这种无色加成物不太稳定，时间久了，就会分解而重现原来的颜色。

制备 SO_2 也是有两个途径，即利用复分解反应或氧化还原反应。由于 SO_2 是中强酸亚硫酸的酸酐，因此可用强酸作用于亚硫酸盐或亚硫酸氢盐的方法制取：

$$Na_2SO_3 + H_2SO_4 \longrightarrow Na_2SO_4 + SO_2\uparrow + H_2O$$

$$2NaHSO_3 + H_2SO_4 \longrightarrow Na_2SO_4 + 2SO_2\uparrow + 2H_2O$$

这种方法简便，常用于实验室中制取少量的 SO_2。

SO_2 溶于 H_2O，部分与 H_2O 作用生成 H_2SO_3：

$$SO_2 + H_2O \longrightarrow H_2SO_3 \rightleftharpoons H^+ + HSO_3^-$$

H_2SO_3 很不稳定，仅存在于溶液中，煮沸溶液加速 H_2SO_3 的分解，并将 SO_2 全部自溶液中驱出。H_2SO_3 是一个中强的二元酸，在水溶液里分两步解离：

$$H_2SO_3 \rightleftharpoons H^+ + HSO_3^- \quad K_{a1}^{\ominus} = 1.29 \times 10^{-2}$$

$$HSO_3^- \rightleftharpoons H^+ + SO_3^{2-} \quad K_{a2}^{\ominus} = 6.16 \times 10^{-3}$$

加碱可使上述平衡向右移动，因此可生产两系列的盐：正盐，例如 Na_2SO_3；酸式盐，例如 $Ca(HSO_3)_2$。$Ca(HSO_3)_2$ 能溶解木质素，用于造纸工业中制造纸浆。

与 SO_2 一样，H_2SO_3 及其盐都具有还原性，并强于 SO_2。亚硫酸盐的还原性更强于 H_2SO_3，空气中的 O_2 就能使它们氧化为硫酸盐或 H_2SO_4：

$$2Na_2SO_3 + O_2 \longrightarrow 2Na_2SO_4$$

$$2H_2SO_3 + O_2 \longrightarrow 2H_2SO_4$$

因此，保存 H_2SO_3 及其盐时，应防止空气的进入。此外，H_2SO_3 及其盐还易迅速被强氧化剂所氧化，例如：

$$Cl_2 + Na_2SO_3 + H_2O \longrightarrow 2NaCl + H_2SO_4$$

所以印染工业上常需用 Na_2SO_3 或 $NaHSO_3$ 作为除氯剂，除去布匹漂白后残留的 Cl_2。

与 SO_2类似，H_2SO_3及其盐只有遇到强还原剂时才表现出氧化性。例如：

$$2H_2S + SO_3^{2-} + 2H^+ \longrightarrow 3S + 3H_2O$$

12.4.3.2 三氧化硫（sulfur trioxide）、硫酸（sulfuric acid）及其盐

（1）SO_3

SO_3在常温下是无色液体，44.8℃沸腾，冷却到17℃凝为固体。固态 SO_3是若干个简单分子的聚合体（SO_3）$_m$。

SO_3是强氧化剂，特别是在高温时，能氧化一些金属和非金属，成为相应的氧化物，如果是金属氧化物，则与 SO_3结合成硫酸盐。

$$5SO_3 + 2P \longrightarrow 5SO_2 + P_2O_5$$

$$6SO_3 + 2Fe \longrightarrow Fe_2(SO_4)_3 + 3SO_2$$

SO_3有强烈的吸水作用，能与 H_2O 化合生成 H_2SO_4：

$$SO_3 + H_2O \longrightarrow H_2SO_4$$

（2）H_2SO_4

H_2SO_4是化学工业最重要的原料，其用途涉及冶金、石油精炼、造纸等许多领域，大量用以制造过磷酸钙和硫酸铵，制造其他多种酸、各种矾类及颜料、染料等。现代工业上制造 H_2SO_4，除因地制宜确定制备原料气 SO_2的工业路线外，提高 SO_2转化为 SO_3的转化率，成为 H_2SO_4工业生产的关键。目前世界各国大多采用接触法制 H_2SO_4。

$$2SO_2 + O_2(\text{过量空气}) \xrightarrow{\text{催化剂},400\sim500℃} 2SO_3$$

SO_3用浓 H_2SO_4吸收，得发烟 H_2SO_4：

$$x\,SO_3 + H_2SO_4 \longrightarrow H_2SO_4 \cdot x\,SO_3(\text{发烟硫酸})$$

用 H_2O 稀释发烟 H_2SO_4，就可得到任何浓度的 H_2SO_4。通常以游离 SO_3的含量来标明不同浓度的发烟硫酸，如20%、40%等发烟硫酸即表示在100%硫酸中含有20%或40%游离的 SO_3。

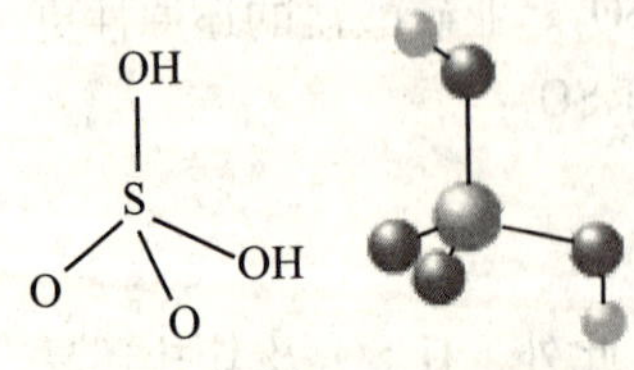

图 12-12 H_2SO_4 分子结构

纯 H_2SO_4是无色油状液体，10.4℃凝固，338℃沸腾。试剂浓硫酸的密度为1.84 $g \cdot cm^{-3}$，质量分数为98%，相应的物质的量浓度为18 $mol \cdot L^{-1}$。利用它的高沸点，浓 H_2SO_4可自一些挥发性酸的盐中将挥发性酸置换出来。H_2SO_4 分子结构见图12-12。

H_2SO_4的化学性质主要表现在下面几个方面：

①吸水性。浓 H_2SO_4能和 H_2O 结合为一系列的稳定的水化物 $H_2SO_4 \cdot nH_2O$（$n=1\sim5$），例如 $H_2SO_4 \cdot H_2O$、$H_2SO_4 \cdot 2H_2O$、$H_2SO_4 \cdot 4H_2O$ 等，其水合过程放出大量的热。故浓硫酸有强烈的吸水性，常用它来作干燥剂，它不但能吸收游离的水分，还能从一些有机化合物中夺取与水分子组成相当的氢和氧，使这些有机物炭化。因此，浓硫酸是一个强脱水剂，能严重地破坏动植物的组织，如损坏衣服和烧坏皮肤等，使用时必须注意安全。

②氧化性。浓 H_2SO_4是一个相当强的氧化剂，特别是在加热时，它能氧化很多金属和非金属。它将金属和非金属氧化为相应的氧化物，金属氧化物与 H_2SO_4 作用生成硫酸盐。浓 H_2SO_4 作为氧化剂时，本身可被还原为 SO_2、S 或 H_2S。它和非金属一般被还原为 SO_2。它和金属作用时，其被还原程度与金属的活泼性有关，不活泼金属，还原性弱，只能将 H_2SO_4还原为 SO_2，活泼金属还原性强，可以将 H_2SO_4还原为单质 S，甚至 H_2S。

$$C + 2H_2SO_4(浓) \longrightarrow CO_2\uparrow + 2SO_2\uparrow + 2H_2O$$

$$Cu + 2H_2SO_4(浓) \longrightarrow CuSO_4 + SO_2\uparrow + 2H_2O$$

$$Zn + 2H_2SO_4(浓) \longrightarrow ZnSO_4 + SO_2\uparrow + 2H_2O$$

$$3Zn + 4H_2SO_4(浓) \longrightarrow 3ZnSO_4 + S\downarrow + 4H_2O$$

$$4Zn + 5H_2SO_4(浓) \longrightarrow 4ZnSO_4 + H_2S\uparrow + 4H_2O$$

稀 H_2SO_4没有氧化性，金属活动顺序中 H 以上的金属与稀 H_2SO_4作用产生 H_2。

（3）硫酸盐和矾

H_2SO_4是二元酸，可生成两系列的盐：酸式盐和正盐。除碱金属和氨能与 H_2SO_4生成酸式盐外，其他金属只能得到正盐。

酸式硫酸盐和大多数硫酸盐都易溶于水，但 Ca、Sr、Ba 和 Pb 的硫酸盐溶解度很小，而 $BaSO_4$几乎不溶于水，也不溶于酸。根据 $BaSO_4$这一特性，可以检验 SO_4^{2-}离子。虽然 SO_3^{2-}离子和 Ba^{2+}离子也能产生白色沉淀，但它溶于酸，同时有 SO_2产生。

可溶性硫酸盐从溶液中析出的晶体常带有结晶水如 $CuSO_4 \cdot 5H_2O$、$FeSO_4 \cdot 7H_2O$、$Na_2SO_4 \cdot 10H_2O$ 等。除了碱金属和碱土金属外，其他硫酸盐都有不同程度的水解作用。

多数硫酸盐有形成复盐（double salt）的趋势，在复盐中的两种硫酸盐是同晶型的化合物，这类复盐又叫做矾。常见的复盐有两类，一类的组成通式是 $M_2^ISO_4 \cdot M^{II}SO_4 \cdot 6H_2O$，其中 $M^I = NH_4^+$、K^+、Rb^+、Cs^+，$M^{II} = Fe^{2+}$、Co^{2+}、Ni^{2+}、Zn^{2+}、Cu^{2+}、Mg^{2+}。属于这一类的复盐，如摩尔盐［$(NH_4)_2SO_4 \cdot FeSO_4 \cdot 6H_2O$］，镁钾矾（$K_2SO_4 \cdot MgSO_4 \cdot 6H_2O$）。另一类组成的通式是

$M_2^I SO_4 \cdot M_2^{III}(SO_4)_3 \cdot 24H_2O$,其中 M^I = 碱金属（Li 除外）、NH_4^+、Tl^+，M^{III} = Al^{3+}、Fe^{3+}、Cr^{3+}、Ga^{3+}、V^{3+}、Co^{3+}。属于这一类的复盐，如明矾（$K_2SO_4 \cdot Al_2(SO_4)_3 \cdot 24H_2O$）。它们通式的简式可写为 $M^I M^{III}(SO_4)_2 \cdot 12H_2O$。

这些复盐在水溶液中完全解离为组成离子，故可将其看做稳定性较低的一类配合物。尽管如此，有些复盐仍然表现出不同于简单盐的性质。例如，$FeSO_4 \cdot 7H_2O$水溶液中的 Fe^{2+} 离子很容易被空气中的 O_2所氧化，而摩尔盐中水溶液中则稳定得多。正是由于这个原因，分析化学用摩尔盐而不用 $FeSO_4 \cdot 7H_2O$ 配制 Fe^{2+}的标准溶液。

（4）硫酸的衍生物

H_2SO_4也可用 $SO_2(OH)_2$表示，其中 OH 基被 Cl 取代后生成的化合物称为硫酸的氯衍生物。如果以 HCl 作用于发烟 H_2SO_4，则其中一个 OH 基被 Cl 取代则生成氯磺酸 $SO_2(OH)Cl$，若两个 OH 基均被 Cl 取代则生成二氯化硫酰（或称硫酰氯）SO_2Cl_2。

$SO_2(OH)Cl$、SO_2Cl_2与 H_2O 猛烈反应，生成 H_2SO_4和 HCl：

$$SO_2(OH)Cl + H_2O \longrightarrow H_2SO_4 + HCl$$

$$SO_2Cl_2 + 2H_2O \longrightarrow H_2SO_4 + 2HCl$$

$SO_2(OH)Cl$ 和 SO_2Cl_2都是具有刺激性气味的液体，在空气中发生烟雾，它们主要在有机合成上作磺化剂引入 $-SO_3H$。

12.4.4 硫的其他含氧酸及其盐

根据硫含氧酸的结构类似性可将其分为四个系列①：亚硫酸系列、硫酸系列、连硫酸系列、过硫酸系列（表 12-2）。

表 12-2 硫的若干含氧酸

分类	名称	化学式	硫的平均氧化值	结构式	存在形式
亚硫酸系列	亚硫酸	H_2SO_3	+4	HO—S(=O)—OH	盐
	连二硫酸	$H_2S_2O_4$	+3	HO—S(=O)—S(=O)—OH	盐

① 根据无机含氧酸的组成及结构的不同可分为“焦”、“代”、“连”、“过”酸等类型（表 12-2）。所谓“焦酸”是指两个含氧酸分子失去一分子水所得的产物，如焦硫酸是指两个硫酸分子脱去一分子水的产物。“代酸”是指氧原子被其他原子取代的含氧酸，如硫代硫酸就是硫酸中的一个氧原子被硫原子取代。“连酸”是指中心原子相互连在一起的含氧酸，如连多硫酸就属此类。“过酸”是指含有过氧基的含氧酸。

续表

分类	名称	化学式	硫的平均氧化值	结构式	存在形式
硫酸系列	硫酸	H_2SO_4	+6	$HO-\underset{\underset{O}{\|}}{\overset{\overset{O}{\|}}{S}}-OH$	酸，盐
	硫代硫酸	$II_2S_2O_3$	+2	$HO-\underset{\underset{S}{\|}}{\overset{\overset{O}{\|}}{S}}-OH$	盐
	焦硫酸	$H_2S_2O_7$	+6	$HO-\underset{\underset{O}{\|}}{\overset{\overset{O}{\|}}{S}}-O-\underset{\underset{O}{\|}}{\overset{\overset{O}{\|}}{S}}-OH$	酸，盐
连硫酸系列	连四硫酸	$H_2S_4O_6$	+2.5	$HO-\underset{\underset{O}{\|}}{\overset{\overset{O}{\|}}{S}}-S-S-\underset{\underset{O}{\|}}{\overset{\overset{O}{\|}}{S}}-OH$	盐
	连多硫酸	$H_2S_xO_6$ $(x=3\sim6)$		$HO-\underset{\underset{O}{\|}}{\overset{\overset{O}{\|}}{S}}-(S)_{x-2}-\underset{\underset{O}{\|}}{\overset{\overset{O}{\|}}{S}}-OH$	盐
过硫酸系列	过一硫酸	H_2SO_5	+6	$HO-\underset{\underset{O}{\|}}{\overset{\overset{O}{\|}}{S}}-O-O-H$	酸，盐
	过二硫酸	$H_2S_2O_8$	+6	$HO-\underset{\underset{O}{\|}}{\overset{\overset{O}{\|}}{S}}-O-O-\underset{\underset{O}{\|}}{\overset{\overset{O}{\|}}{S}}-OH$	酸，盐

12.4.4.1　焦硫酸（pyrosulphuric acid）及其盐

$H_2SO_4 \cdot xSO_3$中，当 $x=1$ 时，就是焦硫酸 $H_2S_2O_7$。$H_2S_2O_7$可以看成从 2 个 H_2SO_4分子中脱去 1 分子 H_2O 后的产物，$H_2S_2O_7$和 H_2O 作用生成 H_2SO_4：

$$2H_2SO_4 = H_2S_2O_7 + H_2O$$

$H_2S_2O_7$是溶有 SO_3的 H_2SO_4，因此它具有比浓 H_2SO_4更强的氧化性。

与 H_2SO_4和 SO_3生成 $H_2S_2O_7$相似，焦硫酸盐可以从硫酸盐与 SO_3在密闭管中加热制得。实际上，碱金属的焦硫酸盐是将碱金属的酸式硫酸盐加热到熔点以上来制取的，例如：

$$2KHSO_4(s) \xrightarrow{\triangle} K_2S_2O_7(s) + H_2O(g)$$

再进一步加热，$K_2S_2O_7$分解为 K_2SO_4和 SO_3：

$$K_2S_2O_7(s) \xrightarrow{\triangle} K_2SO_4(s) + SO_3(g)$$

SO_3是 H_2SO_4的酸酐，因此，常利用 $K_2S_2O_7$的这种性质来分解矿石，把$K_2S_2O_7$（或用 $KHSO_4$）与矿石样品共熔，则一些不溶于水和酸的金属氧化物与 SO_3结合生成可溶于水的硫酸盐。

$$Al_2O_3 + 3K_2S_2O_7 \xrightarrow{\triangle} Al_2(SO_4)_3 + 3K_2SO_4$$

$$Cr_2O_3 + 3K_2S_2O_7 \xrightarrow{\triangle} Cr_2(SO_4)_3 + 3K_2SO_4$$

12.4.4.2 硫代硫酸钠（sodium thiosulfate）

Na_2SO_3不仅能和 O 化合，而且也能和 S 化合。把 S 和 Na_2SO_3溶液一同煮沸，则生成硫代硫酸钠（$Na_2S_2O_3$）：

$$S(s) + M_2SO_3(aq) \xrightarrow{\text{煮沸}} M_2S_2O_3(aq) \quad (M = Na^+, K^+, NH_4^+)$$

生产中常以印染厂废水（主要成分 Na_2S）为原料，先通 SO_2使生成 Na_2SO_3溶液（相对密度 < 1.210）再加 NaOH 调节 $pH > 10$，与 S 共沸，将溶液蒸发、浓缩、结晶得 $Na_2S_2O_3 \cdot 5H_2O$（俗称大苏打或海波）。

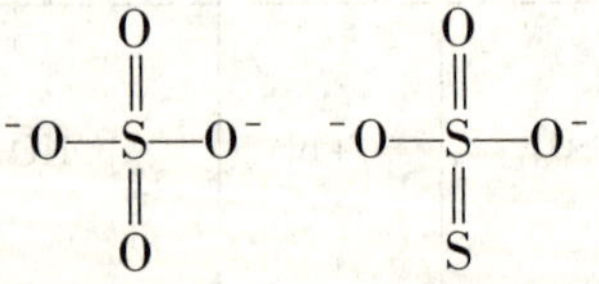

```
       O                 O
       ‖                 ‖
  ⁻O—S—O⁻         ⁻O—S—O⁻
       ‖                 ‖
       O                 S
     SO₄²⁻            S₂O₃²⁻
```

$S_2O_3{}^{2-}$离子可看成 $SO_4{}^{2-}$离子中的一个 O 原子被 S 原子所代替。

硫代硫酸盐的最重要的性质是还原性和配合性。从结构上可看出，在 $S_2O_3{}^{2-}$离子中，中心 S 原子的氧化值为 +6，另一 S 原子的氧化值是 −2（S 的平均氧化值为 +2）。

$$S_4O_6^{2-} + 2e^- \rightleftharpoons 2S_2O_3^{2-} \quad E^{\ominus} = 0.09\ V$$

$$2H_2SO_3 + 2H^+ + 4e^- \rightleftharpoons S_2O_3^{2-} + 3H_2O \quad E^{\ominus} = 0.400\ V$$

硫代硫酸盐是一个还原剂，强度不同的氧化剂作用于 $S_2O_3{}^{2-}$离子，可得到不同的产物。在遇到强氧化剂（如 Cl_2）时，被氧化为硫酸盐：

$$S_2O_3^{2-} + 4Cl_2 + 5H_2O \rightleftharpoons 2SO_4^{2-} + 10H^+ + 8Cl^-$$

因此，$Na_2S_2O_3$可作为布匹漂白后的除氯剂。$S_2O_3{}^{2-}$与中等强度的氧化剂如 I_2、Fe^{3+}作用时，$S_2O_3{}^{2-}$被氧化成连四硫酸盐 $S_4O_6{}^{2-}$（其中 S 的平均氧化值为 +2.5）：

$$2S_2O_3^{2-} + I_2 \rightleftharpoons S_4O_6^{2-} + 2I^-$$

硫代硫酸盐还具有配合性，用于照相上作定影剂。溶解未感光的 AgBr，就是利用硫代硫酸盐可与 Ag^+ 生成稳定的配离子 $[Ag(S_2O_3)_2]^{3-}$ 的性质：

$$2Na_2S_2O_3 + AgBr \longrightarrow Na_3[Ag(S_2O_3)_2] + NaBr$$

硫代硫酸盐在中性或碱性溶液中稳定，遇酸即迅速分解：

$$S_2O_3^{2-} + 2H^+ \rightleftharpoons S + SO_2\uparrow + H_2O$$

而亚硫酸盐遇酸只放出 SO_2，这是硫代硫酸盐和亚硫酸盐的区别。

12.4.4.3 连二亚硫酸钠

连二亚硫酸钠又称保险粉，是一种白色粉末状固体。在没有氧的条件下，用锌粉还原 $NaHSO_3$ 可制得连二亚硫酸钠：

$$2NaHSO_3 + Zn \longrightarrow Na_2S_2O_4 + Zn(OH)_2$$

析出的晶体含有二个结晶水（$Na_2S_2O_4 \cdot 2H_2O$）。在空气中极易被氧化，不便于使用，经酒精和浓 NaOH 共热后，就成为比较稳定的无水盐。

$$2SO_3^{2-} + 2H_2O + 2e^- \rightleftharpoons S_2O_4^{2-} + 4OH^- \quad E^\ominus = -1.12\ V$$

$Na_2S_2O_4$ 是一个很强的还原剂，它的水溶液在空气中放置能被空气中的氧氧化，生成亚硫酸盐或硫酸盐，因此，$Na_2S_2O_4$ 在气体分析中用来吸收氧气：

$$2Na_2S_2O_4 + O_2 + 2H_2O \longrightarrow 4NaHSO_3$$

$$Na_2S_2O_4 + O_2 + H_2O \longrightarrow NaHSO_3 + NaHSO_4$$

它也能还原 I_2 以及 Ag^+、Cu^{2+}、Bi^{3+} 等离子。许多重要染料如阴丹士林、靛蓝等在水中皆不容解，但能被 $Na_2S_2O_4$ 还原为可溶物，因此，可用于制造染料及染色等。

12.4.4.4 过硫酸及其盐

含有“—O—O—”键的酸，称为过氧酸。S 的过氧酸有两种：过一硫酸 H_2SO_5 和过二硫酸 $H_2S_2O_8$，它们都可看做 H_2O_2 的衍生物。从结构上看，过硫酸中 S 的氧化值为 +6，过氧键上 O 的氧化值为 −1。

$$H—O—O—H \quad H—O—O—SO_3H \quad HO_3S—O—O—SO_3H$$

$H_2S_2O_8$ 在溶液中不稳定，容易水解为 H_2SO_5，H_2SO_5 进一步水解得到 H_2O_2：

$$H_2S_2O_8 + H_2O \rightleftharpoons H_2SO_5 + H_2SO_4$$

$$H_2SO_5 + H_2O \rightleftharpoons H_2O_2 + H_2SO_4$$

$H_2S_2O_8$ 和 H_2SO_5 以及它们的盐都像 H_2O_2 一样含有过氧键，它们都具有强氧化性。

$$S_2O_8^{2-} + 2e^- \rightleftharpoons 2SO_4^{2-} \quad E^\ominus = 2.01\ V$$

过二硫酸盐虽是强氧化剂，但氧化过程的速率很慢。加入催化剂可使反应大大加速，例如在酸性介质和 Ag^+ 催化的条件下，可将 Mn^{2+}、Cr^{3+}、Ce^{3+} 等氧化到它们的高氧化态：

$$5S_2O_8^{2-}(aq) + 2Mn^{2+}(aq) + 24H_2O(l) \overset{Ag^+}{\rightleftharpoons} 2MnO_4^-(aq) + 10SO_4^{2-}(aq) + 16H_3O^+(aq)$$

$$2S_2O_8^{2-}(aq) + 2Cr^{2+}(aq) + 7H_2O(l) \overset{Ag^+}{\rightleftharpoons} Cr_2O_7^{2-}(aq) + 4SO_4^{2-}(aq) + 14H^+(aq)$$

$S_2O_8{}^{2-}$ 中虽含有“—O—O—”键，但与 $KMnO_4$ 不作用，这是它与 H_2O_2 不同之处。这是由于“—O—O—”键的两边与 H 连接和与 S 连接，在性质上是有所不同的。

12.5 卤素

卤素（halogen）位于周期表第ⅦA 主族，是氟（fluorine，F）、氯（chlorine，Cl）、溴（bromine，Br）、碘（iodine，I）、砹（astatine，At）的总称。卤素的希腊文原意为成盐元素。在自然界，氟主要以萤石（CaF_2）和冰晶石（Na_3AlF_6）等矿物存在；氯、溴、碘主要以钠、钾、钙、镁的无机盐形式存在于海水中。氯与溴在海水中的总质量之比约为 300∶1。氯也存在于某些盐湖、盐井和盐床［钾石盐（KCl）和光卤石（$KCl \cdot MgCl_2 \cdot 6H_2O$）］中。溴与氯相似，多半以与锂、钠及镁形成的化合物形式存在，只是数量比氯少得多。溴也存在于一些盐湖和盐井中。海藻是碘的重要来源，碘在海水中含量很少，有几种水藻能够从海水中吸收碘而富集在自己的体内。砹为放射性元素，仅以微量且短暂地存在铀和钍的蜕变产物中。

12.5.1 卤素的单质

卤素原子的价电子层结构是 ns^2np^5，只需获得一个电子即可形成 8 电子稳定构型的 X^- 离子，因此与同周期其他元素相比，卤素有最大的电子亲和能、最大的第一电离能（稀有气体除外）、最大的电负性和最小的原子半径，因此卤素是最活泼的非金属元素。常温常压下，它们的单质都是双原子分子，这在 p 区各族中是唯一的。结构上的单一性导致了氯、溴、碘无论是单质或化合物，性质都极为相似，如随着原子序数增大，元素的电负性、第一电离能、标准电极电势依次减小。这些规律性递变在化学史上为建造元素周期律这座大厦，曾经起着奠基的作用。在强调规律变化的同时，还必须指出第二周期氟和第三周期氯之间有着极为明显的差异性，单质氟的氧化性和腐蚀性是无与伦比的。氟化学在 20 世纪已经成为化学领域中的一个独立分支。

12.5.1.1 物理性质

卤素单质均有颜色，随相对分子量的增大，颜色依次加深。颜色的这种渐变现象是由该族元素的最高占有分子轨道（HOMO）与最低未占有分子轨道（LOMO）之间的能量差自上而下减小造成的。卤素分子中 $\pi_{np}{}^{*}$ 和 $\sigma_{np}{}^{*}$ 反键轨道能量相差较小，这个能差随着 Z 的增大而变小。

$$\Delta E = E_{\sigma np}{}^{*} - E_{\pi np}{}^{*}$$

F_2电子数少，反键 $\pi_{2p}{}^{*}$、$\sigma_{2p}{}^{*}$ 轨道能差大。F_2吸收可见光中能量高即短波长的光（450～480 nm 的蓝光），透过波长较长的黄光（580～600 nm），故氟蒸气呈浅黄色。

然而，碘蒸气为紫色是因为价层电子由 $\pi_{5p}{}^{*}$ 跃迁到 $\sigma_{5p}{}^{*}$，所需吸收光子的能量小，即吸收波长较长的光（560～580 nm 的黄绿光），透过波长较短的紫光（400～450 nm）。

F_2—Cl_2—Br_2—I_2，随 Z 增大，ΔE 减小，吸收光波长由短到长，显示颜色由浅到深（表 12-3）。

表 12-3 卤素元素的基本性质

性质	F_2	Cl_2	Br_2	I_2
状态（25℃）	g	g	l	s
颜色	浅黄色	黄绿色	红棕色	紫色
熔点/℃	-219.6	-101	-7.2	升华
沸点/℃	-188.1	-34.6	58.5	184.4
电子亲和能/（kJ·mol^{-1}）	328	349	325	295
键的解离能/（kJ·mol^{-1}）	159	243	193	151
电负性（X_p）	4.0	3.0	2.8	2.5

卤素单质在水中的溶解度都较小（氟与水激烈反应除外），氯、溴、碘的水溶液分别称为氯水、溴水和碘水。由于 X_2为非极性分子，因此它们在有机溶剂中的溶解性比在水中要大得多。常压下，1 体积水只能溶解 2 体积的氯；溴和碘的溶解度则更小，20℃时，100 g 水中溶解的溴和碘分别为 3.58 g 和 0.029 g。

溴和碘易溶于乙醇、氯仿、醚类和酮类溶剂。溴溶液的颜色随溴浓度的增大而从黄到棕红。碘溶液的颜色随溶剂的极性不同有所差异，碘在非极性溶剂（如 CCl_4、CS_2）中呈紫色如同碘蒸气一样；碘在极性溶剂中所呈现的颜色不同，这是依赖于溶剂的本性。

碘在 CCl_4中的溶解度是在水中的 86 倍，所以可利用这一特点提取 I_2，称为 CCl_4萃取法。I_2在 CS_2中溶解度大于 CCl_4，是水中的586 倍，所以 CS_2萃取收率更高。

碘难溶于水，但在 KI 或其他碘化物中溶解度变大，而且随碘盐浓度变大溶解度增大，这主要是由于生成 I_3^- 的缘故：

$$I_2 + I^- \rightleftharpoons I_3^-$$

实验室常用此反应以获得较大浓度的碘溶液。氯和溴也能形成 Cl_3^- 和 Br_3^-，不过这两种离子都很不稳定。

12.5.1.2 化学性质

从卤素在自然界中的存在形式可以看出卤素单质化学活泼性很强，价电子层结构 ns^2np^5，易获一个电子达到 8 电子稳定结构。卤素是活泼非金属，其典型化学性质是强氧化性，随着卤素原子序数的增加，氧化性逐渐减弱。碘不仅以 -1 价的离子存在于自然界中，而且以 +5 价态存在于碘酸钠中，说明碘具有一定的还原性，它们的化学活泼性，从 F_2 到 I_2 依次减弱。例如，F_2 能剧烈地和所有金属化合；Cl_2 几乎和所有金属化合，但有时需加热；Br_2 比 Cl_2 不活泼，能和除贵金属以外的所有其他金属化合；I_2 更不如 Br_2 活泼。卤素和非金属的作用，也是呈现这样的规律。除 O_2、N_2 外，所有非金属（包括稀有气体 Xe、Kr）都能和 F_2 直接化合；和 Cl_2 不能直接化合的还有 C、稀有气体；至于 Br_2 和 I_2，在通常情况下，与非金属化合能力更不如 Cl_2。从卤素获得电子成为氧化值为 -1 的离子的标准电极电位为：

$$E^{\ominus}(F_2/F^-) = 2.66\ V > E^{\ominus}(Cl_2/Cl^-) = 1.36\ V > E^{\ominus}(Br_2/Br^-) = 1.065\ V > E^{\ominus}(I_2/I^-) = 0.534\ V$$

从而可知卤素单质的氧化性：$F_2 > Cl_2 > Br_2 > I_2$。

卤素离子的还原性为：$I^- > Br^- > Cl^- > F^-$，因此，每种卤素都可以把电负性比它小的卤素从后者的卤化物中置换出来。例如，F_2 可以从固态氯化物、溴化物、碘化物中分别置换出 Cl_2、Br_2、I_2；Cl_2 可以从溴化物、碘化物的溶液中置换出 Br_2、I_2；而 Br_2 只能从碘化物的溶液中置换出 I_2。

卤素氧化 H_2O 的反应，也说明了卤素的氧化能力随着元素原子序数的增加而减弱。F_2 不溶于 H_2O，但能和 H_2O 剧烈反应放出 O_2：

$$2F_2 + 2H_2O \longrightarrow 4HF + O_2$$

Cl_2、Br_2 可以氧化 H_2O，但趋势依次减小，即 F_2、Cl_2、Br_2 氧化 H_2O 的能力依次减弱。至于 I_2 则不能从 H_2O 中置换出游离 O_2，反应是向相反方向进行的，即 O_2 能把 I^- 氧化为 I_2。

虽然 Cl_2、Br_2 氧化 H_2O 形成 O_2 的反应能自发进行，但由于这两个反应的活化能很高，反应速度极慢，因此实际上，它们和 H_2O 是进行的是另一种反应：

$$X_2 + H_2O \longrightarrow H^+ + X^- + HOX$$

（X 代表Cl_2、Br_2 和 I_2）

这个反应也是氧化还原反应，不过氧化剂和还原剂都是同一种卤素，所以是歧化反应。

12.5.1.3 单质的制备

(1) 氯气的制备

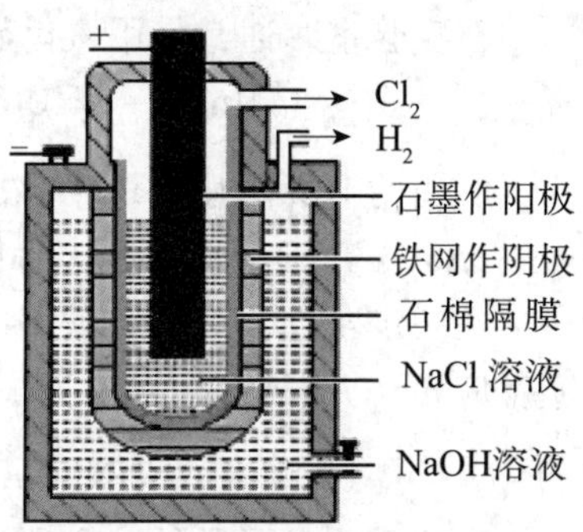

图 12-13 隔膜法电解槽示意图

Cl_2是一个不太强的氧化剂，因此制备时既可用电化学氧化法，又可用化学氧化法。工业上制备 Cl_2 大都采用电解饱和 NaCl 水溶液生产 Cl_2，因产品为氯（Cl_2）和碱（NaOH）而得名氯碱法（chlor-alkali process）。根据电解槽的结构，氯碱法分为三种：正在迅速被淘汰的汞阴极法（mercury-cell process）、仍在普遍使用的隔膜法（diaphragm process）和新发展起来的薄膜法（membrane process）。

隔膜法在以石墨为阳极、铁丝网为阴极的电解槽中进行电解，得到 Cl_2、H_2 和 NaOH（图 12-13）。

$$2NaCl + 2H_2O \xrightarrow{\text{电解}} 2NaOH + H_2(\text{阴极}) + Cl_2(\text{阳极})$$

电解时，用石棉制成的隔膜把电解槽的阴极和阳极隔开，使阳极产生的 Cl_2 不至于和阴极产生的 NaOH 作用。从电解槽出来的 NaOH 溶液的浓度较低，含 10%～11% NaOH，并含有大量的 NaCl，不符合使用要求，还需蒸发、浓缩，分离出盐，可得 45% 的液体 NaOH，即可市售。如再进一步蒸发，浓缩到 95% 以上，经冷却即得固体 NaOH。

由于石墨电极在电解过程中逐渐遭受腐蚀，使电极间的距离增大，分解电压增高，因此一般使用半年就需调换新的电极。20 世纪 70 年代初，NaCl 电解开始采用金属阳极。目前采用较多的是金属钌钛阳极，是用金属钛板拉成网状做基材，在基材的表面涂一层 $RuCl_3$，再经过烧结而成。这种阳极耐 Cl_2腐蚀，使用寿命长，而且耗电量较低。以金属阳极电解槽与石墨阳极电解槽相比，单槽产量可提高 1 倍，耗电量可降低 3%。

从 80 年代起，电解槽中石棉隔膜已部分被离子交换膜所代替。离子膜电解槽主要由阳极、阴极和离子交换膜所组成，这种膜的特点是只允许 Na^+ 通过，Cl^-不能通过，因此阳极室盐水中的 Na^+ 可以通过膜进入阴极室，与阴极室产生的 OH^-结合生成 NaOH，同时在阳极室产生 Cl_2，阴极室产生 H_2。运用离子膜电解法制得的 NaOH 浓度较高，含盐量少，纯度高，而且此法可比隔膜电解法节约能源约 1/3，从而越来越受到各国的重视。

在实验室，通常是用氧化剂（如 MnO_2 等）氧化浓 HCl 制 Cl_2：

$$MnO_2 + 4HCl(浓) \xrightarrow{\triangle} MnCl_2 + Cl_2\uparrow + 2H_2O$$

所用的 HCl 可用 NaCl 和浓 H_2SO_4 来代替：

$$2NaCl + 3H_2SO_4(浓) + MnO_2 \longrightarrow 2NaHSO_4 + MnSO_4 + Cl_2\uparrow + 2H_2O$$

在一定条件下（如 450℃、$CuCl_2$ 作催化剂），空气中的 O_2 也可氧化 HCl（可逆反应）：

$$4HCl + O_2 \xrightarrow{450℃,催化剂} Cl_2 + 2H_2O$$

上述反应是可逆的，在所述的条件下，产率约为 80%。此反应早期曾用于工业制 Cl_2，后为电解法所代替。但近年来，由于生产有机氯化物时产生大量的副产品 HCl，因此现在有关工业中又用上法将 HCl 催化氧化为 Cl_2，循环使用。由此可见，制备某一物质的方法是要结合资源情况和经济效益进行统一考虑的。

（2）Br_2 制备

在酸性条件下用 Cl_2 氧化海水（盐卤）中的 Br^- 和 I^-：

$$2Br^-(aq) + Cl_2(g) \longrightarrow 2Cl^-(aq) + Br_2(l)$$

$$2I^-(aq) + Cl_2(g) \longrightarrow 2Cl^-(aq) + I_2(s)$$

由于所得到的溶液中 Br_2 的浓度很低，需要将它浓缩，因此用空气将 Br_2 从溶液中带出。带出来的 Br_2 用 Na_2CO_3 吸收，歧化生成 NaBr 和 $NaBrO_3$，再用硫酸酸化时发生逆歧化重新生成 Br_2：

$$3Br_2(l) + 3Na_2CO_3(aq) \longrightarrow 5NaBr(aq) + NaBrO_3(aq) + 3CO_2(g)$$

$$5HBr(aq) + HBrO_3(aq) \longrightarrow 3Br_2(l) + 3H_2O(l)$$

实验室可利用下述反应来制备：

$$2NaBr + 3H_2SO_4 + MnO_2(s) \longrightarrow 2NaHSO_4 + MnSO_4 + 2H_2O + Br_2(l)$$

在卤素的单质中产量最大的是 Cl_2，它广泛用于净化饮水、漂白纸张和制造塑料（如聚氯乙烯，常简写成 PVC）、药物及溶剂等。F_2 主要用于制造有机氟化物。氟氯烷俗名氟利昂，常用的氟利昂 -11 为 CCl_3F、氟利昂 -12 为 CCl_2F_2，两者均为易液化的气体，无毒性，无腐蚀性，是常用的制冷剂。商业上称为特氟隆①的聚四氟乙烯（$-[-CF_2-CF_2]-_n$），具有耐热抗腐蚀的优良性能，俗称塑

① 特氟隆是 Teflon 的音译。Teflon 是美国杜邦公司在一系列氟聚合物产品上使用的注册商标。聚四氟乙烯（Polytetrafluoroethene），一般称作“不粘涂层”或“易洁镬物料”；是一种使用氟取代聚乙烯中所有氢原子的人工合成高分子材料。这种材料具有抗酸抗碱、抗各种有机溶剂的特点，几乎不溶于所有的溶剂。同时，聚四氟乙烯具有耐高温的特点，它的摩擦系数极低，所以在作润滑作用之余，亦成为易洁镬和水管内层的理想涂料。美国环保局下属的科学顾问委员会 2006 年 2 月 15 日得出一致结论：Teflon 等品牌不粘和防锈产品的关键化工原料——全氟辛酸（PFOA）“对人类很可能致癌”。持续近两年的 Teflon 事件，终于到了最后定性阶段。

料王。特氟隆用于厨房用具上，“不粘锅”就是在普通锅的表面上涂了一层特氟隆。在原子能工业上，UF_6用来分离 U^{235} 和 U^{238}。大量 Br_2用于制感光材料AgBr，相当数量的 Br_2用于制二溴乙烷（$C_2H_4Br_2$），是汽油的抗震剂；Br_2还用于制造染料和无机溴化物等。碘是维持甲状腺正常功能的必需元素，碘化物可防治和治疗甲状腺肿大；I_2在医药上用于制备消毒剂，如碘酒（5% I_2的酒精溶液）、碘仿（CHI_3）等；I_2还用于若干染料的合成及无机碘化物的制备。

12.5.2 卤化氢和氢卤酸

卤素是典型的非金属元素，在周期表中只有 N、O 原子的电负性接近于氯、溴和碘原子的电负性。卤素与电负性比它低的元素形成的化合物叫卤化物（halide），在卤化物中，卤素原子的氧化数为 -1。卤素与所有金属元素和绝大多数非金属元素所形成的二元化合物都叫卤化物。

卤化氢都是无色、具有刺激臭味的气体，在潮湿的空气中“发烟”，这是由于卤化氢易与空气中的水蒸气结合生成极细液滴的缘故。卤化氢为极性分子，HF 分子的极性最大，这些分子的极性随卤族元素自上而下电负性的减弱，极性亦逐渐减弱。卤化氢极易液化，液态卤化氢不导电。

表 12-4 卤化氢的某些性质

性质 \ HX	HF	HCl	HBr	HI
熔点/ K	189.61	158.94	186.28	222.36
沸点/ K	292.67	188.11	206.43	237.80
生成焓/（$kJ \cdot mol^{-1}$）	-271	-92	-36	+26
H-X 键能/（$kJ \cdot mol^{-1}$）	569.0	431	369	297.1
溶解度（293K，101kPa）/%	35.3	42	49	57

12.5.2.1 卤化氢的热稳定性

卤化氢受热分解为 H_2和相应的卤素：

$$2HX \xrightarrow[\Delta]{} H_2 + X_2$$

卤化氢的热稳定性可用生成焓来判断。生成焓的负值（放热反应）越低，其化合物的稳定性相对越高。所以卤化氢的稳定性顺序是 HF ≫HCl > HBr > HI。事实亦是如此，氟化氢要加热到高于 1 273K 时才分解，然而碘化氢 573K 时即分解。在卤化氢中溴化氢、碘化氢的热稳定性较差。

12.5.2.2 氢卤酸的酸性

$$HX(aq) \rightleftharpoons H^+(aq) + X^-(aq)$$

卤化氢都是极性分子，因此它们在水中的溶解度很大，例如，在通常情况下，1 体积 H_2O 可溶解 500 体积的 HCl。卤化氢的水溶液称为氢卤酸。氢卤酸都是挥发性酸，它们的酸性按 HF—HCl—HBr—HI 的顺序而递增。除 HF 外，其余都是强酸。

12.5.2.3 卤化氢的还原性

卤化氢和氢卤酸中的卤素都是处于最低氧化态 -1 价，因此，它们具有还原性。氢卤酸的还原性强弱可以用 $E^{\ominus}$（X_2/X^-）来衡量。氢卤酸通常被氧化为卤素单质。

$$2HX - 2e^- \longrightarrow X_2 + 2H^+$$

卤素氢化物的还原性按 HF—HCl—HBr—HI 的顺序而递增。HF 几乎不具有还原性，除电流外，任何强氧化剂都不能氧化它。强氧化剂如 $KMnO_4$ 可氧化 HCl：

$$2KMnO_4 + 16HCl \longrightarrow 2MnCl_2 + 5Cl_2\uparrow + 2KCl + 8H_2O$$

浓 H_2SO_4 不能氧化 HCl，但可氧化 HBr、HI：

$$H_2SO_4 + 2HBr \longrightarrow SO_2 + Br_2 + 2H_2O$$

而 HI 甚至可被空气中的 O_2 氧化为 I_2，生成的 I_2 和 I^- 结合为 I_3^-，因此 HI 溶液放在空气中会慢慢变成黄色到棕色：

$$4HI + O_2 \longrightarrow 2I_2 + 2H_2O$$

在氢卤酸中以 HCl 的产量最大，因为它是一种重要的工业原料和化学试剂。市售的浓 HCl 相对密度为 1.19，含 HCl 37%（12 $mol\cdot L^{-1}$），HCl 广泛用于石油工业、冶金工业、印染工业和食品工业等。HBr 主要用于生成激素和溴乙烷。HI 是一种强酸，具有强烈的腐蚀作用，有还原性，用于制药、染料和香料等。

12.5.2.4 氟化氢的特殊性

(1) 反常的高熔点、高沸点

在卤化氢中，HF 的分子量最小，照理其熔点、沸点应该是最低的，但实际上它的熔点比 HBr 高，沸点比 HI 还要高。这是由于在 HF 分子间存在着氢键而形成了缔合分子的缘故。实验证明，HF 在气态、液态、固态时都有不同程度的缔合 $(HF)_n$。气态时 $n=2\sim6$，液态时，聚合程度更大，固态时，则形成无限长的曲折的（HF）$_n$长链。

（2）可形成酸式盐

在浓的氢氟酸溶液中，存在着 HF 分子间的缔合现象，还能形成锯齿长链（HF）n，$n=2,5,6$，见图 12-14。

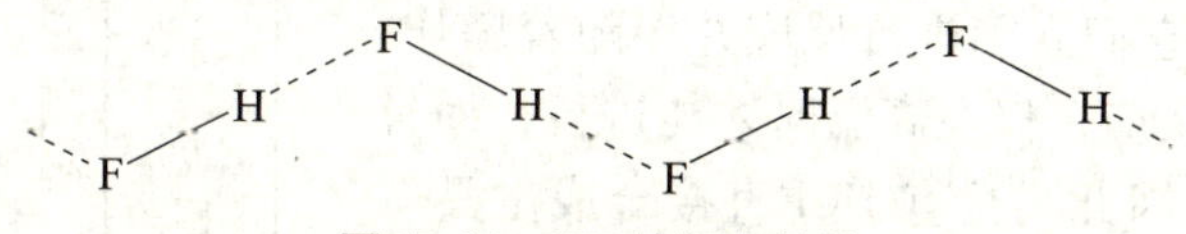

图 12-14 HF 的锯齿长链

随着氢氟酸浓度的增大，酸性逐渐加大，一旦达到 $5mol \cdot L^{-1}$时，它将变成相当强的酸。因为在浓溶液中，一部分 F^- 通过氢键与未曾解离的 HF 分子形成缔合离子，如 HF_2^-、$H_2F_3^-$、$H_3F_4^-$等。由于缔合离子的形成，氢氟酸的电离度增大，而且当用碱中和氢氟酸溶液时能生成“酸式盐”如 KHF_2。

（3）与二氧化硅和硅酸盐的作用

与其他三种氢卤酸不同，氢氟酸具有腐蚀玻璃的功能，它能与 SiO_2和硅酸盐作用生成气态 SiF_4：

$$SiO_2(s) + 4HF(aq) \longrightarrow SiF_4(g) + 2H_2O(l)$$

$$CaSiO_3(s) + 6HF(aq) \longrightarrow CaF_2(s) + SiF_4(g) + 3H_2O(l)$$

因此 HF 不宜贮于玻璃容器中，应该盛于塑料容器里。上述反应可用来刻蚀玻璃，溶解硅酸盐。分析化学上利用该性质测定矿物或钢铁中的的 SiO_2 含量。HF 有“氟源”之称，是制备单质 F_2 和其他氟化物的原料，是氟化反应的常用试剂。

HF（g）有毒。皮肤与它接触后，开始不太疼痛，待有痛感时已造成难以治疗的灼伤；它对指甲和骨头都能损伤，所以使用时要特别小心。

12.5.2.5 卤化氢的制备

卤化氢的制备方法和其他无机化合物一样，用复分解或氧化还原的方法。用复分解反应制备化合物的必要条件之一是产物必须是气体或难溶物质，以利于反应的进行和便于产物的分离。用氧化还原反应制备化合物时，可用单质直接合成（多用于二元化合物）或单质与化合物、化合物与化合物之间的氧化还原反应，如果这类制备反应是在溶液中进行，则氧化剂电对的电位必须大于还原剂电对的电位。

卤化氢的制备方法中，复分解方法和氧化还原方法都有，但各种卤化氢的典型制备方法是有所不同的。

（1）直接合成法

工业上制备卤化氢可采用直接合成反应：

$$H_2(g) + X_2(g) \longrightarrow 2HX(g) \quad (X = Cl, Br, I)$$

化合作用随着原子序数增加趋势缓和，F_2与H_2作用猛烈，甚至在很低温度下暗室中也会爆炸。Cl_2与H_2在常温时，仅能缓慢地化合，但在加热或光照的作用下，它们立刻进行反应并伴随着爆炸。Br_2和I_2与H_2的反应，仅在高温时才能进行，而且反应很不完全。因此，只有HCl直接合成法具有工业意义。工业上将氯碱工业的副产品H_2和Cl_2通入合成炉中，让H_2在Cl_2中平静地燃烧生成HCl。开始反应时，应先通入H_2点燃，然后再通入Cl_2，Cl_2和H_2不能预先混合，只能边混合边反应，才不致发生爆炸。反应生成的HCl气体经冷却后，用H_2O或稀HCl吸收制成约36%的成品酸，未被吸收的过量H_2以及由H_2、Cl_2带来的N_2、CO、CO_2等气体排出（图12-15）。

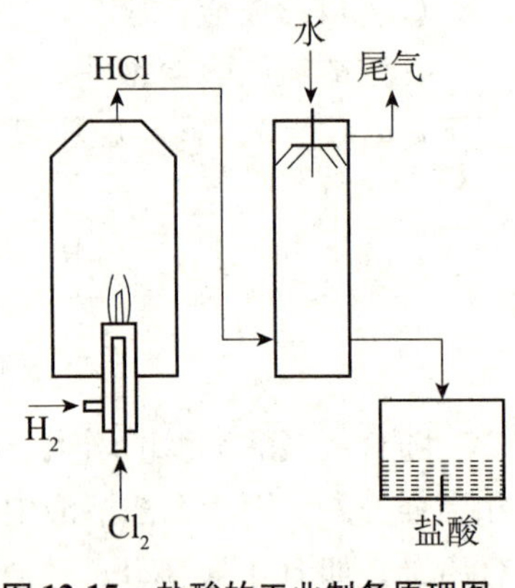

图12-15　盐酸的工业制备原理图

（2）金属卤化物与酸作用

卤化氢都是气体，因此可用金属卤化物与挥发性小的酸，如H_2SO_4产生复分解反应以制取。工业上及实验室中可用萤石（CaF_2）与浓H_2SO_4作用以制取HF：

$$CaF_2(s) + H_2SO_4(l) \longrightarrow CaSO_4(s) + 2HF(g)$$

实验室制备HCl也可用H_2SO_4与NaCl反应：

$$NaCl + H_2SO_4(浓) \longrightarrow NaHSO_4 + HCl$$

$$NaCl + NaHSO_4 \xrightarrow{>500℃} Na_2SO_4 + HCl$$

第一步反应较易进行，第二步反应需加热至500℃高温才能进行。实验室中一般仅利用第一步反应。

浓H_2SO_4和溴化物、碘化物作用，虽然也能产生类似的反应，但由于HBr、HI的还原性增强，能被浓H_2SO_4氧化成单质Br_2或I_2，同时还有SO_2、H_2S等生成，使产品不纯。

$$2HBr(aq) + H_2SO_4(浓) \longrightarrow SO_2(g) + Br_2(l) + 2H_2O(l)$$

$$2HI(aq) + H_2SO_4(浓) \longrightarrow SO_2(g) + I_2(s) + 2H_2O(l)$$

$$8HI(aq) + H_2SO_4(浓) \longrightarrow H_2S(g) + 4I_2(s) + 4H_2O$$

因此不能用浓H_2SO_4和溴化物或碘化物反应来制备HBr或HI。但可用几乎没有氧化性的H_3PO_4代替H_2SO_4来制备HBr或HI。

$$NaBr + H_3PO_4 \longrightarrow NaH_2PO_4 + HBr$$

（3）非金属卤化物的水解

P的卤化物水解时可产生卤化氢，卤化磷的水解是复分解反应，由于卤化氢是气体，所以可用此法制取：

$$PX_3 + 3H_2O \longrightarrow H_3PO_3 + 3HX$$

这个方法适用于实验室制备 HBr 和 HI。这类反应比较激烈，实际反应时是把溴逐滴加在磷和少许水的混合物上或把水逐滴加在磷和碘的混合物上，HBr 或 HI 即可不断产生。

$$2P + 3Br_2 + 6H_2O \longrightarrow 2H_3PO_3 + 6HBr\uparrow$$

$$2P + 3I_2 + 6H_2O \longrightarrow 2H_3PO_3 + 6HI\uparrow$$

12.5.3　卤化物

卤化物可分为两大类。金属卤化物，一般为离子型化合物；非金属卤化物一般为共价型。离子型卤化物熔点，沸点高，易溶于极性熔剂，溶液有导电性，即使在熔融态亦导电，但只有碱金属和碱土金属以及某些镧系元素的卤化物是真正离子性的盐，其他金属卤化物虽然在水溶液中能解离出离子，可是在结晶状态时，表现出或多或少的共价性，甚至是共价化合物。

共价型卤化物熔点、沸点较低，具有挥发性，如 CCl_4、SF_6根本不溶于水，但 $SiCl_4$、PCl_5等溶于水且发生剧烈的水解，甚至在潮湿空气中就冒白烟。非金属卤化物水解常生成相应的氢卤酸和该非金属的含氧酸：

$$PCl_5 + 4H_2O \longrightarrow H_3PO_4 + 5HCl$$

$$SiCl_4 + 3H_2O \longrightarrow H_2SiO_3 + 4HCl$$

大多数金属氯化物易溶于水，而 AgCl、Hg_2Cl_2、$PbCl_2$难溶于水。金属氟化物与其他卤化物不同。碱土金属的氟化物（特别是 CaF_2）难溶于水，而碱土金属的其他卤化物却易溶于水。还有 AgF 易溶于水，而 Ag 的其他卤化物则不溶于水。

除了简单的卤化物之外，还有较复杂的多卤化物，它们是由金属卤化物和游离的卤素加合而成。例如 KI 和 I_2生成 KI_3。多卤化物所含卤素可以不同种，如 KIF_6，CsBrICl 等，通常只有半径大而电荷少的碱金属或碱土金属的离子易于形成多卤化物。

12.5.4　卤素的含氧酸及其盐

卤素的含氧化物大多是不稳定或比较不稳定，其中最不稳定的是氧化物，其次是含氧酸，比较稳定的是含氧酸盐。卤素氧化物虽然不能直接合成，但可以用间接方法制取它们。

F_2和 O_2的化合物叫氟化氧（例如 OF_2，或称二氟化氧），因为 F 的电负性最大，其氧化值总是负值，因此，O 的氧化值在此为 +2。

Cl_2、Br_2、I_2与O_2化合时，可形成氧化值为+1、+3、+5、+7的各种氧化物。

有关含氧酸及其盐的讨论，通常主要从含氧酸及其盐的稳定性、氧化还原性和酸性展开，其制备方法也是用氧化还原或复分解方法。对卤素的含氧化合物来说，也是如此，但卤素的氧化态多，在它们的制备和性质上，歧化反应显示了突出地位。

除氟外①，卤素均可形成正氧化数的含氧酸及其盐。卤素的含氧酸共有四种形式（除高碘酸外）：HOX、HOXO、$HOXO_2$、$HOXO_3$，依次称为次卤酸、亚卤酸、正卤酸、高卤酸（表12-5）。

表12-5 卤素的含氧酸

名称	氯	溴	碘
次卤酸	ClOH *	BrOH *	IOH *
亚卤酸	$HClO_2$ *	$HBrO_2$ *	—
卤　酸	$HClO_3$ *	$HBrO_3$ *	HIO_3
高卤酸	$HClO_4$	$HBrO_4$ *	HIO_4，H_5IO_6

注：* 表示仅存在于溶液中。

12.5.4.1 卤素的含氧酸的酸性

卤酸含氧酸的酸性，随成酸元素氧化态的增高而加强。高氯酸为非金属含氧酸中酸性最强的无机酸，氯酸为强酸，亚氯酸为中强酸，次氯酸为弱酸。酸性递变的规律可运用ROH规则来解释，同时，我们可以运用ROH规则归纳以下几点结论：

（1）同一成酸元素若能形成几种不同氧化态的含氧酸，其酸性依氧化数递增而递增；譬如$HClO_4 > HClO_3 > HClO_2 > HClO$。

（2）在同一主族中，处于相同氧化态的成酸元素，其含氧酸的酸性随原子序数递增，自上而下减弱。譬如$HClO > HBrO > HIO$；$HClO_2 > HBrO_2 > HIO_2$；$HClO_3 > HBrO_3 > HIO_3$；$HClO_4 > HBrO_4 > HIO_4$。

（3）在同一周期中，处于最高氧化态的成酸元素，其含氧酸的酸性随原子序数递增，自左至右增强。譬如：$HClO_4 > H_2SO_4 > H_3PO_4$。

$HClO_4$是最强的酸之一，这意味着它的共轭碱ClO_4^-是个很弱的碱。ClO_4^-的碱性如此之弱，以致它几乎没有能力取代水合金属阳离子中的H_2O分子。这一性质使高氯酸盐具有特殊用途，即研究水合金属离子性质时，往往选择高氯酸

① 据报道，1971年曾在−40℃的反应条件下首次合成制得HOF，但极不稳定。

盐溶液为介质。

作为大体积阴离子，ClO_4^- 还被用来稳定某些大体积阳离子。只是不要忘记 ClO_4^- 的氧化性，如果被稳定的阳离子具有还原性，操作过程就潜伏着危险。由于 ClO_4^- 的氧化反应速率比较慢，一些看来稳定的高氯酸盐事实上处于介稳状态。一旦被外部条件（如静电或加热）所诱发，就可能造成灾难性后果。为避免这种状态，研究工作往往选用更安全的弱碱阴离子（如 $[BF_4]^-$ 和 $[PF_6]^-$）代替 ClO_4^-。

12.5.4.2 卤素的含氧酸的氧化性

根据实验事实可知，卤素的含氧酸盐和含氧酸无论是在酸性还是碱性溶液中，+1，+3，+5 和 +7 氧化态下都是强氧化剂，只是酸性溶液中的氧化性更强些。但氧化性的顺序不一定是成酸元素的氧化态越高，氧化性就越强。至今对其氧化性的强弱原因还难以做出圆满的解释，但多数现象可借用标准电极电势或化学反应速度来进行解释。卤素反应的标准电极电势可参考卤族元素电势图。

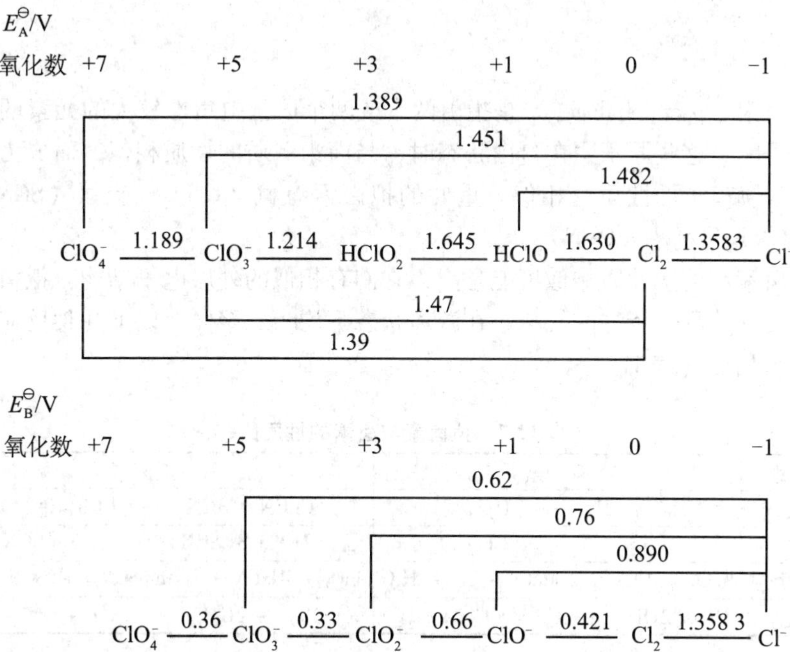

例如用同种浓度的次氯酸盐、氯酸盐和高氯酸盐，与 KI 反应，下列三个反应中，次氯酸的氧化性最强，无须用酸酸化，就有碘析出；氯酸反应需要用 1 mol · L^{-1} H_2SO_4酸化，而高氯酸的氧化反应的速度相当慢。

$ClO^- + 2I^- + H_2O \longrightarrow Cl^- + I_2 + 2OH^-$ $E^\ominus(ClO^-/Cl^-) - E^\ominus(I_2/I^-) = 0.89 - 0.53 > 0$

$ClO_3^- + 6I^- + 6H^+ \longrightarrow Cl^- + 3I_2 + 3H_2O$ $E^\ominus(ClO_3^-/Cl^-) - E^\ominus(I_2/I^-) = 1.45 - 0.53 > 0$

$ClO_4^- + 8I^- + 8H^+ \longrightarrow Cl^- + 4I_2 + 4H_2O$ $E^\ominus(ClO_4^-/Cl^-) - E^\ominus(I_2/I^-) = 1.29 - 0.53 > 0$

卤素含氧酸和含氧酸盐的许多重要性质，如酸性、氧化性、热稳定性、阴离子碱的强度等，都随分子中氧原子数的改变而呈规律性的变化。以氯的含氧酸和含氧酸盐为代表，将这些规律总结在表12-6中：

表12-6 氯的含氧酸及其钠盐性质变化规律

氧化态	酸	热稳定性和酸强度	氧化性	盐	热稳定性	氧化性和阴离子碱强度
+1	HOCl			NaOCl		
+3	HOClO	↓增大	↓减弱	NaOClO	↓增大	↓减弱
+5	$HOClO_2$			$NaOClO_2$		
+7	$HOClO_3$			$NaOClO_3$		

12.5.5 拟卤素

拟卤素（pseudohalogen）是指由两个或两个以上电负性较大的元素的原子组成的原子团，这些原子团在自由状态时，与卤素单质的性质相似，而成为阴离子时与卤素阴离子的性质也相似。重要的拟卤素有氰$(CN)_2$、硫氰$(SCN)_2$、硒氰$(SeCN)_2$和氧氰$(OCN)_2$。

拟卤素和卤素性质相似可能是因为它们有相似的外层电子结构。拟卤素通常具有挥发性，具有特殊的气味，在游离状态下均为二聚体。以下几种反应类型与卤素极为相似（表12-7）。

表12-7 拟卤素与卤素的性质比较

应类型	卤　素	拟卤素
配合反应	$HgI_2 + 2I^- \longrightarrow [HgI_4]^{2-}$	$CuCN + 3CN^- \longrightarrow [Cu(CN)_4]^{3-}$
与金属反应	$2Fe + 3Cl_2 \longrightarrow 2FeCl_3$	$2Fe + 3(SCN)_2 \longrightarrow 2Fe(SCN)_3$
与MnO_2反应	$MnO_2 + 4HCl \longrightarrow MnCl_2 + Cl_2 + 2H_2O$	$MnO_2 + 4HSCN \longrightarrow Mn(SCN)_2 + (SCN)_2 + 2H_2O$
歧化反应	$Cl_2 + 2OH^- \longrightarrow ClO^- + Cl^- + H_2O$	$(CN)_2 + 2OH^- \longrightarrow CNO^- + CN^- + H_2O$

氢氰酸（HCN）、氢氰酸的碱金属盐（NaCN和KCN）、硫氰酸盐(NH_4SCN)是重要的工业化合物，前两类化合物广泛用于有机合成、塑料和颜料工业。$[Fe(CN)_6]^{3-}$，$[Fe(CN)_6]^{4-}$，$[Fe(SCN)_n]^{3-n}$（$n=1\sim6$）和$[Ag(CN)_2]^-$等

都是我们熟悉的配离子，像卤素阴离子（X^-）一样，拟卤离子 CN^- 和 SCN^- 是良好的配体。

复习与思考题

1. 完成并配平下列反应方程式

（1）氨气通过热的氧化铜；

（2）将二氧化氮通入氢氧化钠溶液中；

（3）向红磷与水的混合物中滴加溴；

（4）将铋酸钠与少许酸化的硫酸锰溶液混合；

（5）向 PbS 中加入过量 H_2O_2；

（6）向溴水中通入少量 H_2S。

2. 简答题

（1）比较 NH_3，N_2H_4，NH_2OH 的碱性强弱，并说明原因。

（2）举例说明硝酸盐热分解规律。

（3）将臭氧通入酸化的淀粉碘化钾溶液，给出实验现象及相关的反应方程式。

（4）将 H_2S 通入 $Pb(NO_3)_2$ 溶液得到黑色沉淀，再加 H_2O_2，沉淀转为白色。

3. 单选题

（1）固体二氧化碳俗称干冰，可用做（　　）。

（A）催化剂　（B）制冷剂　（C）氧化剂　（D）干燥剂

（2）配制 $SnCl_2$ 溶液时，必须加（　　）。

（A）足够的水　（B）盐酸　（C）碱　（D）Cl_2

（3）实验室制备 Cl_2 的最常用的方法是（　　）。

（A）$KMnO_4$ 与浓盐酸共热　（B）MnO_2 与稀盐酸反应

（C）MnO_2 与浓盐酸共热　（D）$KMnO_4$ 与稀盐酸反应

（4）在热碱溶液中，Cl_2 的歧化产物为（　　）。

（A）Cl^- 和 ClO^-　（B）Cl^- 和 ClO_2^-

（C）Cl^- 和 ClO_3^-　（D）Cl^- 和 ClO_4^-

（5）下列说法中错误的是（　　）。

（A）SO_2 分子为极性分子　（B）SO_2 溶于水可制取纯 H_2SO_3

（C）H_2SO_3 可使品红褪色　（D）H_2SO_3 既有氧化性又有还原性

（6）加热分解可以得到金属单质的是（　　）。

（A）$Hg(NO_3)_2$　（B）$Cu(NO_3)_2$

(C) KNO_3　　　　　　　　　　(D) $Mg(NO_3)_2$

4. 某金属的硝酸盐 A 为无色晶体，将 A 加入水中后过滤得到白色沉淀 B 和清液 C，取其清液 C 与饱和 H_2S 溶液作用产生黑色沉淀 D，D 不溶于氢氧化钠溶液，可溶于盐酸中。向 C 中滴加氢氧化钠溶液有白色沉淀 E 生成，E 不溶于过量的氢氧化钠溶液。向氯化亚锡的强碱性溶液中滴加 C，有黑色沉淀 F 生成。请给出 A，B，C，D，E，F 的化学式。

5. 将易溶于水的钠盐 A 与浓硫酸混合后微热得无色气体 B。将 B 通入酸性高锰酸钾溶液后有气体 C 生成。将 C 通入另一钠盐 D 的水溶液中则溶液变黄、变橙，最后变为棕色，说明有 E 生成，向 E 中加入氢氧化钠溶液得无色溶液 F，当酸化该溶液时又有 E 出现。请给出 A，B，C，D，E，F 的化学式。

6. 将无色钠盐溶于水得无色溶液 A，用 pH 试纸检验知 A 显酸性。向 A 中滴加 $KMnO_4$ 溶液，则紫红色褪去，说明 A 被氧化为 B，向 B 中加入 $BaCl_2$ 溶液得不溶于强酸的白色沉淀 C。向 A 中加入稀盐酸有无色气体 D 放出，将 D 通入 $KMnO_4$ 溶液则又得到无色的 B。向含有淀粉的 KIO_3 溶液中滴加少许 A 则溶液立即变蓝，说明有 E 生成，A 过量时蓝色消失得无色溶液 F。给出 A，B，C，D，E，F 的分子式或离子式。

第 13 章　过渡元素（一）

13.1　过渡元素的通性

过渡元素（transition element）是指周期表中部从ⅢB 族到ⅡB 族的所有元素，这些元素的原子中 d 或 f 亚层电子未填满。过渡元素都是金属，也称为过渡金属。根据电子结构的特点，过渡元素又可分为外过渡元素（又称 d 区元素）及内过渡元素（又称 f 区元素）两大组。

外过渡元素包括除镧系、锕系以外的其他过渡元素，它们的 d 轨道没有全部填满电子，f 轨道为全空（第四、第五周期）或全满（第六周期）。内过渡元素指镧系和锕系元素，它们的电子部分填充到 f 轨道。

过渡元素可按元素所处的周期分成四个系列，见表 13-1。

表 13-1　过渡元素

周期＼族	ⅢB 钪分族	ⅣB 钛分族	ⅤB 钒分族	ⅥB 铬分族	ⅦB 锰分族	ⅧB 第八族	ⅠB 铜分族	ⅡB 锌分族
4（第一过渡系）	Sc	Ti	V	Cr	Mn	Fe Co Ni（铁系）	Cu	Zn
5（第二过渡系）	Y	Zr	Nb	Mo	Tc	Ru Rh Pd（轻铂系）	Ag	Cd
6（第三过渡系）	Lu	Hf	Ta	W	Re	Os Ir Pt（重铂系）	Au	Hg
7（第四过渡系）	Lr	Rf	Db	Sg	Bh	Hs Mt Ds	Rg	Cn

13.1.1　过渡元素原子的电子构型

过渡元素原子电子构型的特点是它们的 d 轨道上的电子未充满（Pd 例外），

最外层仅有 1～2 个电子，这些电子较易失去，其价层电子构型为 $(n-1)d^{1\sim 9}ns^{1\sim 2}$（Pd 为 $4d^{10}5s^{0}$）（表 13-2）。

表 13-2　过渡元素原子的价电子层结构和氧化数

元素	Sc	Ti	V	Cr	Mn	Fe	Co	Ni	Cu	Zn
价电子层结构	$3d^14s^2$	$3d^24s^2$	$3d^34s^2$	$3d^54s^1$	$3d^54s^2$	$3d^64s^2$	$3d^74s^2$	$3d^84s^2$	$3d^{10}4s^1$	$3d^{10}4s^2$
氧化数	(+2) $\underline{+3}$	+2 +3 $\underline{+4}$	+2 +3 $\underline{+4}$ $\underline{+5}$	+2 $\underline{+3}$ $\underline{+6}$	$\underline{+2}$ +3 $\underline{+4}$ $\underline{+6}$ $\underline{+7}$	$\underline{+2}$ $\underline{+3}$ (+6)	$\underline{+2}$ $\underline{+3}$	$\underline{+2}$ (+3)	$\underline{+1}$ $\underline{+2}$	$\underline{+2}$
元素	Y	Zr	Nb	Mo	Tc	Ru	Rh	Pd	Ag	Cd
价电子层结构	$4d^15s^2$	$4d^25s^2$	$4d^45s^1$	$4d^55s^1$	$4d^55s^2$	$4d^75s^1$	$4d^85s^1$	$4d^{10}5s^0$	$4d^{10}5s^1$	$4d^{10}5s^2$
氧化数	$\underline{+3}$	+2 +3 $\underline{+4}$	+2 +3 +4 $\underline{+5}$	+2 +3 +4 +5 $\underline{+6}$	+2 +3 +4 +5 +6 $\underline{+7}$	+2 +3 $\underline{+4}$ +5 +6 +7 +8	+2 $\underline{+3}$ $\underline{+4}$ +5 +6	$\underline{+2}$ +3 $\underline{+4}$	$\underline{+1}$	$\underline{+2}$
元素	Lu	Hf	Ta	W	Re	Os	Ir	Pt	Au	Hg
价电子层结构	$5d^16s^2$	$5d^26s^2$	$5d^36s^2$	$5d^46s^2$	$5d^56s^2$	$5d^66s^2$	$5d^76s^2$	$5d^96s^1$	$5d^{10}6s^1$	$5d^{10}6s^2$
氧化数	$\underline{+3}$	+3 $\underline{+4}$	+2 +3 +4 $\underline{+5}$	+2 +3 +4 +5 $\underline{+6}$	+3 +4 +5 $\underline{+6}$ $\underline{+7}$	+2 +3 $\underline{+4}$ +5 $\underline{+6}$ $\underline{+8}$	+2 $\underline{+3}$ $\underline{+4}$ +5 +6	$\underline{+2}$ +3 $\underline{+4}$ +5 +6	$\underline{+1}$ $\underline{+3}$	$\underline{+1}$ $\underline{+2}$

注：画横线的表示比较常见、稳定的氧化数；带括号的表示不稳定的氧化数。

多电子原子的原子轨道能量变化是比较复杂的，由于在 4s 和 3d、5s 和 4d、6s 和 5d 轨道之间出现了能级交错现象，能级之间的能量差值较小，所以在许多反应中，过渡元素的 d 电子可以部分或全部参加成键。

13.1.2　过渡元素的氧化数及其稳定性

过渡元素最外层 s 电子和次外层 d 电子可参加成键，所以过渡元素常有多种氧化数。一般可由 +2 依次增加到与族数相同的氧化数（ⅧB 族除 Ru、Os 外，

其他元素尚无 +8 氧化数）。

同一周期从左到右，氧化数首先逐渐升高，随后又逐渐降低。随 3d 轨道中电子数的增加，氧化数逐渐升高；当 3d 轨道中电子数达到 5 或超过 5 时，3d 轨道逐渐趋向稳定，高氧化态逐渐不稳定（呈现强氧化性），此后氧化数又逐渐降低。三个过渡系元素的氧化态从左到右的变化趋势是一致的。不同的只是第二、第三过渡系元素的最高氧化数表现稳定，而低氧化数化合物并不常见。

同一族中从上至下，高氧化数趋向于比较稳定，这和主族元素不同。

13.1.3 元素的原子半径和离子半径

过渡元素与同周期的 ⅠA、ⅡA 族元素相比较，原子半径较小。过渡元素的原子半径以及它们随原子序数和周期变化的情况如图 13-1 所示。

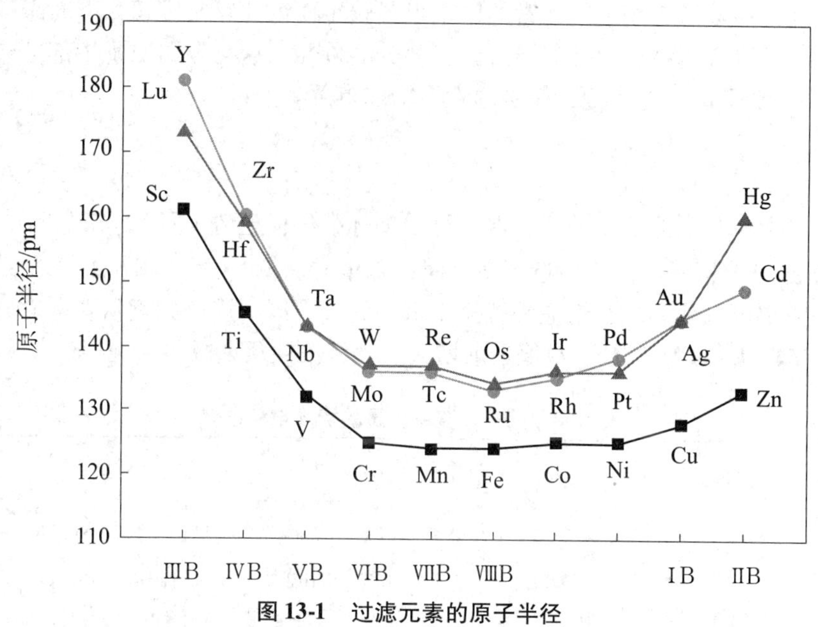

图 13-1　过滤元素的原子半径

各周期中随原子序数的增加，原子半径依次减小，而到铜副族前后，原子半径增大。各族中从上到下原子半径增大，但第五、第六周期同族元素的原子半径很接近，锆（160 pm）的原子半径与铪（159 pm）几乎相同。

同周期过渡元素 d 轨道的电子未充满，d 电子的屏蔽效应较小，核电荷数依次增加，对外层电子的吸引力增大，所以原子半径依次减小。到铜副族前后，充满的 d 轨道使得屏蔽效应增强，原子半径增大。由于镧系收缩的影响，第五、第六周期同族元素的原子半径相近，导致第二和第三过渡系列的同族元素在性质上的差异比第一过渡系列相应的元素要小。

离子半径变化规律和原子半径变化相似，即同周期自左向右，氧化数相同的离子半径随核电荷的增加逐渐变小；同族元素的最高氧化数的离子半径从上到下，随电子层数增加而增大。镧系收缩效应同样影响着第五、第六周期同族元素的离子半径。

13.1.4 单质的物理性质

过渡金属一般呈银白色或灰色（锇呈灰蓝色），有金属光泽。除钪和钛属轻金属外，其余都是重金属（heavy metal），其中以重铂族元素最重，锇、铱、铂的密度依次为22.48 g·cm^{-3}、22.42 g·cm^{-3}、21.45 g·cm^{-3}。多数过渡元素（ⅡB除外）都有较高的熔点和沸点，并有较大的硬度和密度。如钨是所有金属中最难熔的（熔点3 410℃，沸点5 660℃），硬度最大的是铬（仅次于金刚石）。究其原因，一般认为是过渡元素的原子半径较小而彼此紧密堆积，同时金属原子间除了主要以金属键结合外，还可能有部分共价性，这与金属原子中部分未成对 $(n-1)$ d电子也参与成键，使键的强度增加有关。

13.1.5 金属活泼性

过渡金属在水溶液中的活泼性，可根据标准电极电势（$E_A^{\ominus}$）来判断。

从表13-3可看出，第一过渡系金属，除铜外，$E^{\ominus}$（M^{2+}/M）均为负值，其单质一般都可以从非氧化性酸中置换出氢。另外，同一周期元素从左向右，总的变化趋势是 $E^{\ominus}$（M^{2+}/M）数值逐渐增大，其活泼性逐渐减弱。

表13-3　第一过渡系金属的标准电极电势

元素	Sc	Ti	V	Cr	Mn	Fe	Co	Ni	Cu	Zn
$E^{\ominus}$（M^{2+}/M）/V	—	-1.63	-1.13	-0.90	-1.18	-0.44	-0.277	-0.257	+0.340	-0.762 6
可溶解该金属的酸	各种酸	热 HCl、HF	HNO_3、HF、浓 H_2SO_4	稀 HCl、H_2SO_4	稀 HCl、H_2SO_4 等	稀 HCl、H_2SO_4 等	缓慢溶解在稀 HCl 等	稀 HCl、H_2SO_4 等	HNO_3、热浓 H_2SO_4	稀 HCl、H_2SO_4 等

锰的标准电极电势数值有些例外（比铬还低）：失去两个4s电子形成稳定的 $3d^5$ 构型。

钪、钇和镧是过渡元素中最活泼的金属，在空气中能迅速被氧化，与水反应则放出氢，也能溶于酸，这是因为它们的次外层d轨道中仅有一个电子，这个电子很容易失去，所以它们的性质较活泼并接近于碱土金属。除钪分族外，d区同族元素的活泼性都是自上而下逐渐降低。过渡元素的金属性比同周期的p区元素强，而弱于同周期的s区元素。核电荷和原子半径两个因素使第一过渡系比第

二、第三过渡系的元素活泼。同一族中自上而下原子半径增加不大，核电荷数却增加较多，对外层电子的吸引力增强，使电离能和升华焓增加显著，金属活泼性减弱。第三过渡系元素与第二过渡系元素相比，原子半径增加很少（镧系收缩的影响），所以其化学性质显得更不活泼。

13.1.6 过渡元素含氧化合物

同一周期的过渡元素，从左到右最高氧化态氧化物及其水合氧化物的碱性逐渐减弱，酸性增强。

Sc_2O_3	TiO_2	CrO_3	Mn_2O_7
碱性氧化物	两性	酸酐（铬酸酐）	强酸酸酐

Fe、Co 和 Ni 不能生成稳定的高氧化态的氧化物。

同一族中相同氧化态的氧化物及其水合物自上而下，酸性减弱，碱性逐渐增强。如 Ti、Zr、Hf 的氢氧化物 $M(OH)_4$（或 H_2MO_3）中，$Ti(OH)_4$的碱性较弱，$Zr(OH)_4$和 $Hf(OH)_4$的碱性比酸性强。这种变化规律和过渡元素高氧化态离子半径变化规律一致。

同一元素不同氧化数氧化物及其水合物的酸碱性，在高氧化数时酸性较强，随着氧化数的降低酸性减弱（或碱性增强），一般是低氧化数氧化物及其水合物呈碱性。不同氧化数锰的氧化物的酸碱性变化情况见表 13-4。

表 13-4 锰的氧化物的酸碱性

锰的氧化数	+2	+3	+4	+6	+7
氧化物	MnO	Mn_2O_3	MnO_2	MnO_3	Mn_2O_7
酸碱性	碱性	弱碱性	两性	酸性	酸性

13.1.7 过渡元素的配位化合物

过渡元素具有未充满的 d 电子，使得它们的性质与其他元素不同，这是过渡元素的特点之一。过渡元素的原子或离子具有（$n-1$）d，ns 和 np 共 9 个价电子轨道。对过渡金属原子和离子而言，其中 ns 和 np 轨道是空的，（$n-1$）d 轨道为部分空或者全空，这种电子构型为接受配位体孤电子对形成配位键创造了条件，因此它们的原子和离子都有很强的形成配合物的倾向。过渡元素一般都容易形成氟配合物、氨配合物、氰配合物、羰基配合物、草酸配合物等。

13.1.8 过渡金属化合物的颜色

过渡元素形成的配离子大都显色，这主要与过渡元素离子的 d 轨道未填满电子有关。第一过渡系元素低氧化数水合离子的颜色如表 13-5 所示。

表 13-5　第一过渡系元素低氧化数水合离子的颜色

元素	Sc	Ti	V	Cr	Mn	Fe	Co	Ni	Cu	Zn
M^{2+} 中 d 电子数	—	2	3	4	5	6	7	8	9	10
$[M(H_2O_6)]^{2+}$ 的颜色	—	褐	紫	天蓝	浅红（几乎无色）	浅绿	粉红	绿	浅蓝	无色
元素	Sc	Ti	V	Cr	Mn	Fe	Co	Ni	Cu	Zn
M^{3+} 中 d 电子数	0	1	2	3	4	5	6	7	—	—
$[M(H_2O_6)]^{3+}$ 的颜色	无色	紫	绿	紫蓝	红	浅紫*	—	—	—	—

* Fe^{3+} 水解后颜色有变化，如 $[Fe(OH)(H_2O)_5]^{2+}$ 呈琥珀色；$[FeCl(H_2O)_5]^{2+}$ 呈黄色。

大多数过渡元素离子在水溶液中显示一定的颜色。之所以具有颜色，与过渡元素的水合离子 d 轨道具有未充满的电子有关。这些 d 电子能吸收可见光中某些波长的光，激发到较高的能级，而透过另一些波长的光，这就使它们有一定的颜色。而 Sc^{3+}、Ti^{4+}、Zn^{2+} 的 d 轨道没有电子或具有全充满的电子结构，因此其水合离子是无色的，其他具有未充满电子的离子则呈现出颜色。对于某些含氧酸根离子如 MnO_4^-（紫色）、CrO_4^{2-}（黄色）、VO_4^{3-}（淡黄色），它们的金属元素均处于最高氧化态，其形式电荷分别为 Mn^{7+}、Cr^{6+}、V^{5+}，均为 d^6 电子构型，似乎也应无色，之所以有颜色是由电荷跃迁引起的，如 MnO_4^- 的紫色是由于 $O^{2-} \rightarrow Mn^{7+}$ 电子跃迁（p－d 跃迁）的吸收峰在可见光区 18 500 cm^{-1} 处。

同一中心离子与不同配体形成配合物时，由于晶体场分裂能不同，则 d－d 跃迁时所需能量也不同，亦即吸收光的波长不同，因此显现不同的颜色。以 Ni^{2+} 的配合物为例，见表 13-6。

表 13-6　Ni^{2+} 的不同配体配合物颜色

不同配体配合物	$[Ni(H_2O)_6]^{2+}$	$[Ni(NH_3)_6]^{2+}$
d－d 跃迁时吸收光的波长（λ）/nm	1 176	925
配离子的颜色	果绿	蓝

13.1.9　过渡金属及化合物的磁性

物质在外加磁场的影响下，表现出三种情况：① 物质本身就有磁性（magnetism），并随外磁场的加强而增强，它的磁化方向与外加磁场方向一致，这种物质称为顺磁性物质（paramagnetic material）；② 物质本身没有磁性，在外磁场的影响下，会诱导出磁性来，但物质的磁化方向与外磁场的方向相反，当外磁场移走时，磁性也就消失了，这种物质称为反磁性物质（antimagnetic material）；③物质被磁化的性质表现得很强烈，随外磁场的加强而急剧提高，并且在外磁场移走后，仍有残留磁性，这种物质称为铁磁质（ferromagnetic material）。

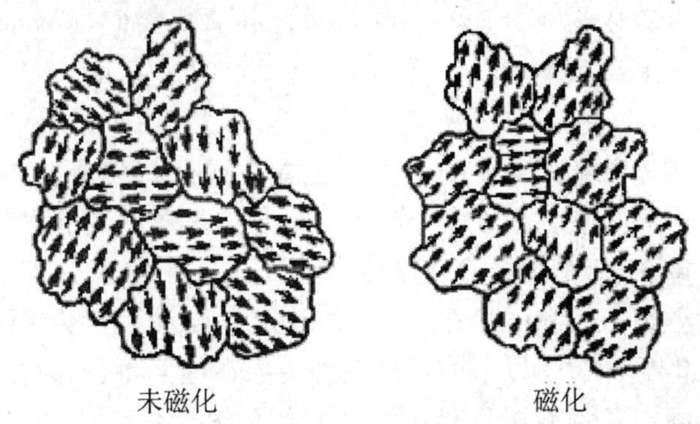

图 13-2 铁磁性物质中磁化的情况

物质的磁性与组成物质的原子（或分子）中的电子运动有关：单电子的旋转运动所产生的磁矩使整个物质具有了顺磁性。铁磁质是顺磁性的一种极端形式，它是由许多顺磁性原子通过集体有规则的配合而产生的。在通常情况下，顺磁性原子的排列是混乱的，它们的磁效应彼此互相抵消。当把一种铁磁质放在磁场中时，各顺磁性原子依磁场而取向，使上百万个原子磁体顺排起来，所以铁磁质和磁场间的相互作用要比顺磁性物质大得多。

过渡元素的单质及其化合物中常含有未成对的 d 电子，因而许多过渡金属及其化合物具有顺磁性，且 Fe、Co、Ni 三种金属都有铁磁性。磁学性质是物质的重要物理性质之一，磁性强弱可用磁矩 μ 来衡量。检测过渡元素的单质或化合物的磁性，了解成键情况，进而可判断过渡元素成键理论的正确性。未成对 d 电子越多，μ 也越大，如表 13-7 所示。

表 13-7 未成对电子数与物质磁性的关系

离子	VO^{2+}	V^{3+}	Cr^{3+}	Mn^{2+}	Fe^{2+}	Co^{2+}	Ni^{2+}	Cu^{2+}
d 电子数	1	2	3	5	6	7	8	9
未成对 d 电子数	1	2	3	5	4	3	2	1
磁矩(μ)/(B. M.)	1.73	2.83	3.87	5.92	4.90	3.87	2.83	1.73

13.2 铜族元素

13.2.1 铜族元素概述

周期表 ds 区 Ⅰ B（铜分族）包含铜（copper，Cu）、银（silver，Ag）、金

(aurum, Au) 及放射性元素 (Rg), 目前对 Rg 的了解甚少。

铜、银主要以硫化物矿 (sulfide mineral) 和氧化物矿 (oxide mineral) 的形式存在。例如，辉铜矿 (Cu_2S)、黄铜矿 ($CuFeS_2$)、赤铜矿 (Cu_2O)、孔雀石 ($Cu_2(OH)_2(CO_3)_2$), 闪银矿 (Ag_2S) 以及角银矿 (AgCl) 等。我国资源储量最大的铜矿是江西德兴和西藏玉龙，西藏玉龙铜矿即将建成投产，到 2010 年年产量将达 3 万 t。玉龙铜矿是我国目前储量最大的斑岩、矽卡岩复合型铜矿，初步探明铜金属储量 650 万 t 以上，远景储量达 1 000 万 t。广东阳春市石碌矿中的孔雀石储量居世界第一。我国早在 3 000 多年前的商代就开始采铜，比罗马帝国早近 1 000 年。世界上 70% 以上的银矿资源集中在墨西哥、秘鲁、加拿大、美国和澳大利亚。我国银矿资源居世界第六位，我国银储量江西最多，其次为云南、内蒙古、广西、湖北、甘肃等省 (区)。银矿的特点是以伴生银矿为主，如甘肃有较大的含银铅锌矿。

铜、银、金均有以单质状态存在的矿物。金以单质形式散存于岩石 (岩脉金) 或沙砾 (冲积金) 中。世界上以南非金矿资源最丰富，1905—2007 年，南非的黄金产量持续占据世界首位。据中国黄金协会报道，2007 年中国已超过南非成为全球第一大产金国，年产量可达 300t。2007 年至今，我国新发现 5 大金矿：冈底斯雄村铜金矿、东昆仑青海大场金矿、甘肃省甘南地区阳山金矿、山东省莱州市寺庄金矿、海南抱轮金矿等。2008 年 7 月，被誉为“亚洲第一矿”的甘肃阳山金矿已被开采。

铜、银、金是人类最早熟悉的金属，纯铜为红色，金为黄色，银为银白色。它们的密度大于 $5g \cdot cm^{-3}$，都是重金属，其中金的密度最大，为 $19.3\ g \cdot cm^{-3}$。与其他过渡元素相比，其熔点、沸点相对较低，硬度小，有极好的延展性和可塑性。金更为突出，1g 金可以拉成长达 3.4 km 的金丝，也能辗压成 0.000 1mm 厚的金箔。这三种金属的导热、导电能力极强，尤以银为最，铜是最通用的导体。

铜族金属之间以及和其他金属之间，都很容易形成合金，其中铜的合金品种最多，如黄铜 (Cu 60%，Zn 40%) 广泛用于制作仪器零件；青铜 (Cu 80%，Sn 15%，Zn 5%) 质地坚韧、易铸；白铜 (Cu 50%～70%，Ni 13%～15%，Zn 13%～25%) 主要用作制刀具等。其中黄铜表面经抛光可呈金黄色，是仿金首饰的材料。银表面反射光线能力强，过去用于生产银镜、保温瓶、太阳能反射镜。

铜、银的用途很广，除钱币、饰物外，铜大量用来制造电线电缆，广泛用于电子工业和航天工业以及各种化工设备，如热交换器、蒸馏器等。铜合金主要用于制造齿轮等机械零件、热电耦、刀具等。银主要用于电镀、制镜、感光材料、化学试剂、电池、催化剂、药物等方面及补牙齿用的银汞齐等。金主要用于黄金储备、铸币、电子工业及制造首饰。据统计，有史以来人类总共生产黄金约

100 000t，除 10% 左右被消耗外，余下的黄金中约 32% 以饰物形式存在。早在 1993 年中国内地个人黄金消费已达 250t，占世界黄金需求量的 15%，居世界第一位。为使金饰品变得坚硬且便宜些，通常与适量 Ag 与 Cu 炼成保持金黄色的合金，其中金的质量分数用“K”表示，1K 为 4.166%。金在镶牙、电子工业和航天工业方面也有重要用途，如哥伦比亚号航天飞机制造中就用了约 40 kg 黄金。

铜是生命必需的微量元素，故有“生命元素”之称。人体中有 30 多种蛋白质和酶含有铜。现已知铜的最重要生理功能是人血清中的铜蓝蛋白，有协同铁的功能。在铁的生理代谢过程中，Fe^{2+} 氧化为 Fe^{3+} 需要铜蓝蛋白的催化氧化，以利 Fe^{3+} 与蛋白质结合成铁蛋白，合成血红蛋白。铜影响着植物体内酶的活动和氧化还原过程，缺铜，会影响植物的发育和生长。

铜族元素原子价层电子构型 $(n-1)d^{10}ns^1$，最外电子层只有一个 s 电子，次外层为 18 个电子。氧化数有 +1、+2、+3，铜、银、金最常见的氧化数分别为 +2、+1、+3。铜族金属离子具有较强的极化力，本身变形性又大，通常它们的二元化合物具有相当程度的共价性。与其他过渡元素类似，原子中 $(n-1)d$、ns、np 轨道的能量相差不大，有能级较低的空轨道，易形成配合物。

在酸性溶液中，铜、银、金的标准电极电势图如下：

$$E_A^\ominus/V \quad Cu^{3+} \xrightarrow{+2.4} Cu^{2+} \xrightarrow{+0.159} Cu^{+} \xrightarrow{+0.520} Cu$$

$$Cu^{2+} \xrightarrow{+0.340} Cu$$

$$Ag^{3+} \xrightarrow{+1.8} Ag^{2+} \xrightarrow{+1.980} Ag^{+} \xrightarrow{+0.799} Ag$$

$$Ag^{3+} \xrightarrow{+1.36} Ag^{+} \xrightarrow{+1.83} Ag$$

$$Ag^{3+} \xrightarrow{+1.52} Ag$$

铜、银、金的化学活泼性较差。在干燥空气中铜很稳定，如有二氧化碳及湿气存在，则在表面上生成绿色的碱式碳酸铜：

$$2Cu + O_2 + H_2O + CO_2 \longrightarrow Cu(OH)_2 \cdot CuCO_3$$

金是在高温下唯一不与氧气起反应的金属，也是铜族金属中唯一不与硫直接反应的金属。在自然界中仅与碲形成天然化合物（碲化金）。

银的活泼性介于铜和金之间。银在室温下不与氧气和水作用，即使在高温下也不与氢、氮或碳作用，与卤素反应较慢，在温室下若与含有 H_2S 的空气接触时，表面则因蒙上一层 Ag_2S 而发暗，这是银币和银首饰变暗的原因。

$$4Ag + O_2 + 2H_2S \longrightarrow 2Ag_2S + 2H_2O$$

铜、银不溶于非氧化性稀酸，能与硝酸、热的浓硫酸作用：

$$Cu + 4HNO_3\text{（浓）} \longrightarrow Cu(NO_3)_2 + 2NO_2\uparrow + 2H_2O$$

$$3Cu + 8HNO_3\text{（稀）} \longrightarrow 3Cu(NO_3)_2 + 2NO\uparrow + 4H_2O$$

$$Cu + 2H_2SO_4\text{（浓）} \longrightarrow CuSO_4 + SO_2\uparrow + 2H_2O$$

$$2Ag + 2H_2SO_4\text{（浓）} \longrightarrow Ag_2SO_4 + SO_2\uparrow + 2H_2O$$

$$Ag + 2HNO_3\text{（65\%）} \longrightarrow AgNO_3 + NO_2\uparrow + H_2O$$

金不溶于单一的无机酸中，但能溶于王水（浓 HCl：浓 HNO_3 = 3：1 的混合物）中：

$$Au + 4HCl + HNO_3 \longrightarrow HAuCl_4 + NO\uparrow + 2H_2O$$

而银遇王水则因表面生成 AgCl 薄膜而阻止反应继续进行。

13.2.2 铜的重要化合物

铜的特征氧化数为 +2，也有氧化数为 +1、+3 的化合物。氧化数为 +3 的化合物有 Cu_2O_3、$KCu^{III}O_2$、$K_3[Cu^{III}F_6]$等。Cu^{3+}的化合物因存在 d－d 跃迁而呈现颜色，Cu^{3+}化合物有较强氧化性。

13.2.2.1 氧化数为 +1 的化合物

Cu^+化合物在溶液中不稳定，在固态时 Cu^+的化合物比 Cu^{2+}的化合物稳定，如 CuO 和 $CuCl_2$在高温时都可分解为 Cu^+的化合物。

Cu^+由于具有 d^{10}的稳定的电子构型，因此在固相中很稳定。Cu_2O 的热稳定性比 CuO 还高，在 1 508K 时才会熔化，但不分解。

$$E_A^{\ominus}/V \qquad Cu^{2+} \xrightarrow{+0.152} Cu^+ \xrightarrow{0.520} Cu$$

Cu^+在水溶液中不能稳定存在，会发生歧化反应。

$$2Cu^+(aq) \longrightarrow Cu(s) + Cu^{2+}(aq)$$

氧化数为 +1 的氧化物是 Cu_2O，Cu_2O 是红色的，对热稳定，显弱碱性。

在 Cu（Ⅰ）的盐中加入氢氧化钠，先生成氢氧化物，再使氢氧化物脱水，可得 Cu_2O。也可在含有酒石酸钾钠的硫酸铜碱性溶液或碱性铜酸盐 $Na_2[Cu(OH)]_4$溶液中用葡萄糖还原，可以制得 Cu_2O：

$$2[Cu(OH)_4]^{2-} + CH_2OH(CHOH)_4CHO \longrightarrow Cu_2O + 4OH^- + CH_2OH(CHOH)_4COOH + 2H_2O$$

分析化学上利用这个反应测定醛，医学上用这个反应检测糖尿病。

氧化亚铜是一种有毒物质，具有半导体性质，常用它和铜装成亚铜整流器，在制玻璃和搪瓷时，作红色颜料。氧化亚铜对热十分稳定，在 1 510K 时也不分解。它是共价化合物，不溶于水。

Cu_2O 溶于稀酸后发生歧化反应：

$$Cu_2O + H_2SO_4 \longrightarrow Cu_2SO_4 + H_2O$$

$$Cu_2SO_4 \longrightarrow CuSO_4 + Cu$$

Cu_2O 溶于氨水和氢卤酸时，分别形成无色的$[Cu(NH_3)_2]^+$和$[CuX_2]^-$。

$$Cu_2O + 4NH_3 \cdot H_2O \longrightarrow 2[Cu(NH_3)_2]^+ + 2OH^- + 3H_2O$$

无色的$[Cu(NH_3)_2]^+$在空气中很不稳定，迅速被氧化成蓝色的$[Cu(NH_3)_4]^{2+}$，利用这个性质可以除去气体中的氧。

$$2[Cu(NH_3)_2]^+ + 4NH_3 \cdot H_2O + \frac{1}{2}O_2 \longrightarrow 2[Cu(NH_3)_4]^+ + 2OH^- + 3H_2O$$

$[Cu(NH_3)_2]Ac$ 溶液吸收 CO 的能力最强，常用于合成氨工业中的铜洗工段，吸收合成氨中对催化剂有害的 CO 气体，将产物减压和加热后，又能将气体放出，可循环使用。

$$[Cu(NH_3)_2]Ac + CO + NH_3 \rightleftharpoons [Cu(NH_3)_3]Ac \cdot CO$$

Cu^+还有一定的氧化性，可将单质汞氧化为亚汞。

$$2CuI（白） + 2Hg \longrightarrow Hg_2I_2（黄） + 2Cu$$

该反应可用来检测空气中汞的含量。将涂有白色 CuI 的纸条挂在室内，若常温下 3h 白色不变，表明空气中汞的含量不超标。

CuCl 可以被空气中的氧氧化：

$$4CuCl + O_2 + 4H_2O \longrightarrow 3CuO \cdot CuCl_2 \cdot 3H_2O + 2HCl$$

在铜的一价卤化物中除 CuF（易歧化，未能得到纯态）是红色外，CuCl、CuBr、CuI 都是白色难溶的物质，溶解度按 Cl→Br→I 顺序降低，在卤离子的存在下用还原剂还原 Cu^{2+} 可制得卤化铜。

$$2Cu^{2+} + 2X^- + SO_2 + 2H_2O \longrightarrow 2CuX\downarrow + 4H^+ + SO_4^{2-}$$

$$2CuCl_2 + SnCl_2 \longrightarrow 2CuCl\downarrow + SnCl_4$$

在热浓盐酸中，用 Cu 可将 $CuCl_2$还原，首先制得$[CuCl_2]^-$溶液，再将所得溶液倒入大量水中稀释，会得到白色沉淀 CuCl。

$$Cu^{2+} + 4Cl^- + Cu \longrightarrow 2[CuCl_2]^-$$

$$2[CuCl_2]^- \xrightarrow{H_2O} 2CuCl\downarrow + 2Cl^-$$

总反应为：$Cu^{2+} + Cu + 2Cl^- \longrightarrow 2CuCl\downarrow$

Cu^+配合物有吸收 CO 和烯烃的能力，这是由于 Cu^+能与 CO 或烯烃形成配合物。这一性质可用于测定混合物中的 CO 含量。

$$[CuCl_2]^- + CO \rightleftharpoons [CuCl_2(CO)]^-$$

$$[CuCl_2]^- + C_2H_4 \rightleftharpoons [CuCl_2(C_2H_4)]^-$$

在二价铜盐中加入 I^-可以看到白色沉淀和棕色的碘，反应是：

$$2Cu^{2+} + 4I^- \longrightarrow 2CuI\downarrow（白） + I_2$$

用标准溶液 $Na_2S_2O_3$溶液滴定产物中的碘，可定量测定铜含量。为了更好地看到白色沉淀，可在铜盐中加入 I^-后，再通入 SO_2气体，SO_2会和单质碘反应使

棕色褪去，显现出 CuI 的白色沉淀，

$$I_2 + SO_2 + 2H_2O \longrightarrow H_2SO_4 + 2HI$$

Cu_2S 是黑色难溶物质（$K_{sp}^{\ominus} = 2.50 \times 10^{-48}$）。将过量的铜与硫加热时，或加热硫酸铜与硫代硫酸钠的混合溶液，都可得到硫化亚铜。

$$2Cu + S \xrightarrow{\triangle} Cu_2S$$

$$2Cu^{2+} + 2S_2O_3{}^{2-} + 2H_2O \xrightarrow{\triangle} Cu_2S\downarrow + S\downarrow + 2SO_4{}^{2-} + 4H^+$$

13.2.2.2 氧化数为 +2 的化合物

(1) 氧化铜和氢氧化铜

氧化铜是黑褐色粉末状物质，是碱性氧化物，可由硫酸铜溶液中加入氢氧化钠得到的淡蓝色沉淀氢氧化铜脱水制得。

$$CuSO_4 + 2NaOH \longrightarrow Cu(OH)_2\downarrow + Na_2SO_4$$

$$Cu(OH)_2 \xrightarrow{\triangle} CuO\downarrow + H_2O$$

氧化铜对热较稳定，加热超过 1 270K，才会发生明显分解。

$$2CuO \xrightarrow{\triangle} Cu_2O + \frac{1}{2}O_2\uparrow$$

氧化铜可被 H_2、C、CO、NH_3等还原剂还原为铜。

Cu $(OH)_2$不稳定，微显两性，以碱性为主，略显酸性。溶于酸也溶于过量的浓碱溶液中。

$$Cu(OH)_2 + H_2SO_4 \longrightarrow CuSO_4 + 2H_2O$$

$$Cu(OH)_2 + 2NaOH \longrightarrow Na_2[Cu(OH)_4]$$

向 $CuSO_4$溶液中加入少量 $NH_3 \cdot H_2O$，得到浅蓝色碱式盐 $Cu_2(OH)_2SO_4$，继续加入 $NH_3 \cdot H_2O$ 时，得到深蓝色的$[Cu(NH_3)_4]^{2+}$。

$$Cu_2(OH)_2SO_4 + 8NH_3 \longrightarrow 2[Cu(NH_3)_4]^{2+} + SO_4^{2-} + 2OH^-$$

(2) 卤化铜

铜的二价卤化物有 CuF_2、$CuCl_2$、$CuBr_2$，其中 CuF_2是离子型化合物，随着阴离子半径的增大，卤化铜共价趋势增大，颜色加深。

$CuCl_2 \cdot 2H_2O$ 晶体为蓝色，无水 $CuCl_2$ 为黄色，经 X 射线研究证明，$CuCl_2$ 是共价化合物，结构为链状。

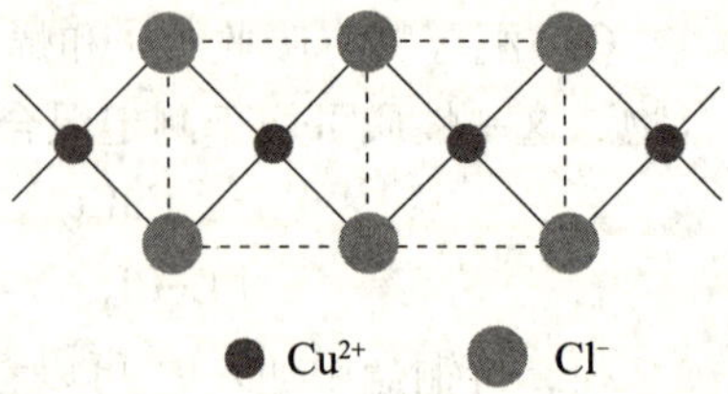

图 13-3 无水 $CuCl_2$ 链式结构示意图

在浓盐酸溶液中 $CuCl_2$ 是黄色的，这是由于生成 $CuCl_4{}^{2-}$ 配离子；稀溶液中由于水分子多，$CuCl_2$变为$[Cu(H_2O)_4]^{2+}$，水合离子显蓝色，二者混合，呈绿色。

无水氯化铜加热至 770 K 时，按下式分解：

$$2CuCl_2 \xrightarrow{\Delta} 2CuCl + Cl_2\uparrow$$

$CuCl_2$易溶解于水，也易溶于乙醇和丙酮，在空气中易潮解。含结晶水的 $CuCl_2 \cdot 2H_2O$ 受热水解得碱式盐：

$$2CuCl_2 \cdot 2H_2O \xrightarrow{\Delta} Cu(OH)_2 \cdot CuCl_2 + 2HCl\uparrow + 2H_2O$$

要想得到无水盐，则需在氯化氢的气流中加热脱水。

（3）$CuSO_4 \cdot 5H_2O$

俗名胆矾或蓝矾，是蓝色斜方晶体。可用热浓硫酸溶解铜屑，或在空气充足时用热稀硫酸溶解铜制得：

$$Cu + 2H_2SO_4\text{（浓）} \xrightarrow{\Delta} CuSO_4 + SO_2\uparrow + 2H_2O$$

$$2Cu + 2H_2SO_4\text{（稀，热）} + O_2\text{（足量）} \xrightarrow{\Delta} 2CuSO_4 + 2H_2O$$

$CuSO_4 \cdot 5H_2O$ 加热时可逐步脱水：

$$CuSO_4 \cdot 5H_2O \xrightarrow{375K} CuSO_4 \cdot 3H_2O \xrightarrow{423K} CuSO_4 \cdot H_2O \xrightarrow{523K} CuSO_4$$

在 $CuSO_4 \cdot 5H_2O$ 晶体中，四个水分子位于平面正方形的四个顶点以配键与 Cu^{2+} 结合，第五个水分子以氢键与硫酸根结合，SO_4^{2-} 在平面正方形的上和下，形成一个不规则的八面体。$CuSO_4 \cdot 5H_2O$ 平面结构和晶体结构见图 13-4。

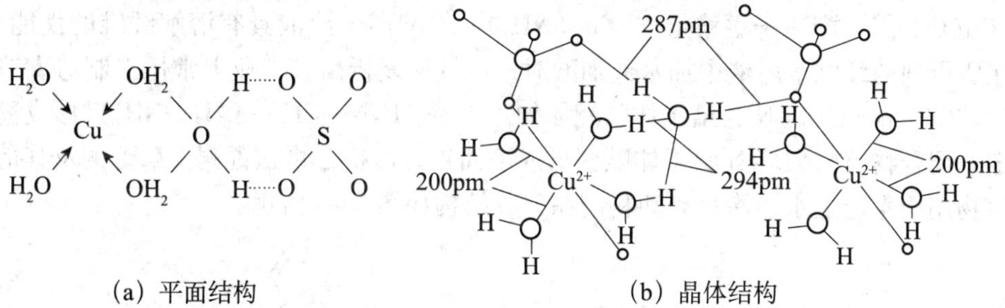

（a）平面结构　　（b）晶体结构

图 13-4　$CuSO_4 \cdot 5H_2O$ 的结构

无水硫酸铜是白色粉末，不溶于乙醇和乙醚，吸水性很强，可作干燥剂，吸水后显出特征的蓝色，这一性质可用于乙醇、乙醚等有机溶剂中微量水的检验以及除去有机试剂中的少量水分。无水硫酸铜加热到 923K 时分解：

$$CuSO_4 \xrightarrow{\Delta} CuO + SO_3\uparrow$$

硫酸铜是制备其他含铜化合物的重要原料，在工农业上应用广泛，如：$CuSO_4 \cdot 5H_2O$同石灰乳混合得到波尔多液，用于果园杀虫、杀菌。

（4）硝酸铜

水合硝酸铜是蓝色晶体，所含结晶水有3个、6个和9个。硝酸铜强热后分解为碱式盐，继续加热分解为氧化铜。

制备无水 $Cu(NO_3)_2$ 是将铜溶于乙酸乙酯的 N_2O_4 溶液中，结晶析出 $Cu(NO_3)_2 \cdot N_2O_4$，再将晶体加热，得白色 $Cu(NO_3)_2$。

（5）硫化铜

在硫酸铜溶液中，通入 H_2S 得黑色硫化铜沉淀：

$$CuSO_4 + H_2S \longrightarrow CuS \downarrow + H_2SO_4$$

硫化铜不溶于稀酸，但溶于热的稀硝酸，发生氧化还原反应。或与 CN^- 生成配合物 $[Cu(CN)_4]^{3-}$：

$$3CuS + 8HNO_3 \longrightarrow 3Cu(NO_3)_2 + 2NO \uparrow + 3S \downarrow + 4H_2O$$

$$2CuS + 10CN^- \longrightarrow 2[Cu(CN)_4]^{3-} + (CN)_2 \uparrow + 2S^{2-}$$

（6）铜的配合物

Cu^{2+} 价电子层构型为 d^9，所形成的配合物一般有变形八面体（d^2sp^3）或平面正方形（dsp^2）结构。在变形八面体如 $[Cu(NH_3)_4(H_2O)_2]^{2+}$ 中，有四个等长的短键和两个长键，两个长键位于八面体的相对两端。平面正方形结构如 $[Cu(H_2O)_4]^{2+}$、$[Cu(NH_3)_4]^{2+}$、$[CuCl_4]^{2-}$ 等。

Cu^{2+} 能与 X^-、OH^-、CN^- 等形成稳定程度不同的配合物，$[CuX_4]^{2-}$ 型的配合物在水溶液中稳定性较差。由于 Cu^{2+} 有一定的氧化性，与 $(CN)^-$ 生成 $[Cu(CN)_4]^{3-}$ 配离子更稳定。$[Cu(NH_3)_4]^{2+}$ 配离子溶液具有溶解纤维的性能，在所得到的纤维素溶液中加水或加酸时，纤维又复析出，工业上常用来制造人造丝。Cu^{2+} 也能与以N为给予体的配体如乙二胺（$H_2N—CH_2—CH_2—NH_2$）形成稳定的配合物，与大环N给予体酞菁形成平面正方形螯合物酞菁铜。酞菁铜及其衍生物用于生产墨水、涂料和塑料制品，其结构如图13-5所示。

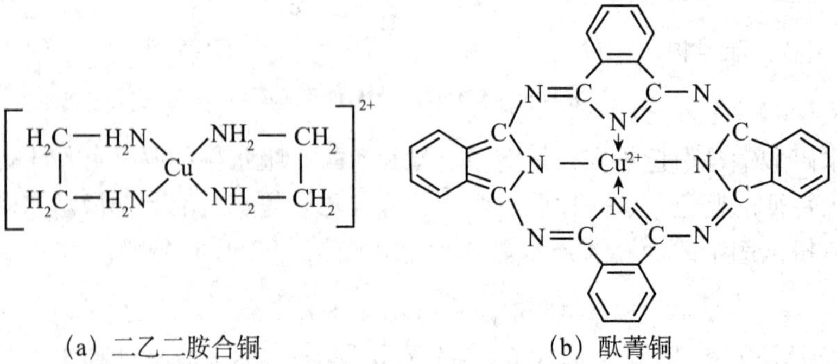

（a）二乙二胺合铜

（b）酞菁铜

图13-5 铜（Ⅱ）的配合物

13.2.2.3 Cu^+和Cu^{2+}的相互转化

Cu^+的价电子构型为$3d^{10}$，因此Cu^+的化合物应该稳定。铜的第二电离能也很大，故在气态时Cu^+稳定。在水溶液中，Cu^+易发生歧化反应，生成Cu^{2+}和Cu。由于Cu^{2+}所带的电荷比Cu^+多，半径比Cu^+小，Cu^{2+}比Cu^+的水合热代数值小得多，因此在水溶液中Cu^+不如Cu^{2+}稳定。

$$2Cu^+ \rightleftharpoons Cu^{2+} + Cu$$

$$K^{\ominus} = \frac{\dfrac{c(Cu^{2+})}{c^{\ominus}}}{\left\{\dfrac{c(Cu^+)}{c^{\ominus}}\right\}^2} = 1.2 \times 10^6$$

Cu^+歧化的平衡常数相当大，反应进行彻底。要使Cu^{2+}转化为Cu^+，必须有还原剂存在，同时还要降低溶液中Cu^+的浓度，使Cu^+变为难溶物质或难解离的配合物。如前面讲过的生成CuI沉淀和$HCuCl_2$配合物的生成。

$$Cu + CuCl_2 \longrightarrow 2CuCl\downarrow$$

$$CuCl + HCl \longrightarrow HCuCl_2$$

$$2Cu^{2+} + 4I^- \longrightarrow 2CuI\downarrow + I_2$$

由于$[CuCl_2]^-$生成，溶液中Cu^+浓度非常小，反应可向右进行完全。同理CuI沉淀的生成，也使反应向右进行完全。

Cu^{2+}的极化作用比Cu^+强，所以Cu^{2+}的化合物共价性增强，稳定性减弱，在高温下受热分解为Cu^+化合物。如：

$$4CuO \xrightarrow{\triangle} 2Cu_2O + O_2\uparrow$$

$$2CuCl_2 \xrightarrow{\triangle} 2CuCl + Cl_2\uparrow$$

将CuS、$CuBr_2$加热至高温也会分解为相应的Cu^+化合物，而常温下CuI_2和$Cu(CN)_2$就不能存在，必分解为Cu^+化合物。所以铜的两种氧化态Cu^+和Cu^{2+}是在一定条件下存在的，条件变化时，可以相互转化。

13.2.3 银的重要化合物

银的化合物中氧化态为+1的化合物最稳定，种类也最多，氧化态为+2和+3的化合物有AgO、AgF_2、Ag_2O_3等，它们都有很强的氧化性。

13.2.3.1 氧化物

Ag_2O是棕黑色的，微溶于水，显中强碱性。Ag^+溶液中加入碱得到白色的氢氧化物AgOH沉淀，AgOH特别不稳定，常温下分解为棕黑色Ag_2O。要得到AgOH必须加入乙醇溶液且温度低于228 K，温度稍高，则分解。

$$2AgOH（白）\longrightarrow Ag_2O（棕黑）+H_2O$$

Ag_2O 也不稳定，加热温度超过 573 K 就分解，氧化银是一种很强的氧化剂，易被 CO 或 H_2O_2 还原。

$$2Ag_2O \xrightarrow{\triangle} 4Ag + O_2\uparrow$$

$$Ag_2O + CO \xrightarrow{\triangle} 2Ag + CO_2\uparrow$$

$$Ag_2O + H_2O_2 \xrightarrow{\triangle} 2Ag + H_2O + O_2\uparrow$$

在碱性介质中 Ag^+ 的氧化性强些。可与醛发生银镜反应，也可以氧化 H_3PO_2、H_3PO_3、N_2H_4 和 NH_2OH 等。

13.2.3.2 卤化物

卤化银有 AgF（白色）、AgCl（白色）、AgBr（淡黄）、AgI（黄色），其中 AgF 是离子型化合物，易溶于水，在潮湿的空气中也易潮解。其他卤化银按 Cl、Br、I 顺序共价趋势增强，颜色变深，溶解度变小。

卤化银颜色加深的原因：银的极化能力和变形性都很强，而卤离子按 Cl、Br、I 顺序半径增大，变形性越来越大，使生成的卤化银共价性增强，电子的跃迁更容易，吸收光谱的谱带向长波方向移动，所以化合物的颜色越来越深。

AgCl、AgBr 和 AgI 都有感光性，光照下分解。在照相业上常使用这些卤化物。

$$2AgX \xrightarrow{光照} 2Ag + X_2$$

照相底片上涂有一层含有 AgBr 胶体粒子的明胶，在光照下 AgBr 分解为银原子，称为“银核”：

$$AgBr \xrightarrow{光照} Ag + Br$$

然后用显影液（主要含有有机还原剂如对苯二酚等）处理，使含银核的 AgBr粒子被还原为金属变为黑色，最后在定影液（主要含有 $Na_2S_2O_3$）作用下，使未感光的 AgBr 形成 $[Ag(S_2O_3)_2]^{3-}$ 而溶解，晾干后就得到底片：

$$AgBr + 2S_2O_3^{2-} \longrightarrow [Ag(S_2O_3)_2]^{3-} + Br^-$$

印相时，将底片放在相纸上再进行曝光，经显影、定影就得到相片。

AgI 在人工降雨中作冰核形成剂，作为固体电解质已用于固体电解质电池和电化学器件中。

13.2.3.3 硝酸银

硝酸银是最重要的可溶性银盐。将银溶解于热硝酸中，再经蒸发、结晶，制得无色片状硝酸银晶体。

$$3Ag + 4HNO_3\ (稀) \longrightarrow 3AgNO_3 + NO_2 \uparrow + 2H_2O$$

$$Ag + 2HNO_3\ (浓) \longrightarrow AgNO_3 + NO_2 \uparrow + H_2O$$

硝酸银不稳定，受热或光照都会分解，应放在棕色瓶子中保存：

$$2\ AgNO_3 \xrightarrow{光照或\Delta} 2Ag + 2NO_2 \uparrow + O_2 \uparrow$$

硝酸银中常混有硝酸铜，硝酸银的分解温度较高（713 K），硝酸铜的分解温度较低（473 K），可将混合物加热至473～713 K，这时硝酸铜分解为不溶于水的黑色氧化铜而硝酸银尚未分解，将混合物冷却后用水溶解，过滤除去不溶的氧化铜，滤液重结晶，得到纯的硝酸银。

$$2Cu(NO_3)_2 \longrightarrow 2CuO + 4NO_2 \uparrow + O_2 \uparrow \quad (473K)$$

硝酸银具有氧化性，对有机组织有破坏作用。如遇到蛋白质即生成黑色蛋白银，使用时要小心。硝酸银在医药上常作消毒剂和腐蚀剂。

13. 2. 3. 4　配合物

Ag^+易形成配合物，中心离子（Ag^+）进行 sp 杂化，配合物经常是直线形的。如$[AgCl_2]^-$、$[Ag(NH_3)_2]^+$、$[Ag(S_2O_3)_2]^{3-}$、$[Ag(CN)_2]^-$等，它们的稳定性依次增强。AgCl 能溶于氨水、硫代硫酸钠和氰化钠中，而 AgBr 微溶于氨水，易溶于硫代硫酸钠和氰化钠中，AgI 不溶于氨水，仅微溶解于硫代硫酸钠，但易溶解于氰化钠中。

$[Ag(NH_3)_2]^+$具有弱氧化性，工业上用它在玻璃或暖水瓶胆上镀银：

$$2[Ag(NH_3)_2]^+ + RCHO(甲醛或葡萄糖) + 3OH^- \longrightarrow 2Ag + RCOO^- + 4NH_3 \uparrow + 2H_2O$$

$[Ag(NH_3)_2]^+$放置久后，会析出具有爆炸性的 Ag_2NH 和 AgN_3，因此实验后的$[Ag(NH_3)_2]^+$溶液必须加硝酸处理。

$[Ag(CN)_2]^-$有毒，原来主要用作电解液，在阴极被还原为 Ag，现在已被无毒镀银液如$[Ag(SCN)_2]^-$等所取代。

$$[Ag(CN)_2]^- + e^- \longrightarrow Ag + 2CN^-$$

13. 3　锌族元素

13. 3. 1　锌族元素概述

13. 3. 1. 1　锌族元素性质

锌族元素包括锌（zinc，Zn）、镉（cadmium，Cd）、汞（mercury，Hg）及

放射性元素鎶（Copemicium，Cn）四种元素，是周期表 ds 区ⅡB 族元素。锌和汞在自然界中主要以硫化物形式存在，锌最主要的矿石是闪锌矿 ZnS 和菱锌矿 $ZnCO_3$。汞最主要的矿是辰砂（也称朱砂）HgS，硫化汞矿常以微量存在于闪锌矿中。

锌族元素的最外层只有两个 s 电子，次外层有 18 个电子，有效核电荷数大，核对电子的引力强，与同周期碱土金属比较，原子半径和离子半径 M^{2+} 都小。与同周期的铜族元素相比，锌族元素的标准电极电势更负，电离能更高，但升华热较小，而离子水合热又高得多（数值更负）。例如 Cu（s）→ Cu^{2+}（aq）时需能量 939kJ · mol^{-1}，比同周期的 Zn（s）→ Zn^{2+}（aq）所需能量 735kJ · mol^{-1}大得多，所以铜族元素没有锌族元素活泼。

ⅡB 族与ⅡA 族元素在性质上有很大差别，但比ⅠA 族和ⅠB 族之间的差别要小些。锌族元素的（$n-1$）d 电子没参加成键，故性质与过渡元素有较大差别，氧化态主要为 +2（汞有 +1 的），离子无色，金属键较弱而硬度、熔点较低等。锌族单质的熔点、沸点、熔化热和汽化热等不仅比碱土金属低，而且比铜族金属低，这可能是由于最外层 s 电子成对后稳定性增加的缘故。在汞原子中，$6s^2$电子对较稳定，金属键的结合力较弱，熔点、熔化热、沸点和汽化热较低。锌、镉、汞的 ns 轨道已填满，能脱离的自由电子数量不多，因此它们单质的导电性较差。

常温下 Zn 是青白色，Cd 是灰白色，Hg 是银白色的金属。汞是常温下唯一的液体金属，有流动性，在 273～573 K 体积膨胀系数很均匀又不湿润玻璃，故可用作温度计。汞的蒸气压在室温下很低（293 K 时为 0. 16 Pa），宜于制造气压计。汞有流动性、密度大、能导电，在实验工作中常用汞作液封和大电流断路继电器。汞的蒸气在电弧中能导电，并辐射高强度的可见和紫外光线，可制作医疗使用的太阳灯。

汞和它的化合物都是有毒的物质，人吸入汞蒸气会慢慢中毒，导致毛发脱落、神经错乱等。使用汞时最好在通风橱中。储存汞时，常在汞上面覆盖一层水，以防止汞蒸气挥发。若不小心将汞撒落，先要将其尽量收集起来，不能收集的要用硫黄粉覆盖，使汞转化为硫化汞，防止汞挥发。液体汞与硫粉反应接触面积大，反应较快。

$$Hg + S \longrightarrow HgS$$

13. 3. 1. 2 锌族元素化学活性

按锌、镉、汞的顺序，锌族元素化学活性递减，与碱土金属相反。

(1) 与非金属作用

常温下，ⅡB 族单质都很稳定。加热下，Zn、Cd、Hg 均可与 O_2反应，生成氧化物。

$$2Zn + O_2 \xrightarrow{\triangle} 2ZnO$$

$$2Cd + O_2 \xrightarrow{\triangle} 2CdO \text{（褐色）}$$

$$2Hg + O_2 \xrightarrow{\triangle} 2HgO \text{（红色）}$$

锌在潮湿的空气中，生成碱式盐：

$$4Zn + 2O_2 + CO_2 + 3H_2O \longrightarrow ZnCO_3 \cdot 3Zn(OH)_2$$

在常温下锌与卤素作用缓慢，但汞与卤素的反应较快，即 Hg 比 Zn、Cd 还活泼些，因为 Hg 是液体，接触面积大，反应活性高。锌与硫黄共热可形成硫化锌，而汞与硫粉接触即可反应。

（2）与酸作用

Zn、Cd 都能与稀盐酸、稀硫酸反应，放出 H_2，但 Hg 不能，Hg 在加热时可与氧化性酸反应，得到汞盐。

$$Hg + 2H_2SO_4 \text{（浓）} \xrightarrow{\triangle} HgSO_4 + SO_2\uparrow + 2H_2O$$

$$Hg + 4HNO_3 \xrightarrow{\triangle} Hg(NO_3)_2 + 2NO_2\uparrow + 2H_2O$$

冷硝酸与过量的汞反应生成亚汞：

$$2Hg + 4HNO_3 \longrightarrow Hg_2(NO_3)_2 + 2NO_2\uparrow + 2H_2O$$

（3）与碱作用

锌与铝一样是两性金属，所以也溶于碱性溶液：

$$Zn + 2NaOH + 2H_2O \longrightarrow Na_2[Zn(OH)_4] + H_2\uparrow$$

锌能溶于氨水，形成配离子：

$$Zn + 4NH_3 \cdot H_2O \longrightarrow [Zn(NH_3)_4]^{2+} + H_2\uparrow + 2OH^- + 2H_2O$$

Cd、Hg 不和碱反应。

纯的锌和稀盐酸作用很慢，属动力学问题。若在体系中加入少许 Cu^{2+}，则反应速度加快。用 Zn 制标准溶液时，在盐酸中滴加少许溴水，反应则快得多。

汞的另一特点是易与某些金属生成汞齐，如钠汞齐，既保持了 Hg 的惰性，又保持了 Na 的活性，与水反应放出氢气时比较缓合。银汞齐和金汞齐可用于提取贵金属银和金。

13.3.1.3　锌族元素冶炼方法

（1）锌的冶炼有火法和湿法两种。

①火法炼锌的主要步骤是：闪锌矿经过浮选得到含 ZnS 40%～60% 的精矿，将精矿焙烧转化为 ZnO，再与焦炭混合在鼓风炉中加热到 1 470 K 以上，使 ZnO

还原并将 Zn 蒸馏出来：

$$2ZnS + 3O_2 \xrightarrow{\triangle} 2ZnO + 2SO_2 \uparrow$$

$$ZnO + CO \xrightarrow{\triangle} Zn(g) + CO_2 \uparrow$$

所得粗锌含锌 98%，通过精馏可以将锌和铅、铜、铁、镉分离，得到纯度为 99.9% 的锌。

②湿法炼锌也称电解法。将硫化锌精矿焙烧，所得的 ZnO 粗产品用稀硫酸浸出，使 ZnO 溶解生成 $ZnSO_4$，使铁、砷、锑等杂质水解成沉淀进入浸出渣中。再加锌粉于滤液中，置换出不活泼的 Cu、Cd、Co、Ni、Ag 等杂质。电解 $ZnSO_4$ 溶液就可以得到纯度为 99.99% 的锌。

(2) 镉没有单独的矿，常存在于锌的各种矿中，在治炼锌时，利用镉的沸点低于锌的特点，将镉先蒸发，再溶解于盐酸，用锌置换得到纯镉。

(3) 辰砂在空气中焙烧或与铁、氧化钙共同焙烧，就可得到汞。

$$HgS + O_2 \xrightarrow{\triangle} Hg \uparrow + SO_2 \uparrow$$

$$4HgS + 4CaO \xrightarrow{\triangle} 4Hg \uparrow + 3CaS + CaSO_4$$

$$HgS + Fe \xrightarrow{\triangle} Hg \uparrow + FeS$$

这样得到的汞常含有 Pb、Cd、Cu 等杂质，用稀硝酸洗涤，使杂质溶解后减压蒸馏，得到 99.9% 的汞。

13.3.2 重要化合物

13.3.2.1 锌和镉的氧化物

ZnO 为白色粉末状固体，CdO 为棕黄色粉末状固体，它们均不溶于水。氧化锌和氧化镉可由金属在空气中燃烧制得，也可由相应的碳酸盐、硝酸盐加热分解而制得：

①金属锌氧化法。金属锌经过加热熔融（熔点 419 ℃）后，吹入空气。

$$2Zn + O_2 \longrightarrow 2ZnO$$

②碱式碳酸锌加热分解法。由锌盐与 $(NH_4)_2CO_3$ 或 Na_2CO_3 等可溶性碳酸盐合成碱式碳酸锌，然后将其加热分解，即可得到 ZnO：

$$ZnCO_3 \cdot 2Zn(OH)_2 \cdot 2H_2O \xrightarrow{\triangle} 3ZnO + CO_2 \uparrow + 4H_2O \uparrow$$

ZnO 是两性氧化物，既能与酸反应，也能与碱反应：

$$ZnO + 2HCl \longrightarrow ZnCl_2 + H_2O$$

$$ZnO + 2NaOH \longrightarrow Na_2ZnO_2 + H_2O$$

或者 $ZnO + 2NaOH + H_2O \longrightarrow Na_2[Zn(OH)_4]$

13.3.2.2 氢氧化锌

$Zn(OH)_2$是难溶于水的白色固体物质。$Zn(OH)_2$具有明显的两性，可溶于酸和过量强碱中：

$$Zn(OH)_2 + 2H^+ \longrightarrow Zn^{2+} + 2H_2O$$

$$Zn(OH)_2 + 2OH^- \longrightarrow [Zn(OH)_4]^{2-}$$

这是因为在水溶液中有两种离解方式［与$Al(OH)_3$、$Cr(OH)_3$相似］：

$$Zn^{2+} + 2OH^- \underset{\text{碱式离解}}{\rightleftharpoons} Zn(OH)_2 \underset{+2H_2O}{\overset{\text{酸式离解}}{\rightleftharpoons}} 2H^+ + [Zn(OH)_4]^{2-}$$

根据平衡移动原理，在酸性溶液中，平衡向左移动。当溶液酸度足够大时，得到锌盐；在碱性溶液中，平衡向右移动。当碱度足够大时，得到锌酸盐。

$Cd(OH)_2$为白色固体，密度 4.79g/cm^3（15℃），熔点 150℃（开始分解），300℃完全分解。不溶于水和碱，溶于酸，溶于氨水形成配离子，可由镉盐与碱作用制得，$Cd(OH)_2$可致癌而且有剧毒。$Cd(OH)_2$与$Zn(OH)_2$类似具有两性，但是不像$Zn(OH)_2$那样明显，$Cd(OH)_2$呈明显碱性，仅有微弱的酸性，只能稍溶于浓碱液中，生成$[Cd(OH)_4]^{2-}$。

$Zn(OH)_2$和$Cd(OH)_2$都能溶于氨水中，形成配合物：

$$Zn(OH)_2 + 4NH_3 \longrightarrow [Zn(NH_3)_4]^{2+} + 2OH^-$$

$$Cd(OH)_2 + 4NH_3 \longrightarrow [Cd(NH_3)_4]^{2+} + 2OH^-$$

13.3.2.3 卤化锌

卤化锌 ZnX_2（X = Cl、Br、I）是白色结晶，极易吸潮。可由锌和卤素单质直接合成：

$$Zn + X_2 \longrightarrow ZnX_2$$

$ZnBr_2$、ZnI_2用做医药和分析试剂。$ZnCl_2$因为有很强的吸水性，在有机合成中常用作脱水剂、缩合剂和氧化剂，以及染料工业的媒染剂，也用作石油净化剂和活性炭活化剂。

$ZnCl_2$溶于水，由于 Zn^{2+} 水解而呈酸性：

$$Zn^{2+} + 2H_2O \rightleftharpoons Zn(OH)_2 + 2H^+$$

$ZnCl_2$浓溶液中由于形成配位酸，而有显著的酸性：

$$ZnCl_2 + H_2O \rightleftharpoons H[ZnCl_2(OH)]$$

配位酸能溶解金属氧化物：

$$6H[ZnCl_2(OH)] + Fe_2O_3 \longrightarrow 2Fe[ZnCl_2(OH)]_3 + 3H_2O$$

所以 $ZnCl_2$ 能用作焊药，清除金属表面的氧化物，以便于焊接。

13.3.2.4 硫酸锌（$ZnSO_4 \cdot 7H_2O$）

$ZnSO_4 \cdot 7H_2O$ 俗称皓矾，是常见的锌盐。大量用于制备锌钡白（商品名“立德粉”），它是由 $ZnSO_4$ 和 BaS 经复分解反应而得的。实际上锌钡白是 ZnS 和 $BaSO_4$ 的化合物：

$$Zn^{2+} + SO_4{}^{2-} + Ba^{2+} + S^{2-} \longrightarrow ZnS \cdot BaSO_4 \downarrow$$

锌钡白遮盖力强、无毒，并且在空气中比较稳定，是优良的白色颜料，所以大量用于涂料、油墨和油漆工业。

13.3.2.5 锌和镉的硫化物

在可溶性的锌盐和镉盐溶液中，分别通入 H_2S 时，都会有不溶性硫化物析出：

$$Zn^{2+} + H_2S \longrightarrow ZnS \downarrow \text{（白色）} + 2H^+$$

$$Cd^{2+} + H_2S \longrightarrow CdS \downarrow \text{（黄色）} + 2H^+$$

从溶液中析出的 CdS 呈黄色，常根据这一反应来鉴别溶液中 Cd^{2+} 的存在。由于 ZnS 的溶度积较大（$K^{\ominus}_{sp,ZnS} = 1.6 \times 10^{-24}$），若溶液中 H^+ 的浓度超过 $0.3\ mol \cdot L^{-1}$，ZnS 就能溶解。而 CdS 比 ZnS 溶度积小得多，它不溶于稀盐酸，但可溶于较浓的盐酸，如 $6\ mol \cdot L^{-1}$ 的盐酸：

$$CdS + 2H^+ + 4Cl^- \longrightarrow [CdCl_4]^{2-} + H_2S \uparrow$$

13.3.2.6 锌和镉的配合物

和大多数过渡元素一样，锌和镉都可以形成稳定的配合物。除前面介绍过的 $[MCl_4]^{2-}$、$[M(NH_3)_4]^{2+}$、$[M(OH)_4]^{2-}$ 外，常见的还有 $[MI_4]^{2-}$、$[M(CN)_4]^{2-}$ 等。它们的特征配位数是 4，空间构型是四面体。Cd^{2+} 除与 NH_3 形成配位数为 4 的配合物以外，还存在配位数为 6 的配离子 $[Cd(NH_3)_6]^{2+}$。另外 Zn^{2+} 和 Cd^{2+} 都可以与多齿配体形成螯合物。

13.3.3 汞的重要化合物

汞与锌、镉不同，有氧化值为 +1 和 +2 两类化合物。在汞的化合物里，许多是以共价键结合。氧化值为 +1 的化合物称为亚汞化合物，如氯化亚汞（Hg_2Cl_2）、硝酸亚汞（$Hg_2(NO_3)_2$）等。经过 X 射线衍射实验证实：亚汞离子不是 Hg^+，而是 Hg_2^{2+}（两个汞原子之间以共价键结合—Hg—Hg—）。汞单质和大多数汞的化合物都是有毒的。

（1）硫化汞

硫化汞（mercuric sulfide）的天然矿物叫做辰砂或朱砂，呈朱红色，中药用作安神镇静药。硫化汞颜色的不同是由于晶型不同，这两种晶型在 386℃时呈平衡状态，410℃以上，黑色型可转变为红色型。

硫化汞（HgS）是最难溶的金属硫化物，它不溶于盐酸及硝酸，但溶于王水生成配离子：

$$3HgS + 12Cl^- + 2NO_3^- + 8H^+ \longrightarrow 3[HgCl_4]^{2-} + 3S\downarrow + 2NO\uparrow + 4H_2O$$

HgS 也溶于硫化钠溶液，生成 $[HgS_2]^{2-}$：

$$HgS + S^{2-} \longrightarrow [HgS_2]^{2-}$$

$[HgS_2]^{2-}$遇酸将重新析出 HgS 沉淀：

$$[HgS_2]^{2-} + 2H^+ \longrightarrow HgS\downarrow + H_2S\uparrow$$

人工合成的朱砂是由汞与硫直接反应，加热升华而成：

$$Hg + S \xrightarrow{\triangle} HgS$$

实验室中，在汞盐溶液中通入硫化氢，得到黑色硫化汞沉淀：

$$Hg^{2+} + H_2S \longrightarrow HgS\downarrow + 2H^+$$

（2）氯化汞和氯化亚汞

$HgCl_2$为共价型化合物，氯原子以共价键与汞原子结合成直线型分子 Cl—Hg—Cl。$HgCl_2$熔点较低（280℃），易升华，因而俗名升汞，中药上把它叫做白降丹。$HgCl_2$是剧毒物质，误服 0.2～0.4 g 就能致命。$HgCl_2$易溶于水，其稀溶液有杀菌作用，例如 1∶1 000 的稀溶液可用作外科手术器械的消毒剂。

$HgCl_2$主要用作有机合成的催化剂（如氯乙烯的合成），也用于生产干电池、染料、农药等。医药上用来作防腐剂、杀菌剂。

$HgCl_2$在酸性溶液中是较强的氧化剂，适量的 $SnCl_2$可将其还原为难溶于水的白色丝状氯化亚汞（Hg_2Cl_2）沉淀：

$$2HgCl_2 + Sn^{2+} + 4Cl^- \longrightarrow Hg_2Cl_2\downarrow（白色） + [SnCl_6]^{2-}$$

如果 $SnCl_2$过量，生成的 Hg_2Cl_2可进一步被 $SnCl_2$还原为金属汞：

$$Hg_2Cl_2 + SnCl_2 \longrightarrow 2Hg\downarrow（黑色） + SnCl_4$$

分析化学中利用此反应鉴定 Hg（Ⅱ）或 Sn（Ⅱ）。

另外，$HgCl_2$与 $NH_3 \cdot H_2O$ 反应可生成一种难溶解的白色氨基氯化汞沉淀：

$$HgCl_2 + 2NH_3 \longrightarrow Hg(NH_2)Cl\downarrow（白色） + NH_4Cl$$

而在 Hg_2Cl_2溶液中加入 $NH_3 \cdot H_2O$，不仅有上述白色沉淀，同时还有黑色汞析出：

$$Hg_2Cl_2 + 2NH_3 \longrightarrow Hg(NH_2)Cl\downarrow（白色） + Hg\downarrow（黑色） + NH_4Cl$$

$HgCl_2$可通过在过量的氯气中加热金属汞制得：

$$Hg(l) + Cl_2(g) \longrightarrow HgCl_2(s) \qquad \Delta_r H_m^{\ominus} = -230 kJ \cdot mol^{-1}$$

该反应一般在石英甑中进行：液态汞 Hg（l）微热后通入 Cl_2（g），伴随化合反应放出大量的热，使 $HgCl_2$升华。反应始终都要保持 Cl_2（g）过量，以防止 Hg_2Cl_2的生成。也可由氧化汞和盐酸作用，在溶液中制得 $HgCl_2$：

$$HgO + 2HCl \longrightarrow HgCl_2 + H_2O$$

Hg_2Cl_2分子结构也为直线型（Cl—Hg—Hg—Cl），它是白色固体，难溶于水。少量的 Hg_2Cl_2无毒。因为 Hg_2Cl_2味略甜，俗称甘汞，为中药轻粉的主要成分。内服可作缓泻剂，外用治疗慢性溃疡及皮肤病。Hg_2Cl_2也常用于制作甘汞电极。

金属汞与 $HgCl_2$固体一起研磨可制得氯化亚汞（Hg_2Cl_2）：

$$HgCl_2 + Hg \longrightarrow Hg_2Cl_2$$

Hg_2Cl_2见光易分解：

$$Hg_2Cl_2 \longrightarrow HgCl_2 + Hg$$

（3）硝酸汞和硝酸亚汞

$Hg(NO_3)_2$和 $Hg_2(NO_3)_2$都可由金属汞和硝酸 HNO_3反应来制得，主要在于两种原料的比例不同：使用过量的 65% 的浓硝酸，在加热条件下，反应制得$Hg(NO_3)_2$：

$$Hg + 4HNO_3（浓）\xrightarrow{\triangle} Hg(NO_3)_2 + 2NO_2\uparrow + 2H_2O$$

使用冷的稀硝酸与过量的汞反应则得到 $Hg_2(NO_3)_2$：

$$6Hg + 8HNO_3（稀）\longrightarrow 3Hg_2(NO_3)_2 + 2NO\uparrow + 4H_2O$$

$Hg(NO_3)_2$也可由 HgO 溶于硝酸制得：

$$HgO + 2HNO_3 \longrightarrow Hg(NO_3)_2 + H_2O$$

从溶液中结晶析出时常带结晶水，$Hg(NO_3)_2$最常见的水合物是 $Hg(NO_3)_2 \cdot H_2O$。

$Hg_2(NO_3)_2$也可由 $Hg(NO_3)_2$溶液与金属汞一起振荡而制得：

$$Hg + Hg(NO_3)_2 \longrightarrow Hg_2(NO_3)_2$$

$Hg(NO_3)_2$在水中强烈水解生成碱式盐沉淀：

$$2Hg(NO_3)_2 + 2H_2O \longrightarrow Hg(OH)_2 \cdot Hg(NO_3)_2\downarrow + 2HNO_3$$

所以配制溶液时，应将它溶于稀硝酸中。

硝酸汞受热分解为红色的氧化汞：

$$2Hg(NO_3)_2 \xrightarrow{\triangle} 2HgO + 4NO_2\uparrow + O_2\uparrow$$

从溶液中可结晶出二水合物 $Hg(NO_3)_2 \cdot 2H_2O$。

$Hg_2(NO_3)_2$也易水解，形成碱式硝酸亚汞：

$$Hg_2(NO_3)_2 + H_2O \longrightarrow Hg_2(OH)(NO_3)\downarrow + HNO_3$$

$Hg_2(NO_3)_2$受热也容易分解：

$$Hg_2(NO_3)_2 \xrightarrow{\Delta} 2HgO + 2NO_2\uparrow$$

（4）汞的配合物

Hg^{2+}易和 Cl^-、Br^-、I^-、CN^-、SCN^-等配体形成稳定的配离子，Hg^{2+}主要形成 2 配位的直线形配合物和 4 配位的四面体配合物，例如 $[HgCl_4]^{2-}$、$[Hg(SCN)_4]^{2-}$、$[Hg(CN)_4]^{2-}$等。例如，Hg^{2+}与 I^-反应，生成红色 HgI_2沉淀：

$$Hg^{2+} + 2I^- \longrightarrow HgI_2\downarrow \text{（红色）}$$

在过量 I^-作用下，HgI_2又溶解生成 $[HgI_4]^{2-}$配离子：

$$HgI_2 + 2I^- \longrightarrow [HgI_4]^{2-} \text{（无色）}$$

$Hg_2{}^{2+}$形成配合物的倾向较小。$Hg_2{}^{2+}$也能与 I^-反应，生成绿色 Hg_2I_2沉淀，在过量 I^-作用下，Hg_2I_2发生歧化反应，也生成 $[HgI_4]^{2-}$配离子：

$$Hg_2{}^{2+} + 2I^- \longrightarrow Hg_2I_2\downarrow \text{（绿色）}$$

$$Hg_2I_2 + 2I^- \longrightarrow [HgI_4]^{2-} \text{（无色）} + Hg \text{（黑色）}$$

此反应可用于鉴定 Hg（Ⅰ）。

$[HgI_4]^{2-}$的碱性溶液称为奈斯勒（Nessler）试剂。如果溶液中有微量的 $NH_4{}^+$存在，滴加奈斯勒试剂，会立即生成红棕色沉淀，此反应常用来鉴定微量的 $NH_4{}^+$：

$$2[HgI_4]^{2-} + NH_4^+ + 4OH^- \longrightarrow [Hg_2ONH_2]I\downarrow \text{（红棕色）} + 7I^- + 3H_2O$$

（5）汞（Ⅰ）和汞（Ⅱ）的转化

汞元素的电势图如下：

酸性介质 $E_A^\ominus/V$

$$Hg^{2+} \xrightarrow{+0.9083} Hg_2^{2+} \xrightarrow{+0.7956} Hg \quad (Hg^{2+} \xrightarrow{+0.8519} Hg)$$

$$HgCl_2 \xrightarrow{+0.6571} Hg_2Cl_2 \xrightarrow{+0.2680} Hg$$

碱性介质 $E_B^\ominus/V$

$$HgO \xrightarrow{+0.0724} Hg_2O \xrightarrow{+0.123} Hg \quad (HgO \xrightarrow{+0.0977} Hg)$$

从汞元素的电势图可看出：$E_{左}^\ominus > E_{右}^\ominus$，$Hg_2{}^{2+}$在溶液中不像 Cu^+那样容易歧化。相反，在溶液中 Hg^{2+}可氧化 Hg 而生成 $Hg_2{}^{2+}$（逆歧化反应）：

$$Hg^{2+} + Hg \longrightarrow Hg_2{}^{2+}$$

$$\lg K^\ominus = \frac{0.9083 - 0.7956}{0.0592} = \frac{0.1127}{0.0592} = 1.904$$

$$K^\ominus = \frac{c'(Hg_2^{2+})}{c'(Hg^{2+})} = 80$$

只要溶液中有 Hg 存在，Hg^{2+} 基本上都转变为 Hg_2^{2+}，因此 Hg（Ⅱ）化合物用金属汞还原，即可得到 Hg（Ⅰ）化合物。

由于 $Hg^{2+} + Hg \longrightarrow Hg_2^{2+}$ 反应的平衡常数较大，平衡强烈偏向于生成 Hg_2^{2+} 的一方，为使 Hg（Ⅰ）转化为 Hg（Ⅱ），即 Hg_2^{2+} 的歧化反应能够进行，必须降低溶液中 Hg^{2+} 的浓度，例如使之变为某些难溶物或难解离的配合物：

$$Hg_2^{2+} + 2OH^- \longrightarrow HgO\downarrow + Hg\downarrow + H_2O$$

$$Hg_2^{2+} + S^{2-} \longrightarrow HgS\downarrow + Hg\downarrow$$

$$Hg_2^{2+} + 2CN^- \longrightarrow Hg(CN)_2\downarrow + Hg\downarrow$$

13.3.4 含镉、含汞废水的处理

（1）含镉废水

镉（Cd^{2+}）进入人体后，首先损害肾脏，并能置换出骨骼中的钙（Ca^{2+}）引起骨质疏松、骨质软化，使人感觉骨骼疼痛，故名“骨痛病”，同时还伴有疲倦无力，头痛和头晕等症；并且镉在肾和肝脏中积蓄，还会造成积累性中毒。因此，含镉废水是世界上危害较大的工业废水之一。采矿、冶炼、电镀、蓄电池、玻璃、油漆、陶瓷、原子反应堆等部门是含镉废水的主要来源。国家规定含镉废水的排放标准为 $0.1\ mol\cdot l^{-1}$。

含镉废水可采用以下方法处理：

①沉淀法

对于一般工业含镉废水，可采用加碱或可溶性硫化物，使 Cd^{2+} 转化为 $Cd(OH)_2$ 或 CdS 沉淀出去：

$$Cd^{2+} + 2OH^- \longrightarrow Cd(OH)_2\downarrow$$

$$Cd^{2+} + S^{2-} \longrightarrow CdS\downarrow$$

②氧化法

氧化法常用于处理氰化镀镉废水。在废水中主要含有 $[Cd(CN)_4]^{2-}$，另外，还有 Cd^{2+} 和 CN^- 等有毒物质，因此在除去 Cd^{2+} 的同时，也要除去 CN^-。以漂白粉作氧化剂加入废水中，使 CN^- 被氧化破坏，Cd^{2+} 被沉淀而除去，其主要反应如下：

漂白粉在溶液中水解：

$$Ca(ClO)_2 + 2H_2O \longrightarrow Ca(OH)_2 + 2HClO$$

HClO 将 CN^- 氧化为 N_2 和 CO_3^{2-}：

$$CN^- + ClO^- \longrightarrow CNO^- + Cl^-$$

$$2CN^- + 3ClO^- + 2OH^- \longrightarrow 2CO_3^{2-} + N_2\uparrow + 3Cl^- + H_2O$$

Cd^{2+} 转化为沉淀：

$$Cd^{2+} + 2OH^- \longrightarrow Cd(OH)_2 \downarrow$$

除上述介绍的两种方法外，还可采用电解法、离子交换法等方法来处理含镉废水。

（2）含汞废水

含汞废水的处理早为世界各国所关注，它是重金属污染中危害最大的工业废水之一。催化合成乙烯、含汞农药、各种汞化合物的制备以及由汞齐电解法制备烧碱等都是含汞废水的来源，对环境和人体健康威胁极大。我国国家标准规定：汞的排放标准不大于 $0.050\ mg \cdot l^{-1}$。

含汞废水的处理方法很多，如化学沉淀法、还原法、活性炭吸附法、离子交换法以及微生物法等。这些方法可以根据生产规模、含汞浓度以及汞化合物的类型进行选用。

近年来，环保工作者不断寻求更加安全和经济的方法来处理含镉、汞废水，以减少或消除镉、汞在环境中的积累。含镉、汞废水成分复杂，处理达标要求又非常严格，传统的物理化学法各有优缺点。其缺点表现为处理剂使用量大，反应不易控制，水质差，回收贵金属难等。特别是镉等重金属离子浓度较低时，往往操作费用和材料成本相对过高。而生物法因能耗少，成本低，效率高，而且容易操作，最重要的是没有二次污染，因此在城市污水和工业废水的处理中得到广泛应用。微生物能去除重金属离子，主要是因为微生物可以把重金属离子吸附到表面，然后通过细胞膜将其运输到体内积累，从而达到去除重金属的效果。

复习与思考题

1. 将 H_2S 通入 $Hg_2(NO_3)_2$ 的溶液中，得到的沉淀物是什么化合物？

2. 试从原子结构方面说明铜族元素和碱金属元素在化学性质上的差异性。

3. 分别向硝酸银、硝酸铜和硝酸汞溶液中，加入过量的碘化钾溶液，各得到什么产物？写出化学反应方程式。

4. 为什么当硝酸作用于 $[Ag(NH_3)_2]Cl$ 时，会析出沉淀？请说明所发生反应的本质。

5. 利用金属的电极电势值，说明铜、银、金在碱性氰化物水溶液中溶解的原因，空气中的氧对溶解过程有何影响？CN^- 在溶液中的作用是什么？

6. 判断题

① 在所有的金属中，熔点最高的是副族元素，熔点最低的也是副族元素。（　　）

② 铜和锌都属 ds 区元素，它们的性质虽有差别，但（+2）价态的相应化合物性质很相似而与其他同周期过渡元素（+2）价态的相应化合物差别就比较大。(　　)

③ 在 $CuSO_4 \cdot 5H_2O$ 中的 5 个 H_2O，其中有 4 个配位水，1 个结晶水，加热脱水时，应先失结晶水，而后才失去配位水。(　　)

④ Zn^{2+}、Cd^{2+}、Hg^{2+} 都能与氨水作用，形成氨的配合物。(　　)

⑤ 氯化亚铜是反磁性的，其化学式应该用 CuCl 来表示；氯化亚汞也是反磁性物质，其化学式应该用 Hg_2Cl_2 表示。(　　)

7. 写出下列物质的化学式或主要化学组成：立德粉（　　），黄铜矿（　　）。

8. 在 Na、Al、Cu、Zn、Sn、Fe 等金属中，汞易与（　　）等金属形成汞齐，而不和（　　）等金属形成汞齐。

9. 为除去 $AgNO_3$ 中含有的少量 $Cu(NO_3)_2$ 杂质，可以采取（　　）。

10. Hg_2Cl_2 可用作利尿剂，但若储存不当，服用后会引起中毒，原因是（　　）。

11. 选择题

(1) 下列哪一族元素原子的最外层 s 电子都未占满？(　　)。

A. ⅠB 族　　B. ⅢB 族　　C. ⅥB 族　　D. ⅤB 族

(2) ⅠB 族金属元素导电性的顺序是（　　）。

A. Cu > Ag > Au　　B. Au > Ag > Cu　　C. Ag > Cu > Au　　D. Ag > Au > Cu

(3) 波尔多液是硫酸铜和石灰乳配成的农药乳液，它的有效成分是（　　）。

A. 硫酸铜　　B. 硫酸钙　　C. 氢氧化钙　　D. 碱式硫酸铜

(4) 锌比铜化学活泼性强，从能量变化角度分析，主要是由于（　　）。

A. 锌的升华热（131kJ/mol）比铜的升华热（340kJ/mol）小得多

B. 锌的第一、第二电离势之和比铜的第一、第二电离势之和要小

C. Zn^{2+}（气态）的水合热比 Cu^{2+}（气态）的水合热大得多

D. 以上三个原因都是主要的

(5) 铜与热浓盐酸作用，产物是（　　）。

A. $CuCl_2$　　B. $[CuCl_4]^{2-}$　　C. CuCl　　D. $[CuCl_4]^{3-}$

(6) 在合成氨生成工艺中，为吸收 H_2 中的杂质 CO，可以选用的试剂是（　　）。

A. $[Cu(NH_3)_4]Ac_2$　　B. $[Ag(NH_3)_2]^+$

C. $[Cu(NH_3)_2]Ac$　　D. $[Cu(NH_3)_4]^{2+}$

(7) 在分别含有 Cn^{2+}、Sn^{2+}、Hg^{2+}、Cd^{2+} 的四种溶液中加入哪种试剂，即可将它们鉴别出来？(　　)

A. 氨水　　B. 稀 HCl　　C. KI　　D. NaOH

（8）在 $Hg_2(NO_3)_2$的溶液中，加入哪种试剂时，不会发生歧化反应？（　　）

A. 浓 HCl　　B. H_2S　　C. NaCl 溶液　　D. $NH_3 \cdot H_2O$

12. 为防止 $Hg_2(NO_3)_2$溶液被氧化，常在溶液中加入少量汞，为什么？试根据相应的 $E^{\ominus}$值计算 $Hg^{2+} + Hg \longrightarrow Hg_2{}^{2+}$的平衡常数。

13. 判断下列各字母所代表的物质：化合物 A 是一种黑色固体，它不溶于水、稀 HAc 与 NaOH 溶液，而易溶于热 HCl 中，生成一种绿色的溶液 B。如溶液 B 与铜丝一起煮沸，即逐渐变成土黄色溶液 C。溶液 C 若用大量水稀释时会生成白色沉淀 D，D 可溶于氨溶液中生成无色溶液 E。E 暴露于空气中则迅速变成蓝色溶液 F。往 F 中加入 KCN 时，蓝色消失，生成溶液 G。往 G 中加入锌粉，则生成红色沉淀 H，H 不溶于稀酸和稀碱中，但可溶于热 HNO_3中生成蓝色的溶液 I。往 I 中慢慢加入 NaOH 溶液则生成蓝色沉淀 J。如将 J 过滤，取出后强热，又生成原来的化合物 A。

14. 将黑色 CuO 粉末加热到一定温度以后，就转变为红色 Cu_2O。加热到更高温度时，Cu_2O 又转变为金属铜，试用热力学观点解释这种现象。并估计这些变化发生时的温度。

15. 试选用配位剂分别将下列各种沉淀物溶解并写出化学方程式：CuCl、CuS、HgC_2O_4、HgS、$Cu(OH)_2$、AgBr、$Zn(OH)_2$、HgI_2。

16. 解释下列实验事实：

（1）焊接铁皮时，常先用浓 $ZnCl_2$溶液处理铁皮表面；

（2）$Hg_2C_2O_4$难溶于水，但可溶于含 Cl^- 的溶液中；

（3）过量的汞与 HNO_3反应的产物是 $Hg_2(NO_3)_2$；

（4）加热分解 $CuCl_2 \cdot H_2O$ 时得不到无水 $CuCl_2$。

第 14 章 过渡元素（二）

14.1 铬及其化合物

铬（$3d^5 4s^1$）的六个价电子都能参与成键，所以能生成多种氧化数的化合物，最常见的是氧化数为 +3 和 +6 的化合物。

14.1.1 铬

14.1.1.1 存在和发现

铬（Chromium，Cr）、钼（Molybdenum，Mo）、钨（Wolfram，W）及放射性元素𨭎（Sg）同属ⅥB 族元素，它们在地壳中的丰度（质量分数）分别是：铬 0.008 3%，钼 1.1×10^{-4}%，钨 1.3×10^{-4}%。

铬铁矿是铬在自然界的主要矿物（$FeCr_2O_4$）。钼常以硫化物存在，如 MoS_2（辉钼矿）。我国的钼矿和钨矿储量都很丰富，重要的钨矿有：黑色的钨锰铁矿（Fe，Mn）WO_4，又称黑钨矿；黄灰色的钨酸钙矿 $CaWO_4$，又称白钨矿。

铬是 1797 年法国化学家沃克兰（Vauquelin L N）在分析铬铅矿时首先发现的，因为它的化合物都有美丽的颜色而得名。由于辉钼矿和石墨在外表上相似，是一种黑色柔软的矿物，因而在很长时间内被认为是同一物质。直到 1778 年瑞典化学家舍勒（Scheele K W）用硝酸分解辉钼矿时发现有白色的三氧化钼生成，这种错误才得到纠正。舍勒于 1781 年又发现了钨。

铬是哺乳动物维持生命与健康所需的微量元素，缺乏铬可引起动脉粥样硬化。成人每天需要摄入 500～700μg 铬。铬对植物生长有刺激作用，微量的铬可以提高植物的收获量，但浓度过高又可抑制土壤中有机物质的硝化作用。铬化合物以蒸汽和粉尘的方式进入人体组织中，代谢和被清除的速度缓慢，会引起鼻中隔穿孔、肠胃疾患、白血球下降和类似哮喘的肺部病变。皮肤接触铬化合物可引起愈合极慢的“铬疮”。铬的污染主要是由工业引起的。

14.1.1.2 单质的性质和用途

铬和钼的价电子层结构为 $(n-1)d^5ns^1$，钨为 $5d^46s^2$，均可提供 6 个价电子形成较强的金属键，它们的最高氧化数为 +6，都具有 d 区元素多种氧化态的特征。它们的最高氧化态的稳定性按 Cr、Mo、W 的顺序增强，而低氧化态则相反。即 Cr 有稳定的低氧化态（+3）的化合物，而 Mo 和 W 以高氧化态（+6）的化合物最稳定。

铬是银白色有光泽的金属，无毒，化学性质稳定，纯铬具有延展性，含有杂质的铬硬而且脆。密度 7.20 g · cm^{-3}，熔点 1 857℃ ±20℃，沸点 2 672℃。块状钼和钨是银白色的，且有金属光泽，粉末状的钼和钨是深灰色的。由于铬副族元素可提供 6 个电子，能形成较强的金属键，因此，单质的熔点和沸点都非常高。钨的熔点和沸点是所有金属中最高的。

铬族的标准电极电势图如图 14-1 所示。

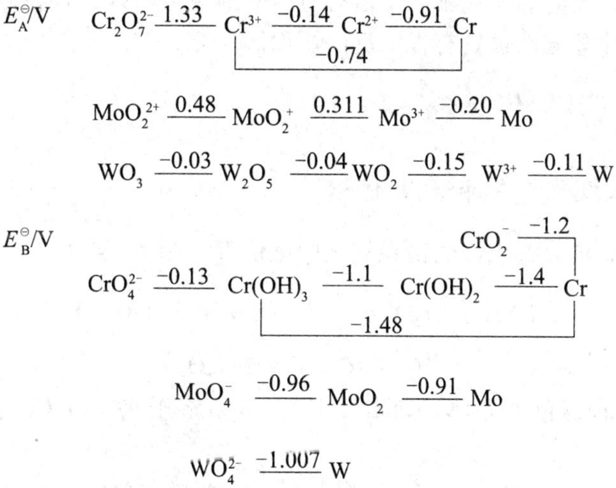

$E_A^\ominus$/V

$$Cr_2O_7^{2-} \xrightarrow{1.33} Cr^{3+} \xrightarrow{-0.14} Cr^{2+} \xrightarrow{-0.91} Cr \quad (Cr^{3+} \xrightarrow{-0.74} Cr)$$

$$MoO_2^{2+} \xrightarrow{0.48} MoO_2^{+} \xrightarrow{0.311} Mo^{3+} \xrightarrow{-0.20} Mo$$

$$WO_3 \xrightarrow{-0.03} W_2O_5 \xrightarrow{-0.04} WO_2 \xrightarrow{-0.15} W^{3+} \xrightarrow{-0.11} W$$

$E_B^\ominus$/V

$$CrO_4^{2-} \xrightarrow{-0.13} Cr(OH)_3 \xrightarrow{-1.1} Cr(OH)_2 \xrightarrow{-1.4} Cr \quad (CrO_2^{-} \xrightarrow{-1.2} Cr;\ Cr(OH)_3 \xrightarrow{-1.48} Cr)$$

$$MoO_4^{-} \xrightarrow{-0.96} MoO_2 \xrightarrow{-0.91} Mo$$

$$WO_4^{2-} \xrightarrow{-1.007} W$$

图 14-1 铬族的标准电极电势图

铬易溶解于几乎所有的无机酸中，但不溶于硝酸。在高温下被水蒸气所氧化，在 1 000℃下被一氧化碳所氧化。铬缓慢溶于稀盐酸和稀硫酸中，生成蓝色溶液。该溶液若与空气接触则很快变成绿色，这是因为生成的蓝色 Cr^{2+} 被空气中的氧进一步氧化成绿色的 Cr^{3+}。

$$Cr + 2HCl \longrightarrow CrCl_2 + H_2\uparrow$$

$$4CrCl_2 + 4HCl + O_2 \longrightarrow 4CrCl_3 + 2H_2O$$

铬与浓硫酸反应生成硫酸铬（Ⅲ）和二氧化硫：

$$2Cr + 6H_2SO_4(浓) \longrightarrow Cr_2(SO_4)_3 + 3SO_2\uparrow + 6H_2O$$

铬在浓硝酸中，因为表面生成致密的氧化膜而呈钝态。在高温下，铬能与卤素、硫、氮、碳等直接化合。铬能被熔融碱侵蚀。与氢气反应则生成 CrH_2。

钼和钨的化学性质较稳定，它们的表面易呈钝态。钼既不与稀酸反应，也不与浓盐酸反应，只与浓硝酸和王水反应。钨不溶于盐酸、硫酸和硝酸，只溶于王水或 HF 和 HNO_3 的混合酸。铬副族元素的金属活泼性是按铬到钨的顺序逐渐降低的：氟可与这些金属剧烈反应；铬在加热时能与氯、溴和碘反应；钼在同样条件下只与氯和溴化合；钨则不能与溴和碘化合。

铬具有良好的光泽，抗腐蚀性又高，故常用作其他金属表面的镀层，如自行车、汽车、精密仪器零件中的镀铬制件。铬主要用于制造合金钢，如铬钢含 Cr 0.5%～1%，Si 0.75%，Mn 0.5%～1.25%，这种钢很硬且有韧性，是机器制造业的重要原料；含铬大于 12% 的钢称为“不锈钢”，有极强的耐腐蚀性能。

钼和钨也大量用于制造合金钢，可提高钢的耐高温性、耐磨性、耐腐蚀性等。在机械工业中，钼钢和钨钢可作刀具、钻头等机器零件；钼和钨的合金在武器制造以及导弹火箭等尖端领域里占有重要的地位。另外，钨在制作灯丝和高温电炉的发热元件等方面也具有很广泛的用途。

14.1.2 铬（Ⅲ）化合物

14.1.2.1 三氧化二铬和氢氧化铬

重铬酸铵加热分解或金属铬在氧气中燃烧都可制得 Cr_2O_3：

$$(NH_4)_2Cr_2O_7 \xrightarrow{\triangle} Cr_2O_3 + N_2\uparrow + 4H_2O$$

$$4Cr + 3O_2 \xrightarrow{\triangle} 2Cr_2O_3$$

Cr_2O_3 是一种绿色的固体，熔点 2 435℃，微溶于水。Cr_2O_3 呈两性，既溶于酸又溶于碱：

$$Cr_2O_3 + 3H_2SO_4 \longrightarrow Cr_2(SO_4)_3 + 3H_2O$$

$$Cr_2O_3 + 2NaOH \longrightarrow 2NaCrO_2 + H_2O$$

经过灼烧的 Cr_2O_3 不溶于酸，但可用熔融法将它转变为可溶性的盐，如 Cr_2O_3 与焦硫酸钾在高温下反应：

$$Cr_2O_3 + 3K_2S_2O_7 \longrightarrow 3K_2SO_4 + Cr_2(SO_4)_3$$

Cr_2O_3 不但是冶炼铬的原料，而且可用作油漆的颜料，俗称“铬绿”。近年来也常用它作有机合成的催化剂。

Cr(Ⅲ) 盐溶液与氨水或氢氧化钠溶液反应可制得 $Cr(OH)_3$：

$$Cr_2(SO_4)_3 + 6NaOH \longrightarrow 2Cr(OH)_3\downarrow + 3Na_2SO_4$$

$Cr(OH)_3$是一种灰蓝色的胶状沉淀，它与 $Al(OH)_3$相似，也具有两性，在溶液中存在如下平衡：

$$\underset{(紫色)}{Cr^{3+}} + 3OH^- \rightleftharpoons \underset{(灰蓝色)}{Cr(OH)_3} \rightleftharpoons H^+ + \underset{(绿色)}{CrO_2^-} + H_2O$$

14.1.2.2 铬（Ⅲ）的配合物

Cr(Ⅲ) 离子的外层电子结构为 $3d^34s^04p^0$，具有 6 个空轨道，同时 Cr^{3+}的半径较小（61.5pm），正电场较强，具有较强的形成配合物的能力，容易与 H_2O、NH_3、Cl^-、CN^-、$C_2O_4{}^{2-}$等配体形成配合物，Cr(Ⅲ) 离子在水溶液中就是以六水合铬（Ⅲ）离子 $[Cr(H_2O)_6]^{3+}$存在的。

$[Cr(H_2O)_6]^{3+}$中的水分子还可被其他配位体所取代，因此，同一组成的配合物，存在多种异构体。例如，$CrCl_3 \cdot 6H_2O$ 就有三种异构体：紫色的$[Cr(H_2O)_6]Cl_3$，蓝绿色的 $[Cr(H_2O)_5Cl]Cl_2 \cdot H_2O$ 和绿色的 $[Cr(H_2O)_4Cl_2]Cl \cdot 2H_2O$。

14.1.3 铬（Ⅲ）盐

Cr_2O_3或 $Cr(OH)_3$溶于酸生成铬盐，溶于碱生成亚铬酸盐。最重要的铬（Ⅲ）盐是硫酸铬。硫酸铬因所含结晶水的不同而呈现不同的颜色：$Cr_2(SO_4)_3 \cdot 18H_2O$ 晶体显紫色，$Cr_2(SO_4)_3 \cdot 6H_2O$ 晶体呈绿色，无水 $Cr_2(SO_4)_3$为桃红色。硫酸铬（Ⅲ）与碱金属的硫酸盐作用可形成铬矾。在重铬酸钾的酸性溶液中通入 SO_2可制得 $K_2SO_4 \cdot Cr_2(SO_4)_3 \cdot 24H_2O$（铬钾矾）：

$$K_2Cr_2O_7 + H_2SO_4 + 3SO_2 \longrightarrow K_2SO_4 \cdot Cr_2(SO_4)_3 + H_2O$$

铬钒在鞣革、纺织等工业上有广泛的用途。

在酸性溶液中 Cr^{3+}的还原性很弱，相应的标准电极电势为：

$$Cr_2O_7{}^{2-} + 14H^+ + 6e^- \longrightarrow 2Cr^{3+} + 7H_2O \qquad E^{\ominus} = 1.33V$$

过硫酸铵、高锰酸钾和铋酸钠等很强的氧化剂才能将 Cr(Ⅲ) 氧化成 Cr(Ⅵ)：

$$Cr_2(SO_4)_3 + 3(NH_4)_2S_2O_8 + 7H_2O \xrightarrow[\triangle]{Ag^+ 催化} (NH_4)_2Cr_2O_7 + 2(NH_4)_2SO_4 + 7H_2SO_4$$

$$10Cr^{3+} + 6MnO_4{}^- + 11H_2O \xrightarrow{\triangle} 5Cr_2O_7{}^{2-} + 6Mn^{2+} + 22H^+$$

亚铬酸盐在碱性溶液中的标准电极电势为：

$$CrO_4{}^{2-} + 2H_2O + 3e^- \longrightarrow CrO_2{}^- + 4OH^- \qquad E^{\ominus} = -0.13V$$

在碱性溶液中 Cr(Ⅲ) 具有较强的还原性。因此，在碱性溶液中，亚铬酸盐可被 H_2O_2或 Na_2O_2氧化，生成铬（Ⅵ）酸盐：

$$2CrO_2^- + 3H_2O_2 + 2OH^- \longrightarrow 2CrO_4^{2-} + 4H_2O$$

$$2CrO_2^- + 3Na_2O_2 + 2H_2O \longrightarrow 2CrO_4^{2-} + 6Na^+ + 4OH^-$$

工业上就是利用亚铬酸盐在碱性介质中可转化成 Cr(Ⅵ) 盐这一性质用铬铁矿作为原料生产铬酸盐的。

14.1.4 铬酸盐和重铬酸盐

常见的铬（Ⅵ）化合物主要有三氧化铬（CrO_3）、铬酸钾（K_2CrO_4）和重铬酸钾（$K_2Cr_2O_7$）。由于铬（Ⅵ）的含氧酸无游离状态，因而常用其盐。钾、钠的铬酸盐和重铬酸盐是铬的最重要的盐。K_2CrO_4为黄色晶体，$K_2Cr_2O_7$为橙红色晶体（俗称红矾钾）。$K_2Cr_2O_7$在高温下溶解度大（100℃为 102g·（100gH_2O）$^{-1}$），低温下的溶解度小（0℃为 5 g·（100gH_2O）$^{-1}$），易通过重结晶法提纯。$K_2Cr_2O_7$不易潮解，且不含结晶水，常用作化学分析中的基准物。碱金属和铵的铬酸盐易溶于水，碱土金属铬酸盐的溶解度从镁到钡依次锐减（表 14-1）。

表 14-1 碱土金属铬酸盐在水中的溶解度

溶解度/[g·(100g H_2O)$^{-1}$]	$MgCrO_4$	$CaCrO_4$	$SrCrO_4$	$BaCrO_4$
	72（18℃）	2.3（19℃）	0.123（15℃）	0.000 35（18℃）

工业上生产铬（Ⅵ）化合物，主要是用固体碱熔法，即：

（1）铬铁矿与碳酸钠混合在空气中焙烧，生成可溶性的铬酸钠：

$$4Fe(CrO_2)_2 + 7O_2 + 8Na_2CO_3 \longrightarrow 2Fe_2O_3 + 8Na_2CrO_4 + 8CO_2\uparrow$$

（2）用水浸取熔体，过滤以除去 Fe_2O_3等杂质，用适量的 H_2SO_4酸化Na_2CrO_4水溶液使其转化成 $Na_2Cr_2O_7$：

$$2Na_2CrO_4 + H_2SO_4 \longrightarrow Na_2Cr_2O_7 + Na_2SO_4 + H_2O$$

（3）在 $Na_2Cr_2O_7$溶液中，加入固体 KCl 复分解反应即可得到 $K_2Cr_2O_7$：

$$Na_2Cr_2O_7 + 2KCl \longrightarrow K_2Cr_2O_7 + 2NaCl$$

重铬酸钾的溶解度受温度影响较大，而温度对氯化钠的溶解度影响不大，利用这一性质可将 $K_2Cr_2O_7$与 NaCl 分离。

铬酸盐与重铬酸盐在水溶液中存在着如下平衡：

$$2CrO_4^{2-} + 2H^+ \rightleftharpoons Cr_2O_7^{2-} + H_2O$$

加酸时平衡向右移动；加碱时平衡向左移动。在酸性溶液中，主要以 $Cr_2O_7^{2-}$（橙红色）形式存在；在碱性溶液中，则以 CrO_4^{2-}（黄色）形式为主。

除了在加酸、加碱条件下可使这个平衡发生移动外，如向溶液中加入能与 CrO_4^{2-}生成溶度积较小的铬酸盐的离子如：Ba^{2+}、Pb^{2+}或 Ag^+，也都能使平衡向右移动。无论是向铬酸盐溶液还是重铬酸盐溶液中加入这些金属离子，生成的都是铬酸盐沉淀，而不是重铬酸盐沉淀：

$Cr_2O_7^{2-} + 2Ba^{2+} + H_2O \longrightarrow 2H^+ + 2BaCrO_4$（黄色）↓　$K_{sp}^{\ominus} = 1.17 \times 10^{-10}$

$Cr_2O_7^{2-} + 2Pb^{2+} + H_2O \longrightarrow 2H^+ + 2PbCrO_4$（黄色）↓　$K_{sp}^{\ominus} = 2.8 \times 10^{-13}$

$Cr_2O_7^{2-} + 4Ag^+ + H_2O \longrightarrow 2H^+ + 2Ag_2CrO_4$（砖红色）↓　$K_{sp}^{\ominus} = 1.12 \times 10^{-12}$

实验室中常利用 Ba^{2+}、Pb^{2+}、Ag^+ 来检验 CrO_4^{2-} 的存在。

重铬酸盐在酸性溶液中是强氧化剂。例如，在冷溶液中 $Cr_2O_7^{2-}$ 可氧化 H_2S、H_2SO_3 和 HI 等：

$$Cr_2O_7^{2-} + 6I^- + 14H^+ \xrightarrow{\triangle} 2Cr^{3+} + 3I_2 + 7H_2O$$

$$Cr_2O_7^{2-} + 3SO_3^{2-} + 8H^+ \xrightarrow{\triangle} 2Cr^{3+} + 3SO_4^{2-} + 4H_2O$$

在加热时，可氧化 HBr 和 HCl。在这些反应中，$Cr_2O_7^{2-}$ 的还原产物都是 Cr^{3+} 的盐：

$$Cr_2O_7^{2-} + 6Cl^- + 14H^+ \xrightarrow{\triangle} 2Cr^{3+} + 3Cl_2\uparrow + 7H_2O$$

$$Cr_2O_7^{2-} + 6Br^- + 14H^+ \xrightarrow{\triangle} 2Cr^{3+} + 3Br_2\uparrow + 7H_2O$$

在酸性溶液中，Cr^{3+} 是铬离子最稳定的氧化态。在分析化学中，常用 $K_2Cr_2O_7$ 来测定铁的含量：

$$K_2Cr_2O_7 + 6FeSO_4 + 7H_2SO_4 \longrightarrow 3Fe_2(SO_4)_3 + Cr_2(SO_4)_3 + K_2SO_4 + 7H_2O$$

重铬酸钾也可被乙醇还原：

$$3CH_3CH_2OH + 2K_2Cr_2O_7 + 8H_2SO_4 \longrightarrow 3CH_3COOH + 2Cr_2(SO_4)_3 + 2K_2SO_4 + 11H_2O$$

利用该反应可检测司机是否酒后驾车。

$K_2Cr_2O_7$ 还用于配制实验室中所用的“铬酸洗液”，它是重铬酸钾饱和溶液和浓硫酸的混合物（往含 5 g $K_2Cr_2O_7$ 的热饱和溶液中加入 100mL 浓硫酸），具有很强的氧化性，可用于洗涤化学玻璃仪器壁器上黏附的油污。洗液经使用后，棕红色逐渐转变成暗绿色。若全部变成暗绿色，说明 Cr(Ⅵ) 已转化成为Cr(Ⅲ)，洗液已失效。

重铬酸钠和重铬酸钾均为橙红色晶体，在所有的重铬酸盐中，钾盐在低温下的溶解度最低，而且不含结晶水，因此可通过重结晶法制得极纯的盐。重铬酸钾常用作氧化还原容量分析的基准试剂；在工业上大量用于鞣革、印染、颜料、电镀等方面。

往重铬酸钾的浓溶液中加入浓 H_2SO_4，可析出橙红色的三氧化铬晶体：

$$K_2Cr_2O_7 + H_2SO_4(浓) \longrightarrow K_2SO_4 + 2CrO_3\downarrow + H_2O$$

CrO_3 的熔点为 167℃，热稳定较差，温度高于熔点便逐步分解放出氧气，最终产物是 Cr_2O_3：

$$4CrO_3 \xrightarrow{\triangle} 2Cr_2O_3 + 3O_2\uparrow$$

CrO_3是一种强氧化剂，与一些有机物质（如酒精等）接触时立即着火，被还原为Cr_2O_3。CrO_3大量用于电镀工业。

CrO_3易溶于水（15℃时，CrO_3溶解度为166 g·（100gH_2O）$^{-1}$）生成铬酸（H_2CrO_4），H_2CrO_4溶液为黄色，它是一种酸度接近于硫酸的强酸，但仅存在于水溶液中，未分离出游离的H_2CrO_4。

14.1.5 含铬废水的处理

含铬的不锈钢本身是无毒的，但是铬化合物中的铬离子是有剧毒的。铬的化合物中以铬（Ⅵ）毒性最强（约为Cr(Ⅲ)的100倍），Cr(Ⅲ)次之。在工业废水中主要含有六价铬（以铬酸盐的形式存在），也有少量的三价铬。含铬废水主要来自于冶金、耐火材料、化工、电镀、制革等行业产生的工业废水。在基础工业广为应用的水泥中也有铬的存在，其中的六价铬会逐渐向外界渗透，造成对水质的污染。世界卫生组织及各国都制定了限制铬的排放标准，我国工业废水铬的排放标准为：铬（Ⅵ）的最高允许排放质量浓度为0.5mg·L^{-1}，总铬的最高允许排放质量浓度为1.5mg·L^{-1}。含铬废水所含污染物质比较复杂，但处理的主要对象是六价铬，不管用什么方式，首先都将六价铬变成三价铬，然后再排放或回收利用。含铬废水的处理方法较多，常用的有化学还原法、电解法和离子交换法等，近年来还有生物法等新兴的生物技术处理含铬废水。

14.2 锰及其化合物

14.2.1 金属锰

周期表中的ⅦB族包括锰（Manganese，Mn）、锝（Technetium，Tc）、铼（Rhenium，Re）和𬭛（Bh）四种元素，其中锝、𬭛为放射性元素，铼属稀有元素。锰副族元素的价电子构型为$(n-1)d^5ns^2$，7个价电子都可以参加成键，因此，具有多种氧化态。锰副族的高氧化态按Mn、Tc、Re的顺序逐渐趋向稳定，低氧化态则相反，以Mn^{2+}为最稳定。

锰是丰度较高的元素（在地壳中的含量为0.1%），地壳上锰的主要矿石有：软锰矿（$MnO_2 \cdot xH_2O$）、黑锰矿（Mn_3O_4）和水锰矿（$Mn_2O_3 \cdot H_2O$）。近年来在深海海底发现大量的锰矿——锰结核，它是一种由多层的铁锰氧化物层间夹有黏土层所构成的一个个同心圆状的团块，其中还含有铜、钴、镍等重要金属元素。据估计，整个海洋底下，锰结核约有 15 000 亿 t，仅太平洋中的锰结核内所含的锰、铜、钴、镍等就相当于陆地总储量的几十到几百倍。

锝是 1937 年由佩里厄（Perrier C）和塞格瑞（Segre B）用人工方法合成的元素，后来在铀的裂变产物中也发现有锝的放射性同位素生成。铼是丰度很小的元素之一（在地壳中的含量为 $7\times10^{-3}\%$），没有单独的矿物，主要和辉钼矿伴生，含量一般不超过 0.001%，还存在于稀土矿、铌钽矿等矿物中。铼的外观类似铂，是银白色软金属，延展性良好，其熔点仅次于钨。Tc 和 Re 不溶于非氧化性的稀酸，但可溶于硝酸。𨨏是一种人工合成的放射性化学元素，以丹麦物理学家尼尔斯·玻尔之名命名。在元素周期表中，是一个 d 区块锕系后元素，化学实验证实，其符合 ⅦB 族中位于铼之下元素的特性。

块状金属锰是银白色的，粉末状为灰色，性坚而脆。锰是活泼金属，锰在空气中氧化时生成 Mn_3O_4（类似 Fe_3O_4），可认为是 Mn^{II}（$Mn_2^{III}O_4$）。在常温下缓慢地溶于水，与稀酸作用放出氢气。在高温时锰可直接与卤素、氮、硫、碳、硅、硼、磷等非金属反应，锰不与氢作用，在有氧化剂存在时，锰同熔融的碱作用生成锰酸盐：

$$2Mn+4KOH+3O_2 \longrightarrow 2K_2MnO_4+2H_2O$$

金属锰常用铝还原软锰矿的方法（铝热法）制得，因铝与软锰矿反应剧烈，故先将软锰矿强热使之转变为 Mn_3O_4，然后与铝粉混合燃烧：

$$3MnO_2 \longrightarrow Mn_3O_4+O_2$$

$$3Mn_3O_4+8Al \longrightarrow 9Mn+4Al_2O_3$$

该法制得的锰，纯度不超过 98%，纯的金属锰则是由电解法制备的。

焙烧辉钼矿时，硫化钼转化为 MoO_3，而铼转化为 Re_2O_7，后者挥发性很大，存于烟道灰中。用水浸取烟道灰，即得到高铼酸（$HReO_4$），过滤后，加入 KCl 使 $KReO_4$ 析出，于 800℃左右用氢气还原 $KReO_4$，即可得金属铼：

$$2KReO_4+7H_2 \longrightarrow 2Re+6H_2O+2KOH$$

铼在空气中燃烧生成 Re_2O_7，高温时，铼也能和卤素、硫等反应。

纯锰用途不多，但它的合金非常重要。锰钢（含 Mn 12% ~15%、Fe 83% ~87%、C 2%）很坚硬，抗冲击，耐磨损，可用于制钢轨、钢甲和破碎机等。锰可代替镍用于制造不锈钢（16% ~20% Cr、8% ~10% Mn、0.1% C），在镁铝合金中加入锰可使抗腐蚀性和机械性能都得到改进。

钨丝在高温真空中的机械强度和可塑性显著降低，若加入少量铼，可大大增加钨丝坚固和耐用程度。另外，铼还可用于制造人造卫星和火箭的外壳；铼也是石油氢化（制造汽油）、醇类脱氢（制造醛、酮）及其他有机合成工业上性能良好的催化剂；铼和铂的合金用于制造可测 2 000℃的高温热电偶。

14.2.2 锰（Ⅱ、Ⅳ、Ⅶ）的重要化合物

14.2.2.1 氧化数为 +2 的锰的化合物

锰以氧化数为 +2、+4 和 +7 的化合物最重要。锰的自由能-氧化数图如下：

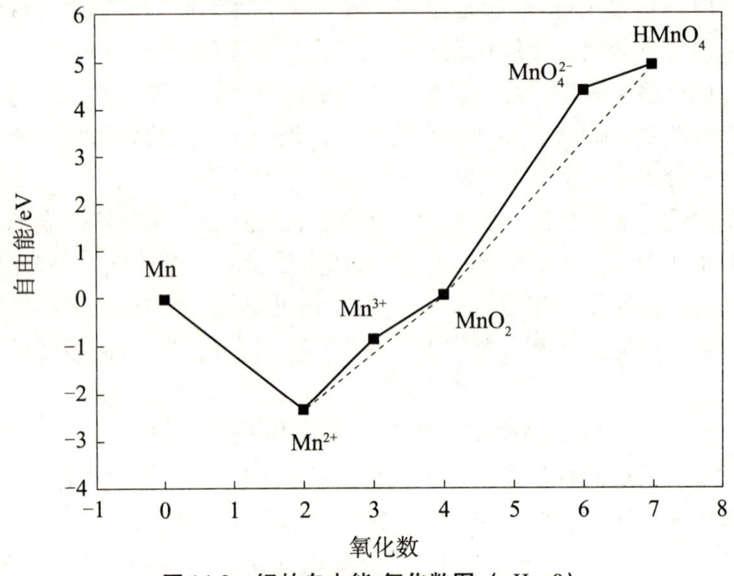

图 14-2 锰的自由能-氧化数图（pH =0）

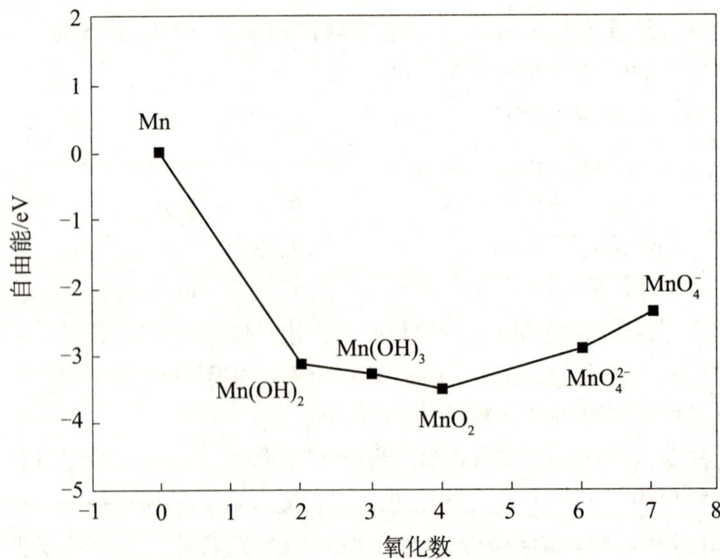

图 14-3 在碱性溶液中锰的自由能-氧化数图

在 pH =0 的酸性溶液中，以锰的各种氧化态的生成自由能为纵坐标，氧化态为横坐标作图，就可得pH =0时的自由能-氧化态图（图 14-2）。当溶液酸碱性改变时，锰的各氧化态对应的生成自由能会发生改变，从锰在碱性介质（pH =14）中的自由能—氧化态图（图 14-3）可以看出：① 在碱性溶液中，MnO_2 最稳定；② $Mn(OH)_3$ 可以歧化成 $Mn(OH)_2$ 和 MnO_2；③在浓碱液中，MnO_4^{2-} 不仅不能歧化，相反 MnO_4^- 却可以将 MnO_2 氧化成 MnO_4^{2-}。

$$2Mn(OH)_3 \rightleftharpoons Mn(OH)_2 + MnO_2 + 2H_2O$$

$$2KMnO_4 + K_2SO_3 + 2KOH \longrightarrow 2K_2MnO_4 + K_2SO_4 + H_2O$$

从锰的自由能-氧化态图可以看出，Mn^{2+} 处于曲线的最低点，因此，Mn^{2+} 在酸性介质中比较稳定，Mn^{2+} 的还原性很弱，要将它氧化成 MnO_4^- 是很困难的，只有在高酸度的热溶液中，与强氧化剂反应，例如过硫酸铵（$E^\ominus(S_2O_8^{2-}/SO_4^{2-}) = 2.010V$）和二氧化铅（$E^\ominus(PbO_2/Pb^{2+}) = 1.455V$）等才能使 Mn^{2+} 氧化成 MnO_4^-。

$$2Mn^{2+} + 5S_2O_8^{2-} + 8H_2O \longrightarrow 16H^+ + 10SO_4^{2-} + 2MnO_4^-$$

$$2Mn^{2+} + 5PbO_2 + 4H^+ \longrightarrow 5Pb^{2+} + 2H_2O + 2MnO_4^-$$

在碱性介质中，Mn^{2+} 的还原性较强，易被氧化，空气中的氧就可以把它氧化成稳定的化合物。

$$MnO_2 + 2H_2O + 2e^- \rightleftharpoons Mn(OH)_2 + 2OH^- \qquad E_B^\ominus = -0.05V$$

$$O_2 + 2H_2O + 4e^- \rightleftharpoons 4OH^- \qquad E_B^\ominus = 0.401V$$

向锰（Ⅱ）盐溶液中加入强碱，可生成白色的 $Mn(OH)_2$ 沉淀，它在碱性介质中很不稳定，与空气接触立即被氧化生成棕色的 $MnO(OH)_2$（或 $MnO_2 \cdot H_2O$）。

$$MnSO_4 + 2NaOH \longrightarrow Mn(OH)_2\downarrow(\text{白色}) + Na_2SO_4$$

$$2Mn(OH)_2 + O_2 \longrightarrow 2MnO(OH)_2\downarrow\ (\text{棕色})$$

多数锰（Ⅱ）盐如卤化锰、硝酸锰、硫酸锰等强酸盐都易溶于水。在水溶液中，Mn^{2+} 常以淡红色的 $[Mn(H_2O_6)]^{2+}$ 水合离子存在。从溶液中结晶析出的锰（Ⅱ）盐是带结晶水的粉红色晶体。例如，$MnCl_2 \cdot 4H_2O$、$Mn(NO_3)_2 \cdot 6H_2O$ 和 $Mn(ClO_4)_2 \cdot 6H_2O$ 等。

二氧化锰与浓 H_2SO_4 和 C 反应得到 $MnSO_4 \cdot x\ H_2O$（$x = 1,4,5,7$）。

$$2MnO_2 + 2H_2SO_4(\text{浓}) + C \longrightarrow 2MnSO_4 + 2H_2O + CO_2\uparrow$$

室温下，$MnSO_4 \cdot 5H_2O$ 是较稳定的，加热脱水为白色无水硫酸锰，在红热时也不分解，所以硫酸锰是最稳定的锰（Ⅱ）盐。不溶性的锰盐有碳酸锰、磷酸锰、硫化锰等。在农业上常用二氧化锰作催芽剂。

14.2.2.2　氧化数为 +4 的锰的化合物

锰（Ⅳ）最重要的化合物是二氧化锰（MnO_2），它是一种很稳定的黑色粉末状物质，不溶于水，呈弱酸性。许多锰的化合物都是用 MnO_2 作原料而制得的。Mn(Ⅳ) 氧化数居中，既可作氧化剂又可作还原剂。

二氧化锰在酸性介质中是一种强氧化剂。例如，它与浓盐酸反应可得到氯气，实验室中常用此反应制备氯气：

$$MnO_2 + 4HCl(\text{浓}) \longrightarrow MnCl_2 + Cl_2\uparrow + 2H_2O$$

二氧化锰在碱性介质中，有氧化剂存在时，能被氧化成锰（Ⅵ）的化合物。例如，MnO_2 和 KOH（或与 $KClO_3$、KNO_3 等氧化剂）的混合物于空气中加热熔融，可得到绿色的锰酸钾（K_2MnO_4）。

$$3MnO_2 + 6KOH + KClO_3 \longrightarrow 3K_2MnO_4 + KCl + 3H_2O$$

MnO_2 是一种在工业上有很重要用途的氧化剂。例如，在玻璃工业中，常将它加入熔融的玻璃中，以除去带色的硫化物或亚铁盐杂质，称它是玻璃的"漂白剂"；在油漆工业中，将它加入半干性油中作为"催干剂"，可以促进这些油在空气中的氧化作用。另外，它还大量用于干电池中，也常用作催化剂和制造锰盐的原料。

14.2.2.3 氧化数为 +7 的锰的化合物

锰(Ⅶ) 的化合物中最重要的是高锰酸钾($KMnO_4$)。以软锰矿(MnO_2) 和苛性钾为原料，在 200～270℃下加热熔融并通入空气，生成锰酸钾(K_2MnO_4)：

$$2MnO_2 + 4KOH + O_2 \longrightarrow 2K_2MnO_4 + 2H_2O$$

然后往锰酸钾溶液中通入 CO_2 或加酸，可制得高锰酸钾，但最高产率只有 66.7%，因为有 1/3 的锰（Ⅵ）被还原成 MnO_2：

$$3K_2MnO_4 + 2CO_2 \longrightarrow 2KMnO_4 + MnO_2 + 2K_2CO_3$$

高锰酸钾是深紫色的晶体，其水溶液呈紫红色，是一种较稳定的化合物。

将固体 $KMnO_4$ 加热到 200℃以上，就分解放出氧气，这是实验室制备氧气的一种简便方法。

$$2KMnO_4 \longrightarrow K_2MnO_4 + MnO_2 + O_2\uparrow$$

高锰酸钾的溶液并不十分稳定，在酸性溶液中明显分解，在中性或微碱性溶液中缓慢地分解：

$$4MnO_4^- + 4H^+ \longrightarrow 4MnO_2 + 3O_2\uparrow + 2H_2O$$

光对高锰酸盐的分解具有催化作用，因此 $KMnO_4$ 溶液必须保存于棕色瓶中。$KMnO_4$ 是最重要和常用的氧化剂之一。它的氧化能力和还原产物因介质的酸碱性不同而不同。在酸性溶液中，MnO_4^- 是很强的氧化剂。例如，它可以氧化 Fe^{2+}、I^-、Cl^-、SO_3^{2-}、$C_2O_4^{2-}$ 等离子，本身被还原为 Mn^{2+}：

$$MnO_4^- + 5Fe^{3+} + 8H^+ \longrightarrow Mn^{2+} + 5Fe^{2+} + 4H_2O$$

分析化学中，常用 $KMnO_4$ 的酸性溶液来测定铁的含量。如果 MnO_4^- 过量，它可能和 Mn^{2+} 发生氧化还原反应而析出 MnO_2：

$$2MnO_4^- + 3Mn^{2+} + 2H_2O \longrightarrow 5MnO_2 + 4H^+$$

$$2MnO_4^- + 16H^+ + 10Cl^- \longrightarrow 2Mn^{2+} + 5Cl_2 \uparrow + 8H_2O$$

MnO_4^- 与还原剂的反应最初较慢，当有 Mn^{2+} 存在时，可催化该反应。因此，随着 Mn^{2+} 的生成，反应速度迅速加快。

在微酸性、中性及微碱性溶液中 MnO_4^- 与还原剂反应时，被还原成 MnO_2：

$$2KMnO_4 + 3K_2SO_3 + H_2O \longrightarrow 2MnO_2 \downarrow + 3K_2SO_4 + 2KOH$$

$$2MnO_4^- + I^- + H_2O \longrightarrow 2MnO_2 \downarrow + IO_3^- + 2OH^-$$

在强碱性溶液中，则被还原为锰酸盐：

$$2KMnO_4 + K_2SO_3 + 2KOH \longrightarrow 2K_2MnO_4 + K_2SO_4 + H_2O$$

高锰酸钾常用于棉、毛漂白或油类脱色，还广泛用于一些过渡金属离子的容量分析，如 Ti^{3+}、VO^{2+}、Fe^{2+} 以及过氧化氢、草酸盐、甲酸盐和亚硝酸盐等。它的稀溶液（0.1%）可用来对水果、碗、杯等进行消毒和杀菌，5% 的 $KMnO_4$ 溶液可治疗轻度烫伤。

粉末状的 $KMnO_4$ 与 90% H_2SO_4 反应，生成绿色油状的高锰酸酐（Mn_2O_7）。它在 0℃以下能稳定存在，但在常温下会爆炸分解成 MnO_2、O_2 和 O_3。这种氧化物有很强的氧化性，遇有机物立即发生燃烧。将 Mn_2O_7 溶于水成可生成高锰酸 $HMnO_4$。

锰从某氧化态转化为另一氧化态，与溶液的酸碱性以及与它反应的氧化剂或还原剂的相对强弱等条件有关。锰的各种氧化态的氧化物和氧化物对应的水合物归纳如下：

锰能生成以下各种氧化物：

MnO（绿）	Mn_2O_3（棕）	MnO_2（黑）	MnO_3	Mn_2O_7（绿）
氧化锰	三氧化二锰	二氧化锰	锰酸酐	高锰酸酐
碱 性	弱碱性	两 性	酸 性	酸 性

和上述氧化物相对应的氧化物的水合物为：

碱性逐渐增强 ←

$Mn(OH)_2$（白）　$MnOH)_3$（棕）　$Mn(OH)_4$（棕黑）　H_2MnO_4（绿）　$HMnO_4$（紫红）

酸性逐渐增强 →

氧化性逐渐增强 →

14.3 铁、钴、镍

元素周期表 d 区第Ⅷ族元素包括三个元素组共 9 种元素：铁（Fe）、钴（Co）、镍（Ni）、钌（Ru）、铑（Rh）、钯（Pd）、锇（Os）、铱（Ir）、铂（Pt）。此外，还有尚缺乏了解的 Hs、Mt 和 Ds（110 号）。由于镧系收缩的结果，第Ⅷ族同周期比同纵列的元素在性质上更为相似些。第一过渡系列的铁、钴、镍与其余 6 种元素在性质上差别较大，通常把铁、钴、镍 6 种元素称为铁系元素，其余 6 种元素称为铂系元素。铂系元素被列为稀有元素，与金、银元素一起称为贵金属元素。

铁系元素都具有中等活泼的金属性，铁、钴、镍的价层电子构型依次为 $3d^64s^2$、$3d^74s^2$、$3d^84s^2$。铁系元素形成 +2、+3 两种氧化数的化合物，其中铁以 +3 氧化数，而钴和镍以 +2 氧化数的化合物较为稳定。这是由于 Fe^{2+}（$3d^6$）再丢失 1 个 3d 电子能成为半充满的稳定结构（$3d^5$），而 Co^{2+}（$3d^7$）和 Ni^{2+}（$3d^8$）却不能，因此，相应地容易得到 Fe（Ⅲ）的化合物，而不易得到 Ni（Ⅲ）的化合物。

14.3.1 铁、钴、镍的单质

纯净的铁是光亮的银白色金属，密度为 7.85 $g \cdot cm^{-3}$，熔点 1 540℃，沸点 2 500℃。铁能被磁体吸引，在磁场作用下，铁自身也能具有磁性。铁可以和碳及其他一些元素互溶形成合金。纯铁耐腐蚀能力较强。

铁在潮湿的空气中会生锈，在干燥的空气中加热到 150℃也不与氧作用，灼烧到 500℃则形成 Fe_3O_4；在更高温度时，可形成 Fe_2O_3。铁在 570℃左右能与水蒸气作用：

$$3Fe + 4H_2O \longrightarrow Fe_3O_4 + 4H_2\uparrow$$

铁是比较活泼的金属，能溶于稀盐酸和稀硫酸中，形成 Fe^{2+} 并放出氢气。冷的浓硝酸和浓硫酸能使其钝化。热的稀硝酸能使铁形成 Fe^{3+}，本身被还原为 NO 气体，甚至形成铵离子。在加热时铁与氯发生剧烈反应形成 $FeCl_3$。它也能和硫、磷直接化合。在 1 200℃时铁与碳形成 Fe_3C，钢铁中的碳常以这种形式存在。

钴是蓝白色金属，硬而脆。密度为 8.9 $g \cdot cm^{-3}$，熔点 1 492℃。钴在性质上与铁很相似，但比铁的活泼性差。它缓慢溶解于稀酸中，冷的浓硝酸使它钝化，不与碱反应。低温下不与氧反应，但细粉可以着火。在高温下能和 O_2、S、X_2 等反应。它与氟在 250℃作用下得到 CoF_3，和其他卤素作用仅得到二卤化钴。

$$3Co + 8HNO_3(\text{冷、稀}) \longrightarrow 3Co(NO_3)_2 + 2NO + 4H_2O$$

钴主要用于制造特种钢和磁性材料。钴的化合物广泛用作颜料和催化剂。维生素 B_{12} 含有钴，可防治恶性贫血。钴的放射性同位素 Co－60 可用在放射医疗上。

镍为银白色金属，有较好的延展性。密度为 8.902 $g \cdot cm^{-3}$，熔点 1 453℃。镍的化学活性像钴。在高温下与水蒸气作用。与氟作用生成致密的 NiF_2 膜，使镍钝化，镍器皿可用来处理氟和有腐蚀性的氟化物。与其他卤素生成二卤化物。镍的最重要氧化态是 Ni(Ⅱ)。

镍难溶于盐酸、硫酸，遇冷、发烟硝酸呈钝态。但溶于冷的稀硝酸和热的浓硝酸。

$$3Ni + 8HNO_3(\text{冷、稀}) \longrightarrow 3Ni(NO_3)_2 + 2NO\uparrow + 4H_2O$$

$$Ni + 4HNO_3(\text{热、浓}) \longrightarrow Ni(NO_3)_2 + 2NO_2\uparrow + 2H_2O$$

镍用作防锈保护层和货币合金（和铜）及耐热组件（和铁与铬）。它也是重要的催化剂，例如用于不饱和有机化合物的催化加氢及在水蒸气中甲烷裂解产生一氧化碳和氢。镍还是不锈钢的合金元素。

14.3.2 铁系元素的氧化物和氢氧化物

14.3.2.1 氧化物

铁、钴、镍均能形成 +2 和 +3 氧化数的有色氧化物。

FeO	CoO	NiO
（黑色）	（灰绿色）	（暗绿色）
Fe_2O_3	Co_2O_3	Ni_2O_3
（砖红色）	（黑色）	（黑色）

铁除了生成 +2、+3 氧化数的氧化物之外，还能生成混合价态氧化物 Fe_3O_4，经 X 射线结构研究证明：Fe_3O_4 是一种铁（Ⅲ）酸盐，即 $Fe^{II}[Fe_2^{III}O_4]$。

铁、钴、镍的 +2 和 +3 氧化数的氧化物均能溶于强酸，而不溶于水和碱，属碱性氧化物。M_2O_3 的氧化能力按铁、钴、镍顺序递增而稳定性递降，如与盐酸反应：

$$Fe_2O_3 + 6HCl \longrightarrow 2FeCl_3 + 3H_2O$$

$$Ni_2O_3 + 6HCl \longrightarrow 2NiCl_2 + Cl_2\uparrow + 3H_2O$$

14.3.2.2 氢氧化物

铁系元素的氢氧化物均难溶于水，它们的氧化还原性及变化规律与其氧化物相似：

←——还原性增强

$Fe(OH)_2$	$Co(OH)_2$	$Ni(OH)_2$
（白色）	（粉色或蓝色）	（浅绿色）
$Fe(OH)_2$	$Co(OH)_3$	$Ni(OH)_3$
（红棕色）	（棕黑色）	（黑色）

氧化性增强——→

其中，$Fe(OH)_2$很不稳定，容易被氧化。例如，亚铁盐与碱作用能析出白色$Fe(OH)_2$沉淀。但是，由于$Fe(OH)_2$还原性很强，因此在空气中迅速被氧化，变成灰绿色最后成为红棕色的$Fe(OH)_3$。

$$Fe^{2+} + 2OH^- \longrightarrow Fe(OH)_2 \downarrow$$

$$4Fe(OH)_2 + O_2 + 2H_2O \longrightarrow 4Fe(OH)_3 \downarrow$$

其中的$Fe(OH)_3$实为水合氧化铁$Fe_2O_3 \cdot xH_2O$。

$Co(OH)_2$虽较$Fe(OH)_2$稳定，但在空气中也能缓慢地被氧化成棕黑色的$CoO(OH)$。$Ni(OH)_2$则更稳定，长久置于空气中也不被氧化（除非与强氧化剂作用才变为黑色$NiO(OH)$）。

反之，高氧化态氢氧化物的氧化态按铁、钴、镍顺序依次递增。例如$Fe(OH)_3$与盐酸只能起中和作用，而$CoO(OH)$却能氧化盐酸，放出氯气：

$$Fe(OH)_3 + 3HCl \longrightarrow FeCl_3 + 3H_2O$$

$$2CoO(OH) + 6HCl \longrightarrow 2CoCl_2 + Cl_2 \uparrow + 4H_2O$$

黑色水合氧化物$NiO(OH)$是用碱性次氯酸盐氧化Ni(Ⅱ)盐溶液得到的，它是强氧化剂，能从次氯酸中释放出氯。爱迪生电池（镍铁蓄电池）就是利用它的强氧化性，其反应式为：

$$Fe + 2NiO(OH) + 2H_2O \xrightarrow{放电} Fe(OH)_2 + 2Ni(OH)_2$$

其中，浓KOH作为电解质。此反应的逆过程为充电过程。

14.3.3 有代表性的盐

14.3.3.1 M（Ⅱ）盐

氧化数为+2的铁、钴、镍盐，在性质上有许多相似之处。它们的强酸盐都易溶于水，并有微弱的水解，因而溶液显酸性。强酸盐从水溶液中析出结晶时，往往带有一定数目的结晶水，如$MCl_2 \cdot 6H_2O$、$M(NO_3)_2 \cdot 6H_2O$、$MSO_4 \cdot 7H_2O$。水合盐晶体及其水溶液呈现各种颜色，如$[Fe(H_2O)_6]^{2+}$为浅绿色、$[Co(H_2O)_6]^{2+}$为粉红色、$[Ni(H_2O)_6]^{2+}$为苹果绿色。铁系元素的硫酸盐都能和碱金属或铵的硫酸盐形成复盐，如硫酸亚铁铵［$(NH_4)_2SO_4 \cdot FeSO_4 \cdot 6H_2O$］（俗称莫尔盐）比相应的亚铁盐 $FeSO_4 \cdot 7H_2O$（俗称绿矾）更稳定，不易氧化，是化学分析中常用的还原剂，用于标定 $KMnO_4$ 的标准溶液等。

$CoCl_2 \cdot 6H_2O$ 是常用的钴盐，它在受热脱水过程中伴有颜色的变化：

$$\underset{\text{（粉红）}}{CoCl_2 \cdot 6H_2O} \xrightarrow{52.3℃} \underset{\text{（紫红）}}{CoCl_2 \cdot 2H_2O} \xrightarrow{90℃} \underset{\text{（蓝紫）}}{CoCl_2 \cdot H_2O} \xrightarrow{120℃} \underset{\text{（蓝）}}{CoCl_2}$$

利用氯化钴的这种特性，可判断干燥剂的含水情况。例如，用作干燥剂的硅胶，常浸以 $CoCl_2$ 溶液后烘干备用。当它由蓝色变为红色时，表明吸水已达饱和。将红色硅胶在 120℃烘干，待蓝色恢复后仍可使用。

14.3.3.2 M（Ⅲ）盐

在铁系元素中，只有铁能形成稳定的氧化数为 +3 的简单盐，常见 Fe(Ⅲ)的强酸盐，如 $Fe(NO_3)_3 \cdot 6H_2O$、$FeCl_3 \cdot 6H_2O$、$Fe_2(SO_4)_3 \cdot 12H_2O$ 等，都易溶于水，在这些盐的晶体中含有［$Fe(H_2O)_6$］$^{3+}$，这种水合离子也存在于强酸性（pH = 0 左右）溶液中。

由于 $Fe(OH)_3$ 比 $Fe(OH)_2$ 的碱性更弱，所以 Fe(Ⅲ) 较 Fe(Ⅱ) 盐易水解，而使溶液显黄色或红棕色：

$$[Fe(H_2O)_6]^{3+} + H_2O \rightleftharpoons [Fe(OH)(H_2O)_5]^{2+} + H_3O^+$$

$$[Fe(OH)(H_2O)_5]^{2+} + H_2O \rightleftharpoons [Fe(OH)_2(H_2O)_4]^+ + H_3O^+$$

若增大 pH，将会进一步缩聚成红棕色胶状溶液。当 pH = 4 ~ 5 时，即形成水合三氧化二铁沉淀。

Fe^{3+} 的氧化性虽远远不如 Co^{3+} 和 Ni^{3+}，但仍属中强的氧化剂，能氧化许多物质。例如：

$$2Fe^{3+} + 2I^- \longrightarrow 2Fe^{2+} + I_2$$

$$2Fe^{3+} + Cu \longrightarrow 2Fe^{2+} + Cu^{2+}$$

在电子工业中，利用第三个反应刻蚀印刷电路铜板。

14.3.4 有代表性的配位化合物

14.3.4.1 氨合物

Fe^{2+}、Co^{2+}、Ni^{2+} 均能和氨形成氨合配离子，其氨合配离子的稳定性，按 Fe^{2+}、Co^{2+}、Ni^{2+} 顺序依次增强。Fe^{2+} 难以形成稳定的氨合物，无水 $FeCl_2$ 虽然可与 NH_3 形成［$Fe(NH_3)_6$］Cl_2，但此配合物遇水分解：

$$[Fe(NH_3)_6]Cl_2 + 6H_2O \longrightarrow Fe(OH)_2 + 4NH_3 \cdot H_2O + 2NH_4Cl$$

由于 Fe^{3+} 强烈水解，所以在其水溶液中加入氨时，不是形成氨合物，而是生成 $Fe(OH)_3$ 沉淀。

Co^{2+} 与过量氨水反应，可形成土黄色的 $[Co(NH_3)_6]^{2+}$，此配离子在空气中可慢慢被氧化成更稳定的红褐色 $[Co(NH_3)_6]^{3+}$：

$$4[Co(NH_3)_6]^{2+} + O_2 + 2H_2O \longrightarrow 4[Co(NH_3)_6]^{3+} + 4OH^-$$

对比 Co^{3+} 在氨水和酸性溶液中的标准电极电势：

$$[Co(NH_3)_6]^{3+} + e^- \longrightarrow [Co(NH_3)_6]^{2+} \qquad E_A^{\ominus} = 0.108V$$

$$[Co(H_2O)_6]^{3+} + e^- \longrightarrow [Co(H_2O)_6]^{2+} \qquad E_A^{\ominus} = 1.92V$$

可见 Co^{3+} 很不稳定，氧化性很强，而 Co(Ⅲ) 氨合物的氧化性大为减弱，稳定性显著增强。

Ni^{2+} 在过量的氨水中可生成比较稳定的蓝色 $[Ni(NH_3)_6]^{2+}$。

14.3.4.2 氰合物

Fe^{2+}、Co^{2+}、Ni^{2+}、Fe^{3+} 等离子均能与 CN^- 形成配合物。Fe(Ⅱ) 盐与 KCN 溶液作用得白色 $Fe(CN)_2$ 沉淀，KCN 过量时 $Fe(CN)_2$ 溶解，形成 $[Fe(CN)_6]^{4-}$：

$$Fe^{2+} + 2CN^- \longrightarrow Fe(CN)_2\downarrow$$

$$Fe(CN)_2 + 4CN^- \longrightarrow [Fe(CN)_6]^{4-}$$

从溶液中析出来的黄色晶体 $K_4[Fe(CN)_6]\cdot 3H_2O$，俗称黄血盐。黄血盐主要用于制造颜料、油漆、油墨。$[Fe(CN)_6]^{4-}$ 在溶液中相当稳定，在其溶液中几乎检不出 Fe^{2+} 的存在，通入氯气（或加入其他氧化剂），可以将 $[Fe(CN)_6]^{4-}$ 氧化为 $[Fe(CN)_6]^{3-}$：

$$2[Fe(CN)_6]^{4-} + Cl_2 \longrightarrow 2[Fe(CN)_6]^{3-} + 2Cl^-$$

由此溶液中可析出 $K_3[Fe(CN)_6]$ 深红色晶体，俗名赤血盐。它主要用于印刷制版、照片洗印及显影，也用于制晒蓝图纸等。

已知 $K_f^{\ominus}([Fe(CN)_6]^{3-}) = 1.0\times10^{42}$、$K_f^{\ominus}([Fe(CN)_6]^{4-}) = 1.0\times10^{35}$，显然 $[Fe=(CN)_6]^{3-}$ 比 $[Fe(CN)_6]^{4-}$ 稳定，但是，在水溶液中，它们与水作用（也可看做是解离），前者的反应速率快：

$$[Fe(CN)_6]^{3-} + 3H_2O \longrightarrow Fe(OH)_3 + 3CN^- + 3HCN$$

在水溶液中赤血盐的毒性比黄血盐大得多。另外，赤血盐受强烈日光照射，能进行光学反应而产生剧毒氰气，所以，应保存在密闭的棕色瓶中。

在含有 Fe^{2+} 的溶液中加入赤血盐溶液，或在含有 Fe^{3+} 的溶液中加入黄血盐溶液，均能生成蓝色沉淀，而且这两种蓝色沉淀的组成均为 $[KFe(CN)_6Fe]$：

$$K^+ + Fe^{2+} + [Fe(CN)_6]^{3-} \longrightarrow \underset{\text{(滕氏蓝)}}{[KFe(CN)_6Fe]}\downarrow$$

$$K^+ + Fe^{3+} + [Fe(CN)_6]^{4-} \longrightarrow [KFe(CN)_6Fe]\downarrow$$

（普鲁士蓝）

这两个反应常用来分别鉴定 Fe^{2+} 和 Fe^{3+}。

上述蓝色配合物广泛用于油漆和油墨工业，也用于蜡笔、图画颜料的制造。

Co^{2+} 与 CN^- 反应，先形成浅棕色水合氰化物沉淀，此沉淀溶于过量的 CN^- 溶液中并形成含有 $[Co(CN)_5(H_2O)]^{3-}$ 的茶绿色溶液。此配离子易被空气中的氧气氧化为黄色 $[Co(CN)_6]^{3-}$，由于 CN^- 是强场配体，分裂能较高，$Co^{2+}(d^7)$ 中只有一个电子处于能级高的 e_g 轨道，因而易失去。

Ni^{2+} 与 CN^- 反应先形成灰蓝色水合氰化物沉淀，此沉淀溶于过量的 CN^- 溶液中，形成 $[Ni(CN)_4]^{2-}$，此配离子是 Ni^{2+} 最稳定的配合物之一，具有平面正方形结构；在较浓的 CN^- 溶液中，可形成深红色的 $[Ni(CN)_5]^{3-}$。

14.3.3.3　硫氰合物

Fe^{3+} 与 SCN^- 反应，形成血红色的 $[Fe(NCS)_n]^{3-n}$：

$$Fe^{3+} + nSCN^- \longrightarrow [Fe(NCS)_n]^{3-n} \qquad (n=1\sim6)$$

n 值随溶液中的 SCN^- 浓度和酸度而定。这一反应非常灵敏，常用来检出 Fe^{3+} 和用比色法测定 Fe^{3+} 的含量。Co^{2+} 与 SCN^- 反应，形成蓝色的 $[Co(NCS)_4]^{2-}$，这一反应在定性分析化学中用于鉴定 Co^{2+}。因为 $[Co(NCS)_4]^{2-}$ 在水溶液中不稳定，用水稀释时可变为粉红色的 $[Co(H_2O)_6]^{2+}$，所以用 SCN^- 检出 Co^{2+} 时，常使用浓 NH_4SCN 溶液，以抑制 $[Co(NCS)_4]^{2-}$ 的解离，并用丙酮进一步抑制解离或用戊醇萃取。

Ni^{2+} 与 NCS^- 反应，形成 $[Ni(NCS)]^+$、$[Ni(NCS)_3]^-$ 等配合物，这些配离子均不太稳定。

14.3.3.4　羰合物

铁系元素与 CO 易形成羰合物。Fe、Co、Ni 几个羰合物的一些性质列于表 14-2 中。

表 14-2　几个羰合物的一些性质

羰合物	$[Fe(CO)_5]$	$[Co(CO)_8]$	$[Ni(CO)_4]$
颜色	浅黄（液）	深橙（固）	无色（液）
熔点	−20℃	（51～52℃分解）	−25℃
沸点	103℃		43℃

羰合物不稳定，受热易分解，利用此性质可制备纯金属。例如，高纯铁粉的制备：

$$Fe + 5CO \xrightarrow[200℃]{20MPa} [Fe(CO)_5] \xrightarrow{200 \sim 250℃} 5CO + Fe\ (高纯)$$

14.3.3.5 螯合物

Ni^{2+}与丁二酮肟在中性、弱酸性或弱碱性溶液中形成鲜红色螯合物沉淀，此反应是鉴定Ni^{2+}的特征反应，丁二酮肟又称镍试剂。

此外，铁是第一个被公认的生命必需微量过渡元素。成年人体内含4～6 g铁（体重以70kg计），其中大部分是以血红蛋白和肌红蛋白的形式存在于血液和肌肉组织中，其余与各种蛋白质和酶结合，分布在肝、骨髓及脾脏内。血红蛋白和肌红蛋白都是Fe（Ⅱ）与血红素蛋白质形成的配合物，血红蛋白是红血细胞（红血球）中的载氧蛋白，在动脉血中把O_2从肺部运送到肌肉，将O_2转移固定在肌红蛋白上，并在静脉血中将CO_2带回双肺排出，即血红蛋白和肌血蛋白分别起载氧和储氧功能。

值得注意的是：血红蛋白与CO形成的配合物比它与O_2形成的配合物稳定得多，实验证明：空气中CO的含量达到0.08%时，就会发生严重的煤气中毒，因为此时血红蛋白优先与CO结合，失去载O_2功能，身体各组织中所需O_2被中断，代谢发生故障，造成缺氧昏迷甚至死亡。

钴也是生命必需的微量元素之一。钴的配合物之一——维生素B_{12}在许多生物化学过程中起着非常特效的催化作用，能促使红细胞成熟，如果没有它，血液中就会出现一种没有细胞核的巨红细胞，引起恶性贫血；它还用于治疗肝炎、肝硬化、多发性神经炎及银屑病等。

复习与思考题

1. 写出下列物质的化学式和化学名称：铬黄（　　），灰锰氧（　　），铬铁矿（　　）。

2. 在酸性介质中将Cr(Ⅲ)氧化成Cr(Ⅵ)比在碱性介质中（　　）。写出三种可以将Cr^{3+}氧化成$Cr_2O_7^{2-}$的氧化剂：（　　），（　　），（　　）。

3. $CrCl_3 \cdot 6H_2O$有三种水合异构体，它们是（　　），（　　），（　　）；它们的颜色分别是（　　），（　　），（　　）。

4. 判断题

（1）从元素钪开始，原子轨道上填3d电子，因此第一过渡系列元素原子序数的个位数等于3d上的电子数。

（2）除ⅢB 外，所有过渡元素在化合物中的氧化态都是可变的，这个结论也符合ⅠB 族元素。

（3）ⅢB 族是副族元素中最活泼的元素，它们的氧化物碱性最强，接近于对应的碱土金属氧化物。

（4）第一过渡系列的稳定氧化态变化，自左向右，先是逐渐升高，而后又有所下降，这是由于 d 轨道半充满以后倾向于稳定而产生的现象。

（5）元素的金属性愈强，则其相应氧化物水合物的碱性就愈强；元素的非金属性愈强，则其相应氧化物水合物的酸性就愈强。

（6）低自旋型配合物的磁性一般来说比高自旋型配合物的磁性要弱一些。

（7）第Ⅷ族在周期系中位置的特殊性，是与它们之间性质的类似和递变关系相联系的，除了存在通常的垂直相似性外，还存在更为突出的水平相似性。

（8）铁系元素不仅可以和 CN^-、F^-、$C_2O_4{}^{2-}$、SCN^-、Cl^- 等离子形成配合物，还可以与 CO、NO 等分子以及许多有机试剂形成配合物，但 Fe^{2+} 和 Fe^{3+} 均不能形成稳定的氨合物。

（9）在水溶液中常用 $E^{\ominus}(M^{n+}/M)$ 判断金属离子 M^{n+} 的稳定性，也可以从 $E^{\ominus}$ 值判断金属的活泼性。

（10）铁系元素和铂系元素因同处于第Ⅷ族，它们的价电子构型完全一样。

5. 化学试剂厂用电解锰为原料制备 Mn(Ⅱ) 盐的过程中要保持锰过量，为什么？若用金属铬作原料制备 Cr(Ⅲ) 试剂也保持铬过量，将发生什么现象？

6. 已知 $Cr(OH)_3$ 碱式电离的溶度积 $K_{sp(b)} = 6\times10^{-31}$，酸式电离的溶度积 $K_{sp(a)} = 1\times10^{-15}$。（1）计算当 Cr^{3+} 和 $[Cr(OH)_4]^-$ 浓度分别为 $10^{-2}mol\cdot L^{-1}$、$10^{-3}mol\cdot L^{-1}$、$10^{-4}mol\cdot L^{-1}$、$10^{-5}mol\cdot L^{-1}$时，开始生成 $Cr(OH)_3$沉淀的 pH，用计算结果绘出 $Cr(OH)_3$的 $S-pH$ 图。（2）为什么加热 $[Cr(OH)_4]^-$溶液能析出 $Cr(OH)_3$？而加热 $Cr_2(SO_4)_3$溶液也能析出 $Cr(OH)_3$沉淀？写出反应方程式。

7. 完成下列反应

（1）$Cr^{3+} + NH_3\cdot H_2O \longrightarrow$

（2）$K_2Cr_2O_7 + S \xrightarrow{熔融}$

（3）$MnO_2 + H_2C_2O_4 + H^+ \longrightarrow$

（4）$MnO_4{}^- + Mn^{2+} + H_2O \longrightarrow$

（5）$Fe(OH)_3 + KClO_3 + KOH \xrightarrow{熔融}$

8. 铬的某化合物 A 是橙红色可溶于水的固体，将 A 用浓 HCl 处理能产生黄绿色刺激性气体 B 和生成暗绿色溶液 C。在 C 中加入 KOH 溶液，先生成灰蓝色沉淀 D，继续加入过量的 KOH 溶液则沉淀消失，变为绿色溶液 E。在 E 中加入

H_2O_2并加热则生成黄色溶液 F，F 用稀酸酸化，又变为原来的化合物 A 的溶液。问：A 至 F 各是什么？写出有关反应式。

9. 化合物 A 是具有腐蚀性的挥发性深红色液体，称取 A 465 mg，使之溶于水中，溶液具有明显的酸性。需要 6 mmol 的 $Ba(OH)_2$才能中和它，同时溶液中产生沉淀 B。过滤出沉淀并洗涤后用稀 $HClO_4$处理，沉淀 B 转化为一橙红色溶液 C，与此同时又产生一白色的新沉淀 D。加入过量的 KI 后，用 $S_2O_3^{2-}$滴定所生成的 I_3^-，耗去 9.0 mmol $S_2O_3^{2-}$，终点时生成一绿色溶液，经中和可产生葱绿色沉淀 E。过滤 E，使之溶于过量的 NaOH 溶液中变成了 F，再与 H_2O_2共沸，变成黄色溶液 G，酸化时进一步变成橙红色溶液 H。向 H 中加入少许 H_2O_2，有蓝色 I 生成，静置时又变成了 J 并放出气体 K。试确认各符号所代表的化合物，并写出反应式。

10. 化合物 A 是一不溶于水的暗绿色固体，但它能溶于硝酸生成浅粉色溶液 B，将 B 与浓 HNO_3和 $KClO_3$共煮沸便可生成棕色沉淀 C；将该沉淀 C 与 NaOH 和 Na_2O_2共熔，它就转化为绿色化合物 D，D 可溶于盐酸溶液中，生成紫色溶液 E 及少量沉淀 C；将 C 加入酸性的 H_2O_2溶液中，便有气体 F 生成，同时生成溶液 B；在溶液 B 中加入少量的 NaOH 溶液，生成白色沉淀 G，G 迅速变成褐色沉淀 H。请确认每个字母所代表的物质及写出 C 在酸性条件下与 H_2O_2反应和 C 在碱性条件下与 Na_2O_2反应的方程式。

11. 在含有 Ag^+的溶液中，先加入少量的 $Cr_2O_7^{2-}$，再加入适量的 Cl^-，最后加入足量的 $S_2O_3^{2-}$，估计每一步有什么现象出现，写出有关的离子方程式。

12. $MnCl_2$溶液中，加入适量的 HNO_3，再加入 $NaBiO_3$，溶液中出现紫红色后又消失，说明原因并写出有关反应方程式。

13. 为什么 pH = 4 的酸性溶液中能生成弱碱 $Fe(OH)_3$沉淀？

14. 请用适当的方法分离 Fe^{2+}、Al^{3+}、Zn^{2+}、Cr^{3+}和 Ni^{2+}。

15. 在 $CoSO_4$溶液中加入碱时生成粉红色沉淀，而在 $NiSO_4$溶液中加入碱时，则生成苹果绿色沉淀，以 NaClO 分别作用于这两种沉淀时，沉淀变色，用反应式表明所发生的变化。

第 15 章　f 区元素

f 区元素指的是元素周期表中的镧系元素（用符号 Ln 表示，原子序数 57～70）和锕系元素（用符号 An 表示，原子序数 89～102），共 28 种元素。它们原子价电子层构型为：$(n-2)\ f^{0-14}(n-1)\ d^{0-2}ns^2$，新增电子主要排布在 $(n-2)$ f 亚层，大多数元素都是具有最高能量的电子排布在 f 轨道上，为了区别于元素周期表中的 d 区过渡元素，因而又称内过渡元素。镧系元素中只有钷（Pm，$Z=61$）具有放射性。原来认为钷是人工合成元素，1968 年阿特雷尔（Attre，P. M）从刚果的沥青铀矿中分离出 Pm，含量甚微，仅 4×10^{-15} g · kg^{-1}，实际上它是矿中^{238}U 的自发裂变产物，1972 年在地壳中也找到了^{145}Pm。锕系元素均有放射性，锕、钍、镤、铀存在于自然界，铀以后的原子序数为 93 ~ 109 的 17 种元素都是在 1940 年后用人工核反应合成的，称为人工合成元素，也称为超铀元素。人工合成的锕系元素中，只有钚、镎、镅、锔等年产量达到千克级以上，锎仅为克级。锿以后的重锕系元素由于量极微，半衰期很短，仅应用于实验室条件下研究和鉴定核素性质。1789 年德国克拉普罗特（M. H. Klaproth，1743—1817）从沥青铀矿中发现了铀，它是被人们认识的第一个锕系元素。其后陆续发现了锕、钍和镤。由于镧系元素和锕系元素都是金属，所以统称为 f 区金属。

15.1　镧系元素

15.1.1　基本性质概述

15.1.1.1　价层电子构型与氧化数

镧系元素的价层电子构型除 La 为 $5d^1 6s^2$、Ce 为 $4f^1 5d^1 6s^2$、Cd 为 $4f^7 5d^1 6s^2$

外，其余均为$4f^x6s^2$（$x=3\sim7$、$9\sim14$）构型。

镧系元素的电子层结构最外层和次外层基本相同，只是4f轨道上的电子数不同，但能级相近，因而它们的性质非常相似。

镧系元素在固态、水溶液或其他溶剂中的特征氧化数是+3。由于镧系元素在气态时，失去两个6s电子和一个5d电子或失去两个6s电子和一个4f电子所需的电离能比较低，所以一般能形成稳定的+3氧化态。除+3特征氧化数外，镧系元素还存在着一些不常见的氧化数。少数元素表现出+4、+2氧化数是稳定的。例如：铈、镨、钕、铽、镝存在+4氧化数，原因是它们的4f层保持或接近全空、半满或全充满的状态比较稳定，但只有+4氧化数的铈能存在于溶液中，它是很强的氧化剂。虽然制得一些+2氧化数的固体化合物，但溶于水很快氧化为+3氧化数。只有Sm^{2+}、Eu^{2+}和Yb^{2+}能存在于溶液中，都是强还原剂。镧系元素氧化数的变化情况如图15-1所示。

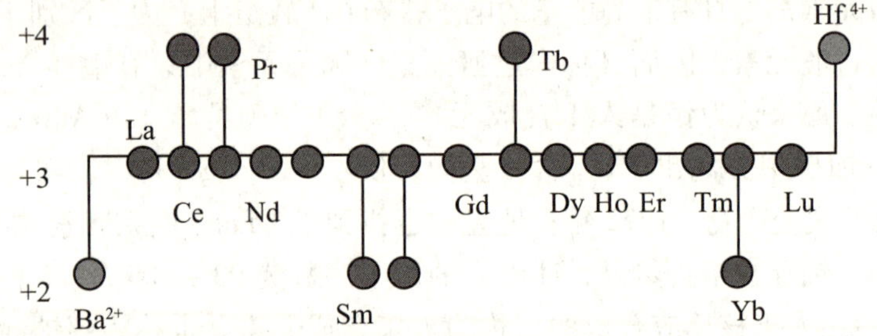

图15-1 镧系元素氧化数的变化情况

15.1.1.2 原子半径、离子半径和镧系收缩

由表15-1可见，镧系元素的原子半径和离子半径总的趋势是随着原子序数的增加而逐渐缩小，这种现象称为镧系收缩。

表15-1 镧系元素的一些性质

原子序数	名称	符号	价层电子构型	主要氧化数	原子半径/pm	Ln^{3+}半径/pm	Ln^{3+} 4f亚层电子数	$\Sigma I(I_1+I_2+I_3)$/(kJ·mol^{-1})	熔点/℃
57	镧	La	$5d^16s^2$	+3	183	103.2	[Xe]$4f^0$	3 455.4	921
58	铈	Ce	$4f^15d^16s^2$	+3，+4	182	102	$4f^1$	3 542	799
59	镨	Pr	$4f^36s^2$	+3，+4	182	99	$4f^2$	3 627	931
60	钕	Nd	$4f^46s^2$	+3	181	98.3	$4f^3$	3 694	1 021
61	钷	Pm	$4f^56s^2$	+3	183	97	$4f^4$	3 738	1 168
62	钐	Sm	$4f^66s^2$	+2，+3	180	95.8	$4f^5$	3 871	1 077

原子序数	名称	符号	价层电子构型	主要氧化数	原子半径/pm	Ln^{3+} 半径/pm	Ln^{3+} 4f 亚层电子数	$\Sigma I(I_1+I_2+I_3)/(kJ \cdot mol^{-1})$	熔点 /℃
63	铕	Eu	$4f^7 6s^2$	+2，+3	208	94.7	$4f^6$	4 032	822
64	钆	Gd	$4f^7 5d^1 6s^2$	+3	180	93.8	$4f^7$	3 752	1 313
65	铽	Tb	$4f^9 6s^2$	+3，+4	178	92.3	$4f^8$	3 786	1 356
66	镝	Dy	$4f^{10} 6s^2$	+3，+4	178	91.2	$4f^9$	3 898	1412
67	钬	Ho	$4f^{11} 6s^2$	+3	176	90.1	$4f^{10}$	3 920	1 474
68	铒	Er	$4f^{12} 6s^2$	+3	176	89	$4f^{11}$	3 930	1 529
69	铥	Tm	$4f^{13} 6s^2$	+2，+3	177	88	$4f^{12}$	4 043.7	1 545
70	镱	Yb	$4f^{14} 6s^2$	+2，+3	193	86.8	$4f^{13}$	4 193.4	819
71	镥*	Lu	$4f^{14} 5d^1 6s^2$	+3	174	86.1	$4f^{14}$	3 885.8	1 663

* 按新分类法，镥不再列入镧系元素内，但为了便于比较，在此将它列出。

(1) 原子半径

镧系元素的原子中，原子核内每增加一个质子，相应就有一个电子进入 4f 层，而 4f 电子对核的屏蔽不如内层电子，因而随着原子序数增加，有效核电荷增加，核对最外层电子的吸引增强，使原子半径、离子半径逐渐减少。从图 15-2 可以看到，镧系元素的原子半径，除 Eu 和 Yb 反常外，从 La（183 pm）到 Lu（174 pm）略有缩小的趋势，但不如离子半径缩小得多。镧系金属的原子半径都比离子半径大，这是因为镧系元素金属原子的电子层比离子多一层，它的最外层是 $6s^2$，4f 就居于第二内层，它对原子核的屏蔽接近 100%，因而镧系收缩的效果就不明显了。至于 Eu 和 Yb 原子半径出现反常现象——它们比相邻元素的原子半径大得多，这是因为在铕和镱的电子构型中分别有半充满的 $4f^7$ 和全充满的 $4f^{14}$ 的缘故。这种具备半充满和全充满的 4f 层的状态是比较稳定的，对原子核有较大的屏蔽作用。

镧系元素的原子半径在 Eu 和 Yb 处出现骤升的峰值，与其相对应的是镧系元素的熔点在随原子序数的增加逐渐升高的过程中，在 Eu 和 Yb 处出现陡降的谷值（图 15-3）；镧系元素原子第一、第二、第三电离能总和，在随着原子序数的增加而增大的过程中，在 Eu 和 Yb 处出现骤升的峰值，就像出现两个山峰或山谷一样，这种现象叫做镧系元素性质递变的“双峰效应”。镧系金属的密度，从La（6.17 $g \cdot cm^{-3}$）到 Lu（9.84 $g \cdot cm^{-3}$）随原子序数而增大，其中Eu（5.62 $g \cdot cm^{-3}$）及 Yb（6.98 $g \cdot cm^{-3}$）例外。Eu 和 Yb 这两种金属的密度低是由于原子体积大的缘故。

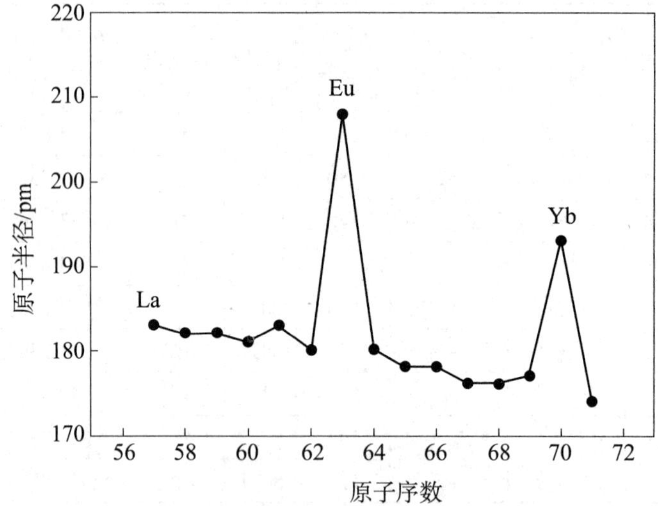

图 15-2 镧系元素的原子半径与原子序数的关系

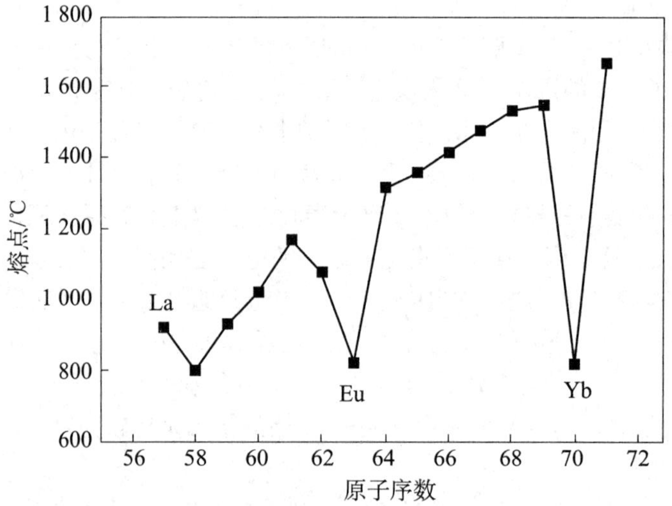

图 15-3 镧系元素的熔点与原子序数的关系

（2）离子半径

Ln^{3+}半径在 86.1～103.2 pm，与其他氧化数相同的金属离子相比是比较大的（Al^{3+}为 53.5pm；Cr^{3+}为 61.5pm），与由 La 到 Yb 原子半径在 Eu、Yb 处会出现峰值的变化有所不同，Ln^{3+}半径的变化是十分有规律的，如图 15-4 所示。Ln^{3+}已无 6s 和 5d 电子，最外层皆为 $5s^2 6p^6$结构，La 到 Yb 有效核电荷数依次增加比在原子中显著，从 La^{3+}到 Lu^{3+}总共收缩 16.4 pm。

Ln^{3+}所带电荷数相同，而且 Ln^{3+}的构型及半径相差不大，因此 Ln^{3+}性质极

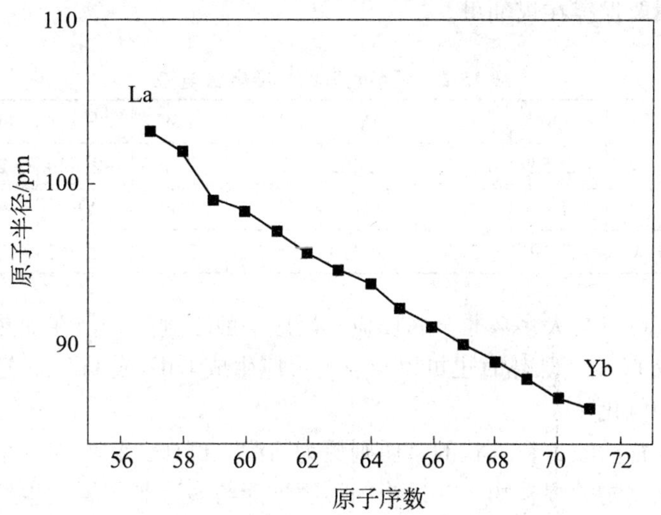

图 15-4 镧系元素的离子半径与原子序数的关系

为相似：其离子化合物的溶解度、氢氧化物的酸碱性、配合物的稳定常数、离子晶体的晶格能等彼此都很接近，造成 Ln^{3+} 之间分离上的困难。

(3) 镧系收缩的后果

镧系收缩是无机化学中的一个重要现象。受镧系收缩的影响，Eu 以后的镧系元素的离子半径接近 Y，构成性质极为相似的一组元素，称为钇族元素，它们在自然界中共生，性质十分相似，难以分离。另外，第三过渡系列与第二过渡系列的同族元素在原子半径（或离子半径）上相近，其中尤以ⅣB 族中的 Zr 和 Hf，在ⅤB 族中的 Nb 和 Ta，ⅥB 族中的 Mo 和 W 更为相近，以致这三对元素的性质非常相似，分离十分困难。

15.1.1.3 金属活泼性

镧系元素单质为银白色的金属，相当柔软，具有延展性，但抗张强度低。镧系金属非常活泼，在室温下，最重的镧系元素保持光泽，而较轻的镧系元素迅速失去光泽。除 Yb 外，所有的镧系元素都具有相当强的顺磁性。直至 290K，Gd 仍具铁磁性。虽然这些金属本身的机械性能不好，但它们可作为合金材料，使钢变硬和使镁在高温时的强度及耐蠕变性增大。将它们加到镍铬合金中用以制造电阻丝可增加其使用寿命。

从表 15-2 可知，$E^\ominus$ (Ln^{3+}/Ln) 值较低，它们的活泼性与金属镁相近，且活泼性随原子序数的增大而依次稍有下降。金属在空气中缓慢被氧化，如果加热，它们很容易燃烧而生成 Ln_2O_3，Ce 则生成 CeO_2。镧系金属都可以与水反应，尤其是与热水反应较剧烈，同时放出氢气。如果与稀酸反应，则更易放出氢气，因此镧系金属要保存在煤油里。

表 15-2 镧系元素的标准电极电势

Ln	La	Ce	Pr	Nd	Pm	Sm	Eu	Gd
$E^{\ominus}(Ln^{3+}/Ln)/V$	-2.522	-2.483	-2.462	-2.431	-2.423	-2.414	-2.407	-2.397
Ln	Tb	Dy	Ho	Er	Tm	Yb	Lu	
$E^{\ominus}(Ln^{3+}/Ln)/V$	-2.391	-2.353	-2.319	-2.296	-2.278	-2.267	-2.253	

镧系金属可以与大多数非金属反应，反应一般不剧烈，但在加热时，可在卤素中燃烧生成 LnX_3。加热时也可以与氢气反应生成 LnH_2 或 LnH_3，这些氢化物大多属于金属型氢化物。

镧系元素很活泼，粉末状的金属则更为活泼。例如，它们与沸水作用，生成氧化物和氢氧化物的混合物。在适当的温度下能与多数非金属发生反应，它们均可被氢氟酸侵蚀，但大多数仅缓慢与硝酸反应，均不与碱发生反应。

15.1.1.4 离子的颜色

镧系元素 Ln^{3+} 水合离子及在晶体中的颜色列于表 15-3 中。按照晶体场理论，f 轨道也会发生分裂，当 f 轨道处于部分填充时，也会发生 f－f 跃迁。Ln^{3+} 的颜色主要由 f－f 跃迁引起。一些镧系金属三价离子具有很漂亮的不同颜色，如果阴离子为无色，在结晶盐和水溶液中都保持特征颜色，这是每个阳离子的特性而与阴离子无关。离子的颜色通常与未成对电子数有关。由表 15-3 可见，当三价离子具有 f^x（$x=0\sim7$）和 f^{14-x} 电子构型时，它们的颜色是相同或相近的。若以 Gd^{3+} 为中心，从 La^{3+} 到 Gd^{3+} 的颜色变化规律又在从 Gd^{3+} 到 Lu^{3+} 的过程中重演。这就是 Ln^{3+} 颜色的周期性变化。当然这只是定性的解释，要进一步研究 Ln^{3+} 的颜色，需要精确测定其光的吸收光谱的波长。

表 15-3 Ln^{3+} 在晶体或水溶液中的颜色

离子	未成对电子数	颜色	未成对电子数	离子
La^{3+}	$0(4f^0)$	无色	$0(4f^{14})$	Lu^{3+}
Ce^{3+}	$1(4f^1)$	无色	$1(4f^{13})$	Yb^{3+}
Pr^{3+}	$2(4f^2)$	绿	$2(4f^{12})$	Tm^{3+}
Nd^{3+}	$3(4f^3)$	淡紫	$3(4f^{11})$	Er^{3+}
Pm^{3+}	$4(4f^4)$	粉红、黄	$4(4f^{10})$	Ho^{3+}
Sm^{3+}	$5(4f^5)$	黄	$5(4f^9)$	Dy^{3+}
Eu^{3+}	$6(4f^6)$	无色	$6(4f^8)$	Tb^{3+}
Gd^{3+}	$7(4f^7)$	无色	$7(4f^7)$	Gd^{3+}

根据吸收光谱的研究，La^{3+}，Lu^{3+}和Y^{3+}在200～1 000 nm 波长范围没有吸收光谱，所以它们的离子是无色。这可能是由于La^{3+}（$4f^0$）和Lu^{3+}（$4f^{14}$）比较稳定和没有能被可见光激发的未成对电子的缘故。所有其他Ln^{3+}在以上波长范围内有吸收带。但可见光的波长范围在400～760 nm，而Ce^{3+}和Gd^{3+}的吸收带的波长全部或大部分在紫外区，所以这些离子是无色的；Yb^{3+}吸收带的波长在近红外区域，所以Yb^{3+}也是无色的。剩下的Ln^{3+}在可见光区内有明显的吸收，所以它们的离子有颜色。颜色的观念一般以光谱中的可见区为限。因此可能有些离子是顺磁性的，应该有颜色，但实际为无色，原因是离子的吸收作用发生在可见区以外。

由于f电子对光吸收的影响，锕系元素与镧系元素在离子的颜色上表现得十分相似。

15.1.1.5 离子的磁性

镧系元素Ln^{3+}的磁矩列在表15-4中。

表 15-4 Ln^{3+}的磁矩

Ln^{3+}	$4f^x$	未成对电子	磁矩/(B. M.)
La^{3+}	$4f^0$	0	—
Ce^{3+}	$4f^1$	1	2.3～2.5
Pr^{3+}	$4f^2$	2	3.4～3.6
Nd^{3+}	$4f^3$	3	3.5～3.6
Pm^{3+}	$4f^4$	4	—
Sm^{3+}	$4f^5$	5	1.4～1.7
Eu^{3+}	$4f^6$	6	3.3～3.5
Gd^{3+}	$4f^7$	7	7.9～8.0
Tb^{3+}	$4f^8$	6	9.5～9.8
Dy^{3+}	$4f^9$	5	10.4～10.6
Ho^{3+}	$4f^{10}$	4	10.4～10.7
Er^{3+}	$4f^{11}$	3	9.4～9.6
Tm^{3+}	$4f^{12}$	2	7.1～7.5
Yb^{3+}	$4f^{13}$	1	4.3～4.9
Lu^{3+}	$4f^{14}$	0	0

La^{3+}和Lu^{3+}中未成对电子数为0，是反磁性的，其余Ln^{3+}都有未成对电子，都是顺磁性的。

15.1.2 重要化合物

15.1.2.1 Ln(Ⅱ)的化合物

当 Sm、Eu、Tm 和 Yb 的三卤化物用氢或金属还原时，生成二卤化物：

$$SmCl_3 + H_2 \longrightarrow SmCl_2 + 2HCl$$

$$2TmI_3 + Tm \longrightarrow 3TmI_2$$

在结构方面，这些化合物通常和相应的钡化合物类似，例如 SmF_2 和 YbF_2 都像 BaF_2 一样具有萤石型结构，而 $SmCl_2$ 与 $BaCl_2$ 是同结构的。

Eu 的二卤化物是用锌汞齐还原 Eu^{3+} 的水溶液制成的（$E^{\ominus}$，$Eu^{3+}/Eu^{2+} = -0.43V$），Yb^{3+} 可在汞阴极上还原（$E^{\ominus}$，$Yb^{3+}/Yb^{2+} = -1.15V$），但是 Yb^{2+} 溶液和 Sm^{2+} 溶液（$E^{\ominus}$，$Sm^{3+}/Sm^{2+} = -1.55V$）能迅速地使水还原，Yb^{II} 和 Sm^{II} 盐类的水合物能被它们自己的结晶水所氧化。然而 $EuF_2 \cdot H_2O$ 和其他 Eu^{II} 水合物对氧化是稳定的。Sm^{II} 和 Yb^{II} 的不溶于水的盐类（硫酸盐、碳酸盐和氟化物）即使在潮湿的情况下也不致氧化。

Sm、Eu 和 Yb 都有一氧化物，它们可在 1 300～1 600 K 的氩气氛中用金属将 Ln_2O_3 还原而制得。SmO 和 YbO 如同相应的硫化物 EuS 和 YbS 一样具有 NaCl 型结构。

Eu^{2+} 水溶液能显出由于 4f→5d 跃迁而产生的强而分散的吸收带。

15.1.2.2 Ln(Ⅲ)的化合物

Ln^{3+} 与相同氧化数的其他金属离子相比，体积较大，对阴离子的吸引力小；而且 4f 电子被外层的 5s、5p 电子所遮蔽，使 4f 轨道不易与其他原子的轨道发生重叠形成 σ 键或 π 键，因此镧系元素化合物绝大部分是离子型的。

（1）氧化物和氢氧化物

对所有镧系元素，其特征氧化数都是 +3。镧系元素均可形成 Ln_2O_3 型的氧化物。Ln_2O_3 的颜色基本上和 Ln^{3+} 的颜色一致。Ln_2O_3 均为离子型氧化物，其熔点很高，是一种耐高温材料。Ln_2O_3 与碱土金属氧化物性质相似，可以从空气中吸收二氧化碳和水，相应地形成碳酸盐和氢氧化物。Ln_2O_3 不溶于水和碱性介质中，而易溶于酸。它们可以用氧化其金属（Ce、Pr、Tb 除外）或加热其碳酸盐、氢氧化物、草酸盐或硫酸盐的方法来制取。它们是强的放热化合物，例如 $\Delta_f H_m^{\ominus}(La_2O_3) = -1\ 794 kJ \cdot mol^{-1}$，$\Delta_f H_m^{\ominus}(Sm_2O_3) = -1\ 823\ kJ \cdot mol^{-1}$，因而它们具有很高的化学稳定性。镧系金属是比铝还好的还原剂。

在 Ln(Ⅲ) 盐溶液中加入 NaOH 溶液便沉淀出镧系的三价氢氧化物，除了

$Yb(OH)_3$和 $Lu(OH)_3$在高压釜中与浓的 NaOH 水溶液加热可转化成$Na_3Ln(OH)_6$化合物之外，大部分 $Ln(OH)_3$不溶于过量碱。氢氧化物的准确分子式为$Ln(OH)_3$，它们不是水合氧化物。$Ln(OH)_3$的溶度积很小，即使有NH_4Cl存在，也能被氨水所沉淀。它们的溶解度从总的趋势来看是随着碱性减弱而减小的。氢氧化物的碱性从 $La(OH)_3$到 $Lu(OH)_3$逐渐减弱，这是由于 Ln^{3+}半径逐渐减小的缘故。$Ln(OH)_3$的碱性接近于碱土金属氢氧化物，不显两性，只能溶于酸而形成盐，而溶解度却比碱土金属氢氧化物小得多。$Ln(OH)_3$的溶解度是随着温度升高而降低的，在这方面又和 $Ca(OH)_2$相似。

（2）盐类

镧系元素的氟化物 LnF_3不溶于水，即使在 $3mol \cdot L^{-1}HNO_3$的 Ln^{3+}盐溶液中加氢氟酸或 F^-，也可得到氟化物的沉淀。这是镧系元素离子的特性检验方法。

镧系元素的盐类大多数都含有结晶水。氯化物易溶于水，在水溶液中结晶出水合物——$LnCl_3 \cdot nH_2O(n=6$ 或 $n=7)$。La～Nd 的氯化物常含有七个水分子，而 Nd～Lu（包括 Y）的氯化物常含有六个水分子。无水氯化物不易从加热水合物得到，因为加热时生成氯氧化物 LnOCl。制备无水氯化物最好是将氧化物在 $COCl_2$或 CCl_4蒸气中加热，也可加热氧化物与 NH_4Cl 而制得。

$$Ln_2O_3 + 6NH_4Cl \longrightarrow 2LnCl_3 + 3H_2O + 6NH_3$$

镧系元素的无水氯化物均为高熔点固体，常常潮解，易溶于水，溶于醇。其溴化物、碘化物与氯化物的性质相似。

将镧系元素的氧化物或氢氧化物溶于硫酸中生成硫酸盐。由溶液中可以结晶出八水合物 $Ln_2(SO_4)_3 \cdot 8H_2O$。硫酸铈还有九水合物。无水硫酸盐可从水合物脱水而制得。

很多镧系元素的硫酸盐、硝酸盐能与碱金属或铵的相应的盐形成复盐，如 $M(\text{I})_2SO_4 \cdot Ln_2(SO_4)_3 \cdot xH_2O$，其溶解度由 La 到 Yb 依次增大。根据硫酸复盐溶解度大小不同，可将其分为三组：

铈组：La^{3+}、Ce^{3+}、Pr^{3+}、Nd^{3+}、Sm^{3+}；

铽组：Eu^{3+}、Gd^{3+}、Tb^{3+}、Dy^{3+}；

钇组：Y^{3+}、Ho^{3+}、Er^{3+}、Tm^{3+}、Yb^{3+}。

硫酸复盐溶解性的差异，常用于镧系元素的粗分离（分组分离）。铈组在冷溶液中先析出来，滤液加热后，铽组析出，而钇组仍留在溶液中。有时也分为两组，即铈组（由 La 到 Sm）和钇组（由 Eu 到 Yb）。

草酸盐（$Ln_2(C_2O_4)_3$）是最重要的镧系盐类之一。因为它们在酸性溶液中的难溶性，镧系元素离子能以草酸盐形式析出而同其他许多金属离子分离开来。化工生产上提取镧系元素化合物，多是先把镧系元素沉淀为草酸盐，然后经过烘干、灼烧得其氧化物。

(3) 配合物

与 d 区过渡元素比较，Ln^{3+}形成配合物的能力并不很强，除了水合离子外，Ln^{3+}形成的配合物为数不多。因为 Ln^{3+}的 4f 电子位于内层，被外层 5s/5p 轨道上的电子遮蔽起来，离子成为稀有气体结构；另外 Ln^{3+}虽然带有较高电荷，但离子半径比 d 区元素离子半径大，所以 Ln^{3+}的配位数一般都在 6 或 6 以上，最高可达 12。Ln^{3+}对配位体的吸引力较小，其配位能力与 Ca^{2+}、Mg^{2+}接近，只有与某些强场配体或螯合剂所形成的配合物才是稳定的。虽然镧系元素配合物不多，但其配合物在镧系元素分离和分析中起着重要的作用，因此在镧系元素的化合物中，其配合物占有很重要的地位。

镧系金属离子属于硬酸，与原子半径小的电负性大的给予体原子才能形成最稳定的配合物，因此通常配位原子是氧和氮。能与镧系元素形成配合物的多齿配位体有：β-二酮类的乙酰丙酮（acac）、乙二胺四乙酸（EDTA）（其中氧和氮两种原子都起给予体的作用）、8-羟基喹啉及含氮配位体如邻二氮杂菲和三联吡啶等，形成的配合物如 $Ln(acac)_3$、$Ln(EDTA)^-$、$[Ln(terpyridine)_3](ClO_4)_3$和 $[Ln(phen)_3](SCN)_3$等。研究这些配合物的结构发现：在镧系元素的螯合物中，Ln^{3+}往往具有超过 6 的高配位数。例如在 $Y(acac)_3 \cdot H_2O$ 中，配位数为 7。有 7 个氧原子围绕着钇原子，排列在单帽三棱柱体的各顶角上。在 $La(acac)_3 \cdot 2H_2O$ 中，配位数为 8，有 8 个氧原子排列在正方扭棱柱体的各顶角上。

这些配合物在碱性溶液中很稳定。它们的稳定性随着溶液的酸度增大而降低，随镧系元素的原子序数增加而增大。这种稳定性变化规律的特征，已广泛应用于镧系元素的分离（离子交换法和溶剂萃取法）和分析（配位滴定、分光光度滴定等）中。

与 d 区过渡金属不一样，镧系元素与烯烃几乎不形成 π 配合物。茂基化合物 $Ln(C_5H_5)_3$是镧系的有机金属化合物中唯一重要的一类。这些有机金属化合物是离子性的，它们的磁矩与相应的三价镧系硫酸盐非常相似，它们对热稳定，大约在 500K 的真空条件下升华，然而易被空气氧化，也易水解。

15.1.3 钪、钇

钪、钇这两种元素分别是第四和第五周期的第一个外过渡元素，它们的价层电子构型分别为 $3d^14s^2$ 和 $4d^15s^2$，与镧系元素的价层电子构型排列方式相似，它们的性质与镧系元素也非常类似。由于这种原因，ⅢB 族的这两个元素也包括在本章中。

虽然钪的 $3d^14s^2$ 价层电子构型与镧的 $5d^16s^2$ 相似，但它的共价半径和离子半径分别为 144pm 和 81pm，这比镧系元素的共价半径和离子半径小得多。因此 Sc^{3+} 具有很大的极化力，非常容易形成配合物，例如可以得到晶态的 K_3ScF_6。钪的电离能比已知的镧系元素的电离能只稍大一些，钪本身差不多和镧系元素同样活泼。

钪存在于某些镧系矿物中，但钪钇石（$ScSi_2O_7$）是其通常的来源。制取钪金属的方法是电解 $ScCl_3$、KCl 和 LiCl 熔融混合物，在锌阴极上得到 Zn－Sc 合金，然后在低压条件下将合金中的锌挥发出去。金属钪是双晶型的，即六方密堆积（h. c. p.）和面心立方（f. c. c.）晶型。它的熔点相当高，约为 1 700 K。

钪和镧系元素之间的一些重要差别如下：

（1）钪的氧化物是较弱的碱。

（2）氯化物更易挥发。

（3）硝酸盐，如 $Sc(NO_3)_3 \cdot 4H_2O$，受热更易分解。

（4）硫酸盐，如 $Sc_2(SO_4)_3 \cdot 5H_2O$，在冷水和热水中都易溶解。

（5）与乙酰丙酮和 8-羟基喹啉的配合物，其共价性比镧系配合物强。

因此，$Sc(acac)_3$ 升华时不致分解，而类似的镧系乙酰丙酮盐类在大约 500K 时分解。用四氯化碳经一次操作能定量地从水溶液中提取出钪的 8-羟基喹啉盐，这是与镧系的 8-羟基喹啉盐的另一不同之点。在含有 2,2′-联吡啶(dipy) 的四氢呋喃（THF）中用锂还原钪和钇的三氯化物得到 Sc^0 和 Y^0 的化合物：$Sc(dipy)_3(THF)_3$ 和 $Y(dipy)_3(THF)_3$。

具有 $4d^15s^2$ 电子构型的 39 号元素钇也与镧系元素相似。它与镧系元素同时存在于矿物中，最好的来源是磷钇矿 YPO_4。金属钇的性质介于钪和镧之间，由于离子半径相似，钇的化合物的性质和重稀土元素镝及钬相类似。

15.1.4 稀土矿物、混合稀土生产工艺和稀土的应用

元素周期表中ⅢB 族中的钇、镥和镧系元素（共 16 种元素）性质都非常相似，并在矿物中共生在一起，总称为稀土元素，常用 RE（Rare Earth）表示。稀土元素实际上并不“稀”，如在地壳中含量比较多的 Ce、Y、Nd、La，它们的含量与常见元素 Zn、Sn、Co、Pb 差不多，就是含量比较少的 Tm，Lu，Tb，Eu 和 Ho 等也比 Bi，Ag，Hg 的含量多。由此可见稀土元素在地壳中的储量不算少。因为它们在自然界比较分散加之化学性质相似，难以分离，性质又活泼，不易还原为金属，因此稀土元素的发现比较晚。

稀土金属的光泽介于银和铁之间。杂质含量对它们的性质影响很大，使其物理性质常有明显差异。大多数稀土金属具有顺磁性；钆在 0℃ 时比铁具有更强的铁磁性；铽、镝、钬、铒等在低温下呈铁磁性。纯稀土金属导电性好，杂质含量

越高，导电性越差。稀土金属具有可塑性，以钐和镱为最好。镧在 6K 时是超导体。镧、铈的低熔点和钐、铕、镱的高温蒸汽压显示其物理性质上有极大差异。钐、铕、钆的热中子吸收截面比镉、硼还大。

稀土元素的化学性质很活泼。除钐、镱、钆之外，其他都易被腐蚀。除能溶于酸外，还能溶于碱金属氯化物，与水作用放出氢气。

15.1.4.1 稀土矿物

稀土矿物有 150 多种，作为稀土元素主要工业来源的矿物有十余种。但是比较重要的矿有氟碳铈矿 [$Ce(CO_3)F$]，独居石 [$RE(PO_4)$]，它们是轻稀土的主要来源。稀土元素中，铕以前的 6 个元素称为轻稀土元素或铈组稀土元素；铕以后的 9 个元素，再加上钇共 10 个元素称为重稀土元素或钇组稀土元素。磷钇矿 (YPO_4)、褐钇矿 ($YNbO_4$) 则是重稀土元素的主要来源。

据报道，世界稀土储量总计近 5 000 万 t，我国约占 75%，其余分布在美国、印度、俄罗斯和澳大利亚等国。稀土消费量以美国居世界之首，我国居第二位，日本位于第三。我国是富有稀土的国家，稀土的储量占世界首位。现已探明我国稀土工业储量超过世界各国工业储量的总和。特别是我国内蒙古的白云鄂博的稀土储量更是十分可观。除了内蒙古外，我国十几个省、自治区发现了各种类型的稀土矿床。

我国稀土资源有如下 5 大特点：

(1) 储量大。现已探明工业储量超过世界各国工业储量总和。仅内蒙古自治区的白云鄂博矿区，稀土氧化物储量就达 3 600 万 t，为世界最大稀土矿。

(2) 分布广。稀土矿物遍及我国十几个省、自治区，内蒙古自治区的白云鄂博稀土矿居全国储量之首，江西省的龙南和寻坞县，广东、广西、海南、江西、山东、湖南、新疆、台湾等省区均有稀土矿分布。

(3) 类型多。有规模较大的花岗岩矿床、离子吸附性矿床等。

(4) 矿种全。我国矿物品种齐全，具有重要工业意义的矿物均有发现；轻、重稀土为主的矿物均有。轻稀土（铈组）矿物有独居石、氟碳铈矿等；重稀土（钇组）矿物有磷钇矿、离子吸附型的重稀土矿等。

(5) 品位高。我国的稀土矿物品位高，如独居石中稀土氧化物品位矿中钇含量约达 60%，除了有稀土元素外，还含有 Nb、Ta、Ti、Th、U 等稀有元素，因此矿床具有较高的综合利用价值。

稀土矿的成分见表 15-5。

表 15-5 我国稀土矿及世界上有代表性的稀土矿成分 *

	美国氟碳铈矿	澳大利亚独居石	马来西亚磷钇矿	中国				
				独居石	磷钇矿	白云矿	江西 A **	江西 B **
La_2O_3	32.0	23.0	0.5	23.0	1.2	23.0	2.2	29.8
CeO_2	49.0	45.5	5.0	42.7	3.0	50.1	1.1	7.2
Pr_6O_{11}	4.4	5.0	0.7	4.1	0.6	6.2	1.1	7.1
Nd_2O_3	13.5	18.0	2.2	17.0	3.5	19.5	3.5	30.2
Sm_2O_3	0.5	3.5	1.9	3.0	2.2	1.2	2.3	6.3
Eu_2O_3	0.1	0.1	0.2	0.1	0.2	0.2	0.1	0.5
Gd_2O_3	0.3	1.8	4.0	2.0	5.0	0.5	5.7	4.2
Tb_4O_7	0.1	0.1	1.0	0.7	1.2	0.1	1.1	0.5
Dy_2O_3	0.1	0.1	8.7	0.8	9.1	0.1	7.5	1.8
Ho_2O_3	0.1	0.1	2.1	0.1	2.6	—	1.6	0.3
Er_2O_3	0.1	0.1	5.4	0.3	5.6	—	0.6	0.1
Tm_2O_3	0.1	0.1	0.9	痕量	1.3	—	0.6	0.1
Yb_2O_3	0.1	0.1	6.2	2.4	6.0	—	3.3	0.6
Lu_2O_3	0.1	0.1	0.4	0.1	1.8	—	0.5	0.1
Y_2O_3	0.1	2.1	60.8	2.4	59.3	0.3	64.1	10.1

* 表中数值均为稀土氧化物总含量中各成分所占百分比。

** 江西 A 是一种钇含量大的矿物，江西 B 是一种以镧、钕为主成分，同时含有铈、钇等稀土元素的矿物。

根据硫酸复盐的溶解度不同，可将稀土元素分为铈组和钇组：

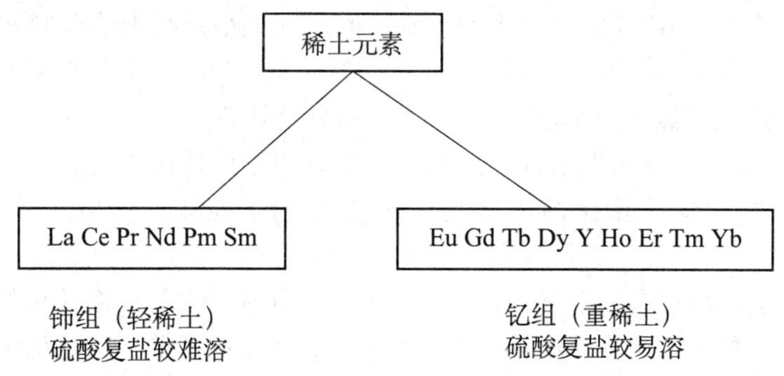

15.1.4.2 稀土元素的提取

从矿石中提取稀土元素，包括分解矿石及分离两个过程。分解矿石的一般方法有氯化法、硫酸法和烧碱法。矿石经分解可将稀土元素作为一组与其他非稀土元素分离。如用烧碱处理独居石精矿，由于该矿除稀土元素外，还含有钍等杂质，现一般采用烧碱溶液分解精矿粉，使稀土和钍都以氢氧化物形成沉淀，再利用它们碱性的差异和在稀盐酸中溶解度的不同加以分离。稀土的氢氧化物在 pH =4. 5～5. 8的稀盐酸中大部分溶解，而钍、铀等元素的氢氧化物仍在沉淀中，从而获得稀土元素氧化物，最终还将除去放射性元素和其他杂质。

由于稀土元素及其 +3 氧化数的化合物性质很相似，它们在自然界共生，而且它们在矿物中又往往与杂质元素（如铀、钍、铌、钽、钛、锆、硅、氟等）伴生，这给分离提纯带来很大困难。历史上采用化学分离法（包括分离结晶法、分布沉淀法和选择性氧化法等），现在一般采用溶剂萃取法和离子交换法。据报道我国在 20 世纪 80 年代建起多个稀土分离企业，年产各种单一稀土产品万吨以上，除满足国内传统工业及高新技术领域外，同时还大量出口。

(1) 溶剂萃取法

借助于有机溶剂的作用，使溶解在水溶液（水相）中的溶质，部分或几乎全部转移到有机溶剂（有机相）中去的过程称为溶剂萃取，所用的有机溶剂称为萃取剂。显然，萃取剂应为与水互不溶的液态有机化合物。

萃取分离法是利用被分离的元素在两个互不相溶的液相中分配的分配系数不同进行分离的。萃取体系的分类可按照萃取剂的种类分为磷型、胺型、螯合型等。常用的萃取剂有磷酸三丁酯（TBP）、二（2-乙基己基）磷酸（P_{204}）、2-乙基己基磷酸单酯（P_{507}）、氯化三烷基甲胺（N_{263}）、甲基磷酸二甲庚酯（P_{350}）等。P_{507}萃取剂的性能优异，已成功地用于混合澄清槽分离出各种单一纯稀土。例如，工业上已采用 $RECl_3$-HCl- P_{507}煤油体系和 $RE(NO_3)_3 - HNO_3 - P_{507}$煤油体系萃取分离 15 种稀土元素。

由于元素相邻 RE^{3+} 的分离系数（D）值差别很小，必须使含料水相与有机相多次接触（多级萃取），才能得到纯品。在实际生产中，把若干萃取器串起来操作（这种工艺叫做串级萃取），可大大提高分离效率。

1978 年北京大学徐光宪教授提出了用串级理论设计优化的分离工业，发展了液—液萃取理论，并在稀土分离工艺中得到了应用，产生了很大的经济效益。

由于溶剂萃取法有如下优点：反应速率快、处理量大、分离效果好，故该法已成为国内外稀土工业生产中的主要分离方法，也是制备单一高纯稀土化合物的主要方法。应用该法可以在工业生产规模上制备出纯度达 99. 999% 的单一稀土氧化物。

20 世纪 70 年代末和 80 年代初，包头稀土研究院开发出两套先进的连续萃取工艺，一套用于分离包头的精矿，另一套用于分离华南离子型精矿。15 种稀土连续萃取分离工艺流程如图 15-5 所示。

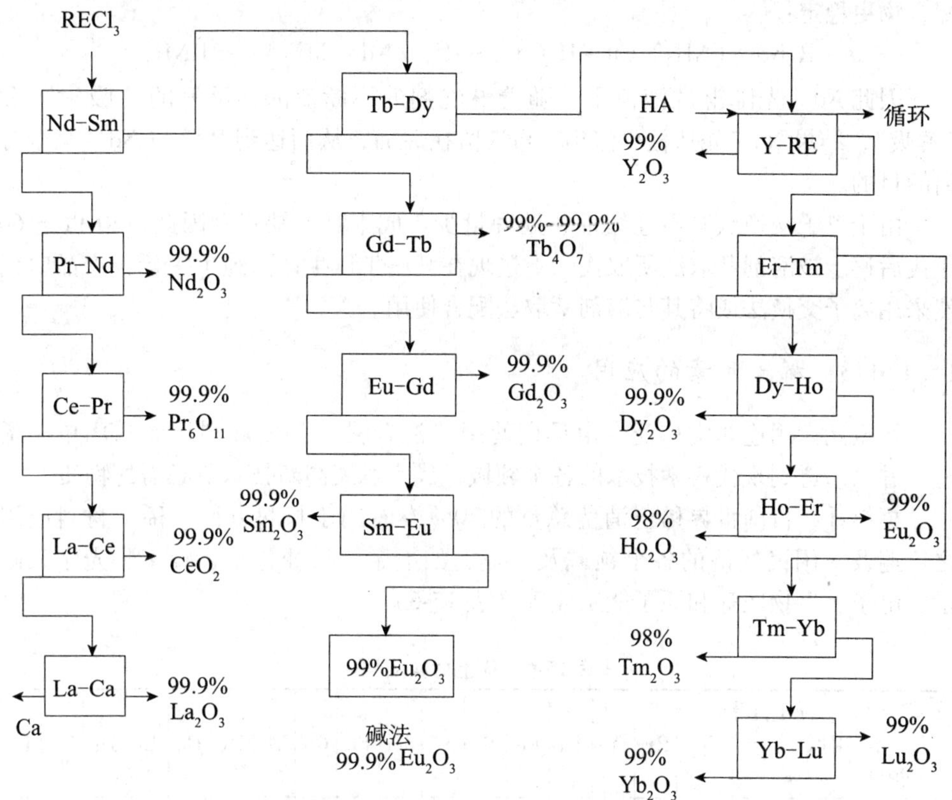

图 15-5　15 种稀土元素连续萃取分离工艺流程图

（2）离子交换法

离子交换法（离子交换色层分离法）是分离提纯稀土元素快速和有效的常用方法之一。通过一次离子交换柱分离就可获得纯度高达 80% 的稀土元素。

这个方法的原理是利用各种稀土元素配合物性质的差别，在离子交换树脂上，稀土离子先与树脂活性基团的阳离子选择性地进行交换，随后用一种配位剂淋洗，把吸附在树脂上的稀土离子分步淋洗下来，经过在离子交换柱上进行的多次“吸附”和“解吸”（淋洗）过程，性质十分相似的元素得以分开。

现以铵式磺酸型树脂分离 Pr^{3+} 和 Nd^{3+} 为例来说明：先是 Pr^{3+} 和 Nd^{3+} 都与 NH_4^+ 交换而留在树脂上，反应式为：

$$3RNH_4 + Pr^{3+} \longrightarrow R_3Pr + 3NH_4^+$$

$$3RNH_4 + Nd^{3+} \longrightarrow R_3Nd + 3NH_4^+$$

然后在 pH = 2.6 的条件下，用 5% 的柠檬酸铵 $(NH_4)_3Cit$ 与柠檬酸 H_3Cit 混合液淋洗交换柱，Nd^{3+} 与 $(NH_4)_3Cit$ 生成的配合物比 Pr^{3+} 与 $(NH_4)_3Cit$ 生成的

配合物更稳定：

$$R_3Nd + (NH_4)_3Cit + H_3Cit \longrightarrow H_3[Nd(Cit)_2] + 3RNH_4$$

因此 Nd^{3+} 先随淋洗液流下，随着淋洗剂的不断流入，反复的“吸附”和“解吸”，结果 Nd^{3+} 先从柱中流出，Pr^{3+} 留在后面，从而达到 Pr^{3+} 与 Nd^{3+} 完全分离的目的。

由于离子交换法有不连续性、处理量少、成本高等缺点，因此，20 世纪 60 年代后逐步被溶剂萃取法所取代。不过现在某些工厂生产高纯单一稀土产品时仍然采用离子交换法或将其与溶剂萃取法配合使用。

15.1.4.3 稀土元素的应用

稀土元素用途非常广泛，由早期使用“混合稀土”发展到目前利用单一稀土，并已渗透到现代科学技术的各个领域，成为发展高新技术所必需的物质。

据统计，目前世界稀土消费总量的 70% 左右用于材料方面。稀土材料应用之广遍及了国民经济的各个领域及行业，如冶金、石油化工、轻工、光学、磁学、电子、生物医疗和原子能工业等（表 15-6）。

表 15-6 稀土材料应用

领域	用途 \ 稀土元素	RE	Y	La	Ce	Pr	Nd	Sm	Eu	Gd	Tb	Dy	Ho	Er	Tm	Yb	Lu
磁学	永磁体	○			○	○		○									
	磁性管阀		○					△	△	○						△	△
电子	热电子发射材料			○													
	电容器	△		○				○		△		△				△	
	传感器		○	△													
	电阻		○														
光学	光学玻璃		○	○	○				△	○							
	着色玻璃					○	○						△	△			
	吸收紫外线玻璃				○	△	△										
	陶瓷材料		○		○	○	△										
	荧光材料		○		△		△		○	△	○		△	△	△	△	
	激光材料		○	△			○										
	弧光灯电极	○													△	△	
冶金	打火石	○															
	钢铁添加剂	○		○	○												
	耐热合金	○	○														
	吸氢合金	○		○													
	铸铁	○															
	有色合金	○															

续前表

领域	用途 稀土元素	RE	Y	La	Ce	Pr	Nd	Sm	Eu	Gd	Tb	Dy	Ho	Er	Tm	Yb	Lu
原子能工业	核反应堆结构材料		△							△	△						
	核反应堆控制材料								○	○	△						
	核反应堆屏蔽材料								△	△	△						
石油化工	FCC 催化剂	○															
	汽车用催化剂			△	○												
	燃料电池		△		△												
	玻璃脱色剂			△	○		○										
	X 射线增感屏				○					○	○						
轻工	毛织物染色剂	△															
	皮革鞣剂	△															
生物医疗	稀土生物材料	△					△	△									
	稀土医疗材料	△					△	△									

注：○—已在工业应用；△—正在研究开发。

（1）冶金工业应用稀土元素十分普遍。由于稀土元素对硫、氧等元素有很强的亲和力，炼钢中常用混合稀土脱除硫、氧等杂质。氢在稀土金属中的溶解度很大，利用混合稀土吸收钢水中的氢可以克服钢脆。在铸铁中加入稀土可以使石墨球化制成球墨铸铁，能显著地提高铸铁的机械性能。在不锈钢中加入稀土，可以提高其在热加工时的可锻性。混合稀土加到某些合金中，可增加合金的抗张强度，改善其抗腐蚀性和抗氧化性等。在我国，稀土产品总消耗量的 65% 用于冶金工业中，目前全世界每年生产 600 万～900 万 t 高强度低合金钢，需用混合稀土 6 000～7 000t。

（2）稀土催化剂广泛应用于石油化工和环境污染的治理。在重油催化裂化反应中，加入少量混合稀土，可使分子筛催化剂的效率增加 3 倍，寿命也可延长，并使汽油产率大幅度提高。稀土催化剂还可用于废气和废水的处理。例如，氧化铈可脱除工业废水的氟离子，清除率高达 90% 。内燃机尾气净化稀土催化剂已进入实用阶段。鉴于环保要求，美、欧使用汽车催化剂的车辆将日益增多，2000 年仅 CeO_2 的年消费量已达到 1 900t，且每年递增 4% 。

（3）氧化铈或混合稀土氧化物可作精密光学玻璃的抛光剂，用于平板玻璃、电视机显像管、照相机透镜等的研磨材料。在玻璃中添加稀土化合物可制得形形色色的特种玻璃。例如，吸收紫外线的玻璃，耐 X 射线玻璃和耐酸、耐热玻璃的纤维，可制造在医疗上直接探视人体肠胃和腹腔的内窥镜。

(4) 各种稀土荧光体和激光材料需用高纯稀土。例如，彩色电视机的显像管中含有钇、铕等稀土元素，故能产生红、蓝、绿三种基本色，进而演变为五光十色的绚丽景象。近年来彩色电视、特别是计算机显示屏的彩色化和大屏幕彩电的需求量增加，对荧光粉的需求量大大增长。当前主导世界荧光粉生产的是日本，1989 年日本购进的 776t 氧化钇中，就有 750t 来自我国。

稀土材料在电光源工业应用广泛，由此可以获得接近自然光的高级荧光灯，亮度比一般荧光灯提高 1/3，且光色好，不失真，使用寿命长，适用于各种要求自然光的场合。

(5) 在制陶配料中加入混合稀土的氧化物，可大大改善陶瓷的耐高温性和脆性。这种稀土陶瓷可用来制造切削刀具、发动机活塞等部件。稀土氧化物可使陶瓷的釉彩鲜艳柔和，光彩夺目，如稀土颜料有镨锆黄、镨铽锆绿、铈黄、铒红和钕紫等。

(6) 稀土永磁体由于其磁性能很高，已在计算机、汽车电动机、电声器件及轻工业产品等领域中得到广泛应用，世界产量已接近万吨。稀土石榴石型磁泡信息储存元件，尤其是钆镓石榴石（GGG）磁泡，由于其容量巨大且体积小，已在新一代计算机上得到应用。稀土永磁材料用于电机制造，可缩小体积，做到微型、高效化。

(7) 稀土在农业上也有广泛应用。现用稀土微肥施用于西瓜田中，可使西瓜个大、皮薄、味甜，并且可提高近两成产量。施用于其他瓜果、菜园也都取得增产、优质的效果，使增收值为投入稀土微肥值的 10 倍以上。此微肥施于小麦和水稻，可增产 8%～10%。

此外，稀土金属在电子材料、原子能材料、药物合成以及超导技术等高新技术领域的应用也日益广泛。稀土储氢材料（已制成的主要有 $LaNi_5$ 及 La_2Mg_{17} 等）可用于氢气储运、能源的转换、制冷及提纯等方面。面向未来，稀土元素作为研究材料，在激光、发光、信息、永磁、超导、能源、催化、传感、生物等领域将会作为主攻方向。我国拥有十分丰富的稀土资源，开展稀土的研究、开发和应用，无疑对我国的经济建设和科学技术的发展有重要意义。

15.2 锕系元素简介

锕系元素又称 5f 过渡系，它是在周期表中锕（$Z=89$）以后 14 种元素，它们都具有放射性。1789 年德国克拉普特从沥青矿中发现铀，它是被人们认识的第一种锕系元素。比铀原子序数小的锕，钍和镤也随后陆续发现。在铀以后的元素称超铀元素，它们都是在 1940 年以后，用人式核反应合成的。极微量的镎和钚也存在于铀矿中。

15.2.1 锕系元素概述

15.2.1.1 锕系元素的价电子层结构

锕系元素的价电子层结构与镧系元素相似，出现两种构型，即［Rn］$5f^n7s^2$ 和［Rn］$5f^{n-1}6d^17s^2$（锕和钍无 5f 电子）。这两种电子构型之间的竞争，决定于二者的能量。图 15-6 表明锕系和镧系原子中，f^ns^2 和 $f^{n-1}d^1s^2$ 的近似相对能量。对镧系来说，Ce 和 Gd 的 $4f^{n-1}5d^16s^2$ 的能量低于相应的 $4f^n6s^2$，所以 Ce、Gd 的基态原子的电子构型为［Xe］$4f^{n-1}5d^16s^2$，Tb 的 $4f^96s^2$ 和 $4f^85d^16s^2$ 能量相近，因此其基态原子的电子构型可取［Xe］$4f^96s^2$ 或［Xe］$4f^85d^16s^2$。Lu 的基态原子的电子构型为［Xe］$4f^{14}5d^16s^2$，其余原子的电子构型为［Xe］$4f^n6s^2$。对于锕系元素，前一半元素中，Pu 和 Am 的 $5f^{n-1}6d^17s^2$ 的能量高于 $5f^n7s^2$，故它们的电子构型取［Rn］$5f^n7s^2$。Cm 的情况与镧系的 Gd 相似，为［Rn］$5f^{n-1}6d^17s^2$。锕系元素中的后一半与镧系元素非常相似。

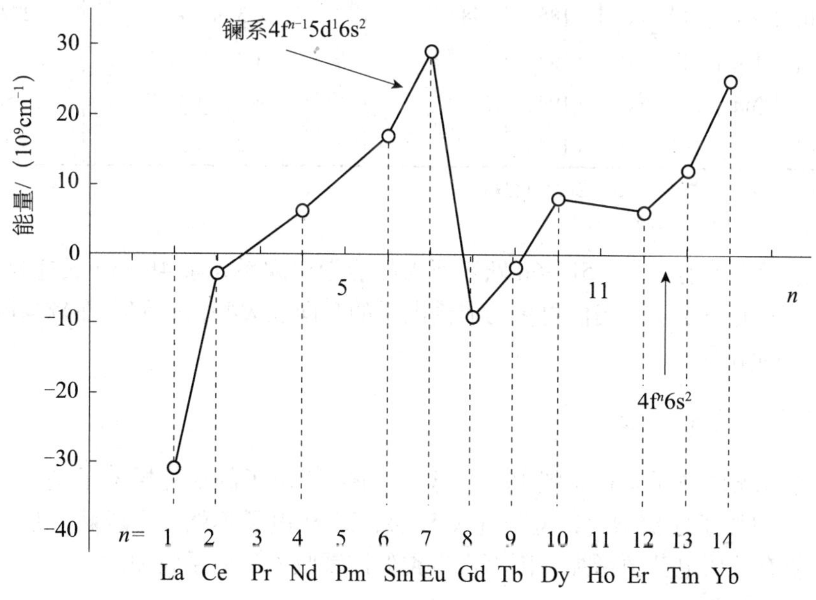

图 15-6 镧系原子 $f^ns^2f^{n-1}d^1s^2$ 组态的近似相对能量位置图

15.2.1.2 氧化数

锕系元素的已知氧化数见表15-7。镧系元素无论是水溶液还是固体化合物中常见氧化数均为+3；而锕系中前面一部分元素（Th～Am）有多种氧化数，Am以后的元素在水溶液中氧化数都是+3。

表15-7 锕系元素的基本性质

原子序数	名称	符号	价层电子构型	原子半径/pm	离子半径/pm		氧化数*	半衰期**
					An^{3+}	An^{4+}		
89	锕	Ac	$5f^06d^17s^2$	187.8	111	—	+3	21.8
90	钍	Th	$5f^06d^27s^2$	179	—	94	+3，$\underline{+4}$	1.41×10^{10}年
91	镤	Pa	$5f^26d^17s^2$	163	104	90	+3，+4，$\underline{+5}$	3.08×10^{10}年
92	铀	U	$5f^36d^17s^2$	156	102.5	89	+3，+4，+5，$\underline{+6}$	4.47×10^{10}年
93	镎	Np	$5f^46d^17s^2$	155	101	87	+3，+4，$\underline{+5}$，+6，+7	2.41×10^{10}年
94	钚	Pu	$5f^6\ 7s^2$	159	100	86	+3，$\underline{+4}$，+5，+6	8.1×10^{10}年
95	镅	Am	$5f^7\ 7s^2$	173	97.5	89	+2，$\underline{+3}$，+4，+5，+6	7.38×10^{10}年
96	锔	Cm	$5f^76d^17s^2$	174	97	85	$\underline{+3}$，+4	1.6×10^{10}年
97	锫	Bk	$5f^9\ 7s^2$	170.4	98	87	$\underline{+3}$，+4	1.38×10^{10}年
98	锎	Cf	$5f^{10}\ 7s^2$	186	95	82.1	$\underline{+3}$，+4	350年
99	锿	Es	$5f^{11}\ 7s^2$	186	98		$\underline{+3}$，+4	277d
100	镄	Fm	$5f^{12}\ 7s^2$	(194)			+2，$\underline{+3}$	100d
101	钔	Md	$5f^{13}\ 7s^2$	(194)			+2，$\underline{+3}$	55d
102	锘	No	$5f^{14}\ 7s^2$	(194)			+2，$\underline{+3}$	1h

* 画线的表示水溶液中最稳定的氧化数。

** 寿命最长的同位素半衰期。

锕系元素中前一半，5f→6d跃迁所需的能量比镧系元素4f→5d跃迁要少些，因此锕系的前一半元素提供更多的成键电子的倾向要大些，它们存在较高的氧化数是必然的结果。

15.2.1.3 离子半径

锕系元素的离子半径见图15-7，这些元素+3离子的最外层电子是已填满的6p层，随着原子序数增加，电子进入5f层，而5f电子不能完全屏蔽增加的核电荷数，使有效核电荷数增加，因而产生类似镧系收缩的锕系收缩。

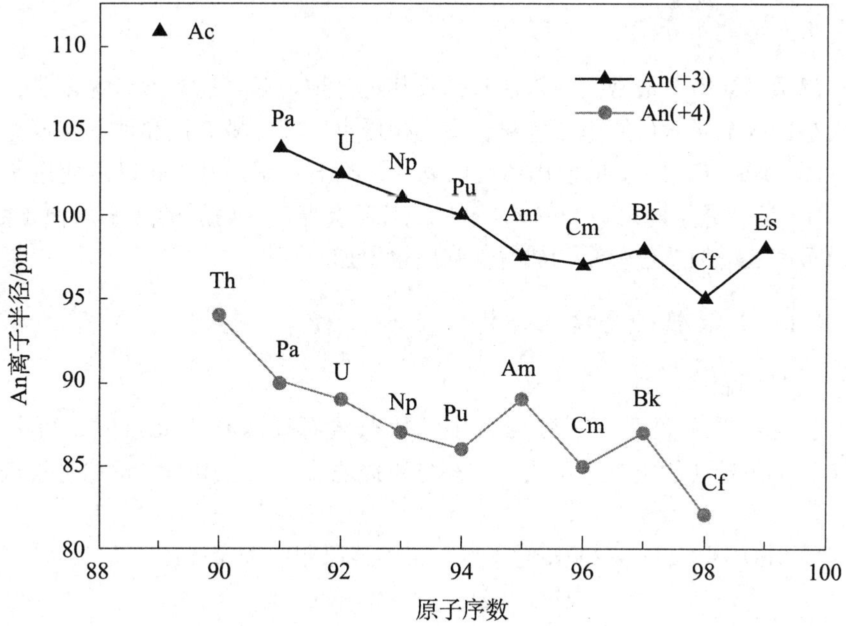

图 15-7 锕系元素的离子半径

15.2.1.4 离子的颜色

锕系元素不同类型的离子在水溶液中的颜色见表 15-8。除少数离子（Ac^{3+}，Cm^{3+}，Th^{4+}，Pa^{4+}和 PaO^{+}）为无色外，其余离子都是显色的。镧系和锕系水合离子颜色的变化规律类似，$Ce^{3+}(4f^1)$ 和 $Pa^{4+}(5f^1)$，$Gd^{3+}(4f^7)$ 和 $Cm^{3+}(5f^7)$，$La^{3+}(4f^0)$ 和 $Ac^{3+}(5f^0)$ 都是无色的，$Nd^{3+}(4f^3)$ 和 $U^{3+}(f^3)$ 显浅红色。

表 15-8 锕系元素离子在水溶液中的颜色

元素	An^{3+}	An^{4+}	AnO^{2+}	AnO_2^{2+}
Ac	无色	—	—	—
Th	—	无色	—	—
Pa	—	无色	无色	—
U	浅红	绿	—	黄
Np	紫	黄绿	绿	浅红
Pu	深蓝	黄褐	红紫	橙
Am	浅红	浅红	黄	棕
Cm	无色	—	—	—

15.2.2 钍和铀的重要化合物

在锕系元素中，最常见的是钍和铀及其化合物。对其他元素研究较少，其主要原因是这两个元素可用作核燃料，安全操作也比较容易。钍和铀的年使用量以吨计；Pa，Np，Pu，Am 的使用量是以克计，价值昂贵。从 Cm 以后使用量逐渐减少，Cm 是以毫克计；到 Fm（$Z=100$）则以微克计，以后的元素以原子数计。随着原子序数增加单位质量的放射性强度也增加。

15.2.2.1 钍及钍的重要化合物

（1）钍的制备、性质和用途

钍在自然界主要存在于独居石中。从独居石提取稀土元素时，可分离出 $Th(OH)_4$，这是钍的重要来源之一。经分离提纯后，还可用 TBP 萃取进行进一步提纯。

可将 ThO_2 用 Ca 在 1 200K 时于氢气氛中还原制取金属钍：

$$ThO_2 + 2Ca \longrightarrow Th + 2CaO$$

金属钍在新切开或磨亮时显银白色，但在大气中逐渐变暗，它像镧系金属一样，是活泼金属，粉末状钍在空气中能着火。钍能与沸水反应，500K 与氧反应，1 050K 时与氮反应。稀 HF、稀 HNO_3、稀硫酸和浓 HCl 或浓磷酸与钍作用缓慢，浓硝酸能使钍钝比。

钍主要用于原子能工业，因为钍－232 被中子照射后可蜕变为裂变原料铀 233。此外金属钍可用于制造合金。由于钍有良好的发射性能，故用于放电管和光电管中。

（2）钍的化合物

①氧化钍

使粉末状钍在氧中加热燃烧，或将氢氧化钍、硝酸钍、草酸钍灼伤，都生成二氧化钍（ThO_2）。二氧化钍为白色粉末，和硼砂共熔，可得晶体状态的二氧化钍。强灼热过的钍晶形的二氧化钍几乎不溶于酸，但在 800 K 灼热草酸钍所得的二氧化钍，很松，在稀盐酸似能溶解，实际上是形成溶胶。

二氧化钍有广泛的应用。在人造石油工业中，即由水煤气合成汽油时，通常使用含 8% ThO_2 的气化钴作催化剂。它又是制造钨丝时的添加剂，约 1% ThO_2 就能使钨成为稳定的小晶粒，并增加抗震强度。煤气灯的纱罩，灼烧后含 99% ThO_2，尚有 1% CeO_2 为添加剂。

②氢氧化钍

在钍盐溶液中加碱或氨，生成二氧化钍水合物，为白色凝胶状沉淀，它在空气中强烈吸收二氧化碳。它易溶于酸，不溶于碱，但溶于碱金属的碳酸盐中而生成配合物。加热脱水时，在 530～620 K 有氢氧化钍 [$Th(OH)_4$] 稳定存在，在 743K 转化为二氧化钍。

③硝酸钍

硝酸钍是最普通的钍盐，也是制备其他钍盐的原料，将二氧化钍的水合物溶于硝酸，得硝酸钍晶体。由于条件不同，所含的结晶水也不同。重要的硝酸盐为 $Th(NO_3)\cdot5H_2O$，它易溶于水、醇、酮和酯中。在钍盐溶液中，加入不同试剂，可析出不同沉淀，最重要的沉淀有氢氧化物、过氧化物、氟化物、碘酸盐、草酸盐和磷酸盐；后四种盐，即使在 6mol/L 的强酸性溶液中也不溶解，因此可以用于分离钍和其他有相同性质的 3+ 和 4+ 阳离子。

Th^{4+} 在 pH 大于 3 时发生剧烈水解，形成的产物是配离子，随着溶液 pH、浓度和阴离子的性质的不同，配离子的性质也有所不同。在高氯酸溶液中，主要离子为 $[Th(OH)]^{3+}$、$[Th(OH)_2]^{2+}$、$[Th_2(OH)_2]^{6+}$、$[Th_4(OH)_8]^{8+}$，最后产物为六聚物 $[Th_6(OH)_{15}]^{9+}$。

15.2.2.2 铀及铀的重要化合物

1789 年发现铀，但直到 1939 年发现铀的裂变之前，铀的重要性并不突出，当时它的矿石作为镭的来源和少量用于制造铀玻璃和陶瓷。当铀作为核燃料后，铀就成为特别重要的原料。

(1) 铀的提炼、性质利用途

铀在自然界主要存在于沥青铀矿，其主要成分为 U_3O_8。提炼方法很多而且复杂，但最后步骤通常用萃取法将硝酸铀酰从水溶放中萃取到有机相，而得到较纯的铀化合物。

金属铀的制备方法是将 UF_4 还原：

$UO_2(NO_3)_2$ 加热成为 UO_2，在 HF 中加热成为 UF_4，再在加压下与 Mg 共热得 U。能发生裂变的同位素 ^{235}U（在天然铀中只占 0.72%）与 ^{238}U（99.2%）的分离方法通常用 UF_6 气体扩散法。^{235}U 可作为反应堆的核燃料。

新切开的铀具有银白色光泽，是密度最大的金属之一（$19.07g\cdot cm^{-3}$）。铀是一种很活泼的金属，与很多元素可以直接化合。在空气中表面很快变黄，接着变成黑色氧化膜，但此膜不能保护金属。粉末状铀在空气中可以自燃。铀易溶于盐酸和硝酸，但在硫酸、磷酸和氢氟酸中溶解较慢。它不与碱作用。

(2) 铀的化合物

①氧化物

主要氧化物有 UO_2（暗棕色）、U_3O_8（暗绿色）和 UO_3（橙黄色）。主要性质见表15-9。

表15-9 铀的重要氧化物的性质

氧化物	熔点/K	颜色	酸碱性	溶解性
UO_2	3 073	暗棕色	碱性	酸溶
U_3O_8	1 573（分解）	暗绿色	两性	水不溶，酸溶
UO_3	分解	橙黄色	两性	酸碱均溶

其中，三氧化铀（UO_3）可利用硝酸铀酰[$UO_2(NO_3)_2$]或重铀酸铵[$(NH_4)_2U_2O_7$]的热分解来制取：

$$2UO_2(NO_3)_2 \xrightarrow{\triangle} 2UO_3 + 4NO_2 + O_2$$

$$(NH_4)_2U_2O_7 \xrightarrow{\triangle} 2UO_3 + 2NH_3 + H_2O$$

UO_3常温下在空气中稳定，高温下分解为U_3O_8：

$$6UO_3 \longrightarrow 2U_3O_8 + O_2$$

UO_3具有两性，溶于碱生成重铀酸根（$U_2O_7^{2-}$），溶于酸生成铀氧基离子（UO_2^{2+}）。UO_3在700℃分解或高温下煅烧重铀酸盐可得到U_3O_8。U_3O_8存在于沥青铀矿中，难溶于水，热的稀硫酸和盐酸对其作用很弱，但可溶于硝酸形成UO_2^{2+}。

$$2UO_3 + 2Na^+ + 2OH^- \longrightarrow Na_2U_2O_7\downarrow + H_2O$$

$$UO_3 + 2H^+ \longrightarrow UO_2^{2+} + H_2O$$

$$9(NH_4)_2U_2O_7 \xrightarrow{\triangle} 6U_3O_8 + 14NH_3 + 15H_2O + 2N_2$$

UO_2存在于晶质铀矿中，它是生产UF_4、UF_6和金属铀的中间产物。高温下用气态还原剂还原UO_3即可制得UO_2。UO_2在300℃以上能被空气中的氧氧化为U_3O_8。UO_2难溶于水，也难溶于稀酸，只有当氧化剂存在时才能使其溶解，此时形成UO_2^{2+}，如溶于硝酸生成$UO_2(NO_3)_2$。

$$UO_3 + H_2 \longrightarrow UO_2 + H_2O$$

$$UO_3 + CO \longrightarrow UO_2 + CO_2$$

$$3UO_3 + 2NH_3 \longrightarrow 3UO_2 + N_2 + 3H_2O$$

②硝酸铀酰（或硝酸氧铀）

将铀的氧化物溶于硝酸，由溶液可析出柠檬黄色的六水分硝酸铀酰晶体$UO_2(NO_3)_2\cdot 6H_2O$，具有黄绿色荧光。$UO_2(NO_3)_2$在潮湿空气中变潮，易溶于水、醇和醚。UO_2^{2+}在溶液中水解，在298K时其水解产物为UO_2OH^+、$(UO_2)_2(OH)_2^{2+}$和$(UO_2)_3(OH)_5^+$。铀的水解能力为$U^{4+} > UO_2^{2+} > U^{3+} > UO_2^+$，硝酸铀酰与碱金属硝酸盐生成$M^INO_3\cdot UO_2(NO_3)_2$复盐。

③铀酸盐

在硝酸铀酸溶液中加碱，即析出黄色的重铀酸盐，例如黄色的重铀酸钠$Na_2U_2O_7 \cdot 6H_2O$。将此盐加热脱水，得无水盐，叫“铀黄”，应用在玻璃及陶瓷釉中作为黄颜料。$(NH_4)_2U_2O_7$则是制备核纯铀的原料。

$$2UO_2^{2+} + 6OH^- + 2Na^+ \longrightarrow Na_2U_2O_7 \downarrow + 3H_2O$$

$$2UO_2^{2+} + 6NH_3 + 3H_2O \longrightarrow (NH_4)_2U_2O_7 \downarrow + 4NH_4^+$$

④六氟化铀

铀的氟化物很多，有UF_3、UF_4、UF_5、UF_6，其中以UF_6最重要。UF_6可以从低价氟化物氟化而制得。它是无色晶体，熔点337K，在干燥空气中稳定，但遇水蒸气即水解：

$$UF_4 + F_2 \longrightarrow UF_6$$

$$UF_6 + 2H_2O \longrightarrow UO_2F_2 + 4HF$$

六氟化铀是具有挥发性的铀化合物，利用$^{238}UF_6$和$^{235}UF_6$蒸气扩散速度的差别，使^{235}U和^{238}U分离，而得到纯^{235}U核燃料。因此UF_6是重要的铀的化合物。

复习与思考题

1. 为什么镧系元素的特征氧化态是+3，而铈、镨、铽、镝的氧化态常呈现+4，钐、铕、铥、镱却能呈+2？

2. 什么是镧系收缩？对第六周期元素的性质有何影响？

3. 根据电子构型阐明镧系元素化学性质的相似性。

4. 镧系元素和锕系元素在电子构型上有何相似之处？在氧化态方面有何差异？为什么？

5. 为什么镧系元素形成配合物都是离子型？

6. 如何制备无水氯化镧（$LnCl_3$）？

7. 稀土元素有哪些主要用途？

8. 判断下列说法是否正确，并说明理由。

（1）镧系元素和锕系元素化学性质相似，它们最稳定的氧化态都是+3。

（2）锕系元素都具有放射性，它们都是人工核反应合成的。

（3）镧系元素金属活泼性从La到Lu逐渐减弱，$Ln(OH)_3$的碱性从$La(OH)_3$到$Lu(OH)_3$逐渐减弱。

（4）镧系元素和碱金属元素一样，它们的卤化物都易溶于水。

9. 已知$E^{\ominus}(Ce^{4+}/Ce^{3+}) = 1.77V$，现有$0.10\ mol \cdot L^{-1}\ Ce^{4+}$溶液能否与$1.0\ mol \cdot L^{-1}$的$FeSO_4$溶液反应？若能反应，计算反应的平衡常数和$\Delta_rG_m^{\ominus}$。

10. 按独居石中稀土氧化物（Ln_2O_3）的含量（50% ~68%），二氧化钍（ThO_2）的含量（10%）来计算分解 1 kg 独居石矿砂理论上需多少 98% 硫酸（kg）。

11. 有一含铀样品重 1.600 0 g，可提取 0.400 0 g 的 U_3O_8（相对分子质量为 842.2），该样品中铀（相对原子质量为 238.1）的质量分数是多少？

12. 水合稀土氯化物为什么要在一定的真空度下进行脱水？这一点和其他哪些常见的含水氯化物的脱水情况相似？

13. 完成并配平下列反应方程式：

（1）$EuCl_2 + FeCl_3 \longrightarrow$

（2）$CeO_2 + HCl \longrightarrow$

（3）$UO_2(NO_3)_2 \xrightarrow{\triangle}$

（4）$UO_3 \xrightarrow{\triangle}$

（5）$UO_3 + 2HNO_3 \longrightarrow$

（6）$UO_3 + HF \longrightarrow$

（7）$UO_3 + NaOH \longrightarrow$

（8）$UO_3 + SF_4 \longrightarrow$

14. 简述从独居石中提取混合稀土氯化物的原理。

15. 为什么用电解法制备稀土金属时，不能在水溶液中进行？

参考文献

[1] 大连理工大学无机化学教研室．无机化学．5 版．北京：高等教育出版社，2008.

[2] 天津大学无机化学教研室．无机化学．4 版．北京：高等教育出版社，2010.

[3] 宋天佑，等．无机化学（上、下册）．2 版．北京：高等教育出版社，2009.

[4] 黄佩丽，田荷珍．基础元素化学．北京：北京师范大学出版社，1994.

[5] 史启祯．无机化学与化学分析．3 版．北京：高等教育出版社，2011.

[6] 颜秀茹．无机化学学习指导．北京：高等教育出版社，2010.

[7] 迟玉兰，等．无机化学释疑与习题解析．2 版．北京：高等教育出版社，2006.

[8] 南京大学无机及分析化学编写组．无机及分析化学．3 版．北京：高等教育出版社，1998.

[9] 董元彦，等．无机及分析化学学习指导．北京：科学出版社，2006.

[10] 董元彦，等．无机及分析化学．北京：科学出版社，2000.

[11] 曲保中，等．新大学化学．3 版．北京：科学出版社，2012.

[12] Gary L. Miessler. Inorganic Chemistry. 3rd ed. 北京：高等教育出版社，2004.

附　录

附录一　弱酸和弱减的解离常数

1. 弱酸的解离常数（298.15K）

弱　　酸	$K_a^\ominus$
H_3AsO_4	$K_{a1}^\ominus = 5.7\times10^{-3}$；$K_{a2}^\ominus = 1.7\times10^{-7}$；$K_{a3}^\ominus = 2.5\times10^{-12}$
H_3BO_3	$K_{a1}^\ominus = 5.8\times10^{-10}$
HCN	5.8×10^{-10}
H_2CO_3	$K_{a1}^\ominus = 4.2\times10^{-7}$；$K_{a2}^\ominus = 4.7\times10^{-11}$
H_2CrO_4	$K_{a1}^\ominus = 4.1$；$K_{a2}^\ominus = 1.3\times10^{-6}$
HF	6.6×10^{-4}
HNO_2	7.2×10^{-4}
H_3PO_4	$K_{a1}^\ominus = 7.1\times10^{-3}$；$K_{a2}^\ominus = 6.3\times10^{-8}$；$K_{a3}^\ominus = 4.2\times10^{-13}$
H_2S	$K_{a1}^\ominus = 1.32\times10^{-7}$；$K_{a2}^\ominus = 7.10\times10^{-15}$
H_2SO_3	$K_{a1}^\ominus = 1.3\times10^{-2}$；$K_{a2}^\ominus = 6.1\times10^{-3}$
H_2SO_4	$K_{a2}^\ominus = 1.0\times10^{-2}$
$H_2C_2O_4$（草酸）	$K_{a1}^\ominus = 5.4\times10^{-2}$；$K_{a2}^\ominus = 5.4\times10^{-5}$
HCOOH（甲酸）	1.77×10^{-4}
CH_3COOH（乙酸）	1.75×10^{-5}
$ClCH_2COOH$（氯代乙酸）	1.4×10^{-3}
$H_3C_6H_5O_7$（柠檬酸）	$K_{a1}^\ominus = 7.4\times10^{-4}$；$K_{a2}^\ominus = 1.73\times10^{-5}$；$K_{a3}^\ominus = 4\times10^{-7}$
C_6H_5COOH（苯甲酸）	6.2×10^{-5}
H_4Y（乙二胺四乙酸）	$K_{a1}^\ominus = 1.0\times10^{-2}$；$K_{a2}^\ominus = 2.1\times10^{-3}$；$K_{a3}^\ominus = 6.9\times10^{-7}$ $K_{a4}^\ominus = 5.9\times10^{-11}$

数据来源：Lange's Handbook of Chemistry. 13th ed. 1985.

2. 弱碱的解离常数（298.15K）

弱　　碱	$K_b^\ominus$
$NH_3\cdot H_2O$	1.8×10^{-5}
$NH_2—NH_2$（联氨）	9.8×10^{-7}
NH_2OH（羟胺）	9.1×10^{-9}
$C_6H_5NH_2$（苯胺）	4×10^{-10}
C_5H_5N（吡啶）	1.5×10^{-9}
$(CH_2)_6N_4$（六次甲基四胺）	1.4×10^{-9}

附录二 常用酸碱的浓度

酸或碱	化学式	密度/（$g \cdot mL^{-1}$）	质量分数/%	浓度/（$mol \cdot L^{-1}$）
冰醋酸	CH_3COOH	1.05	99～99.8	17.4
醋 酸		1.04	34	6
浓盐酸	HCl	1.18～1.19	36.0～38.0	11.6～12.4
稀盐酸		1.10	20	6
浓硝酸	HNO_3	1.39～1.40	65.0～68.0	14.4～15.2
稀硝酸		1.19	32	6
浓硫酸	H_2SO_4	1.83～1.84	95～98	17.8～18.4
稀硫酸		1.18	25	3
磷 酸	H_3PO_4	1.69	85	14.6
高氯酸	$HClO_4$	1.68	70.0～72.0	11.7～12.0
氢氟酸	HF	1.13	40	22.5
氢溴酸	HBr	1.49	47.0	8.6
浓氨水	$NH_3 \cdot H_2O$	0.88～0.90	25～28(NH_3)	13.3～14.8
稀氨水		0.96	10	6
稀氢氧化钠	NaOH	1.22	20	6

附录三 标准电极电势（298.15K）

电 极 反 应 氧 化 型 + ze^- $\rightleftharpoons$ 还 原 型	$E^{\ominus}$ /V
$Li^+ + e^- \rightleftharpoons Li(s)$	-3.040
$Cs^+ + e^- \rightleftharpoons Cs(s)$	-2.923
$^*Ca(OH)_2(s) + 2e^- \rightleftharpoons Ca(s) + 2OH^-$	(-3.02)
$K^+ + e^- \rightleftharpoons K(s)$	-2.924
$Ba^{2+} + 2e^- \rightleftharpoons Ba(s)$	-2.92
$Sr^{2+} + 2e^- \rightleftharpoons Sr(s)$	-2.899
$Ca^{2+} + 2e^- \rightleftharpoons Ca(s)$	-2.868
$Na^+ + e^- \rightleftharpoons Na(s)$	-2.714
$^*Mg(OH)_2(s) + 2e^- \rightleftharpoons Mg(s) + 2OH^-$	-2.687
$Mg^{2+} + 2e^- \rightleftharpoons Mg(s)$	-2.356

电 极 反 应 氧化型 + ze⁻ ⇌ 还原型	$E^{\ominus}$ /V
* $[Al(OH)_4]^- + 3e^- \rightleftharpoons Al(s) + 4OH^-$	−2.310
$Be^{2+} + 2e^- \rightleftharpoons Be(s)$	−1.99
* $SiO_3^{2-} + 3H_2O(l) + 4e^- \rightleftharpoons Si(s) + 6OH^-$	(−1.697)
$Al^{3+} + 3e^- \rightleftharpoons Al(s)$	−1.676
* $Cr(OH)_3(s) + 3e^- \rightleftharpoons Cr(s) + 3OH^-$	(−1.48)
$[SiF_6]^{2-} + 4e^- \rightleftharpoons Si(s) + 6F^-$	−1.365
* $[Zn(OH)_4]^{2-} + 2e^- \rightleftharpoons Zn(s) + 4OH^-$	−1.285
$Mn^{2+} + 2e^- \rightleftharpoons Mn(s)$	−1.182
* $SO_4^{2-} + H_2O(l) + 2e^- \rightleftharpoons SO_3^{2-} + 2OH^-$	−0.936 2
* $HSnO_2^- + H_2O(l) + 2e^- \rightleftharpoons Sn(s) + 3OH^-$	−0.91
* $Fe(OH)_2(s) + 2e^- \rightleftharpoons Fe(s) + 2OH^-$	−0.891 4
$H_3BO_3(s) + 3H^+ + 3e^- \rightleftharpoons B(s) + 3H_2O(l)$	−0.889 4
* $2H_2O(l) + 2e^- \rightleftharpoons H_2(g) + 2OH^-$	−0.828
$Zn^{2+} + 2e^- \rightleftharpoons Zn(s)$	−0.762 1
$Cr^{3+} + 3e^- \rightleftharpoons Cr(s)$	−0.74
* $[Fe(OH)_4]^- + e^- \rightleftharpoons [Fe(OH)_4]^{2-}$	−0.73
* $Ni(OH)_2(s) + 2e^- \rightleftharpoons Ni(s) + 2OH^-$	−0.72
* $FeCO_3(s) + 2e^- \rightleftharpoons Fe(s) + CO_3^{2-}$	−0.719 6
* $SO_3^{2-} + 3H_2O(l) + 4e^- \rightleftharpoons S(s) + 6OH^-$	−0.59
* $2SO_3^{2-} + 3H_2O(l) + 4e^- \rightleftharpoons S_2O_3^{2-} + 6OH^-$	−0.565 9
$Ga^{3+} + 3e^- \rightleftharpoons Ga(s)$	−0.549 3
* $Fe(OH)_3(s) + e^- \rightleftharpoons Fe(OH)_2(s) + OH^-$	−0.546 8
$Sb(s) + 3H^+ + 3e^- \rightleftharpoons SbH_3(g)$	−0.510 4
* $S(s) + 2e^- \rightleftharpoons S^{2-}$	−0.445
$Fe^{2+} + 2e^- \rightleftharpoons Fe(s)$	−0.408 9
* $[Ag(CN)_2]^- + e^- \rightleftharpoons Ag(s) + 2CN^-$	−0.407 3
$Cd^{2+} + 2e^- \rightleftharpoons Cd(s)$	−0.402 2
$PbI_2(s) + 2e^- \rightleftharpoons Pb(s) + 2I^-$	−0.365 3
$PbSO_4(s) + 2e^- \rightleftharpoons Pb(s) + SO_4^{2-}$	−0.355 5
$Co^{2+} + 2e^- \rightleftharpoons Co(s)$	−0.282
$PbBr_2(s) + 2e^- \rightleftharpoons Pb(s) + 2Br^-$	−0.279 8
$PbCl_2(s) + 2e^- \rightleftharpoons Pb(s) + 2Cl^-$	−0.267 6
$Ni^{2+} + 2e^- \rightleftharpoons Ni(s)$	−0.257
$As(s) + 3H^+ + 3e^- \rightleftharpoons AsH_3(g)$	−0.238 1
$CuI(s) + e^- \rightleftharpoons Cu(s) + I^-$	−0.185 8
$AgCN(s) + e^- \rightleftharpoons Ag(s) + CN^-$	−0.160 6

电极反应 氧化型 + ze⁻ ⇌ 还原型	$E^{\ominus}$/V
$AgI(s) + e^- \rightleftharpoons Ag(s) + I^-$	−0.151 5
$Sn^{2+} + 2e^- \rightleftharpoons Sn(s)$	−0.141 0
* $CrO_4^{2-} + 4H_2O + 3e^- \rightleftharpoons [Cr(OH)_4]^- + 4OH^-$	(−0.13)
$Pb^{2+} + 2e^- \rightleftharpoons Pb(s)$	−0.126 6
* $CrO_4^{2-} + 2H_2O(l) + 3e^- \rightleftharpoons CrO_2^- + 4OH^-$	(−0.13)
$Se(s) + 2H^+ + 2e^- \rightleftharpoons H_2Se(aq)$	−0.115 0
* $2Cu(OH)_2(s) + 2e^- \rightleftharpoons Cu_2O(s) + 2OH^- + H_2O(l)$	(−0.080)
$[HgI_4]^{2-} + 2e^- \rightleftharpoons Hg(l) + 4I^-$	−0.028 09
$2H^+ + 2e^- \rightleftharpoons H_2(g)$	0
* $NO_3^- + H_2O(l) + 2e^- \rightleftharpoons NO_2^- + 2OH^-$	0.008 49
$AgBr(s) + e^- \rightleftharpoons Ag(s) + Br^-$	0.073 17
$S(s) + 2H^+ + 2e^- \rightleftharpoons H_2S(aq)$	0.144 2
$Sn^{4+} + 2e^- \rightleftharpoons Sn^{2+}$	0.153 9
$SO_4^{2-} + 4H^+ + 2e^- \rightleftharpoons H_2SO_3(aq) + H_2O(l)$	0.157 6
$Cu^{2+} + e^- \rightleftharpoons Cu^+$	0.160 7
* $Co(OH)_3(s) + e^- \rightleftharpoons Co(OH)_2(s) + OH^-$	0.17
$AgCl(s) + e^- \rightleftharpoons Ag(s) + Cl^-$	0.222 2
$[HgBr_4]^{2-} + 2e^- \rightleftharpoons Hg(l) + 4Br^-$	0.231 8
$HAsO_2(aq) + 3H^+ + 3e^- \rightleftharpoons As(s) + 2H_2O(l)$	0.247 3
$Hg_2Cl_2(s) + 2e^- \rightleftharpoons 2Hg(l) + 2Cl^-$	0.268 0
$Cu^{2+} + 2e^- \rightleftharpoons Cu(s)$	0.339 4
$[Fe(CN)_6]^{3-} + e^- \rightleftharpoons [Fe(CN)_6]^{4-}$	0.355 7
* $O_2(g) + 2H_2O + 4e^- \rightleftharpoons 4OH^-$	0.400 9
* $2ClO^- + 2H_2O + 2e^- \rightleftharpoons Cl_2(g) + 4OH^-$	0.421
$Cu^+ + e^- \rightleftharpoons Cu(s)$	0.518 0
$I_2(s) + 2e^- \rightleftharpoons 2I^-$	0.534 5
$Cu^{2+} + Cl^- + e^- \rightleftharpoons CuCl(s)$	0.559
* $MnO_4^- + e^- \rightleftharpoons MnO_4^{2-}$	0.56
$H_3AsO_4(aq) + 2H^+ + 2e^- \rightleftharpoons H_3AsO_3(aq) + H_2O(l)$	0.560
* $MnO_4^- + 2H_2O + 3e^- \rightleftharpoons MnO_2(s) + 4OH^-$	0.596 5
* $MnO_4^{2-} + 2H_2O + 2e^- \rightleftharpoons MnO_2(s) + 4OH^-$	0.617 5
$2HgCl_2(aq) + 2e^- \rightleftharpoons Hg_2Cl_2(s) + 2Cl^-$	0.657 1
$O_2(g) + 2H^+ + 2e^- \rightleftharpoons H_2O_2(aq)$	0.694 5
$Fe^{3+} + e^- \rightleftharpoons Fe^{2+}$	0.769
$Hg_2^{2+} + 2e^- \rightleftharpoons 2Hg(l)$	0.795 6
$Ag^+ + e^- \rightleftharpoons Ag(s)$	0.799 1

电 极 反 应 氧化型 + ze$^-$ $\rightleftharpoons$ 还原型	$E^{\ominus}$ /V
$Hg^{2+} + 2e^- \rightleftharpoons Hg(s)$	0.851 9
$Cu^{2+} + I^- + e^- \rightleftharpoons CuI(s)$	0.86
$^*HO_2^- + H_2O + 2e^- \rightleftharpoons 3OH^-$	0.867 0
$^*ClO^- + H_2O + 2e^- \rightleftharpoons Cl^- + 2OH^-$	0.890 2
$2Hg^{2+} + 2e^- \rightleftharpoons Hg_2^{2+}$	0.908 3
$NO_3^- + 3H^+ + 2e^- \rightleftharpoons HNO_2(aq) + H_2O(l)$	0.927 5
$NO_3^- + 4H^+ + 3e^- \rightleftharpoons NO(g) + 2H_2O(l)$	0.963 7
$HIO(aq) + H^+ + 2e^- \rightleftharpoons I^- + H_2O(l)$	0.985
$HNO_2 + H^+ + e^- \rightleftharpoons NO(g) + H_2O(l)$	1.04
$Br_2(l) + 2e^- \rightleftharpoons 2Br^-$	1.077 4
$IO_3^- + 5H^+ + 4e^- \rightleftharpoons HIO(aq) + 2H_2O(l)$	1.14
$2IO_3^- + 12H^+ + 10e^- \rightleftharpoons I_2(s) + 6H_2O(l)$	1.209
$ClO_4^- + 2H^+ + 2e^- \rightleftharpoons ClO_3^- + H_2O(l)$	1.226
$O_2(g) + 4H^+ + 4e^- \rightleftharpoons 2H_2O(l)$	1.229
$MnO_2(s) + 4H^+ + 2e^- \rightleftharpoons Mn^{2+} + 2H_2O(l)$	1.229 3
$^*O_3(g) + H_2O + 2e^- \rightleftharpoons O_2(g) + 2OH^-$	1.247
$2HNO_2 + 4H^+ + 4e^- \rightleftharpoons N_2O(g) + 3H_2O(l)$	1.311
$Cr_2O_7^{2-} + 14H^+ + 6e^- \rightleftharpoons 2Cr^{3+} + 7H_2O(l)$	1.33
$Cl_2(g) + 2e^- \rightleftharpoons 2Cl^-$	1.360
$ClO_4^- + 8H^+ + 8e^- \rightleftharpoons Cl^- + 4H_2O(l)$	1.389
$2ClO_4^- + 16H^+ + 14e^- \rightleftharpoons Cl_2(g) + 8H_2O(l)$	1.392
$ClO_3^- + 6H^+ + 6e^- \rightleftharpoons Cl^- + 3H_2O(l)$	1.45
$PbO_2(s) + 4H^+ + 2e^- \rightleftharpoons Pb^{2+} + 2H_2O(l)$	1.458
$2ClO_3^- + 12H^+ + 10e^- \rightleftharpoons Cl_2(g) + 6H_2O(l)$	1.468
$BrO_3^- + 6H^+ + 6e^- \rightleftharpoons Br^- + 3H_2O(l)$	1.478
$2BrO_3^- + 12H^+ + 10e^- \rightleftharpoons Br_2(l) + 6H_2O(l)$	1.5
$MnO_4^- + 8H^+ + 5e^- \rightleftharpoons Mn^{2+} + 4H_2O(l)$	1.512
$2HClO(aq) + 2H^+ + 2e^- \rightleftharpoons Cl_2(g) + 2H_2O(l)$	1.630
$MnO_4^- + 4H^+ + 3e^- \rightleftharpoons MnO_2(s) + 2H_2O(l)$	1.700
$H_2O_2(aq) + 2H^+ + 2e^- \rightleftharpoons 2H_2O(l)$	1.763
$S_2O_8^{2-} + 2e^- \rightleftharpoons 2SO_4^{2-}$	1.939
$F_2(g) + 2e^- \rightleftharpoons 2F^-$	2.889
$F_2(g) + 2H^+ + 2e^- \rightleftharpoons 2HF(aq)$	3.076

注：凡前面有＊符号的电极反应都是在碱性溶液中进行，其余为酸性溶液中进行；数据出处：James G. Speight. Lange's Handbook of Chemistry. 16th ed. 2005。括号中的数据出自 The *CRC Handbook of Chemistry & Physics*，CD－ROM Version，2005.

附录四 配离子的稳定常数 (298.15K)

化学式	稳定常数β	lgβ	化学式	稳定常数β	lgβ
$[AgCl_2]^-$	1.1×10^{5}	5.04	$[Cu(CN)_4]^{3-}$	1.0×10^{30}	30.00
$[AgI_2]^-$	5.5×10^{11}	11.74	$[Cu(en)_2]^{2+}$	1.0×10^{20}	20.00
$[Ag(CN)_2]^-$	1.26×10^{21}	20.90	$[Cu(NH_3)_2]^+$	7.24×10^{10}	9.14
$[Ag(NH_3)_2]^+$	1.12×10^{7}	7.23	$[Cu(NH_3)_4]^{2+}$	2.09×10^{13}	12.68
$[Ag(SCN)_2]^-$	3.72×10^{7}	6.43	$[FeF_6]^{3-}$	2.04×10^{14}	13.69
$[Ag(S_2O_3)_2]^{3-}$	2.88×10^{13}	13.22	$[Fe(CN)_6]^{4-}$	1.0×10^{35}	35
$[AlF_6]^{3-}$	6.9×10^{19}	19.48	$[Fe(CN)_6]^{3-}$	1.0×10^{42}	42
$[AuCl_4]^-$	2×10^{21}	21.3	$[HgCl_4]^{2-}$	1.17×10^{15}	14.93
$[Au(CN)_2]^-$	1.99×10^{38}	38.3	$[HgI_4]^{2-}$	6.76×10^{29}	28.17
$[Ca(edta)]^{2-}$	1.0×10^{11}	11	$[Hg(CN)_4]^{2-}$	2.51×10^{41}	41.40
$[Cd(en)_2]^{2+}$	1.23×10^{10}	9.91	$[Hg(NH_3)_4]^{2+}$	1.9×10^{19}	19.28
$[CdI_4]^{2-}$	2×10^{6}	6.3	$[Hg(SCN)_4]^{2-}$	2×10^{19}	19.3
$[Cd(CN)_4]^{2-}$	7.1×10^{18}	18.85	$[Ni(CN)_4]^{2-}$	1.99×10^{31}	30.70
$[Cd(NH_3)_4]^{2+}$	1.32×10^{7}	7.12	* $[Ni(en)_3]^{2+}$	2.1×10^{18}	18.33
$[Co(NH_3)_6]^{2+}$	1.29×10^{5}	4.89	$[Ni(NH_3)_6]^{2+}$	5.5×10^{8}	8.74
$[Co(NH_3)_6]^{3+}$	1.58×10^{35}	34.80	$[Zn(CN)_4]^{2-}$	5.01×10^{16}	15.30
* $[CuCl_2]^-$	3.2×10^{5}	5.50	$[Zn(en)_2]^{2+}$	6.8×10^{10}	10.83
* $[CuI_2]^-$	7.1×10^{8}	8.85	$[Zn(NH_3)_4]^{2+}$	2.88×10^{9}	9.47
$[Cu(CN)_2]^-$	1.0×10^{24}	24	—	—	—

来源：James G. Speight "Lange's Handbook of Chemistry" 16th. ed. 2005.

注：带 * 号的数据来源：The CRC Handbook of Chemistry & Physics，CD-ROM Version. 2005.

附录五 溶度积常数 (298.15 K)

难溶电解质	$K_{sp}^{\ominus}$	难溶电解质	$K_{sp}^{\ominus}$
AgBr	5.35×10^{-13}	CuS	6.3×10^{-36}
AgCl	1.77×10^{-10}	$FeCO_3$	3.13×10^{-11}
Ag_2CO_3	8.46×10^{-12}	$Fe(OH)_2$	4.87×10^{-17}
Ag_2CrO_4	1.12×10^{-12}	$Fe(OH)_3$	2.79×10^{-39}
AgCN	5.97×10^{-17}	Hg_2CO_3	3.6×10^{-17}
$Ag_2C_2O_4$	5.40×10^{-12}	Hg_2Cl_2	1.43×10^{-18}
AgOH	2.0×10^{-8}	Hg_2I_2	5.2×10^{-29}

难溶电解质	$K_{sp}^{\ominus}$	难溶电解质	$K_{sp}^{\ominus}$
AgI	8.52×10^{-17}	$Hg_2(OH)_2$	2.0×10^{-24}
Ag_2S	6×10^{-30}	$Hg(OH)_2$	3.0×10^{-26}
Ag_2SO_3	1.50×10^{-14}	$HgSO_4$	6.5×10^{-7}
Ag_2SO_4	1.20×10^{-5}	Hg_2S	1.0×10^{-47}
AgSCN	1.03×10^{-12}	HgS(红)	4×10^{-53}
$Al(OH)_3$(无定形)	1.3×10^{-33}	HgS(黑)	1.6×10^{-52}
$BaCO_3$	2.58×10^{-9}	$MgCO_3$	6.82×10^{-6}
BaC_2O_4	1.6×10^{-7}	MgF_2	5.16×10^{-11}
$BaCrO_4$	1.17×10^{-10}	$Mg(OH)_2$	5.61×10^{-12}
$Ba(OH)_2\cdot8H_2O$	2.55×10^{-4}	$Mg_3(PO_4)_2$	1.04×10^{-24}
$BaSO_4$	1.08×10^{-10}	$MnCO_3$	2.24×10^{-11}
$BaSO_3$	5.0×10^{-10}	$Mn(OH)_2$	1.9×10^{-13}
$Bi(OH)_3$	6.0×10^{-31}	$NiCO_3$	1.42×10^{-7}
BiOBr	3.0×10^{-7}	$Ni(OH)_2$(新制)	5.48×10^{-16}
BiOCl	1.8×10^{-31}	$\alpha-NiS$	3.2×10^{-19}
$BiO(NO_3)$	2.82×10^{-3}	$Pb(OH)_2$	1.43×10^{-12}
$CaCO_3$	3.36×10^{-9}	$Pb(OH)_4$	8.4×10^{-9}
$CaC_2O_4\cdot H_2O$	2.32×10^{-9}	$PbCO_3$	7.4×10^{-14}
$CaCrO_4$	7.1×10^{-4}	$PbBr_2$	6.60×10^{-6}
CaF_2	3.46×10^{-11}	$PbCl_2$	1.70×10^{-5}
$Ca(OH)_2$	5.02×10^{-6}	PbC_2O_4	4.8×10^{-10}
$Ca_3(PO_4)_2$(低温)	2.07×10^{-33}	$PbCrO_4$	1.8×10^{-8}
$CdCO_3$	1.0×10^{-12}	PbI_2	9.8×10^{-9}
$Cd(OH)_2$(新制)	7.2×10^{-15}	PbS	8.0×10^{-28}
CdS	8.0×10^{-17}	$PbSO_4$	2.53×10^{-8}
$Co(OH)_2$(新制)	5.92×10^{-15}	$Sn(OH)_2$	5.45×10^{-27}
$Co(OH)_3$	1.6×10^{-44}	$Sn(OH)_4$	1×10^{-56}
$\alpha-CoS$	4.0×10^{-21}	SnS	1.0×10^{-25}
$\beta-CoS$	2.0×10^{-25}	$SrCO_3$	5.60×10^{-10}
$Cr(OH)_3$	6.3×10^{-31}	$SrC_2O_4\cdot H_2O$	1.6×10^{-7}
CuBr	6.27×10^{-9}	$SrCrO_4$	2.2×10^{-5}
CuCl	1.72×10^{-7}	$SrSO_4$	3.4×10^{-7}
CuI	1.27×10^{-12}	$ZnCO_3$	1.46×10^{-10}
$CuCO_3$	1.4×10^{-10}	$Zn(OH)_2$	3×10^{-17}
$CuCrO_4$	3.6×10^{-6}	$\alpha-ZnS$	1.6×10^{-24}
$Cu(OH)_2$	2.2×10^{-20}	$\beta-ZnS$	2.5×10^{-22}
CuC_2O_4	4.43×10^{-10}		

数据主要出处：The CRC Handbook of Chemistry & Physics. CD – ROM Version，2005.

附录六 一些物质的商品名或俗名

商品名或俗名	学 名	化学式
钢精	铝	Al
铝粉	铝	Al
刚玉	三氧化二铝	Al_2O_3
矾土	三氧化二铝	Al_2O_3
砒霜、白砒	三氧化二砷	As_2O_3
重土	氧化钡	BaO
重晶石	硫酸钡	$BaSO_4$
电石	碳化钙	CaC
方解石、大理石	碳酸钙	$CaCO_3$
萤石、氟石	氟化钙	CaF
干冰	二氧化碳（固体）	CO_2
熟石灰、消石灰	氢氧化钙	$Ca(OH)_2$
漂白粉	—	$Ca(ClO)_2 + CaCl_2 \cdot Ca(OH)_2 \cdot H_2O$
石膏	硫酸钙	$CaSO_4$
胆矾、蓝矾	硫酸铜	$CuSO_4$
绿矾、青矾	硫酸亚铁	$FeSO_4$
双氧水	过氧化氢	H_2O_2
水银	汞	Hg
升汞	氯化汞	$HgCl$
甘汞	氯化亚汞	Hg_2Cl_2
三仙丹	氧化汞	HgO
朱砂、辰砂	硫化汞	HgS
钾碱	碳酸钾	K_2CO_3
红矾钾	重铬酸钾	$K_2Cr_2O_7$
赤血盐	（高）铁氰化钾	$K_3[Fe(CN)_6]$
黄血盐	亚铁氰化钾	$K_4[Fe(CN)_6]$
灰锰氧	高锰酸钾	$KMnO_4$
火硝、土硝	硝酸钾	KNO_3
苛性钾	氢氧化钾	KOH
明矾、铝钾矾	硫酸铝钾	$K_2SO_4 \cdot Al_2(SO_4)_3 \cdot 24H_2O$
苦土	氧化镁	MgO
泻盐	硫酸镁	$MgSO_4$
硼砂	四硼酸钠	$Na_2B_4O_7 \cdot 10H_2O$
苏打、纯碱	碳酸钠	Na_2CO_3
小苏打	碳酸氢钠	$NaHCO_3$

商品名或俗名	学　　名	化学式
红矾钠	重铬酸钠	$Na_2Cr_2O_7$
烧碱、火碱、苛性钠	氢氧化钠	$NaOH$
水玻璃、泡花碱	硅酸钠	$xNa_2O \cdot ySiO_2$
硫化碱	硫化钠	$Na_2S \cdot 9H_2O$
海波、大苏打	硫代硫酸钠	$Na_2S_2O_3 \cdot 5H_2O$
保险粉	连二亚硫酸钠	$Na_2S_2O_4 \cdot 2H_2O$
芒硝、皮硝、元明粉	硫酸钠	$Na_2SO_4 \cdot 10H_2O$
铬钠矾	硫酸铬钠	$Na_2SO_4 \cdot Cr_2(SO_4)_3 \cdot 24H_2O$
硫铵	硫酸铵	$(NH_4)_2SO_4$
硇砂	氯化铵	NH_4Cl
铁铵矾	硫酸铁铵	$(NH_4)_2SO_4 \cdot Fe_2(SO_4)_3 \cdot 24H_2O$
铬铵矾	硫酸铬铵	$(NH_4)_2SO_4 \cdot Cr_2(SO_4)_3 \cdot 24H_2O$
铝铵矾	硫酸铝铵	$(NH_4)_2SO_4 \cdot Al_2(SO_4)_3 \cdot 24H_2O$
铅丹、红丹	四氧化三铅	Pb_3O_4
铬黄、铅铬黄	铬酸铅	$PbCrO_4$
铅白、白铅粉	碱式碳酸铅	$2PbCO_3 \cdot Pb(OH)_2$
锑白	三氧化二锑	Sb_2O_3
天青石	硫酸锶	$SrSO_4$
石英	二氧化硅	SiO_2
金刚砂	碳化硅	SiC
钛白	二氧化钛	TiO_2
锌白、锌氧粉	氧化锌	ZnO
皓矾	硫酸锌	$ZnSO_4 \cdot 7H_2O$

出处：王箴．化工辞典．4 版．北京：化学工业出版社，2010.

元素周期表

原子序数 ← 19 K → 元素符号

钾 → 元素名称

原子量 ← 39.0983(1)

注*的是人造元素

周期\族	IA	IIA	IIIB	IVB	VB	VIB	VIIB	VIIIB			IB	IIB	IIIA	IVA	VA	VIA	VIIA	VIIIA	电子层
1	1 H 氢 1.00794(7)																	2 He 氦 4.002602(2)	K
2	3 Li 锂 6.941(2)	4 Be 铍 9.012182(3)											5 B 硼 10.811(7)	6 C 碳 12.0107(8)	7 N 氮 14.0067(2)	8 O 氧 15.9994(3)	9 F 氟 18.9984032(5)	10 Ne 氖 20.1797(6)	L K
3	11 Na 钠 22.989770(2)	12 Mg 镁 24.3050(6)											13 Al 铝 26.981538(2)	14 Si 硅 28.0855(3)	15 P 磷 30.973761(2)	16 S 硫 32.065(5)	17 Cl 氯 35.453(2)	18 Ar 氩 39.948(1)	M L K
4	19 K 钾 39.0983(1)	20 Ca 钙 40.078(4)	21 Sc 钪 44.955910(8)	22 Ti 钛 47.867(1)	23 V 钒 50.9415	24 Cr 铬 51.9961(6)	25 Mn 锰 54.938049(9)	26 Fe 铁 55.845(2)	27 Co 钴 58.933200(9)	28 Ni 镍 58.6934(2)	29 Cu 铜 63.546(3)	30 Zn 锌 65.409(4)	31 Ga 镓 69.723(1)	32 Ge 锗 72.64(1)	33 As 砷 74.92160(2)	34 Se 硒 78.96(3)	35 Br 溴 79.904(1)	36 Kr 氪 83.798(2)	N M L K
5	37 Rb 铷 85.4678(3)	38 Sr 锶 87.62(1)	39 Y 钇 88.90585(2)	40 Zr 锆 91.224(2)	41 Nb 铌 92.90638(2)	42 Mo 钼 95.94(2)	43 Tc 锝* 97.907	44 Ru 钌 101.07(2)	45 Rh 铑 102.90550(2)	46 Pd 钯 106.42(1)	47 Ag 银 107.8682(2)	48 Cd 镉 112.411(8)	49 In 铟 114.818(3)	50 Sn 锡 118.710(7)	51 Sb 锑 121.760(1)	52 Te 碲 127.60(3)	53 I 碘 126.90447(3)	54 Xe 氙 131.293(6)	O N M L K
6	55 Cs 铯 132.90545(2)	56 Ba 钡 137.327(7)	57−71 La-Lu 镧系	72 Hf 铪 178.49(2)	73 Ta 钽 180.9479(1)	74 W 钨 183.84(1)	75 Re 铼 186.207(1)	76 Os 锇 190.23(3)	77 Ir 铱 192.217(3)	78 Pt 铂 195.078(2)	79 Au 金 196.96655(2)	80 Hg 汞 200.59(2)	81 Tl 铊 204.3833(2)	82 Pb 铅 207.2(1)	83 Bi 铋 208.98038(2)	84 Po 钋 208.98	85 At 砹 209.99	86 Rn 氡 222.02	P O N M L K
7	87 Fr 钫* 223.02	88 Ra 镭 226.03	89−103 Ac-Lr 锕系	104 Rf 𬬻* 261.11	105 Db 𬭊* 262.11	106 Sg 𬭳* 263.12	107 Bh 𬭛* 264.12	108 Hs 𬭶* 265.13	109 Mt 鿏* 266.13	110 Ds 𫟼* (269)	111 Rg 𬬭* (272)	112 Cn 鿔* (277)	113 Uut * (278)	114 Uuq * (289)	115 Uup * (288)	116 Uuh * (289)		118 Uuo * (294)	Q P O N M L K

镧系	57 La 镧 138.9055(2)	58 Ce 铈 140.116(1)	59 Pr 镨 140.90765(2)	60 Nd 钕 144.24(3)	61 Pm 钷* 144.91	62 Sm 钐 150.36(3)	63 Eu 铕 151.964(1)	64 Gd 钆 157.25(3)	65 Tb 铽 158.92534(2)	66 Dy 镝 162.500(1)	67 Ho 钬 164.93032(2)	68 Er 铒 167.259(3)	69 Tm 铥 168.93421(2)	70 Yb 镱 173.04(3)	71 Lu 镥 174.967(1)
锕系	89 Ac 锕 227.03	90 Th 钍 232.0381(1)	91 Pa 镤 231.03588(2)	92 U 铀 238.02891(3)	93 Np 镎 237.05	94 Pu 钚 244.06	95 Am 镅* 243.06	96 Cm 锔* 247.07	97 Bk 锫* 247.07	98 Cf 锎* 251.08	99 Es 锿* 252.08	100 Fm 镄* 257.10	101 Md 钔* 258.10	102 No 锘* 259.10	103 Lr 铹* 260.11